2021 NIANDU HENANSHENG

YUMI SHENDING PINZHONG YANJIU BAOGAO

2021年度河南省

玉米审定品种研究报告

河南省种子站　主编

黄河水利出版社
郑州

图书在版编目(CIP)数据

2021年度河南省玉米审定品种研究报告/河南省种子站主编.
—郑州:黄河水利出版社,2023.4
ISBN 978-7-5509-3563-1

Ⅰ.①2… Ⅱ.①河… Ⅲ.①玉米-优良品种-研究报告-河南-2021
Ⅳ.①S513.033

中国国家版本馆CIP数据核字(2023)第075545号

2021年度河南省玉米审定品种研究报告
河南省种子站 主编

审稿 席红兵 13592608739

责任编辑 杨雯惠　　责任校对 杨丽峰
封面设计 张心怡　　责任监制 常红昕
出版发行 黄河水利出版社
地址:河南省郑州市顺河路49号　邮政编码:450003
网址:www.yrcp.com　E-mail:hhslcbs@126.com
发行部电话:0371-66020550
承印单位 河南新华印刷集团有限公司
开　　本 787 mm×1 092 mm 1/16
印　　张 29.25
字　　数 675千字
版次印次 2023年4月第1版　2023年4月第1次印刷

定　　价 128.00元

编写委员会

前　言

农作物品种试验是品种审定与推广利用的前提和依据,对于促进种植业结构调整、进行农业供给侧结构性改革、优化农产品优势产业布局、推动农业科技创新、促进品种更新换代、加速现代种业发展、保障农业生产用种安全等具有重要意义。玉米是我国种植面积最大的主要农作物,也是河南省种植面积最大的秋作物,积极、认真、科学、公正地开展河南省玉米新品种试验、审定、展示和示范工作,对促进河南省玉米科研成果转化,加快优良品种推广,确保河南省粮食生产安全具有重要意义。

根据《主要农作物品种审定办法》的相关规定,经河南省主要农作物品种审定委员会玉米专业委员会会议研究决定,2021 年河南省组织开展了 15 个组别的玉米品种试验,其中区域试验 8 组、生产试验 7 组。试验组别有 4500 株/亩密度组、5000 株/亩密度组、4500 株/亩机收组和 5500 株/亩机收组。区域试验参试品种共 134 个,试验点次 108 个;生产试验参试品种共 34 个,试验点次 91 个。根据生态区域代表性和承试单位条件,试验点分布于全省除信阳市外的 17 个省辖市。

2021 年玉米试验品种全部实名,试验过程全程公开,便于参试单位全面了解品种在各个承试单位和各个生长发育阶段的表现、生态适应性。河南省种子站组织玉米品种试验主持人、河南省主要农作物品种审定委员会玉米专业委员会委员分别在玉米苗期和成熟期开展了试验质量检查和试验品种田间考察评价活动,苗期对试验质量较差的试验点提出整改建议、成熟期现场淘汰了倒伏或主要病害发生严重结实性差的品种。这有效促进了玉米品种试验质量的进一步提高,试验工作更加开放、更加客观、更加科学。

为介绍试验情况和系统总结试验工作,我们将 2021 年河南省玉米品种试验相关总结报告以及河南省和国家审定的玉米品种汇编成《2021 年度河南省玉米审定品种研究报告》一书。本书汇编了 2021 年河南省玉米品种试验总结报告,包括区域试验报告、生产试验报告、抗病鉴定报告、品质检测报告、DNA

检测报告、河南省主要农作物审定委员会玉米专业委员会试验考察意见等内容，着重介绍参试品种的丰产性、稳产性、适应性、生育特性、抗性与品质等性状表现，数据真实、内容丰富，可供玉米科研、育种、教学、种子管理、品种推广、种子企业等有关人士参考。

本书的出版得到了有关领导和专家的大力关心、支持和帮助，该书是所有试验主持单位与主持人、测试单位与测试人员、承试单位与试验人员辛勤劳动的结晶。在此，对长期辛勤工作在河南省玉米品种试验第一线的广大科研人员和多年来关心、支持这项工作的各级领导、专家表示衷心的感谢。

由于时间仓促，疏漏之处在所难免，敬请读者批评指正。

编写委员会

2022 年 12 月

目　录

第一章　2021年河南省玉米品种区域试验报告(4500株/亩)

第一节　4500株/亩区域试验报告(A组)

一、试验目的

鉴定省内外新育成的玉米杂交种的丰产性、稳产性和适应性,为河南省玉米生产试验和国家区域试验推荐参试品种,为玉米品种的审定与推广提供科学依据。

二、参试品种及承试单位

2021年参试品种共18个[不含对照种(CK)郑单958],各参试品种的名称、编号、参试年限、供种单位(个人)及承试单位见表1-1。

表1-1　2021年河南省玉米区域试验参试品种及承试单位(A组)

品种	编号	参试年限	亲本组合	供种单位(个人)	承试单位
伟科9136	1	2	伟程123×伟程524	郑州伟科作物育种科技有限公司	洛阳市农林科学院
隆平146	2	2	L112LD76×LA5331	河南隆平高科种业有限公司	河南黄泛区地神种业农科所
ZB1902	3	2	ZB12×TS011	河南中博现代农业科技开发有限公司	河南嘉华农业科技有限公司
囤玉329	4	2	J17QB12×JC9	河南省金囤种业有限公司	河南农业职业学院
金颗106	5	2	JK362×JGQ12	王金科	河南平安种业有限公司
机玉519	6	2	R1321×LQ8427	河南亿佳和农业科技有限公司	河南赛德种业有限公司
北科15	7	2	S170×S204	沈阳北玉种子科技有限公司	遂平县农业科学试验站
豫单963	8	2	HL139×HL897	河南农业大学	南阳市农业科学院
泓丰5505	9	2	HW1658×APH9278	北京新实泓丰种业有限公司	中国农业科学院棉花研究所
先玉1975	10	2	PH43D5×1PJDV81	铁岭先锋种子研究有限公司	鹤壁市农业科学院
郑泰101	11	2	S366×T132	河南苏泰农业科技有限公司	新乡市农业科学院
澧玉338	12	2	B358×QH81	王保权	漯河市农业科学院
郑单602	13	2	郑886×郑7511	河南省农业科学院粮食作物研究所、河南生物育种中心有限公司	
盈满618	14	2	HJ75-321×HJ295-3	河南五谷种业有限公司	
德单210	15	2	CA128×CT92Ⅱ	德农种业股份公司	
丰大686	16	2	M155-6×453	安徽丰大种业股份有限公司	
新科1903	17	2	T1518×LH222	河南省新乡市农业科学院	
航硕11	18	2	Jw502×Jw464	河南省天中种子有限责任公司	
郑单958	19	CK	郑58×昌7-2	河南秋乐种业科技股份有限公司	

三、试验概况

(一)试验设计

参试品种由河南省种子站统一排序编号并实名参试。按照统一试验方案,采用完全随机区组排列,3 次重复,5 行区,行长 6 m,行距 0.67 m,株距 0.22 m,每行播种 27 穴,每穴留苗一株,种植密度为 4500 株/亩[1],小区面积为 20 m^2(0.03 亩)。成熟时收中间 3 行计产,面积为 12 m^2(0.018 亩)。试验周围设保护区,重复间留走道 1 m。用小区产量结果进行方差分析,用 Tukey 法测验品种间差异显著性。

(二)田间管理

根据试验方案要求,各承试单位都固定有专职技术人员负责此项工作,并认真选择试验地块,麦收后及时铁茬播种,在 6 月 5 日至 6 月 15 日各试点相继播种完毕,在 9 月 20 日至 10 月 10 日相继完成收获。在间定苗、中耕除草、追肥、治虫、灌排水等方面都比较及时、认真,各试点试验开展顺利,试验质量良好。

(三)专家考察

收获前由河南省种子站统一组织相关专家对各试点品种的田间病虫害、丰产性等表现进行现场考察。

(四)气候特点及其影响

根据 2021 年承试单位提供的温县、郑州、中牟、洛阳、南阳、遂平、西华、商丘、安阳 9 个县(市)气象台(站)的资料,在玉米生育期的 6~9 月,平均气温 25.94 ℃,与历年24.95 ℃相比高 0.99 ℃,尤其 6 月上旬和下旬及 9 月中旬和下旬,平均气温比历年同期分别高3.08 ℃和2.48 ℃及 2.28 ℃和 2.28 ℃。总降雨量 913.46 mm,比常年 481.77 mm 增加431.69 mm,月平均增加 112.21 mm,在整个玉米生长季节中,雨量分布不均,6 月下旬至 7 月上旬,雨量较历年分别减少 25.35 mm 和 26.19 mm,旱象严重;7 月中旬至 9 月(除 8 月上旬),整个降雨较历年偏多,尤其 7 月中旬特大暴雨和 8 月下旬暴雨,降雨较历年分别增加 168.30 mm 和 101.02 mm,是常年同期的近 3 倍。总日照时数 670.82 h,比常年 755.78 h 少84.96 h,月平均减少 21.24 h。受连续阴雨天影响,光照严重不足,对玉米生长发育产生严重影响,尤其7~8 月,日照时数与历年相比分别减少 18.53 h 和 36.62 h,对穗分化和授粉以及籽粒灌浆极为不利,敏感品种出现雄穗退化严重、雌穗畸形、结实差和秃尖严重的情况。另外,因受高温高湿和南方气流影响,南方锈病(简称锈病)普遍早发、重发,加上一些地方暴雨之后田间积水,许多品种过早枯死,千粒重下降。2021 年试验期间河南省气象资料统计见表 1-2。

表 1-2 2021 年试验期间河南省气象资料统计

时间	平均气温/℃			降雨量/mm			日照时数/h		
	当年	历年	相差	当年	历年	相差	当年	历年	相差
6 月上旬	27.88	24.80	3.08	12.71	24.40	−11.08	75.67	68.90	6.77
6 月中旬	26.51	26.04	0.47	43.43	24.54	20.02	37.89	75.31	−37.42

[1] 1 亩 = 1/15 hm^2。

续表 1-2

时间	平均气温/℃			降雨量/mm			日照时数/h		
	当年	历年	相差	当年	历年	相差	当年	历年	相差
6月下旬	28.90	26.42	2.48	9.80	39.51	-25.35	74.49	67.68	6.81
月计	27.58	25.77	1.82	65.94	88.43	-16.28	188.04	211.89	-23.84
7月上旬	28.19	26.67	1.52	17.87	47.12	-26.19	56.98	59.28	-2.30
7月中旬	27.87	26.80	1.08	224.19	61.23	168.30	40.78	55.70	-17.40
7月下旬	27.18	27.28	-0.10	136.72	57.56	72.37	69.92	79.81	-9.89
月计	27.74	26.92	0.82	378.78	165.91	214.53	167.68	186.21	-18.53
8月上旬	28.06	26.98	1.08	35.30	46.03	-12.33	73.51	62.39	11.12
8月中旬	26.23	25.54	0.54	48.51	35.19	7.55	43.93	56.97	-13.03
8月下旬	22.93	24.43	-1.40	153.99	40.28	101.02	30.60	65.31	-34.71
月计	25.66	25.70	-0.06	237.80	121.49	95.99	148.04	184.67	-36.62
9月上旬	22.97	22.87	0.34	67.13	30.08	29.00	53.13	60.32	-7.19
9月中旬	23.44	21.26	2.28	64.87	22.68	41.84	63.68	52.13	11.54
9月下旬	21.92	19.51	2.28	98.93	20.27	74.94	51.41	60.58	-9.17
月计	22.79	21.41	1.39	230.93	73.00	137.44	167.06	173.01	-5.96
6~9月合计	103.77	99.80	3.98	913.46	481.77	431.69	670.82	755.78	-84.96
6~9月合计平均	25.94	24.95	0.99	228.36	112.21	107.92	167.71	188.94	-21.24

注:历年值是指近30年的平均值。

总体而言,玉米生长季节气温较历年偏高,降雨明显偏多,且分布严重不均,光照不足,视品种特性而异,产量水平受到不同程度的影响。

2021年收到年终报告9份,根据专家组后期现场考察结果,将安阳、鹤壁、新乡、漯河4个灾情严重试点试验报废,实际8个试点结果参与汇总。对于单点产量增幅超过30%的品种,按30%增幅进行产量矫正。

四、试验结果及分析

(一)两年区域试验参试品种的产量结果

2020年留试的18个品种已完成两年区域试验程序,2020~2021年产量结果见表1-3。

表 1-3 2020~2021 年河南省玉米区域试验参试品种产量结果

品种	编号	2020年			2021年			2020~2021年两年平均	
		亩产/kg	比CK/(±%)	位次	亩产/kg	比CK/(±%)	位次	亩产/kg	比CK/(±%)
囤玉329	4	737.78	11.84**	1	626.67	16.25**	2	693.33	13.43
郑泰101	11	751.11	12.2**	1	593.89	10.15**	8	688.22	11.50
盈满618	14	730.00	10.68**	2	607.78	12.7**	6	681.11	11.43
澧玉338	12	737.22	10.11**	4	610.56	13.29**	5	686.55	11.23
泓丰5505	9	706.67	5.56**	10	643.33	19.33**	1	681.34	10.39
机玉519	6	708.89	7.47**	6	613.33	13.73**	3	670.67	9.73
北科15	7	714.44	8.65**	3	595.56	10.48**	7	666.89	9.35
丰大686	16	706.11	7.05**	7	611.11	13.36**	4	668.11	9.31
伟科9136	1	730.56	9.11**	5	590.00	9.42**	10	674.34	9.25

续表 1-3

品种	编号	2020 年			2021 年			2020~2021 年两年平均	
		亩产/kg	比 CK/(±%)	位次	亩产/kg	比 CK/(±%)	位次	亩产/kg	比 CK/(±%)
先玉 1975	10	747.78	11.7**	2	556.11	3.14	16	671.11	8.73
德单 210	15	725.00	9.92**	4	568.33	5.38	13	662.33	8.36
金颗 106	5	725.56	10.00**	3	559.44	3.74	15	659.11	7.84
新科 1903	17	699.44	6.07**	9	589.44	9.31**	11	655.44	7.24
郑单 602	13	702.22	4.85**	11	592.22	9.85**	9	658.22	6.64
ZB1902	3	712.78	6.46**	8	568.89	5.50	12	655.22	6.16
航硕 11	18	692.22	4.93**	12	563.89	4.61	14	640.89	4.85
豫单 963	8	709.44	7.89**	5	532.22	-1.25	19	638.55	4.70
隆平 146	2	720.56	7.61**	7	533.33	-1.04	18	645.67	4.61
郑单 958(1)	19	669.44	0	15	538.89	0	17	617.22	—
郑单 958(2)	19	659.44	0	16	538.89	0	17	611.22	—
郑单 958(3)	19	657.22	0	15	538.89	0	17	609.89	—

注:1.表中仅列出 2020 年、2021 年两年完成区域试验程序的品种。

2.2020 年汇总 12 个试点,2021 年汇总 8 个试点,两年平均亩产为加权平均。

3.*表示 Tukey 法检验在 0.05 水平上差异显著,**表示 Tukey 法检验在 0.01 水平上差异显著。

(二)2021 年区域试验结果分析

1.联合方差分析

根据 8 个试点小区产量汇总结果进行联合方差分析(见表 1-4),结果表明:试点间、品种间以及品种与试点间互作差异均达极显著水平,说明参试品种间存在显著基因型差异,不同品种在不同试点的表现也存在着显著差异。

表 1-4 2021 年河南省玉米品种 4500 株/亩区域试验 A 组产量联合方差分析

变异来源	自由度	平方和	均方差	F 值	F 临界值(0.05)	F 临界值(0.01)
地点内区组	16	6.20	0.39	1.24	1.73	2.15
地点	7	777.58	111.08	355.41	2.08	2.79
品种	18	140.50	7.81	24.97	1.71	2.09
品种×地点	126	174.52	1.39	4.43	1.3	1.45
试验误差	288	90.01	0.31			
总和	455	1188.81				

从多重比较(Tukey 法)结果(见表 1-5)看出,泓丰 5505 等 11 个品种产量显著或极显著高于对照,ZB1902 等 7 个品种与对照差异均不显著。

表 1-5　2021 年河南省玉米品种 4500 株/亩区域试验 A 组产量多重比较(Tukey 法)结果

品种	编号	均值	品种	编号	均值
泓丰 5505	9	11.58**	新科 1903	17	10.61**
囤玉 329	4	11.28**	ZB1902	3	10.24*
机玉 519	6	11.04**	德单 210	15	10.23*
丰大 686	16	11.00**	航硕 11	18	10.15*
澧玉 338	12	10.99**	金颗 106	5	10.07*
盈满 618	14	10.94**	先玉 1975	10	10.01*
北科 15	7	10.72**	郑单 958	19	9.70
郑泰 101	11	10.69**	隆平 146	2	9.60
郑单 602	13	10.66**	豫单 963	8	9.58
伟科 9136	1	10.62**			

2.产量表现

将 8 个试点产量结果列于表 1-6。从中看出,16 个参试品种表现增产,11 个参试品种增产幅度达极显著水平。

表 1-6　2021 年河南省玉米品种 4500 株/亩区域试验 A 组产量结果

品种	编号	亩产/kg	比 CK(±%)	位次	增产点次	减产点次	平产点次
泓丰 5505	9	643.33	19.33**	1	8	0	0
囤玉 329	4	626.67	16.25**	2	8	0	0
机玉 519	6	613.33	13.73**	3	8	0	0
丰大 686	16	611.11	13.36**	4	8	0	0
澧玉 338	12	610.56	13.29**	5	8	0	0
盈满 618	14	607.78	12.7**	6	8	0	0
北科 15	7	595.56	10.48**	7	8	0	0
郑泰 101	11	593.89	10.15**	8	8	0	0
郑单 602	13	592.22	9.85**	9	8	0	0
伟科 9136	1	590.00	9.42**	10	7	1	0
新科 1903	17	589.44	9.31**	11	7	1	0
ZB1902	3	568.89	5.50	12	6	2	0
德单 210	15	568.33	5.38	13	7	1	0
航硕 11	18	563.89	4.61	14	6	2	0
金颗 106	5	559.44	3.74	15	5	3	0
先玉 1975	10	556.11	3.14	16	4	4	0
郑单 958	19	538.89	0	17	0	0	8
隆平 146	2	533.33	-1.04	18	3	5	0
豫单 963	8	532.22	-1.25	19	7	1	0

3.稳定性分析

通过丰产性和稳产性参数分析，结果表明（见表1-7）：泓丰5505表现很好；囤玉329等5个品种表现好；隆平146和豫单963表现较差；其余品种表现较好或一般。

表1-7　2021年河南省玉米品种4500株/亩区域试验A组品种丰产性、稳产性分析

品种	编号	丰产性参数		稳产性参数			适应地区	综合评价（供参考）
		产量/（kg/小区）	效应	方差	变异度	回归系数		
泓丰5505	9	11.58	1.07	0.54	6.37	1.21	E1～E8	很好
囤玉329	4	11.28	0.77	0.26	4.52	1.13	E1～E8	好
机玉519	6	11.04	0.53	0.06	2.25	1.00	E1～E8	好
丰大686	16	11.00	0.49	0.12	3.19	1.05	E1～E8	好
澧玉338	12	10.99	0.48	0.53	6.65	1.27	E1～E8	好
盈满618	14	10.94	0.43	0.11	3.06	0.93	E1～E8	好
北科15	7	10.72	0.21	0.14	3.53	1.11	E1～E8	较好
郑泰101	11	10.69	0.18	0.08	2.63	0.96	E1～E8	较好
郑单602	13	10.66	0.15	0.31	5.18	0.90	E1～E8	较好
伟科9136	1	10.62	0.11	0.33	5.37	1.11	E1～E8	较好
新科1903	17	10.61	0.10	0.67	7.70	1.14	E1～E8	较好
ZB1902	3	10.24	−0.27	0.76	8.51	0.98	E1～E8	一般
德单210	15	10.23	−0.28	0.45	6.55	0.91	E1～E8	一般
航硕11	18	10.15	−0.36	0.22	4.62	0.94	E1～E8	一般
金颗106	5	10.07	−0.44	0.26	5.06	1.08	E1～E8	一般
先玉1975	10	10.01	−0.50	0.52	7.21	0.91	E1～E8	一般
郑单958	19	9.70	−0.81	0.17	4.21	0.96	E1～E8	较差
隆平146	2	9.60	−0.91	0.49	7.26	0.71	E1～E8	较差
豫单963	8	9.58	−0.93	2.29	15.81	0.69	E3～E6	不好

注：E1代表宝丰，E2代表怀川，E3代表黄泛区，E4代表嘉华，E5代表金囤，E6代表洛阳，E7代表南阳，E8代表西平，E9代表新郑，E10代表中牟。

4.试验可靠性分析

从表1-8结果看出，各个试点的变异系数均在10%以下，说明这些试点管理比较精细，试验误差较小，整体数据较准确可靠，符合实际，可以汇总。

表1-8　2021年各试点试验误差变异系数

试点	中牟	南阳	商丘	黄泛区	洛阳	荥阳	温县	遂平
CV/%	8.06	5.84	5.40	2.32	3.76	4.64	1.59	6.55

5.各品种产量结果汇总

各品种在不同试点的产量结果列于表 1-9。

表 1-9　2021 年河南省玉米品种 4500 株/亩区域试验 A 组产量结果汇总

试点	伟科 9136/1			隆平 146/2			ZB1902/3			囤玉 329/4		
	亩产/kg	比 CK/（±%）	位次	亩产/kg	比 CK/（±%）	位次	亩产/kg	比 CK/（±%）	位次	亩产/kg	比 CK/（±%）	位次
中牟	707.78	14.05	7	580.00	−6.59	19	640.00	3.13	15	740.00	19.18	2
南阳	549.44	14.43	11	540.00	12.5	14	568.89	18.48	6	616.67	28.51	1
商丘	488.89	7.49	6	452.22	−0.53	17	478.33	5.21	9	503.33	10.67	3
黄泛区	568.33	−0.16	16	519.44	−8.75	18	501.67	−11.81	19	664.44	16.79	4
洛阳	591.11	1.56	12	591.11	1.53	13	568.33	−2.39	17	587.22	0.86	14
荥阳	461.67	11	11	431.11	3.7	18	443.33	6.64	17	500.56	20.4	3
温县	652.78	12.94	11	547.78	−5.25	19	659.44	14.03	9	684.44	18.35	2
遂平	699.44	14.18	4	606.67	−0.94	14	690.00	12.67	5	717.22	17.11	3
平均	590.00	9.42	10	533.33	−1.04	18	568.89	5.5	12	626.67	16.25	2
CV/%	15.51			11.94			15.78			14.60		

试点	金颖 106/5			机玉 519/6			北科 15/7			豫单 963/8		
	亩产/kg	比 CK/（±%）	位次	亩产/kg	比 CK/（±%）	位次	亩产/kg	比 CK/（±%）	位次	亩产/kg	比 CK/（±%）	位次
中牟	665.56	7.19	12	712.78	14.8	6	677.78	9.16	8	628.33	1.22	16
南阳	550.00	14.54	10	596.67	24.31	4	537.22	11.88	16	502.22	4.63	18
商丘	418.33	−7.94	19	520.56	14.54	1	476.67	4.81	11	457.22	0.57	15
黄泛区	606.11	6.54	12	653.33	14.84	7	656.11	15.29	5	608.89	6.96	11
洛阳	566.11	−2.7	18	611.11	4.96	7	630.56	8.3	3	613.33	5.35	6
荥阳	451.67	8.6	13	481.11	15.72	6	467.22	12.34	10	444.44	6.9	16
温县	655.00	13.29	10	660.56	14.22	8	672.78	16.37	6	621.11	7.46	16
遂平	561.67	−8.34	16	669.44	9.25	7	647.22	5.68	11	383.89	−37.36	19
平均	559.44	3.74	15	613.33	13.73	3	595.56	10.48	7	532.22	−1.25	19
CV/%	15.73			12.81			14.79			18.22		

试点	泓丰 5505/9			先玉 1975/10			郑泰 101/11			澧玉 338/12		
	亩产/kg	比 CK/（±%）	位次	亩产/kg	比 CK/（±%）	位次	亩产/kg	比 CK/（±%）	位次	亩产/kg	比 CK/（±%）	位次
中牟	784.44	26.37	1	601.11	−3.13	18	666.67	7.43	11	730.00	17.6	4
南阳	557.78	16.17	9	542.78	13.12	12	595.00	23.92	5	563.89	17.52	7
商丘	517.78	13.89	2	434.44	−4.44	18	481.67	5.95	7	473.89	4.2	12
黄泛区	675.00	18.58	1	539.44	−5.21	17	605.00	6.28	13	672.78	18.26	2
洛阳	629.44	8.15	4	648.89	11.52	2	602.78	3.56	10	650.00	11.68	1

续表 1-9

试点	泓丰 5505/9			先玉 1975/10			郑泰 101/11			澧玉 338/12		
	亩产/kg	比 CK/(±%)	位次	亩产/kg	比 CK/(±%)	位次	亩产/kg	比 CK/(±%)	位次	亩产/kg	比 CK/(±%)	位次
荥阳	534.44	28.51	1	447.22	7.57	14	477.78	14.88	7	456.67	9.8	12
温县	686.67	18.8	1	637.78	10.28	13	668.89	15.66	7	618.33	6.92	17
遂平	761.11	24.27	1	596.67	-2.63	15	653.89	6.71	9	720.56	17.65	2
平均	643.33	19.33	1	556.11	3.14	16	593.89	10.15	8	610.56	13.29	5
CV/%	15.74			14.59			12.86			17.11		

试点	郑单 602/13			盈满 618/14			德单 210/15			丰大 686/16		
	亩产/kg	比 CK/(±%)	位次	亩产/kg	比 CK/(±%)	位次	亩产/kg	比 CK/(±%)	位次	亩产/kg	比 CK/(±%)	位次
中牟	655.56	5.61	13	671.67	8.2	10	643.89	3.73	14	721.11	16.14	5
南阳	609.44	26.97	2	608.33	26.77	3	542.78	13.08	13	563.89	17.52	7
商丘	478.89	5.34	8	497.22	9.37	4	472.78	4.03	13	492.78	8.39	5
黄泛区	582.78	2.38	14	654.44	14.97	6	611.11	7.35	10	671.11	17.96	3
洛阳	593.89	2	11	602.78	3.6	9	503.89	-13.46	19	609.44	4.68	8
荥阳	486.67	17.1	5	493.89	18.84	4	473.33	13.85	8	505.00	21.43	2
温县	642.78	11.15	12	678.33	17.33	5	630.00	8.97	14	681.67	17.91	3
遂平	688.33	12.33	6	653.89	6.71	9	667.78	8.98	8	644.44	5.17	12
平均	592.22	9.85	9	607.78	12.7	6	568.33	5.38	13	611.11	13.36	4
CV/%	12.79			12.22			13.98			13.73		

试点	新科 1903/17			航硕 11/18			郑单 958/19		
	亩产/kg	比 CK/(±%)	位次	亩产/kg	比 CK/(±%)	位次	亩产/kg	比 CK/(±%)	位次
中牟	737.22	18.76	3	675.56	8.83	9	620.56	0	17
南阳	538.33	12.11	15	532.22	10.92	17	480.00	0	19
商丘	463.89	2.04	14	477.78	5.13	10	454.44	0	16
黄泛区	651.67	14.51	8	618.33	8.62	9	568.89	0	15
洛阳	620.56	6.65	5	578.33	-0.6	16	582.22	0	15
荥阳	472.22	13.54	9	445.56	7.17	15	415.56	0	19
温县	680.00	17.62	4	624.44	7.98	15	578.33	0	18
遂平	550.56	-10.1	18	559.44	-8.68	17	612.78	0	13
平均	589.44	9.31	11	563.89	4.61	14	538.89	0	17
CV/%	16.78			13.70			14.42		

注：平均值为各试点算术平均。

6.田间性状调查结果

各品种田间性状调查汇总结果见表 1-10、表 1-11。各品种在各试点表现见表1-17、表 1-18。

表 1-10　2021 年河南省玉米品种 4500 株/亩区域试验 A 组田间性状调查结果(一)

品种	编号	生育期/d	株高/cm	穗位高/cm	倒伏率/%	倒折率/%	倒点率/%	空秆率/%	双穗率/%	茎腐病/%(高感点次)	小斑病/级	穗腐病/%(高感点次)	弯孢叶斑病/级	瘤黑粉病/%	锈病/级
伟科 9136	1	101	250	103	0.2	0.3	0	0.5	0.7	2.5(0)	1~3	0.8(0)	1~3	0.2	3~9
隆平 146	2	101	285	103	1.4	0.2	0	1.2	0.9	7.3(0)	1~7	0.3(0)	1~3	0.2	5~9
ZB1902	3	100	257	97	0.4	0.2	0	0.7	0.1	6.0(0)	1~5	0.3(0)	1~3	0.1	3~9
囤玉 329	4	102	259	97	0.9	0.1	0	0.6	0.2	2.7(0)	1~5	0.5(0)	1~5	0.2	1~5
金颗 106	5	101	281	96	1.4	0.2	0	2.4	0.7	8.6(0)	1~5	0.9(1)	1~3	0.4	5~9
机玉 519	6	103	258	102	0.7	1.7	0	0.5	3.3	1.5(0)	1~3	0.6(0)	1~5	0.1	1~7
北科 15	7	101	254	101	0.4	0.5	0	0.9	0.2	2.0(0)	1~5	0.4(0)	1~5	0.4	3~9
豫单 963	8	101	252	105	3.6	0.5	12.5	3.9	0.3	3.4(0)	1~5	0.7(0)	1~5	0.2	5~9
泓丰 5505	9	102	295	112	1.2	0.5	0	1.0	0.5	5.6(0)	1~5	0.5(0)	1~5	0.2	3~7
先玉 1975	10	101	287	104	1.0	0.7	0	0.9	0.1	8.6(0)	1~7	1.3(1)	1~3	0.1	3~9
郑泰 101	11	101	283	103	1.0	0.2	0	0.5	0.6	7.6(0)	1~5	0.4(0)	1~3	0.1	1~7
澧玉 338	12	101	274	108	0.4	0	0	1.0	0.3	6.9(0)	1~5	1.7(1)	1~3	0.2	1~9
郑单 602	13	101	279	105	0.4	0.4	0	1.0	0.7	9.2(0)	1~5	0.5(0)	1~3	0.1	1~7
盈满 618	14	102	263	99	1.0	0.8	0	1.6	0.2	2.2(0)	1~3	1.0(1)	1~3	0.2	1~9
德单 210	15	101	255	96	2.0	0.5	0	0.5	1.1	5.6(0)	1~5	1.2(0)	1~3	0.2	1~7
丰大 686	16	102	288	103	1.1	0.8	0	0.7	0.3	9.9(0)	1~5	0.7(0)	1~3	0.1	1~9
新科 1903	17	101	277	86	2.3	0.8	12.5	2.7	0.5	11.0(0)	1~5	0.5(0)	1~3	0.1	1~9
航硕 11	18	101	269	95	0.7	0.3	0	1.4	0.5	4.7(0)	1~5	0.8(1)	1~3	1.0	3~7
郑单 958	19	101	254	100	3.7	1.6	12.5	0.7	0.8	20.3(1)	1~5	1.0(0)	1~5	1.0	1~9

注:倒点率指倒伏倒折率之和≥15.0%的试点比率。

表 1-11　2021 年河南省玉米品种 4500 株/亩区域试验 A 组田间性状调查结果(二)

品种	编号	株型	芽鞘色	第一叶形状	叶色	雄穗分枝数	雄穗颖片颜色	花药颜色	花丝颜色	苞叶长度	总叶片数/片
伟科 9136	1	紧凑	紫	匙形	绿	中等,枝长中等	绿	绿	浅紫	中	19.6
隆平 146	2	半紧凑	紫	匙形	绿	少且枝长	绿	紫	浅紫	中	19.4
ZB1902	3	半紧凑	紫	匙形	绿	中等,枝长中等	绿	浅紫	浅紫	长	19.6
囤玉 329	4	半紧凑	紫	匙形	绿	中等,枝长中等	绿	紫	绿	中	19.4
金颗 106	5	半紧凑	紫	匙形	绿	少且枝长	绿	紫	浅紫	短	19.0
机玉 519	6	半紧凑	紫	匙形	绿	中等,枝长中等	绿	绿	绿	中	20.3
北科 15	7	紧凑	深紫	匙形	绿	中等,枝长中等	绿	浅紫	浅紫	中	19.0
豫单 963	8	紧凑	紫	匙形	绿	多且枝短	绿	浅紫	浅紫	长	19.2
泓丰 5505	9	紧凑	紫	匙形	绿	中等,枝长中等	绿	浅紫	紫	中	19.6
先玉 1975	10	半紧凑	紫	匙形	绿	少且枝长	绿	绿	浅紫	中	19.4
郑泰 101	11	紧凑	紫	匙形	绿	中等,枝长中等	绿	绿	浅紫	长	18.6
澧玉 338	12	半紧凑	紫	匙形	绿	中等,枝长中等	绿	紫	浅紫	长	19.4
郑单 602	13	紧凑	紫	匙形	绿	中等,枝长中等	绿	绿	浅紫	中	19.0
盈满 618	14	半紧凑	浅紫	匙形	绿	中等,枝长中等	绿	浅紫	绿	中	19.4
德单 210	15	紧凑	紫	匙形	绿	中等,枝长中等	绿	绿	浅紫	长	19.6
丰大 686	16	紧凑	紫	圆到匙形	绿	少,枝长中等	绿	紫	紫	中	19.6
新科 1903	17	半紧凑	紫	匙形	绿	中等,枝长中等	绿	紫	浅紫	中	18.6
航硕 11	18	紧凑	紫	匙形	绿	少且枝长	绿	浅紫	浅紫	中	19.4
郑单 958	19	紧凑	紫	匙形	绿	多,枝长中等	绿	绿	浅紫	长	19.6

7.室内考种结果

各品种室内考种结果见表 1-12。

表 1-12　2021 年河南省玉米品种 4500 株/亩区域试验 A 组穗部性状室内考种结果

品种	编号	穗长/cm	穗粗/cm	穗行数/行	行粒数/粒	秃尖长/cm	轴粗/cm	出籽率/%	百粒重/g	穗型	轴色	粒型	粒色	结实性
伟科 9136	1	17.4	4.7	14.6	34.4	0.6	2.9	88.4	30.7	长筒	红	半马齿	黄	好
隆平 146	2	17.2	4.5	14.5	34.6	0.9	2.6	87.4	28.4	长筒	红	半马齿	黄	一般
ZB1902	3	17.7	4.5	15.3	34.9	1.2	2.8	87.5	28.6	长筒	红	半马齿	黄	一般
囤玉 329	4	17.5	4.9	16.4	30.0	1.3	2.8	88.7	35.3	长筒	白	半马齿	黄	一般
金颗 106	5	17.7	4.8	16.6	32.4	1.3	2.9	87.4	30.3	长筒	红	半马齿	黄	好
机玉 519	6	16.6	4.9	14.7	30.3	0.3	3.0	89.4	35.0	长锥	红	半马齿	黄	好
北科 15	7	15.9	5.0	16.8	32.0	0.7	3.0	88.4	29.6	短筒	白	半马齿	黄	好
豫单 963	8	17.3	4.7	16.6	32.5	1.5	3.0	84.9	26.3	长筒	红	半马齿	黄	一般
泓丰 5505	9	16.4	5.3	17.3	30.7	0.8	3.2	87.0	34.5	短筒	白	半马齿	黄	一般
先玉 1975	10	19.4	4.5	14.5	36.6	0.7	2.6	89.3	28.3	长筒	红	半马齿	黄	一般
郑泰 101	11	17.4	4.6	15.7	33.2	0.8	2.8	86.8	27.3	长筒	红	半马齿	黄	好
澧玉 338	12	17.2	5.0	16.8	31.7	1.0	3.0	88.7	30.5	短筒	红	半马齿	黄	一般
郑单 602	13	16.8	4.7	16.4	33.7	1.1	2.8	88.7	26.6	长锥	红	半马齿	黄	一般
盈满 618	14	18.2	4.7	15.9	33.8	1.0	2.9	87.2	30.9	长锥	红	半马齿	黄	好
德单 210	15	17.7	4.7	14.2	36.9	0.1	2.9	88.3	27.5	长筒	紫	半马齿	黄	好
丰大 686	16	17.1	4.9	16.7	30.2	1.0	2.8	88.6	33.5	短筒	红	马齿	黄	好
新科 1903	17	16.2	4.9	16.7	31.3	1.1	3.0	86.0	29.2	短筒	红	半马齿	黄	好
航硕 11	18	16.7	4.9	16.5	29.5	1.8	2.8	87.8	31.7	短筒	红	马齿	黄	一般
郑单 958	19	16.1	4.8	15.1	33.2	0.4	3.0	88.3	26.9	短筒	白	半马齿	黄	好

8.抗病性接种鉴定结果

各品种抗病性接种鉴定结果见表1-13。

表1-13　2021年河南省玉米品种4500株/亩区域试验A组抗病性接种鉴定结果

品种	编号	接种编号	茎腐病		小斑病病级	穗腐病平均病级	锈病病级	弯孢叶斑病病级	瘤黑粉病	
			发病率/%	病级					发病率/%	病级
伟科9136	1	K1-47	0	1	5	1.6	9	9	100	9
隆平146	2	K1-56	12.5	5	5	3.9	9	7	0	1
ZB1902	3	K1-03	0	1	5	2.9	7	7	40	7
囤玉329	4	K1-16	0	1	1	2.9	5	7	80	9
金颗106	5	K1-37	29.2	5	3	3.9	7	7	0	1
机玉519	6	K1-31	0	1	1	2.3	3	5	60	9
北科15	7	K1-20	0	1	7	3.6	5	9	20	5
豫单963	8	K1-14	0	1	7	5.7	5	7	100	9
泓丰5505	9	K1-28	0	1	7	3.4	5	7	80	9
先玉1975	10	K1-29	8.3	3	3	3.1	9	3	100	9
郑泰101	11	K1-34	0	1	1	2.3	7	5	40	7
澧玉338	12	K1-51	12.5	5	3	2.9	9	5	40	7
郑单602	13	K1-32	8.3	3	3	2.1	9	5	80	9
盈满618	14	K1-36	0	1	3	3.9	5	9	0	1
德单210	15	K1-46	0	1	1	1.6	7	5	100	9
丰大686	16	K1-06	25	5	5	4.2	5	7	0	1
新科1903	17	K1-38	12.5	5	3	1.6	9	7	100	9
航硕11	18	K1-25	0	1	1	2.1	9	7	40	7
郑单958	19	CK	14.8	5	3	4.2	9	3	0	1

9.品质分析结果

参试品种籽粒品质分析结果见表1-14。

表1-14　2021年河南省玉米品种4500株/亩区域试验A组品质分析结果

品种	编号	水分/%	容重/(g/L)	粗蛋白质/%	粗脂肪/%	赖氨酸/%	粗淀粉/%
伟科9136	1	12.3	760	9.24	3.7	0.30	76.15
隆平146	2	11.9	801	10.6	4.2	0.32	74.14
ZB1902	3	12.1	760	9.97	3.4	0.32	74.90
囤玉329	4	12.0	774	9.76	3.2	0.34	75.51
金颗106	5	11.7	763	9.93	3.2	0.33	75.49
机玉519	6	12.0	779	8.73	3.6	0.32	75.59
北科15	7	11.9	758	9.61	3.9	0.32	74.14

续表 1-14

品种	编号	水分/%	容重/(g/L)	粗蛋白质/%	粗脂肪/%	赖氨酸/%	粗淀粉/%
豫单 963	8	11.5	802	11.0	5.2	0.33	71.63
泓丰 5505	9	12.0	762	9.37	4.1	0.30	75.32
先玉 1975	10	12.1	762	9.08	3.5	0.32	76.11
郑泰 101	11	11.3	752	9.75	4.2	0.33	73.99
澧玉 338	12	11.6	756	9.21	4.3	0.32	74.03
郑单 602	13	11.3	778	9.90	4.1	0.31	74.11
盈满 618	14	11.4	760	9.63	3.8	0.34	73.18
德单 210	15	11.6	738	9.36	3.4	0.32	75.36
丰大 686	16	11.3	758	9.92	3.2	0.36	74.14
新科 1903	17	11.3	764	9.76	3.4	0.33	73.60
航硕 11	18	11.6	750	10.0	3.2	0.36	74.37
郑单 958	19	12.1	758	8.39	3.6	0.30	77.44

10.DNA 检测比较结果

DNA 检测同名品种和疑似品种比较结果见表 1-15、表 1-16。

表 1-15　2021 年河南省玉米品种 4500 株/亩区域试验 A 组 DNA 检测同名品种比较结果

品种	编号	DNA 样品编号	对照样品来源	比较位点数	差异位点数
航硕 11	18	MHN2100090	2020 年河南省区域试验	40	3
豫单 963	8	MHN2100123	2020 年河南省区域试验	40	8

表 1-16　2021 年河南省玉米品种 4500 株/亩区域试验 A 组 DNA 检测疑似品种比较结果

品种	编号	DNA 样品编号	对照	对照样品来源	比较位点数	差异位点数
德单 210	15	MHN2100087	德单 217	2020 年德农种业绿色通道	40	2
隆平 146	2	MHN2100118	LPA113	2019~2020 年隆平高科绿色通道	40	3
金科 106	5	MHN2100121	亿科 209	农业农村部征集审定品种标样	40	3
金科 106	5	MHN2100121	真金 308	农业农村部品种权保护标样	40	3

五、品种评述及建议

(一)囤玉 329

1.产量表现

2020 年试验平均亩产 737.78 kg,比对照(郑单 958)增产 11.84%,居本组试验第 1

位,与对照相比差异达极显著水平,全省12个试点12增0减,增产点比率为100%,丰产性、稳产性好。

2021年试验平均亩产626.67 kg,比对照(郑单958)增产16.25%,居本组试验第2位,与对照相比差异达极显著水平,全省8个试点8增0减,增产点比率为100%,丰产性、稳产性好。

综合两年20点次的试验结果(见表1-3):该品种平均亩产693.33 kg,比郑单958增产13.43%,增产点数:减产点数=20:0,增产点比率为100%,丰产性、稳产性好。

2.特征特性

2020年,该品种生育期105 d,比对照(郑单958)早熟0 d,平均株高278 cm,穗位高106 cm;倒伏率0.2%,倒折率0.1%,倒伏倒折率之和≥15.0%的试点比率为0%;空秆率0.5%,双穗率为0%;自然发病情况为:茎腐病0.8%(0%~6.7%),小斑病1~3级,穗腐病1.8%(≥2.0%试点比率0%),弯孢叶斑病1~3级,瘤黑粉病0%,锈病1~3级;株型紧凑,总叶片数18~20片;芽鞘紫色,第一叶形状圆到匙形,叶片绿色,雄穗分枝数中等,花药浅紫色,花丝浅紫色,苞叶长度中;穗长18.1 cm,穗粗5.1 cm,穗行数16.4,行粒数30.9,秃尖长1.6 cm;出籽率87.3%,千粒重384.6 g。筒型穗,白轴,籽粒半马齿型,黄粒,结实性中。从植物学特征和生理学特性看,该品种的种性表现稳定。

2021年,该品种生育期102 d,比对照(郑单958)晚熟1 d,平均株高259 cm,穗位高97 cm;倒伏率0.9%,倒折率0.1%,倒伏倒折率之和≥15.0%的试点比率为0%;空秆率0.6%,双穗率0.2%;自然发病情况为:茎腐病2.7%(高感点次0),小斑病1~5级,穗腐病0.5%(高感点次0),弯孢叶斑病1~5级,瘤黑粉病0.2%,锈病1~5级;株型半紧凑,总叶片数19.4片;芽鞘紫色,第一叶形状匙形,叶片绿色,雄穗分枝数中等,枝长中等,花药紫色,花丝绿色,苞叶长度中;穗长17.5 cm,穗粗4.9 cm,穗行数16.4,行粒数30.0,秃尖长1.3 cm;出籽率88.7%,百粒重35.3 g。长筒型穗,白轴,籽粒半马齿型,黄粒,结实性一般。

从两年区域试验结果对比看,该品种的遗传性状基本稳定。

3.抗病性鉴定

根据2020年河南农业大学植保学院人工接种鉴定汇总报告:该品种高抗小斑病、锈病,抗穗腐病、瘤黑粉病,中抗茎腐病、弯孢叶斑病。

根据2021年河南农业大学植保学院人工接种鉴定汇总报告:该品种茎腐病1级、小斑病1级、穗腐病平均病级2.9级、锈病5级、弯孢叶斑病7级,瘤黑粉病9级。

4.品质分析

根据2020年农业农村部农产品质量监督检验测试中心(郑州)对该品种多点套袋果穗的籽粒混合样品品质分析检验报告:容重782 g/L,粗蛋白质11.5%,粗脂肪3.1%,赖氨酸0.36%,粗淀粉72.96%。

根据2021年农业农村部农产品质量监督检验测试中心(郑州)对该品种多点套袋果穗的籽粒混合样品品质分析检验报告:容重774 g/L,粗蛋白质9.76%,粗脂肪3.2%,赖氨酸0.34%,粗淀粉75.51%。

5.试验建议

该品种综合表现优良,且2021年区域试验、生产试验同时进行,如生产试验通过,建议推审。

（二）郑泰 101

1.产量表现

2020 年试验平均亩产 751.11 kg，比对照（郑单 958）增产 12.2%，居本组试验第 1 位，与对照相比差异达极显著水平，全省 12 个试点 11 增 1 减，增产点比率为 91.67%，丰产性、稳产性好。

2021 年试验平均亩产 593.89 kg，比对照（郑单 958）增产 10.15%，居本组试验第 8 位，与对照相比差异达极显著水平，全省 8 个试点 8 增 0 减，增产点比率为 100%，丰产性、稳产性好。

综合两年 20 点次的试验结果（见表 1-3）：该品种平均亩产 688.22 kg，比郑单 958 增产 11.50%，增产点数：减产点数=19∶1，增产点比率为 95%，丰产性、稳产性好。

2.特征特性

2020 年，该品种生育期 105 d，比对照（郑单 958）早熟 0 d，平均株高 298 cm，穗位高 110 cm；倒伏率 0.7%，倒折率 0.3%，倒伏倒折率之和≥15.0%的试点比率为 0%；空秆率 0.6%，双穗率 0%；自然发病情况为：茎腐病 1.3%（0%～4.5%），小斑病 1～3 级，穗腐病 2.0%（≥2.0%试点比率 8.3%），弯孢叶斑病 1～3 级，瘤黑粉病 0.2%，锈病 1～7 级；株型紧凑，总叶片数 17～20 片；芽鞘紫色，第一叶形状圆到匙形，叶片绿色，雄穗分枝数中，花药黄色，花丝浅紫色，苞叶长度长；穗长 18.7 cm，穗粗 5.0 cm，穗行数 15.5，行粒数 35.3，秃尖长 1.4 cm；出籽率 85.8%，千粒重 342.4 g。筒型穗，红轴，籽粒半马齿型，黄粒，结实性中。从植物学特征和生理学特性看，该品种的种性表现较稳定。

2021 年，该品种生育期 101 d，比对照（郑单 958）早熟 0 d，平均株高 283 cm，穗位高 103 cm；倒伏率 1.0%，倒折率 0.2%，倒伏倒折率之和≥15.0%的试点比率为 0%；空秆率 0.5%，双穗率 0.6%；自然发病情况为：茎腐病 7.6%（高感点次 0），小斑病 1～5 级，穗腐病 0.4%（高感点次 0），弯孢叶斑病 1～3 级，瘤黑粉病 0.1%，锈病 1～7 级；株型紧凑，总叶片数 18.6；芽鞘紫色，第一叶匙形，叶片绿色，雄穗分枝数中等，枝长中等，花药绿色，花丝浅紫色，苞叶长度长；穗长 17.4 cm，穗粗 4.6 cm，穗行数 15.7，行粒数 33.2，秃尖长 0.8 cm；出籽率 86.8%，百粒重 27.3 g。长筒型穗，红轴，籽粒半马齿型，黄粒，结实性好。

从两年区域试验结果对比看，该品种的遗传性状基本稳定。

3.抗病性鉴定

根据 2020 年河南农业大学植保学院人工接种鉴定汇总报告：该品种高抗茎腐病、锈病，抗小斑病、穗腐病，中抗弯孢叶斑病；感瘤黑粉病。

根据 2021 年河南农业大学植保学院人工接种鉴定汇总报告：该品种茎腐病 1 级、小斑病 1 级、穗腐病 2.3 级、锈病 7 级、弯孢叶斑病 5 级，瘤黑粉病 7 级。

4.品质分析

根据 2020 年农业农村部农产品质量监督检验测试中心（郑州）对该品种多点套袋果穗的籽粒混合样品品质分析检验报告：容重 760 g/L，粗蛋白质 11.1%，粗脂肪 4.5%，赖氨酸 0.33%，粗淀粉 72.11%。

根据 2021 年农业农村部农产品质量监督检验测试中心（郑州）对该品种多点套袋果

穗的籽粒混合样品品质分析检验报告:容重 752 g/L,粗蛋白质 9.75%,粗脂肪 4.2%,赖氨酸 0.33%,粗淀粉 73.99%。

5.试验建议

该品种综合表现优良,建议晋升生产试验。

(三)盈满 618

1.产量表现

2020 年试验平均亩产 730.00 kg,比对照(郑单 958)增产 10.68%,居本组试验第 2 位,与对照相比差异达极显著水平,全省 12 个试点 11 增 1 减,增产点比率为 91.67%,丰产性、稳产性好。

2021 年试验平均亩产 607.78 kg,比对照(郑单 958)增产 12.7%,居本组试验第 6 位,与对照相比差异达极显著水平,全省 8 个试点 8 增 0 减,增产点比率为 100%,丰产性、稳产性好。

综合两年 20 点次的试验结果(见表 1-3):该品种平均亩产 681.11 kg,比郑单 958 增产 11.43%,增产点数:减产点数=19:1,增产点比率为 95%,丰产性、稳产性好。

2.特征特性

2020 年,该品种生育期 105 d,比对照(郑单 958)早熟 0 d,平均株高 273 cm,穗位高 104 cm;倒伏率 6.1%,倒折率 3%,倒伏倒折率之和≥15.0%的试点比率为 25%;空秆率 0.8%,双穗率 0%;自然发病情况为:茎腐病 1.2%(0%~7.1%),小斑病 1~3 级,穗腐病 1.3%(≥2.0%试点比率 0%),弯孢叶斑病 1~3 级,瘤黑粉病 0.1%,锈病 1~3 级;株型半紧凑,总叶片数 19~21 片;芽鞘浅紫色,第一叶形状圆到匙形,叶片绿色,雄穗分枝数少,花药黄色,花丝绿色,苞叶长度中;穗长 18.0 cm,穗粗 4.9 cm,穗行数 16,行粒数 33.7,秃尖长 1.4 cm;出籽率 85.9%,千粒重 359.6 g。筒型穗,红轴,籽粒半马齿型,黄粒,结实性好。从植物学特征和生理学特性看,该品种的种性表现较稳定。

2021 年,该品种生育期 102 d,比对照(郑单 958)晚熟 1 d,平均株高 263 cm,穗位高 99 cm;倒伏率 1.0%,倒折率 0.8%,倒伏倒折率之和≥15.0%的试点比率为 0%;空秆率 1.6%,双穗率 0.2%;自然发病情况为:茎腐病 2.2%(高感点次 0),小斑病 1~3 级,穗腐病 1%(遂平 4.48%,高感点次 1),弯孢叶斑病 1~3 级,瘤黑粉病 0.2%,锈病 1~9 级;株型半紧凑,总叶片数 19.4 片;芽鞘浅紫色,第一叶形状匙形,叶片绿色,雄穗分枝数中等,枝长中等,花药浅紫色,花丝绿色,苞叶长度中;穗长 18.2 cm,穗粗 4.7 cm,穗行数 15.9,行粒数 33.8,秃尖长 1.0 cm;出籽率 87.2%,百粒重 30.9 g。长锥型穗,红轴,籽粒半马齿型,黄粒,结实性好。

从两年区域试验结果对比看,该品种的遗传性状基本稳定。

3.抗病性鉴定

根据 2020 年河南农业大学植保学院人工接种鉴定汇总报告:该品种高抗锈病,抗茎腐病、小斑病、穗腐病、瘤黑粉病;感弯孢叶斑病。

根据 2021 年河南农业大学植保学院人工接种鉴定汇总报告:该品种茎腐病 1 级、小斑病 3 级、穗腐病 3.9 级、锈病 5 级、弯孢叶斑病 9 级,瘤黑粉病 1 级。

4.品质分析

根据 2020 年农业农村部农产品质量监督检验测试中心(郑州)对该品种多点套袋果

穗的籽粒混合样品品质分析检验报告：容重 772 g/L，粗蛋白质 11.0%，粗脂肪 4.0%，赖氨酸 0.36%，粗淀粉 73.35%。

根据 2021 年农业农村部农产品质量监督检验测试中心（郑州）对该品种多点套袋果穗的籽粒混合样品品质分析检验报告：容重 760 g/L，粗蛋白质 9.63%，粗脂肪 3.8%，赖氨酸 0.34%，粗淀粉 73.18%。

5.试验建议

该品种综合表现优良，建议晋升生产试验。

（四）澧玉 338

1.产量表现

2020 年试验平均亩产 737.22 kg，比对照（郑单 958）增产 10.11%，居本组试验第 4 位，与对照相比差异达极显著水平，全省 12 个试点 10 增 1 减 1 平，增产点比率为 91.67%，丰产性、稳产性好。

2021 年试验平均亩产 610.56 kg，比对照（郑单 958）增产 13.29%，居本组试验第 5 位，与对照相比差异达极显著水平，全省 8 个试点 8 增 0 减，增产点比率为 100%，丰产性、稳产性好。

综合两年 20 点次的试验结果（见表 1-3）：该品种平均亩产 686.55 kg，比郑单 958 增产 11.23%，增产点数∶减产点数∶平产点数＝18∶1∶1，增产点比率为 90%，丰产性、稳产性好。

2.特征特性

2020 年，该品种生育期 105 d，与对照（郑单 958）同熟，平均株高 289 cm，穗位高 117 cm；倒伏率 0.1%，倒折率 0.5%，倒伏倒折率之和≥15.0%的试点比率为 0%；空秆率 1.7%，双穗率 0.5%；自然发病情况为：茎腐病 0.8%（0%～2.6%），小斑病 1～3 级，穗腐病 4.8%（≥2.0%试点比率 16.7%），弯孢叶斑病 1～5 级，瘤黑粉病 0.1%，锈病 1～7 级；株型半紧凑，总叶片数 18～19 片；芽鞘紫色，第一叶形状匙形，叶片绿色，雄穗分枝数中等，花药绿色，花丝紫色，苞叶长度中；穗长 17.5 cm，穗粗 5.2 cm，穗行数 16.5，行粒数 32.2，秃尖长 1.3 cm；出籽率 86.6%，千粒重 368.1 g。筒型穗，红轴，籽粒半马齿型，黄粒，结实性中。从植物学特征和生理学特性看，该品种的种性表现较稳定。

2021 年，该品种生育期 101 d，与对照（郑单 958）同熟，平均株高 274 cm，穗位高 108 cm；倒伏率 0.4%，倒折率 0%，倒伏倒折率之和≥15.0%的试点比率为 0%；空秆率 1.0%，双穗率 0.3%；自然发病情况为：茎腐病 6.9%（高感点次 0），小斑病 1～5 级，穗腐病 1.7%（荥阳 5%，高感点次 1，且≥2.0%的试点比率为 50.0%），弯孢叶斑病 1～3 级，瘤黑粉病 0.2%，锈病 1～9 级；株型半紧凑，总叶片数 19.4 片；芽鞘紫色，第一叶形状匙形，叶片绿色，雄穗分枝数中等，枝长中等，花药紫色，花丝浅紫色，苞叶长度长；穗长 17.2 cm，穗粗 5.0 cm，穗行数 16.8，行粒数 31.7，秃尖长 1.0 cm；出籽率 88.7%，百粒重 30.5 g。短筒型穗，红轴，籽粒半马齿型，黄粒，结实性一般。

从两年区域试验结果对比看，该品种的遗传性状基本稳定。

3.抗病性鉴定

根据 2020 年河南农业大学植保学院人工接种鉴定汇总报告：该品种高抗茎腐病，抗小斑病、弯孢叶斑病、穗腐病，中抗锈病；感瘤黑粉病。

根据2021年河南农业大学植保学院人工接种鉴定汇总报告：该品种茎腐病5级、小斑病3级、穗腐病2.9级、锈病9级、弯孢叶斑病5级，瘤黑粉病7级。

4.品质分析

根据2020年农业农村部农产品质量监督检验测试中心(郑州)对该品种多点套袋果穗的籽粒混合样品品质分析检验报告：容重748 g/L，粗蛋白质10.7%，粗脂肪3.2%，赖氨酸0.32%，粗淀粉73.78%。

根据2021年农业农村部农产品质量监督检验测试中心(郑州)对该品种多点套袋果穗的籽粒混合样品品质分析检验报告：容重756 g/L，粗蛋白质9.21%，粗脂肪4.3%，赖氨酸0.32%，粗淀粉74.03%。

5.试验建议

该品种穗腐病发病率≥2.0%的试点比率为50.0%，建议淘汰。

(五)泓丰5505

1.产量表现

2020年试验平均亩产706.67 kg，比对照(郑单958)增产5.56%，居本组试验第10位，与对照相比差异不显著，全省12个试点10增2减，增产点比率为83.33%，丰产性、稳产性较好。

2021年试验平均亩产643.33 kg，比对照(郑单958)增产19.33%，居本组试验第1位，与对照相比差异极显著，全省8个试点8增0减，增产点比率为100%，丰产性、稳产性较好。

综合两年20点次的试验结果(见表1-3)：该品种平均亩产681.34 kg，比郑单958增产10.39%，增产点数：减产点数=18：2，增产点比率为90%，丰产性、稳产性好。

2.特征特性

2020年，该品种生育期105 d，比对照(郑单958)早熟0 d，平均株高312 cm，穗位高116 cm；倒伏率0.1%，倒折率0.4%，倒伏倒折率之和≥15.0%的试点比率为0%；空秆率2.2%，双穗率0.1%；自然发病情况为：茎腐病0.8%(0%~2.8%)，小斑病1~3级，穗腐病1.9%(≥2.0%试点比率0%)，弯孢叶斑病1~3级，瘤黑粉病0%，锈病1~5级；株型紧凑，总叶片数18~21片；芽鞘紫色，第一叶形状匙形，叶片绿色，雄穗分枝数中，花药黄色，花丝红色，苞叶长度中；穗长17.3 cm，穗粗5.3 cm，穗行数16.5，行粒数32.4，秃尖长1.1 cm；出籽率83.9%，千粒重370.5 g。筒型穗，白轴，籽粒半马齿型，黄粒，结实性好。从植物学特征和生理学特性看，该品种的种性表现较稳定。

2021年，该品种生育期102 d，比对照(郑单958)晚熟1 d，平均株高295 cm，穗位高112 cm；倒伏率1.2%，倒折率0.5%，倒伏倒折率之和≥15.0%的试点比率为0%；空秆率1.0%，双穗率0.5%；自然发病情况为：茎腐病5.6%(高感点次0)，小斑病1~5级，穗腐病0.5%(高感点次0)，弯孢叶斑病1~5级，瘤黑粉病0.2%，锈病3~7级；株型紧凑，总叶片数19.6片；芽鞘紫色，第一叶形状匙形，叶片绿色，雄穗分枝数中等，枝长中等，花药浅紫色，花丝深紫色，苞叶长度中；穗长16.4 cm，穗粗5.3 cm，穗行数17.3，行粒数30.7，秃尖长0.8 cm；出籽率87%，百粒重34.5 g。短筒型穗，白轴，籽粒半马齿型，黄粒，结实性一般。

从两年区域试验结果对比看，该品种的遗传性状基本稳定。

3.抗病性鉴定

根据2020年河南农业大学植保学院人工接种鉴定汇总报告：该品种高抗茎腐病、穗腐病、瘤黑粉病、锈病，抗小斑病，中抗弯孢叶斑病。

根据2021年河南农业大学植保学院人工接种鉴定汇总报告：该品种茎腐病1级、小斑病7级、穗腐病3.4级、锈病5级、弯孢叶斑病7级，瘤黑粉病9级。

4.品质分析

根据2020年农业农村部农产品质量监督检验测试中心（郑州）对该品种多点套袋果穗的籽粒混合样品品质分析检验报告：容重774 g/L，粗蛋白质10.1%，粗脂肪3.4%，赖氨酸0.29%，粗淀粉73.51%。

根据2021年农业农村部农产品质量监督检验测试中心（郑州）对该品种多点套袋果穗的籽粒混合样品品质分析检验报告：容重762 g/L，粗蛋白质9.37%，粗脂肪4.1%，赖氨酸0.30%，粗淀粉75.32%。

5.试验建议

该品种综合表现较好，2021年区域试验、生产试验同时进行，若生产试验通过，建议推审。

（六）机玉519

1.产量表现

2020年试验平均亩产708.89 kg，比对照（郑单958）增产7.47%，居本组试验第6位，与对照相比差异达极显著水平，全省12个试点11增1减，增产点比率为91.67%，丰产性、稳产性较好。

2021年试验平均亩产613.33 kg，比对照（郑单958）增产13.73%，居本组试验第3位，与对照相比差异达极显著水平，全省8个试点8增0减，增产点比率为100%，丰产性、稳产性好。

综合两年20点次的试验结果（见表1-3）：该品种平均亩产670.67 kg，比郑单958增产9.73%，增产点数：减产点数=19∶1，增产点比率为95%，丰产性、稳产性好。

2.特征特性

2020年，该品种生育期104 d，比对照（郑单958）早熟1 d，平均株高272 cm，穗位高113 cm；倒伏率0.9%，倒折率6.5%，倒伏倒折率之和≥15.0%的试点比率为16.7%；空秆率0.9%，双穗率1.3%；自然发病情况为：茎腐病1%（0%～2.9%），小斑病1～3级，穗腐病1.2%（≥2.0%试点比率0%），弯孢叶斑病1～3级，瘤黑粉病0%，锈病1～5级；株型半紧凑，总叶片数19～21片；芽鞘浅紫色，第一叶形状圆到匙形，叶片绿色，雄穗分枝数中等，花药黄色，花丝青色，苞叶长度中；穗长17.9 cm，穗粗5.0 cm，穗行数14.9，行粒数32.4，秃尖长0.7 cm；出籽率86.4%，千粒重392.1 g。筒型穗，红轴，籽粒半马齿型，黄粒，结实性中。从植物学特征和生理学特性看，该品种的种性表现稳定。

2021年，该品种生育期103 d，比对照（郑单958）晚熟熟2 d，平均株高258 cm，穗位高102 cm；倒伏率0.7%，倒折率1.7%，倒伏倒折率之和≥15.0%的试点比率为0%；空秆率0.5%，双穗率3.3%；自然发病情况为：茎腐病1.5%（高感点次0），小斑病1～3级，穗腐病0.6%（高感点次0），弯孢叶斑病1～5级，瘤黑粉病0.1%，锈病1～7级；株型半紧凑，总叶片数 20.3 片；芽鞘紫色，第一叶形状匙形，叶片绿色，雄穗分枝数中等，枝长中等，花药绿色，花丝青色，苞叶长度中；穗长 16.6 cm，穗粗 4.9 cm，穗行数 14.7，行粒数 30.3，秃尖长 0.3 cm；出籽率 89.4%，百粒重 35.0 g。长锥型穗，红轴，籽粒半马齿型，黄粒，结实性好。

从两年区域试验结果对比看，该品种的遗传性状基本稳定。

3.抗病性鉴定

根据 2020 年河南农业大学植保学院人工接种鉴定汇总报告：该品种高抗茎腐病、小斑病、穗腐病、锈病，中抗瘤黑粉病；感弯孢叶斑病。

根据 2021 年河南农业大学植保学院人工接种鉴定汇总报告：该品种茎腐病 1 级、小斑病 1 级、穗腐病 2.3 级、锈病 3 级、弯孢叶斑病 5 级，瘤黑粉病 9 级。

4.品质分析

根据 2020 年农业农村部农产品质量监督检验测试中心（郑州）对该品种多点套袋果穗的籽粒混合样品品质分析检验报告：容重 792 g/L，粗蛋白质 9.60%，粗脂肪 3.4%，赖氨酸 0.34%，粗淀粉 74.49%。

根据 2021 年农业农村部农产品质量监督检验测试中心（郑州）对该品种多点套袋果穗的籽粒混合样品品质分析检验报告：容重 779 g/L，粗蛋白质 8.73%，粗脂肪 3.6%，赖氨酸 0.32%，粗淀粉 75.59%。

5.试验建议

该品种综合表现较好，建议晋升生产试验。

（七）北科 15

1.产量表现

2020 年试验平均亩产 714.44 kg，比对照（郑单 958）增产 8.65%，居本组试验第 3 位，与对照相比差异达极显著水平，全省 12 个试点 12 增 0 减，增产点比率为 100%，丰产性、稳产性好。

2021 年试验平均亩产 595.56 kg，比对照（郑单 958）增产 10.48%，居本组试验第 7 位，与对照相比差异达极显著水平，全省 8 个试点 8 增 0 减，增产点比率为 100%，丰产性、稳产性好。

综合两年 20 点次的试验结果（见表 1-3）：该品种平均亩产 666.89 kg，比郑单 958 增产 9.35%，增产点数：减产点数=20∶0，增产点比率为 100%，丰产性、稳产性好。

2.特征特性

2020 年，该品种生育期 105 d，比对照（郑单 958）早熟 0 d，平均株高 266 cm，穗位高 109 cm；倒伏率 0.3%，倒折率 0.3%，倒伏倒折率之和≥15.0%的试点比率为 0%；空秆率 0.5%，双穗率 0.8%；自然发病情况为：茎腐病 0.1%（0%～0.9%），小斑病 1～3 级，穗腐病 1.7%（≥2.0%试点比率 0%），弯孢叶斑病 1～3 级，瘤黑粉病 0.1%，锈病 1～3 级；株型半紧凑，总叶片数 18～20 片；芽鞘深紫色，第一叶形状圆到匙形，叶片绿色，雄穗分枝数少，花药紫色，花丝紫色，苞叶长度中；穗长 16.6 cm，穗粗 5.2 cm，穗行数 16.7，行粒数 32.3，秃尖长0.8 cm；出籽率 85.7%，千粒重 361.7 g。筒型穗，白轴，籽粒半马齿型，黄粒，结实性中。从植物学特征和生理学特性看，该品种的种性表现较稳定。

2021 年，该品种生育期 101 d，比对照（郑单 958）早熟 0 d，平均株高 254 cm，穗位高

101 cm;倒伏率 0.4%,倒折率 0.5%,倒伏倒折率之和≥15.0%的试点比率为 0%;空秆率 0.9%,双穗率 0.2%;自然发病情况为:茎腐病 2.0%(高感点次 0),小斑病 1~5 级,穗腐病 0.4%(高感点次 0),弯孢叶斑病 1~5 级,瘤黑粉病 0.4%,锈病 3~9 级;株型紧凑,总叶片数 19.0 片;芽鞘深紫色,第一叶形状匙形,叶片绿色,雄穗分枝数中等,枝长中等,花药浅紫色,花丝浅紫色,苞叶长度中;穗长 15.9 cm,穗粗 5.0 cm,穗行数 16.8,行粒数 32.0,秃尖长 0.7 cm;出籽率 88.4%,百粒重 29.6 g。短筒型穗,白轴,籽粒半马齿型,黄粒,结实性好。

从两年区域试验结果对比看,该品种的遗传性状基本稳定。

3.抗病性鉴定

根据 2020 年河南农业大学植保学院人工接种鉴定汇总报告:该品种高抗茎腐病、锈病,抗穗腐病,中抗小斑病、瘤黑粉病;感弯孢叶斑病。

根据 2021 年河南农业大学植保学院人工接种鉴定汇总报告:该品种茎腐病 1 级、小斑病 7 级、穗腐病 3.6 级、锈病 5 级、弯孢叶斑病 9 级,瘤黑粉病 5 级。

4.品质分析

根据 2020 年农业农村部农产品质量监督检验测试中心(郑州)对该品种多点套袋果穗的籽粒混合样品品质分析检验报告:容重 762 g/L,粗蛋白质 10.7%,粗脂肪 3.6%,赖氨酸 0.30%,粗淀粉 72.95%。

根据 2021 年农业农村部农产品质量监督检验测试中心(郑州)对该品种多点套袋果穗的籽粒混合样品品质分析检验报告:容重 758 g/L,粗蛋白质 9.61%,粗脂肪 3.9%,赖氨酸 0.32%,粗淀粉 74.14%。

5.试验建议

该品种综合表现优良,且 2021 年区域试验、生产试验同时进行,若生产试验通过,建议推审。

(八)丰大 686

1.产量表现

2020 年试验平均亩产 706.11 kg,比对照(郑单 958)增产 7.05%,居本组试验第 7 位,与对照相比差异达极显著水平,全省 12 个试点 10 增 2 减,增产点比率为 83.33%,丰产性、稳产性较好。

2021 年试验平均亩产 611.11 kg,比对照(郑单 958)增产 13.36%,居本组试验第 4 位,与对照相比差异达极显著水平,全省 8 个试点 8 增 0 减,增产点比率为 100%,丰产性、稳产性好。

综合两年 20 点次的试验结果(见表 1-3):该品种平均亩产 668.11 kg,比郑单 958 增产 9.31%,增产点数:减产点数=18:2,增产点比率为 90%,丰产性、稳产性好。

2.特征特性

2020 年,该品种生育期 104 d,比对照(郑单 958)早熟 1 d,平均株高 303 cm,穗位高 112 cm;倒伏率 2.1%,倒折率 0.5%,倒伏倒折率之和≥15.0%的试点比率为 8.3%;空秆率 1%,双穗率 0.1%;自然发病情况为:茎腐病 0.8%(0%~3.6%),小斑病 1~3 级,穗腐病 3.1%(≥2.0%试点比率 16.7%),弯孢叶斑病 1~3 级,瘤黑粉病 0%,锈病 1~3 级;株型半紧凑,总叶片数 19~21 片;芽鞘紫色,第一叶形状椭圆形,叶片绿色,雄穗分枝数少,花药紫色,花丝紫色,苞叶短;穗长 18.0 cm,穗粗 5.1 cm,穗行数 16.7,行粒数 33.0,秃尖长 1.0 cm;出籽率 87.2%,千粒重 369.7 g。筒型穗,红轴,籽粒半马齿型,黄粒,结实性好。从植物学特征和生理学特性看,该品种的种性表现较稳定。

2021 年,该品种生育期 102 d,比对照(郑单 958)晚熟 1 d,平均株高 288 cm,穗位高 103 cm;倒伏率 1.1%,倒折率 0.8%,倒伏倒折率之和≥15.0%的试点比率为 0%;空秆率 0.7%,双穗率 0.3%;自然发病情况为:茎腐病 9.9%(高感点次 0),小斑病 1~5 级,穗腐病 0.7%(高感点次 0),弯孢叶斑病 1~3 级,瘤黑粉病 0.1%,锈病 1~9 级;株型紧凑,总叶片数 19.6 片;芽鞘紫色,第一叶形状圆到匙形,叶片绿色,雄穗分枝数少,枝长中等,花药紫色,花丝紫色,苞叶长度适中;穗长 17.1 cm,穗粗 4.9 cm,穗行数 16.7,行粒数 30.2,秃尖长 1.0 cm;出籽率 88.6%,百粒重 33.5 g。短筒型穗,红轴,籽粒马齿型,黄粒,结实性好。

从两年区域试验结果对比看,该品种的遗传性状基本稳定。

3.抗病性鉴定

根据 2020 年河南农业大学植保学院人工接种鉴定汇总报告:该品种高抗锈病,抗茎腐病、小斑病、穗腐病,中抗弯孢叶斑病;感瘤黑粉病。

根据 2021 年河南农业大学植保学院人工接种鉴定汇总报告:该品种茎腐病 5 级、小斑病 5 级、穗腐病 4.2 级、锈病 5 级、弯孢叶斑病 7 级,瘤黑粉病 1 级。

4.品质分析

根据 2020 年农业农村部农产品质量监督检验测试中心(郑州)对该品种多点套袋果穗的籽粒混合样品品质分析检验报告:容重 771 g/L,粗蛋白质 11.0%,粗脂肪 2.7%,赖氨酸 0.36%,粗淀粉 74.26%。

根据 2021 年农业农村部农产品质量监督检验测试中心(郑州)对该品种多点套袋果穗的籽粒混合样品品质分析检验报告:容重 758 g/L,粗蛋白质 9.92%,粗脂肪 3.2%,赖氨酸 0.36%,粗淀粉 74.14%。

5.试验建议

该品种综合表现较好,建议晋升生产试验。

(九)伟科 9136

1.产量表现

2020 年试验平均亩产 730.56 kg,比对照(郑单 958)增产 9.11%,居本组试验第 5 位,与对照相比差异达极显著水平,全省 12 个试点 12 增 0 减,增产点比率为 100%,丰产性、稳产性好。

2021 年试验平均亩产 590.00 kg,比对照(郑单 958)增产 9.42%,居本组试验第 10 位,与对照相比差异达极显著水平,全省 8 个试点 7 增 1 减,增产点比率为 87.5%,丰产性、稳产性较好。

综合两年 20 点次的试验结果(见表 1-3):该品种平均亩产 674.34 kg,比郑单 958 增产9.25%,增产点数:减产点数=19:1,增产点比率为 95%,丰产性、稳产性好。

2.特征特性

2020 年,该品种生育期 105 d,与对照(郑单 958)同熟,平均株高 271 cm,穗位高 112 cm;倒伏率 0%,倒折率 0.2%,倒伏倒折率之和≥15.0%的试点比率为 0%;空秆率

0.4%,双穗率 1%;自然发病情况为:茎腐病 0.4%(0%~1.8%),小斑病 1~3 级,穗腐病 1.3%(≥2.0%试点比率 0%),弯孢叶斑病 1~3 级,瘤黑粉病 0.1%,锈病 1~5 级;株型紧凑,总叶片数 19~21 片;芽鞘紫色,第一叶形状圆到匙形,叶片绿色,雄穗分枝数中等,花药黄色,花丝浅紫色,苞叶长度中;穗长 18.1 cm,穗粗 5.0 cm,穗行数 15.9,行粒数 34.1,秃尖长 1.1 cm;出籽率 86.3%,千粒重 348.6 g。筒型穗,红轴,籽粒半马齿型,黄粒,结实性一般。从植物学特征和生理学特性看,该品种的种性表现较稳定。

2021 年,该品种生育期 101 d,与对照(郑单 958)同熟,平均株高 250 cm,穗位高 103 cm;倒伏率 0.2%,倒折率 0.3%,倒伏倒折率之和≥15.0%的试点比率为 0%;空秆率 0.5%,双穗率 0.7%;自然发病情况为:茎腐病 2.5%(高感点次 0),小斑病 1~3 级,穗腐病 0.8%(高感点次 0),弯孢叶斑病 1~3 级,瘤黑粉病 0.2%,锈病 3~9 级;株型紧凑,总叶片数 19.6 片;芽鞘紫色,第一叶形状匙形,叶片绿色,雄穗分枝数中等,枝长中等,花药绿色,花丝浅紫色,苞叶长度适中;穗长 17.4 cm,穗粗 4.7 cm,穗行数 14.6,行粒数 34.4,秃尖长 0.6 cm;出籽率 88.4%,百粒重 30.7 g。长筒型穗,红轴,籽粒半马齿型,黄粒,结实性好。

从两年区域试验结果对比看,该品种的遗传性状基本稳定。

3.抗病性鉴定

根据 2020 年河南农业大学植保学院人工接种鉴定汇总报告:该品种高抗小斑病,抗茎腐病、穗腐病、锈病;感弯孢叶斑病、瘤黑粉病。

根据 2021 年河南农业大学植保学院人工接种鉴定汇总报告:该品种茎腐病 1 级、小斑病 5 级、穗腐病 1.6 级、锈病 9 级、弯孢叶斑病 9 级,瘤黑粉病 9 级。

4.品质分析

根据 2020 年农业农村部农产品质量监督检验测试中心(郑州)对该品种多点套袋果穗的籽粒混合样品品质分析检验报告:容重 794 g/L,粗蛋白质 10.7%,粗脂肪 3.6%,赖氨酸 0.29%,粗淀粉 72.33%。

根据 2021 年农业农村部农产品质量监督检验测试中心(郑州)对该品种多点套袋果穗的籽粒混合样品品质分析检验报告:容重 760 g/L,粗蛋白质 9.24%,粗脂肪 3.7%,赖氨酸 0.30%,粗淀粉 76.15%。

5.试验建议

该品种综合表现较好,且 2021 年区域试验、生产试验同时进行,若生产试验通过,建议推审。

(十)先玉 1975

1.产量表现

2020 年试验平均亩产 747.78 kg,比对照(郑单 958)增产 11.7%,居本组试验第 2 位,与对照相比差异达极显著水平,全省 12 个试点 11 增 1 减,增产点比率为 91.67%,丰产性、稳产性好。

2021 年试验平均亩产 556.11 kg,比对照(郑单 958)增产 3.14%,居本组试验第 16 位,与对照相比差异不显著,全省 8 个试点 4 增 4 减,增产点比率为 50%,丰产性、稳产性一般。

综合两年 20 点次的试验结果(见表 1-3):该品种平均亩产 671.11 kg,比郑单 958 增产 8.73%，增产点数:减产点数=15:5，增产点比率为 75%，丰产性、稳产性一般。

2.特征特性

2020 年，该品种生育期 104 d，比对照(郑单 958)早熟 1 d，平均株高 307 cm，穗位高 117 cm;倒伏率 0 %，倒折率 0.4%，倒伏倒折率之和≥15.0%的试点比率为 0%;空秆率 1%，双穗率 0%;自然发病情况为:茎腐病 0.5%(0%~1.8%)，小斑病 1~3 级，穗腐病2.1%(≥2.0%试点比率 8.3%)，弯孢叶斑病 1~3 级，瘤黑粉病 0%，锈病 1~7 级;株型半紧凑，总叶片数 18~20 片;芽鞘紫色，第一叶形状圆到匙形，叶片绿色，雄穗分枝数少，花药黄色，花丝绿色，苞叶长度中;穗长 18.4 cm，穗粗 4.8 cm，穗行数 15，行粒数 34，秃尖长 1.1 cm;出籽率 88.6%，千粒重 361.2 g。筒型穗，红轴，籽粒半马齿型，黄粒，结实性好。从植物学特征和生理学特性看，该品种的种性表现较稳定。

2021 年，该品种生育期 101 d，比对照(郑单 958)早熟 0 d，平均株高 287 cm，穗位高 104 cm;倒伏率 1.0 %，倒折率 0.7%，倒伏倒折率之和≥15.0%的试点比率为 0%;空秆率 0.9%，双穗率 0.1%;自然发病情况为:茎腐病 8.6%(高感点次 0)，小斑病 1~7 级，穗腐病 1.3%(遂平 7.83%，高感点次 1)，弯孢叶斑病 1~3 级，瘤黑粉病 0.1%，锈病 3~9 级;株型半紧凑，总叶片数 19.4 片;芽鞘紫色，第一叶形状匙形，叶片绿色，雄穗分枝数少且枝长，花药绿色，花丝浅紫色，苞叶长度中;穗长 19.4 cm，穗粗 4.5 cm，穗行数 14.5，行粒数 33.6，秃尖长 0.7 cm;出籽率 89.3%，百粒重 28.3 g。长筒型穗，红轴，籽粒半马齿型，黄粒，结实性一般。

从两年区域试验结果对比看，该品种的遗传性状基本稳定。

3.抗病性鉴定

根据 2020 年河南农业大学植保学院人工接种鉴定汇总报告:该品种高抗茎腐病、小斑病，抗穗腐病、瘤黑粉病，中抗弯孢叶斑病;高感锈病。

根据 2021 年河南农业大学植保学院人工接种鉴定汇总报告:该品种茎腐病 3 级、小斑病 3 级、穗腐病 3.1 级、锈病 9 级、弯孢叶斑病 3 级，瘤黑粉病 9 级。

4.品质分析

根据 2020 年农业农村部农产品质量监督检验测试中心(郑州)对该品种多点套袋果穗的籽粒混合样品品质分析检验报告:容重 774 g/L，粗蛋白质 10.2%，粗脂肪 3.0%，赖氨酸 0.31%，粗淀粉 74.49%。

根据 2021 年农业农村部农产品质量监督检验测试中心(郑州)对该品种多点套袋果穗的籽粒混合样品品质分析检验报告:容重 762 g/L，粗蛋白质 9.08%，粗脂肪 3.5%，赖氨酸 0.32%，粗淀粉 76.11%。

5.试验建议

该品种综合表现一般，但 2021 年增产点率仅 50%，建议淘汰。

(十一)德单 210

1.产量表现

2020 年试验平均亩产 725.00 kg，比对照(郑单 958)增产 9.92%，居本组试验第 4 位，与对照相比差异达极显著水平，全省 12 个试点 10 增 2 减，增产点比率为 83.33%，丰产性、稳产性好。

2021 年试验平均亩产 568.33 kg，比对照(郑单 958)增产 5.38%，居本组试验第 13 位，与对照相比差异不显著，全省 8 个试点 7 增 1 减，增产点比率为 87,5%，丰产性、稳产性一般。

综合两年 20 点次的试验结果（见表 1-3）：该品种平均亩产 662.33 kg，比郑单 958 增产 8.36%，增产点数：减产点数 = 17∶3，增产点比率为 85%，丰产性、稳产性一般。

2.特征特性

2020 年，该品种生育期 104 d，比对照（郑单 958）早熟 1 d，平均株高 253 cm，穗位高 102 cm；倒伏率 0%，倒折率 0.6%，倒伏倒折率之和≥15.0%的试点比率为 0%；空秆率 0.5%，双穗率 0.7%；自然发病情况为：茎腐病 1.4%（0%～9.9%），小斑病 1～5 级，穗腐病 2.2%（≥2.0%试点比率 8.3%），弯孢叶斑病 1～3 级，瘤黑粉病 0.1%，锈病 1～5 级；株型紧凑，总叶片数 19～21 片；芽鞘浅紫色，第一叶形状匙形，叶片绿色，雄穗分枝数多，花药黄色，花丝青色，苞叶长度长；穗长 18.4 cm，穗粗 4.9 cm，穗行数 14.9，行粒数 37.6，秃尖长 0.3 cm；出籽率 86.6%，千粒重 338.2 g。筒型穗，红轴，籽粒半马齿型，黄粒，结实性好。从植物学特征和生理学特性看，该品种的种性表现稳定。

2021 年，该品种生育期 101 d，比对照（郑单 958）早熟 0 d，平均株高 255 cm，穗位高 96 cm；倒伏率 2.0%，倒折率 0.5%，倒伏倒折率之和≥15.0%的试点比率为 0%；空秆率 0.5%，双穗率 1.1%；自然发病情况为：茎腐病 5.6%（高感点次 0），小斑病 1～5 级，穗腐病 1.2%［穗腐病病粒率≥2.0%试点比率 37.1%（黄泛区、荥阳、遂平 3 点），高感点次 0］，弯孢叶斑病 1～3 级，瘤黑粉病 0.2%，锈病 1～7 级；株型紧凑，总叶片数 19.6 片；芽鞘紫色，第一叶形状匙形，叶片绿色，雄穗分枝数中等，枝长中等，花药绿色，花丝浅紫色，苞叶长度长；穗长 17.7 cm，穗粗 4.7 cm，穗行数 14.2，行粒数 36.9，秃尖长 0.1 cm；出籽率 88.3%，百粒重 27.5 g。长筒型穗，紫轴，籽粒半马齿型，黄粒，结实性好。

从两年区域试验结果对比看，该品种的遗传性状基本稳定。

3.抗病性鉴定

根据 2020 年河南农业大学植保学院人工接种鉴定汇总报告：该品种高抗小斑病，抗茎腐病、穗腐病，中抗锈病；高感瘤黑粉病，感弯孢叶斑病。

根据 2021 年河南农业大学植保学院人工接种鉴定汇总报告：该品种茎腐病 1 级、小斑病 1 级、穗腐病 1.6 级、锈病 7 级、弯孢叶斑病 5 级，瘤黑粉病 9 级。

4.品质分析

根据 2020 年农业农村部农产品质量监督检验测试中心（郑州）对该品种多点套袋果穗的籽粒混合样品品质分析检验报告：容重 767 g/L，粗蛋白质 10.5%，粗脂肪 4.3%，赖氨酸 0.33%，粗淀粉 72.99%。

根据 2021 年农业农村部农产品质量监督检验测试中心（郑州）对该品种多点套袋果穗的籽粒混合样品品质分析检验报告：容重 738 g/L，粗蛋白质 9.36%，粗脂肪 3.4%，赖氨酸 0.32%，粗淀粉 75.36%。

5.试验建议

该品种穗腐病病粒率≥2%试点比率达 37.1%，建议淘汰。

（十二）金颗 106

1.产量表现

2020 年试验平均亩产 725.56 kg，比对照（郑单 958）增产 10.00%，居本组试验第 3

位，与对照相比差异达极显著水平，全省 12 个试点 10 增 2 减，增产点比率为 83.33%，丰产性、稳产性好。

2021 年试验平均亩产 559.44 kg，比对照(郑单 958)增产 3.74%，居本组试验第 15 位，与对照相比差异不显著，全省 8 个试点 5 增 3 减，增产点比率为 62.5%，丰产性、稳产性一般。

综合两年 20 点次的试验结果(见表 1-3)：该品种平均亩产 659.11 kg，比郑单 958 增产7.84%，增产点数∶减产点数＝15∶5，增产点比率为 75%，丰产性、稳产性一般。

2.特征特性

2020 年，该品种生育期 104 d，比对照(郑单 958)早熟 1 d，平均株高 302 cm，穗位高 112 cm；倒伏率 2.6%，倒折率 0.4%，倒伏倒折率之和≥15.0%的试点比率为 8.3%；空秆率 1.5%，双穗率 0 %；自然发病情况为：茎腐病 0.6%(0%～2.0%)，小斑病 1～3 级，穗腐病 1.3%(≥2.0%试点比率 0%)，弯孢叶斑病 1～3 级，瘤黑粉病 0.1%，锈病 1～7 级；株型半紧凑，总叶片数 19～20 片；芽鞘紫色，第一叶形状匙形，叶片绿色，雄穗分枝数少，花药浅紫色，花丝紫色，苞叶长度中；穗长 18.0 cm，穗粗 5.0 cm，穗行数 16.0，行粒数 33.1，秃尖长 1.6 cm；出籽率 86.4%，千粒重 367.3 g。筒型穗，红轴，籽粒半马齿型，黄粒，结实性中。从植物学特征和生理学特性看，该品种的种性表现稳定。

2021 年，该品种生育期 101 d，比对照(郑单 958)早熟 0 d，平均株高 281 cm，穗位高 96 cm；倒伏率 1.4%，倒折率 0.2%，倒伏倒折率之和≥15.0%的试点比率为 0%；空秆率2.4%，双穗率 0.7 %；自然发病情况为：茎腐病 8.6%(高感点次 0)，小斑病 1～5 级，穗腐病 0.9%(遂平 4.52%，高感点次 1)，弯孢叶斑病 1～3 级，瘤黑粉病 0.4%，锈病 5～9 级；株型半紧凑，总叶片数 19.0 片；芽鞘紫色，第一叶形状匙形，叶片绿色，雄穗分枝数少且枝长，花药紫色，花丝浅紫色，苞叶长度短；穗长 17.7 cm，穗粗 4.8 cm，穗行数 16.6，行粒数 32.4，秃尖长1.3 cm；出籽率 87.4%，百粒重 30.3 g。长筒型穗，红轴，籽粒半马齿型，黄粒，结实性好。

从两年区域试验结果对比看，该品种的遗传性状基本稳定。

3.抗病性鉴定

根据 2020 年河南农业大学植保学院人工接种鉴定汇总报告：该品种高抗茎腐病，抗穗腐病，中抗小斑病；高感瘤黑粉病，感弯孢叶斑病、锈病。

根据 2021 年河南农业大学植保学院人工接种鉴定汇总报告：该品种茎腐病 5 级、小斑病 3 级、穗腐病 3.9 级、锈病 7 级、弯孢叶斑病 7 级，瘤黑粉病 1 级。

4.品质分析

根据 2020 年农业农村部农产品质量监督检验测试中心(郑州)对该品种多点套袋果穗的籽粒混合样品品质分析检验报告：容重 781 g/L，粗蛋白质 10.5%，粗脂肪 3.2%，赖氨酸 0.33%，粗淀粉 74.34%。

根据 2021 年农业农村部农产品质量监督检验测试中心(郑州)对该品种多点套袋果穗的籽粒混合样品品质分析检验报告：容重 763 g/L，粗蛋白质 9.93%，粗脂肪 3.2%，赖氨酸 0.33%，粗淀粉 75.49%。

5.试验建议

该品种综合表现一般，DNA 检测结果与农业农村部征集审定品种亿科 209 以及农业农村部品种权保护品种真金308疑似,且专家田间考察发现高感茎腐病,建议淘汰。

(十三)新科1903

1.产量表现

2020年试验平均亩产699.44 kg,比对照(郑单958)增产6.07%,居本组试验第9位,与对照相比差异极显著,全省12个试点8增4减,增产点比率为66.67%,丰产性、稳产性较好。

2021年试验平均亩产589.44 kg,比对照(郑单958)增产9.31%,居本组试验第11位,与对照相比差异极显著,全省8个试点7增1减,增产点比率为87.5%,丰产性、稳产性较好。

综合两年20点次的试验结果(表1-3):该品种平均亩产655.44 kg,比郑单958增产7.24%,增产点数:减产点数=15:5,增产点比率为75%,丰产性、稳产性一般。

2.特征特性

2020年,该品种生育期104 d,比对照(郑单958)早熟1 d,平均株高300 cm,穗位高98 cm;倒伏率1.7%,倒折率1.5%,倒伏倒折率之和≥15.0%的试点比率为8.3%;空秆率1.1%,双穗率0.1%;自然发病情况为:茎腐病1.2%(0%~7.1%),小斑病1~3级,穗腐病1.3%(≥2.0%试点比率0%),弯孢叶斑病1~3级,瘤黑粉病0%,锈病1~7级;株型半紧凑,总叶片数18~20片;芽鞘紫色,第一叶形状匙形,叶片绿色,雄穗分枝数中,花药紫色,花丝紫色,苞叶长度中;穗长17.4 cm,穗粗5.1 cm,穗行数17.1,行粒数32.1,秃尖长1.7 cm;出籽率86.3%,千粒重345.8 g。筒型穗,红轴,籽粒半马齿型,黄粒,结实性中。从植物学特征和生理学特性看,该品种的种性表现较稳定。

2021年,该品种生育期101 d,比对照(郑单958)早熟0 d,平均株高277 cm,穗位高86 cm;倒伏率2.3%,倒折率0.8%,倒伏倒折率之和≥15.0%的试点比率为12.5%;空秆率2.7%,双穗率0.5%;自然发病情况为:茎腐病11.0%(高感点次0),小斑病1~5级,穗腐病0.5%(高感点次0),弯孢叶斑病1~3级,瘤黑粉病0.1%,锈病1~9级;株型半紧凑,总叶片数18.6片;芽鞘紫色,第一叶形状匙形,叶片绿色,雄穗分枝数中等,枝长中等,花药紫色,花丝浅紫色,苞叶长度中;穗长16.2 cm,穗粗4.9 cm,穗行数16.7,行粒数31.3,秃尖长1.1 cm;出籽率86.0%,百粒重29.2 g。短筒型穗,红轴,籽粒半马齿型,黄粒,结实性好。

从两年区域试验结果对比看,该品种的遗传性状基本稳定。

3.抗病性鉴定

根据2020年河南农业大学植保学院人工接种鉴定汇总报告:该品种高抗小斑病、锈病,抗穗腐病,中抗茎腐病;高感弯孢叶斑病,感瘤黑粉病。

根据2021年河南农业大学植保学院人工接种鉴定汇总报告:该品种茎腐病5级、小斑病3级、穗腐病1.6级、锈病9级、弯孢叶斑病7级,瘤黑粉病9级。

4.品质分析

根据2020年农业农村部农产品质量监督检验测试中心(郑州)对该品种多点套袋果穗的籽粒混合样品品质分析检验报告:容重772 g/L,粗蛋白质11.3%,粗脂肪3.3%,赖氨酸0.33%,粗淀粉71.23%。

根据2021年农业农村部农产品质量监督检验测试中心(郑州)对该品种多点套袋果

穗的籽粒混合样品品质分析检验报告：容重 764 g/L，粗蛋白质 9.76%，粗脂肪 3.4%，赖氨酸 0.33%，粗淀粉 73.60%。

5.试验建议

该品种综合表现较好，建议晋升生产试验。

（十四）郑单 602

1.产量表现

2020 年试验平均亩产 702.22 kg，比对照（郑单 958）增产 4.85%，居本组试验第 11 位，与对照相比差异极显著，全省 12 个试点 10 增 2 减，增产点比率为 83.33%，丰产性、稳产性一般。

2021 年试验平均亩产 592.22 kg，比对照（郑单 958）增产 9.85%，居本组试验第 9 位，与对照相比差异极显著，全省 8 个试点 8 增 0 减，增产点比率为 100%，丰产性、稳产性较好。

综合两年 20 点次的试验结果（见表 1-3）：该品种平均亩产 658.22 kg，比郑单 958 增产 6.64%，增产点数：减产点数＝18：2，增产点比率为 90%，丰产性、稳产性较好。

2.特征特性

2020 年，该品种生育期 104 d，比对照（郑单 958）早熟 1 d，平均株高 294 cm，穗位高 110 cm；倒伏率 0%，倒折率 0.3%，倒伏倒折率之和≥15.0%的试点比率为 0%；空秆率 1%，双穗率 0.3%；自然发病情况为：茎腐病 1.6%（0%～4.4%），小斑病 1～3 级，穗腐病 2.0%（≥2.0%试点比率 8.3%），弯孢叶斑病 1～3 级，瘤黑粉病 0.1%，锈病 1～5 级；株型半紧凑，总叶片数 18～19 片；芽鞘紫色，第一叶形状匙形，叶片绿色，雄穗分枝数中等，花药黄色，花丝绿色，苞叶长度中；穗长 17 cm，穗粗 4.9 cm，穗行数 16.4，行粒数 33.5，秃尖长 1.4 cm；出籽率 86.8%，千粒重 315.6 g。筒型穗，红轴，籽粒半马齿型，黄粒，结实性好。从植物学特征和生理学特性看，该品种的种性表现较稳定。

2021 年，该品种生育期 101 d，比对照（郑单 958）早熟 0 d，平均株高 279 cm，穗位高 105 cm；倒伏率 0.4%，倒折率 0.4%，倒伏倒折率之和≥15.0%的试点比率为 0%；空秆率 1.0%，双穗率 0.7%；自然发病情况为：茎腐病 9.2%（高感点次 0），小斑病 1～5 级，穗腐病 0.5%（高感点次 0），弯孢叶斑病 1～3 级，瘤黑粉病 0.1%，锈病 1～7 级；株型紧凑，总叶片数 19.0 片；芽鞘紫色，第一叶形状匙形，叶片绿色，雄穗分枝数中等，枝长中等，花药绿色，花丝浅紫色，苞叶长度适中；穗长 16.8 cm，穗粗 4.7 cm，穗行数 16.4，行粒数 33.7，秃尖长 1.1 cm；出籽率 88.7%，百粒重 26.6 g。长锥型穗，红轴，籽粒半马齿型，黄粒，结实性一般。

从两年区域试验结果对比看，该品种的遗传性状基本稳定。

3.抗病性鉴定

根据 2020 年河南农业大学植保学院人工接种鉴定汇总报告：该品种高抗茎腐病、小斑病，抗穗腐病、锈病，中抗弯孢叶斑病、瘤黑粉病。

根据 2021 年河南农业大学植保学院人工接种鉴定汇总报告：该品种茎腐病 3 级、小斑病 3 级、穗腐病 2.1 级、锈病 9 级、弯孢叶斑病 5 级，瘤黑粉病 9 级。

4.品质分析

根据 2020 年农业农村部农产品质量监督检验测试中心（郑州）对该品种多点套袋果

穗的籽粒混合样品品质分析检验报告:容重 782 g/L,粗蛋白质 10.8%,粗脂肪 3.3%,赖氨酸 0.32%,粗淀粉 73.22%。

根据 2021 年农业农村部农产品质量监督检验测试中心(郑州)对该品种多点套袋果穗的籽粒混合样品品质分析检验报告:容重 778 g/L,粗蛋白质 9.90%,粗脂肪 4.1%,赖氨酸 0.31%,粗淀粉 74.11%。

5.试验建议

该品种综合表现较好,建议晋升生产试验。

(十五)ZB1902

1.产量表现

2020 年试验平均亩产 712.78 kg,比对照(郑单 958)增产 6.46%,居本组试验第 8 位,与对照相比差异达显著水平,全省 12 个试点 11 增 1 减,增产点比率为 91.67%,丰产性、稳产性较好。

2021 年试验平均亩产 568.89 kg,比对照(郑单 958)增产 5.5%,居本组试验第 12 位,与对照相比差异不显著,全省 8 个试点 6 增 2 减,增产点比率为 75%,丰产性、稳产性一般。

综合两年 20 点次的试验结果(见表 1-3):该品种平均亩产 655.22 kg,比郑单 958 增产 6.16%,增产点数:减产点数=17:3,增产点比率为 85%,丰产性、稳产性一般。

2.特征特性

2020 年,该品种生育期 105 d,与对照(郑单 958)同熟,平均株高 283 cm,穗位高 106 cm;倒伏率 0.2%,倒折率 0.4%,倒伏倒折率之和≥15.0%的试点比率为 0%;空秆率 0.9%,双穗率 0.3%;自然发病情况为:茎腐病 1.8%(0%~9.1%),小斑病 1~3 级,穗腐病 1.8%(≥2.0%试点比率 0%),弯孢叶斑病 1~3 级,瘤黑粉病 0%,锈病 1~5 级;株型半紧凑,总叶片数 18~20 片;芽鞘紫色,第一叶形状圆到匙形,叶片绿色,雄穗分枝数中,花药浅紫色,花丝浅紫色,苞叶长度长;穗长 18.1 cm,穗粗 5.0 cm,穗行数 15.1,行粒数 31.7,秃尖长 1.6 cm;出籽率 87.0%,千粒重 357.5 g。筒型穗,红轴,籽粒半马齿型,黄粒,结实性中。从植物学特征和生理学特性看,该品种的种性表现较稳定。

2021 年,该品种生育期 100 d,比对照(郑单 958)早熟 1 d,平均株高 257 cm,穗位高 97 cm;倒伏率 0.4%,倒折率 0.2%,倒伏倒折率之和≥15.0%的试点比率为 0%;空秆率0.7%,双穗率 0.1%;自然发病情况为:茎腐病 6.0%(高感点次 0),小斑病 1~5 级,穗腐病 0.3%(高感点次 0),弯孢叶斑病 1~3 级,瘤黑粉病 0.1%,锈病 3~9 级;株型半紧凑,总叶片数 19.6 片;芽鞘紫色,第一叶形状匙形,叶片绿色,雄穗分枝数中等,枝长中等,花药浅紫色,花丝浅紫色,苞叶长;穗长 17.7 cm,穗粗 4.5 cm,穗行数 15.3,行粒数 34.9,秃尖长1.2 cm;出籽率 87.5%,百粒重 28.6 g。长筒型穗,红轴,籽粒半马齿型,黄粒,结实性一般。

从两年区域试验结果对比看,该品种的遗传性状基本稳定。

3.抗病性鉴定

根据 2020 年河南农业大学植保学院人工接种鉴定汇总报告:该品种抗小斑病、穗腐病、瘤黑粉病,中抗茎腐病,感弯孢叶斑病、锈病。

根据2021年河南农业大学植保学院人工接种鉴定汇总报告：该品种茎腐病1级、小斑病5级、穗腐病2.9级、锈病7级、弯孢叶斑病7级，瘤黑粉病7级。

4.品质分析

根据2020年农业农村部农产品质量监督检验测试中心（郑州）对该品种多点套袋果穗的籽粒混合样品品质分析检验报告：容重762 g/L，粗蛋白质10.7%，粗脂肪3.4%，赖氨酸0.34%，粗淀粉73.72%。

根据2021年农业农村部农产品质量监督检验测试中心（郑州）对该品种多点套袋果穗的籽粒混合样品品质分析检验报告：容重760 g/L，粗蛋白质9.97%，粗脂肪3.4%，赖氨酸0.32%，粗淀粉74.90%。

5.试验建议

该品种综合表现一般，且2021年区域试验、生产试验同时进行，若生产试验通过，建议推审。

（十六）航硕11

1.产量表现

2020年试验平均亩产692.22 kg，比对照（郑单958）增产4.93%，居本组试验第12位，与对照相比差异极显著，全省12个试点10增1减1平，增产点比率为91.67%，丰产性、稳产性较好。

2021年试验平均亩产563.89 kg，比对照（郑单958）增产4.61%，居本组试验第14位，与对照相比差异不显著，全省8个试点6增2减，增产点比率为75%，丰产性、稳产性一般。

综合两年20点次的试验结果（表1-3）：该品种平均亩产640.89 kg，比郑单958增产4.85%，增产点数：减产点数：平产点数＝16：3：1，增产点比率为80%，丰产性、稳产性一般。

2.特征特性

2020年，该品种生育期104 d，比对照（郑单958）早熟1 d，平均株高280 cm，穗位高102 cm；倒伏率0.3%，倒折率0.2%，倒伏倒折率之和≥15.0%的试点比率为0%；空秆率1.1%，双穗率0.1%；自然发病情况为：茎腐病0.6%（0%～3.7%），小斑病1～3级，穗腐病1.9%（≥2.0%试点比率0%），弯孢叶斑病1～3级，瘤黑粉病0%，锈病1～7级；株型紧凑，总叶片数18～20片；芽鞘紫色，第一叶形状匙形，叶片绿色，雄穗分枝数少，花药浅紫色，花丝浅紫色，苞叶长度中；穗长16.9 cm，穗粗5.0 cm，穗行数16.1，行粒数33.5，秃尖长1.1 cm；出籽率86.8%，千粒重334.0 g。筒型穗，红轴，籽粒半马齿型，黄粒，结实性中。从植物学特征和生理学特性看，该品种的种性表现较稳定。

2021年，该品种生育期101 d，比对照（郑单958）早熟0 d，平均株高269 cm，穗位高95 cm；倒伏率0.7%，倒折率0.3%，倒伏倒折率之和≥15.0%的试点比率为0%；空秆率1.4%，双穗率0.5%；自然发病情况为：茎腐病4.7%（高感点次0），小斑病1～5级，穗腐病0.8%（遂平5.22%，高感点次1），弯孢叶斑病1～3级，瘤黑粉病1.0%，锈病3～7级；株型紧凑，总叶片数19.4片；芽鞘紫色，第一叶形状匙形，叶片绿色，雄穗分枝数少且枝长，花药浅紫色，花丝浅紫色，苞叶长度中；穗长16.7 cm，穗粗4.9 cm，穗行数16.5，行粒数29.5，秃尖长 1.8 cm；出籽率 87.8%，百粒重 31.7 g。短筒型穗，红轴，籽粒马齿型，黄粒，结实性一般。

从两年区域试验结果对比看，该品种的遗传性状基本稳定。

3.抗病性鉴定

根据 2020 年河南农业大学植保学院人工接种鉴定汇总报告：该品种高抗茎腐病，抗穗腐病、瘤黑粉病，中抗小斑病、弯孢叶斑病；感锈病。

根据 2021 年河南农业大学植保学院人工接种鉴定汇总报告：该品种茎腐病 1 级、小斑病 1 级、穗腐病 2.1 级、锈病 9 级、弯孢叶斑病 7 级，瘤黑粉病 7 级。

4.品质分析

根据 2020 年农业农村部农产品质量监督检验测试中心（郑州）对该品种多点套袋果穗的籽粒混合样品品质分析检验报告：容重 784 g/L，粗蛋白质 10.3%，粗脂肪 3.1%，赖氨酸 0.36%，粗淀粉 74.61%。

根据 2021 年农业农村部农产品质量监督检验测试中心（郑州）对该品种多点套袋果穗的籽粒混合样品品质分析检验报告：容重 750 g/L，粗蛋白质 10.0%，粗脂肪 3.2%，赖氨酸 0.36%，粗淀粉 74.37%。

5.试验建议

该品种综合表现一般，但 DNA 同名检测结果显示，40 个位点中有 3 个差异位点，建议淘汰。

（十七）豫单 963

1.产量表现

2020 年试验平均亩产 709.44 kg，比对照（郑单 958）增产 7.89%，居本组试验第 5 位，与对照相比差异达极显著水平，全省 12 个试点 12 增 0 减，增产点比率为 100%，丰产性、稳产性好。

2021 年试验平均亩产 532.22 kg，比对照（郑单 958）减产 1.25%，居本组试验第 19 位，与对照相比差异不显著，全省 8 个试点 7 增 1 减，增产点比率为 87.5%，丰产性、稳产性不好。

综合两年 20 点次的试验结果（见表 1-3）：该品种平均亩产 638.55 kg，比郑单 958 增产 4.70%，增产点数：减产点数=17∶3，增产点比率为 85%，丰产性、稳产性一般。

2.特征特性

2020 年，该品种生育期 104 d，比对照（郑单 958）早熟 1 d，平均株高 262 cm，穗位高 103 cm；倒伏率 1.7%，倒折率 1.6%，倒伏倒折率之和≥15.0%的试点比率为 16.7%；空秆率 1.2%，双穗率 0.4 %；自然发病情况为：茎腐病 4.4%（0%～20%），小斑病 1～5 级，穗腐病 1.3%（≥2.0%试点比率 0%），弯孢叶斑病 1～5 级，瘤黑粉病 0.1%，锈病 1～9 级；株型紧凑，总叶片数 18～21 片；芽鞘紫色，第一叶形状圆到匙形，叶片绿色，雄穗分枝数中等，花药黄色，花丝粉色，苞叶长度中；穗长 17.6 cm，穗粗 4.9 cm，穗行数 16.4，行粒数 33.3，秃尖长 0.8 cm；出籽率 85.5%，千粒重 324.6 g。筒型穗，红轴，籽粒硬粒型，黄粒，结实性好。从植物学特征和生理学特性看，该品种的种性表现稳定。

2021 年，该品种生育期 101 d，比对照（郑单 958）早熟 0 d，平均株高 252 cm，穗位高 105 cm;倒伏率 3.6%,倒折率 0.5%,倒伏倒折率之和≥15.0%的试点比率为 12.5%;空秆率 3.9%,双穗率 0.3 %;自然发病情况为:茎腐病 3.4%(高感点次 0),小斑病 1~5 级,穗腐病 0.7%(高感点次 0),弯孢叶斑病 1~5 级,瘤黑粉病 0.2%,锈病 5~9 级;株型紧凑,总叶片数 19.2 片;芽鞘紫色,第一叶形状匙形,叶片绿色,雄穗分枝数多且枝短,花药浅紫色,花丝浅紫色,苞叶长度长;穗长 17.3 cm,穗粗 4.7 cm,穗行数 16.6,行粒数 32.5,秃尖长1.5 cm;出籽率 84.9%,百粒重 26.3 g。长筒型穗,红轴,籽粒半马齿型,黄粒,结实性一般。

从两年区域试验结果对比看,该品种的遗传性状不够稳定。

3.抗病性鉴定

根据 2020 年河南农业大学植保学院人工接种鉴定汇总报告:该品种抗茎腐病、穗腐病,中抗小斑病、弯孢叶斑病、瘤黑粉病;高感锈病。

根据 2021 年河南农业大学植保学院人工接种鉴定汇总报告:该品种茎腐病 1 级、小斑病 7 级、穗腐病 5.7 级、锈病 5 级、弯孢叶斑病 7 级,瘤黑粉病 9 级。

4.品质分析

根据 2020 年农业农村部农产品质量监督检验测试中心(郑州)对该品种多点套袋果穗的籽粒混合样品品质分析检验报告:容重 796 g/L,粗蛋白质 11.7%,粗脂肪 4.7%,赖氨酸 0.30%,粗淀粉 71.09%。

根据 2021 年农业农村部农产品质量监督检验测试中心(郑州)对该品种多点套袋果穗的籽粒混合样品品质分析检验报告:容重 802 g/L,粗蛋白质 11.0%,粗脂肪 5.2%,赖氨酸 0.33%,粗淀粉 71.63%。

5.试验建议

该品种综合表现一般,但 2021 年比对照减产 1.25%,且 DNA 同名检测结果显示,40 个位点中有 8 个差异位点,建议淘汰。

(十八)隆平 146

1.产量表现

2020 年试验平均亩产 720.56 kg,比对照(郑单 958)增产 7.61%,居本组试验第 7 位,与对照相比差异达极显著水平,全省 12 个试点 11 增 1 减,增产点比率为 91.67%,丰产性、稳产性较好。

2021 年试验平均亩产 533.33 kg,比对照(郑单 958)减产 1.04%,居本组试验第 18 位,与对照相比差异不显著,全省 8 个试点 3 增 5 减,增产点比率为 37.5%,丰产性、稳产性较差。

综合两年 20 点次的试验结果(见表 1-3):该品种平均亩产 645.67 kg,比郑单 958 增产 4.61%,增产点数:减产点数=14:6,增产点比率为 70%,丰产性、稳产性较差。

2.特征特性

2020 年,该品种生育期 104 d,比对照(郑单 958)早熟 1 d,平均株高 305 cm,穗位高 109 cm;倒伏率 0.3%,倒折率 0.1%,倒伏倒折率之和≥15.0%的试点比率为 0%;空秆率 0.6%,双穗率 0.5%;自然发病情况为:茎腐病 0.2%(0%~0.8%),小斑病 1~5 级,穗腐病 1.1%(≥2.0%试点比率 0%),弯孢叶斑病 1~5 级,瘤黑粉病 0.1%,锈病 1~7 级;株型半紧凑，总叶片数 18~21 片；芽鞘紫色，第一叶形状圆到匙形，叶片绿色，雄穗分枝数中等，花药紫色，花丝紫色，苞叶长度中；穗长 18.1 cm，穗粗 4.7 cm，穗行数 14.7，行粒数 34.9，秃尖长1.3 cm；出籽率 87.7%，千粒重 346.1 g。筒型穗，红轴，籽粒半马齿型，黄粒，结实性中。从植物学特征和生理学特性看，该品种的种性表现较稳定。

2021 年，该品种生育期 101 d，比对照（郑单 958）早熟 0 d，平均株高 285 cm，穗位高 103 cm；倒伏率 1.4%，倒折率 0.2%，倒伏倒折率之和≥15.0%的试点比率为 0%；空秆率1.2%，双穗率 0.9%；自然发病情况为：茎腐病 7.3%（高感点次 0），小斑病 1~7 级，穗腐病 0.3%（高感点次 0），弯孢叶斑病 1~3 级，瘤黑粉病 0.2%，锈病 5~9 级；株型半紧凑，总叶片数 19.4 片；芽鞘紫色，第一叶形状匙形，叶片绿色，雄穗分枝数少且枝长，花药紫色，花丝浅紫色，苞叶长度中；穗长 17.2 cm，穗粗 4.5 cm，穗行数 14.5，行粒数 34.6，秃尖长0.9 cm；出籽率 87.4%，百粒重 28.4 g。长筒型穗，红轴，籽粒半马齿型，黄粒，结实性一般。

从两年区域试验结果对比看，该品种的遗传性状基本稳定。

3.抗病性鉴定

根据 2020 年河南农业大学植保学院人工接种鉴定汇总报告：该品种高抗小斑病，抗穗腐病、锈病，中抗茎腐病；感弯孢叶斑病、瘤黑粉病。

根据 2021 年河南农业大学植保学院人工接种鉴定汇总报告：该品种茎腐病 5 级、小斑病 5 级、穗腐病 3.9 级、锈病 9 级、弯孢叶斑病 7 级，瘤黑粉病 1 级。

4.品质分析

根据 2020 年农业农村部农产品质量监督检验测试中心（郑州）对该品种多点套袋果穗的籽粒混合样品品质分析检验报告：容重 802 g/L，粗蛋白质 10.9%，粗脂肪 3.7%，赖氨酸 0.32%，粗淀粉 72.79%。

根据 2021 年农业农村部农产品质量监督检验测试中心（郑州）对该品种多点套袋果穗的籽粒混合样品品质分析检验报告：容重 801 g/L，粗蛋白质 10.6%，粗脂肪 4.2%，赖氨酸 0.32%，粗淀粉 74.14%。

5.试验建议

该品种综合表现一般，但 2021 年比对照减产 1.04%，增产点率仅 37.5%，建议淘汰。

（十九）郑单 958

1.产量表现

2021 年试验平均亩产 538.89 kg，居本组试验第 17 位。

2.特征特性

2021 年，该品种生育期 101 d，平均株高 254 cm，穗位高 100 cm；倒伏率 3.7%，倒折率1.6%，倒伏倒折率之和≥15.0%的试点比率为 12.5%；空秆率 0.7%，双穗率 0.8%；自然发病情况为：茎腐病 20.3%（高感点次 1），小斑病 1~5 级，穗腐病 1.0%（高感点次 0），弯孢叶斑病 1~5 级，瘤黑粉病 1.0%，锈病 1~9 级；株型紧凑，总叶片数 19.6 片；芽鞘紫色，第一叶形状匙形，叶片绿色，雄穗分枝数多，枝长中等，花药绿色，穗夹角小，花丝浅紫色，苞叶长度长；穗长 16.1 cm，穗粗 4.8 cm，穗行数 15.1，行粒数 33.2，秃尖长 0.4 cm；出籽率 88.3%，百粒重26.9 g。短筒型穗，白轴，籽粒半马齿型，黄粒，结实性好。

3.抗病性鉴定

根据2021年河南农业大学植保学院人工接种鉴定汇总报告:该品种茎腐病5级、小斑病3级、穗腐病4.2级、锈病9级、弯孢叶斑病3级,瘤黑粉病1级。

4.品质分析

根据2021年农业农村部农产品质量监督检验测试中心(郑州)对该品种多点套袋果穗的籽粒混合样品品质分析检验报告:容重758 g/L,粗蛋白质8.39%,粗脂肪3.6%,赖氨酸0.30%,粗淀粉77.44%。

5.试验建议

建议继续作为对照品种。

六、品种处理意见

(一)河南省品种晋级与审定标准

经玉米专业委员会委员研究同意,2021年河南省玉米品种试验及审定标准在2020年区域试验年会标准的基础上进行修改。具体标准如下。

1.基本条件

(1)抗病性:鉴定病害6种,即小斑病、茎腐病、穗腐病、弯孢叶斑病、瘤黑粉病、锈病。小斑病、茎腐病、穗腐病田间自然发病及人工接种鉴定均未达到高感。

(2)生育期:每年区域试验生育期平均比对照品种长2.0 d。

(3)抗倒性:每年区域试验平均倒伏倒折率之和≤12.0%,且倒伏倒折率之和≥15.0%的试点比率≤25%。

(4)品质:容重≥720 g/L,粗淀粉≥69.0%,粗蛋白≥8.0%,粗脂肪≥3.0%。

(5)专家田间鉴评:在生育期、结实性、抗倒性、抗病虫性、抗逆性等性状方面没有严重缺陷。

(6)真实性和差异性(SSR分子标记检测):同一品种在不同试验年份、不同试验组别、不同试验区道中DNA指纹检测差异位点数应当<2个。

申请审定品种与已知品种DNA指纹检测差异位点数应当≥4个;申请审定品种应当与已知品种DNA指纹检测差异位点数等于3个的,需进行田间小区种植鉴定证明有重要农艺性状差异。

(7)产量:区域试验和生产试验产量(kg/亩)(见分类条件要求)。

2.分类条件

1)高产稳产品种

每年区域试验产量比对照品种平均增产≥3.0%,且两年平均≥5.0%,生产试验比对照品种增产≥2.0%。每年区域试验、生产试验增产的试点比率≥60%。

2)绿色优质品种

(1)抗病性突出:田间自然发病和人工接种鉴定所有病害均达到中抗以上。

(2)丰产性、稳产性:每年区域试验、生产试验与对照品种产量相当,且每年区域试验、生产试验达标试点比率≥60%。其他指标同高产稳产品种。

3.2021 年度晋级品种执行标准

(1)2021 年完成生产试验程序品种以及之前的缓审品种,晋级和审定时各项指标均执行老标准。

(2)2022 年进入区域试验程序的品种,晋级和审定时所有指标均按修订后新标准执行(DNA、产量、抗倒性、抗病性等)。

(3)从 2022 年开始,参加区域试验(两年区域试验)的品种进行 DNA 指纹检测。

(4)2021 年玉米季节气候特殊,本年度生育期仅做参考,不作为淘汰品种依据。

(5)统一田间试验上报数据中,有两个及以上试点达到茎腐病(病株率≥40.1%)或穗腐病(病粒率≥4.0%)高感的品种以及穗腐病病粒率≥2.0%试点比率≥30.0%的品种予以淘汰。

(6)品种交叉晋级标准。

普通组:区域试验增产≥7.0%,增产点率≥70%,倒伏倒折率之和≤8%,小斑病、茎腐病和穗腐病人工接种和田间自然发病均中抗以上。

机收组:区域试验增产≥4.0%,增产点率≥70%,倒伏倒折率之和≤3%,籽粒含水量≤28%,破碎率≤6%,小斑病、茎腐病和穗腐病人工接种和田间自然发病均中抗以上。

(7)关于延审品种:2022 年玉米初审会前提供不出合格的 DUS 报告的品种不再审定。

(二)参试品种的处理意见

根据审定晋级标准,经玉米区域试验年会讨论研究决定,参试品种的处理意见如下:

(1)若生产试验通过,推荐审定品种:囤玉 329、泓丰 5505、北科 15、伟玉 9136、ZB1902。

(2)推荐生产试验品种:郑泰 101、盈满 618、机玉 519、丰大 686、新科 1903、郑单 602。

(3)淘汰品种:澧玉 338、先玉 1975、德单 210、金颗 106、航硕 11、豫单 963、隆平 146。

七、问题及建议

2021 年河南省玉米区域试验,在玉米生长期间,暴雨阴雨天气过多,光照不足,尤其 7 月中旬特大暴雨和 8 月下旬暴雨,土壤水分过度饱、渍涝,以及穗分化阶段高位,对结实性有不同程度的影响,有的品种出现部分畸形穗。锈病早发重发,造成很多品种叶片早枯,严重影响籽粒灌浆,造成粒重明显偏低。因此,在品种选育中,注重抗病、抗逆性选择尤为重要。

另外,2021 年一些品种穗腐病比较严重,应予以高度重视。

河南农业大学农学院

2022 年 3 月 21 日

表 1-17　2021 年河南省玉米品种区域试验参试品种试点性状汇总(4500 株/亩 A 组)

品种(编号)	试点	生育期/d	株高/cm	穗位高/cm	倒伏率/%	倒折率/%	倒伏率+倒折率/%	空秆率/%	双穗率/%	穗长/cm	穗粗/cm	穗行数/行	行粒数/粒	秃尖长/cm	轴粗/cm	出籽率/%	百粒重/g
伟科 9136(1)	中牟	103	244	108.0	0	0	0	0.2	0.2	16.6	4.8	15.8	33.6	0.4	2.8	85.0	36.6
	南阳	95	243	103.2	0	0	0	0	0	16.9	4.8	14.8	32.4	0.7	3.0	90.2	32.2
	商丘	100	246	95.0	0.7	0.5	1.2	0.7	0.5	18.3	4.8	13.6	37.4	0	2.8	90.0	30.0
	黄泛区	103	243	114.3	0	0	0	0	2.9	17.6	4.4	13.6	34.8	0.5	2.6	89.9	30.2
	洛阳	108	250	108.0	0	0	0	0.5	0.2	19.1	4.8	14.4	35.6	0.6	2.9	88.2	31.3
	荥阳	102	250	95.0	0	1.2	1.2	0	0	16.8	4.6	14.0	33.0	0	3.5	86.9	24.6
	温县	99	257	95.0	0.6	0.5	1.1	1.1	1.6	17.0	5.0	15.6	35.8	0.7	3.0	86.1	29.52
	遂平	100	268	102.0	0	0	0	1.6	0	17.2	4.6	15.2	32.2	1.7	2.9	90.7	31.06
	平均	101	250	103.0	0.2	0.3	0.5	0.5	0.7	17.4	4.7	14.6	34.4	0.6	2.9	88.4	30.7
隆平 146(2)	中牟	102	272	110.0	0	0	0	0.5	0.5	15.5	4.6	14.4	33.2	0.9	2.5	86.9	32.9
	南阳	93	308.6	106.2	0	0	0	0.8	0.4	18.4	4.5	14.4	32.8	1.3	2.7	86.5	29.6
	商丘	99	293	100.0	0	0	0	0.3	1.0	17.4	4.3	13.4	37.6	0.5	2.5	87.4	23.8
	黄泛区	103	276	117.3	0	0	0	2.8	0.4	16.3	4.3	14.2	34.2	0.2	2.7	88.1	27.4
	洛阳	107	288	106.0	0	0	0	0.2	0	18.2	4.7	14.4	35.2	1.1	2.8	89.9	29.7
	荥阳	102	290	101.0	0	1.0	1.0	0.5	0.2	17.6	4.3	14.7	38.0	1.0	2.5	88	23.7
	温县	97	270	79.0	3.7	0.5	4.2	1.5	4.8	17.1	4.6	16.0	34.6	0	2.8	84.5	27.15
	遂平	102	284	101.0	7.6	0	7.6	2.9	0	17.4	4.5	14.6	31.4	2.3	2.6	87.5	32.56
	平均	101	285	103.0	1.4	0.2	1.6	1.2	0.9	17.2	4.5	14.5	34.6	0.9	2.6	87.4	28.4

续表 1-17

品种（编号）	试点	生育期/d	株高/cm	穗位高/cm	倒伏率/%	倒折率/%	倒伏率+倒折率/%	空秆率/%	双穗率/%	穗长/cm	穗粗/cm	穗行数/行	行粒数/粒	秃尖长/cm	轴粗/cm	出籽率/%	百粒重/g
ZB1902(3)	中牟	101	241	95	0	0	0	0.5	0.2	17.4	4.9	15.6	35.7	1.2	2.9	85.9	32.3
	南阳	93	273.8	112.8	0	0	0	1.6	0	17.4	4.7	15.2	31.6	3	2.8	88	33.5
	商丘	98	256	97	0.5	0.5	1.0	0.2	0	17.3	4	14.4	33.4	0.5	2.8	87.2	22.8
	黄泛区	103	237	98	0	0	0	2.9	0	17.2	4.4	15.2	34.6	0.5	2.8	87.2	25.4
	洛阳	108	277	115	0.2	0	0.2	0	0	19.1	4.7	14	37.2	2.0	2.9	89.3	31
	荥阳	101	255	90	0	1.0	1.0	0	0	17.4	4.4	16.7	34	1.0	2.7	87.6	22.3
	温县	98	254	87	2.4	0.4	2.8	0.4	0.8	17.9	4.7	15.8	37.6	1.3	3	86.3	29.13
	遂平	95	261	85	0	0	0	0	0	17.7	4.5	15.4	35.4	0.3	2.7	88.1	32.54
	平均	100	257	97	0.4	0.2	0.6	0.7	0.1	17.7	4.5	15.3	34.9	1.2	2.8	87.5	28.6
囤玉 329(4)	中牟	104	242	86	0	0	0	0.2	0.5	18	5	16.6	34.8	1.0	2.9	86.1	36.2
	南阳	95	279.6	115.8	0	0	0	0.8	0.4	17.1	5.2	16.8	28.8	1.6	2.8	88.7	40
	商丘	101	264	95	1.8	0	1.8	0.3	0	18	5	14.8	36.7	1.0	2.7	90.5	35.9
	黄泛区	103	239.3	101	0	0	0	1.6	0.8	16.4	4.8	16.2	26.2	1.0	2.7	89.8	35.3
	洛阳	109	262	98	2	0	2	0.5	0	17.4	4.9	16.4	28.4	1.7	3.1	90.5	33.2
	荥阳	102	257	93	0	0.2	0.2	0	0	17.2	5	16.7	27	0.5	3	88.8	28.9
	温县	99	255	88	2.5	0	2.5	1.3	0	17.8	4.9	16.8	29.8	1.8	2.7	84.8	34.31
	遂平	102	274	101	0.7	0.2	0.9	0	0	18	4.7	17	28.2	1.5	2.8	90.4	38.75
	平均	102	259	97	0.9	0.1	1.0	0.6	0.2	17.5	4.9	16.4	30.0	1.3	2.8	88.7	35.3

续表 1-17

品种（编号）	试点	生育期/d	株高/cm	穗位高/cm	倒伏率/%	倒折率/%	倒伏率+倒折率/%	空秆率/%	双穗率/%	穗长/cm	穗粗/cm	穗行数/行	行粒数/粒	秃尖长/cm	轴粗/cm	出籽率/%	百粒重/g
金颗 106(5)	中牟	102	258	95	0	0	0	0.5	0.5	18.4	5.1	17.4	30.3	0.9	3.1	84.7	33.3
	南阳	93	303	107.6	0	0	0	4	0	16.7	5	16.8	30.4	1.3	2.9	86.7	35.2
	商丘	99	310	97	0	0	0	0.5	0.2	17.8	4.6	15.6	33.8	1.5	2.7	86.5	24.6
	黄泛区	104	266.3	98	0	0	0	0.9	0.4	17.5	4.8	17	33.2	1	2.8	87.4	27.8
	洛阳	107	282	98	0.7	0	0.7	1.2	0	16.6	4.7	16.8	32.6	1.3	3	89.6	27.9
	荥阳	102	280	87	0	0	0	0.5	1	17.4	4.9	16.7	35	0	2.9	88.3	24.2
	温县	98	269	94	4.5	1.6	6.1	3.2	3.2	18.4	4.9	16	31.8	2	2.9	86.3	32.45
	遂平	102	276	93	6.2	0	6.2	8.2	0	19	4.7	16.2	32.2	2.2	2.9	89.5	36.94
	平均	101	281	96	1.4	0.2	1.6	2.4	0.7	17.7	4.8	16.6	32.4	1.3	2.9	87.4	30.3
机玉 519(6)	中牟	102	237	95	0	0	0	0.2	0.2	17.1	5.1	15	34.3	0	3.2	84.7	36.6
	南阳	93	275	106	0	0	0	0.4	0.4	16.8	5	15.2	28.8	0.7	2.8	89.4	39
	商丘	101	267	95	0	0	0	0.2	1.7	16.2	4.8	14.4	29.2	0	2.9	90.4	35.4
	黄泛区	103	250	110.3	0	0	0	0	6.3	16.4	4.7	14.8	28.4	0	2.8	89.8	35.9
	洛阳	111	263	115	2	0	2	0.5	0	17.1	5.1	14	30.4	0.9	3	90.7	36.8
	荥阳	103	255	85	0	11.3	11.3	0.5	0	16.9	4.8	14	31	0.5	3	89.2	26.3
	温县	100	257	104	2.6	2.5	5.1	1.3	11.3	15.9	4.9	14.8	29.8	0	3.1	92.7	38.24
	遂平	107	258	108	1.2	0	1.2	0.8	6.2	16.5	4.7	15	30.1	0.5	2.9	88.3	32.12
	平均	103	258	102	0.7	1.7	2.4	0.5	3.3	16.6	4.9	14.7	30.3	0.3	3.0	89.4	35.0

续表 1-17

品种(编号)	试点	生育期/d	株高/cm	穗位高/cm	倒伏率/%	倒折率/%	倒伏率+倒折率/%	空秆率/%	双穗率/%	穗长/cm	穗粗/cm	穗行数/行	行粒数/粒	秃尖长/cm	轴粗/cm	出籽率/%	百粒重/g
北科15(7)	中牟	100	239	92	0	0	0	0.5	0.2	15.7	5	16.4	31.8	1.5	3	85	35.9
	南阳	93	258.2	105	0	0	0	2	0	15.2	5.2	16.8	27.4	1	2.8	88.9	32.9
	商丘	100	246	96	1.2	0.7	1.9	1	0.2	16.3	5	16.4	32.8	0.5	2.7	89.7	22.4
	黄泛区	103	247	116	0	0	0	1.1	0.4	16.5	4.8	16.2	30.5	1	3	89.9	29.3
	洛阳	109	257	102	0	0	0	0	0.2	17.3	5.1	14.8	35.6	0.7	3.1	87.4	32.4
	荥阳	101	262	90	0	0.7	0.7	0.2	0	16.4	5.2	18	34	0	3.5	86.4	27.2
	温县	99	262	109	2.1	2.4	4.5	1.3	0.4	15.4	5.1	17.6	34	0	3.2	89.4	28.25
	遂平	104	263	97	0	0	0	1.2	0	14.6	4.8	17.8	29.6	1.2	3	90.5	28.78
	平均	101	254	101	0.4	0.5	0.9	0.9	0.2	15.9	5.0	16.8	32.0	0.7	3.0	88.4	29.6
豫单963(8)	中牟	101	233	98	0	0	0	0.5	0.5	17.9	5	16	36	0.6	3.1	85	31.3
	南阳	92	242	99	0	0	0	1.7	0	18.3	4.7	16.8	30	3.3	3	85.2	27.6
	商丘	99	270	98	1	0	1	0.7	0	17.3	4.7	17.4	34.4	1	2.9	87.8	20.9
	黄泛区	103	245.7	122	0	0	0	1.2	0.4	17.2	4.5	15	28.4	1.5	2.9	85.3	24.2
	洛阳	106	258	107	4	1.2	5.2	0.2	0	18.1	5.1	15.6	35.2	1.4	3.1	84.1	32.4
	荥阳	102	236	92	0	1.2	1.2	0.5	0	18.6	4.4	16.7	38	1	3	84.3	20.4
	温县	99	258	118	1.2	1.2	2.4	1.2	1.2	17.6	4.7	17.4	34.8	1.8	3	83.5	26.49
	遂平	106	270	102	22.7	0	22.7	25.1	0	13.4	4.5	17.8	23.3	1.4	3.1	84.1	27.15
	平均	101	252	105	3.6	0.5	4.1	3.9	0.3	17.3	4.7	16.6	32.5	1.5	3.0	84.9	26.3

续表 1-17

品种(编号)	试点	生育期/d	株高/cm	穗位高/cm	倒伏率/%	倒折率/%	倒伏率+倒折率/%	空秆率/%	双穗率/%	穗长/cm	穗粗/cm	穗行数/行	行粒数/粒	秃尖长/cm	轴粗/cm	出籽率/%	百粒重/g
泓丰 5505(9)	中牟	104	280	99	0	0	0	0.2	0.2	16.2	5.5	17.8	33.9	0.9	3.3	85	35
	南阳	93	288	128	0	0	0	2.8	0	17.2	5.4	17.6	27.4	1	3.1	86.5	38.2
	商丘	100	308	101	1	1	2	1.5	0	16.7	5.4	17.6	29.8	1.1	3.1	90.2	30.3
	黄泛区	103	287.3	121	0	0	0	0.8	1.2	15.4	5	16.2	28.8	1	3	87.5	35.9
	洛阳	107	300	118	1.2	0	1.2	0	0.2	18	5.1	15.2	33.8	1.2	3.2	88.9	33.1
	荥阳	102	300	121	0	1.9	1.9	0	0.2	16	5.4	17.3	31	0.5	3.5	87.7	29.4
	温县	100	284	95	3.3	1.2	4.5	2.3	2.4	15.5	5.3	18	29	0	3.2	83.3	39.85
	遂平	107	311	116	4.2	0.2	4.4	0	0	16.3	5.1	18.4	31.6	0.7	3.2	87.1	34.43
	平均	102	295	112	1.2	0.5	1.8	1.0	0.5	16.4	5.3	17.3	30.7	0.8	3.2	87.0	34.5
先玉 1975(10)	中牟	100	272	95	5	0	5	0.2	0	20.1	4.4	14.8	36	0.7	2.6	88.9	30.3
	南阳	93	314	122	0	0	0	2	0	17.3	4.6	14	32.6	0.2	2.7	90.4	31.7
	商丘	99	298	97	0.7	1	1.7	2	0	19.7	4.2	12.8	38	0.5	2.5	87.2	21.1
	黄泛区	103	269.7	109	0	0	0	0.4	0.4	19.7	4.6	15	37	0.5	2.5	89.9	31.7
	洛阳	107	290	110	0	0	0	0	0	19.1	4.8	14.4	36.8	1.5	2.7	91.1	30.5
	荥阳	103	282	105	0	4.3	4.3	0	0	21.6	4.2	14.7	46	0.5	2.6	89.2	21.9
	温县	99	282	96	1.9	0.4	2.3	1.2	0.4	18.7	4.7	15.6	36.4	0	2.6	90.7	28.47
	遂平	100	291	98	0	0	0	1.2	0	18.9	4.2	14.8	30.3	1.9	2.6	86.8	30.43
	平均	101	287	104	1.0	0.7	1.7	0.9	0.1	19.4	4.5	14.5	36.6	0.7	2.6	89.3	28.3

续表 1-17

品种（编号）	试点	生育期/d	株高/cm	穗位高/cm	倒伏率/%	倒折率/%	倒伏率+倒折率/%	空秆率/%	双穗率/%	穗长/cm	穗粗/cm	穗行数/行	行粒数/粒	秃尖长/cm	轴粗/cm	出籽率/%	百粒重/g
郑泰 101(11)	中牟	101	261	91	0	0	0	0.5	0.2	18.5	4.8	15.6	36.6	0.4	2.8	84.8	31.6
	南阳	94	303	117	0	0	0	0.8	0	16.8	4.8	14.8	33.2	0.5	2.8	88	30.8
	商丘	99	306	94	0	0.7	0.7	0.2	0	17.6	4.4	15.6	33.2	2	2.7	87.8	20.9
	黄泛区	103	252.7	107	0	0	0	0	2.4	17.2	4.5	15.6	33.4	0.5	3	88.2	24.3
	洛阳	107	282	107	5	0.5	5.5	0.5	0	17.7	4.7	15.4	32.4	1.6	2.8	88.7	30.6
	荥阳	102	292	104	0	0.2	0.2	0	0	17	4.7	16	31	0.5	2.9	85.3	22.1
	温县	99	270	96	1.6	0.4	2	1.5	2	16.8	4.7	16.6	37.2	0	2.8	83.7	26.98
	遂平	101	295	105	1	0	1	0.4	0	17.4	4.4	15.8	28.8	0.9	2.8	87.7	31.12
	平均	101	283	103	1.0	0.2	1.2	0.5	0.6	17.4	4.6	15.7	33.2	0.8	2.8	86.8	27.3
澧玉 338(12)	中牟	99	277	119	0	0	0	0.5	0.5	20.1	5.4	16.8	34.8	0.8	3.2	86	34.1
	南阳	93	283	111.4	0	0	0	2.4	0	16	5	16.4	28.6	1.2	3	90.1	34.2
	商丘	98	298	107	0.5	0	0.5	0.7	0	16.7	4.9	16.4	32.6	1	3	89.1	26.4
	黄泛区	104	249.3	106.7	0	0	0	2	0.4	17	5	17.2	28.6	0.8	2.9	89.6	33.4
	洛阳	109	280	117	1	0	1	0.2	0.2	17.6	5.1	16.4	32.4	1.6	3.1	91.7	32.8
	荥阳	103	269	110	0	0.2	0.2	0	0	17.2	4.8	17.3	30	1.5	3	88.4	24.4
	温县	98	271	102	2	0	2	1.6	1.2	15.7	5.1	16.8	33.8	0	2.9	84.8	27.26
	遂平	101	266	88	0	0	0	0.8	0	17.1	5	17.1	32.8	1.3	3	90.1	31.82
	平均	101	274	108	0.4	0	0.4	1.0	0.3	17.2	5.0	16.8	31.7	1.0	3.0	88.7	30.5

续表 1-17

品种（编号）	试点	生育期/d	株高/cm	穗位高/cm	倒伏率/%	倒折率/%	倒伏率+倒折率/%	空秆率/%	双穗率/%	穗长/cm	穗粗/cm	穗行数/行	行粒数/粒	秃尖长/cm	轴粗/cm	出籽率/%	百粒重/g
郑单 602(13)	中牟	103	249	103	0	0	0	0.5	0.2	17.2	5	16.2	34.2	1.4	2.9	87.1	32.1
	南阳	93	310	125	0	0	0	2.4	0.8	16.2	4.8	16.4	31.8	1.6	2.6	89.5	29.4
	商丘	99	293	109	0	1.2	1.2	0.7	0	17	4.5	16.8	36	0.8	2.7	88.7	20.6
	黄泛区	103	262	102	0	0	0	0.4	2.1	17.7	4.4	16.4	35.5	0.5	2.8	89.7	24
	洛阳	108	276	108	1.7	0	1.7	0	0	18	4.7	14.8	35.4	1.9	3.1	89.7	29.8
	荥阳	102	276	100	0	1.7	1.7	0	0.5	16.4	4.6	15.3	31	0	2.6	90.7	22.1
	温县	100	279	92	1.7	0.5	2.2	3	2	16.7	4.7	17.6	35.6	1.8	2.7	84.7	25.73
	遂平	102	285	100	0	0	0	0.8	0	15.4	4.5	17.3	29.9	0.4	2.7	89.7	29.44
	平均	101	279	105	0.4	0.4	0.8	1.0	0.7	16.8	4.7	16.4	33.7	1.1	2.8	88.7	26.6
盈满 618(14)	中牟	103	237	88	0	0	0	0.2	0.2	18.2	4.9	16.2	31.6	0.3	2.9	84	39.9
	南阳	93	284	119.8	0	0	0	0.8	0	17.3	4.8	16.4	31.6	1	2.6	89	32.3
	商丘	100	256	94	0.5	0.7	1.2	1.2	0.7	18.2	4.5	14.8	37.6	0.5	2.8	88.3	22.5
	黄泛区	104	249.7	98.3	0	0	0	0.4	0.4	19.4	4.7	15.8	34.4	0.5	2.8	87.6	32.7
	洛阳	110	272	101	3.2	0.5	3.7	0	0	18.5	4.7	16.4	31	1.7	2.9	87.5	31.5
	荥阳	102	258	90	0	5.1	5.1	0.2	0	17.8	4.6	15.3	38	0.5	3.3	89.3	25
	温县	99	262	95	4	0	4	2	0.4	18.8	4.9	16.4	34	2.1	3	84.1	30.29
	遂平	106	288	109	0	0	0	7.8	0	17.6	4.6	16	31.8	1.3	2.9	87.5	33.33
	平均	102	263	99	1.0	0.8	1.8	1.6	0.2	18.2	4.7	15.9	33.8	1.0	2.9	87.2	30.9

续表 1-17

品种(编号)	试点	生育期/d	株高/cm	穗位高/cm	倒伏率/%	倒折率/%	倒伏率+倒折率/%	空秆率/%	双穗率/%	穗长/cm	穗粗/cm	穗行数/行	行粒数/粒	秃尖长/cm	轴粗/cm	出籽率/%	百粒重/g
德单 210(15)	中牟	103	261	103	0	0	0	0.5	0.2	18.1	5.1	14.4	32	0	3.1	86	38.2
	南阳	93	261	104	0	0	0	1.6	0.8	18.1	4.4	14.4	37.2	0.2	2.6	91.1	26.4
	商丘	101	265	86	0	0	0	0	0.7	18.1	4.5	14	39.6	0	2.7	89.7	20
	黄泛区	103	258.7	99.7	0	0	0	0	5.2	16.9	4.4	12.6	34.2	0	2.6	89.7	29.8
	洛阳	105	240	92	10.9	2	12.9	0.5	0	17.7	4.7	14	38.2	0.4	2.9	89.9	29.8
	荥阳	103	241	88	0	1.9	1.9	0	0	18	4.8	14.7	39	0	3.4	87.5	21.5
	温县	99	253	99	3.9	0.4	4.3	1.5	2	17.1	4.9	15.6	37.8	0	3	83.2	26.97
	遂平	101	257	94	1.2	0	1.2	0	0	17.4	4.4	14.2	37.3	0	2.8	89.6	27.25
	平均	101	255	96	2.0	0.5	2.5	0.5	1.1	17.7	4.7	14.2	36.9	0.1	2.9	88.3	27.5
丰大 686(16)	中牟	100	263	88	0	0	0	0.5	0.2	18.6	5.2	17	32.6	1.4	3	87	36.8
	南阳	94	300	126	0	0	0	2	0	16.1	5	17.2	27	1.1	2.7	88.6	35
	商丘	100	301	102	0.2	0.7	0.9	0.5	0	16.4	4.8	17.2	28.6	1	2.7	89.4	28.9
	黄泛区	104	271.7	108	0	0	0	0	0.8	16	4.8	15.8	27.1	0.8	2.7	89.3	36.6
	洛阳	108	281	103	2.5	0.7	3.2	0.2	0	17.9	4.8	14.8	33.2	2	2.8	90	29.5
	荥阳	102	295	90	0	5.3	5.3	0	0	16.6	4.9	17.3	31	0	3.1	87.5	29.1
	温县	99	288	103	2	0	2	0.8	1.6	16.5	5.1	18	30.8	0	2.9	88.2	33.79
	遂平	105	303	107	4	0	4	1.6	0	18.3	4.7	16.3	31.2	1.5	2.7	89.1	38.67
	平均	102	288	103	1.1	0.8	1.9	0.7	0.3	17.1	4.9	16.7	30.2	1.0	2.8	88.6	33.5

续表 1-17

品种（编号）	试点	生育期/d	株高/cm	穗位高/cm	倒伏率/%	倒折率/%	倒伏率+倒折率/%	空秆率/%	双穗率/%	穗长/cm	穗粗/cm	穗行数/行	行粒数/粒	秃尖长/cm	轴粗/cm	出籽率/%	百粒重/g
新科 1903(17)	中牟	103	249	84	0	0	0	0.5	0.2	17.6	5.4	17.4	34	0.4	3.2	85	33.5
	南阳	92	305	97.4	0	0	0	1.7	0	15	5	16	28.8	2.1	3	88.2	29.6
	商丘	99	274	79	0.7	0.5	1.2	1	0	15.8	4.7	17.2	30.2	1.2	2.9	87.4	21.7
	黄泛区	104	266	87.7	0	0	0	1.1	2	15.8	4.7	16.4	30	1	2.8	87.3	29.9
	洛阳	106	281	88	1	0	1	0	0	17.5	4.9	16.4	33.6	1.6	3.1	88	29.2
	荥阳	102	263	70	0	4.2	4.2	0	0	15.6	4.8	16	29	1.5	3	85.3	27.6
	温县	97	273	78	1.5	1.5	3	2.1	1.5	15.4	5	16.6	31.9	0	3.1	85.7	32.46
	遂平	101	308	106	15.3	0	15.3	15.2	0	16.8	5	17.9	32.8	1	2.9	80.9	29.45
	平均	101	277	86	2.3	0.8	3.1	2.7	0.5	16.2	4.9	16.7	31.3	1.1	3.0	86.0	29.2
航硕 11(18)	中牟	101	246	84	0	0	0	0.5	0.5	17.1	5.2	17.2	33.9	3	2.8	84	31.5
	南阳	94	292	118	0	0	0	2	0.4	16.2	5.1	17.6	27.8	2.5	2.7	87.9	33.3
	商丘	99	287	96	0	0.5	0.5	1.2	0	15.9	4.9	16.8	26.6	1.5	2.8	88.7	27.2
	黄泛区	104	251.7	96.7	0	0	0	1.5	0.8	17.4	4.9	15.4	30.6	0.8	2.8	89.5	35.6
	洛阳	108	272	103	2.7	0.5	3.2	0.7	0	16.6	4.9	15.6	28.8	2.2	2.9	89.6	33.9
	荥阳	101	260	80	0	0.7	0.7	0.7	0.5	15.6	4.8	16	30	1	3	85.9	25.3
	温县	98	264	85	3.2	0.8	4	3.2	2	17.1	5.1	18	30.8	1	2.9	85.3	31.95
	遂平	100	280	94	0	0	0	1.6	0	17.3	4.5	15.6	27.4	2.3	2.7	91.8	34.9
	平均	101	269	95	0.7	0.3	1.0	1.4	0.5	16.7	4.9	16.5	29.5	1.8	2.8	87.8	31.7

续表 1-17

品种（编号）	试点	生育期/d	株高/cm	穗位高/cm	倒伏率/%	倒折率/%	倒伏率+倒折率/%	空秆率/%	双穗率/%	穗长/cm	穗粗/cm	穗行数/行	行粒数/粒	秃尖长/cm	轴粗/cm	出籽率/%	百粒重/g
郑单 958(19)	中牟	100	239	91	0	0	0	0.2	0.2	16.8	5.2	15	32.7	0.2	3.1	87	36.2
	南阳	93	269	116	0	0	0	0.8	0	16	4.7	14.8	34.2	0.6	2.9	88.9	26.8
	商丘	100	262	100	0	0	0	0.7	0.5	15.1	4.5	14.4	30.4	0.3	2.7	87.7	20.6
	黄泛区	104	246	111.3	0	0	0	0.8	4	16	4.8	14.8	31.8	0.2	2.7	89.1	30
	洛阳	109	265	118	22	8.4	30.4	0.2	0	16.1	5	14.4	33.6	0.6	3.1	90.8	28.3
	荥阳	102	243	90	4	3.3	7.3	0.2	0	17.2	4.8	14.7	36	0.5	3.4	86	22.6
	温县	97	253	89	3.9	1.3	5.2	2.6	1.3	16.2	4.8	16.4	35.6	0	3.1	88.6	26.22
	遂平	102	252	88	0	0	0	0.4	0	15	4.6	16.2	31.4	1	2.9	88.3	24.67
	平均	101	254	100	3.7	1.6	5.3	0.7	0.8	16.1	4.8	15.1	33.2	0.4	3.0	88.3	26.9

表 1-18　2021 年河南省玉米品种区域试验参试品种所在试点抗病虫抗倒性状汇总（4500 株/亩 A 组）

品种（编号）	试点	茎腐病/%（高感点次）	小斑病/级	穗腐病/%及（b/a）	弯孢叶斑病/级	瘤黑粉病/%	南方锈病/级	粗缩病/%	矮花叶病/级	纹枯病/级	褐斑病/级	玉米螟/级
伟科 9136(1)	中牟	4	3	0.1	1	1.4	9	0	1	1	3	3
	南阳	0	1	0.8	1	0	3	0	1	1	1	1
	商丘	0	3	0.5	3	0	5	0	1	1	3	1
	黄泛区	0	3	0	1	0	3	0	1	1	1	1
	洛阳	6.1	3	0	3	0	5	0	1	1	3	3
	荥阳	0	3	3	1	0	5	0	1	1	1	3
	温县	1.6	1	0	1	0	3	0	1	1	1	1
	遂平	8.3	1	1.67	1	0	7	0	1	1	1	3
	平均	2.5(0)	1~3	0.8(0/0)	1~3	0.2	3~9	0	1	1	1~3	1~3

续表 1-18

品种(编号)	试点	茎腐病/%（高感点次）	小斑病/级	穗腐病/%及(b/a)	弯孢叶斑病/级	瘤黑粉病/%	南方锈病/级	粗缩病/%	矮花叶病/级	纹枯病/级	褐斑病/级	玉米螟/级
隆平 146(2)	中牟	6	3	0	1	1.4	9	0	1	1	3	5
	南阳	0	1	0.9	1	0	7	0	1	1	1	1
	商丘	26.4	7	0	3	0	7	0	1	1	1	1
	黄泛区	0	3	0	3	0	5	0	1	3	3	1
	洛阳	4.9	3	0	3	0	5	0	1	1	3	3
	荥阳	15	3	0	1	0	9	0	1	3	1	1
	温县	4.1	1	0	1	0	5	0	1	1	1	1
	遂平	2.2	3	1.88	1	0	9	0	1	1	1	1
	平均	7.3(0)	1~7	0.3(0/0)	1~3	0.2	5~9	0	1	1~3	1~3	1~5
ZB1902(3)	中牟	8	3	0.4	1	0.7	9	0.7	1	1	1	5
	南阳	0	1	0.9	1	0	5	0	1	1	1	1
	商丘	2.5	5	0	3	0	7	0	1	1	3	1
	黄泛区	0	3	0.3	3	0	5	0	1	3	1	1
	洛阳	4.9	5	0	3	0	5	0	1	3	3	3
	荥阳	18	3	0	1	0	9	0	1	5	1	1
	温县	10.6	1	0	1	0	3	0	1	1	1	1
	遂平	3.7	1	1.07	1	0	7	0	1	1	1	1
	平均	6.0(0)	1~5	0.3(0/0)	1~3	0.1	3~9	0.1	1	1~5	1~3	1~5

续表 1-18

品种(编号)	试点	茎腐病/%（高感点次）	小斑病/级	穗腐病/%及(b/a)	弯孢叶斑病/级	瘤黑粉病/%	南方锈病/级	粗缩病/%	矮花叶病/级	纹枯病/级	褐斑病/级	玉米螟/级
囤玉 329(4)	中牟	3	3	1.4	1	0.7	5	0	1	1	3	5
	南阳	0	1	0.9	1	0	3	0	1	1	1	3
	商丘	0	1	0	5	1.2	5	0	1	1	3	1
	黄泛区	0	1	0	1	0	1	0	1	1	1	1
	洛阳	11.1	1	0	1	0	5	0	1	3	3	3
	荥阳	5	5	1	1	0	3	0	1	3	1	2
	温县	2.1	1	0	1	0	1	0	1	1	1	1
	遂平	0	1	0.8	1	0	5	0	1	1	1	3
	平均	2.7(0)	1~5	0.5(0/0)	1~5	0.2	1~5	0	1	1~3	1~3	1~5
金颗 106(5)	中牟	15	1	0.2	1	1.4	9	0	1	1	1	5
	南阳	0	1	1.7	1	0	5	0	1	1	1	1
	商丘	15.2	5	0.3	3	0	7	0	1	1	1	1
	黄泛区	0	1	0	3	0	5	0	1	1	3	1
	洛阳	13.5	5	0	3	0	5	0	1	3	3	3
	荥阳	16	3	0	1	2	7	0	1	3	1	1
	温县	5	1	0.1	1	0	5	0	1	1	1	1
	遂平	4.4	1	4.52	1	0	7	0	1	1	1	3
	平均	8.6(0)	1~5	0.9(1/12.5)	1~3	0.4	5~9	0	1	1~3	1~3	1~5

续表 1-18

品种(编号)	试点	茎腐病/%(高感点次)	小斑病/级	穗腐病/%及(b/a)	弯孢叶斑病/级	瘤黑粉病/%	南方锈病/级	粗缩病/%	矮花叶病/级	纹枯病/级	褐斑病/级	玉米螟/级
机玉 519(6)	中牟	2	3	1.2	1	0.7	7	0	1	1	3	5
	南阳	0	1	0.8	1	0	3	0	1	1	1	1
	商丘	2.5	1	0	5	0	3	0	1	1	3	1
	黄泛区	0	1	0	1	0	1	0	1	1	1	1
	洛阳	3.7	1	0	1	0	3	0	1	1	1	1
	荥阳	1	3	2	1	0	3	0	1	3	1	1
	温县	1.8	1	0	1	0	3	0	1	1	1	1
	遂平	0.7	1	0.5	1	0	5	0	1	1	1	3
	平均	1.5(0)	1~3	0.6(0/12.5)	1~5	0.1	1~7	0	1	1~3	1~3	1~5
北科 15(7)	中牟	2	3	0.2	1	0.7	9	0	1	1	3	3
	南阳	0	1	1.6	3	2.6	3	0	1	1	3	3
	商丘	0	3	0.3	5	0	5	0	1	1	3	1
	黄泛区	0	1	0	3	0	3	0	1	3	3	1
	洛阳	9.8	3	0	1	0	3	0	1	3	3	3
	荥阳	4	5	0	1	0	5	0	1	1	1	1
	温县	0.4	1	0.1	1	0	3	0	1	1	1	1
	遂平	0	3	0.95	1	0	5	0	1	1	1	3
	平均	2.0(0)	1~5	0.4(0/0)	1~5	0.4	3~9	0	1	1~3	1~3	1~3

续表 1-18

品种(编号)	试点	茎腐病/%(高感点次)	小斑病/级	穗腐病/%及(b/a)	弯孢叶斑病/级	瘤黑粉病/%	南方锈病/级	粗缩病/%	矮花叶病/级	纹枯病/级	褐斑病/级	玉米螟/级
豫单963(8)	中牟	2	3	0.5	1	1.4	9	0	1	1	3	5
	南阳	1.7	1	1.2	3	0	7	0	1	1	3	5
	商丘	2.6	5	0	3	0	7	0	1	1	3	1
	黄泛区	0	3	0	5	0	5	0	1	3	5	1
	洛阳	10.8	3	0	3	0	5	0	1	3	3	3
	荥阳	5	5	0	1	0	9	0	1	3	1	1
	温县	1.6	1	0	1	0	5	0	1	1	1	1
	遂平	3.7	1	3.5	1	0	7	0	1	1	1	3
	平均	3.4(0)	1~5	0.7(0/12.5)	1~5	0.2	5~9	0	1	1~3	1~5	1~5
泓丰5505(9)	中牟	2	3	1.4	1	1.4	7	0.7	1	1	3	5
	南阳	0	1	1.2	1	0	3	0	1	1	1	3
	商丘	5.3	3	0.2	5	0	5	0	1	1	3	1
	黄泛区	0	3	0	3	0	3	0	1	3	5	3
	洛阳	27.1	5	0	3	0	5	0	1	3	3	3
	荥阳	6	5	1	1	0	5	0	1	3	1	2
	温县	1.6	1	0	1	0	3	0	1	1	1	1
	遂平	3	1	0.31	1	0	5	0	1	1	1	3
	平均	5.6(0)	1~5	0.5(0/0)	1~5	0.2	3~7	0.1	1	1~3	1~5	1~5

续表 1-18

品种(编号)	试点	茎腐病/%(高感点次)	小斑病/级	穗腐病/%及(b/a)	弯孢叶斑病/级	瘤黑粉病/%	南方锈病/级	粗缩病/%	矮花叶病/级	纹枯病/级	褐斑病/级	玉米螟/级
先玉 1975(10)	中牟	15	3	0.8	1	0.7	9	0.7	1	1	1	5
	南阳	0	1	0.9	1	0	7	0	1	1	1	5
	商丘	21	7	0.5	3	0	9	1.2	1	1	1	1
	黄泛区	0	3	0	3	0	5	0	1	3	5	1
	洛阳	4.9	3	0	3	0	3	0	1	1	3	1
	荥阳	17	5	0	1	0	9	0	1	5	1	1
	温县	5.3	1	0	1	0	5	0	1	1	1	1
	遂平	5.3	1	7.83	1	0	7	0	1	1	1	5
	平均	8.6(0)	1~7	1.3(1/12.5)	1~3	0.1	3~9	0.2	1	1~5	1~5	1~5
郑泰 101(11)	中牟	5	1	0.2	1	0.7	7	0	1	1	3	5
	南阳	0	1	0.1	1	0	3	0	1	1	1	1
	商丘	15.8	3	0.3	3	0	5	0	1	1	3	1
	黄泛区	9.5	1	0	1	0	1	0	1	3	3	1
	洛阳	6.1	3	0	3	0	7	0	1	3	3	3
	荥阳	18	5	0	1	0	7	0	1	3	1	1
	温县	2.6	1	0	1	0	3	0	1	1	1	1
	遂平	3.8	1	2.43	1	0	5	0	1	1	1	1
	平均	7.6(0)	1~5	0.4(0/12.5)	1~3	0.1	1~7	0	1	1~3	1~3	1~5

续表 1-18

品种(编号)	试点	茎腐病/%(高感点次)	小斑病/级	穗腐病/%及(b/a)	弯孢叶斑病/级	瘤黑粉病/%	南方锈病/级	粗缩病/%	矮花叶病/级	纹枯病/级	褐斑病/级	玉米螟/级
澧玉 338(12)	中牟	3	3	2	1	1.4	9	0	1	1	1	5
	南阳	0	1	2.8	1	0	5	0	1	1	1	3
	商丘	9.5	5	0.3	3	0	7	0	1	1	3	1
	黄泛区	0	1	0	3	0	1	0	1	1	3	1
	洛阳	7.4	3	0	3	0	5	0	1	3	3	3
	荥阳	18	5	5	1	0	7	0	1	3	1	3
	温县	11.4	1	0	1	0	5	0	1	1	1	1
	遂平	5.9	1	3.75	1	0	7	0	1	1	1	3
	平均	6.9(0)	1~5	1.7(1/50)	1~3	0.2	1~9	0	1	1~3	1~3	1~5
郑单 602(13)	中牟	3	3	1.5	1	0.7	7	0	1	1	3	3
	南阳	0	1	2.3	1	0	3	0	1	1	1	3
	商丘	4.3	5	0	3	0	7	0	1	1	3	1
	黄泛区	0	1	0	3	0	1	0	1	3	3	1
	洛阳	27.1	3	0	3	0	5	0	1	3	3	3
	荥阳	18	5	0	1	0	7	0	1	5	1	1
	温县	14.3	1	0	1	0	3	0	1	1	1	1
	遂平	6.8	1	0.5	1	0	7	0	1	1	1	3
	平均	9.2(0)	1~5	0.5(0/12.5)	1~3	0.1	1~7	0	1	1~5	1~3	1~3

续表 1-18

品种(编号)	试点	茎腐病/%(高感点次)	小斑病/级	穗腐病/%及(b/a)	弯孢叶斑病/级	瘤黑粉病/%	南方锈病/级	粗缩病/%	矮花叶病/级	纹枯病/级	褐斑病/级	玉米螟/级
盈满 618(14)	中牟	3	3	1.3	1	1.4	9	0	1	1	3	5
	南阳	0	1	0	1	0	3	0	1	1	1	1
	商丘	3.7	3	0	3	0	5	0	1	1	5	1
	黄泛区	0	1	1	3	0	1	0	1	1	1	1
	洛阳	2.4	3	0	3	0	5	0	1	3	1	3
	荥阳	1	3	1	1	0	5	0	1	3	1	2
	温县	5	1	0	1	0	5	0	1	1	1	1
	遂平	2.2	1	4.48	1	0	5	0	1	1	1	3
	平均	2.2(0)	1~3	1.0(1/12.5)	1~3	0.2	1~9	0	1	1~3	1~5	1~5
德单 210(15)	中牟	4	3	0.1	1	1.4	7	0.7	1	1	3	5
	南阳	0	1	0.2	1	0	3	0	1	1	1	3
	商丘	0	3	0.3	3	0	5	0	1	1	3	1
	黄泛区	0	1	2	1	0	1	0	1	1	3	1
	洛阳	22.2	5	0	3	0	7	0	1	3	3	3
	荥阳	4	5	3	1	0	5	0	1	5	1	3
	温县	5.8	1	0	1	0	3	0	1	1	1	1
	遂平	8.9	1	3.91	1	0	5	0	1	1	1	3
	平均	5.6(0)	1~5	1.2(0/37.5)	1~3	0.2	1~7	0.1	1	1~5	1~3	1~5

续表 1-18

品种(编号)	试点	茎腐病/%(高感点次)	小斑病/级	穗腐病/%及(b/a)	弯孢叶斑病/级	瘤黑粉病/%	南方锈病/级	粗缩病/%	矮花叶病/级	纹枯病/级	褐斑病/级	玉米螟/级
丰大 686(16)	中牟	5	3	0.8	1	0.7	9	0	1	1	1	5
	南阳	0	1	2.3	1	0	3	0	1	1	1	3
	商丘	25.6	3	0.1	3	0	3	0	1	1	3	1
	黄泛区	0	1	1	1	0	1	0	1	1	3	3
	洛阳	20.1	5	0	3	0	5	0	1	3	5	3
	荥阳	18	5	0	1	0	3	0	1	3	1	1
	温县	4.1	1	0.1	1	0	3	0	1	1	1	1
	遂平	6.1	1	1.43	1	0	7	0	1	1	1	3
	平均	9.9(0)	1~5	0.7(0/12.5)	1~3	0.1	1~9	0	1	1~3	1~5	1~5
新科 1903(17)	中牟	5	1	0.1	1	0.7	9	0	1	1	3	5
	南阳	1.7	1	0.1	1	0	7	0	1	1	3	1
	商丘	26.3	5	0.2	3	0	5	0	1	1	3	1
	黄泛区	0	1	1	1	0	1	0	1	1	1	3
	洛阳	22.1	5	0	3	0	7	0	1	3	5	3
	荥阳	25	5	0	1	0	5	0	1	3	1	1
	温县	4.2	1	0	1	0	5	0	1	1	1	1
	遂平	3.7	1	2.22	1	0	7	0	1	1	1	5
	平均	11(0)	1~5	0.5(0/12.5)	1~3	0.1	1~9	0	1	1~3	1~5	1~5

续表 1-18

品种(编号)	试点	茎腐病/%(高感点次)	小斑病/级	穗腐病/%及(b/a)	弯孢叶斑病/级	瘤黑粉病/%	南方锈病/级	粗缩病/%	矮花叶病/级	纹枯病/级	褐斑病/级	玉米螟/级
航硕 11(18)	中牟	5	3	0.2	1	0.7	7	0	1	1	1	5
	南阳	0	1	0.2	1	0	5	0	1	1	1	1
	商丘	9.8	3	0.2	3	0	7	0	1	1	3	1
	黄泛区	0	1	0.2	3	1.2	3	0	1	3	1	1
	洛阳	13.5	3	0	3	1.2	7	0	1	3	3	3
	荥阳	6	5	0	1	5	5	0	1	3	1	1
	温县	3.3	1	0.1	1	0	5	0	1	1	1	1
	遂平	0	1	5.22	1	0	7	0	1	1	1	3
	平均	4.7(0)	1~5	0.8(1/12.5)	1~3	1.0	3~7	0	1	1~3	1~3	1~5
郑单 958(19)	中牟	20	3	1.6	1	1.4	9	0.7	1	1	3	7
	南阳	3.4	3	2.3	3	0	7	0	1	1	3	3
	商丘	22.4	5	0.5	5	1.2	9	0	1	1	3	1
	黄泛区	0	1	0	1	0	1	0	1	3	3	1
	洛阳	35.3	3	0	3	5	7	0	1	3	3	3
	荥阳	19	3	2	1	0	9	0	1	5	1	1
	温县	17.1	1	0	1	0	5	0	1	1	1	1
	遂平	44.8	1	1.89	1	0	9	0	1	1	1	3
	平均	20.3(1)	1~5	1.0(0/25)	1~5	1.0	1~9	0.1	1	1~5	1~3	1~7

注:b/a 为穗腐病病粒率≥4.01%点次/病粒率≥2%试点比率,%。

第二节　4500株/亩区域试验报告(B组)

一、试验目的

鉴定省内外新育成的玉米杂交种的丰产性、稳产性和适应性,为河南省玉米生产试验和国家区域试验推荐参试品种,为玉米品种的审定与推广提供科学依据。

二、参试品种及承试单位

2021年参试品种共19个[不含对照种(CK)郑单958],各参试品种的名称、编号、参试年限、供种单位(个人)及承试单位见表1-19。

表1-19　2021年河南省玉米区域试验参试品种及承试单位(B组)

品种	编号	参试年限	亲本组合	供种单位(个人)	承试单位
郑玉811	1	2	郑7263×郑7241	郑州市农林科学研究所	洛阳市农林科学院
金豫138	2	2	JY015×RP318	王保权、樊振军	河南黄泛区地神种业农科所
勇单101	3	2	H525×F326	鹤壁市勇军农资有限责任公司	河南嘉华农业科技有限公司
悦玉76	4	2	yy066×yn512A	河南农业职业学院	河南农业职业学院
百科玉965	5	2	B33×N11	河南百农种业有限公司	河南平安种业有限公司
农玉35	6	2	HY016×HY015	新郑市农老大农作物种植专业合作社	河南赛德种业有限公司
许玉1806	7	1	XM801×X36183	许昌市农业科学研究所	遂平县农业科学试验站
秐玉16	8	1	Y2021×N765	新郑市秐阳农作物新技术研究所	南阳市农业科学院
御科605	9	1	GH2430×GH50434	河南省谷德丰农业科技有限公司	中国农业科学院棉花研究所
绿源玉21	10	1	W46×W01	河南百富泽农业科技有限公司	鹤壁市农业科学院
育玉169	11	1	L17DA×L1052	邓州市格润农业科技服务中心	新乡市农业科学院
洛玉206	12	1	L206M×Z206F	洛阳市农林科学院	漯河市农业科学院
见龙201	13	1	H33×F681	王桂敏	
豫单971	14	1	HL139×HL62	河南农业大学	
德合9号	15	1	H66×Y33	河南德合坤元农业科技有限公司	
匠育101	16	1	sd188×2118	李云丽	
豫粮仓018	17	1	ZZ01×HL201	张宝亮	
金苑玉109	18	1	JCY1922×JCY1908	新乡市金苑邦达富农业科技有限公司	
LPB270	19	1	L112LD76×L441AD1279	河南隆平高科种业有限公司	
郑单958	20	CK	郑58×昌7-2	河南秋乐种业科技股份有限公司	

三、试验概况

(一)试验设计

参试品种由河南省种子站统一排序编号并实名参试。按照统一试验方案,采用完全随机区组排列,3 次重复,5 行区,行长 6 m,行距 0.67 m,株距 0.22 m,每行播种 27 穴,每穴留苗一株,种植密度为 4500 株/亩,小区面积为 20 m^2(0.03 亩)。成熟时收中间 3 行计产,面积为 12 m^2(0.018 亩)。试验周围设保护区,重复间留走道 1 m。用小区产量结果进行方差分析,用 Tukey 法测验品种间差异显著性。

(二)田间管理

根据试验方案要求,各承试单位都固定有专职技术人员负责此项工作,并认真选择试验地块,麦收后及时铁茬播种,在 6 月 5 日至 6 月 15 日各试点相继播种完毕,在 9 月 20 日至 10 月 10 日相继完成收获。在间定苗、中耕除草、追肥、治虫、灌排水等方面都比较及时、认真,各试点试验开展顺利,试验质量良好。

(三)专家考察

收获前由河南省种子站统一组织相关专家对各试点品种的田间病虫害、丰产性等表现进行现场考察。

(四)气候特点及其影响

根据 2021 年承试单位提供的温县、郑州、中牟、洛阳、南阳、遂平、西华、商丘、安阳 9 个县(市)气象台(站)的资料分析,在玉米生育期的 6~9 月,平均气温 25.94 ℃,与历年 24.95 ℃相比高 0.99 ℃,尤其 6 月上旬和下旬及 9 月中旬和下旬,平均气温比常年同期分别高 3.08 ℃和 2.48 ℃及 2.28 ℃和 2.28 ℃。总降雨量 913.46 mm,比常年 481.77 mm 增加 431.69 mm,月平均增加 112.21 mm,在整个玉米生长季节中,雨量分布不均,6 月下旬至 7 月上旬,雨量较历年分别减少 25.35 mm 和 26.19 mm,旱象严重;7 月中旬至 9 月(除 8 月上旬),整个降雨较往年偏多,尤其 7 月中旬特大暴雨和 8 月下旬暴雨,降雨较往年分别增加 168.30 mm 和 101.02 mm,是常年同期的近 3 倍。总日照时数 670.82 h,比常年 755.78 h 少 84.96 h,月平均减少 21.24 h。受连续阴雨天影响,光照严重不足,对玉米生长发育产生严重影响,尤其 7~8 月,日照时数与常年相比分别减少 18.53 h 和 36.62 h,对穗分化和授粉以及籽粒灌浆极为不利,敏感品种出现雄穗退化严重、雌穗畸形、结实差和秃尖严重的情况。另外,由于受高温高湿和南方气流影响,锈病普遍早发、重发,加上一些地方暴雨之后田间积水,许多品种过早枯死,千粒重下降。2021 年试验期间河南省气象资料统计见表 1-20。

表 1-20 2021 年试验期间河南省气象资料统计

时间	平均气温/℃			降雨量/mm			日照时数/h		
	当年	历年	相差	当年	历年	相差	当年	历年	相差
6 月上旬	27.88	24.80	3.08	12.71	24.40	-11.08	75.67	68.90	6.77
6 月中旬	26.51	26.04	0.47	43.43	24.54	20.02	37.89	75.31	-37.42
6 月下旬	28.90	26.42	2.48	9.80	39.51	-25.35	74.49	67.68	6.81

续表 1-20

时间	平均气温/℃			降雨量/mm			日照时数/h		
	当年	历年	相差	当年	历年	相差	当年	历年	相差
月计	27.58	25.77	1.82	65.94	88.43	−16.28	188.04	211.89	−23.84
7月上旬	28.19	26.67	1.52	17.87	47.12	−26.19	56.98	59.28	−2.30
7月中旬	27.87	26.80	1.08	224.19	61.23	168.30	40.78	55.70	−17.40
7月下旬	27.18	27.28	−0.10	136.72	57.56	72.37	69.92	79.81	−9.89
月计	27.74	26.92	0.82	378.78	165.91	214.53	167.68	186.21	−18.53
8月上旬	28.06	26.98	1.08	35.30	46.03	−12.33	73.51	62.39	11.12
8月中旬	26.23	25.54	0.54	48.51	35.19	7.55	43.93	56.97	−13.03
8月下旬	22.93	24.43	−1.40	153.99	40.28	101.02	30.60	65.31	−34.71
月计	25.66	25.70	−0.06	237.80	121.49	95.99	148.04	184.67	−36.62
9月上旬	22.97	22.87	0.34	67.13	30.08	29.00	53.13	60.32	−7.19
9月中旬	23.44	21.26	2.28	64.87	22.68	41.84	63.68	52.13	11.54
9月下旬	21.92	19.51	2.28	98.93	20.27	74.94	51.41	60.58	−9.17
月计	22.79	21.41	1.39	230.93	73.00	137.44	167.06	173.01	−5.96
6~9月合计	103.77	99.80	3.98	913.46	481.77	431.69	670.82	755.78	−84.96
6~9月合计平均	25.94	24.95	0.99	228.36	112.21	107.92	167.71	188.94	−21.24

注:历年值是指近30年的平均值。

总体而言,玉米生长季节气温较常年偏高,降雨明显偏多,且分布严重不均,光照不足,视品种特性而异,产量水平受到不同程度的影响。

2021年收到年终报告9份,根据专家组后期现场考察结果,将安阳、鹤壁、新乡、漯河4个灾情严重试点试验报废,实际8个试点结果参与汇总。对于单点产量增幅超过30%的品种,按30%增幅进行产量矫正。

四、试验结果及分析

(一)两年区域试验参试品种的产量结果

2020年留试的6个品种已完成两年区域试验程序,2020~2021年产量结果见表1-21。

表 1-21　2020~2021 年河南省玉米区域试验品种产量结果

品种	编号	2020 年			2021 年			2020~2021 年两年平均	
		亩产/kg	比 CK/(±%)	位次	亩产/kg	比 CK/(±%)	位次	亩产/kg	比 CK/(±%)
勇单 101	3(3)	724.44	10.19**	2	571.11	7.5**	11	663.11	9.24
郑玉 811	1(2)	690.00	4.63*	13	601.67	13.23**	4	654.67	7.62
悦玉 76	4(3)	693.33	5.50**	7	593.33	11.62**	5	653.33	7.40
农玉 35	6(3)	703.33	6.95**	6	571.11	7.52**	10	650.44	6.92
金豫 138	2(1)	700.56	4.62*	12	556.67	4.79	14	643.00	4.67
百科玉 965	5(3)	671.67	2.18	12	581.11	9.39**	8	635.45	4.46
郑单 958(1)	CK	669.44	0	15	531.67	0	17	614.33	0
郑单 958(2)	CK	659.44	0	16	531.67	0	17	608.33	0
郑单 958(3)	CK	657.22	0	15	531.67	0	17	607.00	0

注:1.表中仅列出 2020 年、2021 年两年完成区域试验程序的品种。
2.2020 年汇总 12 个试点,2021 年汇总 8 个试点,两年平均亩产为加权平均。
3.品种名称后括号内字符为 2020 年参加组别。

(二) 2021 年区域试验结果分析

1.联合方差分析

根据 8 个试点小区产量汇总结果进行联合方差分析(见表 1-22),结果表明:试点间、品种间以及品种与试点间互作差异均达极显著水平,说明参试品种间存在显著基因型差异,不同品种在不同试点的表现也存在着显著差异。

表 1-22　2021 年河南省玉米品种 4500 株/亩区域试验 B 组产量联合方差分析

变异来源	自由度	平方和	均方差	*F* 值	*F* 临界值(0.05)	*F* 临界值(0.01)
地点内区组	16	3.57	0.22	1.07	1.72	2.14
地点	7	743.13	106.16	506.94	2.08	2.78
品种	19	202.61	10.66	50.92	1.65	2.02
品种×地点	133	171.81	1.29	6.17	1.30	1.45
试验误差	304	63.66	0.21			
总和	479	1184.78				

从多重比较(Tukey 法)结果(见表 1-23)看出,金苑玉 109 等 13 个品种产量显著或极显著高于对照,金豫 138 等 4 个品种与对照差异均不显著,御科 605 等 2 个品种产量显著或极显著低于对照。

表 1-23　2021 年河南省玉米品种 4500 株/亩区域试验 B 组产量多重比较(Tukey 法)结果

品种	编号	均值	品种	编号	均值
金苑玉 109	18	11.42**	勇单 101	3	10.28**
洛玉 206	12	10.99**	许玉 1806	7	10.21**
育玉 169	11	10.91**	豫粮仓 018	17	10.07**
郑玉 811	1	10.83**	金豫 138	2	10.02*
悦玉 76	4	10.68**	绿源玉 21	10	9.86*
LPB270	19	10.54**	见龙 201	13	9.68*
匠育 101	16	10.50**	郑单 958	20	9.57
百科玉 965	5	10.46**	德合 9 号	15	9.49
豫单 971	14	10.32**	御科 605	9	8.94
农玉 35	6	10.28**	秐玉 16	8	8.80

2. 产量表现

将 8 个试点产量结果列于表 1-24。从中看出,16 个参试品种表现增产,13 个参试品种增产幅度达显著或极显著水平。

表 1-24　2021 年河南省玉米品种 4500 株/亩区域试验 B 组产量结果

品种	编号	亩产/kg	比 CK/(±%)	位次	增产点次	减产点次	平产点次
金苑玉 109	18	634.44	19.43**	1	8	0	0
洛玉 206	12	610.56	14.87**	2	8	0	0
育玉 169	11	606.11	14.06**	3	8	0	0
郑玉 811	1	601.67	13.23**	4	8	0	0
悦玉 76	4	593.33	11.62**	5	8	0	0
LPB270	19	585.56	10.18**	6	7	1	0
匠育 101	16	583.33	9.73**	7	8	0	0
百科玉 965	5	581.11	9.39**	8	8	0	0
豫单 971	14	573.33	7.86**	9	8	0	0
农玉 35	6	571.11	7.52**	10	7	1	0
勇单 101	3	571.11	7.5**	11	7	1	0
许玉 1806	7	567.22	6.79**	12	7	1	0
豫粮仓 018	17	559.44	5.28*	13	7	1	0
金豫 138	2	556.67	4.79	14	7	1	0
绿源玉 21	10	547.78	3.08	15	5	3	0
见龙 201	13	537.78	1.23	16	5	2	1
郑单 958	20	531.67	0	17	0	0	8
德合 9 号	15	527.22	-0.83	18	5	3	0
御科 605	9	496.67	-6.56	19	2	6	0
秐玉 16	8	488.89	-8	20	1	7	0

3.稳定性分析

通过丰产性和稳产性参数分析，结果表明(见表1-25)：金苑玉109表现很好；洛玉206等7个品种表现好；御科605和秫玉16表现较差；其余品种表现较好或一般。

表1-25　2021年河南省玉米品种4500株/亩区域试验B组品种丰产性、稳产性分析

品种	编号	丰产性参数		稳产性参数			适应地区	综合评价（供参考）
		产量（kg/小区）	效应	方差	变异度	回归系数		
金苑玉109	18	11.42	1.23	0.26	4.50	1.22	E1～E8	很好
洛玉206	12	10.99	0.79	0.28	4.85	0.79	E1～E8	好
育玉169	11	10.91	0.72	0.31	5.06	1.03	E1～E8	好
郑玉811	1	10.83	0.64	0.14	3.47	1.01	E1～E8	好
悦玉76	4	10.68	0.48	0.31	5.18	1.17	E1～E8	好
LPB270	19	10.54	0.35	0.35	5.57	0.90	E1～E8	好
匠育101	16	10.50	0.30	0.21	4.33	0.97	E1～E8	好
百科玉965	5	10.46	0.27	0.29	5.15	1.21	E1～E8	好
豫单971	14	10.32	0.12	0.20	4.35	1.15	E1～E8	较好
农玉35	6	10.28	0.09	0.21	4.48	1.05	E1～E8	较好
勇单101	3	10.28	0.09	0.27	5.09	0.81	E1～E8	较好
许玉1806	7	10.21	0.02	0.46	6.62	0.83	E1～E8	较好
豫粮仓018	17	10.07	−0.12	0.34	5.83	1.36	E1～E8	较好
金豫138	2	10.02	−0.17	2.47	15.69	0.69	E1,E2,E6	一般
绿源玉21	10	9.86	−0.33	0.25	5.08	1.09	E1～E8	一般
见龙201	13	9.68	−0.51	0.08	2.96	0.97	E1～E8	一般
郑单958	20	9.57	−0.63	0.10	3.25	1.04	E1～E8	一般
德合9号	15	9.49	−0.71	0.44	6.96	0.99	E1～E8	一般
御科605	9	8.94	−1.25	0.53	8.11	0.57	E1～E8	较差
秫玉16	8	8.80	−1.39	0.69	9.43	1.17	E1～E8	较差

注：E1代表宝丰，E2代表怀川，E3代表黄泛区，E4代表嘉华，E5代表金囤，E6代表洛阳，E7代表南阳，E8代表西平，E9代表新郑，E10代表中牟。

4.试验可靠性分析

从表1-26结果看出，各个试点的变异系数均在10%以下，说明这些试点管理比较精细，试验误差较小，整体数据较准确可靠，符合实际，可以汇总。

表1-26　2021年各试点试验误差变异系数

试点	中牟	南阳	嘉华	地神	洛阳	赛德	温县	遂平
CV/%	5.70	5.68	4.34	2.67	3.53	6.14	1.72	4.79

5.各品种产量结果汇总

各品种在不同试点的产量结果列于表1-27。

表1-27　2021年河南省玉米品种4500株/亩区域试验B组产量结果汇总

试点	郑玉 811/1			金豫 138/2			勇单 101/3			悦玉 76/4		
	亩产/kg	比CK/(±%)	位次	亩产/kg	比CK/(±%)	位次	亩产/kg	比CK/(±%)	位次	亩产/kg	比CK/(±%)	位次
中牟	673.33	7.48	8	737.22	17.71	3	653.89	4.35	12	746.11	19.13	2
南阳	563.33	22.02	6	561.11	21.5	7	576.67	24.87	5	512.78	11.07	12
嘉华	514.44	14.6	3	487.22	8.5	7	477.22	6.27	11	497.22	10.81	5
地神	597.78	6.36	9	581.11	3.43	14	613.33	9.2	5	597.22	6.26	11
洛阳	603.33	6.47	6	597.22	5.36	7	587.78	3.66	11	606.11	6.96	5
赛德	487.78	17.58	4	477.22	14.99	6	470.56	13.43	7	485.00	16.91	5
温县	673.89	19.47	2	599.44	6.34	15	615.00	9.06	13	661.67	17.31	7
遂平	699.44	15.36	4	413.89	−31.73	20	575.56	−5.07	18	638.33	5.28	8
平均	601.67	13.23	4	556.67	4.79	14	571.11	7.5	11	593.33	11.62	5
CV/%	12.87			17.73			11.43			15.30		

试点	百科玉 965/5			农玉 35/6			许玉 1806/7			秐玉 16/8		
	亩产/kg	比CK/(±%)	位次	亩产/kg	比CK/(±%)	位次	亩产/kg	比CK/(±%)	位次	亩产/kg	比CK/(±%)	位次
中牟	658.89	5.17	10	696.11	11.08	4	567.78	−9.34	19	601.67	−3.99	17
南阳	546.67	18.41	9	517.22	12.03	11	543.33	17.65	10	387.78	−16	20
嘉华	474.44	5.65	13	492.22	9.61	6	472.78	5.28	14	412.78	−8.09	20
地神	597.22	6.33	10	571.67	1.71	15	597.22	6.26	11	457.78	−18.52	20
洛阳	578.89	2.16	15	585.00	3.2	13	591.11	4.25	10	551.11	−2.74	18
赛德	436.11	5.04	13	456.67	10	11	467.22	12.63	9	366.67	−11.69	20
温县	653.33	15.83	10	660.00	17.01	8	657.78	16.68	9	515.00	−8.64	20
遂平	705.00	16.21	3	592.78	−2.26	17	642.78	5.98	6	618.33	1.95	12
平均	581.11	9.39	8	571.11	7.52	10	567.22	6.79	12	488.89	−8	20
CV/%	15.99			14.26			12.44			19.85		

试点	御科 605/9			绿源玉 21/10			育玉 169/11			洛玉 206/12		
	亩产/kg	比CK/(±%)	位次	亩产/kg	比CK/(±%)	位次	亩产/kg	比CK/(±%)	位次	亩产/kg	比CK/(±%)	位次
中牟	537.22	−14.25	20	598.89	−4.43	18	684.44	9.25	5	681.11	8.75	6
南阳	500.56	8.46	14	506.11	9.67	13	588.33	27.44	3	598.89	29.68	1
嘉华	469.44	4.54	15	465.00	3.55	16	501.67	11.8	4	517.22	15.26	1
地神	495.00	−11.87	19	598.89	6.59	8	596.11	6.1	13	651.67	15.95	3
洛阳	474.44	−16.33	20	550.56	−2.91	19	585.56	3.27	12	642.22	13.26	1
赛德	403.33	−2.86	17	398.33	−4.02	18	498.89	20.26	3	518.89	25.03	1
温县	530.00	−5.98	18	621.67	10.25	12	674.44	19.61	1	666.11	18.13	4
遂平	562.22	−7.3	19	642.78	6.02	5	718.89	18.56	2	607.22	0.12	15
平均	496.67	−6.56	19	547.78	3.08	15	606.11	14.06	3	610.56	14.87	2
CV/%	9.93			15.53			13.49			10.36		

续表 1-27

试点	见龙 201/13			豫单 971/14			德合 9 号/15			匠育 101/16		
	亩产/kg	比 CK/（±%）	位次	亩产/kg	比 CK/（±%）	位次	亩产/kg	比 CK/（±%）	位次	亩产/kg	比 CK/（±%）	位次
中牟	621.11	-0.86	15	654.44	4.46	11	645.00	2.96	13	676.67	7.98	7
南阳	476.67	3.21	18	486.67	5.42	15	478.89	3.77	17	583.33	26.31	4
嘉华	477.22	6.27	11	482.78	7.55	8	424.44	-5.49	19	478.33	6.52	10
地神	569.44	1.38	16	607.22	8.08	6	511.67	-8.93	18	633.89	12.85	4
洛阳	554.44	-2.19	17	615.00	8.53	4	593.33	4.67	8	583.33	2.94	14
赛德	415.00	0	15	442.78	6.74	12	433.33	4.37	14	465.00	12.09	10
温县	580.56	2.96	16	663.89	17.77	5	520.56	-7.65	19	602.22	6.8	14
遂平	609.44	0.46	13	631.67	4.18	9	608.89	0.37	14	641.67	5.83	7
平均	537.78	1.23	16	573.33	7.86	9	527.22	-0.83	18	583.33	9.73	7
CV/%	13.64			15.29			15.53			12.97		

试点	豫粮仓 018/17			金苑玉 109/18			LPB270/19			郑单 958/20		
	亩产/kg	比 CK/（±%）	位次	亩产/kg	比 CK/（±%）	位次	亩产/kg	比 CK/（±%）	位次	亩产/kg	比 CK/（±%）	位次
中牟	661.67	5.65	9	762.78	21.79	1	614.44	-1.89	16	626.67	0	14
南阳	486.11	5.25	16	593.33	28.56	2	560.56	21.42	8	461.67	0	19
嘉华	458.89	2.23	17	515.56	14.85	2	480.00	6.93	9	448.89	0	18
地神	601.67	7.09	7	655.00	16.61	1	653.89	16.38	2	561.67	0	17
洛阳	591.67	4.34	9	630.00	11.14	3	635.00	11.99	2	566.67	0	16
赛德	388.33	-6.47	19	510.00	22.94	2	470.00	13.3	8	415.00	0	15
温县	662.78	17.54	6	670.00	18.78	3	642.78	13.96	11	563.89	0	17
遂平	624.44	2.99	11	740.00	22.02	1	627.22	3.39	10	606.67	0	16
平均	559.44	5.28	13	634.44	19.43	1	585.56	10.18	6	531.67	0	17
CV/%	18.25			14.67			12.60			14.77		

注：平均值为各试点算术平均。

6.田间性状调查结果

各品种田间性状调查汇总结果见表 1-28、表 1-29。各品种在各试点表现见表 1-34、表 1-35。

表 1-28　2021 年河南省玉米品种 4500 株/亩区域试验 B 组田间性状调查结果(一)

品种	编号	生育期/d	株高/cm	穗位高/cm	倒伏率/%	倒折率/%	倒点率/%	空秆率/%	双穗率/%	茎腐病/%(高感点次)	小斑病/级	穗腐病/%(高感点次)	弯孢叶斑病/级	瘤黑粉病/%	锈病/级
郑玉 811	1	101	276	110	0.4	1.0	0	1.6	0.6	6.1(0)	1~3	0.6(0)	1~3	0.5	1~7
金豫 138	2	101	260	95	0.7	2.8	12.5	2.7	0.9	5.9(0)	1~5	0.7(0)	1~3	0.2	3~9
勇单 101	3	100	286	106	1.1	0.3	0	3.0	0.4	12.3(0)	1~5	1.5(1)	1~3	0.4	5~9
悦玉 76	4	101	266	103	0.4	0.2	0	1.3	0.2	1.9(0)	1~5	0.5(0)	1~3	0.4	1~7
百科玉 965	5	101	255	97	0.7	0.1	0	1.5	0.7	10.6(0)	1~5	0.2(0)	1~3	0.3	3~9
农玉 35	6	100	256	93	0.5	0.3	0	0.9	1.0	13.3(0)	1~5	0.7(0)	1~3	0.2	5~9
许玉 1806	7	100	281	96	0.4	0.1	0	1.4	0.2	10(0)	1~5	1.2(1)	1~3	0.1	5~9
秐玉 16	8	99	263	99	0.9	0.2	0	1.4	0	15.7(0)	1~7	1.0(1)	1~5	0.3	5~9
御科 605	9	98	263	95	1.1	2.0	0	1.7	0.2	20.5(1)	1~5	2.1(2)	1~3	0.2	3~9
绿源玉 21	10	100	275	110	1.2	0.2	0	1.0	0.3	12.3(0)	1~5	0.8(0)	1~3	0.1	5~9
育玉 169	11	101	270	91	0.7	0.4	0	0.9	0.1	7.6(0)	1~3	1.0(0)	1~3	0.1	1~9
洛玉 206	12	103	280	85	1.4	0.3	0	0.7	0.4	1.2(0)	1~3	1.1(0)	1~5	0.3	1~5
见龙 201	13	100	272	108	4.6	0.6	12.5	2.2	0.4	14.7(0)	1~7	0.3(0)	1~3	0.2	3~9
豫单 971	14	101	269	111	0.6	0.1	0	0.7	0.6	4.9(0)	1~5	0.7(1)	1~3	0.1	3~9
德合 9 号	15	100	266	110	0.9	0.2	0	1.3	0.7	21.8(0)	1~5	0.7(0)	1~3	0.1	3~9
匠育 101	16	101	253	88	0.3	0.1	0	0.9	0.9	4.7(0)	1~3	0.4(0)	1~3	0.3	3~9
豫粮仓 018	17	101	277	110	0.8	0.3	0	0.4	0.3	7.2(0)	1~5	1.1(1)	1~3	0.2	3~9
金苑玉 109	18	101	273	111	0.4	0.4	0	1.0	0.1	1.2(0)	1~3	0.3(0)	1~3	0.4	1~5
LPB270	19	101	284	103	0.4	0	0	0.9	0	12.4(0)	1~7	0.9(0)	1~3	0.1	1~9
郑单 958	20	101	254	103	3.0	2.5	12.5	0.4	0.7	24(1)	1~7	0.7(0)	1~3	0.2	1~9

注:倒点率指倒伏倒折率之和≥15.0%的试点比率。

表 1-29　2021 年河南省玉米品种 4500 株/亩区域试验 B 组田间性状调查结果(二)

品种	编号	株型	芽鞘色	第一叶形状	叶色	雄穗分枝	雄穗颖片颜色	花药颜色	花丝颜色	苞叶长度	总叶片数/片
郑玉 811	1	半紧凑	浅紫	匙形	绿	多,枝长中等	绿	紫	紫	中	19.6
金豫 138	2	紧凑	紫	匙形	绿	多且枝长	绿	浅紫	浅紫	短	19.4
勇单 101	3	半紧凑	紫	匙形	绿	少且枝长	绿	紫	紫	短	19.0
悦玉 76	4	紧凑	紫	匙形	绿	中等,枝长中等	绿	绿	绿	中	19.4
百科玉 965	5	紧凑	紫	匙形	绿	中等,枝长中等	绿	浅紫	浅紫	中	19.2
农玉 35	6	紧凑	紫	匙形	绿	多,枝长中等	绿	紫	浅紫	中	19.6
许玉 1806	7	紧凑	紫	匙形	绿	少且枝长	绿	浅紫	浅紫	中	19.8
秐玉 16	8	紧凑	紫	匙形	绿	中等,枝长中等	绿	绿	绿	中	19.2
御科 605	9	半紧凑	紫	匙形	绿	多,枝长中等	绿	绿	浅紫	短	19.2
绿源玉 21	10	半紧凑	紫	匙形	绿	少且枝长	绿	浅紫	浅紫	短	19.6
育玉 169	11	紧凑	紫	匙形	绿	多,枝长中等	绿	浅紫	紫	中	18.6
洛玉 206	12	紧凑	浅紫	匙形	绿	少且枝长	绿	紫	浅紫	中	19.2
见龙 201	13	紧凑	浅紫	匙形	绿	多,枝长中等	绿	绿	绿	中	19.4
豫单 971	14	半紧凑	紫	匙形	绿	多,枝长中等	绿	紫	紫	中	19.8
德合 9 号	15	半紧凑	紫	匙形	绿	中等,枝长中等	绿	浅紫	浅紫	中	19.2
匠育 101	16	紧凑	浅紫	匙形	绿	中等且枝短	绿	绿	浅紫	中	19.3
豫粮仓 018	17	紧凑	紫	匙形	绿	多,枝长中等	绿	浅紫	浅紫	长	19.6
金苑玉 109	18	半紧凑	紫	匙形	深绿	中等,枝长中等	紫	紫	浅紫	长	20.0
LPB270	19	紧凑	紫	匙形	绿	少且枝长	绿	绿	浅紫	中	19.3
郑单 958	20	紧凑	紫	匙形	绿	多,枝长中等	绿	绿	浅紫	中	19.4

7.室内考种结果

各品种室内考种结果见表 1-30。

表 1-30　2021 年河南省玉米品种 4500 株/亩区域试验 B 组穗部性状室内考种结果

品种	编号	穗长/cm	穗粗/cm	穗行数/行	行粒数/粒	秃尖长/cm	轴粗/cm	出籽率/%	百粒重/g	穗型	轴色	粒型	粒色	结实性
郑玉 811	1	17.6	5.1	15.2	32.7	1.2	3.1	88.1	33.2	长筒	白	半马齿	黄	好
金豫 138	2	19.8	4.8	14.3	31.3	1.0	3.0	85.6	34.3	长锥	白	半马齿	黄	一般
勇单 101	3	17.4	4.7	15.0	32.2	1.2	2.8	87.0	30.6	长筒	红	半马齿	黄	一般
悦玉 76	4	16.3	4.8	14.7	29.9	0.9	2.8	88.8	35.1	短筒	白	半马齿	黄	好
百科玉 965	5	15.7	4.7	16.5	31.3	0.3	2.8	89.5	29.2	短筒	白	半马齿	黄	好
农玉 35	6	17.0	4.6	15.8	32.3	1.0	2.7	87.6	29.8	短筒	红	半马齿	黄	好
许玉 1806	7	16.7	4.8	14.8	32.6	1.1	2.8	88.0	30.0	短筒	红	半马齿	黄	一般
秐玉 16	8	15.9	4.7	15.8	29.9	1.1	2.8	88.4	25.8	短筒	白	半马齿	黄	一般

续表 1-30

品种	编号	穗长/cm	穗粗/cm	穗行数/行	行粒数/粒	秃尖长/cm	轴粗/cm	出籽率/%	百粒重/g	穗型	轴色	粒型	粒色	结实性
御科 605	9	16.2	4.6	14.3	33.4	0.7	2.8	86.8	28.9	短筒	红	半马齿	黄	好
绿源玉 21	10	16.7	4.7	15.9	33.7	0.7	2.9	88.6	27.3	短筒	红	半马齿	黄	一般
育玉 169	11	18.4	4.9	16.6	35.4	1.8	2.9	87.9	27.8	长筒	红	马齿	黄	一般
洛玉 206	12	16.9	5.3	17.9	34.5	1.2	3.1	85.2	29.8	短筒	白	马齿	黄	好
见龙 201	13	17.1	4.5	15.5	34.3	0.7	2.8	87.2	25.3	长筒	白	半马齿	黄	好
豫单 971	14	17.3	4.7	14.3	35.5	1.4	2.9	85.6	29.9	长筒	白	半马齿	黄	一般
德合 9 号	15	16.8	4.5	16.8	32.7	1.3	2.7	88.4	25.5	短筒	粉	半马齿	黄	好
匠育 101	16	16.1	4.7	16.7	29.7	0.3	2.9	88.5	31.3	短筒	白	半马齿	橙红	好
豫粮仓 018	17	15.0	4.9	17.3	33.5	0.2	2.9	88.3	25.3	短筒	白	半马齿	黄	好
金苑玉 109	18	16.7	5.1	16.6	33.9	0.9	3.0	88.2	30.2	短筒	红	马齿	黄	好
LPB270	19	17.4	4.7	15.1	32.8	0.9	2.8	87.3	31.3	短筒	红	半马齿	黄	一般
郑单 958	20	16.4	4.8	15.3	34.3	0.4	3.1	88.1	27.9	短筒	白	半马齿	黄	好

8.抗病性接种鉴定结果

各品种抗病性接种鉴定结果见表 1-31。

表 1-31 2021 年河南省玉米品种 4500 株/亩区域试验 B 组抗病性接种鉴定结果

品种	编号	接种编号	茎腐病		小斑病	穗腐病	锈病	弯孢叶	瘤黑粉病	
			发病率/%	病级	病级	平均病级	病级	斑病病级	发病率/%	病级
郑玉 811	1	K1-30	0	1	1	2.6	5	5	20	5
金豫 138	2	K1-17	8.3	3	3	2.9	5	7	60	9
勇单 101	3	K1-42	16.7	5	1	4.2	9	7	60	9
悦玉 76	4	K1-08	0	1	1	2.9	5	7	60	9
百科玉 965	5	K1-55	0	1	5	1.8	9	9	0	1
农玉 35	6	K1-50	66.7	9	3	2.3	7	7	100	9
许玉 1806	7	K1-15	12.5	5	3	3.6	9	5	40	7
秐玉 16	8	K1-19	20.8	5	1	4.9	9	7	40	7
御科 605	9	K1-35	41.7	9	1	2.9	9	7	80	9
绿源玉 21	10	K1-40	16.7	5	1	4.9	9	5	60	9
育玉 169	11	K1-02	4.2	1	5	1.8	3	7	40	7
洛玉 206	12	K1-24	4.2	1	1	2.1	5	5	100	9
见龙 201	13	K1-41	37.5	7	1	1.6	9	7	80	9
豫单 971	14	K1-05	0	1	1	7.3	9	9	100	9
德合 9 号	15	K1-26	58.3	9	7	2.1	9	3	80	9
匠育 101	16	K1-23	0	1	1	1.6	7	9	40	7
豫粮仓 018	17	K1-53	0	1	7	3.6	9	5	40	7
金苑玉 109	18	K1-10	0	1	5	2.9	5	7	80	9
LPB270	19	K1-43	8.3	3	7	3.4	9	5	60	9
郑单 958	20	CK	14.8	5	3	4.2	9	3	0	1

9.品质分析结果

参试品种籽粒品质分析结果见表1-32。

表1-32 2021年河南省玉米品种4500株/亩区域试验B组品质分析结果

品种	编号	水分/%	容重/(g/L)	粗蛋白质/%	粗脂肪/%	赖氨酸/%	粗淀粉/%
郑玉811	1	11.3	747	9.22	4.1	0.32	75.31
金豫138	2	11.9	744	8.29	3.2	0.32	76.78
勇单101	3	11.6	742	10.7	3.4	0.37	74.38
悦玉76	4	11.5	769	9.34	3.8	0.32	73.47
百科玉965	5	11.4	776	10.4	4.2	0.35	73.79
农玉35	6	11.4	754	10.5	3.2	0.36	73.66
许玉1806	7	11.8	746	10.2	3.1	0.34	74.66
秐玉16	8	11.6	770	10.4	3.2	0.34	72.85
御科605	9	11.6	738	9.99	3.3	0.34	75.18
绿源玉21	10	11.7	780	9.99	4.0	0.34	74.16
育玉169	11	11.6	742	9.84	3.7	0.34	73.44
洛玉206	12	11.8	773	9.48	4.3	0.32	74.78
见龙201	13	11.5	765	10.9	3.6	0.34	73.54
豫单971	14	11.4	774	10.6	4.4	0.35	73.34
德合9号	15	11.5	758	10.2	3.6	0.34	75.57
匠育101	16	11.2	778	10.6	4.3	0.34	74.14
豫粮仓018	17	11.5	718	9.25	3.6	0.32	74.32
金苑玉109	18	11.8	752	8.96	3.4	0.31	75.31
LPB270	19	11.4	775	9.73	3.4	0.32	75.89
郑单958	20	12.1	758	8.39	3.6	0.30	77.44

10.DNA检测比较结果

DNA检测同名品种比较结果无异常(结果略),疑似品种比较结果见表1-33。

表1-33 2021年河南省玉米品种4500株/亩区域试验B组DNA检测疑似品种比较结果

品种	编号	DNA样品编号	对照	对照样品来源	比较位点数	差异位点数
勇单101	3	MHN2100093	东玉158	农业农村部征集审定品种标样	40	1
农玉35	6	MHN2100096	盛玉367	农业农村部征集审定品种标样	40	1
农玉35	6	MHN2100096	泽玉501	农业农村部征集审定品种标样	40	1
德合9号	15	MHN2100009	德合697	2018~2019年国家秋丰联合体	40	0
许玉1806	7	MHN2100001	郑单5179	2020~2021年国家黄淮海区域试验	40	3

五、品种评述及建议

(一)第二年参加区域试验的品种

1.勇单101

1)产量表现

2020年试验平均亩产724.44 kg,比对照(郑单958)增产10.19%,居本组试验第2位,与对照相比差异达极显著水平,全省12个试点11增1减,增产点比率为91.67%,丰产性、稳产性好。

2021年试验平均亩产571.11 kg,比对照(郑单958)增产7.5%,居本组试验第11位,与对照相比差异达极显著水平,全省8个试点7增1减,增产点比率为87.5%,丰产性、稳产性较好。

综合两年20点次的试验结果(见表1-21):该品种平均亩产663.11 kg,比郑单958增产9.24%,增产点数:减产点数=18∶2,增产点比率为90%,丰产性、稳产性较好。

2)特征特性

2020年,该品种生育期104 d,比对照(郑单958)早熟1 d,平均株高298 cm,穗位高113 cm;倒伏率1.7%,倒折率0.3%,倒伏倒折率之和≥15.0%的试点比率为0%;空秆率0.8%,双穗率0.2%;自然发病情况为:茎腐病1.3%(0%~8.5%),小斑病1~3级,穗腐病2.4%(≥2.0%试点比率8.3%),弯孢叶斑病1~5级,瘤黑粉病0.2%,锈病1~7级;株型半紧凑,总叶片数18~20片;芽鞘紫色,第一叶形状圆到匙形,叶片绿色,雄穗分枝数中等,花药紫色,花丝粉色,苞叶长度短;穗长18.1 cm,穗粗5.1 cm,穗行数15.3,行粒数33.2,秃尖长1.4 cm;出籽率86.3%,千粒重375.8 g。筒型穗,红轴,籽粒半马齿型,黄粒,结实性好。从植物学特征和生理学特性看,该品种的种性表现稳定。

2021年,该品种生育期100 d,比对照(郑单958)早熟1 d,平均株高286 cm,穗位高106 cm;倒伏率1.1%,倒折率0.3%,倒伏倒折率之和≥15.0%的试点比率为0%;空秆率3%,双穗率0.4%;自然发病情况为:茎腐病12.3%(高感点次0),小斑病1~5级,穗腐病1.5%(遂平7.5%,高感点次1),弯孢叶斑病1~3级,瘤黑粉病0.4%,锈病5~9级;株型半紧凑,总叶片数19.0片;芽鞘紫色,第一叶形状匙形,叶片绿色,雄穗分枝数少且枝长,花药紫色,花丝紫色,苞叶长度短;穗长17.4 cm,穗粗4.7 cm,穗行数15.0,行粒数32.2,秃尖长1.2 cm;出籽率87.0%,百粒重30.6 g。长筒型穗,红轴,籽粒半马齿型,黄粒,结实性一般。

从两年区域试验结果对比看,该品种的遗传性状稳定。

3)抗病性鉴定

根据2020年河南农业大学植保学院人工接种鉴定汇总报告:该品种高抗茎腐病,抗小斑病、穗腐病、锈病,中抗瘤黑粉病;感弯孢叶斑病。

根据2021河南农业大学植保学院人工接种鉴定汇总报告:该品种茎腐病5级、小斑病1级、穗腐病4.2级、锈病9级、弯孢叶斑病7级,瘤黑粉病9级。

4)品质分析

根据2020年农业农村部农产品质量监督检验测试中心(郑州)对该品种多点套袋果穗的籽粒混合样品品质分析检验报告:容重765 g/L,粗蛋白质11.2%,粗脂肪3.1%,赖氨酸 0.34%，粗淀粉 73.94%。

根据 2021 年农业农村部农产品质量监督检验测试中心（郑州）对该品种多点套袋果穗的籽粒混合样品品质分析检验报告：容重 742 g/L，粗蛋白质 10.7%，粗脂肪 3.4%，赖氨酸 0.37%，粗淀粉 74.38%。

5）试验建议

该品种综合表现较好，但专家田间考察发现高感茎腐病，且 DNA 检测结果与农业农村部征集审定品种东玉 158 近似，建议淘汰。

2. 郑玉 811

1）产量表现

2020 年试验平均亩产 690.00 kg，比对照（郑单 958）增产 4.63%，居本组试验第 13 位，与对照相比差异显著，全省 12 个试点 10 增 2 减，增产点比率为 83.33%，丰产性、稳产性一般。

2021 年试验平均亩产 601.67 kg，比对照（郑单 958）增产 13.23%，居本组试验第 4 位，与对照相比差异极显著，全省 8 个试点 8 增 0 减，增产点比率为 100%，丰产性、稳产性好。

综合两年 20 点次的试验结果（见表 1-21）：该品种平均亩产 654.67 kg，比郑单 958 增产 7.62%，增产点数：减产点数 = 18：2，增产点比率为 90%，丰产性、稳产性较好。

2）特征特性

2020 年，该品种生育期 105 d，比对照（郑单 958）早熟 0 d，平均株高 290 cm，穗位高 121 cm；倒伏率 1.1%，倒折率 4.4%，倒伏倒折率之和≥15.0%的试点比率为 8.3%；空秆率 1.2%，双穗率 0.5%；自然发病情况为：茎腐病 1.2%（0%～5.0%），小斑病 1～3 级，穗腐病 1.9%（≥2.0%试点比率 0%），弯孢叶斑病 1～3 级，瘤黑粉病 0.1%，锈病 1～3 级；株型半紧凑，总叶片数 19～20 片；芽鞘紫色，第一叶形状圆到匙形，叶片绿色，雄穗分枝数多，花药紫色，花丝浅紫色，苞叶长度中；穗长 17.6 cm，穗粗 5.1 cm，穗行数 15.4，行粒数 33.3，秃尖长 1.2 cm；出籽率 84.9%，千粒重 355.6 g。筒型穗，白轴，籽粒半马齿型，黄粒，结实性中。从植物学特征和生理学特性看，该品种的种性表现较稳定。

2021 年，该品种生育期 101 d，比对照（郑单 958）早熟 0 d，平均株高 276 cm，穗位高 110 cm；倒伏率 0.4%，倒折率 1.0%，倒伏倒折率之和≥15.0%的试点比率为 0%；空秆率 1.6%，双穗率 0.6%；自然发病情况为：茎腐病 6.1%（高感点次 0），小斑病 1～3 级，穗腐病 0.6%（高感点次 0），弯孢叶斑病 1～3 级，瘤黑粉病 0.5%，锈病 1～7 级；株型半紧凑，总叶片数 19.6 片；芽鞘浅紫色，第一叶形状匙形，叶片绿色，雄穗分枝数多，枝长中等，花药紫色，花丝紫色，苞叶长度中；穗长 17.6 cm，穗粗 5.1 cm，穗行数 15.2，行粒数 32.7，秃尖长 1.2 cm；出籽率 88.1%，百粒重 33.2 g。长筒型穗，白轴，籽粒半马齿型，黄粒，结实性好。

从两年区域试验结果对比看，该品种的遗传性状稳定。

3）抗病性鉴定

根据 2020 年河南农业大学植保学院人工接种鉴定汇总报告：该品种高抗茎腐病、瘤黑粉病，抗小斑病、穗腐病、锈病；感弯孢叶斑病。

根据 2021 年河南农业大学植保学院人工接种鉴定汇总报告：该品种茎腐病 1 级、小斑病 1 级、穗腐病 2.6 级、锈病 5 级、弯孢叶斑病 5 级，瘤黑粉病 5 级。

4）品质分析

根据2020年农业农村部农产品质量监督检验测试中心（郑州）对该品种多点套袋果穗的籽粒混合样品品质分析检验报告：容重766 g/L，粗蛋白质10.3%，粗脂肪3.9%，赖氨酸0.31%，粗淀粉73.48%。

根据2021年农业农村部农产品质量监督检验测试中心（郑州）对该品种多点套袋果穗的籽粒混合样品品质分析检验报告：容重747 g/L，粗蛋白质9.22%，粗脂肪4.1%，赖氨酸0.32%，粗淀粉75.31%。

5）试验建议

该品种综合表现较好，建议晋升生产试验。

3.悦玉76

1）产量表现

2020年试验平均亩产693.33 kg，比对照（郑单958）增产5.50%，居本组试验第7位，与对照相比差异达极显著水平，全省12个试点11增1减，增产点比率为91.67%，丰产性、稳产性较好。

2021年试验平均亩产593.33 kg，比对照（郑单958）增产11.62%，居本组试验第5位，与对照相比差异达极显著水平，全省8个试点8增0减，增产点比率为100%，丰产性、稳产性好。

综合两年20点次的试验结果（见表1-21）：该品种平均亩产653.33 kg，比郑单958增产7.40%，增产点数：减产点数=19∶1，增产点比率为95%，丰产性、稳产性好。

2）特征特性

2020年，该品种生育期106 d，比对照（郑单958）晚熟1 d，平均株高274 cm，穗位高112 cm；倒伏率0.1%，倒折率0.2%，倒伏倒折率之和≥15.0%的试点比率为0%；空秆率0.8%，双穗率0.4%；自然发病情况为：茎腐病0.3%（0%~2.3%），小斑病1~5级，穗腐病3.3%（≥2.0%试点比率8.3%），弯孢叶斑病1~3级，瘤黑粉病0.1%，锈病1~5级；株型紧凑，总叶片数18~21片；芽鞘紫色，第一叶形状匙形，叶片绿色，雄穗分枝数多，花药黄色，花丝青色，苞叶长度中；穗长16.5 cm，穗粗5.0 cm，穗行数15.1，行粒数31.2，秃尖长1.2 cm；出籽率86.7%，千粒重379.2 g。筒型穗，白轴，籽粒半马齿型，黄粒，结实性好。从植物学特征和生理学特性看，该品种的种性表现稳定。

2021年，该品种生育期101 d，比对照（郑单958）晚熟0 d，平均株高266 cm，穗位高103 cm；倒伏率0.4%，倒折率0.2%，倒伏倒折率之和≥15.0%的试点比率为0%；空秆率1.3%，双穗率0.2%；自然发病情况为：茎腐病1.9%（高感点次0），小斑病1~5级，穗腐病0.5%（高感点次0），弯孢叶斑病1~3级，瘤黑粉病0.4%，锈病1~7级；株型紧凑，总叶片数19.4片；芽鞘紫色，第一叶形状匙形，叶片绿色，雄穗分枝数中等，枝长中等，花药绿色，花丝绿色，苞叶长度中；穗长16.3 cm，穗粗4.8 cm，穗行数14.7，行粒数29.9，秃尖长0.9 cm；出籽率88.8%，百粒重35.1 g。短筒型穗，白轴，籽粒半马齿型，黄粒，结实性好。

从两年区域试验结果对比看，该品种的遗传性状基本稳定。

3）抗病性鉴定

根据2020年河南农业大学植保学院人工接种鉴定汇总报告：该品种高抗茎腐病、小斑病、锈病,中抗弯孢叶斑病、穗腐病;感瘤黑粉病。

根据2021年河南农业大学植保学院人工接种鉴定汇总报告:该品种茎腐病1级、小斑病1级、穗腐病2.9级、锈病5级、弯孢叶斑病7级,瘤黑粉病9级。

4)品质分析

根据2020年农业农村部农产品质量监督检验测试中心(郑州)对该品种多点套袋果穗的籽粒混合样品品质分析检验报告:容重777 g/L,粗蛋白质10.2%,粗脂肪3.7%,赖氨酸0.30%,粗淀粉72.19%。

根据2021年农业农村部农产品质量监督检验测试中心(郑州)对该品种多点套袋果穗的籽粒混合样品品质分析检验报告:容重769 g/L,粗蛋白质9.34%,粗脂肪3.8%,赖氨酸0.32%,粗淀粉73.47%。

5)试验建议

该品种综合表现较好,建议晋升生产试验。

4.农玉35

1)产量表现

2020年试验平均亩产703.33 kg,比对照(郑单958)增产6.95%,居本组试验第6位,与对照相比差异达极显著水平,全省12个试点10增2减,增产点比率为83.33%,丰产性、稳产性好。

2021年试验平均亩产571.11 kg,比对照(郑单958)增产7.52%,居本组试验第10位,与对照相比差异达极显著水平,全省8个试点7增1减,增产点比率为87.5%,丰产性、稳产性较好。

综合两年20点次的试验结果(见表1-21):该品种平均亩产650.44 kg,比郑单958增产6.92%,增产点数:减产点数=17:3,增产点比率为85%,丰产性、稳产性较好。

2)特征特性

2020年,该品种生育期103 d,比对照(郑单958)早熟2 d,平均株高271 cm,穗位高102 cm;倒伏率0.1%,倒折率0.1%,倒伏倒折率之和≥15.0%的试点比率为0%;空秆率0.4%,双穗率0.9%;自然发病情况为:茎腐病1.1%(0%~5.7%),小斑病1~5级,穗腐病2.0%(≥2.0%试点比率8.3%),弯孢叶斑病1~3级,瘤黑粉病0.1%,锈病1~7级;株型半紧凑,总叶片数18~20片;芽鞘紫色,第一叶形状匙形,叶片绿色,雄穗分枝数中等,花药紫色,花丝青色,苞叶短;穗长17.5 cm,穗粗4.9 cm,穗行数16.8,行粒数31.1,秃尖长1.9 cm;出籽率86.6%,千粒重353.3 g。筒型穗,红轴,籽粒半马齿型,黄粒,结实性中。从植物学特征和生理学特性看,该品种的种性表现稳定。

2021年,该品种生育期100 d,比对照(郑单958)早熟1 d,平均株高256 cm,穗位高93 cm;倒伏率0.5%,倒折率0.3%,倒伏倒折率之和≥15.0%的试点比率为0%;空秆率0.9%,双穗率1%;自然发病情况为:茎腐病13.3%(高感点次0),小斑病1~5级,穗腐病0.7%(高感点次0),弯孢叶斑病1~3级,瘤黑粉病0.2%,锈病5~9级;株型紧凑,总叶片数19.6片;芽鞘紫色,第一叶形状匙形,叶片绿色,雄穗分枝数多,枝长中等,花药紫色,花丝浅紫色,苞叶长度中;穗长17.0 cm,穗粗4.6 cm,穗行数15.8,行粒数32.3,秃尖长1 cm;出籽率87.6%,百粒重29.8 g。短筒型穗,红轴,籽粒半马齿型,黄粒,结实性好。

从两年区域试验结果对比看，该品种的遗传性状基本稳定。

3）抗病性鉴定

根据2020年河南农业大学植保学院人工接种鉴定汇总报告：该品种高抗小斑病，抗穗腐病、锈病，中抗瘤黑粉病；感茎腐病、弯孢叶斑病。

根据2021年河南农业大学植保学院人工接种鉴定汇总报告：该品种茎腐病9级、小斑病3级、穗腐病2.3级、锈病7级、弯孢叶斑病7级，瘤黑粉病9级。

4）品质分析

根据2020年农业农村部农产品质量监督检验测试中心（郑州）对该品种多点套袋果穗的籽粒混合样品品质分析检验报告：容重772 g/L，粗蛋白质11.0%，粗脂肪3.4%，赖氨酸0.34%，粗淀粉73.92%。

根据2021年农业农村部农产品质量监督检验测试中心（郑州）对该品种多点套袋果穗的籽粒混合样品品质分析检验报告：容重754 g/L，粗蛋白质10.5%，粗脂肪3.2%，赖氨酸0.36%，粗淀粉73.66%。

5）试验建议

该品种综合表现较好，但接种鉴定和专家田间考察均发现高感茎腐病，且DNA检测结果分别与农业农村部征集审定品种盛玉367和泽玉501近似，建议淘汰。

5.金豫138

1）产量表现

2020年试验平均亩产700.56 kg，比对照（郑单958）增产4.62%，居本组试验第12位，与对照相比差异显著，全省12个试点10增2减，增产点比率为83.33%，丰产性、稳产性一般。

2021年试验平均亩产556.67 kg，比对照（郑单958）增产4.79%，居本组试验第14位，与对照相比差异不显著，全省8个试点7增1减，增产点比率为87.5%，丰产性、稳产性一般。

综合两年20点次的试验结果（见表1-21）：该品种平均亩产643.00 kg，比郑单958增产4.67%，增产点数：减产点数=17∶3，增产点比率为85%，丰产性、稳产性一般。

2）特征特性

2020年，该品种生育期104 d，比对照（郑单958）早熟1 d，平均株高280 cm，穗位高101 cm；倒伏率0.9%，倒折率5.2%，倒伏倒折率之和≥15.0%的试点比率为8.3%；空秆率2.5%，双穗率0.6%；自然发病情况为：茎腐病1.2%（0%～5.9%），小斑病1～3级，穗腐病2.2%（≥2.0%试点比率8.3%），弯孢叶斑病1～5级，瘤黑粉病0.3%，锈病1～5级；株型半紧凑，总叶片数17～20片；芽鞘紫色，第一叶形状圆到匙形，叶片绿色，雄穗分枝数中，花药黄色，花丝浅紫色，苞叶长度短；穗长18.9 cm，穗粗4.8 cm，穗行数14.9，行粒数30.8，秃尖长0.9 cm；出籽率83.8%，千粒重375.4 g。筒型穗，白轴，籽粒硬粒型，黄粒，结实性中。从植物学特征和生理学特性看，该品种的种性表现较稳定。

2021年，该品种生育期101 d，比对照（郑单958）早熟0 d，平均株高260 cm，穗位高95 cm；倒伏率0.7%，倒折率2.8%，倒伏倒折率之和≥15.0%的试点比率为12.5%；空秆率2.7%，双穗率0.9%；自然发病情况为：茎腐病5.9%（高感点次0），小斑病1～5级，穗腐病

0.7%(高感点次 0),弯孢叶斑病 1~3 级,瘤黑粉病 0.2%,锈病 3~9 级;株型紧凑,总叶片数 19.4 片;芽鞘紫色,第一叶形状匙形,叶片绿色,雄穗分枝数多且枝长,花药浅紫色,花丝浅紫色,苞叶长度短;穗长 19.8 cm,穗粗 4.8 cm,穗行数 14.3,行粒数 31.3,秃尖长 1.0 cm;出籽率 85.6%,百粒重 34.3 g。长筒型穗,白轴,籽粒半马齿型,黄粒,结实性好。

从两年区域试验结果对比看,该品种的遗传性状基本稳定。

3)抗病性鉴定

根据 2020 年河南农业大学植保学院人工接种鉴定汇总报告:该品种高抗抗小斑病,抗穗腐病,中抗茎腐病、弯孢叶斑病;感瘤黑粉病、锈病。

根据 2021 年河南农业大学植保学院人工接种鉴定汇总报告:该品种茎腐病 3 级、小斑病 3 级、穗腐病 2.9 级、锈病 5 级、弯孢叶斑病 7 级,瘤黑粉病 9 级。

4)品质分析

根据 2020 年农业农村部农产品质量监督检验测试中心(郑州)对该品种多点套袋果穗的籽粒混合样品品质分析检验报告:容重 776 g/L,粗蛋白质 10.2%,粗脂肪 3.1%,赖氨酸 0.31%,粗淀粉 74.87%。

根据 2020 年农业农村部农产品质量监督检验测试中心(郑州)对该品种多点套袋果穗的籽粒混合样品品质分析检验报告:容重 744 g/L,粗蛋白质 8.29%,粗脂肪 3.2%,赖氨酸 0.32%,粗淀粉 76.78%。

5)试验建议

该品种综合表现较好,建议区域试验、生产试验同时进行。

6.百科玉 965

1)产量表现

2020 年试验平均亩产 671.67 kg,比对照(郑单 958)增产 2.18%,居本组试验第 12 位,与对照相比差异不显著,全省 12 个试点 10 增 2 减,增产点比率为 83.33%,丰产性、稳产性一般。

2021 年试验平均亩产 581.11 kg,比对照(郑单 958)增产 9.39%,居本组试验第 8 位,与对照相比差异极显著,全省 8 个试点 8 增 0 减,增产点比率为 100%,丰产性、稳产性好。

综合两年 20 点次的试验结果(见表 1-21):该品种平均亩产 635.45 kg,比郑单 958 增产 4.46%,增产点数:减产点数=18:2,增产点比率为 90%,丰产性、稳产性较好。

2)特征特性

2020 年,该品种生育期 104 d,比对照(郑单 958)早熟 1 d,平均株高 267 cm,穗位高 102 cm;倒伏率 0.1%,倒折率 0.1%,倒伏倒折率之和≥15.0%的试点比率为 0%;空秆率 0.8%,双穗率 0.8%;自然发病情况为:茎腐病 0.3%(0%~1.3%),小斑病 1~3 级,穗腐病 1.7%(≥2.0%试点比率 0%),弯孢叶斑病 1~5 级,瘤黑粉病 0%,锈病 1~7 级;株型紧凑,总叶片数 19~21 片;芽鞘紫色,第一叶形状圆形,叶片绿色,雄穗分枝数中,花药黄色,花丝浅紫色,苞叶长度长;穗长 16.4 cm,穗粗 4.7 cm,穗行数 16.3,行粒数 31.2,秃尖长 0.5 cm;出籽率 86.3%,千粒重 330.2 g。筒型穗,白轴,籽粒半马齿型,黄粒,结实性好。从植物学特征和生理学特性看,该品种的种性表现较稳定。

2021 年,该品种生育期 101 d,比对照(郑单 958)早熟 0 d,平均株高 255 cm,穗位高

97 cm；倒伏率 0.7%，倒折率 0.1%，倒伏倒折率之和≥15.0%的试点比率为 0%；空秆率 1.5%，双穗率 0.7%；自然发病情况为：茎腐病 10.6%（高感点次 0），小斑病 1～5 级，穗腐病 0.2%（高感点次 0），弯孢叶斑病 1～3 级，瘤黑粉病 0.3%，锈病 3～9 级；株型紧凑，总叶片数 19.2 片；芽鞘紫色，第一叶形状匙形，叶片绿色，雄穗分枝数中等，枝长中等，花药浅紫色，花丝浅紫色，苞叶长度中；穗长 15.7 cm，穗粗 4.7 cm，穗行数 16.5，行粒数 31.3，秃尖长 0.3 cm；出籽率 89.5%，百粒重 29.2 g。短筒型穗，白轴，籽粒半马齿型，黄粒，结实性好。

从两年区域试验结果对比看，该品种的遗传性状基本稳定。

3）抗病性鉴定

根据 2020 年河南农业大学植保学院人工接种鉴定汇总报告：该品种高抗茎腐病，抗小斑病、穗腐病、瘤黑粉病，中抗锈病；高感弯孢叶斑病。

根据 2021 年河南农业大学植保学院人工接种鉴定汇总报告：该品种茎腐病 1 级、小斑病 5 级、穗腐病 1.8 级、锈病 9 级、弯孢叶斑病 9 级，瘤黑粉病 1 级。

4）品质分析

根据 2020 年农业农村部农产品质量监督检验测试中心（郑州）对该品种多点套袋果穗的籽粒混合样品品质分析检验报告：容重 786 g/L，粗蛋白质 11.7%，粗脂肪 4.5%，赖氨酸 0.33%，粗淀粉 72.27%。

根据 2021 年农业农村部农产品质量监督检验测试中心（郑州）对该品种多点套袋果穗的籽粒混合样品品质分析检验报告：容重 776 g/L，粗蛋白质 10.4%，粗脂肪 4.2%，赖氨酸 0.35%，粗淀粉 73.79%。

5）试验建议

该品种综合表现较好，建议区域试验、生产试验同时进行。

（二）第一年参加区域试验的品种

1.金苑玉 109

1）产量表现

2021 年试验平均亩产 634.44 kg，比对照（郑单 958）增产 19.43%，居本组试验第 1 位，与对照相比差异达极显著水平，全省 8 个试点 8 增 0 减，增产点比率为 100%，丰产性、稳产性好。

2）特征特性

2021 年，该品种生育期 101 d，比对照（郑单 958）早熟 0 d，平均株高 273 cm，穗位高 111 cm；倒伏率 0.4%，倒折率 0.4%，倒伏倒折率之和≥15.0%的试点比率为 0%；空秆率 1%，双穗率 0.1%；自然发病情况为：茎腐病 1.2%（高感点次 0），小斑病 1～3 级，穗腐病 0.3%（高感点次 0），弯孢叶斑病 1～3 级，瘤黑粉病 0.4%，锈病 1～5 级；株型半紧凑，总叶片数 20.0 片；芽鞘紫色，第一叶形状匙形，叶片绿色，雄穗分枝数中等，枝长中等，花药紫色，花丝浅紫色，苞叶长度长；穗长 16.7 cm，穗粗 5.1 cm，穗行数 16.6，行粒数 33.9，秃尖长 0.9 cm；出籽率 88.2%，百粒重 30.2 g。短筒型穗，红轴，籽粒马齿型，黄粒，结实性好。从植物学特征和生理学特性看，该品种的种性表现稳定。

3）抗病性鉴定

根据 2021 年河南农业大学植保学院人工接种鉴定汇总报告：该品种茎腐病 1 级、小斑病 5 级、穗腐病 2.9 级、锈病 5 级、弯孢叶斑病 7 级,瘤黑粉病 9 级。

4)品质分析

根据 2021 年农业农村部农产品质量监督检验测试中心(郑州)对该品种多点套袋果穗的籽粒混合样品品质分析检验报告:容重 752 g/L,粗蛋白质 8.96%,粗脂肪 3.4%,赖氨酸 0.31%,粗淀粉 75.31%。

5)试验建议

该品种综合表现优良,建议继续区域试验,同时进入生产试验。

2.洛玉 206

1)产量表现

2021 年试验平均亩产 610.56 kg,比对照(郑单 958)增产 14.87%,居本组试验第 2 位,与对照相比差异达极显著水平,全省 8 个试点 8 增 0 减,增产点比率为 100%,丰产性、稳产性好。

2)特征特性

2021 年,该品种生育期 103 d,比对照(郑单 958)晚熟 2 d,平均株高 280 cm,穗位高 85 cm;倒伏率 1.4%,倒折率 0.3%,倒伏倒折率之和≥15.0%的试点比率为 0%;空秆率 0.7%,双穗率 0.4%;自然发病情况为:茎腐病 1.2%(高感点次 0),小斑病 1~3 级,穗腐病 1.1%(高感点次 0),弯孢叶斑病 1~5 级,瘤黑粉病 0.3%,锈病 1~5 级;株型紧凑,总叶片数 19.2 片;芽鞘浅紫色,第一叶形状匙形,叶片绿色,雄穗分枝数少且枝长,花药紫色,花丝浅紫色,苞叶长度中;穗长 16.9 cm,穗粗 5.3 cm,穗行数 17.9,行粒数 34.5,秃尖长 1.2 cm;出籽率 85.2%,百粒重 29.8 g。短筒型穗,白轴,籽粒马齿型,黄粒,结实性好。从植物学特征和生理学特性看,该品种的种性表现稳定。

3)抗病性鉴定

根据 2021 年河南农业大学植保学院人工接种鉴定汇总报告:该品种茎腐病 1 级、小斑病 1 级、穗腐病 2.1 级、锈病 5 级、弯孢叶斑病 5 级,瘤黑粉病 9 级。

4)品质分析

根据 2021 年农业农村部农产品质量监督检验测试中心(郑州)对该品种多点套袋果穗的籽粒混合样品品质分析检验报告:容重 773 g/L,粗蛋白质 9.48%,粗脂肪 4.3%,赖氨酸 0.32%,粗淀粉 74.78%。

5)试验建议

该品种综合表现优良,建议继续区域试验,同时进入生产试验。

3.育玉 169

1)产量表现

2021 年试验平均亩产 606.11 kg,比对照(郑单 958)增产 14.06%,居本组试验第 3 位,与对照相比差异达极显著水平,全省 8 个试点 8 增 0 减,增产点比率为 100%,丰产性、稳产性好。

2)特征特性

2021 年,该品种生育期 101 d,比对照(郑单 958)早熟 0 d,平均株高 270 cm,穗位高 91 cm;倒伏率 0.7%,倒折率 0.4%,倒伏倒折率之和≥15.0%的试点比率为 0%;空秆率

0.9%,双穗率 0.1%;自然发病情况为:茎腐病 7.6%(高感点次 0),小斑病 1~3 级,穗腐病 1.0%(高感点次 0),弯孢叶斑病 1~3 级,瘤黑粉病 0.1%,锈病 1~9 级;株型紧凑,总叶片数 18.6 片;芽鞘紫色,第一叶形状匙形,叶片绿色,雄穗分枝数多,枝长中等,花药浅紫色,花丝紫色,苞叶长度中;穗长 18.4 cm,穗粗 4.9 cm,穗行数 16.6,行粒数 35.4,秃尖长 1.8 cm;出籽率 87.9%,百粒重 27.8 g。长筒型穗,红轴,籽粒马齿型,黄粒,结实性一般。从植物学特征和生理学特性看,该品种的种性表现稳定。

3)抗病性鉴定

根据 2021 年河南农业大学植保学院人工接种鉴定汇总报告:该品种茎腐病 1 级、小斑病 5 级、穗腐病 1.8 级、锈病 3 级、弯孢叶斑病 7 级,瘤黑粉病 7 级。

4)品质分析

根据 2021 年农业农村部农产品质量监督检验测试中心(郑州)对该品种多点套袋果穗的籽粒混合样品品质分析检验报告:容重 742 g/L,粗蛋白质 9.84%,粗脂肪 3.7%,赖氨酸 0.34%,粗淀粉 73.44%。

5)试验建议

该品种综合表现优良,建议继续区域试验,同时进入生产试验。

4.LPB270

1)产量表现

2021 年试验平均亩产 585.56 kg,比对照(郑单 958)增产 10.18%,居本组试验第 6 位,与对照相比差异达极显著水平,全省 8 个试点 7 增 1 减,增产点比率为 87.5%,丰产性、稳产性好。

2)特征特性

2021 年,该品种生育期 101 d,比对照(郑单 958)早熟 0 d,平均株高 284 cm,穗位高 103 cm;倒伏率 0.4%,倒折率 0%,倒伏倒折率之和≥15.0%的试点比率为 0%;空秆率 0.9%,双穗率 0%;自然发病情况为:茎腐病 12.4%(高感点次 0),小斑病 1~7 级,穗腐病 0.9%(≥2%试点比率 37.5%,高感点次 0),弯孢叶斑病 1~3 级,瘤黑粉病 0.1%,锈病 1~9 级;株型紧凑,总叶片数 19.3 片;芽鞘紫色,第一叶形状匙形,叶片绿色,雄穗分枝数少且枝长,花药绿色,花丝浅紫色,苞叶长度中;穗长 17.4 cm,穗粗 4.7 cm,穗行数 15.1,行粒数 32.8,秃尖长 0.9 cm;出籽率 87.3%,百粒重 31.3 g。短筒型穗,红轴,籽粒半马齿型,黄粒,结实性一般。从植物学特征和生理学特性看,该品种的种性表现稳定。

3)抗病性鉴定

根据 2021 年河南农业大学植保学院人工接种鉴定汇总报告:该品种茎腐病 3 级、小斑病 7 级、穗腐病 3.4 级、锈病 9 级、弯孢叶斑病 5 级,瘤黑粉病 9 级。

4)品质分析

根据 2021 年农业农村部农产品质量监督检验测试中心(郑州)对该品种多点套袋果穗的籽粒混合样品品质分析检验报告:容重 775 g/L,粗蛋白质 9.73%,粗脂肪 3.4%,赖氨酸 0.32%,粗淀粉 75.89%。

5)试验建议

该品种在中牟、南阳、遂平穗腐病病粒率≥2%,占试点比率 37.5%,建议淘汰。

5.匠育 101

1）产量表现

2021 年试验平均亩产 583.33 kg，比对照（郑单 958）增产 9.73%，居本组试验第 7 位，与对照相比差异达极显著水平，全省 8 个试点 8 增 0 减，增产点比率为 100%，丰产性、稳产性好。

2）特征特性

2021 年，该品种生育期 101 d，比对照（郑单 958）早熟 0 d，平均株高 253 cm，穗位高 88 cm；倒伏率 0.3%，倒折率 0.1%，倒伏倒折率之和≥15.0%的试点比率为 0%；空秆率 0.9%，双穗率 0.9%；自然发病情况为：茎腐病 4.7%（高感点次 0），小斑病 1～3 级，穗腐病 0.4%（高感点次 0），弯孢叶斑病 1～3 级，瘤黑粉病 0.3%，锈病 3～9 级；株型紧凑，总叶片数 19.3 片；芽鞘紫色，第一叶形状匙形，叶片绿色，雄穗分枝数中等且枝短，花药绿色，花丝浅紫色，苞叶长度中；穗长 16.1 cm，穗粗 4.7 cm，穗行数 16.7，行粒数 29.7，秃尖长 0.3 cm；出籽率 88.5%，百粒重 31.3 g。短筒型穗，白轴，籽粒半马齿型，橙红粒，结实性好。从植物学特征和生理学特性看，该品种的种性表现稳定。

3）抗病性鉴定

根据 2021 年河南农业大学植保学院人工接种鉴定汇总报告：该品种茎腐病 1 级、小斑病 1 级、穗腐病 1.6 级、锈病 7 级、弯孢叶斑病 9 级，瘤黑粉病 7 级。

4）品质分析

根据 2021 年农业农村部农产品质量监督检验测试中心（郑州）对该品种多点套袋果穗的籽粒混合样品品质分析检验报告：容重 778 g/L，粗蛋白质 10.6%，粗脂肪 4.3%，赖氨酸 0.34%，粗淀粉 74.14%。

5）试验建议

该品种综合表现良好，建议继续区域试验，同时进入生产试验。

6.豫单 971

1）产量表现

2021 年试验平均亩产 573.33 kg，比对照（郑单 958）增产 7.86%，居本组试验第 9 位，与对照相比差异达极显著水平，全省 8 个试点 8 增 0 减，增产点比率为 100%，丰产性、稳产性较好。

2）特征特性

2021 年，该品种生育期 101 d，比对照（郑单 958）早熟 0 d，平均株高 269 cm，穗位高 111 cm；倒伏率 0.6%，倒折率 0.1%，倒伏倒折率之和≥15.0%的试点比率为 0%；空秆率 0.7%，双穗率 0.6%；自然发病情况为：茎腐病 4.9%（高感点次 0），小斑病 1～5 级，穗腐病 0.7%（遂平 4.55%，高感点次 1），弯孢叶斑病 1～3 级，瘤黑粉病 0.1%，锈病 3～9 级；株型半紧凑，总叶片数 19.8 片；芽鞘紫色，第一叶形状匙形，叶片绿色，雄穗分枝数多，枝长中等，花药紫色，花丝紫色，苞叶长度中；穗长 17.3 cm，穗粗 4.7 cm，穗行数 14.3，行粒数 35.5，秃尖长 1.4 cm；出籽率 85.6%，百粒重 29.9 g。长筒型穗，白轴，籽粒半马齿型，黄粒，结实性一般。从植物学特征和生理学特性看，该品种的种性表现稳定。

3）抗病性鉴定

根据2021年河南农业大学植保学院人工接种鉴定汇总报告：该品种茎腐病1级、小斑病1级、穗腐病7.3级、锈病9级、弯孢叶斑病9级，瘤黑粉病9级。

4）品质分析

根据2021年农业农村部农产品质量监督检验测试中心（郑州）对该品种多点套袋果穗的籽粒混合样品品质分析检验报告：容重774 g/L，粗蛋白质10.6%，粗脂肪4.4%，赖氨酸0.35%，粗淀粉73.34%。

5）试验建议

该品种综合表现良好，继续区域试验。

7.许玉1806

1）产量表现

2021年试验平均亩产567.22 kg，比对照（郑单958）增产6.79%，居本组试验第12位，与对照相比差异达极显著水平，全省8个试点7增1减，增产点比率为87.5%，丰产性、稳产性较好。

2）特征特性

2021年，该品种生育期100 d，比对照（郑单958）早熟1 d，平均株高281 cm，穗位高96 cm；倒伏率0.4%，倒折率0.1%，倒伏倒折率之和≥15.0%的试点比率为0%；空秆率1.4%，双穗率0.2%；自然发病情况为：茎腐病10%（高感点次0），小斑病1~5级，穗腐病1.2%（遂平5.43%，高感点次1），弯孢叶斑病1~3级，瘤黑粉病0.1%，锈病5~9级；株型紧凑，总叶片数19.8片；芽鞘紫色，第一叶形状匙形，叶片绿色，雄穗分枝数少且枝长，花药浅紫色，花丝浅紫色，苞叶长度中；穗长16.7 cm，穗粗4.8 cm，穗行数14.8，行粒数32.6，秃尖长1.1 cm；出籽率88%，百粒重30.0 g。短筒型穗，红轴，籽粒半马齿型，黄粒，结实性一般。从植物学特征和生理学特性看，该品种的种性表现稳定。

3）抗病性鉴定

根据2021年河南农业大学植保学院人工接种鉴定汇总报告：该品种茎腐病5级、小斑病3级、穗腐病3.6级、锈病9级、弯孢叶斑病5级，瘤黑粉病7级。

4）品质分析

根据2021年农业农村部农产品质量监督检验测试中心（郑州）对该品种多点套袋果穗的籽粒混合样品品质分析检验报告：容重746 g/L，粗蛋白质10.2%，粗脂肪3.1%，赖氨酸0.34%，粗淀粉74.66%。

5）试验建议

该品种综合表现良好，但DNA检测结果与郑单5179近似（40个标记中有3个差异位点），建议继续区域试验，同时进行田间小区种植鉴定证明有重要农艺性状差异。

8.豫粮仓018

1）产量表现

2021年试验平均亩产559.44 kg，比对照（郑单958）增产5.28%，居本组试验第13位，与对照相比差异达显著水平，全省8个试点7增1减，增产点比率为87.5%，丰产性、稳产性较好。

2)特征特性

2021年,该品种生育期101 d,比对照(郑单958)早熟0 d,平均株高277 cm,穗位高110 cm;倒伏率0.8%,倒折率0.3%,倒伏倒折率之和≥15.0%的试点比率为0%;空秆率0.4%,双穗率0.3%;自然发病情况为:茎腐病7.2%(高感点次0),小斑病1~5级,穗腐病1.1%(荥阳5%,高感点次1),弯孢叶斑病1~3级,瘤黑粉病0.2%,锈病3~9级;株型紧凑,总叶片数19.6片;芽鞘紫色,第一叶形状匙形,叶片绿色,雄穗分枝数多,枝长中等,花药浅紫色,花丝浅紫色,苞叶长;穗长15.0 cm,穗粗4.9 cm,穗行数17.3,行粒数33.5,秃尖长0.2 cm;出籽率88.3%,百粒重25.3 g。短筒型穗,白轴,籽粒半马齿型,黄粒,结实性好。从植物学特征和生理学特性看,该品种的种性表现稳定。

3)抗病性鉴定

根据2021河南农业大学植保学院人工接种鉴定汇总报告:该品种茎腐病1级、小斑病7级、穗腐病3.6级、锈病9级、弯孢叶斑病5级,瘤黑粉病7级。

4)品质分析

根据2021年农业农村部农产品质量监督检验测试中心(郑州)对该品种多点套袋果穗的籽粒混合样品品质分析检验报告:容重718 g/L,粗蛋白质9.25%,粗脂肪3.6%,赖氨酸0.32%,粗淀粉74.32%。

5)试验建议

该品种综合表现良好,但容重718 g/L,品质不达标,建议淘汰。

9.绿源玉21

1)产量表现

2021年试验平均亩产547.78 kg,比对照(郑单958)增产3.08%,居本组试验第15位,与对照相比差异不显著,全省8个试点5增3减,增产点比率为62.5%,丰产性、稳产性一般。

2)特征特性

2021年,该品种生育期100 d,比对照(郑单958)早熟1 d,平均株高275 cm,穗位高110 cm;倒伏率1.2%,倒折率0.2%,倒伏倒折率之和≥15.0%的试点比率为0%;空秆率1%,双穗率0.3%;自然发病情况为:茎腐病12.3%(高感点次0),小斑病1~5级,穗腐病0.8%(高感点次0),弯孢叶斑病1~3级,瘤黑粉病0.1%,锈病5~9级;株型半紧凑,总叶片数19.6片;芽鞘紫色,第一叶形状匙形,叶片绿色,雄穗分枝数少且枝长,花药浅紫色,花丝浅紫色,苞叶长度短;穗长16.7 cm,穗粗4.7 cm,穗行数15.9,行粒数33.7,秃尖长0.7 cm;出籽率88.6%,百粒重27.3 g。短筒型穗,红轴,籽粒半马齿型,黄粒,结实性一般。从植物学特征和生理学特性看,该品种的种性表现稳定。

3)抗病性鉴定

根据2021年河南农业大学植保学院人工接种鉴定汇总报告:该品种茎腐病5级、小斑病1级、穗腐病4.9级、锈病9级、弯孢叶斑病5级,瘤黑粉病9级。

4)品质分析

根据2021年农业农村部农产品质量监督检验测试中心(郑州)对该品种多点套袋果穗的籽粒混合样品品质分析检验报告:容重780 g/L,粗蛋白质9.99%,粗脂肪4.0%,赖氨酸 0.34%，粗淀粉 74.16%。

5）试验建议

该品种综合表现良好，但专家田间考察发现高感茎腐病，建议淘汰。

10. 见龙 201

1）产量表现

2021 年试验平均亩产 537.78 kg，比对照（郑单 958）增产 1.23%，居本组试验第 16 位，与对照相比差异不显著，全省 8 个试点 5 增 2 减 1 平，增产点比率为 62.5%，丰产性、稳产性一般。

2）特征特性

2021 年，该品种生育期 100 d，比对照（郑单 958）早熟 1 d，平均株高 272 cm，穗位高 108 cm；倒伏率 4.6%，倒折率 0.6%，倒伏倒折率之和≥15.0%的试点比率为 12.5%；空秆率 2.2%，双穗率 0.4%；自然发病情况为：茎腐病 14.7%（高感点次 0），小斑病 1～7 级，穗腐病 0.3%（高感点次 0），弯孢叶斑病 1～3 级，瘤黑粉病 0.2%，锈病 3～9 级；株型紧凑，总叶片数 19.4 片；芽鞘浅紫色，第一叶形状匙形，叶片绿色，雄穗分枝数多，枝长中等，花药绿色，花丝绿色，苞叶长度中；穗长 17.1 cm，穗粗 4.5 cm，穗行数 15.5，行粒数 34.3，秃尖长 0.7 cm；出籽率 87.2%，百粒重 25.3 g。长筒型穗，白轴，籽粒半马齿型，黄粒，结实性好。从植物学特征和生理学特性看，该品种的种性表现稳定。

3）抗病性鉴定

根据 2021 年河南农业大学植保学院人工接种鉴定汇总报告：该品种茎腐病 7 级、小斑病 1 级、穗腐病 1.6 级、锈病 9 级、弯孢叶斑病 7 级，瘤黑粉病 9 级。

4）品质分析

根据 2021 年农业农村部农产品质量监督检验测试中心（郑州）对该品种多点套袋果穗的籽粒混合样品品质分析检验报告：容重 765 g/L，粗蛋白质 10.9%，粗脂肪 3.6%，赖氨酸 0.34%，粗淀粉 73.54%。

5）试验建议

该品种综合表现一般，仅增产 1.23%，不达标，建议淘汰。

11. 郑单 958

1）产量表现

2021 年试验平均亩产 531.67 kg，居本组试验第 17 位。

2）特征特性

2021 年，该品种生育期 101 d，平均株高 254 cm，穗位高 103 cm；倒伏率 3.0%，倒折率 2.5%，倒伏倒折率之和≥15.0%的试点比率为 12.5%；空秆率 0.4%，双穗率 0.7%；自然发病情况为：茎腐病 24%（高感点次 1），小斑病 1～7 级，穗腐病 0.7%（高感点次 0），弯孢叶斑病 1～3 级，瘤黑粉病 0.2%，锈病 1～9 级；株型紧凑，总叶片数 19.4 片；芽鞘紫色，第一叶形状匙形，叶片绿色，雄穗分枝数多，枝长中等，花药绿色，花丝浅紫色，苞叶长度中；穗长16.4 cm，穗粗 4.8 cm，穗行数 15.3，行粒数 34.3，秃尖长 0.4 cm；出籽率 88.1%，百粒重 27.9 g。短筒型穗，白轴，籽粒半马齿型，黄粒，结实性好。从植物学特征和生理学特性看，该品种的种性表现稳定。

3)抗病性鉴定

根据2021年河南农业大学植保学院人工接种鉴定汇总报告:该品种茎腐病5级、小斑病3级、穗腐病4.2级、锈病9级、弯孢叶斑病3级,瘤黑粉病1级。

4)品质分析

根据2021年农业农村部农产品质量监督检验测试中心(郑州)对该品种多点套袋果穗的籽粒混合样品品质分析检验报告:容重758 g/L,粗蛋白质8.39%,粗脂肪3.6%,赖氨酸0.30%,粗淀粉77.44%。

5)试验建议

建议继续作为对照品种。

其余品种由于减产,不再评述。

六、品种处理意见

(一)河南省品种晋级与审定标准

经玉米专业委员会委员研究同意,2021年河南省玉米品种试验及审定标准在2020年区域试验年会标准的基础上进行修改。具体标准如下。

1.基本条件

(1)抗病性:鉴定病害6种,即小斑病、茎腐病、穗腐病、弯孢叶斑病、瘤黑粉病、锈病。小斑病、茎腐病、穗腐病田间自然发病及人工接种鉴定均未达到高感。

(2)生育期:每年区域试验生育期平均比对照品种长2.0 d。

(3)抗倒性:每年区域试验平均倒伏倒折率之和≤12.0%,且倒伏倒折率之和≥15.0%的试点比率≤25%。

(4)品质:容重≥720 g/L,粗淀粉≥69.0%,粗蛋白≥8.0%,粗脂肪≥3.0%。

(5)专家田间鉴评:在生育期、结实性、抗倒性、抗病虫性、抗逆性等性状方面没有严重缺陷。

(6)真实性和差异性(SSR分子标记检测):同一品种在不同试验年份、不同试验组别、不同试验区道中DNA指纹检测差异位点数应当<2个。

申请审定品种与已知品种DNA指纹检测差异位点数应当≥4个;申请审定品种应当与已知品种DNA指纹检测差异位点数等于3个的,需进行田间小区种植鉴定证明有重要农艺性状差异。

(7)产量:区域试验和生产试验产量(kg/亩)(见分类条件要求)。

2.分类条件

1)高产稳产品种

每年区域试验产量比对照品种平均增产≥3.0%,且两年平均≥5.0%,生产试验比对照品种增产≥2.0%。每年区域试验、生产试验增产的试点比率≥60%。

2)绿色优质品种

(1)抗病性突出:田间自然发病和人工接种鉴定所有病害均达到中抗以上。

(2)丰产性、稳产性:每年区域试验、生产试验与对照品种产量相当,且每年区域试验、生产试验达标试点比率≥60%。其他指标同高产稳产品种。

3.2021 年度晋级品种执行标准

（1）2021 年完成生产试验程序品种以及之前的缓审品种，晋级和审定时各项指标均执行老标准。

（2）2022 年进入区域试验程序的品种，晋级和审定时所有指标均按修订后新标准执行（DNA、产量、抗倒性、抗病性等）。

（3）从 2022 年开始，参加区域试验（两年区域试验）的品种进行 DNA 指纹检测。

（4）2021 年玉米季节气候特殊，本年度生育期仅做参考，不作为淘汰品种依据。

（5）统一田间试验上报数据中，有两个及以上试点达到茎腐病（病株率≥40.1%）或穗腐病（病粒率≥4.0%）高感的品种以及穗腐病病粒率≥2.0%试点比率≥30.0%的品种予以淘汰。

（6）品种交叉晋级标准。

普通组：区域试验增产≥7.0%，增产点率≥70%，倒伏倒折率之和≤8%，小斑病、茎腐病和穗腐病人工接种和田间自然发病均中抗以上。

机收组：区域试验增产≥4.0%，增产点率≥70%，倒伏倒折率之和≤3%，籽粒含水量≤28%，破碎率≤6%，小斑病、茎腐病和穗腐病人工接种和田间自然发病均中抗以上。

（7）关于延审品种：2022 年玉米初审会前提供不出合格的 DUS 报告的品种不再审定。

（二）参试品种的处理意见

根据审定晋级标准，经玉米区域试验年会讨论研究决定，参试品种的处理意见如下：

（1）推荐生产试验品种：郑玉 811、悦玉 76、金豫 138、百科玉 965、金苑玉 109、洛玉 206、育玉 169、匠育 101。

（2）推荐继续区域试验品种：金豫 138、百科玉 965、金苑玉 109、洛玉 206、育玉 169、匠育 101、豫单 971。

（3）继续区域试验同时种植鉴定证明有重要农艺性状差异品种：许玉 1806。

（4）淘汰品种：勇单 101、农玉 35、LPB270、豫粮仓 018、绿源玉 21、见龙 201、德合 9 号、御科 605、耘玉 16。

七、问题及建议

2021 年河南省玉米区域试验，在玉米生长期间，暴雨阴雨天气过多，光照不足，尤其 7 月中旬特大暴雨和 8 月下旬暴雨，土壤水分过度饱、渍涝，以及穗分化阶段高位，对结实性有不同程度的影响，有的品种出现部分畸形穗。锈病早发重发，造成很多品种叶片早枯，严重影响籽粒灌浆，造成粒重明显偏低。因此，在品种选育中，注重抗病、抗逆性选择尤为重要。

另外，2021 年一些品种穗腐病比较严重，应予以高度重视。

河南农业大学农学院
2022 年 3 月 21 日

表 1-34　2021 年河南省玉米品种区域试验参试品种试点性状汇总(4500 株/亩 B 组)

品种(编号)	试点	生育期/d	株高/cm	穗位高/cm	倒伏率/%	倒折率/%	倒伏率+倒折率/%	空秆率/%	双穗率/%	穗长/cm	穗粗/cm	穗行数/行	行粒数/粒	秃尖长/cm	轴粗/cm	出籽率/%	百粒重/g
郑玉 811(1)	中牟	103	263	114	0	0	0	0.5	0.7	16.8	5.4	15.4	30.9	0.5	3.3	85.4	40.7
	南阳	94	266	103	0	0	0	1.6	0	19	5.4	15.6	32.6	1.2	3.1	86.5	35.8
	商丘	100	286	110	0	0.2	0.2	0.7	0.5	19.4	5.2	14.8	35.6	0.5	2.9	90.9	34.1
	黄泛区	104	272	116	0	0	0	2.8	0	16.9	4.8	15.2	30.2	1.5	3.0	88.2	30.9
	洛阳	109	282	117	2.2	0	2.2	0.5	0.2	18.3	5.0	14.0	31.6	2.8	3.3	89.4	31.2
	荥阳	103	289	103	0	5.2	5.2	0.5	0	16.4	5.2	15.3	32	1.0	3.3	85.1	29.9
	温县	96	274	107	1.3	2.4	3.7	2.5	3.2	16.5	4.9	15.6	34.9	0	3.1	89.0	30.91
	遂平	102	272	110	0	0	0	3.7	0	17.8	4.6	15.4	33.6	2.0	3.1	90.4	31.98
	平均	101	276	110	0.4	1.0	1.4	1.6	0.6	17.6	5.1	15.2	32.7	1.2	3.1	88.1	33.2
金豫 138(2)	中牟	106	253	102	0	0	0	0.5	0.7	19.9	5.1	15.4	32.2	1.1	3.1	83.9	40.4
	南阳	94	276	106	0	0	0	0.8	0	20.5	5.0	14.0	30.0	1.1	3.0	84.2	38.4
	商丘	100	269	98	0.5	0	0.5	0.7	0.2	19.6	4.5	13.6	31.2	1.0	2.8	88.3	30.0
	黄泛区	103	248	95	0	0	0	0.8	2.4	18.4	4.5	13.8	30.4	0.2	2.8	87.9	31.9
	洛阳	108	263	102	1.7	0	1.7	1.2	0.7	19.7	4.9	14.4	32.4	1.2	3.0	89.2	30.8
	荥阳	102	269	85	0	21.5	21.5	0.2	0	21.8	4.8	14.0	38.0	0.5	3.0	81.5	28.5
	温县	95	250	85	2.4	1.1	3.5	3.0	3.0	18.6	4.8	14.8	32.8	0	2.9	84.3	35.84
	遂平	102	255	83	1.2	0	1.2	14.4	0	19.6	4.4	14.0	23.1	2.6	3.0	85.3	38.95
	平均	101	260	95	0.7	2.8	3.5	2.7	0.9	19.8	4.8	14.3	31.3	1.0	3.0	85.6	34.3

续表 1-34

品种(编号)	试点	生育期/d	株高/cm	穗位高/cm	倒伏率/%	倒折率/%	倒伏率+倒折率/%	空秆率/%	双穗率/%	穗长/cm	穗粗/cm	穗行数/行	行粒数/粒	秃尖长/cm	轴粗/cm	出籽率/%	百粒重/g
勇单101(3)	中牟	99	279	111	0	0	0	0	0.2	16.9	4.9	15.6	32.1	1.2	2.8	85.4	36
	南阳	93	320	134	0	0	0	1.6	0.8	18	4.8	14.8	33.0	1.2	2.6	88.1	35
	商丘	99	271	90	0	0.2	0.2	2.2	0.2	17.4	4.4	14.8	34.4	1.0	2.6	88.4	25.9
	黄泛区	104	260	98	0	0	0	1.2	0.8	17.6	4.5	15.2	33.2	1.0	2.7	88.0	29.3
	洛阳	107	287	112	0.2	0	0.2	0	0	17.6	5.1	14.4	33.0	2.1	2.8	89.6	29.1
	荥阳	101	289	95	0	1.2	1.2	0.9	0	18	4.7	15.3	32.0	0.5	2.9	85.6	23.7
	温县	95	272	89	3.8	1.3	5.1	3.9	1.3	17.1	4.5	14.4	34.6	0	2.9	82.1	30.72
	遂平	101	312	117	4.8	0.0	4.8	14.4	0	16.5	4.5	15.3	25.4	2.3	2.7	89.1	34.9
	平均	100	286	106	1.1	0.3	1.4	3.0	0.4	17.4	4.7	15.0	32.2	1.2	2.8	87.0	30.6
悦玉76(4)	中牟	99	260	111	0	0	0	0	0	16.6	4.9	15.2	33.1	0.2	3.0	88.0	40.9
	南阳	93	277	112	0	0	0	1.6	0	15.6	5.0	14.4	26.8	1.1	2.6	87.7	39.9
	商丘	100	281	103	0	0.7	0.7	1.7	0	16.2	4.8	14.8	29.2	1.0	2.7	90.1	32.9
	黄泛区	103	248	102	0	0	0	4.3	0	16	4.6	14.0	28.4	0.2	2.7	89.9	33.4
	洛阳	111	255	111	0	0	0	1	0	16.6	5.2	15.0	33.4	2.1	2.8	90.1	36.1
	荥阳	102	285	90	0	0.5	0.5	0.2	0	17.2	5.0	14.7	29.0	1.5	2.9	88.0	27.9
	温县	97	253	97	3.0	0	3.0	1.5	1.5	15.9	4.7	15.6	31.0	0	2.8	85.6	34.46
	遂平	102	266	97	0	0	0	0	0	16	4.5	14.2	28.3	1.0	2.6	91.0	35.53
	平均	101	266	103	0.4	0.2	0.6	1.3	0.2	16.3	4.8	14.7	29.9	0.9	2.8	88.8	35.1

续表 1-34

品种（编号）	试点	生育期/d	株高/cm	穗位高/cm	倒伏率/%	倒折率/%	倒伏率+倒折率/%	空秆率/%	双穗率/%	穗长/cm	穗粗/cm	穗行数/行	行粒数/粒	秃尖长/cm	轴粗/cm	出籽率/%	百粒重/g
百科玉 965(5)	中牟	99	241	93	0	0	0	0.2	0.2	16.2	5.0	16.0	30.2	0.3	2.7	87	38
	南阳	93	265	104	0	0	0	0.8	0	16.6	4.8	16.8	30.2	0.3	2.8	89.1	30.4
	商丘	99	267	91	0	0	0	1.7	0.2	15	4.5	16.4	30.2	0	2.8	90.7	24.4
	黄泛区	103	248	111	0	0	0	3.1	1.6	15	4.4	16.4	30.7	0.2	2.8	89.9	25.4
	洛阳	106	250	103	3.0	0	3.0	1	0	15.7	5.0	17.2	30.0	1.1	2.8	90.3	31.2
	荥阳	102	270	95	0	0.2	0.2	1.9	0	16	4.4	15.3	36.0	0	2.7	88.7	21.9
	温县	96	234	78	2.5	0.6	3.1	3.6	3.6	15.2	4.8	17.6	31.6	0	3.0	88.0	30.18
	遂平	107	265	98	0	0	0	0	0	15.9	4.5	16.6	31.5	0.3	2.8	92.1	31.99
	平均	101	255	97	0.7	0.1	0.8	1.5	0.7	15.7	4.7	16.5	31.3	0.3	2.8	89.5	29.2
农玉 35(6)	中牟	98	239	84	0	0	0	0	0	16.5	4.5	15.8	31.9	1.8	2.6	86	37.0
	南阳	93	268	100	0	0	0	0.4	0	16.9	4.9	16.0	27.4	0.9	2.6	87.5	31.9
	商丘	99	251	92	0	0	0	1.2	0.2	16.6	4.4	15.6	33.8	0.8	2.6	88.2	24.2
	黄泛区	103	246	103	0	0	0	1.6	1.6	16.4	4.4	16.0	31.6	0.5	2.6	89.3	27.6
	洛阳	106	260	102	1.0	0	1.0	0.5	0	15.8	5.1	16.4	30.6	2.0	3.0	89	30.7
	荥阳	101	257	85	0	0.5	0.5	0	0	18.7	4.4	15.3	36.0	0.5	2.6	88.9	23.1
	温县	94	247	77	1.9	1.9	3.8	3.8	5.7	17	4.5	16.6	34.6	0	3.1	83.7	28.59
	遂平	104	278	104	1.0	0	1.0	0	0.8	18.2	4.2	14.6	32.6	1.6	2.6	88.1	35.36
	平均	100	256	93	0.5	0.3	0.8	0.9	1.0	17.0	4.6	15.8	32.3	1.0	2.7	87.6	29.8

续表 1-34

品种（编号）	试点	生育期/d	株高/cm	穗位高/cm	倒伏率/%	倒折率/%	倒伏率+倒折率/%	空秆率/%	双穗率/%	穗长/cm	穗粗/cm	穗行数/行	行粒数/粒	秃尖长/cm	轴粗/cm	出籽率/%	百粒重/g
许玉 1806(7)	中牟	98	238	93	0	0	0	0.5	0.7	17.8	4.8	14.8	33.5	1.6	2.9	84.0	35.2
	南阳	93	297	99	0	0	0	0.4	0	16.2	5.0	14.8	28.0	0.5	2.6	87.6	35.4
	商丘	99	306	93	0	0	0	0.7	0	16.4	4.6	14.4	33.4	1.0	2.7	87.9	24.4
	黄泛区	103	276	109	0	0	0	2.7	0.8	15.6	4.3	14.4	32.9	1.5	2.8	86.3	23.6
	洛阳	105	285	98	0.7	0	0.7	0.7	0	17.7	5.0	14.0	35.6	1.2	2.8	90.1	31.8
	荥阳	102	288	95	0	0.5	0.5	0.2	0	15.2	4.6	14.7	31.0	0	2.9	87.7	22.3
	温县	95	272	80	2.5	0.4	2.9	2.8	0	16.9	4.8	16.0	35.2	1.1	2.9	87.8	31.4
	遂平	103	285	102	0	0	0	2.9	0	17.8	4.9	15.2	30.9	2.1	2.8	92.6	35.5
	平均	100	281	96	0.4	0.1	0.5	1.4	0.2	16.7	4.8	14.8	32.6	1.1	2.8	88.0	30.0
秾玉 16(8)	中牟	98	234	92	0	0	0	0	0	15.8	4.9	16.0	31.2	1.2	2.7	88.0	32.9
	南阳	92	285	103	0	0	0	4.8	0	16.8	4.9	17.2	32.0	0.3	2.8	90.3	24.8
	商丘	98	273	100	2.2	0	2.2	1.0	0	14.8	4.2	14.0	29.6	1.0	2.6	88.3	18.9
	黄泛区	103	246	107	0	0	0	4.0	0	14.1	4.3	15.2	27.6	0.5	2.7	87.8	22.0
	洛阳	106	250	102	1.7	0	1.7	0.5	0	16.8	5.1	15.6	29.4	2.5	2.7	89.5	33.5
	荥阳	103	270	90	0	0	0	1.0	0	16.8	4.6	16.0	29.0	1.0	2.9	85.4	19.6
	温县	94	266	92	3.6	1.8	5.4	0	0	16.1	4.7	16.4	31.2	0.8	3.0	86.5	27.3
	遂平	99	279	103	0	0	0	0	0	15.7	4.5	15.8	29.3	1.4	2.9	91.1	27.5
	平均	99	263	99	0.9	0.2	1.1	1.4	0	15.9	4.7	15.8	29.9	1.1	2.8	88.4	25.8

续表 1-34

品种（编号）	试点	生育期/d	株高/cm	穗位高/cm	倒伏率/%	倒折率/%	倒伏率+倒折率/%	空秆率/%	双穗率/%	穗长/cm	穗粗/cm	穗行数/行	行粒数/粒	秃尖长/cm	轴粗/cm	出籽率/%	百粒重/g
御科 605(9)	中牟	98	254	99	0	0	0	0	0	17.7	5.1	14.0	29.4	0.5	3.0	83.1	41.5
	南阳	92	287	103	0	0	0	2.0	0	15.6	4.8	14.4	30.4	0.4	2.8	87.2	28.7
	商丘	98	270	80	0	0	0	1.0	0	15.2	4.4	14.0	34.2	0.5	2.6	87.4	23.4
	黄泛区	103	254	97	0	0	0	1.6	0.4	16.2	4.4	13.6	36.6	0.3	2.8	87.5	28.0
	洛阳	105	258	110	6.4	5.2	11.6	0	0	17.5	4.6	14.0	33.8	1.5	2.8	90.6	25.4
	荥阳	101	266	93	0	9.4	9.4	0.2	0.9	15.8	4.6	16.0	36.0	0	3.0	85.2	21.3
	温县	95	246	86	2.6	1.2	3.8	3.6	0	15.0	4.3	14.0	35.0	0	2.9	85.9	30.9
	遂平	95	269	91	0	0	0	4.9	0	16.5	4.4	14.4	31.6	2.1	2.8	87.8	31.9
	平均	98	263	95	1.1	2.0	3.1	1.7	0.2	16.2	4.6	14.3	33.4	0.7	2.8	86.8	28.9
绿源玉 21(10)	中牟	100	261	114	0	0	0	0.2	0.5	18.1	5.1	15.2	30.8	0.8	3.0	87.0	34.9
	南阳	93	286	116	0	0	0	2.4	0.4	15.8	4.8	16.8	32.4	1.1	2.6	90.2	27.3
	商丘	99	291	102	0	0	0	1.0	0	15.6	4.4	16.0	33.6	1.0	2.8	90	20.3
	黄泛区	103	254	107	0	0	0	1.6	0.4	16.4	4.7	15.8	34.2	0.2	2.9	89.6	28.2
	洛阳	107	273	115	4.7	0	4.7	0	0	17.5	4.9	15.2	33.2	1.3	2.9	90.1	29.3
	荥阳	103	261	102	0	0.7	0.7	0.5	0	16.8	4.6	15.3	35.0	0	3.0	86.6	18.9
	温县	97	285	116	4.8	1.2	6.0	1.2	1.2	15.9	4.7	16.4	33.8	0	2.9	84.0	28.5
	遂平	101	285	107	0	0	0	1.2	0	17.6	4.6	16.4	36.3	1.5	2.9	91.5	31.4
	平均	100	275	110	1.2	0.2	1.4	1.0	0.3	16.7	4.7	15.9	33.7	0.7	2.9	88.6	27.3

续表 1-34

品种(编号)	试点	生育期/d	株高/cm	穗位高/cm	倒伏率/%	倒折率/%	倒伏率+倒折率/%	空秆率/%	双穗率/%	穗长/cm	穗粗/cm	穗行数/行	行粒数/粒	秃尖长/cm	轴粗/cm	出籽率/%	百粒重/g
育玉 169(11)	中牟	103	253	103	0	0	0	0	0	17.2	5.0	17.0	31.6	1.4	3.2	87.0	34.1
	南阳	93	279	95	0	0	0	1.6	0.4	17.7	5.0	15.6	33.2	1.9	2.7	88.6	31.4
	商丘	100	290	97	0	0	0	0.7	0	19.2	4.9	16.0	38.0	2.0	2.8	90.5	25.3
	黄泛区	104	242	86	0	0	0	2.0	0	18.6	4.8	16.6	37.2	1.0	2.8	89.8	26.6
	洛阳	107	267	98	2.7	0	2.7	0	0	19.1	5.0	15.6	34.6	2.9	2.8	88.6	29.1
	荥阳	103	268	85	0	2.6	2.6	0.7	0	18.2	5.0	17.3	37.0	1.0	3.0	86.1	22.9
	温县	95	270	79	1.8	0.6	2.4	0.3	0	18.6	4.7	16.8	39.5	3.0	2.9	82.6	25.5
	遂平	103	289	83	0.7	0	0.7	1.6	0	18.2	4.7	17.6	32.4	1.1	2.8	90.0	27.4
	平均	101	270	91	0.7	0.4	1.1	0.9	0.1	18.4	4.9	16.6	35.4	1.8	2.9	87.9	27.8
洛玉 206(12)	中牟	107	250	88	0	0	0	0	0	17.2	5.2	17.6	34.1	1.8	3.1	84.0	31.5
	南阳	93	305	100	0	0	0	1.6	0.8	17.1	5.6	18.8	33.6	1.8	3.0	72.0	30.8
	商丘	101	286	92	1.5	0.5	2.0	1.2	0.7	17.8	5.3	17.6	38.0	0.3	3.0	90.8	30.7
	黄泛区	104	261	74	0	0	0	0.4	0.8	15.6	5.1	17.6	28.3	1.0	3.0	88.1	27.6
	洛阳	110	277	80	0.2	0	0.2	0	0	17.3	5.3	16.8	34.6	1.1	3.0	90.1	33.7
	荥阳	102	280	70	0	0	0	0.7	0	17.2	5.4	16.7	36.0	0.5	3.2	85.7	25.1
	温县	98	286	86	2.2	1.2	3.4	0.6	0.6	16.2	5.3	19.2	35.0	1.1	3.2	83.1	29.7
	遂平	107	295	88	7.4	0.5	7.9	0.8	0	16.8	5.1	18.6	36.3	2.0	3.0	87.5	29.5
	平均	103	280	85	1.4	0.3	1.7	0.7	0.4	16.9	5.3	17.9	34.5	1.2	3.1	85.2	29.8

续表 1-34

品种（编号）	试点	生育期/d	株高/cm	穗位高/cm	倒伏率/%	倒折率/%	倒伏率+倒折率/%	空秆率/%	双穗率/%	穗长/cm	穗粗/cm	穗行数/行	行粒数/粒	秃尖长/cm	轴粗/cm	出籽率/%	百粒重/g
见龙 201(13)	中牟	99	243	96	0	0	0	0.2	0.5	17.8	4.8	15.4	35.8	0	2.7	84.1	33.1
	南阳	92	285	115	0	0	0	1.6	0	18.4	4.5	15.6	33.4	0.9	2.8	88.5	25.3
	商丘	99	295	110	2.4	0	2.4	0.5	0.2	17.2	4.3	15.6	32.2	1.2	2.7	87.6	20.0
	黄泛区	103	259	112	0.8	0	0.8	0.8	2.8	16.0	4.5	15.6	32.4	0.5	2.8	89.8	25.6
	洛阳	108	273	113	8.4	3.5	11.9	0.5	0	17.4	4.7	14.0	34.0	1.3	2.7	88.7	30.5
	荥阳	101	275	102	0	0.2	0.2	0	0	17.1	4.1	15.3	41.0	0	3.0	84.2	18.8
	温县	97	268	97	4.5	0.7	5.2	1.4	0	16.6	4.5	17.2	34.4	0	2.9	87.2	24.5
	遂平	101	278	115	20.7	0	20.7	12.3	0	16.3	4.3	15.4	31.5	1.4	2.9	87.5	24.8
	平均	100	272	108	4.6	0.6	5.2	2.2	0.4	17.1	4.5	15.5	34.3	0.7	2.8	87.2	25.3
豫单 971(14)	中牟	104	232	93	0	0	0	0	0	17.2	4.9	14.2	36.0	1.5	2.8	84.0	33.2
	南阳	93	289	123	0	0	0	1.2	0	15.6	4.9	14.4	32.0	1.2	2.8	83.7	34.4
	商丘	98	289	107	1.5	0	1.5	1.5	0	17.4	4.4	14.8	36.4	1.0	2.9	87.3	25.2
	黄泛区	103	265	122	0	0	0	2.3	3.3	18.9	4.7	13.2	37.6	1.0	3.0	87.8	32.2
	洛阳	109	258	108	0.5	0	0.5	0	0	19.4	4.9	14.6	37.4	2.1	2.8	89.4	31.1
	荥阳	101	275	107	0	0.5	0.5	0	0	17.2	4.5	14.0	40	0.5	3.2	84.9	22.7
	温县	96	280	117	2.8	0	2.8	0.7	1.4	16.9	4.7	14.8	35.4	1.2	3.0	84.0	31.7
	遂平	101	262	108	0	0	0	0	0	16.1	4.3	14.0	29.0	2.4	2.9	84.0	29.0
	平均	101	269	111	0.6	0.1	0.7	0.7	0.6	17.3	4.7	14.3	35.5	1.4	2.9	85.6	29.9

续表 1-34

品种（编号）	试点	生育期/d	株高/cm	穗位高/cm	倒伏率/%	倒折率/%	倒伏率+倒折率/%	空秆率/%	双穗率/%	穗长/cm	穗粗/cm	穗行数/行	行粒数/粒	秃尖长/cm	轴粗/cm	出籽率/%	百粒重/g
德合 9 号(15)	中牟	100	253	109	0	0	0	0	0	17.1	4.6	15.8	34.3	2.1	2.8	86.1	32.6
	南阳	93	288	129	0	0	0	1.6	0	17.7	4.7	18.0	33.4	1.3	2.6	88.5	25.1
	商丘	99	264	98	1.2	0	1.2	2.0	0.7	17.8	4.2	17.2	38.4	0.8	2.6	87.8	19.7
	黄泛区	103	251	117	0	0	0	0	3.6	16.6	4.4	17.0	32.8	1.0	2.6	89.6	24.9
	洛阳	108	270	128	0.7	0	0.7	0.7	0	15.9	4.8	15.2	29.0	1.9	2.8	90.4	27.9
	荥阳	102	272	91	0	0.5	0.5	0	0	18.3	4.4	17.3	34.0	0.5	2.9	91.3	21.1
	温县	96	268	97	5.2	1.3	6.5	5.2	1.3	16.6	4.7	17.6	34.4	0	2.7	83.7	26.3
	遂平	101	264	108	0	0	0	0.8	0	14.1	4.1	16.6	25.3	2.5	2.5	90.1	26.3
	平均	100	266	110	0.9	0.2	1.1	1.3	0.7	16.8	4.5	16.8	32.7	1.3	2.7	88.4	25.5
匠育 101(16)	中牟	100	235	81	0	0	0	0.2	0.5	15.9	4.9	18.0	28.1	0.4	2.8	86.5	39.6
	南阳	93	267	97	0	0	0	0.4	0.4	15.8	5.0	18.0	28.4	0.3	2.8	83.8	31.2
	商丘	98	255	97	0	0	0	1.5	0	14.4	4.4	16.0	25.0	0.2	2.8	90.6	26.4
	黄泛区	103	247	90	0	0	0	0.4	2.4	16.7	4.8	16.4	31.0	0.2	2.8	89.7	34.5
	洛阳	109	237	83	1.2	0	1.2	0	0	16.6	4.7	15.2	32.6	1.3	3.0	90.2	28.3
	荥阳	101	275	88	0	0	0	0.2	0	16.0	4.5	16.0	30	0	3.1	90.5	24.6
	温县	97	254	78	1.1	0.6	1.7	3.6	3.6	16.3	4.9	16.4	30.4	0	3.1	83.7	33.6
	遂平	106	252	89	0	0	0	1.2	0	16.8	4.5	17.8	32.1	0.3	2.7	92.8	31.9
	平均	101	253	88	0.3	0.1	0.4	0.9	0.9	16.1	4.7	16.7	29.7	0.3	2.9	88.5	31.3

续表 1-34

品种(编号)	试点	生育期/d	株高/cm	穗位高/cm	倒伏率/%	倒折率/%	倒伏率+倒折率/%	空秆率/%	双穗率/%	穗长/cm	穗粗/cm	穗行数/行	行粒数/粒	秃尖长/cm	轴粗/cm	出籽率/%	百粒重/g
豫粮仓 018(17)	中牟	101	252	106	0	0	0	0	0	16.2	5.3	16.4	30.6	0.2	3.2	86.5	35.2
	南阳	93	284	123	0	0	0	0	0	14.5	5.0	19.6	31.6	0.4	2.6	89.5	23.6
	商丘	99	296	114	0	0	0	1.5	0.2	14.0	4.5	16.8	33.8	0	2.7	90.8	18.6
	黄泛区	103	271	125	0	0	0	0.8	1.2	14.6	4.8	16.2	33.6	0	2.8	89.6	25.2
	洛阳	108	265	110	4.0	0	4.0	0	0.2	16.9	5.2	16.4	36.6	0.2	3.2	89.5	31.3
	荥阳	103	285	100	0	1.2	1.2	0	0.7	14.9	4.6	18.0	34.0	0	3.0	85.0	17.9
	温县	97	270	97	2.5	1.3	3.8	0.4	0	15.2	4.9	16.8	36.6	0	3.1	84.6	26.7
	遂平	105	294	109	0	0	0	0.8	0	13.7	4.5	17.9	31.0	0.6	2.8	91.2	23.9
	平均	101	277	110	0.8	0.3	1.1	0.4	0.3	15.0	4.9	17.3	33.5	0.2	2.9	88.3	25.3
金苑玉 109(18)	中牟	98	244	104	0	0	0	0.5	0	16.7	5.2	16.4	31.9	0.8	3.0	86.2	39.2
	南阳	93	291	117	0	0	0	0.4	0	16.4	5.4	16.8	32.0	0.6	2.8	88.7	33.2
	商丘	101	302	126	0	0	0	1.2	0	16.6	5.1	16.8	32.8	2.0	3.0	90.2	25.6
	黄泛区	103	261	116	0	0	0	1.6	0.8	18.0	5.0	16.2	37.2	0.3	2.9	89.4	29.1
	洛阳	111	268	115	0.2	0	0.2	0	0	18.0	5.3	16.8	33.0	1.2	3.0	89.3	32.7
	荥阳	102	277	94	0	1.2	1.2	0	0	16.2	5.0	16.7	37.0	0	2.9	88.4	25.4
	温县	99	260	102	3.0	2.0	5.0	4.0	0	16.0	4.9	16.8	35.6	0.5	3.1	85.5	28.0
	遂平	103	281	114	0	0	0	0	0	15.8	4.9	16.4	31.8	2.1	2.9	87.5	28.4
	平均	101	273	111	0.4	0.4	0.8	1.0	0.1	16.7	5.1	16.6	33.9	0.9	3.0	88.2	30.2

续表 1-34

品种(编号)	试点	生育期/d	株高/cm	穗位高/cm	倒伏率/%	倒折率/%	倒伏率+倒折率/%	空秆率/%	双穗率/%	穗长/cm	穗粗/cm	穗行数/行	行粒数/粒	秃尖长/cm	轴粗/cm	出籽率/%	百粒重/g
LPB270(19)	中牟	104	264	93	0	0	0	0	0	18.1	5.1	16.0	32.3	1.2	3.0	85.2	32.4
	南阳	92	303	115	0	0	0	0.4	0	18.2	4.8	14.0	33.4	0.7	2.6	88.3	34.5
	商丘	99	301	105	1.2	0	1.2	0.5	0	17.2	4.5	14.4	34.6	1.0	2.7	88.3	25.2
	黄泛区	104	261	96	0	0	0	1.6	0	19.0	4.9	15.0	34.7	0.8	2.8	88.8	34.6
	洛阳	108	278	103	0	0	0	0	0	17.2	4.8	14.0	31.2	1.4	2.9	89.4	35.6
	荥阳	101	300	95	0	0	0	0.3	0	16.6	4.5	16.0	33.0	0	3.0	87.6	23.9
	温县	98	281	106	2.2	0	2.2	4.1	0	17.0	4.7	15.2	35.2	0	2.8	83.7	30.6
	遂平	102	288	111	0	0	0	0	0	16.2	4.3	15.9	28.0	2.2	2.7	87.1	33.9
	平均	101	284	103	0.4	0	0.4	0.9	0	17.4	4.7	15.1	32.8	0.9	2.8	87.3	31.3
郑单958(20)	中牟	98	236	89	0	0	0	0	0.5	16.8	4.8	15.0	33.2	0.6	3.1	87.0	34.5
	南阳	93	265	129	0	0	0	0.8	0	15.8	4.9	16.8	32.4	0.6	2.8	88.7	25.9
	商丘	100	262	103	0	0	0	0.2	1.0	16.7	4.8	15.6	33.8	0.5	2.8	88.7	22.1
	黄泛区	103	238	109	0	0	0	0	3.1	16.6	5.0	14.8	34.0	0	3.0	89.7	32.4
	洛阳	109	262	115	19.0	5.4	24.4	0	0	16.5	4.9	14.2	34.4	0.2	3.0	90.5	30.8
	荥阳	102	265	95	0	13.6	13.6	0.5	0	16.8	4.8	14.7	38.0	0.5	3.4	85.7	24.6
	温县	97	240	82	5.2	1.3	6.5	1.3	1.3	15.2	4.7	16.0	33.4	0	3.6	83.6	26.3
	遂平	102	260	104	0	0	0	0.4	0	16.4	4.8	15.1	35.2	0.5	2.9	90.5	26.3
	平均	101	254	103	3.0	2.5	5.5	0.4	0.7	16.4	4.8	15.3	34.3	0.4	3.1	88.1	27.9

表 1-35　2021 年河南省玉米品种区域试验参试品种所在试点抗病虫抗倒性状汇总(4500 株/亩 B 组)

品种(编号)	试点	茎腐病/%(高感点次)	小斑病/级	穗腐病/%及(b/a)	弯孢叶斑病/级	瘤黑粉病/%	南方锈病/级	粗缩病/%	矮花叶病/级	纹枯病/级	褐斑病/级	玉米螟/级
郑玉 811(1)	中牟	3.0	3	0.5	1	1.4	7	0	1	1	3	5
	南阳	0	1	0.5	1	2.4	1	0	1	1	1	1
	商丘	4.2	3	0.5	3	0	5	0	1	1	5	1
	黄泛区	0	3	0	1	0	3	0	1	3	3	1
	洛阳	11.0	3	0	1	0	5	0	1	3	3	3
	荥阳	25.0	3	3	1	0	3	0	1	3	3	2
	温县	5.3	1	0	1	0	3	0	1	1	1	1
	遂平	0	1	0.38	1	0	5	0	1	1	1	3
	平均	6.1(0)	1~3	0.6(0/12.5)	1~3	0.5	1~7	0	1	1~3	1~5	1~5
金豫 138(2)	中牟	3.0	1	2	1	1.4	9	0	1	1	3	5
	南阳	0	1	0.5	1	0	5	0	1	1	1	3
	商丘	19.5	5	0.2	3	0	5	0	1	1	1	1
	黄泛区	0	3	0.1	3	0	3	0	1	3	3	1
	洛阳	7.4	3	0	1	0	3	0	1	3	3	3
	荥阳	5.0	3	0	1	0	5	0	1	3	3	1
	温县	9.9	1	0	1	0	3	0	1	1	1	1
	遂平	2.2	1	3.19	1	0	5	0	1	1	1	1
	平均	5.9(0)	1~5	0.7(0/25)	1~3	0.2	3~9	0	1	1~3	1~3	1~5

续表 1-35

品种(编号)	试点	茎腐病/%（高感点次）	小斑病/级	穗腐病/%及(b/a)	弯孢叶斑病/级	瘤黑粉病/%	南方锈病/级	粗缩病/%	矮花叶病/级	纹枯病/级	褐斑病/级	玉米螟/级
勇单 101(3)	中牟	25.0	1	0.8	1	0.7	9	0.7	1	1	1	7
	南阳	0	1	3	1	0	5	0	1	1	1	1
	商丘	8.6	5	0.2	3	1.2	7	0	1	1	3	3
	黄泛区	0	5	0.3	3	0	5	0	1	1	5	1
	洛阳	14.5	3	0	3	0	5	0	1	3	3	3
	荥阳	28.0	3	0	1	1.0	5	0	1	3	3	3
	温县	15.4	1	0.1	1	0	5	0	1	1	1	1
	遂平	6.7	1	7.5	1	0	7	0	1	1	1	3
	平均	12.3(0)	1~5	1.5(1/25)	1~3	0.4	5~9	0.1	1	1~3	1~5	1~7
悦玉 76(4)	中牟	3.0	1	0.6	1	0.7	5	0	1	1	3	3
	南阳	0	1	0.5	1	0	5	0	1	1	1	3
	商丘	3.7	3	0.2	3	1.2	7	1.2	1	1	3	1
	黄泛区	0	5	0	1	0	1	0	1	1	1	1
	洛阳	3.7	1	0	1	1.2	5	0	1	1	1	1
	荥阳	2.0	1	2	1	0	5	0	1	3	3	1
	温县	2.6	1	0	1	0	3	0	1	1	1	1
	遂平	0	1	0.45	1	0	3	0	1	1	1	3
	平均	1.9(0)	1~5	0.5(0/12.5)	1~3	0.4	1~7	0.2	1	1~3	1~3	1~3

续表 1-35

品种(编号)	试点	茎腐病/%(高感点次)	小斑病/级	穗腐病/%及(b/a)	弯孢叶斑病/级	瘤黑粉病/%	南方锈病/级	粗缩病/%	矮花叶病/级	纹枯病/级	褐斑病/级	玉米螟/级
百科玉 965(5)	中牟	15.0	3	0	1	1.4	9	0	1	1	1	7
	南阳	0	1	0.4	1	0	7	0	1	1	1	1
	商丘	11.1	5	0.2	3	1.2	7	0	1	1	1	1
	黄泛区	0	1	0	3	0	3	0	1	3	5	1
	洛阳	29.3	5	0	3	0	5	0	1	3	3	3
	荥阳	3.0	3	0	1	0	9	0	1	3	3	3
	温县	23.0	1	0	1	0	5	0	1	1	1	1
	遂平	3.7	1	0.75	1	0	7	0	1	1	1	3
	平均	10.6(0)	1~5	0.2(0/0)	1~3	0.3	3~9	0	1	1~3	1~5	1~7
农玉 35(6)	中牟	25.0	3	1.2	1	0.7	9	0.7	1	1	3	5
	南阳	0	1	1	1	0	5	0	1	1	1	1
	商丘	31.2	1	0.2	3	1.2	5	0	1	1	1	1
	黄泛区	5.9	1	0	1	0	5	0	1	3	5	1
	洛阳	13.3	5	0	3	0	7	0	1	3	3	3
	荥阳	19.0	3	0	1	0	7	0	1	3	3	1
	温县	3.1	1	0.2	1	0	5	0	1	1	1	1
	遂平	8.9	1	2.93	1	0	7	0	1	1	1	3
	平均	13.3(0)	1~5	0.7(0/12.5)	1~3	0.2	5~9	0.1	1	1~3	1~5	1~5

续表 1-35

品种(编号)	试点	茎腐病/%(高感点次)	小斑病/级	穗腐病/%及(b/a)	弯孢叶斑病/级	瘤黑粉病/%	南方锈病/级	粗缩病/%	矮花叶病/级	纹枯病/级	褐斑病/级	玉米螟/级
许玉 1806(7)	中牟	20.0	3	2.6	1	0.7	9	0	1	1	3	5
	南阳	0	1	1.2	1	0	7	0	1	1	1	1
	商丘	3.7	5	0.2	3	0	7	0	1	1	1	1
	黄泛区	0	1	0	3	0	5	0	1	5	5	1
	洛阳	18.5	5	0	3	0	7	0	1	3	3	3
	荥阳	19.0	3	0	3	0	9	0	1	3	3	2
	温县	4.9	1	0	1	0	5	0	1	1	1	1
	遂平	14.1	1	5.43	1	0	7	0	1	1	1	3
	平均	10(0)	1~5	1.2(1/25)	1~3	0.1	5~9	0	1	1~5	1~5	1~5
秾玉 16(8)	中牟	30.0	3	2	1	1.4	9	0	1	1	1	7
	南阳	3.5	1	0	1	0	9	0	1	1	1	1
	商丘	32.4	7	0.5	3	1.2	9	0	1	1	3	1
	黄泛区	0	3	0	5	0	5	1.2	1	3	3	1
	洛阳	14.8	1	0	3	0	5	0	1	3	5	3
	荥阳	5.0	3	4	1	0	9	0	1	3	3	1
	温县	32.1	1	0	1	0	5	0	1	1	1	1
	遂平	7.4	1	1.6	1	0	7	0	1	1	1	3
	平均	15.7(0)	1~7	1.0(0/25)	1~5	0.3	5~9	0.2	1	1~3	1~5	1~7

续表 1-35

品种(编号)	试点	茎腐病/%（高感点次）	小斑病/级	穗腐病/%及(b/a)	弯孢叶斑病/级	瘤黑粉病/%	南方锈病/级	粗缩病/%	矮花叶病/级	纹枯病/级	褐斑病/级	玉米螟/级
御科 605(9)	中牟	10.0	3	7.8	1	1.4	9	0	1	1	1	5
	南阳	0	1	1.4	1	0	5	0	1	1	1	1
	商丘	34.3	5	0.2	3	0	7	1.2	1	1	3	1
	黄泛区	0	3	0.3	3	0	7	0	1	3	3	1
	洛阳	58.2	3	0	3	0	9	0	1	3	3	3
	荥阳	28.0	3	0	1	0	9	0	1	7	3	2
	温县	31.2	1	0.1	1	0	3	0	1	1	1	1
	遂平	2.2	1	6.67	1	0	7	0	1	1	1	1
	平均	20.5(1)	1~5	2.1(2/25)	1~3	0.2	3~9	0.2	1	1~7	1~3	1~5
绿源玉 21(10)	中牟	10.0	3	0.4	1	0.7	9	0	1	1	1	5
	南阳	0	1	0.9	1	0	7	0	1	1	1	5
	商丘	25.4	5	0.2	3	0	7	0	1	1	3	1
	黄泛区	0	3	0.2	3	0	5	0	1	3	3	3
	洛阳	7.4	3	0	3	0	7	0	1	3	3	3
	荥阳	30.0	3	3	1	0	9	0	1	3	3	2
	温县	10.6	1	0	1	0	5	0	1	1	1	1
	遂平	14.8	1	1.31	1	0	7	0	1	1	1	5
	平均	12.3(0)	1~5	0.8(0/12.5)	1~3	0.1	5~9	0	1	1~3	1~3	1~5

续表 1-35

品种(编号)	试点	茎腐病/%(高感点次)	小斑病/级	穗腐病/%及(b/a)	弯孢叶斑病/级	瘤黑粉病/%	南方锈病/级	粗缩病/%	矮花叶病/级	纹枯病/级	褐斑病/级	玉米螟/级
育玉 169(11)	中牟	10.0	3	2	1	0.7	9	0.7	1	1	1	7
	南阳	0	1	1.9	1	0	3	0	1	1	1	1
	商丘	0	3	0.5	3	0	3	1.2	1	1	3	1
	黄泛区	0	1	0.3	1	0	1	0	1	1	1	1
	洛阳	23.2	3	0	3	0	5	0	1	3	3	3
	荥阳	22.5	3	2	1	0	5	0	1	3	3	2
	温县	4.8	1	0	1	0	3	0	1	1	1	1
	遂平	0	1	1.14	1	0	5	0	1	1	1	1
	平均	7.6(0)	1~3	1.0(0/25)	1~3	0.1	1~9	0.2	1	1~3	1~3	1~7
洛玉 206(12)	中牟	3.0	1	3.4	1	1.4	5	0	1	1	1	5
	南阳	0	1	1.4	1	0	1	0	1	1	3	1
	商丘	0	1	0.5	5	1.2	3	1.2	1	1	5	5
	黄泛区	0	1	2	3	0	1	0	1	1	3	3
	洛阳	3.7	3	0	1	0	5	0	1	1	3	1
	荥阳	2.0	3	0	1	0	3	0	1	3	3	2
	温县	1.2	1	0	1	0	1	0	1	1	1	1
	遂平	0	1	1.41	1	0	5	0	1	1	1	3
	平均	1.2(0)	1~3	1.1(0/25)	1~5	0.3	1~5	0.2	1	1~3	1~5	1~5

续表 1-35

品种(编号)	试点	茎腐病/%(高感点次)	小斑病/级	穗腐病/%及(b/a)	弯孢叶斑病/级	瘤黑粉病/%	南方锈病/级	粗缩病/%	矮花叶病/级	纹枯病/级	褐斑病/级	玉米螟/级
见龙 201(13)	中牟	15.0	3	0	1	1.4	9	0.7	1	1	1	7
	南阳	0	1	1.9	1	0	7	0	1	1	3	1
	商丘	12.6	7	0.5	3	0	9	0	1	1	3	1
	黄泛区	0	1	0	3	0	3	0	1	3	3	1
	洛阳	31.0	5	0	3	0	5	0	1	3	3	3
	荥阳	38.0	3	0	3	0	9	0	1	3	3	1
	温县	2.5	1	0	1	0	5	0	1	1	1	1
	遂平	18.5	1	0.29	1	0	9	0	1	1	1	3
	平均	14.7(0)	1~7	0.3(0/0)	1~3	0.2	3~9	0.1	1	1~3	1~3	1~7
豫单 971(14)	中牟	3.0	1	0	1	0.7	9	0	1	1	1	5
	南阳	0	1	0.3	1	0	7	0	1	1	1	1
	商丘	5.0	5	0.5	3	0	7	0	1	1	3	1
	黄泛区	0	1	0.1	3	0	3	0	1	1	3	1
	洛阳	3.7	1	0	3	0	7	0	1	3	3	3
	荥阳	24.0	3	0	1	0	9	0	1	3	3	2
	温县	3.5	1	0	1	0	7	0	1	1	1	1
	遂平	0	1	4.55	1	0	5	0	1	1	1	3
	平均	4.9(0)	1~5	0.7(1/12.5)	1~3	0.1	3~9	0	1	1~3	1~3	1~5

续表 1-35

品种(编号)	试点	茎腐病/%(高感点次)	小斑病/级	穗腐病/%及(b/a)	弯孢叶斑病/级	瘤黑粉病/%	南方锈病/级	粗缩病/%	矮花叶病/级	纹枯病/级	褐斑病/级	玉米螟/级
德合 9 号(15)	中牟	30.0	3	3.4	1	0.7	9	0.7	1	1	1	5
	南阳	0	1	1.8	1	0	7	0	1	1	1	1
	商丘	28.4	5	0	3	0	5	0	1	1	1	1
	黄泛区	8.3	1	0.2	1	0	3	0	1	3	3	3
	洛阳	35.8	3	0	3	0	9	0	1	3	3	3
	荥阳	24.0	1	0	1	0	9	0	1	3	3	2
	温县	34.5	1	0	1	0	7	0	1	1	1	1
	遂平	13.3	1	0.37	1	0	7	0	1	1	1	3
	平均	21.8(0)	1~5	0.7(0/12.5)	1~3	0.1	3~9	0.1	1	1~3	1~3	1~5
匠育 101(16)	中牟	10.0	1	0	1	1.4	9	0	1	1	1	5
	南阳	0	1	1.6	1	0	5	0	1	1	3	1
	商丘	2.5	3	0.2	3	1.2	7	0	1	1	5	1
	黄泛区	0	1	0	1	0	3	0	1	1	1	3
	洛阳	7.4	1	0	1	0	5	0	1	3	3	3
	荥阳	12.0	3	0	1	0	7	0	1	3	3	2
	温县	5.7	1	0	1	0	3	0	1	1	1	1
	遂平	0	1	1.04	1	0	5	0	1	1	1	3
	平均	4.7(0)	1~3	0.4(0/0)	1~3	0.3	3~9	0	1	1~3	1~5	1~5

续表 1-35

品种(编号)	试点	茎腐病/%(高感点次)	小斑病/级	穗腐病/%及(b/a)	弯孢叶斑病/级	瘤黑粉病/%	南方锈病/级	粗缩病/%	矮花叶病/级	纹枯病/级	褐斑病/级	玉米螟/级
豫粮仓 018(17)	中牟	5.0	1	0.4	1	1.4	9	0	1	1	1	5
	南阳	0	1	2.8	1	0	7	0	1	1	3	1
	商丘	4.9	5	0.2	3	0	5	0	1	1	3	1
	黄泛区	0	1	0	1	0	3	0	1	3	3	1
	洛阳	6.1	3	0	1	0	5	0	1	3	5	3
	荥阳	15.0	3	5	1	0	9	0	1	3	3	1
	温县	2.0	1	0	1	0	5	0	1	1	1	1
	遂平	24.4	3	0.57	1	0	9	0	1	1	1	5
	平均	7.2(0)	1~5	1.1(1/25)	1~3	0.2	3~9	0	1	1~3	1~5	1~5
金苑玉 109(18)	中牟	3.0	1	0.3	1	0.7	5	0	1	1	1	5
	南阳	0	1	0.4	1	0	1	0	1	1	1	1
	商丘	0	3	0.5	3	0	3	0	1	1	3	1
	黄泛区	0	1	0	3	0	1	0	1	1	1	1
	洛阳	2.4	1	0	3	0	5	0	1	3	3	3
	荥阳	3.0	3	0	1	2.2	5	0	1	3	3	1
	温县	1.2	1	0	1	0	3	0	1	1	1	1
	遂平	0	1	1.29	1	0	3	0	1	1	1	3
	平均	1.2(0)	1~3	0.3(0/0)	1~3	0.4	1~5	0	1	1~3	1~3	1~5

续表 1-35

品种(编号)	试点	茎腐病/%（高感点次）	小斑病/级	穗腐病/%及(b/a)	弯孢叶斑病/级	瘤黑粉病/%	南方锈病/级	粗缩病/%	矮花叶病/级	纹枯病/级	褐斑病/级	玉米螟/级
LPB270(19)	中牟	30.0	3	2.1	1	0.7	9	0.7	1	1	1	5
	南阳	0	1	2.9	1	0	7	0	1	1	1	3
	商丘	25.6	7	0.2	3	0	9	0	1	1	3	1
	黄泛区	0	1	0.2	1	0	1	0	1	1	3	1
	洛阳	4.9	3	0	3	0	7	0	1	3	3	3
	荥阳	19.0	3	0	1	0	9	0	1	3	3	1
	温县	19.9	1	0.1	1	0	5	0	1	1	1	1
	遂平	0	1	2.06	1	0	7	0	1	1	1	3
	平均	12.4(0)	1~7	0.9(0/37.5)	1~3	0.1	1~9	0.1	1	1~3	1~3	1~5
郑单 958(20)	中牟	20.0	3	0.5	1	1.4	9	0.7	1	1	3	7
	南阳	3.0	1	3	1	0	7	0	1	1	3	3
	商丘	24.8	7	0.5	3	0	9	1.2	1	1	3	1
	黄泛区	0	1	0.1	1	0	1	0	1	1	3	1
	洛阳	45.6	3	0	3	0	9	0	1	3	3	3
	荥阳	40.0	3	1	1	0	9	0	1	3	3	2
	温县	22.9	1	0	1	0	5	0	1	1	1	1
	遂平	35.6	1	0.38	1	0	9	0	1	1	1	3
	平均	24.0(1)	1~7	0.7(0/12.5)	1~3	0.2	1~9	0.2	1	1~3	1~3	1~7

注:b/a 为穗腐病病粒率≥4.01%点次/病粒率≥2%试点比例,%。

第三节 4500株/亩区域试验报告(C组)

一、试验目的

鉴定省内外新育成的玉米杂交种的丰产性、稳产性和适应性,为河南省玉米生产试验和国家区域试验推荐参试品种,为玉米品种的审定与推广提供科学依据。

二、参试品种及承试单位

2021年参试品种共18个[不含对照种(CK)郑单958],各参试品种的名称、编号、参试年限、供种单位(个人)及承试单位见表1-36。

表1-36 2021年河南省玉米区域试验参试品种及承试单位(C组)

品种	编号	参试年限	亲本组合	供种单位(个人)	承试单位
博德3号	1	1	BL3×BL4	郑州博德农业科技有限公司	洛阳市农林科学院
洛玉208	2	1	L208M×Z208F	洛阳市农林科学院	河南黄泛区地神种业农科所
豫单306	3	1	L799×L788	河南农业大学	河南嘉华农业科技有限公司
沃优257	4	1	DY379×DY136	河南鼎优农业科技有限公司,河南鼎研泽田农业技术开发有限公司	河南农业职业学院
淇玉1号	5	1	JC129×JC125	鹤壁丰淇农业科技有限公司	河南平安种业有限公司
盈丰2020	6	1	L153×L372F	河南五谷种业有限公司	河南赛德种业有限公司
致泰5号	7	1	M54×7922	郑州市光泰农作物育种技术研究院	遂平县农业科学试验站
郑玉911	8	1	郑5324×郑9618	郑州市农林科学研究所	南阳市农业科学院
许玉1905	9	1	XD92-6×XD5710K	许昌市农业科学研究所	中国农业科学院棉花研究所
安丰2001	10	1	Hu005×Hu006	胡学安	鹤壁市农业科学院
金优868	11	1	MJ70×FJ67	北京金丹隆种子有限公司	新乡市农业科学院
新丰916	12	1	PH8151B×XS15	北京新实泓丰种业有限公司	漯河市农业科学院
利合1076	13	1	NP00536×CNHTL1548	恒基利马格兰种业有限公司	
玉农766	14	1	YH866×Y712H	河南悦玉农业科技有限公司	
西农315	15	1	T580×D1033	西北农林科技大学,陕西大唐种业股份有限公司	
太阳升99	16	1	BFY78×QFY5605	河南中博现代农业科技开发有限公司	
LPB172	17	1	LA731×L250K648	河南隆平高科种业有限公司	
鹏玉9号	18	1	H66×Y33	河南德合坤元农业科技有限公司	
郑单958	19	CK	郑58×昌7-2	河南秋乐种业科技股份有限公司	

三、试验概况

(一)试验设计

参试品种由河南省种子站统一排序编号并实名参试。按照统一试验方案,采用完全随机区组排列,3 次重复,5 行区,行长 6 m,行距 0.67 m,株距 0.22 m,每行播种 27 穴,每穴留苗一株,种植密度为 4500 株/亩,小区面积为 20 m^2(0.03 亩)。成熟时收中间 3 行计产,面积为 12 m^2(0.018 亩)。试验周围设保护区,重复间留走道 1 m。用小区产量结果进行方差分析,用 Tukey 法测验品种间差异显著性。

(二)田间管理

根据试验方案要求,各承试单位都固定有专职技术人员负责此项工作,并认真选择试验地块,麦收后及时铁茬播种,在 6 月 5 日至 6 月 15 日各试点相继播种完毕,在 9 月 20 日至 10 月 10 日相继完成收获。在间定苗、中耕除草、追肥、治虫、灌排水等方面都比较及时、认真,各试点试验开展顺利,试验质量良好。

(三)专家考察

收获前由河南省种子站统一组织相关专家对各试点品种的田间病虫害、丰产性等表现进行现场考察。

(四)气候特点及其影响

根据 2021 年承试单位提供的温县、郑州、中牟、洛阳、南阳、遂平、西华、商丘、安阳 9 个县(市)气象台(站)的资料分析,在玉米生育期的 6~9 月,平均气温 25.94 ℃,与历年 24.95 ℃相比高 0.99 ℃,尤其 6 月上旬和下旬及 9 月中旬和下旬,平均气温比历年同期分别高 3.08 ℃和 2.48 ℃及 2.28 ℃和 2.28 ℃。总降雨量 913.46 mm,比历年 481.77 mm 增加 431.69 mm,月平均增加 112.21 mm,在整个玉米生长季节中,雨量分布不均,6 月下旬到 7 月上旬,雨量较历年分别减少 25.35 mm 和 26.19 mm,旱象严重;7 月中旬至 9 月(除 8 月上旬),整个降雨较历年偏多,尤其 7 月中旬特大暴雨和 8 月下旬暴雨,降雨较历年分别增加 168.3 mm 和101.02 mm,是常年同期的近 3 倍。总日照时数 670.82 h,比历年 755.78 h 少 84.96 h,月平均减少 21.24 h。受连续阴雨天影响,光照严重不足,对玉米生长发育产生严重影响,尤其 7~8 月,日照时数与历年相比分别减少 18.53 h 和 36.62 h,对穗分化和授粉以及籽粒灌浆极为不利,敏感品种出现雄穗退化严重、雌穗畸形、结实差和秃尖严重的情况。另外,由于受高温高湿和南方气流影响,锈病普遍早发、重发,加上一些地方暴雨之后田间积水,许多品种过早枯死,千粒重下降。2021 年试验期间河南省气象资料统计见表 1-37。

表 1-37　2021 年试验期间河南省气象资料统计

时间	平均气温/℃			降雨量/mm			日照时数/h		
	当年	历年	相差	当年	历年	相差	当年	历年	相差
6 月上旬	27.88	24.80	3.08	12.71	24.40	−11.08	75.67	68.90	6.77
6 月中旬	26.51	26.04	0.47	43.43	24.54	20.02	37.89	75.31	−37.42
6 月下旬	28.90	26.42	2.48	9.80	39.51	−25.35	74.49	67.68	6.81

续表 1-37

时间	平均气温/℃			降雨量/mm			日照时数/h		
	当年	历年	相差	当年	历年	相差	当年	历年	相差
月计	27.58	25.77	1.82	65.94	88.43	-16.28	188.04	211.89	-23.84
7 月上旬	28.19	26.67	1.52	17.87	47.12	-26.19	56.98	59.28	-2.30
7 月中旬	27.87	26.80	1.08	224.19	61.23	168.30	40.78	55.70	-17.40
7 月下旬	27.18	27.28	-0.10	136.72	57.56	72.37	69.92	79.81	-9.89
月计	27.74	26.92	0.82	378.78	165.91	214.53	167.68	186.21	-18.53
8 月上旬	28.06	26.98	1.08	35.30	46.03	-12.33	73.51	62.39	11.12
8 月中旬	26.23	25.54	0.54	48.51	35.19	7.55	43.93	56.97	-13.03
8 月下旬	22.93	24.43	-1.40	153.99	40.28	101.02	30.60	65.31	-34.71
月计	25.66	25.70	-0.06	237.80	121.49	95.99	148.04	184.67	-36.62
9 月上旬	22.97	22.87	0.34	67.13	30.08	29.00	53.13	60.32	-7.19
9 月中旬	23.44	21.26	2.28	64.87	22.68	41.84	63.68	52.13	11.54
9 月下旬	21.92	19.51	2.28	98.93	20.27	74.94	51.41	60.58	-9.17
月计	22.79	21.41	1.39	230.93	73.00	137.44	167.06	173.01	-5.96
6~9 月合计	103.77	99.80	3.98	913.46	481.77	431.69	670.82	755.78	-84.96
6~9 月合计平均	25.94	24.95	0.99	228.36	112.21	107.92	167.71	188.94	-21.24

注:历年值是指近 30 年的平均值。

总体而言,玉米生长季节气温较历年偏高,降雨明显偏多,且分布严重不均,光照不足,视品种特性而异,产量水平受到不同程度的影响。

2021 年收到年终报告 9 份,根据专家组后期现场考察结果,将安阳、鹤壁、新乡、漯河 4 个灾情严重试点试验报废,实际 8 个试点结果参与汇总。对于单点产量增幅超过 30% 的品种,按 30%增幅进行产量矫正。

四、试验结果及分析

(一)联合方差分析

根据 8 个试点小区产量汇总结果进行联合方差分析(见表 1-38),结果表明:试点间、品种间以及品种与试点间互作差异均达极显著水平,说明参试品种间存在显著基因型差异,不同品种在不同试点的表现也存在着显著差异。

表 1-38　2021 年河南省玉米品种 4500 株/亩区域试验 C 组产量联合方差分析

变异来源	自由度	平方和	均方差	*F* 值	*F* 临界值(0.05)	*F* 临界值(0.01)
地点内区组	16	8.09	0.51	2.03	1.73	2.15
地点	7	550.75	78.68	315.52	2.08	2.79
品种	18	173.05	9.61	38.55	1.71	2.09
品种×地点	126	246.16	1.95	7.83	1.3	1.45
试验误差	288	71.82	0.25			
总和	455	1049.86				

从多重比较(Tukey 法)结果(见表 1-39)看出,洛玉 208 等 8 个品种产量显著或极显著高于对照,其他 10 个品种与对照差异均不显著。

表 1-39　2021 年河南省玉米品种 4500 株/亩区域试验 C 组产量多重比较(Tukey 法)结果

品种	编号	均值	5%水平	1%水平	品种	编号	均值	5%水平	1%水平
洛玉 208	2	11.08	a	A	LPB172	17	9.78	efgh	DEFG
安丰 2001	10	11.07	a	A	郑单 958	19	9.62	fghi	EFGH
鹏玉 9 号	18	10.84	a	A	盈丰 2020	6	9.60	fghi	EFGH
新丰 916	12	10.73	ab	AB	沃优 257	4	9.58	ghi	EFGH
西农 315	15	10.68	ab	AB	致泰 5 号	7	9.52	hi	FGH
太阳升 99	16	10.61	abc	ABC	郑玉 911	8	9.48	hi	GH
博德 3 号	1	10.59	abcd	ABC	玉农 766	14	9.41	hi	GH
豫单 306	3	10.25	bcde	BCD	淇玉 1 号	5	9.37	hi	GH
金优 868	11	10.10	cdef	CDE	利合 1076	13	9.13	i	H
许玉 1905	9	10.08	defg	CDEF					

(二)产量表现

将 8 个试点产量结果列于表 1-40。从中看出,11 个参试品种表现增产,8 个品种增产幅度达极显著水平。

表 1-40　2021 年河南省玉米品种 4500 株/亩区域试验 C 组产量结果

品种	编号	亩产/kg	比 CK/(±%)	位次	增产点次	减产点次	平产点次
洛玉 208	2	615.56	15.15**	1	8	0	0
安丰 2001	10	615.00	15.07**	2	8	0	0
鹏玉 9 号	18	602.22	12.65**	3	7	1	0
新丰 916	12	596.11	11.52**	4	8	0	0
西农 315	15	593.33	11.07**	5	7	1	0
太阳升 99	16	589.44	10.27**	6	7	1	0
博德 3 号	1	588.33	10.11**	7	7	1	0
豫单 306	3	569.44	6.6**	8	6	2	0
金优 868	11	561.11	4.96	9	6	2	0
许玉 1905	9	560.00	4.8	10	6	2	0
LPB172	17	543.33	1.65	11	5	3	0
郑单 958	19	534.44	0	12	0	0	8
盈丰 2020	6	533.33	-0.19	13	7	1	0
沃优 257	4	532.22	-0.43	14	5	3	0
致泰 5 号	7	528.89	-1.07	15	4	4	0
郑玉 911	8	526.67	-1.43	16	4	4	0
玉农 766	14	522.78	-2.2	17	6	2	0
淇玉 1 号	5	520.56	-2.6	18	2	6	0
利合 1076	13	507.22	-5.04	19	3	5	0

（三）稳定性分析

通过丰产性和稳产性参数分析，结果表明（见表 1-41）：洛玉 208 等 3 个品种表现很好；新丰 916 等 4 个品种表现好；豫单 306 等 3 个品种表现较好，其余品种表现一般或较差。

表 1-41　2021 年河南省玉米品种 4500 株/亩区域试验 C 组品种丰产性、稳产性分析

品种	编号	丰产性参数		稳产性参数			适应地区	综合评价（供参考）
		产量/（kg/小区）	效应	方差	变异度	回归系数		
洛玉 208	2	11.08	1.00	0.35	5.33	1.25	E1～E8	很好
安丰 2001	10	11.07	0.99	0.09	2.71	0.97	E1～E8	很好
鹏玉 9 号	18	10.84	0.76	0.90	8.74	1.24	E1～E8	很好
新丰 916	12	10.73	0.65	0.21	4.27	1.13	E1～E8	好
西农 315	15	10.68	0.60	0.51	6.69	1.31	E1～E8	好
太阳升 99	16	10.61	0.53	0.56	7.06	0.63	E1～E8	好
博德 3 号	1	10.59	0.51	1.55	11.75	1.24	E1～E8	好
豫单 306	3	10.25	0.17	0.52	7.03	0.79	E1～E8	较好
金优 868	11	10.10	0.02	0.43	6.51	1.07	E1～E8	较好
许玉 1905	9	10.08	0	0.30	5.43	1.02	E1～E8	较好
LPB172	17	9.78	−0.30	0.27	5.29	0.71	E1～E8	一般
郑单 958	19	9.62	−0.46	0.19	4.53	1.21	E1～E8	一般
盈丰 2020	6	9.60	−0.48	1.17	11.28	0.49	E3，E6	较差
沃优 257	4	9.58	−0.50	0.37	6.32	0.72	E1～E8	一般
致泰 5 号	7	9.52	−0.56	0.89	9.88	1.25	E1～E8	一般
郑玉 911	8	9.48	−0.60	0.25	5.23	0.97	E1～E8	一般
玉农 766	14	9.41	−0.67	1.59	13.42	0.79	E1～E8	一般
淇玉 1 号	5	9.37	−0.71	0.94	10.35	1.51	E5，E8	较差
利合 1076	13	9.13	−0.95	0.65	8.81	0.70	E1～E8	较差

注：E1 代表宝丰，E2 代表怀川，E3 代表黄泛区，E4 代表嘉华，E5 代表金囤，E6 代表洛阳，E7 代表南阳，E8 代表西平，E9 代表新郑，E10 代表中牟。

（四）试验可靠性分析

从表 1-42 结果看出，各个试点的变异系数均在 10%以下，说明这些试点管理比较精细，试验误差较小，整体数据较准确可靠，符合实际，可以汇总。

表 1-42　2021 年各试点试验误差变异系数

试点	中牟	南阳	嘉华	地神	洛阳	赛德	温县	遂平
CV%	6.86	4.43	3.47	2.70	4.45	5.29	2.34	6.65

（五）各品种产量结果汇总

各品种在不同试点的产量结果列于表1-43。

表1-43　2021年河南省玉米品种4500株/亩区域试验C组产量结果汇总

试点	博德3号/1			洛玉208/2			豫单306/3			沃优257/4		
	亩产/kg	比CK/（±%）	位次	亩产/kg	比CK/（±%）	位次	亩产/kg	比CK/（±%）	位次	亩产/kg	比CK/（±%）	位次
中牟	674.44	9.6	4	673.33	9.42	5	658.33	6.98	6	563.33	-8.45	18
南阳	612.22	28.74	2	564.44	18.65	6	574.44	20.76	5	505.56	6.27	14
嘉华	502.78	9.52	4	507.78	10.61	2	496.11	8.11	7	458.33	-0.16	17
地神	531.11	2.61	12	612.22	18.32	3	573.89	10.88	7	571.11	10.3	8
洛阳	504.44	-12.3	18	628.33	9.24	5	642.22	11.66	3	585.00	1.74	11
赛德	468.89	13.4	10	509.44	23.25	3	474.44	14.74	9	448.89	8.65	12
温县	637.22	11.58	9	671.11	17.52	1	547.22	-4.15	17	578.89	1.36	14
遂平	776.67	19.83	1	756.67	16.71	2	590.56	-8.86	13	546.11	-15.77	17
平均	588.33	10.11	7	615.56	15.15	1	569.44	6.6	8	532.22	-0.43	14
CV/%	17.91			14.00			11.22			10.23		

试点	淇玉1号/5			盈丰2020/6			致泰5号/7			郑玉911/8		
	亩产/kg	比CK/（±%）	位次	亩产/kg	比CK/（±%）	位次	亩产/kg	比CK/（±%）	位次	亩产/kg	比CK/（±%）	位次
中牟	608.89	-1.05	13	617.22	0.27	11	642.22	4.36	10	607.22	-1.35	14
南阳	431.67	-9.23	19	506.11	6.46	13	460.56	-3.12	17	442.78	-6.89	18
嘉华	424.44	-7.51	19	490.00	6.78	10	461.11	0.48	14	491.67	7.14	9
地神	501.11	-3.15	16	531.67	2.68	11	475.56	-8.16	18	515.56	-0.36	15
洛阳	631.11	9.79	4	579.44	0.77	12	475.56	-17.29	19	575.56	0.13	13
赛德	368.33	-10.84	19	486.11	17.56	7	431.67	4.44	16	423.33	2.42	17
温县	537.78	-5.77	18	601.67	5.35	12	665.00	16.51	3	577.22	1.1	15
遂平	659.44	1.74	7	455.00	-29.83	18	617.22	-4.74	10	580.00	-10.49	15
平均	520.56	-2.6	18	533.33	-0.19	13	528.89	-1.07	15	526.67	-1.43	16
CV/%	20.58			11.17			18.02			13.10		

试点	许玉1905/9			安丰2001/10			金优868/11			新丰916/12		
	亩产/kg	比CK/（±%）	位次	亩产/kg	比CK/（±%）	位次	亩产/kg	比CK/（±%）	位次	亩产/kg	比CK/（±%）	位次
中牟	601.11	-2.32	15	678.33	10.23	3	587.78	-4.48	16	647.78	5.23	9
南阳	511.67	7.59	12	589.44	23.95	3	530.56	11.57	8	563.33	18.46	7
嘉华	495.56	7.95	8	518.33	12.95	1	479.44	4.48	12	498.33	8.6	6
地神	551.67	6.55	9	615.56	18.89	1	523.89	1.18	13	611.11	18.03	5
洛阳	606.67	5.51	9	648.89	12.88	1	645.56	12.3	2	611.67	6.34	7
赛德	444.44	7.48	14	530.00	28.27	1	445.00	7.62	13	482.78	16.76	8
温县	670.00	17.35	2	638.33	11.77	8	662.22	15.99	4	640.56	12.23	7
遂平	599.44	-7.51	12	700.56	8.06	6	612.78	-5.49	11	712.22	9.89	4
平均	560.00	4.8	10	615.00	15.07	2	561.11	4.96	9	596.11	11.52	4
CV/%	13.06			10.69			14.00			13.01		

续表 1-43

试点	品种/编号											
	利合 1076/13			玉农 766/14			西农 315/15			太阳升 99/16		
	亩产/kg	比 CK/(±%)	位次	亩产/kg	比 CK/(±%)	位次	亩产/kg	比 CK/(±%)	位次	亩产/kg	比 CK/(±%)	位次
中牟	547.78	−11.04	19	647.78	5.23	8	725.56	17.84	1	656.67	6.71	7
南阳	504.44	6.11	15	518.89	9.15	10	526.11	10.67	9	616.67	29.71	1
嘉华	432.78	−5.65	18	460.00	0.2	15	487.22	6.17	11	501.11	9.2	5
地神	453.89	−12.34	19	475.56	−8.12	17	597.78	15.49	6	611.67	18.18	4
洛阳	606.11	5.44	10	608.33	5.83	8	560.56	−2.48	15	621.67	8.15	6
赛德	451.67	9.23	11	436.11	5.47	15	494.44	19.58	4	517.78	25.31	2
温县	501.11	−12.23	19	603.89	5.77	11	656.11	14.92	5	607.22	6.36	10
遂平	561.67	−13.34	16	430.00	−33.63	19	700.56	8.06	5	580.56	−10.43	14
平均	507.22	−5.04	19	522.78	−2.2	17	593.33	11.07	5	589.44	10.27	6
CV/%	11.99			16.46			15.55			9.10		

试点	品种/编号									
	LPB172/17			鹏玉 9 号/18			郑单 958/19			
	亩产/kg	比 CK/(±%)	位次	亩产/kg	比 CK/(±%)	位次	亩产/kg	比 CK/(±%)	位次	
中牟	577.78	−6.17	17	713.89	15.97	2	615.56	0	12	
南阳	513.33	7.98	11	582.22	22.43	4	475.56	0	16	
嘉华	474.44	3.35	13	504.44	9.97	3	458.89	0	16	
地神	545.56	5.37	10	612.78	18.43	2	517.78	0	14	
洛阳	528.89	−7.99	16	524.44	−8.79	17	575.00	0	14	
赛德	492.22	19.13	5	488.33	18.15	6	413.33	0	18	
温县	593.89	4.02	13	646.67	13.27	6	571.11	0	16	
遂平	619.44	−4.4	9	742.78	14.57	3	648.33	0	8	
平均	543.33	1.65	11	602.22	12.65	3	534.44	0	12	
CV%	9.33			15.79			15.28			

注:平均值为各试点算术平均。

(六)田间性状调查结果

各品种田间性状调查汇总结果见表 1-44 和表 1-45。各品种在各试点表现见表 1-51、表 1-52。

表 1-44　2021 年河南省玉米品种 4500 株/亩区域试验 C 组田间性状调查结果(一)

品种	编号	生育期/d	株高/cm	穗位高/cm	倒伏率/%	倒折率/%	倒点率/%	空秆率/%	双穗率/%	茎腐病/%(高感点次)	小斑病/级	穗腐病/%(高感点次)	弯孢叶斑病/级	瘤黑粉病/%	锈病/级
博德 3 号	1	100	272	96	2.1	1.4	12.5	0.8	0.2	16.3(0)	1~3	0.8(0)	1~3	0.3	3~9
洛玉 208	2	102	283	100	0.6	0.2	0	1.4	0.3	4.1(0)	1~3	0.7(0)	1~3	0.1	3~7
豫单 306	3	101	283	101	2.3	0.2	0	2.4	0.2	8.5(0)	1~5	0.7(0)	1~3	0.2	5~9
沃优 257	4	100	266	100	3.7	0.4	12.5	3.2	0.1	23.8(2)	1~7	0.7(0)	1~3	0.3	5~9
淇玉 1 号	5	100	249	95	1.2	4.1	12.5	0.9	0.4	25.7(2)	1~3	0.8(0)	1~3	0.2	5~9
盈丰 2020	6	102	250	84	5.9	1.5	25	4.6	0.3	17.5(1)	1~5	0.6(0)	1~3	0.1	3~7
致泰 5 号	7	101	254	96	1.1	0.6	0	1.7	0.5	16.2(1)	1~7	0.5(0)	1~3	0.1	5~9
郑玉 911	8	101	291	99	2.5	0.2	0	1.9	0.5	10.4(0)	1~5	0.5(0)	1~3	0.2	5~9
许玉 1905	9	99	274	87	2.2	0.4	0	0.5	0.4	11.2(0)	1~5	0.7(0)	1~3	0.1	5~9
安丰 2001	10	102	269	101	0.3	0.5	0	0.7	0.7	2.3(0)	1~7	0.6(0)	1~5	0.4	1~5
金优 868	11	100	262	104	1.7	0.7	0	1.6	0.4	13.3(1)	1~7	0.7(0)	1~5	0.2	5~9
新丰 916	12	100	244	90	0.3	0.4	0	0.4	0.2	6.6(0)	1~5	0.7(0)	1~3	0.2	1~9
利合 1076	13	99	275	116	1.2	1.0	0	0.7	0.3	17.9(1)	1~7	0.9(0)	1~5	0.3	5~9
玉农 766	14	100	257	100	0.9	0.2	0	2.1	0.4	7.1(0)	1~7	1.7(2)	1~3	0.1	3~9
西农 315	15	101	269	104	1.0	0.2	0	0.9	0	9(0)	1~5	1(0)	1~3	0.1	3~9
太阳升 99	16	102	268	88	1.3	0.2	0	1.4	0.1	5.4(0)	1~3	0.6(0)	1~3	0.1	1~7
LPB172	17	100	267	99	1.1	0.5	0	0.7	0.2	17.1(1)	1~5	0.7(0)	1~5	0.1	3~9
鹏玉 9 号	18	101	251	104	0.9	0.6	0	0.9	0.2	9.5(0)	1~3	0.5(0)	1~5	0.1	1~9
郑单 958	19	101	251	103	2.7	2.2	12.5	1.3	0.1	22.8(1)	1~7	0.9(0)	1~3	0.2	1~9

注:倒点率指倒伏倒折率之和≥15.0%的试点比率。

表 1-45　2021 年河南省玉米品种 4500 株/亩区域试验 C 组田间性状调查结果(二)

品种	编号	株型	芽鞘色	第一叶形状	叶色	雄穗分枝数	雄穗颖片颜色	花药颜色	花丝颜色	苞叶长度	总叶片数/片
博德 3 号	1	半紧凑	深紫	匙形	深绿	中等,枝长中等	绿	浅紫	浅紫	短	19.6
洛玉 208	2	紧凑	紫	匙形	绿	少,枝长中等	绿	紫	浅紫	长	19.4
豫单 306	3	半紧凑	紫	匙形	绿	中等,枝长中等	绿	浅紫	浅紫	短	19.6
沃优 257	4	紧凑	深紫	匙形	绿	中等,枝长中等	绿	浅紫	浅紫	长	19.4
淇玉 1 号	5	紧凑	浅紫	匙形	绿	多,枝长中等	绿	浅紫	浅紫	长	19.4
盈丰 2020	6	紧凑	紫	圆到匙形	绿	中等,且枝长	绿	绿	浅紫	长	19.6
致泰 5 号	7	紧凑	深紫	匙形	深绿	少,枝长中等	绿	浅紫	浅紫	中	19.4
郑玉 911	8	半紧凑	紫	匙形	绿	少且枝长	绿	绿	浅紫	长	19.6
许玉 1905	9	紧凑	浅紫	匙形	绿	少,枝长中等	绿	绿	浅紫	中	19.4
安丰 2001	10	半紧凑	紫	匙形	绿	多,枝长中等	绿	绿	浅紫	长	20.6
金优 868	11	紧凑	浅紫	匙形	绿	中等,枝长中等	绿	绿	浅紫	中	19.6
新丰 916	12	紧凑	紫	匙形	深绿	中等,枝长中等	绿	紫	浅紫	中	19.4
利合 1076	13	半紧凑	紫	匙形	绿	中等,枝长中等	绿	浅紫	绿	中	19.2
玉农 766	14	半紧凑	深紫	匙形	绿	中等,枝长中等	绿	绿	绿	中	19.4
西农 315	15	紧凑	紫	匙形	绿	中等,枝长中等	绿	绿	浅紫	中	19.6
太阳升 99	16	半紧凑	紫	匙形	绿	中等且枝长	绿	浅紫	浅紫	中	19.6
LPB172	17	紧凑	紫	匙形	绿	多,枝长中等	绿	浅紫	绿	中	19.6
鹏玉 9 号	18	半紧凑	紫	匙形	绿	中等,枝长中等	绿	绿	浅紫	中	19.6
郑单 958	19	紧凑	紫	匙形	绿	多,枝长中等	绿	浅紫	浅紫	中	19.6

(七)室内考种结果

各品种室内考种结果见表 1-46。

表 1-46　2021 年河南省玉米品种 4500 株/亩区域试验 C 组穗部性状室内考种结果

品种	编号	穗长/cm	穗粗/cm	穗行数/行	行粒数/粒	秃尖长/cm	轴粗/cm	出籽率/%	百粒重/g	穗型	轴色	粒型	粒色	结实性
博德 3 号	1	15.3	4.9	17.6	31.4	1.1	3.1	87.0	26.4	短筒	红	半马齿	黄	好
洛玉 208	2	16.6	4.9	15.6	31.8	1.4	2.7	88.0	34.6	长筒	红	半马齿	黄	一般
豫单 306	3	16.5	4.8	15.9	33.1	1.0	2.9	87.7	28.2	短筒	红	半马齿	黄	好
沃优 257	4	17.1	4.4	14.7	36.2	0.3	2.5	89.6	25.9	长筒	红	半马齿	黄	好
淇玉 1 号	5	15.7	4.9	16.7	32.8	0.6	3.0	86.4	26.0	短筒	白	半马齿	黄	一般
盈丰 2020	6	18.5	4.5	15.3	36.6	0.6	2.7	87.8	27.8	长筒	红	半马齿	黄	好
致泰 5 号	7	15.9	4.6	15.6	34.5	0.4	2.9	87.7	25.0	短筒	红	半马齿	黄	好
郑玉 911	8	17.0	4.9	16.8	30.9	2.3	3.1	86.2	27.6	长筒	粉	半马齿	黄	好
许玉 1905	9	15.9	4.5	14.6	33.4	0.6	2.7	88.5	29.6	短筒	红	半马齿	黄	一般
安丰 2001	10	17.1	5.1	15.4	32.6	0.4	3.0	87.3	34.5	长筒	白	半马齿	黄	好
金优 868	11	18.6	5.0	16.0	35.1	0.6	3.0	87.1	28.7	长筒	白	半马齿	黄	好
新丰 916	12	17.1	4.6	15.1	32.2	0.8	2.7	88.8	29.7	长筒	红	半马齿	黄	好
利合 1076	13	15.9	4.7	15.8	33.5	1.0	2.9	86.3	25.5	短筒	红	半马齿	黄	一般
玉农 766	14	16.5	4.8	14.6	30.2	1.7	3.0	86.2	30.3	短筒	红	硬粒	黄	一般
西农 315	15	16.6	4.9	17.6	33.2	0.8	3.0	88.4	27.5	长筒	红	半马齿	黄	好
太阳升 99	16	17.5	4.7	14.5	30.1	1.0	2.8	87.1	35.5	长筒	红	半马齿	黄	好
LPB172	17	15.7	4.7	15.2	32.3	0.7	2.8	88.3	30.9	短筒	白	半马齿	黄	一般
鹏玉 9 号	18	17.6	4.7	16.1	33.5	1.2	3.0	89.0	30.3	长筒	粉	马齿	黄	好
郑单 958	19	16.1	4.9	15.0	33.7	0.7	2.9	88.4	26.9	短筒	白	半马齿	黄	好

(八)抗病性接种鉴定结果

各品种抗病性接种鉴定结果见表 1-47。

表 1-47　2021 年河南省玉米品种 4500 株/亩区域试验 C 组抗病性接种鉴定结果

品种	编号	接种编号	茎腐病		小斑病	穗腐病	锈病	弯孢叶	瘤黑粉病	
			发病率/%	病级	病级	平均病级	病级	斑病病级	发病率/%	病级
博德 3 号	1	K1-13	54.2	9	3	3.6	7	7	100	9
洛玉 208	2	K1-39	0	1	7	3.9	5	7	20	5
豫单 306	3	K1-07	25	5	1	2.3	9	9	100	9
沃优 257	4	K1-27	20.8	5	5	2.1	9	3	80	9
淇玉 1 号	5	K1-11	41.7	9	3	3.9	5	7	40	7
盈丰 2020	6	K1-21	20.8	5	3	1.3	5	9	100	9
致泰 5 号	7	K1-48	4.2	1	3	4.9	7	7	40	7
郑玉 911	8	K1-18	4.2	1	1	4.9	9	7	80	9
许玉 1905	9	K1-54	20.8	5	7	6.2	9	5	20	5
安丰 2001	10	K1-01	0	1	5	1.3	1	9	0	1
金优 868	11	K1-52	0	1	5	3.4	9	7	80	9
新丰 916	12	K1-44	12.5	5	7	2.6	7	5	40	7
利合 1076	13	K1-45	16.7	5	5	1.8	9	5	60	9
玉农 766	14	K1-33	0	1	1	5.2	9	7	0	1
西农 315	15	K1-49	41.7	9	1	2.1	5	9	80	9
太阳升 99	16	K1-22	20.8	5	1	5.5	5	5	60	9
LPB172	17	K1-12	25	5	3	4.7	9	9	80	9
鹏玉 9 号	18	K1-04	12.5	5	1	1.3	3	5	40	7
郑单 958	19	CK	14.8	5	3	4.2	9	3	0	1

(九)品质分析结果

参试品种籽粒品质分析结果见表 1-48。

表 1-48　2021 年河南省玉米品种 4500 株/亩区域试验 C 组品质分析结果

品种	编号	水分/%	容重/(g/L)	粗蛋白质/%	粗脂肪/%	赖氨酸/%	粗淀粉/%
博德 3 号	1	11.5	815	10.7	3.6	0.32	74.37
洛玉 208	2	11.8	778	9.91	4.0	0.32	75.16
豫单 306	3	11.4	810	10.0	4.3	0.32	73.86
沃优 257	4	11.0	749	9.97	3.6	0.35	74.42
淇玉 1 号	5	11.2	720	9.99	3.2	0.33	75.01
盈丰 2020	6	11.4	752	9.63	4.0	0.34	74.49
致泰 5 号	7	11.2	752	9.68	3.8	0.34	74.95

续表 1-48

品种	编号	水分/%	容重/(g/L)	粗蛋白质/%	粗脂肪/%	赖氨酸/%	粗淀粉/%
郑玉 911	8	11.2	786	11.0	4.5	0.33	73.41
许玉 1905	9	11.2	790	9.94	3.7	0.31	75.42
安丰 2001	10	11.4	766	9.09	4.1	0.29	76.07
金优 868	11	11.6	744	8.79	3.7	0.29	76.39
新丰 916	12	11.9	772	10.3	3.9	0.34	74.28
利合 1076	13	11.5	773	9.58	3.6	0.31	75.93
玉农 766	14	11.6	780	9.65	4.0	0.34	72.12
西农 315	15	11.8	748	9.54	4.9	0.34	72.20
太阳升 99	16	11.8	750	10.1	3.6	0.33	73.95
LPB172	17	11.8	773	9.89	3.4	0.32	76.01
鹏玉 9 号	18	12.0	744	9.59	3.3	0.30	75.93
郑单 958	19	12.1	758	8.39	3.6	0.30	77.44

(十)DNA 检测比较结果

DNA 检测同名品种比较结果见表 1-49,疑似品种比较结果见表 1-50。

表 1-49　2021 年河南省玉米品种 4500 株/亩区域试验 C 组 DNA 检测同名品种比较结果

品种	编号	DNA 样品编号	对照样品来源	比较位点数	差异位点数
鹏玉 9 号	18	MHN2100031	2020~2021 年国家秋丰联合体	40	28

表 1-50　2021 年河南省玉米品种 4500 株/亩区域试验 C 组 DNA 检测疑似品种比较结果

品种	编号	DNA 样品编号	对照	对照样品来源	比较位点数	差异位点数
致泰 5 号	7	MHN2100020	YY03	2017~2018 年辽宁区域试验	40	0
致泰 5 号	7	MHN2100020	TG203	2020 年辽宁联合体	40	2
金优 868	11	MHN2100024	内单 408	农业农村部征集审定品种标样	40	1

五、品种评述及建议

(一)洛玉 208

1.产量表现

2021 年试验平均亩产 615.56 kg,比对照(郑单 958)增产 15.15%,居本组试验第 1 位,与对照相比差异达极显著水平,全省 8 个试点 8 增 0 减,增产点比率为 100%,丰产性、稳产性好。

2.特征特性

2021 年,该品种生育期 102 d,比对照(郑单 958)晚熟 1 d,平均株高 283 cm,穗位高 100 cm;倒伏率 0.6%,倒折率 0.2%,倒伏倒折率之和≥15.0%的试点比率为 0%;空秆率 1.4%,双穗率 0.3%;自然发病情况为:茎腐病 4.1%(高感点次 0),小斑病 1~3 级,穗腐病 0.7%(高感点次 0),弯孢叶斑病 1~3 级,瘤黑粉病 0.1%,锈病 3~7 级;株型紧凑,总叶片数 19.4 片;芽鞘紫色,第一叶形状匙形,叶片绿色,雄穗分枝数少,枝长中等,花药紫色,花丝浅紫色,苞叶长度长;穗长 16.6 cm,穗粗 4.9 cm,穗行数 15.6,行粒数 31.8,秃尖长 1.4 cm;出籽率 88.0%,百粒重 34.6 g。长筒型穗,红轴,籽粒半马齿型,黄粒,结实性一般。从植物学特征和生理学特性看,该品种的种性表现稳定。

3.抗病性鉴定

根据 2021 年河南农业大学植保学院人工接种鉴定汇总报告:该品种茎腐病 1 级、小斑病 7 级、穗腐病 3.9 级、锈病 5 级、弯孢叶斑病 7 级,瘤黑粉病 9 级。

4.品质分析

根据 2021 年农业农村部农产品质量监督检验测试中心(郑州)对该品种多点套袋果穗的籽粒混合样品品质分析检验报告:容重 778 g/L,粗蛋白质 9.91%,粗脂肪 4.0%,赖氨酸 0.32%,粗淀粉 75.16%。

5.试验建议

该品种综合表现优良,建议继续区域试验。

(二)安丰 2001

1.产量表现

2021 年试验平均亩产 615.00 kg,比对照(郑单 958)增产 15.07%,居本组试验第 2 位,与对照相比差异达极显著水平,全省 8 个试点 8 增 0 减,增产点比率为 100%,丰产性、稳产性好。

2.特征特性

2021 年,该品种生育期 102 d,比对照(郑单 958)晚熟 1 d,平均株高 269 cm,穗位高 101 cm;倒伏率 0.3%,倒折率 0.5%,倒伏倒折率之和≥15.0%的试点比率为 0%;空秆率 0.7%,双穗率 0.7%;自然发病情况为:茎腐病 2.3%(高感点次 0),小斑病 1~7 级,穗腐病 0.6%(高感点次 0),弯孢叶斑病 1~5 级,瘤黑粉病 0.4%,锈病 1~5 级;株型半紧凑,总叶片数 20.6 片;芽鞘紫色,第一叶形状匙形,叶片绿色,雄穗分枝数多,枝长中等,花药绿色,花丝浅紫色,苞叶长度长;穗长 17.1 cm,穗粗 5.1 cm,穗行数 15.4,行粒数 32.6,秃尖长 0.4 cm;出籽率 87.3%,百粒重 34.5 g。长筒型穗,白轴,籽粒半马齿型,黄粒,结实性好。

从植物学特征和生理学特性看,该品种的种性表现稳定。

3.抗病性鉴定

根据2021年河南农业大学植保学院人工接种鉴定汇总报告:该品种茎腐病1级、小斑病5级、穗腐病1.3级、锈病1级、弯孢叶斑病9级,瘤黑粉病1级。

4.品质分析

根据2021年农业农村部农产品质量监督检验测试中心(郑州)对该品种多点套袋果穗的籽粒混合样品品质分析检验报告:容重766 g/L,粗蛋白质9.09%,粗脂肪4.1%,赖氨酸0.29%,粗淀粉76.07%。

5.试验建议

该品种综合表现优良,建议继续区域试验。

(三)鹏玉9号

1.产量表现

2021年试验平均亩产602.22 kg,比对照(郑单958)增产12.65%,居本组试验第3位,与对照相比差异达极显著水平,全省8个试点7增1减,增产点比率为87.5%,丰产性、稳产性好。

2.特征特性

2021年,该品种生育期101 d,比对照(郑单958)早熟0 d,平均株高251 cm,穗位高104 cm;倒伏率0.9%,倒折率0.6%,倒伏倒折率之和≥15.0%的试点比率为0%;空秆率0.9%,双穗率0.2%;自然发病情况为:茎腐病9.5%(高感点次0),小斑病1~3级,穗腐病0.5%(高感点次0),弯孢叶斑病1~5级,瘤黑粉病0.1%,锈病1~9级;株型半紧凑,总叶片数19.6片;芽鞘紫色,第一叶形状匙形,叶片绿色,雄穗分枝数中等,枝长中等,花药绿色,花丝浅紫色,苞叶长度中;穗长17.6 cm,穗粗4.7 cm,穗行数16.1,行粒数33.5,秃尖长1.2 cm;出籽率89%,百粒重30.3 g。长筒型穗,粉轴,籽粒马齿型,黄粒,结实性好。从植物学特征和生理学特性看,该品种的种性表现稳定。

3.抗病性鉴定

根据2021年河南农业大学植保学院人工接种鉴定汇总报告:该品种茎腐病5级、小斑病1级、穗腐病1.3级、锈病3级、弯孢叶斑病5级,瘤黑粉病7级。

4.品质分析

根据2021年农业农村部农产品质量监督检验测试中心(郑州)对该品种多点套袋果穗的籽粒混合样品品质分析检验报告:容重744 g/L,粗蛋白质9.59%,粗脂肪3.3%,赖氨酸0.30%,粗淀粉75.93%。

5.试验建议

该品种综合表现优良,但DNA检测结果与2020~2021年国家秋丰联合体同名品种有28个差异位点,建议淘汰。

(四)新丰916

1.产量表现

2021年试验平均亩产596.11 kg,比对照(郑单958)增产11.52%,居本组试验第4位,与对照相比差异达极显著水平,全省8个试点8增0减,增产点比率为100%,丰产性、稳产性好。

2.特征特性

2021年,该品种生育期100 d,比对照(郑单958)早熟1 d,平均株高244 cm,穗位高90 cm;倒伏率0.3%,倒折率0.4%,倒伏倒折率之和≥15.0%的试点比率为0%;空秆率0.4%,双穗率0.2%;自然发病情况为:茎腐病6.6%(高感点次0),小斑病1~5级,穗腐病0.7%(高感点次0),弯孢叶斑病1~3级,瘤黑粉病0.2%,锈病1~9级;株型紧凑,总叶片数19.4片;芽鞘紫色,第一叶形状匙形,叶片深绿色,雄穗分枝数中等,枝长中等,花药紫色,花丝浅紫色,苞叶长度中;穗长17.1 cm,穗粗4.6 cm,穗行数15.1,行粒数32.2,秃尖长0.8 cm;出籽率88.8%,百粒重29.7 g。长筒型穗,红轴,籽粒半马齿型,黄粒,结实性好。从植物学特征和生理学特性看,该品种的种性表现稳定。

3.抗病性鉴定

根据2021年河南农业大学植保学院人工接种鉴定汇总报告:该品种茎腐病5级、小斑病7级、穗腐病2.6级、锈病7级、弯孢叶斑病5级,瘤黑粉病7级。

4.品质分析

根据2021年农业农村部农产品质量监督检验测试中心(郑州)对该品种多点套袋果穗的籽粒混合样品品质分析检验报告:容重772 g/L,粗蛋白质10.3%,粗脂肪3.9%,赖氨酸0.34%,粗淀粉74.28%。

5.试验建议

该品种综合表现优良,建议继续区域试验。

(五)西农315

1.产量表现

2021年试验平均亩产593.33 kg,比对照(郑单958)增产11.07%,居本组试验第5位,与对照相比差异达极显著水平,全省8个试点7增1减,增产点比率为87.5%,丰产性、稳产性好。

2.特征特性

2021年,该品种生育期101 d,比对照(郑单958)早熟0 d,平均株高269 cm,穗位高104 cm;倒伏率1%,倒折率0.2%,倒伏倒折率之和≥15.0%的试点比率为0%;空秆率0.9%,双穗率0%;自然发病情况为:茎腐病9%(高感点次0),小斑病1~5级,穗腐病1%(高感点次0),弯孢叶斑病1~3级,瘤黑粉病0.1%,锈病3~9级;株型紧凑,总叶片数19.6片;芽鞘紫色,第一叶形状匙形,叶片绿色,雄穗分枝数中等,枝长中等,花药绿色,花丝浅紫色,苞叶长度中;穗长16.6 cm,穗粗4.9 cm,穗行数17.6,行粒数33.2,秃尖长0.8 cm;出籽率88.4%,百粒重27.5 g。长筒型穗,红轴,籽粒半马齿型,黄粒,结实性好。从植物学特征和生理学特性看,该品种的种性表现稳定。

3.抗病性鉴定

根据2021年河南农业大学植保学院人工接种鉴定汇总报告:该品种茎腐病9级、小斑病1级、穗腐病2.1级、锈病5级、弯孢叶斑病9级,瘤黑粉病9级。

4.品质分析

根据2021年农业农村部农产品质量监督检验测试中心(郑州)对该品种多点套袋果

穗的籽粒混合样品品质分析检验报告:容重 748 g/L,粗蛋白质 9.54%,粗脂肪 4.9%,赖氨酸 0.34%,粗淀粉 72.20%。

5.试验建议

该品种综合表现优良,但高感茎腐病,建议淘汰。

(六)太阳升 99

1.产量表现

2021 年试验平均亩产 589.44 kg,比对照(郑单 958)增产 10.27%,居本组试验第 6 位,与对照相比差异达极显著水平,全省 8 个试点 7 增 1 减,增产点比率为 87.5%,丰产性、稳产性好。

2.特征特性

2021 年,该品种生育期 102 d,比对照(郑单 958)晚熟 1 d,平均株高 268 cm,穗位高 88 cm;倒伏率 1.3%,倒折率 0.2%,倒伏倒折率之和≥15.0%的试点比率为 0%;空秆率 1.4%,双穗率 0.1%;自然发病情况为:茎腐病 5.4%(高感点次 0),小斑病 1~3 级,穗腐病 0.6%(高感点次 0),弯孢叶斑病 1~3 级,瘤黑粉病 0.1%,锈病 1~7 级;株型半紧凑,总叶片数 19.6 片;芽鞘紫色,第一叶形状匙形,叶片绿色,雄穗分枝数中等且枝长,花药浅紫色,花丝浅紫色,苞叶长度中;穗长 17.5 cm,穗粗 4.7 cm,穗行数 14.5,行粒数 30.1,秃尖长 1.0 cm;出籽率 87.1%,百粒重 35.5 g。长筒型穗,红轴,籽粒半马齿型,黄粒,结实性好。从植物学特征和生理学特性看,该品种的种性表现稳定。

3.抗病性鉴定

根据 2021 年河南农业大学植保学院人工接种鉴定汇总报告:该品种茎腐病 5 级、小斑病 1 级、穗腐病 5.5 级、锈病 5 级、弯孢叶斑病 5 级,瘤黑粉病 9 级。

4.品质分析

根据 2021 年农业农村部农产品质量监督检验测试中心(郑州)对该品种多点套袋果穗的籽粒混合样品品质分析检验报告:容重 750 g/L,粗蛋白质 10.1%,粗脂肪 3.6%,赖氨酸 0.33%,粗淀粉 73.95%。

5.试验建议

该品种综合表现优良,建议继续区域试验,同时进入生产试验。

(七)博德 3 号

1.产量表现

2021 年试验平均亩产 588.33 kg,比对照(郑单 958)增产 10.11%,居本组试验第 7 位,与对照相比差异达极显著水平,全省 8 个试点 7 增 1 减,增产点比率为 87.5%,丰产性、稳产性好。

2.特征特性

2021 年,该品种生育期 100 d,比对照(郑单 958)早熟 1 d,平均株高 272 cm,穗位高 96 cm;倒伏率 2.1%,倒折率 1.4%,倒伏倒折率之和≥15.0%的试点比率为 12.5%;空秆率 0.8%,双穗率 0.2%;自然发病情况为:茎腐病 16.3%(高感点次 0),小斑病 1~3 级,穗腐病 0.8%(高感点次 0),弯孢叶斑病 1~3 级,瘤黑粉病 0.3%,锈病 3~9 级;株型半紧凑,总叶片数 19.6 片;芽鞘深紫色,第一叶形状匙形,叶片深绿色,雄穗分枝数中等,枝长中等,花药浅紫色,花丝浅紫色,苞叶长度短;穗长 15.5 cm,穗粗 4.9 cm,穗行数 17.6,行粒数 31.4,秃尖长1.1 cm;出籽率 87.0%,百粒重 26.4 g。短筒型穗,红轴,籽粒半马齿型,黄粒,结实性好。从植物学特征和生理学特性看,该品种的种性表现稳定。

3.抗病性鉴定

根据 2021 年河南农业大学植保学院人工接种鉴定汇总报告:该品种茎腐病 9 级、小斑病 3 级、穗腐病 3.6 级、锈病 7 级、弯孢叶斑病 7 级,瘤黑粉病 9 级。

4.品质分析

根据 2021 年农业农村部农产品质量监督检验测试中心(郑州)对该品种多点套袋果穗的籽粒混合样品品质分析检验报告:容重 815 g/L,粗蛋白质 10.7%,粗脂肪 3.6%,赖氨酸 0.32%,粗淀粉 74.37%。

5.试验建议

该品种综合表现优良,但高感茎腐病,建议淘汰。

(八)豫单 306

1.产量表现

2021 年试验平均亩产 569.44 kg,比对照(郑单 958)增产 6.6%,居本组试验第 8 位,与对照相比差异达极显著水平,全省 8 个试点 6 增 2 减,增产点比率为 75%,丰产性、稳产性较好。

2.特征特性

2021 年,该品种生育期 101 d,比对照(郑单 958)早熟 0 d,平均株高 283 cm,穗位高 101 cm;倒伏率 2.3%,倒折率 0.2%,倒伏倒折率之和≥15.0%的试点比率为 0%;空秆率 2.4%,双穗率 0.2%;自然发病情况为:茎腐病 8.5%(高感点次 0),小斑病 1~5 级,穗腐病 0.7%(高感点次 0),弯孢叶斑病 1~3 级,瘤黑粉病 0.2%,锈病 5~9 级;株型半紧凑,总叶片数 19.6 片;芽鞘紫色,第一叶形状匙形,叶片绿色,雄穗分枝数中等,枝长中等,花药浅紫色,花丝浅紫色,苞叶长度短;穗长 16.5 cm,穗粗 4.8 cm,穗行数 15.9,行粒数 33.1,秃尖长 1.0 cm;出籽率 87.7%,百粒重 28.2 g。短筒型穗,红轴,籽粒半马齿型,黄粒,结实性好。从植物学特征和生理学特性看,该品种的种性表现稳定。

3.抗病性鉴定

根据 2021 年河南农业大学植保学院人工接种鉴定汇总报告:该品种茎腐病 5 级、小斑病 1 级、穗腐病 2.3 级、锈病 9 级、弯孢叶斑病 9 级,瘤黑粉病 9 级。

4.品质分析

根据 2021 年农业农村部农产品质量监督检验测试中心(郑州)对该品种多点套袋果穗的籽粒混合样品品质分析检验报告:容重 810 g/L,粗蛋白质 10.0%,粗脂肪 4.3%,赖氨酸 0.32%,粗淀粉 73.86%。

5.试验建议

该品种综合表现较好,建议继续区域试验。

(九)金优 868

1.产量表现

2021 年试验平均亩产 561.11 kg,比对照(郑单 958)增产 4.96%,居本组试验第 9 位,与对照相比差异不显著，全省 8 个试点 6 增 2 减，增产点比率为 75%，丰产性、稳产性较好。

2.特征特性

2021 年，该品种生育期 100 d，比对照（郑单 958）早熟 1 d，平均株高 262 cm，穗位高 104 cm；倒伏率 1.7%，倒折率 0.7%，倒伏倒折率之和≥15.0%的试点比率为 0%；空秆率 1.6%，双穗率 0.4%；自然发病情况为：茎腐病 13.3%（高感点次 1），小斑病 1～7 级，穗腐病 0.7%（高感点次 0），弯孢叶斑病 1～5 级，瘤黑粉病 0.2%，锈病 5～9 级；株型紧凑，总叶片数 19.6 片；芽鞘浅紫色，第一叶形状匙形，叶片绿色，雄穗分枝数中等，枝长中等，花药绿色，花丝浅紫色，苞叶长度中；穗长 18.6 cm，穗粗 5.0 cm，穗行数 16.0，行粒数 35.1，秃尖长 0.6 cm；出籽率 87.1%，百粒重 28.7 g。长筒型穗，白轴，籽粒半马齿型，黄粒，结实性好。从植物学特征和生理学特性看，该品种的种性表现稳定。

3.抗病性鉴定

根据 2021 年河南农业大学植保学院人工接种鉴定汇总报告：该品种茎腐病 1 级、小斑病 5 级、穗腐病 3.4 级、锈病 9 级、弯孢叶斑病 7 级，瘤黑粉病 9 级。

4.品质分析

根据 2021 年农业农村部农产品质量监督检验测试中心（郑州）对该品种多点套袋果穗的籽粒混合样品品质分析检验报告：容重 744 g/L，粗蛋白质 8.79%，粗脂肪 3.7%，赖氨酸 0.29%，粗淀粉 76.39%。

5.试验建议

该品种综合表现较好，但 DNA 检测结果与农业农村部征集审定品种内单 408 仅 1 个位点差异，建议淘汰。

（十）许玉 1905

1.产量表现

2021 年试验平均亩产 560.00 kg，比对照（郑单 958）增产 4.8%，居本组试验第 10 位，与对照相比差异不显著，全省 8 个试点 6 增 2 减，增产点比率为 75%，丰产性、稳产性较好。

2.特征特性

2021 年，该品种生育期 99 d，比对照（郑单 958）早熟 2 d，平均株高 274 cm，穗位高 87 cm；倒伏率 2.2%，倒折率 0.4%，倒伏倒折率之和≥15.0%的试点比率为 0%；空秆率 0.5%，双穗率 0.4%；自然发病情况为：茎腐病 11.2%（高感点次 0），小斑病 1～5 级，穗腐病 0.7%（高感点次 0），弯孢叶斑病 1～3 级，瘤黑粉病 0.1%，锈病 5～9 级；株型紧凑，总叶片数 19.4 片；芽鞘浅紫色，第一叶形状匙形，叶片绿色，雄穗分枝数少，枝长中等，花药绿色，花丝浅紫色，苞叶长度中；穗长 15.9 cm，穗粗 4.5 cm，穗行数 14.6，行粒数 33.4，秃尖长 0.6 cm；出籽率 88.5%，百粒重 29.6 g。短筒型穗，红轴，籽粒半马齿型，黄粒，结实性一般。从植物学特征和生理学特性看，该品种的种性表现稳定。

3.抗病性鉴定

根据 2021 年河南农业大学植保学院人工接种鉴定汇总报告：该品种茎腐病 5 级、小斑病 7 级、穗腐病 6.2 级、锈病 9 级、弯孢叶斑病 5 级，瘤黑粉病 5 级。

4.品质分析

根据2021年农业农村部农产品质量监督检验测试中心(郑州)对该品种多点套袋果穗的籽粒混合样品品质分析检验报告:容重790 g/L,粗蛋白质9.94%,粗脂肪3.7%,赖氨酸0.31%,粗淀粉75.42%。

5.试验建议

该品种综合表现较好,但专家田间考察发现高感茎腐病,建议淘汰。

(十一)LPB172

1.产量表现

2021年试验平均亩产543.33 kg,比对照(郑单958)增产1.65%,居本组试验第11位,与对照相比差异不显著,全省8个试点5增3减,增产点比率为62.5%,丰产性、稳产性一般。

2.特征特性

2021年,该品种生育期100 d,比对照(郑单958)早熟1 d,平均株高267 cm,穗位高99 cm;倒伏率1.1%,倒折率0.5%,倒伏倒折率之和≥15.0%的试点比率为0%;空秆率0.7%,双穗率0.2%;自然发病情况为:茎腐病17.1%(高感点次0),小斑病1~5级,穗腐病0.7%(高感点次0),弯孢叶斑病1~5级,瘤黑粉病0.1%,锈病3~9级;株型紧凑,总叶片数19.6片;芽鞘紫色,第一叶形状匙形,叶片绿色,雄穗分枝数多,枝长中等,花药浅紫色,花丝绿色,苞叶长度中;穗长15.7 cm,穗粗4.7 cm,穗行数15.2,行粒数32.3,秃尖长0.7 cm;出籽率88.3%,百粒重30.9 g。短筒型穗,白轴,籽粒半马齿型,黄粒,结实性一般。从植物学特征和生理学特性看,该品种的种性表现稳定。

3.抗病性鉴定

根据2021年河南农业大学植保学院人工接种鉴定汇总报告:该品种茎腐病5级、小斑病3级、穗腐病4.7级、锈病9级、弯孢叶斑病9级,瘤黑粉病9级。

4.品质分析

根据2021年农业农村部农产品质量监督检验测试中心(郑州)对该品种多点套袋果穗的籽粒混合样品品质分析检验报告:容重773 g/L,粗蛋白质9.89%,粗脂肪3.4%,赖氨酸0.32%,粗淀粉76.01%。

5.试验建议

该品种综合表现一般,比对照增产1.65%,且专家田间考察发现高感茎腐病,建议淘汰。

(十二)郑单958

1.产量表现

2021年试验平均亩产534.44 kg,居本组试验第12位。

2.特征特性

2021年,该品种生育期101 d,平均株高251 cm,穗位高103 cm;倒伏率2.7%,倒折率2.2%,倒伏倒折率之和≥15.0%的试点比率为12.5%;空秆率1.3%,双穗率0.1%;自然发病情况为:茎腐病22.8%(高感点次1),小斑病1~7级,穗腐病0.9%(高感点次0),弯孢叶斑病1~3级,瘤黑粉病0.2%,锈病1~9级;株型紧凑,总叶片数19.6片;芽鞘紫色,第一叶形状匙形,叶片绿色,雄穗分枝数多,枝长中等,花药浅紫色,花丝浅紫色,苞叶长度中;穗长16.1 cm,穗粗4.9 cm,穗行数15.0,行粒数33.7,秃尖长0.7 cm;出籽率88.4%,百粒重26.9 g。短筒型穗,白轴,籽粒半马齿型,黄粒,结实性好。

3.抗病性鉴定

根据2021年河南农业大学植保学院人工接种鉴定汇总报告:该品种茎腐病5级、小斑病3级、穗腐病4.2级、锈病9级、弯孢叶斑病3级,瘤黑粉病1级。

4.品质分析

根据2021年农业农村部农产品质量监督检验测试中心(郑州)对该品种多点套袋果穗的籽粒混合样品品质分析检验报告:容重758 g/L,粗蛋白质8.39%,粗脂肪3.6%,赖氨酸0.30%,粗淀粉77.44%。

5.试验建议

建议继续作为对照品种。

其余品种产量低于对照品种,不再赘述。

六、品种处理意见

(一)河南省品种晋级与审定标准

经玉米专业委员会委员研究同意,2021年河南省玉米品种试验及审定标准在2020年区域试验年会标准的基础上进行修改。具体标准如下。

1.基本条件

(1)抗病性:鉴定病害6种,即小斑病、茎腐病、穗腐病、弯孢叶斑病、瘤黑粉病、锈病。小斑病、茎腐病、穗腐病田间自然发病及人工接种鉴定均未达到高感。

(2)生育期:每年区域试验生育期平均比对照品种长2.0 d。

(3)抗倒性:每年区域试验平均倒伏倒折率之和≤12.0%,且倒伏倒折率之和≥15.0%的试点比率≤25%。

(4)品质:容重≥720 g/L,粗淀粉≥69.0%,粗蛋白≥8.0%,粗脂肪≥3.0%。

(5)专家田间鉴评:在生育期、结实性、抗倒性、抗病虫性、抗逆性等性状方面没有严重缺陷。

(6)真实性和差异性(SSR分子标记检测):同一品种在不同试验年份、不同试验组别、不同试验区道中DNA指纹检测差异位点数应当<2个。

申请审定品种与已知品种DNA指纹检测差异位点数应当≥4个;申请审定品种应当与已知品种DNA指纹检测差异位点数等于3个的,需进行田间小区种植鉴定证明有重要农艺性状差异。

(7)产量:区域试验和生产试验产量(kg/亩)(见分类条件要求)。

2.分类条件

1)高产稳产品种

每年区域试验产量比对照品种平均增产≥3.0%,且两年平均≥5.0%,生产试验比对照品种增产≥2.0%。每年区域试验、生产试验增产的试点比率≥60%。

2)绿色优质品种

(1)抗病性突出:田间自然发病和人工接种鉴定所有病害均达到中抗以上。

(2)丰产性、稳产性:每年区域试验、生产试验与对照品种产量相当,且每年区域试验、生产试验达标试点比率≥60%。其他指标同高产稳产品种。

3.2021 年度晋级品种执行标准

(1)2021 年完成生产试验程序品种以及之前的缓审品种,晋级和审定时各项指标均执行老标准。

(2)2022 年进入区域试验程序的品种,晋级和审定时所有指标均按修订后新标准执行(DNA、产量、抗倒性、抗病性等)。

(3)从 2022 年开始,参加区域试验(两年区域试验)的品种进行 DNA 指纹检测。

(4)2021 年玉米季节气候特殊,本年度生育期仅做参考,不作为淘汰品种依据。

(5)统一田间试验上报数据中,有两个及以上试点达到茎腐病(病株率≥40.1%)或穗腐病(病粒率≥4.0%)高感的品种以及穗腐病病粒率≥2.0%试点比率≥30.0%的品种予以淘汰。

(6)品种交叉晋级标准。

普通组:区域试验增产≥7.0%,增产点率≥70%,倒伏倒折率之和≤8%,小斑病、茎腐病和穗腐病人工接种和田间自然发病均中抗以上。

机收组:区域试验增产≥4.0%,增产点率≥70%,倒伏倒折率之和≤3%,籽粒含水量≤28%,破碎率≤6%,小斑病、茎腐病和穗腐病人工接种和田间自然发病均中抗以上。

(7)关于延审品种:2022 年玉米初审会前提供不出合格的 DUS 报告的品种不再审定。

(二)参试品种的处理意见

根据审定晋级标准,经玉米区域试验年会讨论研究决定,参试品种的处理意见如下:

(1)推荐生产试验品种:太阳升 99。

(2)推荐继续区域试验品种:洛玉 208、安丰 2001、新丰 916、太阳升 99、豫单 306。

(3)淘汰品种:鹏玉 9 号、西农 315、博德 3 号、金优 868、许玉 1905、LPB172、盈丰 2020、沃优 257、致泰 5 号、郑玉 911、玉农 766、淇玉 1 号、利合 1076。

七、问题及建议

2021 年河南省玉米区域试验,在玉米生长期间,暴雨阴雨天气过多,光照不足,尤其 7 月中旬特大暴雨和 8 月下旬暴雨,土壤水分过度饱、渍涝,以及穗分化阶段高位,对结实性有不同程度的影响,有的品种出现部分畸形穗。锈病早发重发,造成很多品种叶片早枯,严重影响籽粒灌浆,造成粒重明显偏低。因此,在品种选育中,注重抗病、抗逆性选择尤为重要。

另外,2021 年一些品种穗腐病比较严重,应予以高度重视。

河南农业大学农学院

2022 年 3 月 21 日

表 1-51　2021 年河南省玉米品种区域试验参试品种试点性状汇总(4500 株/亩 C 组)

品种(编号)	试点	生育期/d	株高/cm	穗位高/cm	倒伏率/%	倒折率/%	倒伏率+倒折率/%	空秆率/%	双穗率/%	穗长/cm	穗粗/cm	穗行数/行	行粒数/粒	秃尖长/cm	轴粗/cm	出籽率/%	百粒重/g
博德 3 号(1)	中牟	100	256	111	0	0	0	0.5	0.5	15.6	5.1	18.4	32.5	0.5	3.0	84.0	33.2
	南阳	93	297	102	0	0	0	0.4	0	15.3	5.3	17.6	29.6	1.4	3.1	88.4	28.4
	商丘	99	277	87	0	1.7	1.7	1.2	0.2	15.6	5.0	19.2	33.6	0.5	3.0	89.3	22.4
	黄泛区	103	262	98	0	0	0	0	0	14.6	4.6	17.2	30.2	0.8	3.0	87.6	24.6
	洛阳	105	275	103	14.1	8.1	22.2	0.2	0.2	14.7	4.8	16.0	31.6	1.8	3.0	87.1	23.1
	荥阳	102	268	90	0	1.2	1.2	0.2	0.5	13.4	4.6	16.0	26.0	0.5	3.1	88.5	20.5
	温县	99	262	80	2.6	0	2.6	2.3	0	16.1	4.9	17.6	30.2	2.8	3.2	82.8	29.8
	遂平	97	281	93	0	0	0	1.6	0	17.1	5.0	18.6	37.3	0.3	3.0	88.6	28.9
	平均	100	272	96	2.1	1.4	3.5	0.8	0.2	15.3	4.9	17.6	31.4	1.1	3.1	87.0	26.4
洛玉 208(2)	中牟	102	269	113	0	0	0	0.5	0.5	15.0	5.1	16.0	35.5	1.6	2.9	86.0	32.9
	南阳	94	305	113	0	0	0	1.6	0	16.5	5.0	16.0	27.4	2.1	2.6	88.8	37.3
	商丘	101	288	94	0	0.5	0.5	1.7	0.2	17.8	5.0	16.0	31.6	2.0	2.6	89.0	34.5
	黄泛区	104	275	108	0	0	0	1.2	1.2	16.0	4.7	15.8	31.8	1.5	2.8	89.2	34.8
	洛阳	109	282	100	1.2	0	1.2	0	0	17.6	5.1	15.2	32.4	1.7	2.6	89.6	36.4
	荥阳	102	290	91	0	0.7	0.7	0.7	0	16.2	4.9	16.0	32.0	1.0	2.7	87.3	31.1
	温县	101	266	88	1.7	0	1.7	2.4	0.6	16.7	4.7	14.8	33.6	0	2.8	83.0	34.2
	遂平	106	293	90	2.0	0	2.0	2.9	0	16.6	4.4	15.0	30.1	1.4	2.7	90.7	35.4
	平均	102	283	100	0.6	0.2	0.8	1.4	0.3	16.6	4.9	15.6	31.8	1.4	2.7	88.0	34.6

续表 1-51

品种（编号）	试点	生育期/d	株高/cm	穗位高/cm	倒伏率/%	倒折率/%	倒伏率+倒折率/%	空秆率/%	双穗率/%	穗长/cm	穗粗/cm	穗行数/行	行粒数/粒	秃尖长/cm	轴粗/cm	出籽率/%	百粒重/g
豫单306(3)	中牟	100	271	99	0	0	0	0.2	0.2	16.8	4.9	16.2	32.9	1.8	2.9	85.7	32.5
	南阳	93	305	119	0	0	0	0.8	0	15.7	5.1	15.6	33.2	1.1	2.8	87.5	29.5
	商丘	99	286	98	0	0.5	0.5	0	0	15.4	4.5	15.6	31.2	1.0	2.8	89.6	24.2
	黄泛区	103	282	105	0	0	0	1.2	1.2	16.6	4.7	15.8	33.2	0.8	3.0	87.6	28.9
	洛阳	109	273	112	1.7	0	1.7	0	0	17.6	5.0	15.2	36.4	1.9	3.1	89.2	30.0
	荥阳	101	300	90	0	0.7	0.7	0.2	0	16.9	4.5	15.3	32.0	0	3.0	86.4	22.5
	温县	98	265	85	3.1	0	3.1	2.1	0	16.1	4.8	16.0	32.2	0	2.9	87.6	28.2
	遂平	101	286	97	13.3	0	13.3	14.4	0	16.7	4.7	17.4	33.8	1.5	3.0	88.1	29.8
	平均	101	283	101	2.3	0.2	2.5	2.4	0.2	16.5	4.8	15.9	33.1	1.0	2.9	87.7	28.2
沃优257(4)	中牟	98	252	103	0	0	0	0.2	0.5	17.5	4.7	14.8	35.2	0	2.5	86.1	33.0
	南阳	93	276	106	0	0	0	0	0	16.7	4.3	14.0	34.6	0.6	2.6	91.3	26.0
	商丘	98	264	92	0	0.2	0.2	1.7	0.2	15.8	4.0	13.6	34.4	0.3	2.3	88.7	22.9
	黄泛区	103	268	115	0	0	0	0	0	16.6	4.4	16.0	37.4	0	2.5	89.9	24.2
	洛阳	107	275	108	3.7	1.2	4.9	0	0	18.1	4.7	13.6	38.8	1.6	2.5	90.2	27.3
	荥阳	102	270	86	0	1.7	1.7	0	0	18.0	4.4	14.7	37.0	0	2.6	91.2	19.3
	温县	97	263	87	1.3	0	1.3	0	0	16.5	4.5	15.8	34.9	0	2.5	88.4	25.9
	遂平	101	263	102	24.4	0	24.4	23.5	0	17.4	4.2	14.8	37.1	0.2	2.5	90.9	28.6
	平均	100	266	100	3.7	0.4	4.1	3.2	0.1	17.1	4.4	14.7	36.2	0.3	2.5	89.6	25.9

续表 1-51

品种（编号）	试点	生育期/d	株高/cm	穗位高/cm	倒伏率/%	倒折率/%	倒伏率+倒折率/%	空秆率/%	双穗率/%	穗长/cm	穗粗/cm	穗行数/行	行粒数/粒	秃尖长/cm	轴粗/cm	出籽率/%	百粒重/g
淇玉 1 号(5)	中牟	98	241	97	0	0	0	0.2	0.5	15.1	5.0	14.8	29.5	0	3.0	86.4	37.5
	南阳	92	255	95	0	0	0	2.0	0	16.8	5.1	16.4	32.4	0.7	3.0	88.7	27.1
	商丘	98	254	99	0	3.2	3.2	2.2	1.7	16.2	4.7	16.8	34.0	0.5	3.0	88.6	21.2
	黄泛区	103	238	97	0	0	0	0	0	14.5	4.5	15.2	31.1	0.5	2.8	87.2	24.5
	洛阳	108	258	107	3.7	1.5	5.2	0	0	16.4	5.2	16.8	34.2	1.3	2.8	90.7	29.5
	荥阳	102	252	85	0	24.6	24.6	0	0	16.2	4.8	18.0	36.0	1.0	3.1	83.3	19.5
	温县	96	242	82	4.7	3.6	8.3	0.6	0.6	15.9	5.0	18.4	34.2	0	3.0	82.0	21.8
	遂平	103	248	95	1.2	0	1.2	2.1	0	14.5	4.8	17.4	31.0	0.6	3.0	84.5	27.3
	平均	100	249	95	1.2	4.1	5.3	0.9	0.4	15.7	4.9	16.7	32.8	0.6	3.0	86.4	26.0
盈丰 2020(6)	中牟	105	239	79	0	0	0	0.2	0.2	19.1	4.7	13.4	38.1	0	2.9	87.0	32.0
	南阳	94	269	95	0	0	0	3.6	0	17.5	4.3	15.6	34.6	0.7	2.4	87.7	27.1
	商丘	99	249	94	0	0	0	1.7	0	19.0	4.3	15.6	39.2	1.0	2.7	88.4	22.8
	黄泛区	103	235	84	0	0	0	1.2	1.2	18.2	4.3	16.4	36.8	0.2	2.8	88.6	25.3
	洛阳	109	263	98	16.7	8.0	24.7	0.5	0	18.8	4.6	15.6	36.0	0.8	2.8	90.5	25.5
	荥阳	103	255	85	0	3.8	3.8	0	0	19.2	4.5	14.0	40	0.5	2.5	84.6	26.3
	温县	98	220	58	3.8	0	3.8	3.6	1.2	17.9	4.6	16.0	33.8	0	2.8	86.7	30.1
	遂平	101	266	80	26.5	0	26.5	26.3	0	18.3	4.5	15.7	33.9	1.7	2.9	88.5	33.5
	平均	102	250	84	5.9	1.5	7.4	4.6	0.3	18.5	4.5	15.3	36.6	0.6	2.7	87.8	27.8

续表 1-51

品种（编号）	试点	生育期/d	株高/cm	穗位高/cm	倒伏率/%	倒折率/%	倒伏率+倒折率/%	空秆率/%	双穗率/%	穗长/cm	穗粗/cm	穗行数/行	行粒数/粒	秃尖长/cm	轴粗/cm	出籽率/%	百粒重/g
致泰5号(7)	中牟	102	246	96	0	0	0	0.5	0.7	15.7	5.0	15.4	34.1	0.2	2.9	87.0	31.7
	南阳	93	260	106	0	0	0	2.4	0	16.0	4.7	15.2	32.0	0.5	2.8	88.8	27.0
	商丘	99	253	85	0	1.2	1.2	1.5	0.2	15.6	4.2	14.4	36.2	0.5	2.9	88.6	20.5
	黄泛区	103	244	102	0	0	0	2.3	2.3	14.9	4.3	16.0	33.4	0.1	2.7	88.5	23.5
	洛阳	108	260	100	5.7	0.7	6.4	0.2	0	16.7	4.7	16.0	35.4	0.8	2.9	88.3	24.9
	荥阳	102	260	85	0	2.2	2.2	0	0	15.8	4.6	16.0	31.0	0	3.2	86.0	18.8
	温县	98	250	91	3.0	0.6	3.6	2.4	0	16.0	4.8	15.8	36.8	0	3.0	84.5	28.3
	遂平	105	258	99	0	0	0	4.5	0.5	16.4	4.7	15.8	37.1	0.7	2.8	89.9	25.7
	平均	101	254	96	1.1	0.6	1.7	1.7	0.5	15.9	4.6	15.6	34.5	0.4	2.9	87.7	25.0
郑玉911(8)	中牟	101	271	99	0	0	0	0	0	17.0	4.8	16.0	34.5	0.4	3.1	83.1	31.6
	南阳	93	298	104	0	0	0	4.1	0	17.4	4.8	17.2	30.4	3.1	3.0	86.5	28.3
	商丘	99	307	95	2.0	0.5	2.5	1.0	0	17.6	4.8	16.8	33.8	2.5	3.0	90.0	21.7
	黄泛区	103	276	107	0	0	0	3.7	3.7	14.9	4.9	15.6	28.8	1.0	3.0	85.8	25.0
	洛阳	109	295	102	2.0	0	2.0	0.2	0	19.4	5.3	16.4	31.4	4.4	3.2	88.6	32.9
	荥阳	103	297	87	0.5	1.2	1.7	0	0	17.0	5.0	18.7	30.0	3.0	3.5	79.8	20.2
	温县	97	299	105	5.3	0	5.3	3.0	0.6	16.7	4.9	17.6	31.8	2.3	3.3	83.0	25.9
	遂平	103	283	95	9.9	0	9.9	3.3	0	16.1	4.5	16.2	26.7	1.8	3.0	92.6	35.6
	平均	101	291	99	2.5	0.2	2.7	1.9	0.5	17.0	4.9	16.8	30.9	2.3	3.1	86.2	27.6

续表 1-51

品种(编号)	试点	生育期/d	株高/cm	穗位高/cm	倒伏率/%	倒折率/%	倒伏率+倒折率/%	空秆率/%	双穗率/%	穗长/cm	穗粗/cm	穗行数/行	行粒数/粒	秃尖长/cm	轴粗/cm	出籽率/%	百粒重/g
许玉 1905(9)	中牟	98	259	82	0	0	0	0.2	0	15.1	4.8	14.6	30.9	0.9	2.7	87.0	35.7
	南阳	92	302	107	0	0	0	0.4	0	16.1	4.5	14.0	32.0	1.2	2.6	89.2	29.9
	商丘	98	288	86	0	0	0	1.7	1.0	16.0	4.6	15.2	34.6	0.5	2.6	87.9	25.5
	黄泛区	103	268	94	0	0	0	0	0	15.1	4.3	13.0	33.5	0.5	2.5	89.6	29.6
	洛阳	106	273	92	1.5	0	1.5	0	0	16.9	4.9	14.8	33.2	1.7	2.7	90.1	31.7
	荥阳	101	280	81	0	1.2	1.2	0	0	15.8	4.2	14.7	33.0	0	2.7	87.5	23.5
	温县	96	264	74	4.1	1.8	5.9	1.2	2.0	16.1	4.5	15.2	36.8	0	2.8	84.7	29.6
	遂平	98	256	80	12.1	0	12.1	0.4	0	16.4	4.4	15.2	32.9	0.2	2.6	92.3	31.4
	平均	99	274	87	2.2	0.4	2.6	0.5	0.4	15.9	4.5	14.6	33.4	0.6	2.7	88.5	29.6
安丰 2001(10)	中牟	104	257	95	0	0	0	0.2	0.5	16.6	5.2	15.6	30.2	0	3.0	87.5	39.2
	南阳	94	273	111	0	0	0	2.0	0	17.7	5.0	15.2	33.6	0.3	2.8	87.6	32.9
	商丘	101	308	107	0	0	0	1.2	1.7	17.3	5.4	14.0	31.2	1.2	2.9	90.8	34.3
	黄泛区	104	257	110	0	0	0	0	0	16.7	4.9	15.4	32.4	0.1	3.0	89.7	32.0
	洛阳	109	272	107	1.7	0	1.7	0	0	16.9	5.2	15.6	32.2	0.2	3.1	90.5	37.1
	荥阳	103	271	90	0	4.2	4.2	0.8	0	17.8	5.2	16.0	36.0	0.5	3.3	84.6	29.9
	温县	100	243	88	0.6	0	0.6	1.2	3.6	15.8	5.1	15.6	29.0	0.8	3.1	81.5	38.8
	遂平	101	273	103	0	0	0	0.4	0	17.8	4.7	15.8	35.9	0.1	3.0	85.9	32.1
	平均	102	269	101	0.3	0.5	0.8	0.7	0.7	17.1	5.1	15.4	32.6	0.4	3.0	87.3	34.5

续表 1-51

品种（编号）	试点	生育期/d	株高/cm	穗位高/cm	倒伏率/%	倒折率/%	倒伏率+倒折率/%	空秆率/%	双穗率/%	穗长/cm	穗粗/cm	穗行数/行	行粒数/粒	秃尖长/cm	轴粗/cm	出籽率/%	百粒重/g
金优 868(11)	中牟	98	258	105	0	0	0	0.2	0.5	19.4	5.0	15.6	34.1	0.2	3.2	86.2	31.2
	南阳	93	282	118	0	0	0	2.0	0	19.4	5.2	18.0	34.2	0.5	2.8	90.3	30.2
	商丘	98	258	101	0	0.5	0.5	0.7	0	18.4	5.0	15.2	33.8	1.8	2.8	89.7	22.6
	黄泛区	103	250	116	0	0	0	0.8	0.8	19.3	5.0	14.8	37.0	0.2	3.0	89.9	31.2
	洛阳	109	262	108	2.2	0	2.2	0	0	18.5	5.2	15.6	35.4	0.9	3.0	90.4	36.8
	荥阳	103	266	90	0	2.4	2.4	0	0	18.6	5.0	16.0	38.0	0.5	3.4	79.5	22.4
	温县	98	250	88	4.3	3.0	7.3	0.6	0	17.8	5.0	17.2	34.9	0	3.1	82.1	29.3
	遂平	97	274	102	7.2	0	7.2	8.2	1.5	17.1	4.6	15.2	33.2	0.5	2.8	88.6	26.2
	平均	100	262	104	1.7	0.7	2.5	1.6	0.4	18.6	5.0	16.0	35.1	0.6	3.0	87.1	28.7
新丰 916(12)	中牟	100	224	91	0	0	0	0.2	0	16.9	4.8	16.4	30.4	0.5	2.7	87.0	36.8
	南阳	93	264	99	0	0	0	0.8	0.4	16.9	4.8	15.6	30.2	1.0	2.4	90.8	32.9
	商丘	99	249	88	0	1.2	1.2	1.7	0	16.6	4.4	14.0	30.0	1.5	2.6	88.6	24.2
	黄泛区	103	240	98	0	0	0	0	0	16.6	4.4	14.8	31.1	0.5	2.7	89.9	29.8
	洛阳	109	245	93	0	0	0	0	0	18.4	4.7	12.8	34.4	1.4	2.7	91.0	31.6
	荥阳	102	245	84	0	1.4	1.4	0	0	17.0	4.4	15.3	33.0	0	3.0	87.4	22.9
	温县	98	226	77	2.4	0.6	3.0	0.6	1.2	17.2	4.7	16.4	33.4	1.2	2.9	84.0	29.8
	遂平	97	259	88	0	0	0	0	0	17.4	4.4	15.4	34.9	0.6	2.7	91.5	29.2
	平均	100	244	90	0.3	0.4	0.7	0.4	0.2	17.1	4.6	15.1	32.2	0.8	2.7	88.8	29.7

续表 1-51

品种（编号）	试点	生育期/d	株高/cm	穗位高/cm	倒伏率/%	倒折率/%	倒伏率+倒折率/%	空秆率/%	双穗率/%	穗长/cm	穗粗/cm	穗行数/行	行粒数/粒	秃尖长/cm	轴粗/cm	出籽率/%	百粒重/g
利合 1076(13)	中牟	98	253	112	0	0	0	0.2	0.5	15.9	4.7	14.6	31.7	1.5	2.8	82.0	29.6
	南阳	93	296	138	0	0	0	0.4	0	14.9	4.8	16.8	29.2	2.2	2.8	87.0	26.4
	商丘	98	250	117	0.5	0.7	1.2	2.2	0	16.0	4.7	16.8	32.8	1.0	2.8	86.4	20.5
	黄泛区	103	281	132	0	4.0	4.0	1.2	1.2	15.9	4.5	15.4	33.9	0.2	2.9	87.1	25.0
	洛阳	107	285	137	2.5	0	2.5	0	0	18.0	5.2	15.6	37.0	1.1	3.0	90.6	29.3
	荥阳	101	276	104	0	3.0	3.0	0.5	0.5	15.4	4.4	14.0	36.0	0.5	2.9	85.4	21.1
	温县	96	269	88	4.7	0	4.7	0	0	14.9	4.8	16.8	34.8	0	3.1	84.1	24.8
	遂平	96	293	103	1.7	0	1.7	1.2	0	16.0	4.5	16.0	32.8	1.1	2.8	88.0	27.7
	平均	99	275	116	1.2	1.0	2.2	0.7	0.3	15.9	4.7	15.8	33.5	1.0	2.9	86.3	25.5
玉农 766(14)	中牟	100	241	96	0	0	0	0.2	0.5	16.8	4.7	13.8	34.2	1.9	3.1	84.0	36.0
	南阳	93	282	111	0	0	0	0.4	0	16.5	4.9	14.4	31.0	1.4	3.0	87.8	32.4
	商丘	99	269	100	0	0.2	0.2	1.0	0.7	15.7	5.0	14.4	31.2	1.0	2.8	87.9	24.8
	黄泛区	104	255	112	0	0	0	1.2	1.2	16.2	4.8	14.0	27.1	1.5	3.0	88.3	33.0
	洛阳	107	250	102	1.2	0.2	1.4	0	0	17.1	5.2	15.2	25.6	2.4	3.2	88.8	36.0
	荥阳	103	256	90	0	0.7	0.7	0	0	14.5	4.7	14.7	30.0	1.5	3.3	82.9	20.2
	温县	98	240	84	3.8	0.6	4.4	4.2	0.6	17.3	4.7	15.2	35.8	0.5	3.0	85.1	27.7
	遂平	99	260	106	2.2	0	2.2	9.5	0	17.7	4.2	15.2	26.6	3.1	2.9	84.6	32.2
	平均	100	257	100	0.9	0.2	1.1	2.1	0.4	16.5	4.8	14.6	30.2	1.7	3.0	86.2	30.3

续表 1-51

品种(编号)	试点	生育期/d	株高/cm	穗位高/cm	倒伏率/%	倒折率/%	倒伏率+倒折率/%	空秆率/%	双穗率/%	穗长/cm	穗粗/cm	穗行数/行	行粒数/粒	秃尖长/cm	轴粗/cm	出籽率/%	百粒重/g
西农 315(15)	中牟	101	251	113	0	0	0	0.2	0	14.6	4.8	17.1	33.8	0.5	3.1	86.0	34.1
	南阳	93	291	115	0	0	0	2.0	0	17.1	5.0	18.4	34.2	0.2	2.8	91.6	26.6
	商丘	100	270	102	0	0	0	1.2	0	16.2	4.6	17.6	29.8	1.5	2.9	90.4	22.5
	黄泛区	103	268	112	0	0	0	0	0	16.4	5.1	17.4	28.8	1.2	3.0	87.8	32.1
	洛阳	108	266	103	0.7	0.2	0.9	0	0	18.6	5.0	15.6	37.2	0.8	2.9	89.2	29.0
	荥阳	102	280	97	0	0.2	0.2	0	0	17.0	4.8	18.0	37.0	0	2.9	89.0	21.9
	温县	99	252	87	0.6	1.2	1.8	3.0	0	16.7	4.7	18.4	33.7	1.8	3.1	82.4	26.3
	遂平	101	273	102	6.7	0	6.7	0.8	0	16.0	4.8	18.3	31.3	0.6	3.0	91.0	27.8
	平均	101	269	104	1.0	0.2	1.2	0.9	0	16.6	4.9	17.6	33.2	0.8	3.0	88.4	27.5
太阳升 99(16)	中牟	105	257	82	0	0	0	0.5	0.5	16.2	4.8	14.6	29.6	0.6	2.8	84.0	42.1
	南阳	93	285	99	0	0	0	2.4	0	17.4	4.8	15.2	28.6	1.5	2.6	88.4	38.2
	商丘	101	267	90	0	0	0	1.2	0	18.6	4.7	13.6	31.4	1.0	2.7	88.0	31.2
	黄泛区	103	257	90	0	0	0	0	0	17.0	4.4	13.6	32.0	0.2	2.8	88.8	33.6
	洛阳	110	270	93	2.2	0	2.2	0	0	18.0	4.8	14.8	30.2	1.5	2.8	88.9	33.8
	荥阳	101	270	82	0	1.5	1.5	0	0	19.0	4.7	15.3	33.0	0.5	2.7	86.5	29.7
	温县	99	263	75	4.6	0	4.6	5.0	0	17.0	4.7	14.4	27.4	1.9	2.9	80.7	38.0
	遂平	101	275	97	3.5	0	3.5	2.1	0	16.5	4.4	14.8	28.4	1.1	2.7	91.5	37.2
	平均	102	268	88	1.3	0.2	1.5	1.4	0.1	17.5	4.7	14.5	30.1	1.0	2.8	87.1	35.5

续表 1-51

品种（编号）	试点	生育期/d	株高/cm	穗位高/cm	倒伏率/%	倒折率/%	倒伏率+倒折率/%	空秆率/%	双穗率/%	穗长/cm	穗粗/cm	穗行数/行	行粒数/粒	秃尖长/cm	轴粗/cm	出籽率/%	百粒重/g
LPB172(17)	中牟	98	249	97	0	0	0	0.5	0.2	15.2	4.8	14.0	32.6	1.5	2.7	86.7	37.4
	南阳	93	286	114	0	0	0	1.6	0	16.7	4.8	15.2	33.4	0.6	2.8	88.6	34.9
	商丘	98	268	91	0	0	0	0.5	0	15.0	4.4	15.2	30.0	0.8	2.8	87.3	22.8
	黄泛区	103	261	110	0	0	0	0	0	15.6	4.8	15.0	28.7	0.3	2.8	89.6	33.6
	洛阳	106	253	103	3.2	0	3.2	0	0	16.8	4.8	14.0	34.6	1.1	2.8	89.6	29.3
	荥阳	101	275	84	0	3.0	3.0	0	0	16.4	4.9	16.0	38.0	0	3.0	89.2	24.7
	温县	97	264	91	1.4	0.7	2.1	2.1	1.4	15.5	4.7	16.4	32.6	1.0	2.9	85.4	29.5
	遂平	101	280	103	4.0	0	4.0	1.2	0	14.7	4.7	15.8	28.6	0.3	2.8	89.9	35.4
	平均	100	267	99	1.1	0.5	1.5	0.7	0.2	15.7	4.7	15.2	32.3	0.7	2.8	88.3	30.9
鹏玉 9 号(18)	中牟	104	239	112	0	0	0	0.5	0	17.1	4.6	16.6	33.3	0.9	3.2	88.4	35.1
	南阳	93	265	115	0	0	0	1.6	0	15.1	4.8	16.0	25.4	1.6	2.8	90.8	35.0
	商丘	100	261	96	0	2.5	2.5	1.7	1.5	18.5	4.6	15.6	34.0	1.5	2.8	88.0	23.7
	黄泛区	104	243	118	0	0	0	0.4	0.4	18.6	4.8	15.8	34.3	0.8	2.8	89.6	34.9
	洛阳	108	252	110	3.0	0.5	3.5	0.5	0	18.0	4.8	15.2	34.6	2.0	3.0	90.4	30.1
	荥阳	102	245	84	0	1.4	1.4	0	0	17.4	4.8	16.7	35.0	0	3.2	90.5	24.8
	温县	99	238	95	4.4	0	4.4	2.2	0	17.8	4.7	16.8	35.8	2.3	3.0	84.4	26.8
	遂平	101	265	105	0	0	0	0	0	18.4	4.6	16.2	35.3	0.8	2.8	90.1	31.8
	平均	101	251	104	0.9	0.6	1.5	0.9	0.2	17.6	4.7	16.1	33.5	1.2	3.0	89.0	30.3

续表 1-51

品种（编号）	试点	生育期/d	株高/cm	穗位高/cm	倒伏率/%	倒折率/%	倒伏率+倒折率/%	空秆率/%	双穗率/%	穗长/cm	穗粗/cm	穗行数/行	行粒数/粒	秃尖长/cm	轴粗/cm	出籽率/%	百粒重/g
郑单958(19)	中牟	100	245	99	0	0	0	0.2	0.7	15.8	5.0	16.0	32.9	0.3	3.0	86.8	30.2
	南阳	93	268	115	0	0	0	1.6	0	15.8	4.8	14.8	32.6	1.7	2.8	91.1	27.0
	商丘	100	258	99	0	0	0	1.2	0	15.3	4.6	14.0	33.0	1.2	2.8	87.5	20.1
	黄泛区	104	242	115	0	0	0	0	0	14.6	4.8	14.6	29.2	0.8	2.7	89.3	28.6
	洛阳	109	265	108	16.5	6.4	22.9	0	0	16.6	5.0	14.8	31.6	0.5	2.9	90.1	31.3
	荥阳	102	250	96	0	10.2	10.2	0	0	16.9	4.9	14.7	36.0	0.5	3.4	86.7	24.7
	温县	97	223	91	5.2	1.3	6.5	3.9	0	16.3	5.0	15.6	36.9	0	2.9	85.4	25.0
	遂平	101	258	102	0	0	0	3.7	0	17.1	4.8	15.6	37.7	0.2	2.9	89.9	28.5
	平均	101	251	103	2.7	2.2	4.9	1.3	0.1	16.1	4.9	15.0	33.7	0.7	2.9	88.4	26.9

表 1-52　2021 年河南省玉米品种区域试验参试品种所在试点抗病虫抗倒性状汇总(4500 株/亩 C 组)

品种(编号)	试点	茎腐病/%（高感点次）	小斑病/级	穗腐病/%及(b/a)	弯孢叶斑病/级	瘤黑粉病/%	南方锈病/级	粗缩病/%	矮花叶病/级	纹枯病/级	褐斑病/级	玉米螟/级
博德 3 号(1)	中牟	15	3	2.0	1	1.4	9	0.7	1	1	3	5
	南阳	0	1	1.5	1	0	5	0	1	1	1	1
	商丘	34.2	3	0	3	1.2	5	0	1	1	3	1
	黄泛区	13.1	3	1.0	3	0	3	0	1	3	1	1
	洛阳	37.1	3	0	3	0	7	0	1	3	3	3
	荥阳	15	3	0	1	0	7	0	1	3	1	2
	温县	15.6	1	0.1	1	0	5	0	1	1	1	1
	遂平	0	1	1.8	1	0	5	0	1	1	1	3
	平均	16.3(0)	1~3	0.8(0/12.5)	1~3	0.3	3~9	0.1	1	1~3	1~3	1~5

续表 1-52

品种(编号)	试点	茎腐病/%(高感点次)	小斑病/级	穗腐病/%及(b/a)	弯孢叶斑病/级	瘤黑粉病/%	南方锈病/级	粗缩病/%	矮花叶病/级	纹枯病/级	褐斑病/级	玉米螟/级
洛玉 208(2)	中牟	3	1	3.8	1	0.7	7	0	1	1	1	5
	南阳	0	1	1.5	1	0	3	0	1	1	1	1
	商丘	0	3	0	3	0	5	0	1	1	3	1
	黄泛区	0	3	0	3	0	3	0	1	1	1	3
	洛阳	18.3	3	0	3	0	3	0	1	3	3	3
	荥阳	10	3	0	1	0	3	0	1	3	1	2
	温县	1.3	1	0	1	0	3	0	1	1	1	1
	遂平	0	1	0.4	1	0	5	0	1	1	1	5
	平均	4.1(0)	1~3	0.7(0/12.5)	1~3	0.1	3~7	0	1	1~3	1~3	1~5
豫单 306(3)	中牟	3	1	1.2	1	0.7	9	0	1	1	1	7
	南阳	0	1	1.9	1	0	5	0	1	1	3	1
	商丘	12.5	5	0	3	0	7	0	1	1	5	1
	黄泛区	0	1	0.1	3	1.2	5	0	1	3	3	1
	洛阳	9.8	3	0	3	0	7	0	1	3	3	3
	荥阳	18	3	0	1	0	7	0	1	3	1	2
	温县	19.5	1	0	1	0	5	0	1	1	1	1
	遂平	5.2	1	2.0	1	0	7	0	1	1	1	3
	平均	8.5(0)	1~5	0.7(0/12.5)	1~3	0.2	5~9	0	1	1~3	1~5	1~7

续表 1-52

品种(编号)	试点	茎腐病/%（高感点次）	小斑病/级	穗腐病/%及(b/a)	弯孢叶斑病/级	瘤黑粉病/%	南方锈病/级	粗缩病/%	矮花叶病/级	纹枯病/级	褐斑病/级	玉米螟/级
沃优 257(4)	中牟	45	3	1.4	1	1.4	9	0	1	1	3	7
	南阳	0	1	1.5	1	0	7	0	1	1	1	3
	商丘	13.2	7	0.1	3	1.2	9	0	1	1	3	1
	黄泛区	0	5	0.1	3	0	7	0	1	3	5	1
	洛阳	41.1	5	0	3	0	9	0	1	3	3	3
	荥阳	20	3	2.0	1	0	9	0	1	3	1	3
	温县	37.7	1	0	1	0	5	0	1	1	1	1
	遂平	33.3	1	0.8	1	0	7	0	1	1	1	3
	平均	23.8(2)	1~7	0.7(0/12.5)	1~3	0.3	5~9	0	1	1~3	1~5	1~7
淇玉 1 号(5)	中牟	45	3	0.9	1	1.4	9	0.7	1	1	3	7
	南阳	3	1	3.9	1	0	7	0	1	1	1	3
	商丘	32.7	3	0.3	3	0	7	0	1	1	1	1
	黄泛区	3.4	1	0.1	3	0	7	0	1	5	5	3
	洛阳	13.5	3	0	3	0	7	0	1	1	3	1
	荥阳	23	3	0	1	0	7	0	1	3	1	1
	温县	36.6	1	0	1	0	5	0	1	1	1	1
	遂平	48.1	1	0.8	1	0	9	0	1	1	1	5
	平均	25.7(2)	1~3	0.8(0/12.5)	1~3	0.2	5~9	0.1	1	1~5	1~5	1~7

续表 1-52

品种(编号)	试点	茎腐病/%(高感点次)	小斑病/级	穗腐病/%及(b/a)	弯孢叶斑病/级	瘤黑粉病/%	南方锈病/级	粗缩病/%	矮花叶病/级	纹枯病/级	褐斑病/级	玉米螟/级
盈丰 2020(6)	中牟	6	1	0.1	1	0.7	7	0	1	1	1	5
	南阳	0	1	1.0	1	0	3	0	1	1	1	1
	商丘	16.4	5	0.2	3	0	7	0	1	1	3	1
	黄泛区	8.3	1	0.1	3	0	3	0	1	3	3	1
	洛阳	59.1	5	0	3	0	5	0	1	3	3	3
	荥阳	22	3	1.0	1	0	5	0	1	3	1	1
	温县	23	1	0	1	0	3	0	1	1	1	1
	遂平	5.2	1	2.4	1	0	5	0	1	1	1	3
	平均	17.5(1)	1~5	0.6(0/12.5)	1~3	0.1	3~7	0	1	1~3	1~3	1~5
致泰 5 号(7)	中牟	20	3	2.1	1	0.7	9	0.7	1	1	1	7
	南阳	3	1	0.9	1	0	5	0	1	1	1	5
	商丘	19.8	7	0.1	3	0	7	0	1	1	3	1
	黄泛区	0	3	0	1	0	5	0	1	3	5	1
	洛阳	40.7	5	0	3	0	5	0	1	3	3	3
	荥阳	15	3	0	1	0	9	0	1	3	1	1
	温县	18.8	1	0.1	1	0	5	0	1	1	1	1
	遂平	12.6	1	0.8	1	0	7	0	1	1	1	3
	平均	16.2(1)	1~7	0.5(0/12.5)	1~3	0.1	5~9	0.1	1	1~3	1~5	1~7

续表 1-52

品种(编号)	试点	茎腐病/%（高感点次）	小斑病/级	穗腐病/%及(b/a)	弯孢叶斑病/级	瘤黑粉病/%	南方锈病/级	粗缩病/%	矮花叶病/级	纹枯病/级	褐斑病/级	玉米螟/级
郑玉 911(8)	中牟	20	3	0	1	1.4	9	0	1	1	1	7
	南阳	0	1	0.4	1	0	7	0	1	1	1	1
	商丘	6.8	5	0	3	0	7	0	1	1	3	1
	黄泛区	0	3	0	3	0	5	0	1	3	3	3
	洛阳	7.4	3	0	3	0	5	0	1	3	3	3
	荥阳	14	3	0	1	0	7	0	1	3	1	1
	温县	35.1	1	0	1	0	5	0	1	1	1	1
	遂平	0	3	3.5	1	0	7	0	1	1	1	1
	平均	10.4(0)	1~5	0.5(0/12.5)	1~3	0.2	5~9	0	1	1~3	1~3	1~7
许玉 1905(9)	中牟	10	1	2.1	1	0.7	9	0	1	1	1	7
	南阳	0	1	2.1	1	0	7	0	1	1	1	1
	商丘	9.3	5	0	3	0	7	0	1	1	3	1
	黄泛区	0	3	0.2	1	0	7	0	1	3	5	1
	洛阳	7.4	5	0	3	0	7	0	1	3	5	3
	荥阳	18	3	0	1	0	9	0	1	3	1	1
	温县	28.9	1	0.2	1	0	5	0	1	1	1	1
	遂平	15.6	3	0.7	1	0	9	0	1	1	1	5
	平均	11.2(0)	1~5	0.7(0/25)	1~3	0.1	5~9	0	1	1~3	1~5	1~7

续表 1-52

品种(编号)	试点	茎腐病/%(高感点次)	小斑病/级	穗腐病/%及(b/a)	弯孢叶斑病/级	瘤黑粉病/%	南方锈病/级	粗缩病/%	矮花叶病/级	纹枯病/级	褐斑病/级	玉米螟/级
安丰 2001(10)	中牟	2	1	0.2	1	0.7	5	0	1	1	1	5
	南阳	0	3	1.9	1	1.2	1	0	1	1	3	1
	商丘	0	3	0.8	5	1.2	1	1.2	1	1	3	1
	黄泛区	0	1	0	3	0	1	0	1	1	1	1
	洛阳	6.1	1	0	1	0	1	0	1	1	3	1
	荥阳	10	7	1.0	1	0	3	0	1	3	1	1
	温县	0	1	0	1	0	1	0	1	1	1	1
	遂平	0	1	1.1	1	0	3	0	1	1	1	3
	平均	2.3(0)	1~7	0.6(0/0)	1~5	0.4	1~5	0.2	1	1~3	1~3	1~5
金优 868(11)	中牟	55	3	1.9	1	1.4	9	0.7	1	1	3	7
	南阳	3	3	1.5	1	0	7	0	1	1	1	5
	商丘	5.3	7	0.8	3	0	9	1.2	1	1	3	1
	黄泛区	0	1	0.2	5	0	5	0	1	3	3	1
	洛阳	4.9	3	0	3	0	7	0	1	1	5	1
	荥阳	12	5	0	1	0	9	0	1	3	1	2
	温县	24.3	1	0	1	0	5	0	1	1	1	1
	遂平	2.2	1	1.3	1	0	7	0	1	1	1	5
	平均	13.3(1)	1~7	0.7(0/0)	1~5	0.2	5~9	0.2	1	1~3	1~5	1~7

续表 1-52

品种(编号)	试点	茎腐病/%(高感点次)	小斑病/级	穗腐病/%及(b/a)	弯孢叶斑病/级	瘤黑粉病/%	南方锈病/级	粗缩病/%	矮花叶病/级	纹枯病/级	褐斑病/级	玉米螟/级
新丰 916(12)	中牟	15	1	1.4	1	1.4	9	0	1	1	1	7
	南阳	0	1	1.8	1	0	3	0	1	1	1	5
	商丘	8.7	3	0.2	3	0	7	0	1	1	3	1
	黄泛区	0	5	0.1	3	0	1	0	1	3	3	1
	洛阳	6.1	3	0	3	0	5	0	1	3	3	3
	荥阳	18	3	0	1	0	9	0	1	3	1	1
	温县	4.6	1	0.2	1	0	3	0	1	1	1	1
	遂平	0	1	1.6	1	0	5	0	1	1	1	3
	平均	6.6(0)	1~5	0.7(0/0)	1~3	0.2	1~9	0	1	1~3	1~3	1~7
利合 1076(13)	中牟	45	3	2.8	1	1.4	9	0.7	1	1	3	7
	南阳	0	1	1.5	1	1.2	7	0	1	1	1	3
	商丘	11.2	7	0	3	0	9	0	1	1	3	1
	黄泛区	0	1	0.1	5	0	7	0	1	1	3	1
	洛阳	32.1	3	0	3	0	5	0	1	1	3	1
	荥阳	20	3	0	1	0	9	0	1	3	1	1
	温县	27.2	1	0	1	0	7	0	1	1	1	1
	遂平	7.4	1	2.7	1	0	9	0	1	1	1	5
	平均	17.9(1)	1~7	0.9(0/25)	1~5	0.3	5~9	0.1	1	1~3	1~3	1~7

续表 1-52

品种(编号)	试点	茎腐病/%(高感点次)	小斑病/级	穗腐病/%及(b/a)	弯孢叶斑病/级	瘤黑粉病/%	南方锈病/级	粗缩病/%	矮花叶病/级	纹枯病/级	褐斑病/级	玉米螟/级
玉农 766(14)	中牟	20	3	0.5	1	0.7	9	0	1	1	1	5
	南阳	0	1	1.2	1	0	5	0	1	1	1	3
	商丘	0	7	0.1	3	0	9	1.2	1	1	3	1
	黄泛区	0	1	0.1	3	0	3	0	1	1	1	1
	洛阳	3.7	1	0	1	0	5	0	1	1	1	1
	荥阳	18	3	5.0	1	0	9	0	1	3	1	1
	温县	15.4	1	0	1	0	3	0	1	1	1	1
	遂平	0	1	6.8	1	0	7	0	1	1	1	1
	平均	7.1(0)	1~7	1.7(2/25)	1~3	0.1	3~9	0.2	1	1~3	1~3	1~5
西农 315(15)	中牟	5	1	0.4	1	0.7	9	0	1	1	1	5
	南阳	0	1	1.6	1	0	5	0	1	1	1	5
	商丘	23.9	3	0.3	3	0	5	0	1	1	3	1
	黄泛区	0	1	0.1	1	0	3	0	1	1	1	1
	洛阳	6.1	5	0	3	0	3	0	1	3	3	3
	荥阳	18	3	3.0	1	0	5	0	1	3	1	1
	温县	17.1	1	0	1	0	3	0	1	1	1	1
	遂平	2.2	1	2.6	1	0	5	0	1	1	1	5
	平均	9.0(0)	1~5	1.0(0/25)	1~3	0.1	3~9	0	1	1~3	1~3	1~5

续表 1-52

品种(编号)	试点	茎腐病/%(高感点次)	小斑病/级	穗腐病/%及(b/a)	弯孢叶斑病/级	瘤黑粉病/%	南方锈病/级	粗缩病/%	矮花叶病/级	纹枯病/级	褐斑病/级	玉米螟/级
太阳升99(16)	中牟	2	1	0.9	1	0.7	7	0	1	1	1	5
	南阳	0	1	1.0	1	0	3	0	1	1	1	1
	商丘	13	3	0.8	3	0	5	1.2	1	1	3	1
	黄泛区	1.2	1	0.1	3	0	1	0	1	1	1	1
	洛阳	9.8	3	0	3	0	3	0	1	3	1	1
	荥阳	10	3	0	1	0	5	0	1	3	1	1
	温县	7.5	1	0	1	0	3	0	1	1	1	1
	遂平	0	1	2.2	1	0	5	0	1	1	1	5
	平均	5.4(0)	1~3	0.6(0/12.5)	1~3	0.1	1~7	0.2	1	1~3	1~3	1~5
LPB172(17)	中牟	45	3	2.0	1	0.7	9	0.7	1	1	3	7
	南阳	0	1	1.5	1	0	7	0	1	1	1	1
	商丘	21.5	5	0.1	3	0	5	0	1	1	3	1
	黄泛区	0	1	0.2	5	0	3	0	1	3	7	3
	洛阳	30.9	3	0	3	0	7	0	1	3	3	7
	荥阳	15	3	0	1	0	9	0	1	3	1	1
	温县	21.4	1	0.1	1	0	5	0	1	1	1	1
	遂平	3	1	1.5	1	0	7	0	1	1	1	3
	平均	17.1(1)	1~5	0.7(0/12.5)	1~5	0.1	3~9	0.1	1	1~3	1~7	1~7

续表 1-52

品种(编号)	试点	茎腐病/%(高感点次)	小斑病/级	穗腐病/%及(b/a)	弯孢叶斑病/级	瘤黑粉病/%	南方锈病/级	粗缩病/%	矮花叶病/级	纹枯病/级	褐斑病/级	玉米螟/级
鹏玉 9 号(18)	中牟	7	1	1.8	1	0.7	7	0	1	1	1	5
	南阳	0	1	1.5	1	0	3	0	1	1	1	1
	商丘	7.6	3	0	5	0	3	1.2	1	1	5	1
	黄泛区	0	1	0	1	0	1	0	1	1	1	1
	洛阳	22.2	3	0	3	0	3	0	1	3	3	3
	荥阳	18	3	0	1	0	9	0	1	3	1	1
	温县	19.3	1	0	1	0	3	0	1	1	1	1
	遂平	2.2	1	0.9	1	0	3	0	1	1	1	1
	平均	9.5(0)	1~3	0.5(0/0)	1~5	0.1	1~9	0.2	1	1~3	1~5	1~5
郑单 958(19)	中牟	25	3	1.5	1	0.7	9	0.7	1	1	3	7
	南阳	3.3	3	3.5	1	0	9	0	1	1	1	1
	商丘	27.4	7	0.5	3	1.2	9	0	1	1	3	1
	黄泛区	0	3	0	1	0	1	0	1	1	1	1
	洛阳	43.2	3	0	3	0	3	0	1	3	3	3
	荥阳	17	3	1.0	1	0	9	0	1	3	1	1
	温县	28.1	1	0	1	0	5	0	1	1	1	1
	遂平	38.5	1	1.1	1	0	9	0	1	1	1	3
	平均	22.8(1)	1~7	0.9(0/12.5)	1~3	0.2	1~9	0.1	1	1~3	1~3	1~7

注:b/a 为穗腐病病粒率≥4.01%点次/病粒率≥2%试点比率,%。

第二章 2021 年河南省玉米品种区域试验报告(5000 株/亩)

第一节 5000 株/亩区域试验报告(A 组)

一、试验目的

根据 2021 年 4 月河南省农作物品种审定委员会玉米专业委员会会议的决定,设计本试验,旨在鉴定省内外新育成的优良玉米杂交种的丰产性、稳产性、抗逆性和适应性,为河南省玉米生产试验和国家玉米区域试验推荐参试品种,为玉米品种的审定与推广提供科学依据。

二、参试品种及承试单位

2021 年参加本组区域试验的品种 19 个,其中豫单 7793 在 2020 年参试名称为豫单 793,含对照品种郑单 958(CK)。其参试品种的名称、参试年限、供种单位(个人)及承试单位见表 2-1。

表 2-1 2021 年河南省玉米区域试验参试品种及承试单位(A 组)

序号	品种	参试年限	亲本组合	供种单位(个人)	承试单位
1	开玉 6 号	2	K614×KF88	开封市农林科学研究院	鹤壁市农业科学院
2	盈丰 736	2	L153×L5232	河南五谷种业有限公司	河南黄泛区地神种业有限公司
3	郑玉 821	2	郑 7246×郑 7668	郑州市农林科学研究所	洛阳市农林科学院
4	瑞丰 001	2	WS268-1×BH93-2	安阳市瑞农农业服务有限公司	河南农业职业学院
5	囤玉 330	2	18QDA06×JC935	河南省金囤种业有限公司	河南怀川种业有限责任公司
6	伟科 9138	2	WY97134×伟程 210	郑州伟科作物育种科技有限公司	新郑裕隆农作物研究所
7	中选 896	2	Q338×SGS1-K153	中国农业科学院棉花研究所	宝丰县农业科学研究所
8	雅玉 622	2	YA1125×YA9415	铁岭雅玉种子有限公司	南阳市农业科学院
9	农科玉 168	2	H353×H317	北京华奥农科玉育种开发有限责任公司	西平县西神农业科技有限公司
10	安丰 518	2	Hu01×Hu03	胡学安	河南省金囤种业有限公司
11	H1972	2	D0042Z×B8038Z	中种国际种子有限公司	河南嘉华农业科技有限公司
12	驻玉 901	2	驻 54×ZM4321	驻马店市农业科学院	新乡市农业科学院
13	先玉 1907	2	PH2V21×1PPLE52	铁岭先锋种子研究有限公司	
14	许玉 1802	2	X58-5×X36115	许昌市农业科学研究所	
15	TK001	2	T001×T002	贾政君	
16	隆平 145	2	L112LD152×L459AD175	河南隆平高科种业有限公司	
17	豫单 7793/豫单 793	2	豫 1122×豫 6031	河南农业大学	
18	绿源玉 11	2	SD346×SD1300	河南百富泽农业科技有限公司	
19	郑单 958	CK	郑 58×昌 7-2	河南秋乐种业科技股份有限公司	

三、试验概况

（一）试验设计

2021年参试品种全部实行实名参试，试验点对社会公开。试验组织实施单位会同河南省主要农作物品种审定委员会玉米专业委员会委员、试验主持人抽取部分试点进行苗期种植质量检查、成熟期品种考察鉴评；收获期组织玉米专业委员会委员、地市种子部门人员、承试点人员、参试单位代表对部分试点现场实收测产。试验采用完全随机区组排列，重复3次，5行区，种植密度为5000株/亩，小区面积为20 m^2（0.03亩）。成熟时收获中间3行计产，面积为12 m^2（0.018亩）。试验周围设保护区，重复间留走道1 m。用小区产量结果进行方差分析，用LSD法测验品种间差异显著性。

（二）田间管理

根据试验方案要求，各承试单位都固定了专职技术人员负责此项工作，并认真选择试验地块，前茬收获后及时抢（造）墒播种，在6月8日至6月17日相继播种完毕，在9月25日至10月7日相继完成收获。在间定苗、除草、治虫、追肥、灌排水等方面都比较及时、认真，各试点玉米试验开展顺利、试验质量良好。

（三）气候特点及其影响

根据2021年承试单位提供的洛阳、中牟、漯河、黄泛区、南阳等10处气象台（站）的资料分析，在玉米生育期的6~9月，平均气温26.2 ℃，比历年高1.2 ℃；总降雨量830.7 mm，比常年463.1 mm增加367.6 mm；总日照时数635.1 h，比历年738.3 h减少103.2 h。2021年试验期间河南省气象资料统计见表2-2。

表2-2　2021年试验期间河南省气象资料统计

时间	平均气温/℃			降雨量/mm			日照时数/h		
	当年	历年	相差	当年	历年	相差	当年	历年	相差
6月上旬	28.2	24.9	3.3	9.1	23.6	-14.6	74.4	69.0	5.3
6月中旬	26.4	26.1	0.3	18.5	22.4	-3.9	31.7	69.9	-38.2
6月下旬	28.9	26.5	2.4	6.8	37.7	-30.9	70.1	64.8	5.3
月计	27.9	25.8	2.0	34.4	83.8	-49.3	176.1	203.7	-27.6
7月上旬	28.3	26.8	1.4	15.9	55.0	-39.2	51.2	58.5	-7.3
7月中旬	28.1	27.1	1.0	210.1	62.4	147.7	37.6	56.6	-19.1
7月下旬	27.5	27.5	0.1	129.1	57.3	71.8	64.2	74.6	-10.5
月计	28.0	27.1	0.8	355.1	174.7	180.4	152.9	189.8	-36.9
8月上旬	28.4	27.2	1.2	24.2	47.8	-23.6	74.0	60.3	13.7
8月中旬	26.5	25.8	0.7	30.8	41.5	-10.7	39.2	56.5	-17.3
8月下旬	23.1	24.6	-1.5	158.0	38.7	119.3	26.0	62.5	-36.5
月计	26.0	25.9	0.1	213.0	128.1	84.9	139.2	179.3	-40.0
9月上旬	23.2	22.9	0.3	83.0	34.5	48.5	50.0	55.8	-5.9
9月中旬	23.8	21.4	2.4	56.0	21.3	34.7	65.7	50.4	15.3
9月下旬	22.3	19.6	2.7	89.2	20.7	68.5	51.1	59.3	-8.2
月计	23.1	21.3	1.8	228.2	76.5	151.7	166.8	165.5	1.2
6~9月合计	26.2	25.0	1.2	207.7	115.8	91.9	158.8	184.6	-25.8
6~9月合计平均	104.9	100.1	4.8	830.7	463.1	367.6	635.1	738.3	-103.2

注：历年值是指近30年的平均值。

从各试验点情况看:绝大部分试验点平均气温在整个玉米生育期比常年高,特别是9月下旬的高温寡照造成部分灌浆不足;各试验点降雨量除7月上旬以前(苗期)和8月上中旬(抽雄吐丝期)偏少外,其他生育阶段偏多1~3倍,特别是7月中下旬及9月降雨量多;日照时数除8月上旬、9月中旬外,其他时间比往年减少,特别是7月严重不足。

2020年本密度安排3组区域试验,每组各12点次共36点次,36份年终报告予以汇总。2021年本密度组区域试验安排试点12个,其中鹤壁、新乡试点因灾报废,收到试点年终报告10份,经主持单位认真审核,试点年终报告结果符合汇总要求,10份年终报告予以汇总。但对于单点产量增幅超过30%的品种,按30%增幅进行产量矫正。

四、试验结果及分析

2020年留试的18个品种在2021年已完成区域试验程序,2020~2021年产量结果见表2-3。

表2-3　2020~2021年河南省玉米区域试验品种产量结果

品种	2020年			2021年			两年平均	
	亩产/kg	比CK/(±%)	位次	亩产/kg	比CK/(±%)	位次	亩产/kg	比CK/(±%)
开玉6号	701.7	10.3	5	600.1	14.7	3	655.5	12.1
郑玉821	688.2	8.2	7	580.8	11.0	6	639.4	9.3
安丰518	719.4	13.1	1	535.9	2.4	16	636.0	8.8
H1972	684.2	7.6	8	572.5	9.4	8	633.4	8.3
驻玉901	662.9	4.2	11	595.6	13.8	4	632.3	8.1
瑞丰001	670.9	5.5	10	578.5	10.5	7	628.9	7.5
盈丰736	697.5	9.7	6	523.4	0	18	618.4	5.7
郑单958	636.0	0	14	523.3	0	19	584.8	
先玉1907	729.1	15.4	1	589.5	12.7	5	665.6	14.3
TK001	670.5	6.1	10	603.7	15.4	1	640.1	9.9
囤玉330	687.4	8.8	6	567.0	8.4	9	632.7	8.6
许玉1802	684.0	8.3	8	534.4	2.1	17	616.0	5.8
豫单7793/793	657.0	4.0	12	555.6	6.2	11	610.9	4.9
隆平145	660.4	4.5	11	542.7	3.7	15	606.9	4.2
绿源玉11	651.9	3.2	13	552.6	5.6	12	606.8	4.2
郑单958	631.7	0	14	523.3	0.0	19	582.4	
伟科9138	707.1	13.7	2	602.2	15.1	2	659.4	14.2
雅玉622	670.8	7.8	9	566.8	8.3	10	623.5	8.0
中选896	686.6	10.4	6	542.8	3.7	14	621.2	7.6
农科玉168	669.1	7.6	11	544.0	4.0	13	612.2	6.1
郑单958	622.1	0	17	523.3	0	19	577.2	

注:1.2020年每组均汇总12个试点,2021年汇总10个试点。

2.平均亩产为加权平均数。

（一）联合方差分析

以 2021 年各试点小区产量为依据，进行联合方差分析得表 2-4、表 2-5。从表 2-4 看：试点间、品种间、品种与试点间差异均达显著标准，说明本组试验设计与布点科学合理，参试品种间存在着遗传基础优劣的显著性差异，不同品种在不同试点的表现也存在着显著性差异。

从表 2-5 可知，参试品种产量之间存在差异。其中 H1972、瑞丰 001、郑玉 821、先玉 1907、驻玉 901、开玉 6 号、伟科 9138、TK001 分别比郑单 958 增产 9.4%～15.4%，差异极显著；雅玉 622、囤玉 330 比郑单 958 增产 8.3%～8.4%，差异显著；其他品种比郑单 958 增减产不显著。

表 2-4　5000 株/亩区域试验 A 组联合方差分析

变异来源	自由度	平方和	均方差	*F* 值	概率（小于 0.05 显著）
点内区组间	20	12.04167	0.60208	2.15106	0.003
试点间	9	2148.88745	238.76527	159.81393	0
品种间	18	126.76745	7.04264	4.71388	0
品种×试点	162	242.03130	1.49402	5.33768	0
随机误差	360	100.76433	0.27990		
总变异	569	2630.49219	CV＝5.214%		

表 2-5　5000 株/亩区域试验 A 组多重比较结果（LSD 法）

品种	小区产量/kg	平均亩产/kg	增减 CK/（±%）	位次	增产点数	减产点数	增产比率/%
TK001	10.86700**	603.7	15.4	1	9	1	90
伟科 9138	10.84000**	602.2	15.1	2	10	0	100
开玉 6 号	10.80167**	600.1	14.7	3	10	0	100
驻玉 901	10.72167**	595.6	13.8	4	10	0	100
先玉 1907	10.61100**	589.5	12.7	5	9	1	90
郑玉 821	10.45367**	580.8	11.0	6	10	0	100
瑞丰 001	10.41234**	578.5	10.5	7	10	0	100
H1972	10.30433**	572.5	9.4	8	10	0	100
囤玉 330	10.20633*	567.0	8.4	9	9	1	90
雅玉 622	10.20267*	566.8	8.3	10	8	2	80.0
豫单 7793	10.00167	555.6	6.2	11	9	1	90
绿源玉 11	9.94733	552.6	5.6	12	8	2	80
农科玉 168	9.79233	544.0	4.0	13	8	2	80
中选 896	9.76967	542.8	3.7	14	9	1	90
隆平 145	9.76900	542.7	3.7	15	7	3	70
安丰 518	9.64534	535.9	2.4	16	7	3	70
许玉 1802	9.61933	534.4	2.1	17	7	3	70
盈丰 736	9.42100	523.4	0	18	4	6	40
郑单 958	9.42000	523.3	0	19			

注：$LSD_{0.05}=0.6249$，$LSD_{0.01}=0.8237$。

（二）丰产性、稳产性分析

通过丰产性和稳产性参数分析，结果表明（见表2-6）：TK001、伟科9138、开玉6号、驻玉901等品种表现很好；先玉1907、郑玉821、瑞丰001表现好；盈丰736表现较差，其余品种表现较好或一般。

表2-6　2021年河南省玉米品种5000株/亩区域试验A组品种丰产性、稳产性分析

品种	丰产性参数		稳产性参数			适应地区	综合评价（供参考）
	产量	效应	方差	变异度	回归系数		
TK001	10.8670	0.7193	0.8410	8.4373	1.1710	E1～E10	很好
伟科9138	10.8400	0.6923	0.2670	4.7643	0.9828	E1～E10	很好
开玉6号	10.8017	0.6540	0.1290	3.3301	1.0315	E1～E10	很好
驻玉901	10.7217	0.5740	0.2280	4.4564	1.0609	E1～E10	很好
先玉1907	10.6110	0.4633	0.4930	6.6195	0.9426	E1～E10	好
郑玉821	10.4537	0.3060	0.1580	3.7988	1.0976	E1～E10	好
瑞丰001	10.4123	0.2646	0.2960	5.2211	1.0083	E1～E10	好
H1972	10.3043	0.1566	0.1060	3.1565	0.9558	E1～E10	较好
囤玉330	10.2063	0.0586	0.2810	5.1955	1.0491	E1～E10	较好
雅玉622	10.2027	0.0550	0.3790	6.0344	0.8803	E1～E10	较好
豫单7793	10.0017	−0.1460	0.2980	5.4578	1.1051	E1～E10	一般
绿源玉11	9.9473	−0.2004	0.5460	7.4308	1.2400	E1～E10	一般
农科玉168	9.7923	−0.3554	1.5270	12.6181	0.6898	E6，E7，E8，E10	较差
中选896	9.7697	−0.3780	0.4950	7.2012	1.0774	E1～E10	一般
隆平145	9.7690	−0.3787	0.5050	7.2763	1.0630	E1～E10	一般
安丰518	9.6453	−0.5024	1.2850	11.7537	0.8743	E1～E10	一般
许玉1802	9.6193	−0.5284	0.3290	5.9661	0.7976	E1～E10	一般
盈丰736	9.4210	−0.7267	0.6970	8.8610	1.0235	E1～E10	较差
郑单958	9.4200	−0.7277	0.1030	3.4118	0.9495	E1～E10	较差

注：E1代表宝丰，E2代表怀川，E3代表黄泛区，E4代表嘉华，E5代表金囤，E6代表洛阳，E7代表南阳，E8代表西平，E9代表新郑，E10代表中牟。

（三）试验可靠性评价

从汇总试点试验误差变异系数CV（见表2-7）看，各试点的CV小于10%，说明这些试点管理比较精细，试验误差较小，数据准确可靠，符合实际，可以汇总。

表2-7　各试点试验误差变异系数　%

试点	CV	试点	CV	试点	CV	试点	CV
黄泛区	3.505	洛阳	5.261	中牟	5.496	新郑	3.051
宝丰	5.430	怀川	5.178	嘉华	4.244	金囤	8.084
南阳	5.929	西平	7.206				

(四)各品种产量结果汇总

各品种在不同试点的产量结果列于表 2-8。

表 2-8　2021 年河南省玉米 5000 株/亩 A 组区域试验品种产量结果汇总

试点	开玉 6 号			盈丰 736			郑玉 821			瑞丰 001		
	亩产/kg	比 CK/(±%)	位次	亩产/kg	比 CK/(±%)	位次	亩产/kg	比 CK/(±%)	位次	亩产/kg	比 CK/(±%)	位次
宝丰	584.8	26.5	3	438.1	-5.3	19	525.0	13.5	8	536.9	16.1	5
怀川	608.3	12.8	5	493.1	-8.5	18	573.9	6.5	9	583.7	8.3	7
南阳	615.4	26.3	3	558.3	14.5	11	567.4	16.4	10	533.1	9.4	17
嘉华	511.3	11.4	3	452.0	-1.5	18	473.1	3.0	11	479.3	4.4	10
西平	487.6	13.1	8	405.2	-6.0	18	503.3	16.7	5	476.9	10.6	10
新郑	874.1	13.1	3	843.7	9.2	10	859.4	11.2	8	829.3	7.3	11
中牟	658.9	8.4	8	514.8	-15.3	18	700.9	15.3	4	715.7	17.7	2
黄泛区	636.9	18.1	5	553.3	2.6	15	585.4	8.5	11	621.7	15.3	7
金囤	438.5	14.0	2	430.2	11.9	4	408.9	6.3	10	441.5	14.8	1
洛阳	585.2	6.5	10	545.0	-0.8	16	610.2	11.1	7	566.7	3.2	13
平均	600.1	14.7	3	523.4	0.0	18	580.8	11.0	6	578.5	10.5	7
CV/%	19.817			23.931			21.738			20.494		

试点	囤玉 330			伟科 9138			中选 896			雅玉 622		
	亩产/kg	比 CK/(±%)	位次	亩产/kg	比 CK/(±%)	位次	亩产/kg	比 CK/(±%)	位次	亩产/kg	比 CK/(±%)	位次
宝丰	532.8	15.2	7	503.1	8.8	12	504.4	9.1	11	484.1	4.7	14
怀川	589.1	9.3	6	611.7	13.5	4	575.2	6.7	8	546.9	1.4	12
南阳	542.4	11.3	15	613.7	25.9	4	513.7	5.4	18	582.0	19.4	7
嘉华	486.3	5.9	8	526.5	14.7	1	467.0	1.7	14	471.3	2.7	12
西平	505.6	17.3	4	513.7	19.2	2	449.3	4.2	14	484.4	12.4	9
新郑	869.8	12.6	4	819.6	6.1	12	860.0	11.3	7	655.0	-15.2	19
中牟	630.2	3.6	12	728.9	19.9	1	630.0	3.6	13	712.0	17.1	3
黄泛区	576.9	7.0	13	644.6	19.5	1	539.6	0	16	490.4	-9.1	19
金囤	405.7	5.5	13	428.5	11.4	6	408.3	6.2	11	391.9	1.9	15
洛阳	531.5	-3.2	17	631.9	15.0	3	480.0	-12.6	19	622.2	13.3	4
平均	567.0	8.4	9	602.2	15.1	2	542.8	3.7	14	544.0	4.0	13
CV/%	21.648			19.155			23.636			18.507		

续表 2-8

试点	品种											
	农科玉 168			安丰 518			H1972			驻玉 901		
	亩产/kg	比 CK/(±%)	位次	亩产/kg	比 CK/(±%)	位次	亩产/kg	比 CK/(±%)	位次	亩产/kg	比 CK/(±%)	位次
宝丰	484.1	4.7	14	533.5	15.4	6	508.3	9.9	10	572.8	23.9	4
怀川	546.9	1.4	12	531.5	-1.4	15	565.6	4.9	10	631.9	17.2	2
南阳	582.0	19.4	7	536.3	10.0	16	582.0	19.4	7	583.3	19.7	5
嘉华	471.3	2.7	12	460.6	0.3	16	497.2	8.3	6	493.5	7.5	7
西平	484.4	12.4	9	501.7	16.4	6	456.3	5.8	12	511.7	18.7	3
新郑	655.0	-15.2	19	846.1	9.5	9	813.1	5.2	13	878.9	13.7	2
中牟	712.0	17.1	3	461.3	-24.1	19	633.0	4.1	10	628.9	3.4	14
黄泛区	490.4	-9.1	19	558.0	3.4	14	625.9	16.0	6	640.6	18.8	2
金囤	391.9	1.9	15	422.8	9.9	7	432.2	12.4	3	411.3	6.9	8
洛阳	622.2	13.3	4	506.9	-7.7	18	610.9	11.2	5	603.7	9.9	9
平均	544.0	4.0	13	535.9	2.4	16	572.5	9.4	8	595.6	13.8	4
CV/%	18.029			21.799			19.224			20.703		

试点	品种											
	先玉 1907			许玉 1802			TK001			隆平 145		
	亩产/kg	比 CK/(±%)	位次	亩产/kg	比 CK/(±%)	位次	亩产/kg	比 CK/(±%)	位次	亩产/kg	比 CK/(±%)	位次
宝丰	601.1	30.0	2	469.6	1.6	15	601.3	30.0	1	498.0	7.7	13
怀川	548.5	1.7	11	523.5	-2.9	16	659.6	22.4	1	482.0	-10.6	19
南阳	624.8	28.2	2	547.2	12.3	14	632.2	29.7	1	582.2	19.5	6
嘉华	505.6	10.1	4	479.4	4.4	9	520.0	13.3	2	432.4	-5.8	19
西平	516.3	19.8	1	460.0	6.7	11	393.0	-8.8	19	448.5	4.0	15
新郑	798.0	3.3	14	729.3	-5.6	18	883.5	14.3	1	773.3	0.1	15
中牟	677.4	11.4	5	630.7	3.7	11	655.0	7.7	9	660.0	8.5	7
黄泛区	640.0	18.7	3	519.6	-3.7	18	638.0	18.3	4	606.3	12.4	9
金囤	372.6	-3.1	17	407.6	6.0	12	404.1	5.1	14	338.3	-12.0	19
洛阳	610.7	11.2	6	577.0	5.0	11	650.6	18.4	1	606.1	10.3	8
平均	589.5	12.7	5	534.4	2.1	17	603.7	15.4	1	542.7	3.7	15
CV/%	19.317			17.465			23.393			23.392		

续表 2-8

试点	品种							
	豫单 7793			绿源玉 11			郑单 958	
	亩产/kg	比 CK/(±%)	位次	亩产/kg	比 CK/(±%)	位次	亩产/kg	位次
宝丰	445.2	-3.7	17	438.7	-5.1	18	462.4	16
怀川	545.0	1.1	13	612.6	13.6	3	539.1	14
南阳	551.7	13.2	13	569.3	16.8	9	487.4	19
嘉华	461.1	0.4	15	468.5	2.0	13	459.1	17
西平	497.0	15.3	7	443.1	2.8	16	431.1	17
新郑	867.2	12.2	6	868.1	12.3	5	772.8	16
中牟	628.0	3.3	15	623.5	2.5	16	608.1	17
黄泛区	578.3	7.2	12	608.1	12.7	8	539.4	17
金囤	409.8	6.6	9	343.3	-10.7	18	384.6	16
洛阳	573.1	4.3	12	550.9	0.3	14	549.3	15
平均	555.6	6.2	11	552.6	5.6	12	523.3	19
CV/%	23.164			26.11			20.881	

注:平均值为各试点算术平均。

(五)田间性状调查结果

各品种田间性状调查汇总结果见表 2-9、表 2-10、表 2-11。各品种在各试点表现见表 2-17、表 2-18。

表 2-9　2021 年河南省玉米 5000 株/亩区域试验 A 组品种田间性状调查结果

品种	生育期/d	株高/cm	穗位高/cm	倒伏率/%	倒折率/%	倒伏率+倒折率/%	倒点率/%	空秆率/%	双穗率/%
开玉 6 号	100.8	261	94	0.8	0.1	0.9	0	0.8	0.7
盈丰 736	100.1	236	89	0.7	0.5	1.2	0	1.6	0.2
郑玉 821	99.9	251	104	1.8	0.3	2.1	0	0.7	1.7
瑞丰 001	100.1	268	87	1.1	1.6	2.7	0	0.6	0.6
囤玉 330	99.2	240	96	2.4	0.6	3.0	0	1.0	0.8
伟科 9138	100.5	255	96	1.9	0.6	2.5	0	1.2	0.3
中选 896	100.2	273	101	0.5	0.5	1.0	0	1.2	0.6
雅玉 622	100.4	254	92	0.5	0.2	0.7	0	1.0	0.2
农科玉 168	100.7	248	89	0.2	0.1	0.3	0	0.7	0.3
安丰 518	101.0	247	88	2.8	0.8	3.6	10.0	1.0	0.7
H1972	100.6	272	111	0.7	0.3	1.0	0	1.0	1.0
驻玉 901	101.6	262	92	0.9	0.1	1.0	0	0.8	0.5
先玉 1907	99.9	268	90	0.9	2.1	3.0	0	2.0	0.2
许玉 1802	99.9	233	83	1.5	0	1.5	0	0.6	0.8
TK001	101.8	278	89	1.1	0.3	1.4	0	1.8	0.5
隆平 145	100.1	263	89	0.6	0.2	0.8	0	1.1	0.6
豫单 7793	99.8	247	84	0.9	0.1	1.0	0	0.9	0.4
绿源玉 11	100.0	249	97	1.3	0.3	1.6	0	1.6	0.6
郑单 958	100.5	243	98	6.3	2.3	8.6	10.0	0.9	0.5

注:倒点率指倒伏倒折率之和≥15.0%的试点比率。

表 2-10　2021 年河南省玉米 5000 株/亩区域试验 A 组品种田间观察记载结果

品种	茎腐病/%	穗腐病/%	穗腐病≥2%点率/%	小斑病/级	瘤黑粉病/%	弯孢叶斑病/级	锈病/级
开玉 6 号	4.7(0~22.2)	0.1(0~0.5)	0	1~5	0.1	1~5	1~7
盈丰 736	14.5(1.2~33.4)	0.2(0~0.9)	0	1~5	0.2	1~3	3~9
郑玉 821	8.7(0~27.8)	0.2(0~0.9)	0	1~5	0.1	1~5	5~9
瑞丰 001	12.4(0~54.2)	0.1(0~0.4)	0	1~5	0.1	1~5	3~9
囤玉 330	20.2(0~80.1)	0.5(0~2.7)	10.0	1~5	0.1	1~5	3~9
伟科 9138	2.6(0~18.8)	0.2(0~0.6)	0	1~3	0.1	1~3	1~9
中选 896	5.4(0~17.8)	0.4(0~1.9)	0	1~5	0.1	1~5	5~9
雅玉 622	5.8(0~17.7)	0.3(0~1.0)	0	1~5	0.4	1~5	3~9
农科玉 168	2.2(0~8.4)	0.2(0~0.7)	0	1~5	0.1	1~3	5~9
安丰 518	12.7(0~76.7)	0.3(0~1.8)	0	1~5	0.1	1~5	3~9
H1972	5.0(0~22.5)	0.2(0~0.9)	0	1~5	0.1	1~5	3~9
驻玉 901	3.2(0~26.6)	0.2(0~0.9)	0	1~5	0.1	1~5	1~5
先玉 1907	8.8(0~20)	0.7(0~5.0)	10.0	1~7	0.1	1~3	1~9
许玉 1802	20.1(0~57.8)	0.4(0~2.9)	10.0	1~5	0.1	1~5	3~9
TK001	1.9(0~6.0)	0.4(0~0.9)	0	1~3	0.3	1~3	1~5
隆平 145	13.5(0~30.8)	0(0~0.3)	0	1~7	0.1	1~3	5~9
豫单 7793	14.0(0~41.1)	0.1(0~0.5)	0	1~5	0.1	1~5	3~9
绿源玉 11	10(0~24.0)	0.2(0~1.2)	0	1~7	0.1	1~3	3~9
郑单 958	22.9(0~72.0)	0.5(0~2.9)	10.0	1~5	0.1	1~3	1~9

表 2-11　2021 年河南省玉米 5000 株/亩区域试验 A 组品种田间观察结果

品种	株型	芽鞘色	第一叶形状	叶片颜色	雄穗分枝数	雄穗颖片色	花药颜色	花丝颜色	苞叶长度	总叶片数/片	叶数（变幅）
开玉 6 号	紧凑	紫	匙形	绿	中等，枝长中等	绿	绿	浅紫	长	19.6	17~21
盈丰 736	紧凑	浅紫	匙形	绿	中等且枝长	绿	浅紫	浅紫	中	18.8	17~20
郑玉 821	紧凑	紫	匙形	绿	多，枝长中等	绿	浅紫	绿	长	19.4	18~21
瑞丰 001	紧凑	紫	圆到匙形	绿	中等，枝长中等	绿	紫	浅紫	中	18.5	17~21
囤玉 330	半紧凑	紫	匙形	绿	中等，枝长中等	绿	浅紫	浅紫	中	18.9	18~21
伟科 9138	半紧凑	紫	匙形	绿	中等，枝长中等	绿	浅紫	绿	长	19.2	18~20
中选 896	半紧凑	紫	匙形	绿	中等且枝长	绿	浅紫	紫	中	19.3	18~21
雅玉 622	紧凑	紫	匙形	绿	中等，枝长中等	绿	浅紫	紫	长	19.3	18~21
农科玉 168	紧凑	紫	匙形	绿	多，且枝长	紫	紫	浅紫	长	19.5	18~21
安丰 518	半紧凑	紫	匙形	绿	中等，枝长中等	绿	绿	浅紫	中	19.6	17~22
H1972	半紧凑	浅紫	匙形	绿	中等，枝长中等	绿	浅紫	绿	中	20.2	19~22
驻玉 901	半紧凑	紫	匙形	绿	中等且枝长	绿	浅紫	浅紫	长	19.2	18~21
先玉 1907	半紧凑	紫	匙形	绿	中等，枝长中等	绿	浅紫	紫	中	20.0	18~21
许玉 1802	紧凑	紫	匙形	绿	多，枝长中等	绿	绿	绿	中	18.8	17~21
TK001	紧凑	紫	匙形	绿	中等，枝长中等	绿	绿	浅紫	中	19.2	18~21
隆平 145	紧凑	紫	匙形	绿	中等且枝长	浅紫	紫	浅紫	中	19.1	18~20
豫单 7793	紧凑	紫	匙形	绿	中等，枝长中等	绿	浅紫	浅紫	中	19.5	18~21
绿源玉 11	紧凑	紫	匙形	绿	中等，枝长中等	绿	绿	浅紫	中	19.4	18~21
郑单 958	紧凑	紫	匙形	绿	多，枝长中等	绿	浅紫	浅紫	长	19.7	18~21

（六）室内考种结果

各品种室内考种结果见表2-12。

表2-12　2021年河南省玉米5000株/亩区域试验A组品种果穗性状室内考种结果

品种	穗长/cm	穗粗/cm	穗行数/行	穗行数变幅/行	行粒数/粒	秃尖长/cm	轴粗/cm	出籽率/%	百粒重/g	穗型	轴色	粒型	粒色
开玉6号	16.0	4.8	16.6	12～18	28.2	0.5	3.0	86.9	31.4	筒	白	半马齿	黄
盈丰736	16.7	4.3	14.6	12～18	32.4	0.7	2.5	86.9	26.1	筒	红	半马齿	黄
郑玉821	15.7	4.6	14.9	12～18	30.8	0.7	2.7	88.8	31.3	短筒	白	半马齿	黄
瑞丰001	15.5	5.0	15.9	14～18	30.1	1.1	3.0	85.2	33.2	短筒	红	半马齿	黄
囤玉330	15.1	4.8	15.5	14～18	31.6	0.6	2.8	88.8	29.8	短筒	白	马齿	黄
伟科9138	15.8	5.0	17.7	14～22	30.1	1.6	2.9	86.8	31.1	短筒	红	半马齿	黄
中选896	15.5	4.7	17.1	14～20	29.9	1.2	2.8	85.5	25.9	短筒	红	马齿	黄
雅玉622	17.2	4.7	14.0	12～18	32.2	1.2	3.0	83.3	32.1	长筒	红	半马齿	黄
农科玉168	16.0	5.1	16.8	14～20	29.4	1.1	3.1	85.1	30.7	筒	粉	半马齿	黄
安丰518	15.5	4.8	14.7	12～18	31.8	0.7	2.8	86.2	29.0	短筒	白	半马齿	黄
H1972	16.6	4.5	13.9	12～18	31.4	0.4	2.7	87.6	31.4	筒	红	半马齿	黄
驻玉901	15.4	4.5	15.5	14～18	29.2	0.4	2.6	87.5	32.1	短筒	红	马齿	黄
先玉1907	18.1	4.8	15.6	12～18	36.0	1.0	2.8	86.2	29.6	长筒	红	半马齿	黄
许玉1802	16.1	4.7	14.6	12～18	30.4	0.4	2.8	86.3	30.1	筒	白	半马齿	黄
TK001	16.4	5.2	17.3	14～20	29.9	0.9	3.1	85.9	32.8	筒	红	半马齿	黄
隆平145	17.3	4.4	13.9	12～16	31.9	1.2	2.7	86.5	29.8	长筒	红	半马齿	黄
豫单7793	15.5	4.6	17.6	14～22	29.4	0.6	2.8	87.4	28.0	短筒	粉	半马齿	黄
绿源玉11	17.3	4.7	16.2	12～20	30.6	0.7	2.8	87.8	29.0	长筒	粉	半马齿	黄
郑单958	16.0	4.8	14.9	12～18	31.8	0.7	2.9	86.9	27.7	筒	白	半马齿	黄

（七）抗病性接种鉴定结果

各品种抗病性接种鉴定结果见表2-13。

表2-13　2021年河南省玉米5000株/亩区域试验A组品种抗病性人工接种鉴定结果

品种	茎腐病		小斑病	穗腐病		锈病	弯孢叶	瘤黑粉病	
	发病率/%	病级	病级	平均病级	病级	病级	斑病病级	发病率/%	病级
开玉6号	7.4	3	1	1.8	3	5	1	40.0	7
盈丰736	33.3	7	7	2.6	3	7	3	20.0	5
郑玉821	3.7	1	3	2.3	3	5	9	0	1
瑞丰001	14.8	5	5	2.1	3	7	3	40.0	7
囤玉330	22.2	5	5	1.3	1	7	5	40.0	7
伟科9138	3.7	1	3	5.5	5	3	9	0	1
中选896	33.3	7	5	1.8	3	7	3	40.0	7
雅玉622	0	1	1	1.6	3	5	9	40.0	7
农科玉168	11.1	5	5	5.5	5	7	1	0	1
安丰518	3.7	1	5	6.5	7	7	9	0	1
H1972	0	1	5	3.4	3	7	5	20.0	5
驻玉901	0	1	3	3.9	5	3	5	0	1
先玉1907	3.7	1	3	2.3	3	5	5	0	1
许玉1802	44.4	9	3	2.9	3	5	9	20.0	5
TK001	0	1	1	2.1	3	5	9	0	1
隆平145	14.8	5	5	2.1	3	7	5	20.0	5
豫单7793	37.0	7	5	3.9	5	5	7	0	1
绿源玉11	7.4	3	1	1.6	3	7	5	0	1

(八)品质分析结果

参加区域试验品种籽粒品质分析结果见表 2-14。

表 2-14　2021 年河南省玉米 5000 株/亩区域试验 A 组品种品质分析结果

品种	容重/(g/L)	粗淀粉/%	粗蛋白质/%	粗脂肪/%	赖氨酸/%	水分/%
开玉 6 号	752	74.67	9.33	3.6	0.32	11.4
盈丰 736	748	73.55	10.4	3.7	0.35	11.6
郑玉 821	784	75.14	9.49	4.3	0.32	11.7
瑞丰 001	770	73.02	10.2	4.0	0.33	11.5
囤玉 330	772	75.06	10.9	4.2	0.34	11.4
伟科 9138	780	76.52	10.5	3.4	0.32	11.5
中选 896	751	76.39	9.30	3.4	0.34	11.8
雅玉 622	766	75.95	9.66	4.1	0.32	11.7
农科玉 168	758	75.00	10.2	3.6	0.32	11.6
安丰 518	740	76.02	9.57	4.8	0.29	11.6
H1972	779	76.71	8.99	3.9	0.28	11.8
驻玉 901	752	74.59	10.3	3.6	0.32	12.0
先玉 1907	746	76.25	9.09	3.9	0.30	12.0
许玉 1802	727	74.99	9.37	3.6	0.32	11.8
TK001	806	73.67	10.4	4.1	0.30	11.2
隆平 145	796	74.79	9.85	3.7	0.28	11.5
豫单 7793	782	74.98	10.6	3.7	0.34	11.2
绿源玉 11	738	73.32	9.23	3.8	0.36	11.4
郑单 958	758	77.44	8.39	3.6	0.30	12.1

注:粗蛋白质、粗脂肪、赖氨酸、粗淀粉均为干基数据。容重检测依据 GB/T 5498—2013,水分检测依据 GB 5009.3—2016,粗脂肪(干基)检测依据 GB 5009.6—2016,粗蛋白质(干基)检测依据 GB 5009.5—2016,粗淀粉(干基)检测依据 NY/T 11—1985,赖氨酸(干基)检测依据 GB 5009.124—2016。

(九)DNA 检测比较结果

河南省目前对第一年区域试验和生产试验品种进行 DNA 指纹检测同名品种以及疑似品种,比较结果见表 2-15、表 2-16。

表 2-15　2021 年 5000 株/亩区域试验 A 组 DNA 检测同名品种比较结果

序号	待测样品		对照样品			比较位点数	差异位点数
	样品编号	样品名称	样品编号	样品名称	来源		
3	MHN2100098	瑞丰 001	MHN2000030	瑞丰 001	2020 年河南区域试验	40	2
27	MHN2100097	盈丰 736	MHN2000031	盈丰 736	2020 年河南区域试验	40	0
28	MHN2100099	安丰 518	MHN2000033	安丰 518	2020 年河南区域试验	40	0
29	MHN2100100	H1972	MHN2000032	H1972	2020 年河南区域试验	40	0
30	MHN2100102	先玉 1907	MHN2000042	先玉 1907	2020 年河南区域试验	40	0
31	MHN2100103	许玉 1802	MHN2000043	许玉 1802	2020 年河南区域试验	40	0
32	MHN2100104	TK001	MHN2000036	TK001	2020 年河南区域试验	40	0
33	MHN2100105	隆平 145	MHN2000041	隆平 145	2020 年河南区域试验	40	1
34	MHN2100106	豫单 7793	MHN2000044	豫单 793	2020 年河南区域试验	40	0
35	MHN2100107	绿源玉 11	MHN2000039	绿源玉 11	2020 年河南区域试验	40	1
59	MHN2100133	开玉 6 号	MHN2000029	开玉 6 号	2020 年河南区域试验	40	0
60−1	MHN2100134	郑玉 821	MG2100308	郑玉 821	2021 年国家区域试验黄淮海夏玉米组	40	0
60−2	MHN2100134	郑玉 821	MHN2000035	郑玉 821	2020 年河南区域试验	40	0
61	MHN2100135	囤玉 330	MHN2000038	囤玉 330	2020 年河南区域试验	40	1
62	MHN2100136	伟科 9138	MHN2000046	伟科 9138	2020 年河南区域试验	40	0
63	MHN2100137	中选 896	MHN2000050	中选 896	2020 年河南区域试验	40	0
64	MHN2100138	雅玉 622	MHN2000046	雅玉 622	2020 年河南区域试验	40	0
65	MHN2100139	农科玉 168	MHN2000052	农科玉 168	2020 年河南区域试验	40	0

表 2-16　2021 年 5000 株/亩区域试验 A 组 DNA 检测疑似品种比较结果

序号	待测样品		对照样品			比较位点数	差异位点数
	样品编号	样品名称	样品编号	样品名称	来源		
12−1	MHN2100106	豫单 7793	MWHN1900071	豫单 787	2019 年河南省联合体——河南省科企共赢玉米联合体	40	2
12−2	MHN2100106	豫单 7793	MWHN2000113	豫单 787	2020 年河南省联合体——河南省科企共赢玉米联合体	40	2
17−1	MHN2100136	伟科 9138	MHN1900043	伟科 819	2019 年河南区域试验	40	3
17−2	MHN2100136	伟科 9138	MHN2000094	伟科 819	2020 年河南区域试验	40	3

待测样品 MHN2100101(驻玉 901)在多个位点上有多种基因型,经单株检测疑是为 2 个品种的混合样品,无法出具检验结果。

五、品种评述及建议

该组均为完成两年区域试验程序品种。

(一)安丰 518

1.产量表现

2020 年区域试验产量平均亩产 719.4 kg,比郑单 958(CK)平均亩产 636.0 kg 增产 13.1%,差异极显著,居试验第 1 位,试点 12 增 0 减,增产点比率为 100%。

2021 年区域试验产量平均亩产 535.9 kg,比郑单 958(CK)平均亩产 523.3 kg 增产 2.4%,差异不显著,居试验第 16 位,试点 7 增 3 减,增产点比率为 70.0%。

综合两年 22 点次的区域试验结果(见表 2-3):该品种平均亩产 636.0 kg,比郑单 958(CK)平均亩产 584.8 kg 增产 8.8%;增产点数:减产点数=19:3,增产点比率为 86.4%。

2.特征特性

2020 年该品种生育期 106 d,与郑单 958 同熟;株高 264 cm,穗位高 105 cm;倒伏率 0.5%(0%~4.0%)、倒折率 0%(0%~0.4%),倒伏倒折率之和为 0.5%,且倒伏倒折率≥15.0%的试点比率为 0%;空秆率 2.1%;双穗率 0.2%;茎腐病 0.1%(0%~1.2%),穗腐病籽粒霉变比率 0.5%(0%~1.9%),且穗腐病籽粒霉变比率≥2.0%的试点比率为 0%,瘤黑粉病 0.2%,小斑病为 1~7 级,弯孢叶斑病 1~7 级,锈病 1~5 级;穗长 16.2 cm,穗粗 5.1 cm,穗行数 14.6,行粒数 32.6,出籽率 87.5%,千粒重 360.0 g;株型半紧凑;主茎总叶片数 19~21 片;叶片绿色;芽鞘紫色;第一叶形状圆到匙形;雄穗分枝数中等,雄穗颖片绿色,花药黄色;花丝浅紫色,苞叶长度中;果穗筒型;籽粒半马齿型,黄粒;白轴。

2021 年该品种生育期 101.0 d,与郑单 958 同熟;株高 247 cm,穗位高 88 cm;倒伏率 2.8%(0%~27.6%)、倒折率 0.8%(0%~7.3%),倒伏倒折率之和 3.6%,且倒伏倒折率≥15.0%的试点比率为 10.0%;空秆率 1.0%;双穗率 0.7%;茎腐病 12.7%(0%~76.7%),穗腐病籽粒霉变比例 0.3%(0%~1.8%),且穗腐病籽粒霉变比率≥2.0%的试点比率为 0%,小斑病为 1~5 级,瘤黑粉病 0.1%,弯孢叶斑病 1~5 级,锈病 3~9 级;穗长 15.5 cm,秃尖长 0.7 cm,穗粗 4.8 cm,轴粗 2.8 cm,穗行数 14.7,穗行数变幅 12~18 行,行粒数 31.8,出籽率 86.2%,百粒重 29.0 g;株型半紧凑;主茎总叶片数 19.6 片,全生育期叶数变幅 17~22 片;叶片绿色;芽鞘紫色;第一叶形状匙形;雄穗分枝数中等,枝长中等,雄穗颖片绿色,花药绿色;花丝浅紫色,苞叶长度中;果穗短筒型;籽粒半马齿型,黄粒;白轴。

3.抗病性鉴定

根据 2020 年河南农业大学植保学院人工接种鉴定报告:该品种抗茎腐病、小斑病、锈病;中抗穗腐病、瘤黑粉病;感弯孢叶斑病。

根据 2021 年河南农业大学植保学院人工接种鉴定报告(见表 2-13):该品种高抗茎腐病、瘤黑粉病;中抗小斑病;感穗腐病、锈病;高感弯孢叶斑病。

4.品质分析

根据 2020 年农业农村部农产品质量监督检验测试中心(郑州)对该品种多点套袋果

穗的籽粒混合样品品质分析检验报告：粗蛋白质10.3%，粗脂肪3.9%，粗淀粉73.92%，赖氨酸0.29%，容重776 g/L。

根据2021年农业农村部农产品质量监督检验测试中心（郑州）对该品种多点套袋果穗的籽粒混合样品品质分析检验报告（见表2-14）：粗蛋白质9.57%，粗脂肪4.8%，粗淀粉76.02%，赖氨酸0.29%，容重740 g/L。

5.试验建议

按照晋级标准，区域试验各项指标达标，推荐参加生产试验。

（二）开玉6号

1.产量表现

2020年区域试验产量平均亩产701.7 kg，比郑单958（CK）平均亩产636.0 kg增产10.3%，差异极显著，居试验第5位，试点11增1减，增产点比率为91.7%。

2021年区域试验产量平均亩产600.1 kg，比郑单958（CK）平均亩产523.3 kg增产14.7%，差异极显著，居试验第3位，试点10增0减，增产点比率为100%。

综合两年22点次的区域试验结果（见表2-3）：该品种平均亩产655.5 kg，比郑单958（CK）平均亩产584.8 kg增产12.1%；增产点数：减产点数=21:1，增产点比率为95.5%。

2.特征特性

2020年该品种生育期105 d，比郑单958早熟1 d；株高291 cm，穗位高108 cm；倒伏率0.1%（0%~0.7%）、倒折率0%（0%~0.4%），倒伏倒折率之和0.1%，且倒伏倒折率≥15.0%的试点比率为0%；空秆率0.2%；双穗率0.6%；茎腐病0.2%（0%~1.1%），穗腐病籽粒霉变比例0.5%（0%~1.9%），且穗腐病籽粒霉变比率≥2.0%的试点比为0%，瘤黑粉病0.1%，小斑病为1~3级，弯孢叶斑病1~3级，锈病1~5级；穗长17.1 cm，穗粗4.9 cm，穗行数16.8，行粒数29.5，出籽率87.7%，千粒重343.3 g；株型紧凑；主茎总叶片数19~22片；叶片绿色；芽鞘紫色；第一叶形状圆到匙形；雄穗分枝数中等，雄穗颖片绿色，花药黄色；花丝浅紫色，苞叶长度中；果穗筒型；籽粒半马齿型，黄粒；白轴。

2021年该品种生育期100.8 d，与郑单958同熟；株高261 cm，穗位高94 cm；倒伏率0.8%（0%~2.2%）、倒折率0.1%（0%~0.6%），倒伏倒折率之和0.9%，且倒伏倒折率≥15.0%的试点比率为0.0%；空秆率0.8%；双穗率0.7%；茎腐病4.7%（0%~22.2%），穗腐病籽粒霉变比率为0.1%（0%~0.5%），且穗腐病籽粒霉变比率≥2.0%的试点比率为0%，小斑病为1~5级，瘤黑粉病0.1%，弯孢叶斑病1~5级，锈病1~7级；穗长16.0 cm，秃尖长0.5 cm，穗粗4.8 cm，轴粗3.0 cm，穗行数16.6，穗行数变幅12~18行，行粒数28.2，出籽率86.9%，百粒重31.4 g；株型紧凑；主茎总叶片数19.6片，全生育期叶数变幅17~21片；叶片绿色；芽鞘紫色；第一叶形状匙形；雄穗分枝数中等，枝长中等，雄穗颖片绿色，花药绿色；花丝浅紫色，苞叶长度长；果穗筒型；籽粒半马齿型，黄粒；白轴。

3.抗病性鉴定

根据2020年河南农业大学植保学院人工接种鉴定报告：该品种高抗茎腐病、小斑病；抗穗腐病、锈病；中抗弯孢叶斑病、瘤黑粉病。

根据2021年河南农业大学植保学院人工接种鉴定报告（见表2-13）：该品种高抗小斑病、弯孢叶斑病；抗茎腐病、穗腐病；中抗锈病；感瘤黑粉病。

4.品质分析

根据2020年农业农村部农产品质量监督检验测试中心(郑州)对该品种多点套袋果穗的籽粒混合样品品质分析检验报告:粗蛋白质10.2%,粗脂肪4.0%,粗淀粉72.19%,赖氨酸0.35%,容重773 g/L。

根据2021年农业农村部农产品质量监督检验测试中心(郑州)对该品种多点套袋果穗的籽粒混合样品品质分析检验报告(见表2-14):粗蛋白质9.33%,粗脂肪3.6%,粗淀粉74.67%,赖氨酸0.32%,容重752 g/L。

5.试验建议

按照晋级标准,区域试验各项指标达标,建议结束区域试验,若生产试验达标,推荐审定。

(三)盈丰736

1.产量表现

2020年区域试验产量平均亩产697.5 kg,比郑单958(CK)平均亩产636.0 kg增产9.7%,差异极显著,居试验第6位,试点11增1减,增产点比率为91.7%。

2021年区域试验产量平均亩产523.4 kg,比郑单958(CK)平均亩产523.3 kg增产0%,差异不显著,居试验第18位,试点4增6减,增产点比率为40.0%。

综合两年22点次的区域试验结果(见表2-3):该品种平均亩产618.4 kg,比郑单958(CK)平均亩产584.8 kg增产5.7%;增产点数:减产点数=15:7,增产点比率为68.2%。

2.特征特性

2020年该品种生育期105 d,比郑单958早熟1 d;株高262 cm,穗位高96 cm;倒伏率0.3%(0%~3.3%)、倒折率0%,倒伏倒折率之和0.3%,且倒伏倒折率≥15.0%的试点比率为0%;空秆率0.5%;双穗率0.2%;茎腐病0.3%(0%~2.5%),穗腐病籽粒霉变比率为0.7%(0%~1.9%),且穗腐病籽粒霉变比率≥2.0%的试点比率为0%,瘤黑粉病0%,小斑病为1~3级,弯孢叶斑病1~5级,锈病1~5级;穗长17.0 cm,穗粗4.7 cm,穗行数15.5,行粒数31.7,出籽率88.1%,千粒重336.9 g;株型半紧凑;主茎总叶片数18~20片;叶片绿色;芽鞘紫色;第一叶形状圆到匙形;雄穗分枝数中等,雄穗颖片浅紫色,花药浅紫色;花丝浅紫色,苞叶长度短;果穗筒型;籽粒半马齿型,黄粒;红轴。

2021年该品种生育期100.1 d,与郑单958同熟;株高236 cm,穗位高89 cm;倒伏率0.7%(0%~4.9%)、倒折率0.5%(0%~2.6%),倒伏倒折率之和1.2 %,且倒伏倒折率≥15.0%的试点比率为0.0%;空秆率1.6%;双穗率0.2%;茎腐病14.5%(1.2%~33.4%),穗腐病籽粒霉变比率为0.2%(0%~0.9%),且穗腐病籽粒霉变比率≥2.0%的试点比为0%,小斑病为1~5级,瘤黑粉病0.2%,弯孢叶斑病1~3级,锈病3~9级;穗长16.7 cm,秃尖长0.7 cm,穗粗4.3 cm,轴粗2.5 cm,穗行数14.6,穗行数变幅12~18行,行粒数32.4,出籽率86.9%,百粒重26.1 g;株型紧凑;主茎总叶片数18.8片,全生育期叶数变幅17~20片;叶片绿色;芽鞘浅紫色;第一叶形状匙形;雄穗分枝数中等且枝长,雄穗颖片绿色,花药浅紫色;花丝浅紫色,苞叶长度中;果穗筒型;籽粒半马齿型,黄粒;红轴。

3.抗病性鉴定

根据2020年河南农业大学植保学院人工接种鉴定报告:该品种高抗小斑病;抗穗腐

病；中抗茎腐病、弯孢叶斑病、锈病；感瘤黑粉病。

据2021年河南农业大学植保学院人工接种鉴定报告（见表2-13）：该品种抗穗腐病、弯孢叶斑病；中抗瘤黑粉病；感茎腐病、小斑病、锈病。

4.品质分析

根据2020年农业农村部农产品质量监督检验测试中心（郑州）对该品种多点套袋果穗的籽粒混合样品品质分析检验报告：粗蛋白质10.6%，粗脂肪3.9%，粗淀粉73.96%，赖氨酸0.32%，容重772 g/L。

根据2021年农业农村部农产品质量监督检验测试中心（郑州）对该品种多点套袋果穗的籽粒混合样品品质分析检验报告（表2-14）：粗蛋白质10.4%，粗脂肪3.7%，粗淀粉73.55%，赖氨酸0.35%，容重748 g/L。

5.田间考察

专业委员会田间考察（黄泛区、金囤）发现茎腐病超标，予以淘汰。

6.试验建议

按照晋级标准，增产幅度不达标，增产点比率不达标，专业委员会田间考察茎腐病超标，建议终止试验。

（四）郑玉821

1.产量表现

2020年区域试验产量平均亩产688.2 kg，比郑单958（CK）平均亩产636.0 kg增产8.2%，差异极显著，居试验第7位，试点12增0减，增产点比率为100%。

2021年区域试验产量平均亩产580.8 kg，比郑单958（CK）平均亩产523.3 kg增产11.0%，差异极显著，居试验第6位，试点10增0减，增产点比率为100%。

综合两年22点次的区域试验结果（见表2-3）：该品种平均亩产639.4 kg，比郑单958（CK）平均亩产584.8 kg增产9.3%；增产点数：减产点数=22:0，增产点比率100%。

2.特征特性

2020年该品种生育期106 d，与郑单958同熟；株高280 cm，穗位高114 cm；倒伏率0.4%（0%~3.0%）、倒折率0.1%（0%~1.4%），倒伏倒折率之和0.5%，且倒伏倒折率≥15.0%的试点比率为0%；空秆率0.2%；双穗率0.4%；茎腐病0.1%（0%~0.9%），穗腐病籽粒霉变比率为0.3%（0%~1.3%），且穗腐病籽粒霉变比率≥2.0%的试点比率为0%，瘤黑粉病0.1%，小斑病为1~3级，弯孢叶斑病1~5级，锈病1~5级；穗长16.5 cm，穗粗4.9 cm，穗行数15.3，行粒数32.9，出籽率88.2%，千粒重338.2 g；株型紧凑；主茎总叶片数18~21片；叶片绿色；芽鞘紫色；第一叶形状圆到匙形；雄穗分枝数密，雄穗颖片绿色，花药浅紫色；花丝绿色，苞叶长度长；果穗筒型；籽粒半马齿型，黄粒；白轴。

2021年该品种生育期99.9 d，与郑单958同熟；株高251 cm，穗位高104 cm；倒伏率1.8%（0%~11.2%）、倒折率0.3%（0%~0.9%），倒伏倒折率之和2.1%，且倒伏倒折率≥15.0%的试点比率为0%；空秆率0.7%；双穗率1.7%；茎腐病8.7%（0%~27.8%），穗腐病籽粒霉变比率为0.2%（0%~0.9%），且穗腐病籽粒霉变比率≥2.0%的试点比率为0%，小斑病为1~5级，瘤黑粉病0.1%，弯孢叶斑病1~5级，锈病5~9级；穗长15.7 cm，秃尖长0.7 cm，穗粗4.6 cm，轴粗2.7 cm，穗行数14.9，穗行数变幅12~18行，行粒数30.8，出籽率 88.8%,百粒重 31.3g;株型紧凑;主茎总叶片数 19.4 片,全生育期叶数变幅 18~21 片;叶片绿色;芽鞘紫色;第一叶形状匙形;雄穗分枝多,枝长中等,雄穗颖片绿色,花药浅紫色;花丝绿色,苞叶长度长;果穗短筒型;籽粒半马齿型,黄粒;白轴。

3.抗病性鉴定

根据 2020 年河南农业大学植保学院人工接种鉴定报告:该品种高抗茎腐病、小斑病;抗穗腐病、弯孢叶斑病、锈病;中抗瘤黑粉病。

根据 2021 年河南农业大学植保学院人工接种鉴定报告(表见 2-13):该品种高抗茎腐病、瘤黑粉病;抗穗腐病、小斑病;中抗锈病;高感弯孢叶斑病。

4.品质分析

根据 2020 年农业农村部农产品质量监督检验测试中心(郑州)对该品种多点套袋果穗的籽粒混合样品品质分析检验报告:粗蛋白质 11.0%,粗脂肪 4.4%,粗淀粉 72.48%,赖氨酸 0.34%,容重 786 g/L。

根据 2021 年农业农村部农产品质量监督检验测试中心(郑州)对该品种多点套袋果穗的籽粒混合样品品质分析检验报告(见表 2-14):粗蛋白质 9.49%,粗脂肪 4.3%,粗淀粉 75.14%,赖氨酸 0.32%,容重 784 g/L。

5.试验建议

按照晋级标准,区域试验各项指标达标,建议结束区域试验,若生产试验达标,推荐审定。

(五)H1972

1.产量表现

2020 年区域试验产量平均亩产 684.2 kg,比郑单 958(CK)平均亩产 636.0 kg 增产 7.6%,差异极显著,居试验第 8 位,试点 10 增 2 减,增产点比率为 83.3%。

2021 年区域试验产量平均亩产 572.5 kg,比郑单 958(CK)平均亩产 523.3 kg 增产 9.4%,差异极显著,居试验第 8 位,试点 10 增 0 减,增产点比率为 100%。

综合两年 22 点次的区域试验结果(见表 2-3):该品种平均亩产 633.4 kg,比郑单 958(CK)平均亩产 584.8 kg 增产 8.3%;增产点数:减产点数=20:2,增产点比率为 90.9%。

2.特征特性

2020 年该品种生育期 106 d,与郑单 958 同熟;株高 298 cm,穗位高 129 cm;倒伏率 0.2%(0%~2.3%)、倒折率 0.1%(0%~0.7%),倒伏倒折率之和 0.3%,且倒伏倒折率≥15.0%的试点比率为 0%;空秆率 0.7%;双穗率 0.4%;茎腐病 0.3%(0%~2.6%),穗腐病籽粒霉变比率为 0.5%(0%~1.9%),且穗腐病籽粒霉变比率≥2.0%的试点比率为 0%,瘤黑粉病 0.1%,小斑病为 1~5 级,弯孢叶斑病 1~5 级,锈病 1~7 级;穗长 17.0 cm,穗粗 4.7 cm,穗行数 14.5,行粒数 31.9,出籽率 88.4%,千粒重 341.8 g;株型半紧凑;主茎总叶片数 18~21 片;叶片绿色;芽鞘浅紫色;第一叶形状圆到匙形;雄穗分枝数中等,雄穗颖片绿色,花药浅紫色;花丝绿色,苞叶长度长;果穗筒型;籽粒半马齿型,黄粒;红轴。

2021 年该品种生育期 100.6 d,与郑单 958 同熟;株高 272 cm,穗位高 111 cm;倒伏率 0.7%(0%~5.9%)、倒折率 0.3%(0%~2.6%),倒伏倒折率之和 1.0%,且倒伏倒折率≥15.0%的试点比率为 0%;空秆率 1.0%;双穗率 1.0%;茎腐病 5.0%(0%~22.5%),穗

腐病籽粒霉变比例0.2%(0%~0.9%),且穗腐病籽粒霉变比例≥2.0%的试点比例为0%,小斑病为1~5级,瘤黑粉病0.1%,弯孢叶斑病1~5级,锈病3~9级;穗长16.6 cm,秃尖长0.4 cm,穗粗4.5 cm,轴粗2.7 cm,穗行数13.9,穗行数变幅12~18行,行粒数31.4,出籽率87.6%,百粒重31.4 g;株型半紧凑;主茎总叶片数20.2片,全生育期叶数变幅19~22片;叶片绿色;芽鞘浅紫色;第一叶形状匙形;雄穗分枝数中等,枝长中等,雄穗颖片绿色,花药浅紫色;花丝绿色,苞叶长度中;果穗筒型;籽粒半马齿型,黄粒;红轴。

3.抗病性鉴定

根据2020年河南农业大学植保学院人工接种鉴定报告:该品种高抗茎腐病;抗穗腐病、瘤黑粉病;中抗弯孢叶斑病、锈病;感小斑病。

根据2021年河南农业大学植保学院人工接种鉴定报告(见表2-13):该品种高抗茎腐病;抗穗腐病;中抗小斑病、弯孢叶斑病、瘤黑粉病;感锈病。

4.品质分析

根据2020年农业农村部农产品质量监督检验测试中心(郑州)对该品种多点套袋果穗的籽粒混合样品品质分析检验报告:粗蛋白质9.72%,粗脂肪4.0%,粗淀粉75.30%,赖氨酸0.27%,容重780 g/L。

根据2021年农业农村部农产品质量监督检验测试中心(郑州)对该品种多点套袋果穗的籽粒混合样品品质分析检验报告(见表2-14):粗蛋白质8.99%,粗脂肪3.9%,粗淀粉76.71%,赖氨酸0.28%,容重779 g/L。

5.试验建议

按照晋级标准,区域试验各项指标达标,推荐参加生产试验。

(六)瑞丰001

1.产量表现

2020年区域试验产量平均亩产670.9 kg,比郑单958(CK)平均亩产636.0 kg增产5.5%,差异显著,居试验第10位,试点10增2减,增产点比率为83.3%。

2021年区域试验产量平均亩产578.5 kg,比郑单958(CK)平均亩产523.3 kg增产10.5%,差异极显著,居试验第7位,试点10增0减,增产点比率为100%。

综合两年22点次的区域试验结果(见表2-3):该品种平均亩产628.9 kg,比郑单958(CK)平均亩产584.8 kg增产7.5%;增产点数:减产点数=20:2,增产点比率为90.9%。

2.特征特性

2020年该品种生育期105 d,比郑单958早熟1 d;株高291 cm,穗位高95 cm;倒伏率0.9%(0%~4.3%)、倒折率0.4%(0%~2.4%),倒伏倒折率之和1.3%,且倒伏倒折率≥15.0%的试点比率为0%;空秆率0.8%;双穗率0%;茎腐病0.1%(0%~0.7%),穗腐病籽粒霉变比率为0.4%(0%~1.3%),且穗腐病籽粒霉变比率≥2.0%的试点比率为0%,瘤黑粉病0.1%,小斑病为1~3级,弯孢叶斑病1~5级,锈病1~5级;穗长16.8 cm,穗粗5.2 cm,穗行数16.0,行粒数30.3,出籽率85.0%,千粒重355.5 g;株型紧凑;主茎总叶片数17~20片;叶片绿色;芽鞘紫色;第一叶形状匙形;雄穗分枝数中等,雄穗颖片绿色,花药浅紫色;花丝浅紫色,苞叶长度中;果穗筒型;籽粒半马齿型,黄粒;红轴。

2021年该品种生育期100.1 d,与郑单958同熟;株高268 cm,穗位高87 cm;倒伏率

1.1%(0%~8.9%)、倒折率1.6%(0%~10.0%),倒伏倒折率之和2.7%,且倒伏倒折率≥15.0%的试点比率为0%;空秆率0.6%;双穗率0.6%;茎腐病12.4%(0%~54.2%),穗腐病籽粒霉变比率为0.1%(0%~0.4%),且穗腐病籽粒霉变比率≥2.0%的试点比率为0%,小斑病为1~5级,瘤黑粉病0.1%,弯孢叶斑病1~5级,锈病3~9级;穗长15.5 cm,秃尖长1.1 cm,穗粗5.0 cm,轴粗3.0 cm,穗行数15.9,穗行数变幅14~18行,行粒数30.1,出籽率85.2%,百粒重33.2g;株型紧凑;主茎总叶片数18.5片,全生育期叶数变幅17~21片;叶片绿色;芽鞘紫色;第一叶形状圆到匙形;雄穗分枝数中等,枝长中等,雄穗颖片绿色,花药紫色;花丝浅紫色,苞叶长度中;果穗短筒型;籽粒半马齿型,黄粒;红轴。

3.抗病性鉴定

根据2020年河南农业大学植保学院人工接种鉴定报告:该品种高抗茎腐病、小斑病、锈病;抗穗腐病、瘤黑粉病;中抗弯孢叶斑病。

根据2021年河南农业大学植保学院人工接种鉴定报告(见表2-13):该品种抗穗腐病、弯孢叶斑病;中抗茎腐病、小斑病;感锈病、瘤黑粉病。

4.品质分析

根据2020年农业农村部农产品质量监督检验测试中心(郑州)对该品种多点套袋果穗的籽粒混合样品品质分析检验报告:粗蛋白质10.2%,粗脂肪3.4%,粗淀粉72.98%,赖氨酸0.32%,容重774 g/L。

根据2021年农业农村部农产品质量监督检验测试中心(郑州)对该品种多点套袋果穗的籽粒混合样品品质分析检验报告(见表2-14):粗蛋白质10.2%,粗脂肪4.0%,粗淀粉73.02%,赖氨酸0.33%,容重770 g/L。

5.DNA指纹检测

根据2021年北京玉米种子检测中心河南省玉米区域试验参试品种DNA指纹检测总结报告:该品种两年比较结果DNA指纹差异位点数2个。

6.试验建议

按照晋级标准,DNA指纹检测不达标,建议终止试验。

(七)驻玉901

1.产量表现

2020年区域试验产量平均亩产662.9 kg,比郑单958(CK)平均亩产636.0 kg增产4.2%,差异不显著,居试验第11位,试点9增3减,增产点比率为75.0%。

2021年区域试验产量平均亩产595.6 kg,比郑单958(CK)平均亩产523.3 kg增产13.8%,差异极显著,居试验第4位,试点10增0减,增产点比率为100%。

综合两年22点次的区域试验结果(见表2-3):该品种平均亩产632.3 kg,比郑单958(CK)平均亩产584.8 kg增产8.1%;增产点数:减产点数=19:3,增产点比率为86.4%。

2.特征特性

2020年该品种生育期105 d,比郑单958早熟1 d;株高274 cm,穗位高102 cm;倒伏率0.6%(0%~6.0%)、倒折率0%(0%~0%),倒伏倒折率之和0.6%,且倒伏倒折率≥15.0%的试点比率为0%;空秆率0.4%;双穗率0.2%;茎腐病1.1%(0%~5.3%),穗腐病籽粒霉变比率为0.4%(0%~1.3%),且穗腐病籽粒霉变比率≥2.0%的试点比率为0%,

瘤黑粉病 0.1%,小斑病为 1~5 级,弯孢叶斑病 1~3 级,锈病 1~5 级;穗长 15.8 cm,穗粗 4.9 cm,穗行数 16.0,行粒数 30.1,出籽率 88.5%,千粒重 325.9 g;株型半紧凑;主茎总叶片数 18~21 片;叶片绿色;芽鞘紫色;第一叶形状圆到匙形;雄穗分枝数密,雄穗颖片绿色,花药黄色;花丝浅紫色,苞叶长度长;果穗筒型;籽粒半马齿型,黄粒;红轴。

2021 年该品种生育期 101.6 d,比郑单 958 晚熟 1 d;株高 262 cm,穗位高 92 cm;倒伏率 0.9%(0%~5.6%)、倒折率 0.1%(0%~0.4%),倒伏倒折率之和 1.0%,且倒伏倒折率≥15.0%的试点比率为 0%;空秆率 0.8%;双穗率 0.5%;茎腐病 3.2%(0%~26.6%),穗腐病籽粒霉变比率为 0.2%(0%~0.9%),且穗腐病籽粒霉变比率≥2.0%的试点比率为 0%,小斑病为 1~5 级,瘤黑粉病 0.1%,弯孢叶斑病 1~5 级,锈病 1~5 级;穗长 15.4 cm,秃尖长 0.4 cm,穗粗 4.5 cm,轴粗 2.6 cm,穗行数 15.5,穗行数变幅 14~18 行,行粒数 29.2,出籽率 87.5%,百粒重 32.1 g;株型半紧凑;主茎总叶片数 19.2 片,全生育期叶数变幅 18~21 片;叶片绿色;芽鞘紫色;第一叶形状匙形;雄穗分枝数中等且枝长,雄穗颖片绿色,花药浅紫色;花丝浅紫色,苞叶长度长;果穗短筒型;籽粒马齿型,黄粒;红轴。

3.抗病性鉴定

根据 2020 年河南农业大学植保学院人工接种鉴定报告:该品种高抗锈病;抗穗腐病;中抗茎腐病;感小斑病、弯孢叶斑病、瘤黑粉病。

根据 2021 年河南农业大学植保学院人工接种鉴定报告(见表 2-13):该品种高抗茎腐病、瘤黑粉病;抗小斑病、锈病;中抗穗腐病、弯孢叶斑病。

4.品质分析

根据 2020 年农业农村部农产品质量监督检验测试中心(郑州)对该品种多点套袋果穗的籽粒混合样品品质分析检验报告:粗蛋白质 10.3%,粗脂肪 3.4%,粗淀粉 72.80%,赖氨酸 0.32%,容重 754 g/L。

根据 2021 年农业农村部农产品质量监督检验测试中心(郑州)对该品种多点套袋果穗的籽粒混合样品品质分析检验报告(见表 2-14):粗蛋白质 10.3%,粗脂肪 3.6%,粗淀粉 74.59%,赖氨酸 0.32%,容重 752 g/L。

5.DNA 指纹检测

根据 2020 年北京玉米种子检测中心河南省玉米区域试验参试品种 DNA 指纹检测总结报告:待测样品 MHN2100101(驻玉 901)在多个位点上有多种基因型,经单株检测疑是为 2 个品种的混合样品,无法出具检验结果。

6.试验建议

按照晋级标准,DNA 指纹检测不达标,建议终止试验。

(八)先玉 1907

1.产量表现

2020 年区域试验产量平均亩产 729.1 kg,比郑单 958(CK)平均亩产 631.7 kg 增产 15.4%,差异极显著,居试验第 1 位,试点 12 增 0 减,增产点比率为 100%。

2021 年区域试验产量平均亩产 589.5 kg,比郑单 958(CK)平均亩产 523.3 kg 增产 12.7%,差异极显著,居试验第 5 位,试点 9 增 1 减,增产点比率为 90.0%。

综合两年 22 点次的区域试验结果(见表 2-3):该品种平均亩产 665.6 kg,比郑单 958

(CK)平均亩产 582.4 kg 增产 14.3%;增产点数:减产点数=21:1,增产点比率为 95.5%。

2.特征特性

2020 年该品种生育期 105 d,比郑单 958 早熟 1 d;株高 293 cm,穗位高 107 cm;倒伏率 1.6%(0%~10.9%)、倒折率 0%(0%~0%),倒伏倒折率之和 1.6%,且倒伏倒折率≥15.0%的试点比率为 0%;空秆率 1.0%;双穗率 0.3%;茎腐病 0.5%(0%~4.0%),穗腐病籽粒霉变比率为 0.5%(0%~1.7%),且穗腐病籽粒霉变比率为≥2.0%的试点比率为 0%,瘤黑粉病 0.3%,小斑病为 1~3 级,弯孢叶斑病 1~3 级,锈病 1~5 级;穗长 18.0 cm,穗粗5.0 cm,穗行数 15.6,行粒数 34.6,出籽率 87.0%,千粒重 353.3 g;株型半紧凑;主茎总叶片数 19~21 片;叶片绿色;芽鞘紫色;第一叶形状圆到匙形;雄穗分枝数中等,雄穗颖片绿色,花药浅紫色;花丝浅紫色,苞叶长度短;果穗筒型;籽粒半马齿型,黄粒;红轴。

2021 年该品种生育期 99.9 d,比郑单 958 早熟 1 d;株高 268 cm,穗位高 90 cm;倒伏率 0.9%(0%~4.9%)、倒折率 2.1%(0.0%~14.7%),倒伏倒折率之和 3.0%,且倒伏倒折率≥15.0%的试点比率为 0%;空秆率 2.0%;双穗率 0.2%;茎腐病 8.8%(0%~20.0%),穗腐病籽粒霉变比率为 0.7%(0%~5.0%),且穗腐病籽粒霉变比率为≥2.0%的试点比率为 10.0%,小斑病为 1~7 级,瘤黑粉病 0.1%,弯孢叶斑病 1~3 级,锈病 1~9 级;穗长 18.1 cm,秃尖长 1.0 cm,穗粗 4.8 cm,轴粗 2.8 cm,穗行数 15.6,穗行数变幅 12~18 行,行粒数 36.0,出籽率 86.2%,百粒重 29.6 g;株型半紧凑;主茎总叶片数 20.0 片,全生育期叶数变幅 18~21 片;叶片绿色;芽鞘紫色;第一叶形状匙形;雄穗分枝数中等,枝长中等,雄穗颖片绿色,花药浅紫色;花丝紫色,苞叶长度中;果穗长筒型;籽粒半马齿型,黄粒;红轴。

3.抗病性鉴定

根据 2020 年河南农业大学植保学院人工接种鉴定报告:该品种高抗瘤黑粉病;抗茎腐病、穗腐病、锈病;感小斑病;高感弯孢叶斑病。

根据 2020 年河南农业大学植保学院人工接种鉴定报告(见表 2-13):该品种高抗茎腐病、瘤黑粉病;抗穗腐病、小斑病;中抗弯孢叶斑病、锈病。

4.品质分析

根据 2020 年农业农村部农产品质量监督检验测试中心(郑州)对该品种多点套袋果穗的籽粒混合样品品质分析检验报告:粗蛋白质 9.21%,粗脂肪 3.5%,粗淀粉 75.03%,赖氨酸 0.31%,容重 764 g/L。

根据 2021 年农业农村部农产品质量监督检验测试中心(郑州)对该品种多点套袋果穗的籽粒混合样品品质分析检验报告(见表 2-14):粗蛋白质 9.09%,粗脂肪 3.9%,粗淀粉 76.25%,赖氨酸 0.30%,容重 746 g/L。

5.试验建议

按照晋级标准,推荐进入生产试验。

(九)囤玉 330

1.产量表现

2020 年区域试验产量平均亩产 687.4 kg,比郑单 958(CK)平均亩产 631.7 kg 增产 8.8%,差异极显著,居试验第 6 位,试点 12 增 0 减,增产点比率为 100%。

2021 年区域试验产量平均亩产 567.0 kg,比郑单 958(CK)平均亩产 523.3 kg 增产

8.4%,差异显著,居试验第 9 位,试点 9 增 1 减,增产点比率为 90.0%。

综合两年 22 点次的区域试验结果(见表 2-3):该品种平均亩产 632.7 kg,比郑单 958(CK)平均亩产 582.4 kg 增产 8.6%;增产点数:减产点数=21:1,增产点比率为 95.5%。

2.特征特性

2020 年该品种生育期 104 d,比郑单 958 早熟 2 d;株高 269 cm,穗位高 106 cm;倒伏率 0.9%(0%~8.9%)、倒折率 0%(0%~0%),倒伏倒折率之和 0.9%,且倒伏倒折率≥15.0%的试点比率为 0%;空秆率 0.7%;双穗率 0.2%;茎腐病 0.5%(0%~3.3%),穗腐病籽粒霉变比率为 0.6%(0%~1.7%),且穗腐病籽粒霉变比率为≥2.0%的试点比率为 0%,瘤黑粉病 0%,小斑病为 1~3 级,弯孢叶斑病 1~5 级,锈病 1~5 级;穗长 15.4 cm,穗粗4.9 cm,穗行数 15.3,行粒数 32.7,出籽率 89.2%,千粒重 343.8 g;株型半紧凑;主茎总叶片数 18~20 片;叶片绿色;芽鞘紫色;第一叶形状圆到匙形;雄穗分枝数疏,雄穗颖片绿色,花药浅紫色;花丝浅紫色,苞叶长度长;果穗筒型;籽粒半马齿型,黄粒;白轴。

2021 年该品种生育期 99.2 d,比郑单 958 早熟 1 d;株高 240 cm,穗位高 96 cm;倒伏率 2.4%(0%~9.7%)、倒折率 0.6%(0%~3.1%),倒伏倒折率之和 3.0%,且倒伏倒折率≥15.0%的试点比率为 0%;空秆率 1.0%;双穗率 0.8%;茎腐病 20.2%(0%~80.1%,其中宝丰 41.1%、洛阳 80.1%),穗腐病籽粒霉变比率为 0.5%(0%~2.7%),且穗腐病籽粒霉变比率≥2.0%的试点比率为 10.0%,小斑病为 1~5 级,瘤黑粉病 0.1%,弯孢叶斑病 1~5 级,锈病 3~9 级;穗长 15.1 cm,秃尖长 0.6 cm,穗粗 4.8 cm,轴粗 2.8 cm,穗行数 15.5,穗行数变幅 14~18 行,行粒数 31.6,出籽率 88.8%,百粒重 29.8 g;株型半紧凑;主茎总叶片数 18.9 片,全生育期叶数变幅 18~21 片;叶片绿色;芽鞘紫色;第一叶形状匙形;雄穗分枝数中等,枝长中等,雄穗颖片绿色,花药浅紫色;花丝浅紫色,苞叶长度中;果穗短筒型;籽粒马齿型,黄粒;白轴。

3.抗病性鉴定

根据 2020 年河南农业大学植保学院人工接种鉴定报告:该品种高抗茎腐病、小斑病、穗腐病;抗弯孢叶斑病;感瘤黑粉病、锈病。

根据 2021 年河南农业大学植保学院人工接种鉴定报告(见表 2-13):该品种高抗穗腐病;中抗茎腐病、小斑病、弯孢叶斑病;感瘤黑粉病、锈病。

4.品质分析

根据 2020 年农业农村部农产品质量监督检验测试中心(郑州)对该品种多点套袋果穗的籽粒混合样品品质分析检验报告:粗蛋白质 10.4%,粗脂肪 3.6%,粗淀粉 74.05%,赖氨酸 0.34%,容重 782 g/L。

根据 2021 年农业农村部农产品质量监督检验测试中心(郑州)对该品种多点套袋果穗的籽粒混合样品品质分析检验报告(见表 2-14):粗蛋白质 10.9%,粗脂肪 4.2%,粗淀粉 75.06%,赖氨酸 0.34%,容重 772 g/L。

5.田间考察

专业委员会田间考察(黄泛区、洛阳)发现茎腐病超标,予以淘汰。

6.试验建议

按照晋级标准,田间两试点高感茎腐病,专业委员会田间考察发现茎腐病超标,建议终止试验。

(十)许玉 1802

1.产量表现

2020 年区域试验产量平均亩产 684.0 kg,比郑单 958(CK)平均亩产 631.7 kg 增产 8.3%,差异极显著,居试验第 8 位,试点 11 增 1 减,增产点比率为 91.7%。

2021 年区域试验产量平均亩产 534.4 kg,比郑单 958(CK)平均亩产 523.3 kg 增产 2.1%,差异不显著,居试验第 17 位,试点 7 增 3 减,增产点比率为 70.0%。

综合两年 22 点次的区域试验结果(见表 2-3):该品种平均亩产 616.0 kg,比郑单 958(CK)平均亩产 582.4 kg 增产 5.8%;增产点数:减产点数=18:4,增产点比率为 81.8%。

2.特征特性

2020 年该品种生育期 105 d,比郑单 958 早熟 1 d;株高 253 cm,穗位高 89 cm;倒伏率 0.1%(0%~0.7%)、倒折率 0%(0%~0%),倒伏倒折率之和 0.1%,且倒伏倒折率≥15.0%的试点比率为 0%;空秆率 0.6%;双穗率 0.1%;茎腐病 0.4%(0%~2.7%),穗腐病籽粒霉变比率为 0.7%(0%~3.0%),且穗腐病籽粒霉变比率≥2.0%的试点比率为 8.3%,瘤黑粉病0.2%,小斑病为 1~7 级,弯孢叶斑病 1~5 级,锈病 1~5 级;穗长 17.3 cm,穗粗4.9 cm,穗行数 15.3,行粒数 32.0,出籽率 87.4%,千粒重 337.5 g;株型紧凑;主茎总叶片数 17~20 片;叶片绿色;芽鞘紫色;第一叶形状圆到匙形;雄穗分枝数密,雄穗颖片绿色,花药浅紫色;花丝绿色,苞叶长度中;果穗筒型;籽粒半马齿型,黄粒;白轴。

2021 年该品种生育期 99.9 d,比郑单 958 早熟 1 d;株高 233 cm,穗位高 83 cm;倒伏率 1.5%(0%~11.4%)、倒折率 0%(0%~0%),倒伏倒折率之和 1.5%,且倒伏倒折率≥15.0%的试点比率为 0%;空秆率 0.6%;双穗率 0.8%;茎腐病 20.1%(0%~57.8%),穗腐病籽粒霉变比率为 0.4%(0%~2.9%),且穗腐病籽粒霉变比率≥2.0%的试点比率为 10.0%,小斑病为 1~5 级,瘤黑粉病 0.1%,弯孢叶斑病 1~5 级,锈病 3~9 级;穗长 16.1 cm,秃尖长 0.4 cm,穗粗 4.7 cm,轴粗 2.8 cm,穗行数 14.6,穗行数变幅 12~18 行,行粒数 30.4,出籽率 86.3%,百粒重 30.1 g;株型紧凑;主茎总叶片数 18.8 片,全生育期叶数变幅 17~21 片;叶片绿色;芽鞘紫色;第一叶形状匙形;雄穗分枝数多,枝长中等,雄穗颖片绿色,花药绿色;花丝绿色,苞叶长度中;果穗筒型;籽粒半马齿型,黄粒;白轴。

3.抗病性鉴定

根据 2020 年河南农业大学植保学院人工接种鉴定报告:该品种高抗小斑病;抗茎腐病、穗腐病、瘤黑粉病、锈病;高感弯孢叶斑病。

根据 2021 年河南农业大学植保学院人工接种鉴定报告(见表 2-13):该品种抗小斑病、穗腐病;中抗瘤黑粉病、锈病;高感茎腐病、弯孢叶斑病。

4.品质分析

根据 2020 年农业农村部农产品质量监督检验测试中心(郑州)对该品种多点套袋果穗的籽粒混合样品品质分析检验报告:粗蛋白质 10.2%,粗脂肪 4.5%,粗淀粉 72.73%,赖氨酸 0.33%,容重 754 g/L。

根据 2021 年农业农村部农产品质量监督检验测试中心(郑州)对该品种多点套袋果穗的籽粒混合样品品质分析检验报告(见表 2-14):粗蛋白质 9.37%,粗脂肪 3.6%,粗淀粉

74.99%,赖氨酸0.32%,容重727 g/L。

5.田间考察

专业委员会田间考察(宝丰、黄泛区、洛阳)发现茎腐病超标,予以淘汰。

6.试验建议

按照晋级标准,专业委员会田间考察发现茎腐病超标,抗病性鉴定不达标,建议终止试验。

(十一)TK001

1.产量表现

2020年区域试验产量平均亩产670.5 kg,比郑单958(CK)平均亩产631.7 kg增产6.1%,差异显著,居试验第10位,试点8增4减,增产点比率为66.7%。

2021年区域试验产量平均亩产603.7 kg,比郑单958(CK)平均亩产523.3 kg增产15.4%,差异极显著,居试验第1位,试点9增1减,增产点比率为90.0%。

综合两年22点次的区域试验结果(见表2-3):该品种平均亩产640.1 kg,比郑单958(CK)平均亩产582.4 kg增产9.9%;增产点数∶减产点数=17∶5,增产点比率为77.3%。

2.特征特性

2020年该品种生育期106 d,与郑单958同熟;株高303 cm,穗位高107 cm;倒伏率2.4%(0%~16.7%)、倒折率0%(0%~0%),倒伏倒折率之和2.4%,且倒伏倒折率≥15.0%的试点比率为8.3%;空秆率1.1%;双穗率0%;茎腐病1.8%(0%~17.0%),穗腐病籽粒霉变比率为0.4%(0%~2.0%),且穗腐病籽粒霉变比率≥2.0%的试点比率为8.3%,瘤黑粉病0.4%,小斑病为1~3级,弯孢叶斑病1~3级,锈病1~5级;穗长16.9 cm,穗粗5.1 cm,穗行数17.2,行粒数31.7,出籽率86.1%,千粒重320.4 g;株型半紧凑;主茎总叶片数17~20片;叶片绿色;芽鞘紫色;第一叶形状圆到匙形;雄穗分枝数中等,雄穗颖片绿色,花药浅紫色;花丝浅紫色,苞叶长度中;果穗筒型;籽粒半马齿型,黄粒;红轴。

2021年该品种生育期101.8 d,比郑单958晚熟1 d;株高278 cm,穗位高89 cm;倒伏率1.1%(0%~7.8%)、倒折率0.3%(0%~1.8%),倒伏倒折率之和1.4%,且倒伏倒折率≥15.0%的试点比率为0%;空秆率1.8%;双穗率0.5%;茎腐病1.9%(0%~6.0%),穗腐病籽粒霉变比率为0.4%(0%~0.9%),且穗腐病籽粒霉变比率≥2.0%的试点比率为0%,小斑病为1~3级,瘤黑粉病0.3%,弯孢叶斑病1~3级,锈病1~5级;穗长16.4 cm,秃尖长0.9 cm,穗粗5.2 cm,轴粗3.1 cm,穗行数17.3,穗行数变幅14~20行,行粒数29.9,出籽率85.9%,百粒重32.8 g;株型紧凑;主茎总叶片数19.2片,全生育期叶数变幅18~21片;叶片绿色;芽鞘紫色;第一叶形状匙形;雄穗分枝数中等,枝长中等,雄穗颖片绿色,花药绿色;花丝浅紫色,苞叶长度中;果穗筒型;籽粒半马齿型,黄粒;红轴。

3.抗病性鉴定

根据2020年河南农业大学植保学院人工接种鉴定报告:该品种高抗锈病;抗小斑病、穗腐病;中抗茎腐病;感弯孢叶斑病;高感瘤黑粉病。

根据2021年河南农业大学植保学院人工接种鉴定报告(见表2-13):该品种高抗茎腐病、小斑病、瘤黑粉病;抗穗腐病;中抗锈病;高感弯孢叶斑病。

4.品质分析

根据2020年农业农村部农产品质量监督检验测试中心(郑州)对该品种多点套袋果

穗的籽粒混合样品品质分析检验报告：粗蛋白质10.6%，粗脂肪4.2%，粗淀粉73.18%，赖氨酸0.32%，容重801 g/L。

根据2021年农业农村部农产品质量监督检验测试中心（郑州）对该品种多点套袋果穗的籽粒混合样品品质分析检验报告（见表2-14）：粗蛋白质10.4%，粗脂肪4.1%，粗淀粉73.67%，赖氨酸0.30%，容重806 g/L。

5.试验建议

按照晋级标准，推荐参加生产试验。

（十二）隆平145

1.产量表现

2020年区域试验产量平均亩产660.4 kg，比郑单958（CK）平均亩产631.7 kg增产4.5%，差异不显著，居试验第11位，试点9增3减，增产点比率为75.0%。

2021年区域试验产量平均亩产542.7 kg，比郑单958（CK）平均亩产523.3 kg增产3.7%，差异不显著，居试验第15位，试点7增3减，增产点比率为70.0%。

综合两年22点次的区域试验结果（见表2-3）：该品种平均亩产606.9 kg，比郑单958（CK）平均亩产582.4 kg增产4.2%；增产点数∶减产点数=16∶6，增产点比率为72.7%。

2.特征特性

2020年该品种生育期104 d，比郑单958早熟2 d；株高283 cm，穗位高101 cm；倒伏率1.7%（0%～8.7%）、倒折率0.6%（0%～7.1%），倒伏倒折率之和2.3%，且倒伏倒折率≥15.0%的试点比率为0%；空秆率1.2%；双穗率0.3%；茎腐病5.2%（0%～59.3%），穗腐病籽粒霉变比率为0.6%（0%～1.7%），且穗腐病籽粒霉变比率≥2.0%的试点比率为0%，瘤黑粉病0%，小斑病为1～3级，弯孢叶斑病1～5级，锈病1～5级；穗长17.6 cm，穗粗4.8 cm，穗行数14.8，行粒数33.1，出籽率87.1%，千粒重350.1 g；株型半紧凑；主茎总叶片数18～21片；叶片绿色；芽鞘紫色；第一叶形状圆到匙形；雄穗分枝数中等，雄穗颖片浅紫色，花药紫色；花丝浅紫色，苞叶长度中；果穗中间型；籽粒半马齿型，黄粒；红轴。

2021年该品种生育期100.1 d，与郑单958同熟；株高263 cm，穗位高89 cm；倒伏率0.6%（0%～3.3%）、倒折率0.2%（0%～0.9%），倒伏倒折率之和0.8%，且倒伏倒折率≥15.0%的试点比率为0%；空秆率1.1%；双穗率0.6%；茎腐病13.5%（0%～30.8%），穗腐病籽粒霉变比率为0%（0%～0.3%），且穗腐病籽粒霉变比率≥2.0%的试点比率为0%，小斑病为1～7级，瘤黑粉病0.1%，弯孢叶斑病1～3级，锈病5～9级；穗长17.3 cm，秃尖长1.2 cm，穗粗4.4 cm，轴粗2.7 cm，穗行数13.9，穗行数变幅12～16行，行粒数31.9，出籽率86.5%，百粒重29.8 g；株型紧凑；主茎总叶片数19.1片，全生育期叶数变幅18～20片；叶片绿色；芽鞘紫色；第一叶形状匙形；雄穗分枝数中等且枝长，雄穗颖片浅紫色，花药紫色；花丝浅紫色，苞叶长度中；果穗长筒型；籽粒半马齿型，黄粒；红轴。

3.抗病性鉴定

根据2020年河南农业大学植保学院人工接种鉴定报告：该品种抗穗腐病；中抗茎腐病、瘤黑粉病；感小斑病、弯孢叶斑病；高感锈病。

根据2021年河南农业大学植保学院人工接种鉴定报告（见表2-13）：该品种抗穗腐病；中抗茎腐病、小斑病、弯孢叶斑病、瘤黑粉病；感锈病。

4.品质分析

根据2020年农业农村部农产品质量监督检验测试中心(郑州)对该品种多点套袋果穗的籽粒混合样品品质分析检验报告:粗蛋白质10.4%,粗脂肪3.8%,粗淀粉73.66%,赖氨酸0.28%,容重796 g/L。

根据2021年农业农村部农产品质量监督检验测试中心(郑州)对该品种多点套袋果穗的籽粒混合样品品质分析检验报告(见表2-14):粗蛋白质9.85%,粗脂肪3.7%,粗淀粉74.79%,赖氨酸0.28%,容重796 g/L。

5.试验建议

按照晋级标准,建议区域试验、生产试验同时进行。

(十三)豫单7793

1.产量表现

2020年区域试验产量平均亩产657.0 kg,比郑单958(CK)平均亩产631.7 kg增产4.0%,差异不显著,居试验第12位,试点9增3减,增产点比率为75.0%。

2021年区域试验产量平均亩产555.6 kg,比郑单958(CK)平均亩产523.3 kg增产6.2%,差异不显著,居试验第11位,试点9增1减,增产点比率为90.0%。

综合两年22点次的区域试验结果(见表2-3):该品种平均亩产610.9 kg,比郑单958(CK)平均亩产582.4 kg增产5.0%;增产点数:减产点数=18:4,增产点比率为81.8%。

2.特征特性

2020年该品种生育期104 d,比郑单958早熟2 d;株高266 cm,穗位高92 cm;倒伏率1.2%(0%~7.3%)、倒折率0%(0%~0.4%),倒伏倒折率之和1.2%,且倒伏倒折率≥15.0%的试点比率为0%;空秆率0.6%;双穗率0.2%;茎腐病0%(0%~0%),穗腐病籽粒霉变比率为0.4%(0%~1.0%),且穗腐病籽粒霉变比率≥2.0%的试点比率为0%,瘤黑粉病0.1%,小斑病为1~5级,弯孢叶斑病1~5级,锈病1~5级;穗长16.3 cm,穗粗4.8 cm,穗行数18.0,行粒数30.1,出籽率88.5%,千粒重299.0 g;株型紧凑;主茎总叶片数19~21片;叶片绿色;芽鞘紫色;第一叶形状圆到匙形;雄穗分枝数中等,雄穗颖片浅紫色,花药浅紫色;花丝浅紫色,苞叶长度中;果穗筒型;籽粒半马齿型,黄粒;红轴。

2021年该品种生育期99.8 d,比郑单958早熟1 d;株高247 cm,穗位高84 cm;倒伏率0.9%(0%~4.9%)、倒折率0.1%(0%~0.7%),倒伏倒折率之和1.0%,且倒伏倒折率≥15.0%的试点比率为0%;空秆率0.9%;双穗率0.4%;茎腐病14.0%(0%~41.1%),穗腐病籽粒霉变比率为0.1%(0%~0.5%),且穗腐病籽粒霉变比率≥2.0%的试点比率为0%,小斑病为1~5级,瘤黑粉病0.1%,弯孢叶斑病1~5级,锈病3~9级;穗长15.5 cm,秃尖长0.6 cm,穗粗4.6 cm,轴粗2.8 cm,穗行数17.6,穗行数变幅14~22行,行粒数29.4,出籽率87.4%,百粒重28.0 g;株型紧凑;主茎总叶片数19.5片,全生育期叶数变幅18~21片;叶片绿色;芽鞘紫色;第一叶形状匙形;雄穗分枝数中等,枝长中等,雄穗颖片绿色,花药浅紫色;花丝浅紫色,苞叶长度中;果穗短筒型;籽粒半马齿型,黄粒;粉轴。

3.抗病性鉴定

根据2020年河南农业大学植保学院人工接种鉴定报告:该品种高抗茎腐病、小斑病;抗穗腐病;中抗弯孢叶斑病;感瘤黑粉病、锈病。

根据2020年河南农业大学植保学院人工接种鉴定报告(见表2-13):该品种高抗瘤黑粉病;中抗穗腐病、小斑病、锈病;感茎腐病、弯孢叶斑病。

4.品质分析

根据2020年农业农村部农产品质量监督检验测试中心(郑州)对该品种多点套袋果穗的籽粒混合样品品质分析检验报告:粗蛋白质10.5%,粗脂肪3.7%,粗淀粉75.08%,赖氨酸0.29%,容重786 g/L。

根据2021年农业农村部农产品质量监督检验测试中心(郑州)对该品种多点套袋果穗的籽粒混合样品品质分析检验报告(见表2-14):粗蛋白质10.6%,粗脂肪3.7%,粗淀粉74.98%,赖氨酸0.34%,容重782 g/L。

5.真实性和差异性

根据2021年北京玉米种子检测中心河南省玉米区域试验参试品种DNA指纹检测总结报告:该品种疑似品种比较结果为与2019年、2020年河南省科企共赢玉米联合体的豫单787的DNA指纹差异位点数2个,判定为疑似品种。

6.试验建议

按照晋级标准,DNA检测不达标,建议结束试验。

(十四)绿源玉11

1.产量表现

2020年区域试验产量平均亩产651.9 kg,比郑单958(CK)平均亩产631.7 kg增产3.2%,差异不显著,居试验第13位,试点9增3减,增产点比率为75.0%。

2021年区域试验产量平均亩产552.6 kg,比郑单958(CK)平均亩产523.3 kg增产5.6%,差异不显著,居试验第12位,试点8增2减,增产点比率为80.0%。

综合两年22点次的区域试验结果(见表2-3):该品种平均亩产606.8 kg,比郑单958(CK)平均亩产582.4 kg增产4.2%;增产点数:减产点数=17∶5,增产点比率为77.3%。

2.特征特性

2020年该品种生育期105 d,比郑单958早熟1 d;株高277 cm,穗位高109 cm;倒伏率4.2%(0%~35.0%)、倒折率0.3%(0%~2.7%),倒伏倒折率之和4.5%,且倒伏倒折率≥15.0%的试点比率为8.3%;空秆率1.6%;双穗率0%;茎腐病0.6%(0%~2.7%),穗腐病籽粒霉变比率为0.6%(0%~2.0%),且穗腐病籽粒霉变比率≥2.0%的试点比率为8.3%,瘤黑粉病0.1%,小斑病为1~3级,弯孢叶斑病1~5级,锈病1~5级;穗长18.1 cm,穗粗4.9 cm,穗行数16.6,行粒数31.0,出籽率87.5%,千粒重338.3 g;株型紧凑;主茎总叶片数18~21片;叶片绿色;芽鞘紫色;第一叶形状圆到匙形;雄穗分枝数中等,雄穗颖片绿色,花药黄色;花丝绿色,苞叶长度中;果穗筒型;籽粒半马齿型,黄粒;粉红轴。

2021年该品种生育期100.0 d,比郑单958早熟1 d;株高249 cm,穗位高97 cm;倒伏率1.3%(0%~2.7%)、倒折率0.3%(0%~2.0%),倒伏倒折率之和1.6%,且倒伏倒折率≥15.0%的试点比率为0%;空秆率1.6%;双穗率0.6%;茎腐病10.0%(0%~24.0%),穗腐病籽粒霉变比率为0.2%(0%~1.2%),且穗腐病籽粒霉变比率≥2.0%的试点比率为0%,小斑病为1~7级,瘤黑粉病0.1%,弯孢叶斑病1~3级,锈病3~9级;穗长17.3 cm,秃尖长0.7 cm,穗粗4.7 cm,轴粗2.8 cm,穗行数16.2,穗行数变幅12~20行,行粒数30.6,出籽率 87.8%，百粒重 29.0 g；株型紧凑；主茎总叶片数 19.4 片，全生育期叶数变幅 18～21 片；叶片绿色；芽鞘紫色；第一叶形状匙形；雄穗分枝数中等，枝长中等，雄穗颖片绿色，花药绿色；花丝浅紫色，苞叶长度中；果穗长筒型；籽粒半马齿型，黄粒；粉轴。

3.抗病性鉴定

根据 2020 年河南农业大学植保学院人工接种鉴定报告：该品种高抗茎腐病；抗小斑病；中抗穗腐病、弯孢叶斑病、瘤黑粉病；感锈病。

根据 2021 年河南农业大学植保学院人工接种鉴定报告（见表 2-13）：该品种高抗小斑病、瘤黑粉病；抗茎腐病、穗腐病；中抗弯孢叶斑病；感锈病。

4.品质分析

根据 2020 年农业农村部农产品质量监督检验测试中心（郑州）对该品种多点套袋果穗的籽粒混合样品品质分析检验报告：粗蛋白质 9.43%，粗脂肪 3.8%，粗淀粉 73.80%，赖氨酸 0.35%，容重 741 g/L。

据 2021 年农业农村部农产品质量监督检验测试中心（郑州）对该品种多点套袋果穗的籽粒混合样品品质分析检验报告（见表 2-14）：粗蛋白质 9.23%，粗脂肪 3.8%，粗淀粉 73.32%，赖氨酸 0.36%，容重 738 g/L。

5.试验建议

按照晋级标准，建议区域试验、生产试验同时进行。

（十五）伟科 9138

1.产量表现

2020 年区域试验产量平均亩产 707.1 kg，比郑单 958（CK）平均亩产 622.1 kg 增产 13.7%，差异极显著，居试验第 2 位，试点 12 增 0 减，增产点比率为 100%。

2021 年区域试验产量平均亩产 602.2 kg，比郑单 958（CK）平均亩产 523.3 kg 增产 15.1%，差异极显著，居试验第 2 位，试点 10 增 0 减，增产点比率为 100%。

综合两年 22 点次的区域试验结果（见表 2-3）：该品种平均亩产 659.4 kg，比郑单 958（CK）平均亩产 577.2 kg 增产 14.2%；增产点数：减产点数＝22∶0，增产点比率为 100%。

2.特征特性

2020 年该品种生育期 106 d，与郑单 958 同熟；株高 277 cm，穗位高 118 cm；倒伏率 1.1%（0%～6.7%）、倒折率 0%（0%～0%），倒伏倒折率之和 1.1%，且倒伏倒折率≥15.0% 的试点比率为 0%；空秆率 1.1%；双穗率 0%；茎腐病 0%（0%～0.4%），穗腐病籽粒霉变比率为 0.3%（0%～1.3%），且穗腐病籽粒霉变比率≥2.0%的试点比率为 0%，瘤黑粉病 0.3%，小斑病为 1～3 级，弯孢叶斑病 1～3 级，锈病 1～5 级；穗长 16.7 cm，穗粗 5.2 cm，穗行数 17.5，行粒数 32.4，出籽率 87.4%，千粒重 326.2 g；株型半紧凑；主茎总叶片数 19～21 片；叶片绿色；芽鞘紫色；第一叶形状圆到匙形；雄穗分枝数中等，雄穗颖片绿色，花药紫色；花丝绿色，苞叶长度长；果穗筒型；籽粒半马齿型，黄粒；红轴。

2021 年该品种生育期 100.5 d，与郑单 958 同熟；株高 255 cm，穗位高 96 cm；倒伏率 1.9%（0%～13.0%）、倒折率 0.6%（0%～4.8%），倒伏倒折率之和 2.5%，且倒伏倒折率≥15.0%的试点比率为 0%；空秆率 1.2%；双穗率 0.3%；茎腐病 2.6%（0%～18.8%），穗腐病籽粒霉变比率为 0.2%（0%～0.6%），且穗腐病籽粒霉变比率≥2.0%的试点比率为

0%，小斑病为1~3级，瘤黑粉病0.1%，弯孢叶斑病1~3级，锈病1~9级；穗长15.8 cm，秃尖长1.6 cm，穗粗5.0 cm，轴粗2.9 cm，穗行数17.7，穗行数变幅14~22行，行粒数30.1，出籽率86.8%，百粒重31.1 g；株型半紧凑；主茎总叶片数19.2片，全生育期叶数变幅18~20片；叶片绿色；芽鞘紫色；第一叶形状匙形；雄穗分枝数中等，枝长中等，雄穗颖片绿色，花药浅紫色；花丝绿色，苞叶长度长；果穗短筒型；籽粒半马齿型，黄粒；红轴。

3.抗病性鉴定

根据2020年河南农业大学植保学院人工接种鉴定报告：该品种高抗小斑病、锈病；抗茎腐病；中抗穗腐病、瘤黑粉病；感弯孢叶斑病。

根据2021年河南农业大学植保学院人工接种鉴定报告（见表2-13）：该品种高抗茎腐病、瘤黑粉病；抗小斑病、锈病；中抗穗腐病；高感弯孢叶斑病。

4.品质分析

根据2020年农业农村部农产品质量监督检验测试中心（郑州）对该品种多点套袋果穗的籽粒混合样品品质分析检验报告：粗蛋白质10.5%，粗脂肪3.9%，粗淀粉75.36%，赖氨酸0.29%，容重783 g/L。

根据2021年农业农村部农产品质量监督检验测试中心（郑州）对该品种多点套袋果穗的籽粒混合样品品质分析检验报告（见表2-14）：粗蛋白质10.5%，粗脂肪3.4%，粗淀粉76.52%，赖氨酸0.32%，容重780 g/L。

5.真实性和差异性

根据2021年北京玉米种子检测中心河南省玉米区域试验参试品种DNA指纹检测总结报告：该品种疑似品种比较结果为与2019年、2020年河南省区域试验的伟科819的DNA指纹差异位点数3个，判定为疑似品种。

6.试验建议

按照晋级标准，区域试验各项指标达标，建议结束区域试验，若生产试验达标，推荐审定。

（十六）中选896

1.产量表现

2020年区域试验产量平均亩产686.6 kg，比郑单958（CK）平均亩产622.1 kg增产10.4%，差异极显著，居试验第6位，试点12增0减，增产点比率为100%。

2021年区域试验产量平均亩产542.8 kg，比郑单958（CK）平均亩产523.3 kg增产3.7%，差异不显著，居试验第14位，试点9增1减，增产点比率为90.0%。

综合两年22点次的区域试验结果（见表2-3）：该品种平均亩产621.2 kg，比郑单958（CK）平均亩产577.2 kg增产7.6%；增产点数：减产点数=21∶1，增产点比率为95.5%。

2.特征特性

2020年该品种生育期106 d，与郑单958同熟；株高287 cm，穗位高115 cm；倒伏率1.1%（0%~10.2%）、倒折率0.6%（0%~7.0%），倒伏倒折率之和1.7%，且倒伏倒折率≥15.0%的试点比率为0%；空秆率1.0%；双穗率0.3%；茎腐病0.7%（0%~6.2%），穗腐病籽粒霉变比率为0.3%（0%~1.3%），且穗腐病籽粒霉变比率≥2.0%的试点比率为0%，瘤黑粉病0.2%，小斑病为1~3级，弯孢叶斑病1~3级，锈病1~5级；穗长16.4 cm，穗粗

5.1 cm,穗行数 17.4,行粒数 30.4,出籽率 86.2%,千粒重 340.7 g;株型半紧凑;主茎总叶片数 18~21 片;叶片绿色;芽鞘深紫色;第一叶形状圆到匙形;雄穗分枝数疏,雄穗颖片绿色,花药浅紫色;花丝浅紫色,苞叶长度中;果穗筒型;籽粒半马齿型,黄粒;红轴。

2021 年该品种生育期 100.2 d,与郑单 958 同熟;株高 273 cm,穗位高 101 cm;倒伏率 0.5%(0%~3.8%)、倒折率 0.5%(0%~4.1%),倒伏倒折率之和 1.0%,且倒伏倒折率≥15.0%的试点比率为 0%;空秆率 1.2%;双穗率 0.6%;茎腐病 5.4%(0%~17.8%),穗腐病籽粒霉变比率为 0.4%(0%~1.9%),且穗腐病籽粒霉变比率≥2.0%的试点比率为 0%,小斑病为 1~5 级,瘤黑粉病 0.1%,弯孢叶斑病 1~5 级,锈病 5~9 级;穗长 15.5 cm,秃尖长 1.2 cm,穗粗 4.7 cm,轴粗 2.8 cm,穗行数 17.1,穗行数变幅 14~20 行,行粒数 29.9,出籽率 85.5%,百粒重 25.9 g;株型半紧凑;主茎总叶片数 19.3 片,全生育期叶数变幅 18~21 片;叶片绿色;芽鞘紫色;第一叶形状匙形;雄穗分枝数中等且枝长,雄穗颖片绿色,花药浅紫色;花丝紫色,苞叶长度中;果穗短筒型;籽粒马齿型,黄粒;红轴。

3.抗病性鉴定

根据 2020 年河南农业大学植保学院人工接种鉴定报告:该品种高抗茎腐病、瘤黑粉病;抗小斑病;中抗穗腐病、弯孢叶斑病、锈病。

根据 2021 年河南农业大学植保学院人工接种鉴定报告(见表 2-13):该品种抗穗腐病、弯孢叶斑病;中抗小斑病;感茎腐病、瘤黑粉病、锈病。

4.品质分析

根据 2020 年农业农村部农产品质量监督检验测试中心(郑州)对该品种多点套袋果穗的籽粒混合样品品质分析检验报告:粗蛋白质 10.5%,粗脂肪 3.8%,粗淀粉 74.07%,赖氨酸 0.33%,容重 776 g/L。

根据 2021 年农业农村部农产品质量监督检验测试中心(郑州)对该品种多点套袋果穗的籽粒混合样品品质分析检验报告(见表 2-14):粗蛋白质 9.30%,粗脂肪 3.4%,粗淀粉 76.39%,赖氨酸 0.34%,容重 751 g/L。

5.田间考察

专业委员会田间考察(黄泛区、洛阳)发现茎腐病超标,予以淘汰。

6.试验建议

按照晋级标准,专业委员会田间考察发现茎腐病超标,建议终止试验。

(十七)雅玉 622

1.产量表现

2020 年区域试验产量平均亩产 670.8 kg,比郑单 958(CK)平均亩产 622.1 kg 增产 7.8%,差异极显著,居试验第 9 位,试点 10 增 2 减,增产点比率为 83.3%。

2021 年区域试验产量平均亩产 566.8 kg,比郑单 958(CK)平均亩产 523.3 kg 增产 8.3%,差异显著,居试验第 10 位,试点 8 增 2 减,增产点比率为 80.0%。

综合两年 22 点次的区域试验结果(见表 2-3):该品种平均亩产 623.5 kg,比郑单 958(CK)平均亩产 577.2 kg 增产 8.0%;增产点数:减产点数=18:4,增产点比率为 81.8%。

2.特征特性

2020 年该品种生育期 105 d,比郑单 958 早熟 1 d;株高 287 cm,穗位高 111 cm;倒伏率0.1%（0%～0.7%）、倒折率0%（0%～0%），倒伏倒折率之和0.1%，且倒伏倒折率≥15.0%的试点比率为0%；空秆率0.3%；双穗率0.1%；茎腐病1.8%（0%～12.3%），穗腐病籽粒霉变比率为0.3%（0%～1.2%），且穗腐病籽粒霉变比率≥2.0%的试点比率为0%，瘤黑粉病0.2%，小斑病为1～3级，弯孢叶斑病1～3级，锈病1～7级；穗长16.8 cm，穗粗4.9 cm，穗行数14.4，行粒数33.2，出籽率85.8%，千粒重346.7 g；株型半紧凑；主茎总叶片数18～21片；叶片绿色；芽鞘紫色；第一叶形状匙形；雄穗分枝数疏，雄穗颖片绿色，花药黄色；花丝紫色，苞叶长度长；果穗中间型；籽粒半马齿型，黄粒；红轴。

2021年该品种生育期100.4 d，与郑单958同熟；株高254 cm，穗位高92 cm；倒伏率0.5%（0%～3.1%）、倒折率0.2%（0%～1.5%），倒伏倒折率之和0.7%，且倒伏倒折率≥15.0%的试点比率为0%；空秆率1.0%；双穗率0.2%；茎腐病5.8%（0%～17.7%），穗腐病籽粒霉变比率为0.3%（0%～1.0%），且穗腐病籽粒霉变比率≥2.0%的试点比率为0%，小斑病为1～5级，瘤黑粉病0.4%，弯孢叶斑病1～5级，锈病3～9级；穗长17.2 cm，秃尖长1.2 cm，穗粗4.7 cm，轴粗3.0 cm，穗行数14.0，穗行数变幅12～18行，行粒数32.2，出籽率83.3%，百粒重32.1 g；株型紧凑；主茎总叶片数19.3片，全生育期叶数变幅18～21片；叶片绿色；芽鞘紫色；第一叶形状匙形；雄穗分枝数中等，枝长中等，雄穗颖片绿色，花药浅紫色；花丝紫色，苞叶长度长；果穗长筒型；籽粒半马齿型，黄粒；红轴。

3.抗病性鉴定

根据2020年河南农业大学植保学院人工接种鉴定报告：该品种高抗茎腐病、小斑病；抗弯孢叶斑病、锈病；中抗穗腐病；感瘤黑粉病。

根据2021年河南农业大学植保学院人工接种鉴定报告（见表2-13）：该品种高抗茎腐病、小斑病；抗穗腐病；中抗锈病；感瘤黑粉病；高感弯孢叶斑病。

4.品质分析

根据2020年农业农村部农产品质量监督检验测试中心（郑州）对该品种多点套袋果穗的籽粒混合样品品质分析检验报告：粗蛋白质10.7%，粗脂肪4.0%，粗淀粉73.88%，赖氨酸0.29%，容重774 g/L。

根据2021年农业农村部农产品质量监督检验测试中心（郑州）对该品种多点套袋果穗的籽粒混合样品品质分析检验报告（见表2-14）：粗蛋白质9.66%，粗脂肪4.1%，粗淀粉75.95%，赖氨酸0.32%，容重766 g/L。

5.试验建议

按照晋级标准，区域试验各项指标达标，建议结束区域试验，若生产试验达标，推荐审定。

（十八）农科玉168

1.产量表现

2020年区域试验产量平均亩产669.1 kg，比郑单958（CK）平均亩产622.1 kg增产7.6%，差异极显著，居试验第11位，试点10增2减，增产点比率为83.3%。

2021年区域试验产量平均亩产544.0 kg，比郑单958（CK）平均亩产523.3 kg增产4.0%，差异不显著，居试验第13位，试点8增2减，增产点比率为80.0%。

综合两年22点次的区域试验结果（见表2-3）：该品种平均亩产612.2 kg，比郑单958（CK）平均亩产577.2 kg增产6.1%；增产点数：减产点数=18∶4，增产点比率为81.8%。

2.特征特性

2020 年该品种生育期 106 d,与郑单 958 同熟;株高 275 cm,穗位高 105 cm;倒伏率 2.3%(0%~16.6%)、倒折率 0.3%(0%~3.7%),倒伏倒折率之和 2.6%,且倒伏倒折率≥15.0%的试点比率为 8.3%;空秆率 0.7%;双穗率 0%;茎腐病 0.3%(0%~1.8%),穗腐病籽粒霉变比率为 0.4%(0%~1.7%),且穗腐病籽粒霉变比率≥2.0%的试点比率为 0%,瘤黑粉病 0.1%,小斑病为 1~3 级,弯孢叶斑病 1~3 级,锈病 1~5 级;穗长 16.4 cm,穗粗 5.1 cm,穗行数 16.4,行粒数 31.0,出籽率 85.8%,千粒重 322.9 g;株型紧凑;主茎总叶片数 18~21 片;叶片绿色;芽鞘紫色;第一叶形状圆到匙形;雄穗分枝数密,雄穗颖片紫色,花药紫色;花丝浅紫色,苞叶长度长;果穗筒型;籽粒半马齿型,黄粒;红轴。

2021 年该品种生育期 100.7 d,与郑单 958 同熟;株高 248 cm,穗位高 89 cm;倒伏率 0.2%（0%~1.9%)、倒折率 0.1%（0%~0.4%),倒伏倒折率之和 0.3%,且倒伏倒折率≥15.0%的试点比率为 0%;空秆率 0.7%;双穗率 0.3%;茎腐病 2.2%(0%~8.4%),穗腐病籽粒霉变比率为 0.2%(0%~0.7%),且穗腐病籽粒霉变比率≥2.0%的试点比率为 0%,小斑病为 1~5 级,瘤黑粉病 0.1%,弯孢叶斑病 1~3 级,锈病 5~9 级;穗长 16.0 cm,秃尖长 1.1 cm,穗粗 5.1 cm,轴粗 3.1 cm,穗行数 16.8,穗行数变幅 14~20 行,行粒数 30.7,出籽率 85.1%,百粒重 30.7 g;株型紧凑;主茎总叶片数 19.5 片,全生育期叶数变幅 18~21 片;叶片绿色;芽鞘紫色;第一叶形状匙形;雄穗分枝数多且枝长,雄穗颖片紫色,花药紫色;花丝浅紫色,苞叶长度长;果穗筒型;籽粒半马齿型,黄粒;粉轴。

3.抗病性鉴定

根据 2020 年河南农业大学植保学院人工接种鉴定报告:该品种高抗小斑病;抗茎腐病、穗腐病;中抗锈病;感弯孢叶斑病;高感瘤黑粉病。

根据 2021 年河南农业大学植保学院人工接种鉴定报告(见表 2-13):该品种高抗弯孢叶斑病、瘤黑粉病;中抗茎腐病、穗腐病、小斑病;感锈病。

4.品质分析

根据 2020 年农业农村部农产品质量监督检验测试中心(郑州)对该品种多点套袋果穗的籽粒混合样品品质分析检验报告:粗蛋白质 10.9%,粗脂肪 3.3%,粗淀粉72.25%,赖氨酸 0.33%,容重 756 g/L。

根据 2021 年农业农村部农产品质量监督检验测试中心(郑州)对该品种多点套袋果穗的籽粒混合样品品质分析检验报告(见表 2-14):粗蛋白质 10.2%,粗脂肪 3.6%,粗淀粉 75.00%,赖氨酸 0.32%,容重 758 g/L。

5.试验建议

按照晋级标准,区域试验各项指标达标,建议结束区域试验,若生产试验达标,推荐审定。

(十九)郑单 958

1.产量表现

2021 年区域试验产量平均亩产 523.3 kg,居试验第 19 位。

2.特征特性

2021 年该品种生育期 100.5 d;株高 243 cm,穗位高 98 cm;倒伏率 6.3%(0%~53.3%)、倒折率 2.3%(0%~14.9%),倒伏倒折率之和 8.6%,且倒伏倒折率≥15.0%的试

点比率为 10.0%；空秆率 0.9%；双穗率 0.5%；茎腐病 22.9%（0%～72.0%，其中宝丰66.7%、洛阳 72.0%），穗腐病籽粒霉变比率为 0.5%（0%～2.9%），且穗腐病籽粒霉变比率≥2.0%的试点比率为 10.0%，小斑病为 1～5 级，瘤黑粉病 0.1%，弯孢叶斑病 1～3 级，锈病 1～9 级；穗长 16.0 cm，秃尖长 0.7 cm，穗粗 4.8 cm，轴粗 2.9 cm，穗行数 14.9，穗行数变幅 12～18 行，行粒数 31.8，出籽率 86.9%，百粒重 27.7 g；株型紧凑；主茎总叶片数 19.7 片，全生育期叶数变幅 18～21 片；叶片绿色；芽鞘紫色；第一叶形状匙形；雄穗分枝数多，枝长中等，雄穗颖片绿色，花药浅紫色；花丝浅紫色，苞叶长度长；穗筒型；籽粒半马齿型，黄粒；白轴。

3.品质分析

根据 2021 年农业农村部农产品质量监督检验测试中心（郑州）对该品种多点套袋果穗的籽粒混合样品品质分析检验报告（见表 2-14）：粗蛋白质 8.39%，粗脂肪 3.6%，粗淀粉 77.44%，赖氨酸 0.30%，容重 758 g/L。

4.试验建议

继续作为对照品种。

六、品种处理意见

（一）河南省品种晋级与审定标准

经玉米专业委员会委员研究同意，2021 年河南省玉米品种试验及审定标准在 2020 年区域试验年会标准的基础上进行修改。具体标准如下。

1.基本条件

（1）抗病性：鉴定病害 6 种，即小斑病、茎腐病、穗腐病、弯孢叶斑病、瘤黑粉病、锈病。小斑病、茎腐病、穗腐病田间自然发病及人工接种鉴定均未达到高感。

（2）生育期：每年区域试验生育期平均比对照品种长 2.0 d。

（3）抗倒性：每年区域试验平均倒伏倒折率之和≤12.0%，且倒伏倒折率之和≥15.0%的试点比率≤25%。

（4）品质：容重≥720 g/L，粗淀粉≥69.0%，粗蛋白≥8.0%，粗脂肪≥3.0%。

（5）专家田间鉴评：在生育期、结实性、抗倒性、抗病虫性、抗逆性等性状方面没有严重缺陷。

（6）真实性和差异性（SSR 分子标记检测）：同一品种在不同试验年份、不同试验组别、不同试验区道中 DNA 指纹检测差异位点数应当<2 个。

申请审定品种与已知品种 DNA 指纹检测差异位点数应当≥4 个；申请审定品种应当与已知品种 DNA 指纹检测差异位点数等于 3 个的，需进行田间小区种植鉴定证明有重要农艺性状差异。

（7）产量：区域试验和生产试验产量（kg/亩）（见分类条件要求）。

2.分类条件

1）高产稳产品种

每年区域试验产量比对照品种平均增产≥3.0%，且两年平均≥5.0%，生产试验比对照品种增产≥2.0%。每年区域试验、生产试验增产的试点比率≥60%。

2)绿色优质品种

(1)抗病性突出:田间自然发病和人工接种鉴定所有病害均达到中抗以上。

(2)丰产性、稳产性:每年区域试验、生产试验与对照品种产量相当,且每年区域试验、生产试验达标试点比率≥60%。其他指标同高产稳产品种。

3.2021 年度晋级品种执行标准

(1)2021 年完成生产试验程序品种以及之前的缓审品种,晋级和审定时各项指标均执行老标准。

(2)2022 年进入区域试验程序的品种,晋级和审定时所有指标均按修订后新标准执行(DNA、产量、抗倒性、抗病性等)。

(3)从 2022 年开始,参加区域试验(两年区域试验)的品种进行 DNA 指纹检测。

(4)2021 年玉米季节气候特殊,本年度生育期仅做参考,不作为淘汰品种依据。

(5)统一田间试验上报数据中,有两个及以上试点达到茎腐病(病株率≥40.1%)或穗腐病(病粒率≥4.0%)高感的品种以及穗腐病病粒率≥2.0%试点比率≥30.0%的品种予以淘汰。

(6)品种交叉晋级标准。

普通组:区域试验增产≥7.0%,增产点率≥70%,倒伏倒折率之和≤8%,小斑病、茎腐病和穗腐病人工接种和田间自然发病均中抗以上。

机收组:区域试验增产≥4.0%,增产点率≥70%,倒伏倒折之和≤3%,籽粒含水量≤28%,破碎率≤6%,小斑病、茎腐病和穗腐病人工接种和田间自然发病均中抗以上。

(7)关于延审品种:2022 年玉米初审会前提供不出合格的 DUS 报告的品种不再审定。

(二)参试品种的处理意见

综合考评参试品种的各类性状表现,经玉米区域试验年会讨论研究决定,参试品种的处理意见如下:

(1)推荐审定品种 5 个:开玉 6 号、郑玉 821、伟科 9138、雅玉 622、农科玉 168。

(2)推荐生产试验品种 4 个:安丰 518、H1972、先玉 1907、TK001。

(3)推荐区域试验、生产试验同时进行品种 2 个:隆平 145、绿源玉 11。

(4)盈丰 736、瑞丰 001、囤玉 330、驻玉 901、许玉 1802、豫单 7793、中选 896 终止试验。

七、问题及建议

2021 年玉米生长季节总体气候条件不利于玉米生长发育,平均气温略高,降雨量严重超常,日照时数严重偏少,表现在苗期少雨干旱抑制生长,花期少雨干旱影响结实,全生育期寡照特别是灌浆期锈病早发重发严重影响粒重。今后在新品种选育过程中,应加强品种对生物抗性特别是抗锈病、抗穗腐病以及非生物抗性特别是抗高温、耐低氮、耐干旱等生物学特性的鉴定筛选。

河南省农业科学院粮食作物研究所
2021 年 12 月

表 2-17　2021 年河南省玉米品种区域试验参试品种所在试点性状汇总(5000 株/亩 A 组)

品种	试点位置	亩产/kg	比 CK/(±%)	位次	生育期/d	株高/cm	穗位高/cm	空秆率/%	双穗率/%	收获时籽粒含水量/%	穗长/cm	穗粗/cm	穗行数/行	穗行数变幅/行	行粒数/粒	秃尖长/cm	轴粗/cm	出籽率/%	百粒重/g	叶片数/片	叶数变幅
开玉 6 号	宝丰	584.8	26.5	3	100	270	95	0	1.9	25.5	16.0	4.7	17.0	16~20	29.3	0.7	2.8	88.5	33.7	17.2	17~19
	怀川	608.3	12.8	5	100	257	93	0.9	3.0	21.5	16.2	4.7	16.4	14~18	29.3	0.1	3.1	87.1	31.7		
	南阳	615.4	26.3	3	94	249	92	1.5	0	16.6	15.4	4.9	16.4	16~18	23.0	0.4	2.6	86.8	32.7	19.2	19~20
	嘉华	511.3	11.4	3	99	277	95	1.1	1.1	23.9	16.0	4.7	16.4	16~18	28.4	0.5	2.9	88.7	25.6	20.4	20~21
	西平	487.6	13.1	8	96	281	82	2.5	0	26.1	17.7	4.7	16.0	16	28.0	0.5	3.3	83.5	36.0	21	21
	新郑	874.1	13.1	3	107	253	95	0	0.2	25.2	16.3	5.2	17.5	16~18	30.0	0.1	3.1	82.2	36.6		
	中牟	658.9	8.4	8	103	264	99	0.2	0.2	27.3	15.6	4.9	17.2	14~18	30.5	1.0	3.2	88.0	33.2	19.6	18~20
	黄泛区	636.9	18.1	5	104	261	103	0.4	0	26.4	16.3	4.6	16.2	12~18	29.8	0.5	2.9	89.8	30.2	19.3	19~20
	金囤	438.5	14.0	2	96	235	79	0	0.8	26.7	14.3	4.3	15.6	14~16	23.8	0.4	2.8	82.6	24.6	20	19~20
	洛阳	585.2	6.5	10	109	265	107	1.1	0	23.8	16.1	4.9	16.8	14~18	29.4	1.0	2.9	91.3	29.8	20.3	20~21
	平均	600.1	14.7	3	100.8	261	94	0.8	0.7	24.3	16.0	4.8	16.6	12~18	28.2	0.5	3.0	86.9	31.4	19.6	17~21
盈丰 736	宝丰	438.1	−5.3	19	102	241	90	0	0.4	23.4	17.1	3.9	12.6	12~16	36.8	1.0	2.2	88.5	26.3	17.6	17~18
	怀川	493.1	−8.5	18	98	217	78	2.2	0.6	19.6	18.2	4.1	14.6	12~16	38.0	0.3	2.6	87.2	24.4		
	南阳	558.3	14.5	11	93	239	98	0.7	0.4	15.5	15.8	4.6	15.6	14~16	29.2	1.6	2.6	88.7	29.5	18.4	18~19
	嘉华	452.0	−1.5	18	99	246	86	1.8	0	20.4	16.6	4.2	13.2	12~16	30.0	0.3	2.4	86.8	20.9	19.4	19~20
	西平	405.2	−6.0	18	93	243	82	3.4	0	25.4	16.7	4.2	15.3	14~16	33.3	0	2.7	84.5	21.0	19	18~20
	新郑	843.7	9.2	10	107	230	92	0.7	0	25.8	16.6	4.6	16.5	14~18	32.5	0.3	2.3	85.7	33.5		
	中牟	514.8	−15.3	18	101	239	87	0.4	0.2	25.7	16.5	4.9	14.4	14~18	32.6	0.2	2.8	85.6	31.6	19.2	18~20
	黄泛区	553.3	2.6	15	103	235	103.7	2.5	0	22.9	16.4	4.2	16.0	14~18	32.6	1.0	2.5	86.8	23.3	19	19
	金囤	430.2	11.9	4	97	228	78	3.0	0	26.9	13.8	4.0	14.8	14~16	25.4	0.5	2.6	84.2	22.9	18	18~19
	洛阳	545.0	−0.8	16	108	242	95	1.3	0	23.7	18.8	4.6	12.8	12~14	33.8	1.3	2.4	91.2	27.9	20	20
	平均	523.4	0	18	100.1	236	89	1.6	0.2	22.9	16.7	4.3	14.6	12~18	32.4	0.7	2.5	86.9	26.1	18.8	17~20

续表 2-17

品种	试点位置	亩产/kg	比 CK/(±%)	位次	生育期/d	株高/cm	穗位高/cm	空秆率/%	双穗率/%	收获时籽粒含水量/%	穗长/cm	穗粗/cm	穗行数/行	穗行数变幅/行	行粒数/粒	秃尖长/cm	轴粗/cm	出籽率/%	百粒重/g	叶片数/片	叶数变幅
郑玉 821	宝丰	525.0	13.5	8	100	271	101	0	6.0	28.4	16.0	4.5	14.8	12～16	28.4	0.8	2.8	89.8	32.0	18.6	18～19
	怀川	573.9	6.5	9	98	231	103	0.4	2.6	23.1	16.3	4.6	15.0	14～16	30.8	0.1	2.7	88.8	30.0		
	南阳	567.4	16.4	10	93	261	109	2.2	0	17.8	16.6	4.8	15.6	14～16	32.0	0.8	2.6	91.6	30.9	18.8	18～19
	嘉华	473.1	3.0	11	99	248	84	0.9	0	25.6	14.4	4.6	14.8	14～16	29.2	0.5	2.7	90.0	26.3	19.4	19～20
	西平	503.3	16.7	5	94	250	92	0.7	0	26.3	15.7	4.3	14.0	12～16	30.0	0.2	2.7	84.9	31.0	19	18～20
	新郑	859.4	11.2	8	107	262	120	0.2	0.4	27.2	17.1	5.0	15.5	14～16	34.5	0.2	3.0	86.0	36.2		
	中牟	700.9	15.3	4	102	251	117	0.4	0.2	27.2	15.6	4.6	14.6	14～18	36.2	1.4	2.6	88.0	34.1	19.4	18～20
	黄泛区	585.4	8.5	11	103	256	130.3	0	6.4	26.5	14.7	4.5	14.2	12～16	29.6	0.5	2.5	89.6	31.0	20.3	20～21
	金囤	408.9	6.3	10	95	226	89	0.4	1.1	27.3	14.2	4.4	15.2	14～16	25.6	0.9	2.6	85.2	29.2	19	18～19
	洛阳	610.2	11.1	7	108	258	95	2.2	0.4	25.2	16.7	5.0	15.2	14～16	31.6	1.1	2.8	93.8	31.9	20.3	20～21
	平均	580.8	11.0	6	99.9	251	104	0.7	1.7	25.5	15.7	4.6	14.9	12～18	30.8	0.7	2.7	88.8	31.3	19.4	18～21
瑞丰 001	宝丰	536.9	16.1	5	100	278	96	0	0	23.9	16.1	5.0	16.4	14～18	31.6	1.4	3.0	87.1	34.3	17.2	17～18
	怀川	583.7	8.3	7	101	254	76	1.3	0.7	21.8	15.3	5.3	16.4	14～18	29.4	0	3.3	84.3	41.0		
	南阳	533.1	9.4	17	93	306	112	2.2	0	16.4	16.6	5.2	16.4	16～18	28.6	2.4	3.1	85.3	34.2	17.8	17～18
	嘉华	479.3	4.4	10	99	264	87	1.8	0.4	22.2	16.0	5.0	15.2	14～16	31.4	1.8	3.0	87.8	29.9	18	18
	西平	476.9	10.6	10	93	263	60	0.9	0	24.0	14.7	4.5	14.7	14～16	27.3	1.2	2.8	81.7	28.0	19	18～20
	新郑	829.3	7.3	11	107	272	90	0	0	24.9	16.0	4.9	15.0	14～16	35.0	0.1	3.1	82.8	39.4		
	中牟	715.7	17.7	2	100	267	94	0.2	0.2	26.4	16.2	4.9	16.2	14～18	33.8	0.4	2.8	85.3	34.5	19.6	19～21
	黄泛区	621.7	15.3	7	103	280.3	100.3	0	4.2	25.2	14.8	5.0	17.2	14～18	28.4	1.0	2.8	88.8	31.2	18.7	18～19
	金囤	441.5	14.8	1	98	228	69	0	0	26.0	14.2	4.8	15.6	14～16	27.6	0.9	2.8	81.3	28.9	18	18～19
	洛阳	566.7	3.2	13	107	267	82	0	0	22.6	15.4	5.1	15.6	14～18	28.0	2.1	3.1	87.7	30.1	19.3	19～20
	平均	578.5	10.5	7	100.1	268	87	0.6	0.6	23.3	15.5	5.0	15.9	14～18	30.1	1.1	3.0	85.2	33.2	18.5	17～21

续表 2-17

品种	试点位置	亩产/kg	比 CK/(±%)	位次	生育期/d	株高/cm	穗位高/cm	空秆率/%	双穗率/%	收获时籽粒含水量/%	穗长/cm	穗粗/cm	穗行数/行	穗行数变幅/行	行粒数/粒	秃尖长/cm	轴粗/cm	出籽率/%	百粒重/g	叶片数/片	叶数变幅
囤玉 330	宝丰	532.8	15.2	7	100	272	111	0	2.6	25.7	15.5	4.7	15.2	14~16	35.2	0.7	2.5	89.9	31.8	19	19~20
	怀川	589.1	9.3	6	98	227	84	2.0	0	19.8	16.2	4.7	15.6	14~16	35.1	0.1	2.8	90.4	30.3		
	南阳	542.4	11.3	15	92	245	101	1.1	0.4	14.5	14.4	5.0	15.2	14~16	27.4	0.6	2.8	90.6	31.1	18.4	18~19
	嘉华	486.3	5.9	8	98	251	87	1.3	0	18.4	15.2	4.8	14.8	14~16	35.0	1.2	2.8	90.0	25.1	19.4	19~20
	西平	505.6	17.3	4	94	230	85	3.1	0	24.7	14.7	4.7	16.0	14~18	25.3	0	3.2	83.7	36.0	18	18
	新郑	869.8	12.6	4	106	222	96	0.2	0.2	26.4	15.1	5.1	15.5	14~16	32.0	0.1	2.9	86.8	36.9		
	中牟	630.2	3.6	12	100	232	102	0.4	0.2	25.5	16.7	5.1	15.2	14~18	34.3	1.1	2.8	89.1	31.5	19.4	18~20
	黄泛区	576.9	7.0	13	104	245.3	105	0	3.8	22.1	13.7	4.6	15.8	14~18	30.3	0.2	2.7	89.6	25.0	19	19~19
	金囤	405.7	5.5	13	95	232	80	0	0.7	22.2	14.8	4.5	15.6	14~16	31.2	0.4	2.6	86.8	25.7	18	18~19
	洛阳	531.5	-3.2	17	105	240	107	2.0	0	20.2	14.6	4.8	16.0	14~18	30.2	1.6	2.9	91.2	24.3	20	19~21
	平均	567.0	8.4	9	99.2	240	96	1.0	0.8	22.0	15.1	4.8	15.5	14~18	31.6	0.6	2.8	88.8	29.8	18.9	18~21
伟科 9138	宝丰	503.1	8.8	12	101	280	86	0	0	29.7	18.1	5.2	17.8	16~20	34.7	1.7	2.9	86.3	33.8	18.6	18~19
	怀川	611.7	13.5	4	101	241	89	2.2	2.2	23.2	17.4	5.2	17.6	16~20	35.2	0.8	3.1	86.5	34.1		
	南阳	613.7	25.9	4	93	277	109	0.7	0	16.8	14.4	5.4	18.0	16~20	23.4	2.3	2.8	88.0	32.4	19	18~20
	嘉华	526.5	14.7	1	100	271	96	0.9	0.4	24.5	14.4	5.0	17.6	16~20	28.2	2.8	2.8	90.0	25.7	19.4	19~20
	西平	513.7	19.2	2	93	254	94	1.4	0	27.7	15.0	5.2	18.7	16~22	28.0	0.3	3.2	84.9	35.5	19	18~20
	新郑	819.6	6.1	12	107	258	119	0.7	0	26.3	15.9	5.3	17.5	16~18	37.0	0.1	3.2	86.4	33.5		
	中牟	728.9	19.9	1	102	226	84	0.2	0.2	28.8	17.0	4.6	17.8	16~20	34.1	1.1	3.0	85.7	34.4	19.4	18~20
	黄泛区	644.6	19.5	1	103	257	106.3	3.5	0	27.0	14.4	4.9	17.2	14~18	24.0	2.5	2.7	87.1	28.2	19.7	19~20
	金囤	428.5	11.4	6	98	223	77	1.1	0	29.8	15.2	4.3	17.2	16~18	26.8	1.4	2.8	82.5	26.4	19	18~19
	洛阳	631.9	15.0	3	107	260	98	1.1	0	23.4	16.4	5.2	17.6	14~22	29.2	2.6	2.8	90.9	27.2	19.6	19~20
	平均	602.2	15.1	2	100.5	255	96	1.2	0.3	25.7	15.8	5.0	17.7	14~22	30.1	1.6	2.9	86.8	31.1	19.2	18~20

续表 2-17

品种	试点位置	亩产/kg	比 CK/（±%）	位次	生育期/d	株高/cm	穗位高/cm	空秆率/%	双穗率/%	收获时籽粒含水量/%	穗长/cm	穗粗/cm	穗行数/行	穗行数变幅/行	行粒数/粒	秃尖长/cm	轴粗/cm	出籽率/%	百粒重/g	叶片数/片	叶数变幅
中选 896	宝丰	504.4	9.1	11	102	281	110	0	2.6	27.0	15.4	4.7	17.2	14~18	32.3	1.4	2.7	88.9	26.2	18.4	18~19
	怀川	575.2	6.7	8	99	263	100	1.7	0	22.0	17.7	4.5	17.4	16~20	33.5	0.2	2.9	87.5	20.9		
	南阳	513.7	5.4	18	93	290	115	2.2	0	15.4	13.8	5.0	17.6	16~20	25.8	0.7	2.8	87.1	28.3	18.8	18~19
	嘉华	467.0	1.7	14	98	306	114	0.4	0.2	23.5	14.4	4.5	16.0	16	26.4	2.8	2.8	87.4	20.2	19.6	19~20
	西平	449.3	4.2	14	95	289	100	4.1	0	25.8	16.3	4.7	18.7	16~20	30.3	1.0	3.0	81.3	29.0	19	18~20
	新郑	860.0	11.3	7	107	257	94	0.4	0	27.0	16.7	5.3	17.5	16~18	33.0	0.1	3.1	82.8	31.8		
	中牟	630.0	3.6	13	102	251	84	0.4	0.2	27.6	16.3	4.9	16.4	14~18	32.9	0.9	2.8	85.2	30.9	19.4	18~20
	黄泛区	539.6	0	16	103	280	110.7	1.8	2.2	25.8	14.2	4.4	17.4	16~18	30.2	2.5	2.6	83.8	21.1	19.3	19~20
	金囤	408.3	6.2	11	95	249	78	0	0.4	28.4	15.6	4.3	16.8	16~18	26.4	0.8	2.7	81.2	24.8	19	18~19
	洛阳	480.0	-12.6	19	108	267	103	1.3	0	23.7	14.9	4.8	15.6	14~16	28.4	1.4	2.9	89.8	25.4	21	21
	平均	542.8	3.7	14	100.2	273	101	1.2	0.6	24.6	15.5	4.7	17.1	14~20	29.9	1.2	2.8	85.5	25.9	19.3	18~21
雅玉 622	宝丰	521.7	12.8	9	100	281	100	0	0	25.3	17.6	4.8	14.2	12~16	35.5	1.4	3.0	84.8	37.7	19	18~20
	怀川	523.1	-3.0	17	99	222	86	2.0	0.7	21.0	19.2	4.5	13.6	12~16	39.4	0.1	3.0	84.6	29.4		
	南阳	557.0	14.3	12	93	270	103	1.8	0	17.0	17.2	5.0	14.0	14~14	28.2	1.5	2.8	84.2	35.7	19	19
	嘉华	503.3	9.6	5	99	267	88	1.1	0	25.5	16.2	4.5	13.2	12~14	29.2	2.2	3.0	86.3	28.1	19.4	19~20
	西平	453.1	5.1	13	96	251	75	3.3	0	26.1	17.7	4.7	14.7	14~16	31.3	0.2	3.0	80.2	37.5	20	19~21
	新郑	771.1	-0.2	17	107	221	85	0.2	0	26.6	16.1	4.7	13.5	12~14	33.0	0.5	3.0	81.8	34.5		
	中牟	669.1	10.0	6	103	257	91	0.4	0.2	26.7	18.3	5.1	14.8	14~18	36.4	0.4	3.2	83.1	32.9	19.6	19~21
	黄泛区	596.1	10.5	10	103	261	97	0.7	0.7	25.8	15.6	4.4	14.0	12~16	27.8	2.0	2.6	79.4	26.6	18.7	18~20
	金囤	429.1	11.6	5	95	233	85	0	0.8	26.8	16.2	4.4	14.4	14~16	31.6	1.0	2.9	80.7	26.6	18	18~19
	洛阳	644.4	17.3	2	109	275	110	0	0	23.3	17.9	4.9	14.0	12~16	29.2	2.8	3.0	87.5	31.7	20.6	20~21
	平均	566.8	8.3	10	100.4	254	92	1.0	0.2	24.4	17.2	4.7	14.0	12~18	32.2	1.2	3.0	83.3	32.1	19.3	18~21

续表 2-17

品种	试点位置	亩产/kg	比 CK/(±%)	位次	生育期/d	株高/cm	穗位高/cm	空秆率/%	双穗率/%	收获时籽粒含水量/%	穗长/cm	穗粗/cm	穗行数/行	穗行数变幅/行	行粒数/粒	秃尖长/cm	轴粗/cm	出籽率/%	百粒重/g	叶片数/片	叶数变幅
农科玉 168	宝丰	484.1	4.7	14	102	256	95	0	0	28.5	15.2	5.2	17.2	16~18	30.2	0.4	3.3	88.1	32.4	19	19~20
	怀川	546.9	1.4	12	100	226	86	1.5	0	22.9	17.1	5.0	16.6	14~18	32.0	0.2	3.3	85.2	27.1		
	南阳	582.0	19.4	7	93	275	99	1.1	0	19.2	14.2	5.2	18.0	16~20	23.8	1.1	2.9	86.3	31.2	19.2	19~20
	嘉华	471.3	2.7	12	100	251	82	1.3	0	26.6	16.5	5.0	16.0	14~18	28.8	3.5	3.2	87.4	26.3	19.4	19~20
	西平	484.4	12.4	9	95	263	87	2.0	0	30.9	15.7	5.0	14.7	14~16	31.3	0.2	3.0	86.3	32.5	20	19~21
	新郑	655.0	−15.2	19	106	236	90	0.4	0	27.0	17.3	5.5	15.5	14~16	34.0	0.1	3.1	74.9	39.8		
	中牟	712.0	17.1	3	101	251	91	0.2	0.2	28.4	17.3	5.2	17.4	16~20	34.0	0.7	3.3	84.5	34.4	19.6	18~20
	黄泛区	490.4	−9.1	19	103	241	94	0	1.9	26.2	15.0	5.0	17.8	16~20	27.0	1.0	3.0	88.2	28.2	19.3	19~20
	金囤	391.9	1.9	15	98	230	72	0	0.7	27.6	15.4	4.8	16.8	18~20	26.4	1.5	3.1	79.8	23.8	19	18~19
	洛阳	622.2	13.3	4	109	255	90	0.4	0	23.5	16.2	5.2	17.6	16~18	26.6	2.4	3.2	90.1	31.5	20.3	20~21
	平均	544.0	4.0	13	100.7	248	89	0.7	0.3	26.1	16.0	5.1	16.8	14~20	29.4	1.1	3.1	85.1	30.7	19.5	18~21
安丰 518	宝丰	533.5	15.4	6	102	241	85	0	1.5	23.7	15.8	4.8	14.4	12~16	34.6	0.7	2.9	88.0	30.1	18.2	17~19
	怀川	531.5	−1.4	15	99	240	82	1.1	2.6	24.0	16.6	4.8	15.0	12~18	36.2	0.2	3.2	87.1	25.7		
	南阳	536.3	10.0	16	93	251	91	4.3	0.4	17.4	15.2	5.0	14.8	14~16	30.2	0.3	2.6	88.8	29.8	18.8	18~19
	嘉华	460.6	0.3	16	100	274	91	1.3	0.7	23.2	16.2	4.7	13.2	12~16	33.6	1.5	2.8	88.4	25.1	20.8	20~22
	西平	501.7	16.4	6	97	264	78	1.8	0	28.6	15.0	4.5	14.7	14~16	28.0	0	2.8	83.0	33.5	20	19~21
	新郑	846.1	9.5	9	107	226	83	0.2	0	27.7	15.6	5.4	17.5	16~18	31.5	0.1	3.1	81.6	37.0		
	中牟	461.3	−24.1	19	102	251	88	0.2	0	28.2	15.5	5.0	14.8	14~18	30.0	0.6	2.9	86.0	30.6	19.6	18~20
	黄泛区	558.0	3.4	14	103	240.7	100	0	2.2	26.3	14.4	4.7	14.2	12~16	29.2	1.0	2.7	89.3	28.5	20	19~21
	金囤	422.8	9.9	7	98	232	75	1.1	0	28.3	15.4	4.6	14.8	12~16	31.8	1.0	2.7	80.7	23.9	20	19~20
	洛阳	506.9	−7.7	18	109	248	103	0.4	0	26.8	15.0	4.7	13.2	12~14	32.8	1.1	2.7	88.9	25.6	19.6	19~20
	平均	535.9	2.4	16	101.0	247	88	1.0	0.7	25.4	15.5	4.8	14.7	12~18	31.8	0.7	2.8	86.2	29.0	19.6	17~22

续表 2-17

品种	试点位置	亩产/kg	比 CK/(±%)	位次	生育期/d	株高/cm	穗位高/cm	空秆率/%	双穗率/%	收获时籽粒含水量/%	穗长/cm	穗粗/cm	穗行数/行	穗行数变幅/行	行粒数/粒	秃尖长/cm	轴粗/cm	出籽率/%	百粒重/g	叶片数/片	叶数变幅
H1972	宝丰	508.3	9.9	10	100	271	100	0	0	24.9	16.6	4.2	12.8	12~14	34.3	0.3	2.7	88.6	35.9	19.6	19~20
	怀川	565.6	4.9	10	98	266	108	1.3	2.2	21.6	18.0	4.5	14.6	12~16	33.4	0	2.8	86.4	27.5		
	南阳	582.0	19.4	7	93	290	119	1.1	0.4	17.0	18.0	4.8	13.6	12~14	33.6	0.8	2.7	88.8	32.5	20	20
	嘉华	497.2	8.3	6	99	280	100	1.6	0	22.4	15.4	4.3	14.0	12~16	22.4	0.3	2.8	88.0	24.1	20.4	20~21
	西平	456.3	5.8	12	95	282	102	4.2	0	25.3	16.7	4.3	14.0	14	33.7	0.3	2.8	85.0	33.0	20	19~21
	新郑	813.1	5.2	13	107	245	119	0.2	0.4	24.1	17.5	4.9	15.5	14~16	34.0	0.1	2.8	86.9	35.5		
	中牟	633.0	4.1	10	102	257	94	0.4	0.2	26.1	16.4	4.6	14.2	14~18	35.2	0.5	2.7	86.5	34.4	19.6	19~21
	黄泛区	625.9	16.0	6	104	287.7	127.3	0	6.3	26.5	16.1	4.4	13.6	12~16	30.8	0.5	2.6	89.1	32.9	20	20
	金囤	432.2	12.4	3	98	260	108	1.5	0	26.2	15.0	4.2	13.6	12~16	28.4	0.2	2.7	85.0	26.7	20	19~20
	洛阳	610.9	11.2	5	110	282	133	0	0	25.2	16.0	4.7	13.2	12~16	28.6	1.1	2.7	91.4	31.8	21.6	21~22
	平均	572.5	9.4	8	100.6	272	111	1.0	1.0	23.9	16.6	4.5	13.9	12~18	31.4	0.4	2.7	87.6	31.4	20.2	19~22
驻玉 901	宝丰	572.8	23.9	4	100	269	91	1.5	0	25.4	16.2	4.6	15.6	14~18	33.3	0.4	2.6	88.4	33.3	18.4	18~19
	怀川	631.9	17.2	2	100	239	87	1.1	2.6	23.9	15.9	4.6	15.2	14~18	30.4	0	2.6	89.2	33.9		
	南阳	583.3	19.7	5	93	279	96	1.8	0.4	17.8	16.6	4.9	15.2	14~16	27.0	0.6	2.5	88.5	31.9	18.8	18~19
	嘉华	493.5	7.5	7	101	296	101	0.9	0.2	26.4	14.6	4.4	16.0	14~18	27.2	0.5	2.6	89.9	28.9	19	19
	西平	511.7	18.7	3	96	251	79	2.4	0	26.0	14.7	4.7	17.3	16~18	28.7	0	3.3	86.4	32.5	20	19~21
	新郑	878.9	13.7	2	108	251	89	0	0	26.6	15.1	4.1	15.5	14~16	30.5	0.1	2.8	82.5	33.0		
	中牟	628.9	3.4	14	105	256	96	0.7	0	31.1	15.5	4.6	15.0	14~18	29.1	0.3	2.5	86.0	40.6	19.6	18~20
	黄泛区	640.6	18.8	2	104	263.7	101.7	0	1.8	30.4	17.8	4.6	15.2	14~16	29.8	0.5	2.3	89.7	31.8	19.3	19~20
	金囤	411.3	6.9	8	99	242	75	0	0	30.2	14.2	4.3	14.8	14~16	27.0	0.4	2.5	83.6	25.1	19	18~19
	洛阳	603.7	9.9	9	110	273	103	0	0	23.5	13.1	4.6	15.2	14~16	29.2	0.9	2.6	90.5	29.7	19.6	19~20
	平均	595.6	13.8	4	101.6	262	92	0.8	0.5	26.1	15.4	4.5	15.5	14~18	29.2	0.4	2.6	87.5	32.1	19.2	18~21

续表 2-17

品种	试点位置	亩产/kg	比 CK/(±%)	位次	生育期/d	株高/cm	穗位高/cm	空秆率/%	双穗率/%	收获时籽粒含水量/%	穗长/cm	穗粗/cm	穗行数/行	穗行数变幅/行	行粒数/粒	秃尖长/cm	轴粗/cm	出籽率/%	百粒重/g	叶片数/片	叶数变幅
先玉 1907	宝丰	601.1	30.0	2	100	280	95	0	0.7	25.7	18.2	4.7	15.0	14~18	38.6	1.1	2.8	87.9	33.5	19.8	19~20
	怀川	548.5	1.7	11	99	239	77	5.2	0.9	21.8	20.5	4.8	16.2	14~18	39.8	0.2	2.9	85.4	27.9		
	南阳	624.8	28.2	2	93	293	102	1.4	0	16.8	16.1	4.9	16.4	16~18	32.2	0.6	2.8	87.6	29.8	19	19
	嘉华	505.6	10.1	4	98	274	92	0.9	0	22.6	17.6	4.7	15.2	14~16	35.4	2.0	2.9	87.9	23.2	19.8	19~21
	西平	516.3	19.8	1	93	278	87	2.5	0	25.6	18.0	4.7	14.7	12~16	39.3	0.2	3.0	82.6	29.0	21	21
	新郑	798.0	3.3	14	107	255	78	0.9	0	24.3	17.3	5.0	15.5	14~16	35.5	0.1	2.9	84.5	31.0		
	中牟	677.4	11.4	5	101	261	97	0.4	0.2	26.8	16.1	4.8	15.2	14~18	32.6	0.7	2.8	86.3	36.1	19.4	18~20
	黄泛区	640.0	18.7	3	103	274	101.7	2.5	0	23.9	19.9	5.0	16.2	16~18	39.2	2.0	2.8	89.3	30.2	20.7	20~21
	金囤	372.6	-3.1	17	96	237	75	6.0	0	27.3	18.6	4.3	16.0	14~18	33.2	1.2	2.7	80.7	28.4	20	19~20
	洛阳	610.7	11.2	6	109	288	97	0.4	0	25.3	18.2	5.0	15.2	12~18	33.8	2.1	2.8	89.6	27.2	20.3	20~21
	平均	589.5	12.7	5	99.9	268	90	2.0	0.2	24.0	18.1	4.8	15.6	12~18	36.0	1.0	2.8	86.2	29.6	20.0	18~21
许玉 1802	宝丰	469.6	1.6	15	100	221	96	0	3.0	23.9	17.4	4.6	14.4	14~18	35.6	0.2	2.7	86.3	32.3	17.8	17~18
	怀川	523.5	-2.9	16	98	215	70	1.1	1.9	20.8	17.5	4.8	15.2	14~18	31.9	0.1	3.0	87.2	29.2		
	南阳	547.2	12.3	14	92	256	96	1.5	0.4	17.7	17.2	4.7	14.4	12~16	30.4	0.4	2.6	88.4	28.2	18.6	18~19
	嘉华	479.4	4.4	9	99	253	83	0.4	0	22.3	15.8	4.5	13.2	12~14	31.4	0.2	2.8	87.4	24.1	18.6	19~18
	西平	460.0	6.7	11	95	231	75	0.9	0	25.2	16.3	4.7	16.0	14~18	28.0	0	2.7	81.1	27.5	19	19~21
	新郑	729.3	-5.6	18	106	226	85	0.4	0.2	26.5	15.8	5.0	15.5	14~16	29.5	0.1	3.0	86.2	34.7		
	中牟	630.7	3.7	11	103	234	79	0.2	0.2	29.3	14.9	4.5	14.4	14~18	30.3	0.5	2.8	85.0	38.6	19.2	18~20
	黄泛区	519.6	-3.7	18	104	239	91.7	0.7	1.9	26.1	14.6	4.5	14.6	14~18	26.3	0.2	2.7	88.8	29.2	19	19
	金囤	407.6	6.0	12	97	222	69	0.4	0	27.7	15.0	4.4	14.0	12~16	27.8	0.5	2.5	82.9	28.1	19	18~19
	洛阳	577.0	5.0	11	105	233	85	0.4	0	22.8	16.4	4.9	14.6	14~16	32.6	1.5	2.8	90.0	28.6	19	19
	平均	534.4	2.1	17	99.9	233	83	0.6	0.8	24.2	16.1	4.7	14.6	12~18	30.4	0.4	2.8	86.3	30.1	18.8	17~21

续表 2-17

品种	试点位置	亩产/kg	比 CK/(±%)	位次	生育期/d	株高/cm	穗位高/cm	空秆率/%	双穗率/%	收获时籽粒含水量/%	穗长/cm	穗粗/cm	穗行数/行	穗行数变幅/行	行粒数/粒	秃尖长/cm	轴粗/cm	出籽率/%	百粒重/g	叶片数/片	叶数变幅
TK001	宝丰	601.3	30.0	1	100	302	98	3.4	2.6	27.2	17.0	5.1	16.0	14~20	33.1	1.1	3.1	87.6	36.9	18.6	18~19
	怀川	659.6	22.4	1	102	273	85	3.5	1.5	21.6	17.1	5.2	18.2	16~20	32.1	0.2	3.2	85.1	32.5		
	南阳	632.2	29.7	1	93	294	95	1.8	0	17.3	15.8	5.4	18.0	16~20	27.4	0.9	3.0	86.0	33.0	18.8	18~19
	嘉华	520.0	13.3	2	101	289	83	1.8	0	24.9	15.4	5.2	17.2	16~18	28.4	1.2	3.0	88.7	32.2	18.4	18~19
	西平	393.0	−8.8	19	97	298	72	4.5	0	25.9	15.0	5.0	16.0	14~18	24.7	0	2.7	82.1	34.0	20	19~21
	新郑	883.5	14.3	1	107	261	97	0.2	0	26.6	15.2	5.3	19.5	18~20	28.0	0.1	3.1	80.0	33.4		
	中牟	655.0	7.7	9	107	263	96	0.4	0.2	29.3	17.7	5.3	17.4	16~20	33.2	0.9	3.3	89.3	30.6	19.6	18~20
	黄泛区	638.0	18.3	4	103	287	104.7	1.4	1.1	28.9	19.5	5.1	17.2	16~18	34.8	2.5	3.0	89.7	31.1	19.3	19~20
	金囤	404.1	5.1	14	98	223	63	0.7	0	28.6	15.0	5.0	17.6	16~18	26.6	0.5	3.1	80.3	30.3	19	18~19
	洛阳	650.6	18.4	1	110	290	97	0	0	24.1	16.6	5.2	16.0	14~18	30.4	1.9	3.0	89.9	34.2	19.6	19~21
	平均	603.7	15.4	1	101.8	278	89	1.8	0.5	25.4	16.4	5.2	17.3	14~20	29.9	0.9	3.1	85.9	32.8	19.2	18~21
隆平 145	宝丰	498.0	7.7	13	100	280	97	1.1	3.0	25.5	17.2	4.2	12.6	12~14	32.9	2.1	2.6	88.0	34.5	18.4	18~20
	怀川	482.0	−10.6	19	98	247	78	1.3	1.3	19.6	18.1	4.2	13.4	12~14	34.3	0.7	2.7	86.7	23.1		
	南阳	582.2	19.5	6	93	282	105	0.4	0	16.2	16.9	4.5	14.0	12~16	28.0	1.1	2.6	88.4	32.2	19	18~19
	嘉华	432.4	−5.8	19	99	282	91	1.6	0.4	21.0	17.0	4.2	14.4	12~16	29.2	2.0	2.6	86.9	21.4	19	19
	西平	448.5	4.0	15	96	274	78	1.2	0	23.8	17.3	4.3	14.7	14~16	34.0	1.0	2.7	84.9	27.5	19	18~20
	新郑	773.3	0.1	15	107	241	70	0	0	24.8	17.2	4.5	15.0	14~16	31.0	0.2	2.9	83.0	32.0		
	中牟	660.0	8.5	7	99	239	95	0.4	0.2	26.7	19.0	4.4	13.6	12~16	37.8	0.9	2.8	86.0	34.4	19.4	18~20
	黄泛区	606.3	12.4	9	103	269.3	95	0	0.4	26.1	17.3	4.8	14.8	12~16	29.8	0.5	2.6	89.6	36.8	19.7	19~20
	金囤	338.3	−12.0	19	97	239	74	3.7	0.4	28.5	16.0	3.8	12.8	12~14	30.8	1.2	2.5	81.0	23.0	19	18~19
	洛阳	606.1	10.3	8	109	275	102	0.9	0	24.1	17.0	4.7	13.2	12~14	31.0	2.3	2.6	90.6	32.9	19.6	19~20
	平均	542.7	3.7	15	100.1	263	89	1.1	0.6	23.6	17.3	4.4	13.9	12~16	31.9	1.2	2.7	86.5	29.8	19.1	18~20

续表 2-17

品种	试点位置	亩产/kg	比 CK/(±%)	位次	生育期/d	株高/cm	穗位高/cm	空秆率/%	双穗率/%	收获时籽粒含水量/%	穗长/cm	穗粗/cm	穗行数/行	穗行数变幅/行	行粒数/粒	秃尖长/cm	轴粗/cm	出籽率/%	百粒重/g	叶片数/片	叶数变幅
豫单 7793	宝丰	445.2	−3.7	17	102	252	98	0.7	0	27.1	15.3	4.3	17.0	16~18	31.0	0.7	2.7	88.8	30.0	19.4	19~20
	怀川	545.0	1.1	13	98	224	80	1.3	1.6	21.0	17.3	4.5	17.6	16~20	34.4	0	2.9	88.4	25.3		
	南阳	551.7	13.2	13	93	259	87	1.1	0	15.7	14.6	4.9	19.2	18~22	27.8	1.1	2.8	89.0	25.5	18.4	18~19
	嘉华	461.1	0.4	15	98	274	78	0.7	0	21.0	14.6	4.2	17.2	16~18	27.4	0.3	2.7	89.4	19.1	19.6	19~20
	西平	497.0	15.3	7	92	263	67	1.8	0	24.3	13.0	4.7	16.7	16~18	22.7	1.5	3.0	85.6	30.0	19	18~20
	新郑	867.2	12.2	6	107	227	94	0.2	0	24.9	16.0	5.0	19.5	18~20	35.0	0.1	2.9	83.4	31.9		
	中牟	628.0	3.3	15	100	251	92	0.4	0.2	25.9	14.7	4.5	14.5	14~18	29.2	0.5	2.8	87.8	40.6	19.6	19~21
	黄泛区	578.3	7.2	12	103	250.3	90.3	2.5	1.8	24.3	17.9	4.7	18.8	16~22	32.0	0.2	2.8	89.2	24.9	19.3	19~20
	金囤	409.8	6.6	9	97	223	75	0	0.4	24.1	15.0	4.3	17.6	14~18	29.6	0.2	2.7	85.1	23.8	20	19~20
	洛阳	573.1	4.3	12	108	245	80	0	0	23.1	16.6	4.8	17.6	16~18	24.8	1.6	2.8	87.3	29.3	21	21
	平均	555.6	6.2	11	99.8	247	84	0.9	0.4	23.1	15.5	4.6	17.6	14~22	29.4	0.6	2.8	87.4	28.0	19.5	18~21
绿源玉 11	宝丰	438.7	−5.1	18	100	253	98	3.7	4.1	26.1	18.1	4.6	15.0	14~16	32.4	0.8	2.8	89.9	31.1	19.4	19~20
	怀川	612.6	13.6	3	98	227	100	1.1	1.1	22.1	19.3	4.7	17.0	16~18	35.1	0.1	3.0	87.3	28.5		
	南阳	569.3	16.8	9	93	261	98	1.5	0	17.8	15.8	4.7	16.8	16~18	29.0	0.7	2.8	87.8	28.9	18.8	18~19
	嘉华	468.5	2.0	13	99	258	87	1.8	0	24.5	16.6	4.7	17.2	16~18	28.4	2.8	2.7	89.4	22.8	19	19
	西平	443.1	2.8	16	95	249	88	1.6	0	24.5	19.0	4.7	17.3	16~20	34.0	0	3.0	84.2	28.5	21	21
	新郑	868.1	12.3	5	106	243	97	0.8	0	25.9	17.4	5.0	15.5	14~16	29.5	0.1	3.1	87.7	33.3		
	中牟	623.5	2.5	16	100	252	113	0.4	0.2	27.6	17.8	5.0	16.8	14~18	32.3	0.6	3.0	87.3	33.0	19.6	18~20
	黄泛区	608.1	12.7	8	103	253	114	1.1	0.8	28.8	18.0	4.7	14.8	12~16	31.8	0.5	2.6	89.3	31.9	19.3	19~20
	金囤	343.3	−10.7	18	97	225	78	4.2	0	26.9	12.8	3.9	16.4	16~18	22.4	0.6	2.5	82.7	24.5	19	18~19
	洛阳	550.9	0.3	14	109	270	95	0	0	24.9	17.7	4.8	15.6	14~16	30.8	1.2	2.9	92.5	27.7	19.3	19~20
	平均	552.6	5.6	12	100.0	249	97	1.6	0.6	24.9	17.3	4.7	16.2	12~20	30.6	0.7	2.8	87.8	29.0	19.4	18~21

续表 2-17

品种	试点位置	亩产/kg	比 CK/(±%)	位次	生育期/d	株高/cm	穗位高/cm	空秆率/%	双穗率/%	收获时籽粒含水量/%	穗长/cm	穗粗/cm	穗行数/行	穗行数变幅/行	行粒数/粒	秃尖长/cm	轴粗/cm	出籽率/%	百粒重/g	叶片数/片	叶数变幅
郑单 958	宝丰	462.4		16	101	243	90	0	2.6	29.1	16.6	4.6	15.6	14~18	27.4	2.0	3.0	88.8	31.6	19.2	18~20
	怀川	539.1		14	101	230	93	1.7	0	24.8	18.0	4.9	15.2	12~16	36.3	0.1	3.2	86.4	26.6		
	南阳	487.4		19	93	257	114	1.4	0.4	16.6	15.0	4.8	14.0	12~16	29.4	0.8	2.8	87.8	27.6	18.8	19
	嘉华	459.1		17	100	255	98	0.9	0	23.7	15.4	4.7	15.2	14~16	32.8	0.8	2.8	88.3	22.2	20.6	20~21
	西平	431.1		17	95	251	97	1.8	0	28.0	14.7	4.7	14.0	12~16	27.3	0.3	3.0	85.7	26.0	19	18~20
	新郑	772.8		16	108	230	85	0.7	0	25.5	16.3	5.1	15.5	14~16	35.5	0.2	3.0	84.5	33.4		
	中牟	608.1		17	98	241	99	0.2	0.2	27.7	17.5	5.0	14.2	14~18	37.0	0	3.1	86.5	30.8	19.6	18~20
	黄泛区	539.4		17	103	252	124	2.5	2.2	26.9	14.9	5.0	14.6	14~16	30.0	0.5	2.8	89.2	30.6	20	19~21
	金囤	384.6		16	97	225	75	0	0	27.8	15.8	4.5	14.8	14~16	32.4	0.6	2.9	81.3	22.7	20	20~21
	洛阳	549.3		15	109	250	106	0	0	29.2	15.5	4.8	16.0	14~18	29.8	1.2	2.8	90.5	25.6	20.3	20~21
	平均	523.3		19	100.5	243	98	0.9	0.5	25.9	16.0	4.8	14.9	12~18	31.8	0.7	2.9	86.9	27.7	19.7	18~21

表 2-18　2021 年河南省玉米品种区域试验参试品种所在试点抗病虫抗倒性状汇总(5000 株/亩 A 组)

品种	试点位置	茎腐病/%	小斑病/级	穗腐病/%	弯孢叶斑病/级	瘤黑粉病/%	南方锈病/级	粗缩病/%	矮花叶病/级	纹枯病/级	褐斑病/级	玉米螟/级	倒伏率/%	倒折率/%	倒伏倒折率/%
开玉 6 号	宝丰	0	3	0	1	0	7	0	1	3	3	3	0.7	0.4	1.1
	怀川	5.3	1	0	1	0	5	0	1	1	1	1	1.1	0.6	1.7
	南阳	0	1	0.5	1	0	3	0	1	1	1	1	0	0	0
	嘉华	8.6	5	0	3	0	7	0	1	1	3	1	1.6	0.2	1.8
	西平	0	1	0	1	0	5	0	1	1	1	1	0	0	0
	新郑	0	3	0	3	0	5	0	3	3	3	3	0	0	0
	中牟	8.0	3	0.3	1	0.7	7	0	1	1	1	5	0	0	0
	黄泛区	0	3	0	3	0	1	0	1	3	1	1	0	0	0
	金囤	3.0	3	0	5	0	7	0	1	1	1	1	1.9	0	1.9
	洛阳	22.2	3	0	3	0	7	0	1	5	3	3	2.2	0.2	2.4
	平均	4.7	1~5	0.1	1~5	0.1	1~7	0	1~3	1~5	1~3	1~5	0.8	0.1	0.9

续表 2-18

品种	试点位置	茎腐病/%	小斑病/级	穗腐病/%	弯孢叶斑病/级	瘤黑粉病/%	南方锈病/级	粗缩病/%	矮花叶病/级	纹枯病/级	褐斑病/级	玉米螟/级	倒伏率/%	倒折率/%	倒伏倒折率/%
盈丰 736	宝丰	27.8	3	0.5	1	0	9	0	1	3	3	3	0.7	0	0.7
	怀川	23.7	1	0	1	0	7	0	1	1	1	1	0	2.6	2.6
	南阳	1.2	1	0.9	1	0	5	0	1	1	1	3	0	0	0
	嘉华	12.3	5	0	3	0	7	0	1	1	3	1	0	0	0
	西平	8.3	1	0.1	1	0	7	0	1	1	1	1	0.5	0	0.5
	新郑	5.4	3	0	3	0	7	0	3	3	3	3	0	0	0
	中牟	15.0	3	0	1	0.7	9	0	1	1	1	5	0	0	0
	黄泛区	3.3	1	0	3	0	3	0	1	3	3	1	0	0	0
	金囤	14.5	3	0	3	0	9	0	1	1	1	1	1.1	0	1.1
	洛阳	33.4	3	0	3	1.1	7	0	1	3	3	3	4.9	2.2	7.1
	平均	14.5	1~5	0.2	1~3	0.2	3~9	0	1~3	1~3	1~3	1~5	0.7	0.5	1.2
郑玉 821	宝丰	27.8	3	0.5	1	0	9	0	1	3	3	3	0	0.4	0.4
	怀川	11.2	1	0	1	0	7	0	1	1	1	1	0	0.9	0.9
	南阳	1.9	1	0.9	1	0	5	0	1	1	1	1	0	0	0
	嘉华	13.8	5	0	5	0	9	0	1	1	3	1	1.3	0.9	2.2
	西平	13.9	3	0	1	0	5	0	1	1	1	3	0.5	0	0.5
	新郑	0	3	0	3	0	7	0	3	3	3	3	0	0	0
	中牟	4.0	3	0.9	1	1.4	9	0.7	1	1	1	5	0	0	0
	黄泛区	0	3	0	3	0	5	0	1	3	3	1	0	0	0
	金囤	4.1	3	0	3	0	7	0	1	1	1	1	11.2	0	11.2
	洛阳	10.0	3	0	3	0	7	0	1	3	3	1	4.7	0.9	5.6
	平均	8.7	1~5	0.2	1~5	0.1	5~9	0.1	1~3	1~3	1~3	1~5	1.8	0.3	2.1

续表 2-18

品种	试点位置	茎腐病/%	小斑病/级	穗腐病/%	弯孢叶斑病/级	瘤黑粉病/%	南方锈病/级	粗缩病/%	矮花叶病/级	纹枯病/级	褐斑病/级	玉米螟/级	倒伏率/%	倒折率/%	倒伏倒折率/%
瑞丰 001	宝丰	54.2	3	0	1	0	9	0	1	3	3	3	0	0.4	0.4
	怀川	1.3	1	0	1	0	5	0	1	1	1	1	0	10.0	10.0
	南阳	1.2	1	0.4	1	0	5	0	1	1	1	1	0	0	0
	嘉华	7.5	5	0.2	3	0	5	0	1	1	5	1	1.3	1.3	2.7
	西平	7.9	1	0.1	3	0	3	0	1	1	1	1	0.7	0	0.7
	新郑	6.5	3	0	3	0	7	0	3	3	3	3	0	0	0
	中牟	4.0	3	0	1	0.7	9	0	1	1	1	5	0	0	0
	黄泛区	0	5	0	5	0	3	0	1	3	5	3	0	0	0
	金囤	11.5	1	0	3	0	5	0	1	1	3	1	0	0	0
	洛阳	30.0	3	0	3	0	5	0	1	5	3	3	8.9	3.8	12.7
	平均	12.4	1~5	0.1	1~5	0.1	3~9	0	1~3	1~5	1~5	1~5	1.1	1.6	2.7
囤玉 330	宝丰	41.1	3	0	1	0	9	0	1	3	3	3	0.7	0	0.7
	怀川	9.9	1	1.4	1	0	7	0	1	1	1	1	2.2	2.9	5.1
	南阳	0	1	0.8	1	0	3	0	1	1	1	1	0	0	0
	嘉华	25.3	5	0	3	0	7	0	1	1	3	1	1.1	0	1.1
	西平	21.2	1	0.1	1	0	3	0	1	1	1	1	0.7	0	0.7
	新郑	6.3	3	0	3	0	7	0	3	3	3	3	0	0	0
	中牟	5.0	3	2.7	1	1.4	9	0.7	1	1	3	7	0	0	0
	黄泛区	0	3	0	5	0	7	0	1	5	5	1	0	0	0
	金囤	13.1	3	0	3	0	7	0	1	1	1	1	9.7	0	9.7
	洛阳	80.1	3	0	3	0	7	0	1	3	3	3	9.2	3.1	12.4
	平均	20.2	1~5	0.5	1~5	0.1	3~9	0.1	1~3	1~5	1~5	1~7	2.4	0.6	3.0

续表 2-18

品种	试点位置	茎腐病/%	小斑病/级	穗腐病/%	弯孢叶斑病/级	瘤黑粉病/%	南方锈病/级	粗缩病/%	矮花叶病/级	纹枯病/级	褐斑病/级	玉米螟/级	倒伏率/%	倒折率/%	倒伏倒折率/%
伟科 9138	宝丰	1.1	3	0.5	1	0	5	0	1	3	3	3	0	0.4	0.4
	怀川	0	1	0.2	1	0	3	0	1	1	1	1	0	4.8	4.8
	南阳	0	1	0.6	1	0	7	0	1	1	1	3	0	0	0
	嘉华	0	3	0.2	3	0	3	2.2	1	1	3	1	0.4	0.4	0.9
	西平	0	1	0.2	3	0	3	0	1	1	1	3	1.1	0	1.1
	新郑	0	3	0	3	0	5	0	3	3	3	3	0	0	0
	中牟	3.0	3	0	1	1.4	9	0.7	1	1	1	5	0	0	0
	黄泛区	0	1	0	3	0	1	0	1	3	5	3	0	0	0
	金囤	3.3	3	0	3	0	5	0	1	1	1	1	13.0	0	13.0
	洛阳	18.8	3	0	3	0	5	0	1	3	3	3	4.0	0	4.0
	平均	2.6	1~3	0.2	1~3	0.1	1~9	0.3	1~3	1~3	1~5	1~5	1.9	0.6	2.4
中选 896	宝丰	17.8	3	0.5	1	0	9	0	1	3	3	3	0.4	0.4	0.7
	怀川	15.2	1	1.9	1	0	7	0	1	1	1	1	0	4.1	4.1
	南阳	0	1	0.8	1	0	5	0	1	1	1	3	0	0	0
	嘉华	0	5	0.1	3	0	7	0	1	1	3	1	0.4	0	0.4
	西平	0	1	0.1	3	0	5	0	1	1	1	3	0	0	0
	新郑	0	3	0	3	0	5	0	3	3	3	3	0	0	0
	中牟	5.0	3	0.1	1	0.7	9	0	1	1	3	5	0	0	0
	黄泛区	0	3	0	5	0	7	0	1	3	5	1	0	0	0
	金囤	3.7	3	0	3	0	7	0	1	1	1	1	0	0	0
	洛阳	12.2	3	0	3	0	5	0	1	3	3	3	3.8	0.9	4.7
	平均	5.4	1~5	0.4	1~5	0.1	5~9	0	1~3	1~3	1~5	1~5	0.5	0.5	1.0

续表 2-18

品种	试点位置	茎腐病/%	小斑病/级	穗腐病/%	弯孢叶斑病/级	瘤黑粉病/%	南方锈病/级	粗缩病/%	矮花叶病/级	纹枯病/级	褐斑病/级	玉米螟/级	倒伏率/%	倒折率/%	倒伏倒折率/%
雅玉 622	宝丰	1.1	3	0.5	1	0	7	0	1	3	3	3	0.4	0.4	0.8
	怀川	17.7	1	0	1	0	5	0	1	1	1	1	0	1.5	1.5
	南阳	0	1	0.7	3	0	5	0	1	1	3	1	0	0	0
	嘉华	5.5	3	0.3	5	0	5	1.1	1	1	3	1	0	0.2	0.2
	西平	0	1	0.1	3	0	5	0	1	1	1	1	0	0	0
	新郑	0	5	0	3	0	7	0	3	3	3	3	0	0	0
	中牟	10.0	1	0.2	1	1.4	7	1.4	1	1	1	5	0	0	0
	黄泛区	1.0	5	1.0	1	3.0	3	1.0	3	3	1	1	0	0	0
	金囤	9.0	5	0	1	0	9	0	1	1	1	1	1.5	0	1.5
	洛阳	13.3	1	0	1	0	5	0	1	5	3	3	3.1	0	3.1
	平均	5.8	1~5	0.3	1~5	0.4	3~9	0.4	1~3	1~5	1~3	1~5	0.5	0.2	0.7
农科玉 168	宝丰	1.1	3	0	1	0	7	0	1	3	3	3	1.1	3	0
	怀川	8.4	1	0.1	1	0	5	0	1	1	1	1	8.4	1	0.1
	南阳	0	1	0.7	1	0	5	0	1	1	3	1	0	1	0.7
	嘉华	0	5	0.2	3	0	7	0	1	1	5	1	0	5	0.2
	西平	0	1	0.3	3	0	5	0	1	1	1	1	0	1	0.3
	新郑	4.0	3	0	3	0	5	0	3	3	3	3	4.0	3	0
	中牟	3.0	3	0.7	1	1.4	9	0.7	1	1	1	5	3.0	3	0.7
	黄泛区	0	3	0	1	0	5	2.2	1	1	3	3	0	3	0
	金囤	1.1	3	0	3	0	7	0	1	1	1	1	1.1	3	0
	洛阳	4.4	3	0	3	0	5	0	1	3	3	3	4.4	3	0
	平均	2.2	1~5	0.2	1~3	0.1	5~9	0.3	1~3	1~3	1~5	1~5	2.2	1~5	0.2

续表 2-18

品种	试点位置	茎腐病/%	小斑病/级	穗腐病/%	弯孢叶斑病/级	瘤黑粉病/%	南方锈病/级	粗缩病/%	矮花叶病/级	纹枯病/级	褐斑病/级	玉米螟/级	倒伏率/%	倒折率/%	倒伏倒折率/%
安丰 518	宝丰	14.4	3	0	1	0	7	0	1	3	3	3	0.7	0	0.7
	怀川	16.9	1	0	1	0	5	0	1	1	1	1	0	0.9	0.9
	南阳	0	3	0.7	1	0	7	0	1	1	3	1	0	0	0
	嘉华	6.6	5	0	3	0	7	0	1	1	3	1	0	0	0
	西平	0	1	0.2	5	0	5	0	1	1	1	3	0	0	0
	新郑	6.1	5	0	3	0	7	0	3	3	3	3	0	0	0
	中牟	4.0	3	1.8	1	0.7	9	0	1	1	1	5	0	0	0
	黄泛区	0	5	0	3	0	3	0	1	1	3	1	0	0	0
	金囤	1.9	3	0	3	0	7	0	1	1	1	1	0	0	0
	洛阳	76.7	3	0	3	0	7	0	1	3	3	3	27.6	7.3	34.9
	平均	12.7	1~5	0.3	1~5	0.1	3~9	0	1~3	1~3	1~3	1~5	2.8	0.8	3.7
H1972	宝丰	0	3	0.5	1	0	9	0	1	3	3	3	0.7	0	0.7
	怀川	22.5	1	0	1	0	7	0	1	1	1	1	0	2.6	2.6
	南阳	0	1	0.9	1	0	5	0	1	1	1	3	0	0	0
	嘉华	3.3	5	0	1	0	7	0	1	1	3	1	0.4	0.7	1.1
	西平	0	1	0.1	3	0	5	0	1	1	1	1	0	0	0
	新郑	6.3	3	0	3	0	7	0	3	3	3	3	0	0	0
	中牟	6.0	3	0.8	1	1.4	9	0	1	1	1	5	0	0	0
	黄泛区	0	3	0	5	0	3	0	1	1	1	3	0	0	0
	金囤	9.3	3	0	5	0	7	0	1	1	1	1	5.9	0	5.9
	洛阳	2.2	1	0	1	0	3	0	1	1	3	1	0	0	0
	平均	5.0	1~5	0.2	1~5	0.1	3~9	0	1~3	1~3	1~3	1~5	0.7	0.3	1.0

续表 2-18

品种	试点位置	茎腐病/%	小斑病/级	穗腐病/%	弯孢叶斑病/级	瘤黑粉病/%	南方锈病/级	粗缩病/%	矮花叶病/级	纹枯病/级	褐斑病/级	玉米螟/级	倒伏率/%	倒折率/%	倒伏倒折率/%
驻玉 901	宝丰	1.1	3	0.5	1	0	5	0	1	3	3	3	0.4	0.4	0.7
	怀川	0	1	0	1	0	3	0	1	1	1	1	0	0.2	0.2
	南阳	0	3	0.9	1	0	3	0	1	1	1	3	0	0	0
	嘉华	0	5	0.1	5	0	1	0	1	1	3	1	0	0	0
	西平	0	3	0.2	3	0	3	0	1	1	1	3	0	0	0
	新郑	0	3	0	3	0	5	0	3	3	3	3	0	0	0
	中牟	3.0	1	0.3	1	1.4	3	0	1	1	1	5	0	0	0
	黄泛区	0	3	0	3	0	1	0	1	1	1	3	0	0	0
	金囤	1.1	3	0	1	0	3	0	1	1	1	1	5.6	0	5.6
	洛阳	26.6	3	0	3	0	5	0	1	3	3	1	2.7	0.4	3.1
	平均	3.2	1~5	0.2	1~5	0.1	1~5	0	1~3	1~3	1~3	1~5	0.9	0.1	1.0
先玉 1907	宝丰	14.4	3	0	1	0	9	0	1	3	3	3	0	0	0
	怀川	14.1	1	0.4	1	0	7	0	1	1	1	1	0	14.7	14.7
	南阳	0	1	0.7	1	0	3	0	1	1	1	1	0	0	0
	嘉华	9.8	7	0.3	3	0	7	0	1	1	3	1	0.4	0.4	0.9
	西平	2.2	1	0.1	3	0	5	0	1	1	1	1	1.4	0	1.4
	新郑	5.6	3	0	3	0	5	0	3	3	3	3	0	0	0
	中牟	5.0	3	5.0	1	0.7	9	0	1	1	1	5	0	0	0
	黄泛区	0	1	0	1	0	1	0	1	1	1	1	0	0	0
	金囤	16.5	3	0	3	0	9	0	1	1	1	1	4.9	5.6	10.5
	洛阳	20.0	3	0	1	0	3	0	1	3	3	1	2.0	0	2.0
	平均	8.8	1~7	0.7	1~3	0.1	1~9	0	1~3	1~3	1~3	1~5	0.9	2.1	3.0

续表 2-18

品种	试点位置	茎腐病/%	小斑病/级	穗腐病/%	弯孢叶斑病/级	瘤黑粉病/%	南方锈病/级	粗缩病/%	矮花叶病/级	纹枯病/级	褐斑病/级	玉米螟/级	倒伏率/%	倒折率/%	倒伏倒折率/%
许玉 1802	宝丰	57.8	3	0	1	0	9	0	1	3	3	3	0.7	0	0.7
	怀川	25.5	1	0	1	0	7	0	1	1	1	1	0	0	0
	南阳	1.2	1	0.6	1	0	7	0	1	1	3	1	0	0	0
	嘉华	26.7	5	0.3	3	0	5	0	1	1	3	1	0	0	0
	西平	28.0	1	0	3	0	5	0	1	1	1	3	0	0	0
	新郑	11.8	3	0	3	0	7	0	3	3	3	3	0	0	0
	中牟	1.0	3	2.9	1	1.4	9	0.7	1	1	3	7	0	0	0
	黄泛区	3.3	3	0	5	0	3	0	1	1	1	1	0	0	0
	金囤	15.6	3	0	1	0	7	0	1	1	1	1	3.0	0	3.0
	洛阳	30.5	3	0	3	0	7	0	1	3	3	3	11.4	0	11.4
	平均	20.1	1~5	0.4	1~5	0.1	3~9	0.1	1~3	1~3	1~3	1~7	1.5	0	1.5
TK001	宝丰	4.4	3	0.5	1	0	5	0	1	3	3	3	0	0	0
	怀川	0	1	0.8	1	0	3	0	1	1	1	1	2.2	1.8	3.9
	南阳	1.2	1	0.9	1	0	5	0	1	1	1	1	0	0	0
	嘉华	0	3	0.5	3	1.1	1	0	1	1	3	1	1.3	0.7	2.0
	西平	0	3	0	3	0	3	0	1	1	1	1	0	0	0
	新郑	0	3	0	3	0	5	0	3	3	3	3	0	0	0
	中牟	5.0	3	0.9	1	1.4	5	0	1	1	1	5	0	0	0
	黄泛区	0	1	0	3	0	1	0	1	1	1	1	0	0	0
	金囤	6.0	3	0	3	0	5	0	1	1	1	1	7.8	0	7.8
	洛阳	2.2	1	0	3	0	3	2.2	1	3	3	3	0	0	0
	平均	1.9	1~3	0.4	1~3	0.3	1~5	0.2	1~3	1~3	1~3	1~5	1.1	0.3	1.4

续表 2-18

品种	试点位置	茎腐病/%	小斑病/级	穗腐病/%	弯孢叶斑病/级	瘤黑粉病/%	南方锈病/级	粗缩病/%	矮花叶病/级	纹枯病/级	褐斑病/级	玉米螟/级	倒伏率/%	倒折率/%	倒伏倒折率/%
隆平 145	宝丰	27.8	3	0	1	0	9	0	1	3	3	3	0.4	0.4	0.7
	怀川	30.8	1	0	1	0	7	0	1	1	1	1	0	0.2	0.2
	南阳	1.8	1	0.3	1	0	7	0	1	1	1	1	0	0	0
	嘉华	12.5	7	0	3	0	9	0	1	1	1	1	0.9	0.9	1.8
	西平	9.6	1	0	1	0	7	0	1	1	1	3	0.9	0	0.9
	新郑	13.5	3	0	3	0	7	0	3	3	3	3	0	0	0
	中牟	20	3	0	1	0.7	9	1.4	1	1	3	7	0	0	0
	黄泛区	0	1	0	3	0	5	0	1	1	1	1	0	0	0
	金囤	7.8	5	0	3	0	9	0	1	1	1	1	3.3	0	3.3
	洛阳	11.1	3	0	3	0	9	0	1	3	3	1	0.9	0	0.9
	平均	13.5	1~7	0	1~3	0.1	5~9	0.1	1~3	1~3	1~3	1~7	0.6	0.2	0.8
豫单 7793	宝丰	41.1	3	0.5	1	0	7	0	1	3	3	3	0	0.7	0.7
	怀川	26.3	1	0	1	0	7	0	1	1	1	1	0.2	0	0.2
	南阳	0	1	0.5	1	0	7	0	1	1	1	2	0	0	0
	嘉华	15.6	1	0	3	0	7	0	1	1	3	1	0.9	0	0.9
	西平	0	1	0	1	0	5	0	1	1	1	1	0	0	0
	新郑	0	3	0	3	0	7	0	3	3	3	3	0	0	0
	中牟	20	3	0.1	1	1.4	9	0	1	1	1	7	0	0	0
	黄泛区	1.1	3	0	3	0	3	0	1	3	5	1	0.7	0.4	1.1
	金囤	9.7	3	0	3	0	7	0	1	1	1	1	2.6	0	2.6
	洛阳	26.3	5	0	5	0	7	0	1	5	3	3	4.9	0	4.9
	平均	14.0	1~5	0.1	1~5	0.1	3~9	0	1~3	1~5	1~5	1~7	0.9	0.1	1.0

续表 2-18

品种	试点位置	茎腐病/%	小斑病/级	穗腐病/%	弯孢叶斑病/级	瘤黑粉病/%	南方锈病/级	粗缩病/%	矮花叶病/级	纹枯病/级	褐斑病/级	玉米螟/级	倒伏率/%	倒折率/%	倒伏倒折率/%
绿源玉 11	宝丰	11.1	3	0	1	0	7	0	1	3	3	3	0.4	0.7	1.1
	怀川	12.4	1	0	1	0	7	0	1	1	1	1	0	2.0	2.0
	南阳	1.8	1	1.2	1	0	7	0	1	1	3	5	0	0	0
	嘉华	11.2	7	0.3	3	0	9	0	1	1	3	1	0.9	0.7	1.6
	西平	24.0	1	0.1	1	0	5	0	1	1	1	1	2.7	0	2.7
	新郑	6.1	3	0	3	0	9	0	3	3	3	3	0	0	0
	中牟	3.0	3	0.1	1	0.7	9	0	1	1	3	7	0	0	0
	黄泛区	0	1	0	3	0	3	0	1	3	1	1	0.7	0	0.7
	金囤	21.9	5	0	3	0	9	0	1	1	1	1	6.0	0	6.0
	洛阳	8.0	3	0	3	0	5	0	1	3	3	3	1.8	0	1.8
	平均	10	1~7	0.2	1~3	0.1	3~9	0	1~3	1~3	1~3	1~7	1.3	0.3	1.6
郑单 958	宝丰	66.7	3	0	1	0	9	0	1	3	3	3	0.7	0.7	1.5
	怀川	24.5	1	0	1	0	7	0	1	1	1	1	0	14.9	14.9
	南阳	3.0	3	1.2	1	0	9	0	1	1	1	3	0	0	0
	嘉华	19.6	5	0.5	3	0	9	1.1	1	1	3	1	0	0.2	0.2
	西平	4.4	1	0.2	3	0	7	0	1	1	1	3	0	0	0
	新郑	14.7	3	2.9	3	0	7	0	3	3	3	3	0	0	0
	中牟	15.0	3	0	1	1.4	9	0.7	1	1	3	7	0	0	0
	黄泛区	0	3	0	1	0	1	0	1	1	1	1	0	0	0
	金囤	9.3	5	0	3	0	9	0	1	1	1	1	9.3	0	9.3
	洛阳	72.0	3	0	3	0	7	0	1	3	3	3	53.3	6.9	60.2
	平均	22.9	1~5	0.5	1~3	0.1	1~9	0.2	1~3	1~3	1~3	1~7	6.3	2.3	8.6

第二节　5000株/亩区域试验报告(B组)

一、试验目的

根据2021年4月河南省主要农作物品种审定委员会玉米专业委员会会议的决定，设计本试验，旨在鉴定省内外新育成的优良玉米杂交种的丰产性、稳产性、抗逆性和适应性，为河南省玉米生产试验和国家玉米区域试验推荐参试品种，为玉米品种的审定与推广提供科学依据。

二、参试品种及承试单位

2021年参加本组区域试验的品种19个，含对照品种郑单958(CK)。其参试品种的名称、参试年限、供种单位(个人)及承试单位见表2-19。

表2-19　2021年河南省玉米区域试验参试品种及承试单位(B组)

序号	品种	参试年限	亲本组合	供种单位(个人)	承试单位
1	邵单979	3	OY532×OY016	河南欧亚种业有限公司	鹤壁市农业科学院
2	添丰一号	2	良A68×良BF	河南中原地信实业有限公司	河南黄泛区地神种业有限公司
3	利合988	2	CNGBO1524×NP00949	恒基利马格兰种业有限公司	洛阳市农林科学院
4	百科玉998	2	B42×N18	河南百农种业有限公司	河南农业职业学院
5	新科2008	1	R178×H1402	河南省新乡市农业科学院	河南怀川种业有限责任公司
6	LPB199	1	LH261×L544DH221	河南隆平高科种业有限公司	新郑裕隆农作物研究所
7	郑晟6号	1	ZH2005×ZH2006	河南郑韩种业科技有限公司	宝丰县农业科学研究所
8	Q2098	1	H1840Z×B8038Z	中种国际种子有限公司	南阳市农业科学院
9	太阳升66	1	BFY78×QFY5653	河南中博现代农业科技开发有限公司	西平县西神农业科技有限公司
10	航硕178	1	S01×H02	刘伟	河南省金囤种业有限公司
11	荟玉5775	1	T4565×QB5775	科荟种业股份有限公司、贵州省旱粮研究所	河南嘉华农业科技有限公司
12	豫单8008	1	T4953×T4690	河南农业大学	新乡市农业科学院
13	沃优269	1	DY1652×DY178	河南鼎优农业科技有限公司、河南鼎研泽田农业技术开发有限公司	
14	博德6号	1	BL5×BL6	郑州博德农业科技有限公司	
15	郑泰156	1	W18×ZW01	河南苏泰农业科技有限公司	
16	郑单118	1	郑A01×郑516M	河南省农业科学院粮食作物研究所、河南生物育种中心有限公司	
17	开玉178	1	K372×K517	开封市农林科学研究院	
18	豫保202	1	MD202×MD331	河南省农业科学院植物保护研究所、长葛鼎研泽田农业科技开发有限公司	
19	郑单958	CK	郑58×昌7-2	河南秋乐种业科技股份有限公司	

三、试验概况

(一)试验设计

2021 年继续实施“核心试点和辅助试点相结合”的运行管理模式。参试品种全部实行实名参试;试验点对社会公开。试验组织实施单位会同河南省主要农作物品种审定委员会玉米专业委员会委员、试验主持人抽取部分试点进行苗期种植质量检查、成熟期品种考察鉴评;收获期组织玉米专业委员会委员、地市种子部门人员、承试点人员、参试单位代表对部分试点现场实收测产。试验采用完全随机区组排列,重复 3 次,5 行区,种植密度为 5000 株/亩,小区面积为 20 m^2(0.03 亩)。成熟时收获中间 3 行计产,面积为 12 m^2(0.018 亩)。试验周围设保护区,重复间留走道 1 m。用小区产量结果进行方差分析,用 LSD 法测验品种间差异显著性。

(二)田间管理

根据试验方案要求,各承试单位都固定了专职技术人员负责此项工作,并认真选择试验地块,前茬收获后及时抢(造)墒播种,在 6 月 8 日至 6 月 17 日相继播种完毕,在 9 月 25 日至 10 月 7 日相继完成收获。在间定苗、中耕除草、追肥、治虫、灌排水等方面都比较及时、认真,各试点玉米试验开展顺利、试验质量良好。

(三)气候特点及其影响

根据 2021 年承试单位提供的洛阳、中牟、漯河、黄泛区、南阳等 10 处气象台(站)的资料分析,在玉米生育期的 6~9 月,平均气温 26.2 ℃比历年高 1.2 ℃;总降雨量 830.7 mm 比历年 463.1 mm 增加 367.6 mm;总日照时数 635.1 h 比历年 738.3 h 减少 103.2 h。2021 年试验期间河南省气象资料统计见表 2-20。

表 2-20　2021 年试验期间河南省气象资料统计

时间	平均气温/℃			降雨量/mm			日照时数/h		
	当年	历年	相差	当年	历年	相差	当年	历年	相差
6 月上旬	28.2	24.9	3.3	9.1	23.6	−14.6	74.4	69.0	5.3
6 月中旬	26.4	26.1	0.3	18.5	22.4	−3.9	31.7	69.9	−38.2
6 月下旬	28.9	26.5	2.4	6.8	37.7	−30.9	70.1	64.8	5.3
月计	27.9	25.8	2.0	34.4	83.8	−49.3	176.1	203.7	−27.6
7 月上旬	28.3	26.8	1.4	15.9	55.0	−39.2	51.2	58.5	−7.3
7 月中旬	28.1	27.1	1.0	210.1	62.4	147.7	37.6	56.6	−19.1
7 月下旬	27.5	27.5	0.1	129.1	57.3	71.8	64.2	74.6	−10.5
月计	28.0	27.1	0.8	355.1	174.7	180.4	152.9	189.8	−36.9
8 月上旬	28.4	27.2	1.2	24.2	47.8	−23.6	74.0	60.3	13.7
8 月中旬	26.5	25.8	0.7	30.8	41.5	−10.7	39.2	56.5	−17.3
8 月下旬	23.1	24.6	−1.5	158.0	38.7	119.3	26.0	62.5	−36.5
月计	26.0	25.9	0.1	213.0	128.1	84.9	139.2	179.3	−40.0
9 月上旬	23.2	22.9	0.3	83.0	34.5	48.5	50.0	55.8	−5.9
9 月中旬	23.8	21.4	2.4	56.0	21.3	34.7	65.7	50.4	15.3
9 月下旬	22.3	19.6	2.7	89.2	20.7	68.5	51.1	59.3	−8.2
月计	23.1	21.3	1.8	228.2	76.5	151.7	166.8	165.5	1.2
6~9 月合计	26.2	25.0	1.2	207.7	115.8	91.9	158.8	184.6	−25.8
6~9 月合计平均	104.9	100.1	4.8	830.7	463.1	367.6	635.1	738.3	−103.2

注:历年值是指近 30 年的平均值。

从各试验点情况看：绝大部分试验点平均气温在整个玉米生育期比历年高，特别是9月下旬的高温寡照造成部分灌浆不足；各试验点降雨量除7月上旬以前（苗期）和8月上中旬（抽雄吐丝期）偏少外，其他生育阶段偏多1~3倍，特别是7月中下旬及9月降雨量多；日照时数除8月上旬、9月中旬外，其他时间比往年减少，特别是7月严重不足。

2019年本密度组区域试验安排试点12个，12份年终报告予以汇总。2020年本密度组区域试验安排试点12个，12份年终报告予以汇总。2021年本密度组区域试验安排试点12个，鹤壁院、新乡院试点因灾报废，经主持单位认真审核试点年终报告结果符合汇总要求，10份年终报告予以汇总。但对于单点产量增幅超过30%的品种，按30%增幅进行产量矫正。

四、试验结果及分析

2019年、2020年留试的4个品种2021年已完成区域试验程序，2019~2021年产量结果见表2-21、表2-22。

表2-21　2019~2021年河南省玉米区域试验品种产量结果

品种	2019年			2020年			2021			三年平均	
	亩产/kg	比CK/(±%)	位次	亩产/kg	比CK/(±%)	位次	亩产/kg	比CK/(±%)	位次	亩产/kg	比CK/(±%)
邵单979	732.9	1.9	12	646.0	3.8	14	496.4	-3.0	18	672.2	1.4
郑单958	719.5	0	15	622.1	0	17	511.6	0	17	663.0	

注：2019年邵单979汇总12个试点；2020年邵单979汇总12个试点；2021年邵单979汇总10个试点。

表2-22　2020~2021年河南省玉米区域试验品种产量结果

品种	2020年			2021年			两年平均	
	亩产/kg	比CK/(±%)	位次	亩产/kg	比CK/(±%)	位次	亩产/kg	比CK/(±%)
添丰一号	668.8	7.5	12	588.5	15.0	4	632.3	10.6
百科玉998	691.5	11.2	5	558.2	9.1	12	630.9	10.3
利合988	692.7	11.3	4	513.0	0.3	16	611.0	6.8
郑单958	622.1	0	17	511.6	0	17	571.9	

注：表2-21、表2-22仅列出2019年、2020年、2021年完成区域试验程序的品种，平均亩产为加权平均数。

（一）联合方差分析

以2021年各试点小区产量为依据，进行联合方差分析得表2-23、表2-24。从表2-23看：试点间、品种间、品种与试点间差异均达显著标准，说明本组试验设计与布点科学合理，参试品种间存在着遗传基础优劣的显著性差异，不同品种在不同试点的表现也存在着显著性差异。

表 2-23　5000 株/亩区域试验 B 组联合方差分析

变异来源	自由度	平方和	均方差	*F* 值	概率(小于 0.05 显著)
点内区组间	20	9.13158	0.45658	1.41906	0.11
试点间	9	1711.12109	190.12457	146.64952	0
品种间	18	249.08359	13.83798	10.67370	0
品种 X 试点	162	210.02579	1.29646	4.02941	0
随机误差	360	115.82936	0.32175		
总变异	569	2295.19141		CV = 5.678%	

表 2-24　5000 株/亩区域试验 B 组多重比较结果(LSD 法)

品种	小区产量/kg	平均亩产/kg	增减 CK/(±%)	位次	增产点数	平产点数	减产点数	增产点比率/%
郑单 118	10.88067**	604.5	18.2	1	10	0	0	100
郑晟 6 号	10.83133**	601.7	17.6	2	10	0	0	100
沃优 269	10.81333**	600.7	17.4	3	9	0	1	90
添丰一号	10.59233**	588.5	15.0	4	10	0	0	100
豫单 8008	10.40400**	578.0	13.0	5	9	0	1	90
航硕 178	10.40267**	577.9	13.0	6	10	0	0	100
太阳升 66	10.34467**	574.7	12.3	7	10	0	0	100
荟玉 5775	10.30500**	572.5	11.9	8	10	0	0	100
Q2098	10.27067**	570.6	11.5	9	10	0	0	100
豫保 202	10.17000**	565.0	10.4	10	9	0	1	90
开玉 178	10.12900**	562.7	10.0	11	10	0	0	100
百科玉 998	10.04833**	558.2	9.1	12	10	0	0	100
郑泰 156	9.72933	540.5	5.6	13	7	0	3	70
新科 2008	9.60167	533.4	4.3	14	8	0	2	80
LPB199	9.42000	523.3	2.3	15	5	0	5	50
利合 988	9.23367	513.0	0.3	16	6	0	4	60
郑单 958	9.20867	511.6	0	17				
邵单 979	8.93500	496.4	-3.0	18	5	0	5	50
博德 6 号	8.49933*	472.2	-7.7	19	2	1	7	20

注：$LSD_{0.05} = 0.5821$，$LSD_{0.01} = 0.7673$。

从表 2-24 可知，参试品种产量之间存在差异。其中百科玉 998、开玉 178、豫保 202、Q2098、荟玉 5775、太阳升 66、航硕 178、豫单 8008、添丰一号、沃优 269、郑晟 6 号、郑单 118 分别比郑单 958 增产 9.1%~18.2%，差异极显著；博德 6 号减产差异显著；其他品种比郑单 958 增减产不显著。

(二)丰产性、稳产性分析

通过丰产性和稳产性参数分析，结果表明(见表 2-25)：郑单 118、郑晟 6 号、沃优 269、添丰一号品种表现很好；豫单 8008、航硕 178、太阳升 66、荟玉 5775、Q2098、豫保 202、开玉 178、百科玉 998 品种表现好；邵单 979 品种表现较差，其余品种表现较好或一般。

表 2-25　2021 年河南省玉米品种 5000 株/亩区域试验 B 组品种丰产性、稳产性分析

品种	丰产性参数		稳产性参数			适应地区	综合评价（供参考）
	产量	效应	方差	变异度	回归系数		
郑单 118	10.8807	0.8902	0.2500	4.5968	1.0920	E1～E10	很好
郑晟 6 号	10.8313	0.8408	0.2380	4.5055	1.1106	E1～E10	很好
沃优 269	10.8133	0.8228	0.5120	6.6199	1.0968	E1～E10	很好
添丰一号	10.5923	0.6018	0.2070	4.2946	1.1466	E1～E10	很好
豫单 8008	10.4040	0.4135	0.2790	5.0729	1.0170	E1～E10	好
航硕 178	10.4027	0.4122	0.5290	6.9933	0.9868	E1～E10	好
太阳升 66	10.3447	0.3542	0.2940	5.2375	1.2008	E1～E10	好
荟玉 5775	10.3050	0.3145	0.3320	5.5938	0.8832	E1～E10	好
Q2098	10.2707	0.2802	0.4370	6.4356	0.9423	E1～E10	好
豫保 202	10.1700	0.1795	0.5540	7.3175	1.1383	E1～E10	好
开玉 178	10.1290	0.1385	0.2100	4.5196	0.9816	E1～E10	好
百科玉 998	10.0483	0.0578	0.2880	5.3375	1.0812	E1～E10	好
郑泰 156	9.7293	-0.2612	0.3530	6.1073	1.1657	E1～E10	较好
新科 2008	9.6017	-0.3888	0.2840	5.5534	1.0534	E1～E10	较好
LPB199	9.4200	-0.5705	0.6490	8.5491	1.2066	E1～E10	一般
利合 988	9.2337	-0.7568	0.3790	6.6642	0.8697	E1～E10	一般
郑单 958	9.2087	-0.7818	0.0600	2.6671	0.9257	E1～E10	一般
邵单 979	8.9350	-1.0555	0.8560	10.3565	0.5661	E1,E2,E4,E5,E6	较差

注：E1 代表宝丰，E2 代表怀川，E3 代表黄泛区，E4 代表嘉华，E5 代表金囤，E6 代表洛阳，E7 代表南阳，E8 代表西平，E9 代表新郑，E10 代表中牟。

（三）试验可靠性评价

从汇总试点试验误差变异系数（CV）看（见表 2-26），各个试点的 CV 小于 10%，说明这些试点管理比较精细，试验误差较小，数据准确可靠，符合实际，可以汇总。

表 2-26　各试点试验误差变异系数

%

试点	CV	试点	CV	试点	CV	试点	CV
宝丰	6.720	洛阳	3.484	怀川	6.713	新郑	6.639
黄泛区	3.412	中牟	5.521	嘉华	4.506		
金囤	7.371	西平	4.635	南阳	5.216		

（四）各品种产量结果汇总

各品种在不同试点的产量结果列于表 2-27。

表 2-27 2021 年河南省玉米 5000 株/亩 B 组区域试验品种产量结果汇总

试点	邵单 979			添丰一号			利合 988			百科玉 998		
	亩产/kg	比 CK/(±%)	位次	亩产/kg	比 CK/(±%)	位次	亩产/kg	比 CK/(±%)	位次	亩产/kg	比 CK/(±%)	位次
宝丰	495.6	2.0	12	531.1	9.3	8	484.3	−0.3	15	531.5	9.4	7
怀川	547.0	6.6	12	614.8	19.8	3	534.4	4.2	13	552.4	7.7	11
南阳	483.3	3.8	16	557.2	19.7	8	475.7	2.2	17	503.7	8.2	14
嘉华	467.8	2.7	14	509.1	11.7	4	471.1	3.4	13	475.6	4.4	12
西平	405.7	−6.0	17	486.3	12.7	6	380.4	−11.8	19	455.4	5.5	13
新郑	600.9	−15.5	18	848.9	19.4	3	671.1	−5.6	17	781.1	9.8	10
中牟	519.1	−12.3	19	701.3	18.5	5	599.4	1.3	15	625.6	5.7	10
黄泛区	525.2	−6.2	17	618.5	10.5	11	551.1	−1.6	16	629.8	12.5	8
金囤	391.5	5.1	13	439.1	17.9	2	378.5	1.6	16	388.7	4.4	14
洛阳	527.8	−0.3	16	578.3	9.3	8	583.7	10.3	5	638.7	20.7	2
平均	496.4	−3.0	18	588.5	15.0	4	513.0	0.3	16	558.2	9.1	12
CV/%	12.747			20.073			18.267			20.309		

试点	新科 2008			LPB199			郑晟 6 号			Q2098		
	亩产/kg	比 CK/(±%)	位次	亩产/kg	比 CK/(±%)	位次	亩产/kg	比 CK/(±%)	位次	亩产/kg	比 CK/(±%)	位次
宝丰	491.7	1.2	13	453.7	−6.6	18	580.0	19.4	5	515.4	6.1	10
怀川	469.1	−8.6	19	527.4	2.8	15	633.7	23.5	1	529.4	3.2	14
南阳	538.7	15.7	11	498.5	7.1	15	576.3	23.8	5	582.8	25.2	4
嘉华	466.7	2.4	15	447.8	−1.7	18	519.6	14.0	2	497.0	9.1	7
西平	457.6	6.0	12	413.7	−4.1	16	512.8	18.8	2	465.7	7.9	9
新郑	783.9	10.2	8	835.7	17.5	5	843.3	18.6	4	773.3	8.7	13
中牟	622.2	5.2	12	576.1	−2.6	17	724.3	22.4	1	603.0	1.9	14
黄泛区	598.9	7.0	13	524.1	−6.4	18	616.5	10.1	12	652.8	16.6	5
金囤	396.1	6.4	12	375.0	0.7	17	431.9	16.0	8	437.4	17.5	5
洛阳	509.4	−3.8	18	581.3	9.8	6	579.1	9.4	7	649.1	22.6	1
平均	533.4	4.3	14	523.3	2.3	15	601.7	17.6	2	570.6	11.5	9
CV/%	20.768			24.583			19.171			17.92		

续表 2-27

试点	太阳升 66			航硕 178			荃玉 5775			豫单 8008		
	亩产/kg	比 CK/(±%)	位次	亩产/kg	比 CK/(±%)	位次	亩产/kg	比 CK/(±%)	位次	亩产/kg	比 CK/(±%)	位次
宝丰	594.6	22.4	4	631.7	30.0	2	557.6	14.8	6	481.5	-0.9	16
怀川	593.3	15.6	5	554.1	8.0	9	573.1	11.7	7	593.9	15.7	4
南阳	550.2	18.2	10	589.4	26.6	2	521.5	12.0	12	560.2	20.3	7
嘉华	477.0	4.7	11	498.5	9.4	6	506.7	11.2	5	483.7	6.2	10
西平	460.6	6.7	11	469.1	8.7	8	510.2	18.2	3	493.7	14.4	5
新郑	826.7	16.3	7	776.7	9.2	11	740.0	4.1	15	776.7	9.2	11
中牟	675.0	14.1	7	708.5	19.7	4	712.0	20.3	3	687.4	16.2	6
黄泛区	627.8	12.1	9	589.6	5.3	14	623.1	11.3	10	664.3	18.7	2
金囤	380.9	2.3	15	419.1	12.5	9	437.4	17.5	5	442.2	18.7	1
洛阳	560.9	6.0	10	542.6	2.5	12	543.3	2.6	11	596.5	12.7	4
平均	574.7	12.3	7	577.9	13.0	6	572.5	11.9	8	578.0	13.0	5
CV/%	21.548			18.682			16.492			18.557		

试点	沃优 269			博德 6 号			郑泰 156			郑单 118		
	亩产/kg	比 CK/(±%)	位次	亩产/kg	比 CK/(±%)	位次	亩产/kg	比 CK/(±%)	位次	亩产/kg	比 CK/(±%)	位次
宝丰	631.9	30.0	1	408.5	-15.9	19	480.0	-1.2	17	623.7	28.4	3
怀川	618.0	20.4	2	472.4	-7.9	18	568.9	10.9	8	575.4	12.1	6
南阳	567.0	21.8	6	471.1	1.2	18	511.7	9.9	13	603.9	29.7	1
嘉华	521.9	14.6	1	459.6	0.9	16	439.3	-3.6	19	512.2	12.4	3
西平	515.7	19.5	1	420.9	-2.5	15	399.8	-7.3	18	503.5	16.7	4
新郑	862.2	21.2	1	548.9	-22.8	19	783.1	10.1	9	830.6	16.8	6
中牟	662.2	11.9	8	532.8	-10.0	18	622.8	5.3	11	721.7	22.0	2
黄泛区	666.1	19.0	1	524.1	-6.4	18	657.6	17.5	4	660.9	18.1	3
金囤	436.7	17.3	7	354.3	-4.9	19	404.6	8.6	10	437.6	17.5	4
洛阳	525.7	-0.7	17	529.3	0.0	14	537.4	1.5	13	575.4	8.7	9
平均	600.7	17.4	3	472.2	-7.7	19	540.5	5.6	13	604.5	18.2	1
CV/%	19.604			13.441			22.505			18.834		

续表 2-27

试点	品种							
	开玉 178			豫保 202			郑单 958	
	亩产/kg	比 CK/(±%)	位次	亩产/kg	比 CK/(±%)	位次	亩产/kg	位次
宝丰	520.6	7.1	9	511.7	5.3	11	485.9	14
怀川	525.7	2.5	16	553.1	7.8	10	513.1	17
南阳	586.9	26.1	3	554.8	19.2	9	465.6	19
嘉华	491.7	7.9	9	492.4	8.1	8	455.6	17
西平	460.9	6.8	10	476.5	10.4	7	431.5	14
新郑	756.1	6.3	14	862.2	21.2	1	711.1	16
中牟	635.4	7.4	9	611.3	3.3	13	591.7	16
黄泛区	643.1	14.9	7	648.0	15.8	6	559.8	15
金囤	404.1	8.5	11	438.0	17.6	3	372.4	18
洛阳	602.8	13.9	3	502.0	-5.2	19	529.3	14
平均	562.7	10.0	11	565.0	10.4	10	511.6	17
CV/%)	18.263			21.569			18.494	

注:平均值为各试点算术平均。

(五)田间性状调查结果

各品种田间性状调查结果汇总见表 2-28、表 2-29、表 2-30。各品种在各试点表现见表 2-35、表 2-36。

表 2-28　2021 年河南省玉米 5000 株/亩区域试验 B 组品种田间性状调查结果

品种	生育期/d	株高/cm	穗位高/cm	倒伏率/%	倒折率/%	倒伏率+倒折率/%	倒点率/%	空秆率/%	双穗率/%
邵单 979	97.8	267	94	2.9(0~28.7)	0.5(0~3.8)	3.4	10.0	0.5	0.2
添丰一号	100.6	247	86	0.7(0~4.2)	0.2(0~1.3)	0.9	0	1.4	0.4
利合 988	99.6	262	108	2.6(0~15.7)	0.7(0~3.3)	3.3	10.0	1.0	0.2
百科玉 998	100.4	262	98	0.8(0~3.4)	0.9(0~9.2)	1.7	0	1.0	0.5
新科 2008	100.6	238	86	5.1(0~44.0)	1.4(0~7.3)	6.5	10.0	0.4	0.8
LPB199	99.2	253	95	0.2(0~2.2)	0.3(0~1.6)	0.5	0	0.6	0.2
郑晟 6 号	100.9	257	87	0.8(0~4.4)	0.1(0~0.7)	0.9	0	0.7	0.7
Q2098	99.7	270	102	0.1(0~0.4)	0.6(0~5.7)	0.7	0	0.6	0.8
太阳升 66	99.7	260	87	1.7(0~9.4)	0.2(0~1.9)	1.9	0	1.0	0.3
航硕 178	100.1	243	88	0.8(0~4.2)	0.2(0~1.8)	1.0	0	1.2	0.5
荟玉 5775	100.3	244	94	0.9(0~7.6)	0.6(0~2.9)	1.5	0	0.8	0.4
豫单 8008	100.9	249	93	0.5(0~2.8)	0.3(0~2.9)	0.8	0	0.7	0.5
沃优 269	101.3	250	101	1.7(0~11.5)	0.3(0~2.9)	2.0	0	0.6	0.8
博德 6 号	99.7	218	92	0.7(0~4.0)	0(0~0)	0.7	0	0.8	0.6
郑泰 156	101.3	266	97	1.0(0~4.0)	0.1(0~0.4)	1.1	0	1.5	0.3
郑单 118	101.1	255	96	1.5(0~12.3)	1.0(0~6.2)	2.5	10.0	0.9	1.1
开玉 178	100.4	255	90	0.7(0~2.3)	0.1(0~0.9)	0.8	0	1.1	0.2
豫保 202	99.8	244	91	4.1(0~33.8)	1.4(0~6.1)	5.5	10.0	0.4	0.4
郑单 958	100.6	240	94	6.3(0~53.8)	2.9(0~19.3)	9.2	20.0	0.6	0.3

注:倒点率指倒伏倒折率之和≥15.0%的试点比率。

表 2-29　2021 年河南省玉米 5000 株/亩区域试验 B 组品种病害性状田间观察记载结果

品种	茎腐病/%	穗腐病/%	穗腐病≥2%试点比率/%	小斑病/级	瘤黑粉病/%	弯孢叶斑病/级	锈病/级
邵单 979	24.6(5.4~41.1)	0.4(0~2.5)	10.0	1~7	0.3	1~3	7~9
添丰一号	4.1(0~15.0)	0.2(0~0.9)	0	1~5	0.1	1~3	3~9
利合 988	11.3(0~33.3)	0.4(0~2.2)	10.0	1~7	0.2	1~3	5~9
百科玉 998	9.4(0~30.0)	0.3(0~0.9)	0	1~5	0.1	1~5	5~9
新科 2008	15.7(0~66.6)	0.2(0~0.6)	0	1~3	0.1	1~5	1~7
LPB199	22.6(0~48.7)	0.2(0~0.9)	0	1~5	0.1	1~3	5~9
郑晟 6 号	2.1(0~12.2)	0.3(0~1.2)	0	1~3	0.1	1~5	1~5
Q2098	7.0(0~25.0)	0.2(0~0.8)	0	1~5	0.1	1~5	5~9
太阳升 66	8.8(0~30.0)	0.1(0~0.4)	0	1~5	0.1	1~3	1~9
航硕 178	6.2(0~22.6)	0.3(0~1.4)	0	1~5	0.1	1~5	1~9
荟玉 5775	5.1(0~11.1)	0.3(0~0.8)	0	1~5	0.1	1~5	3~9
豫单 8008	2.2(0~10.0)	0.4(0~2.5)	10.0	1~5	0.1	1~3	3~9
沃优 269	5.0(0~40.0)	0.4(0~2.1)	10.0	1~3	0.1	1~5	1~5
博德 6 号	8.6(0~36.7)	0.1(0~0.5)	0	1~7	0.2	1~5	5~9
郑泰 156	5.5(0~21.9)	0.2(0~1.0)	0	1~5	0.1	1~5	5~9
郑单 118	3.6(0~14.4)	0.2(0~0.7)	0	1~3	0.1	1~3	1~7
开玉 178	8.9(0~24.7)	0.2(0~0.9)	0	1~5	0.3	1~3	3~9
豫保 202	14.6(0~80.0)	0.3(0~1.0)	0	1~5	0.1	1~5	1~9
郑单 958	19.8(1.1~56.6)	0.2(0~0.9)	0	1~5	0.1	1~3	1~9

表 2-30　2021 年河南省玉米 5000 株/亩区域试验 B 组品种植物学性状田间观察结果

品种	株型	芽鞘色	第一叶形状	叶片颜色	雄穗分枝数	雄穗颖片色	花药颜色	花丝颜色	苞叶长度	总叶片数/片	叶数变幅
邵单 979	半紧凑	紫	匙形	绿	中等,枝长中等	绿	绿	紫	中	19.0	17~20
添丰一号	紧凑	紫	圆到匙形	绿	中等且枝长	绿	浅紫	浅紫	中	19.6	17~21
利合 988	半紧凑	紫	圆到匙形	绿	中等,枝长中等	绿	浅紫	绿	中	19.1	17~21
百科玉 998	紧凑	紫	圆到匙形	绿	中等,枝长中等	绿	浅紫	浅紫	长	19.3	17~21
新科 2008	紧凑	紫	匙形	绿	中等,枝长中等	绿	紫	浅紫	长	19.3	17~21
LPB199	半紧凑	紫	圆到匙形	绿	中等,枝长中等	绿	紫	绿	中	18.9	16~20
郑晟 6 号	半紧凑	深紫	匙形	绿	中等,枝长中等	浅紫	浅紫	紫	中	18.7	16~21
Q2098	半紧凑	紫	圆到匙形	绿	中等,枝长中等	绿	绿	绿	中	19.4	18~21
太阳升 66	半紧凑	紫	匙形	绿	中等,枝长中等	绿	浅紫	浅紫	中	19.3	17~21
航硕 178	紧凑	紫	匙形	绿	中等,枝长中等	绿	绿	浅紫	长	19.3	17~20
荟玉 5775	紧凑	紫	圆到匙形	绿	中等,枝长中等	绿	浅紫	绿	中	19.3	17~21
豫单 8008	半紧凑	紫	匙形	绿	多,枝长中等	绿	浅紫	浅紫	中	19.4	17~21
沃优 269	半紧凑	紫	匙形	绿	多,枝长中等	绿	绿	紫	中	19.5	17~21
博德 6 号	半紧凑	紫	匙形	绿	少,枝长中等	绿	绿	浅紫	中	19.2	17~21
郑泰 156	紧凑	紫	圆到匙形	绿	多,枝长中等	绿	绿	浅紫	中	19.7	18~22
郑单 118	紧凑	紫	圆到匙形	绿	中等且枝长	绿	绿	浅紫	中	18.9	17~20
开玉 178	紧凑	紫	匙形	绿	多,枝长中等	浅紫	浅紫	浅紫	长	19.5	18~21
豫保 202	紧凑	紫	匙形	绿	中等,枝长中等	浅紫	浅紫	浅紫	中	18.8	17~20
郑单 958	紧凑	紫	匙形	绿	多,枝长中等	绿	浅紫	浅紫	长	19.6	18~21

（六）室内考种结果

各品种室内考种结果见表 2-31。

表 2-31　2021 年河南省玉米 5000 株/亩区域试验 B 组品种果穗性状室内考种结果

品种	穗长/cm	穗粗/cm	穗行数/行	穗行数变幅/行	行粒数/粒	秃尖长/cm	轴粗/cm	出籽率/%	百粒重/g	穗型	轴色	粒型	粒色
邵单 979	15.8	4.5	14.9	12~18	31.0	0.9	2.9	84.5	26.4	短筒	红	半马齿	黄
添丰一号	16.6	4.7	14.8	12~18	32.1	1.2	2.8	87.0	32.3	筒	红	半马齿	黄
利合 988	15.9	4.3	14.0	12~18	32.6	1.1	2.7	87.6	28.9	短筒	红	半马齿	黄
百科玉 998	15.7	4.6	15.6	12~18	31.4	0.3	2.8	86.2	27.5	短筒	红	半马齿	黄
新科 2008	17.0	4.4	13.3	12~16	30.1	1.4	2.7	86.7	33.4	长筒	红	半马齿	黄
LPB199	15.8	4.4	14.5	12~18	31.1	0.7	2.6	88.7	25.9	短筒	红	半马齿	黄
郑晟 6 号	17.4	4.6	15.7	12~18	30.0	1.2	2.7	87.7	32.3	长筒	红	半马齿	黄
Q2098	16.5	4.3	13.8	12~16	31.9	0.6	2.6	88.4	32.2	长筒	红	半马齿	黄
太阳升 66	14.8	4.5	15.6	12~18	27.9	0.5	2.7	88.3	31.3	短筒	红	半马齿	黄
航硕 178	14.6	4.8	16.9	14~20	30.2	0.7	2.9	87.9	29.1	短筒	粉	半马齿	黄
荟玉 5775	15.7	4.6	17.1	14~22	29.4	0.8	2.7	88.3	29.4	短筒	红	半马齿	黄
豫单 8008	16.0	4.6	14.1	12~18	32.0	0.3	2.7	87.4	31.9	筒	白	半马齿	黄
沃优 269	17.2	4.7	13.7	12~18	35.4	0.6	2.8	87.2	32.6	长筒	白	半马齿	黄
博德 6 号	16.2	4.3	15.4	12~18	32.7	0.4	2.7	87.9	22.7	筒	白	半马齿	黄
郑泰 156	15.0	4.6	16.1	12~18	29.2	0.4	2.9	87.3	27.9	短筒	红	半马齿	黄
郑单 118	17.3	4.7	15.7	14~20	32.1	0.8	2.8	87.4	30.8	长筒	红	半马齿	黄
开玉 178	15.2	4.8	14.2	12~16	28.9	0.7	2.7	88.2	33.2	短筒	红	马齿	黄
豫保 202	15.0	4.6	16.2	12~20	31.1	0.7	2.7	87.7	27.2	短筒	红	半马齿	黄
郑单 958	16.0	4.8	15.2	12~18	32.8	0.6	2.9	86.3	27.8	筒	白	半马齿	黄

（七）抗病性接种鉴定结果

各品种抗病性接种鉴定结果见表 2-32。

表 2-32　2021 年河南省玉米区域试验品种抗病性人工接种鉴定结果（5000 株/亩 B 组）

品种	茎腐病		穗腐病		小斑病	锈病	弯孢叶	瘤黑粉病	
	发病率/%	病级	平均病级	病级	病级	病级	斑病病级	发病率/%	病级
邵单 979	37.0	7	2.3	3	5	9	5	40.0	7
添丰一号	18.5	5	3.9	5	5	7	5	40.0	7
利合 988	7.4	3	2.9	3	1	7	7	0	1
百科玉 998	14.8	5	2.1	3	3	7	5	20.0	5
新科 2008	55.6	9	3.4	3	1	5	9	0	1
LPB199	74.1	9	1.8	3	5	9	7	20.0	5
郑晟 6 号	18.5	5	3.1	3	5	5	3	20.0	5
Q2098	3.7	1	1.8	3	7	7	3	0	1
太阳升 66	22.2	5	2.1	3	3	5	9	0	1
航硕 178	29.6	5	2.3	3	7	9	3	20.0	5
荟玉 5775	14.8	5	6.8	7	3	5	5	0	1
豫单 8008	11.1	5	2.6	3	5	9	9	20.0	5
沃优 269	22.2	5	2.1	3	1	3	7	20.0	5
博德 6 号	11.1	5	8.3	9	3	9	7	20.0	5
郑泰 156	3.7	1	3.4	3	5	7	7	0	1
郑单 118	18.5	5	2.6	3	7	5	5	40.0	7
开玉 178	3.7	1	5.2	5	3	7	9	0	1
豫保 202	18.5	5	3.1	3	3	9	7	40.0	7

(八)品质分析结果

参加区域试验品种籽粒品质分析结果见表 2-33。

表 2-33　2021 年河南省玉米区域试验品种品质分析结果(5000 株/亩 B 组)

品种	容重/(g/L)	粗淀粉/%	粗蛋白质/%	粗脂肪/%	赖氨酸/%	水分/%
邵单 979	772	73.85	11.1	3.4	0.32	11.2
添丰一号	767	73.96	10.8	4.3	0.33	11.1
利合 988	763	76.38	9.87	4.5	0.28	11.5
百科玉 998	765	74.47	10.4	4.1	0.30	11.4
新科 2008	772	75.97	9.32	4.5	0.32	11.6
LPB199	738	74.79	9.55	3.4	0.30	11.4
郑晟 6 号	780	74.40	9.72	3.6	0.33	11.0
Q2098	778	75.81	9.49	3.8	0.29	11.3
太阳升 66	764	73.76	10.7	3.7	0.32	11.4
航硕 178	767	74.43	9.79	3.7	0.29	11.2
荟玉 5775	775	73.65	11.4	4.3	0.32	10.8
豫单 8008	776	75.07	9.69	4.0	0.28	11.1
沃优 269	774	75.88	10.1	3.6	0.31	11.2
博德 6 号	791	75.69	9.12	3.8	0.28	11.0
郑泰 156	752	76.05	10.2	4.0	0.30	10.9
郑单 118	790	75.34	9.31	4.1	0.28	11.6
开玉 178	714	75.41	8.59	4.0	0.28	11.5
豫保 202	766	75.15	10.2	3.6	0.32	11.3
郑单 958	758	77.44	8.39	3.6	0.30	12.1

注:粗蛋白质、粗脂肪、赖氨酸、粗淀粉均为干基数据。容重检测依据 GB/T 5498—2013,水分检测依据 GB 5009.3—2016,粗脂肪(干基)检测依据 GB 5009.6—2016,粗蛋白质(干基)检测依据 GB 5009.5—2016,粗淀粉(干基)检测依据 NY/T 11—1985,赖氨酸(干基)检测依据 GB 5009.124—2016。

(九)DNA 检测比较结果

河南省目前对第一年区域试验和生产试验品种进行 DNA 指纹检测同名品种以及疑似品种,比较结果见表 2-34。

表 2-34　2021 年 5000 株/亩区域试验 B 组 DNA 检测同名品种比较结果

序号	待测样品		对照样品			比较位点数	差异位点数
	样品编号	样品名称	样品编号	样品名称	来源		
6	MHN2100039	豫单 8008	MG2100306	豫单 8008	2021 年国家区域试验黄淮海夏玉米组	40	0
36	MHN2100108	添丰一号	MHN2000051	添丰一号	2020 年河南区域试验	40	0
37-1	MHN2100109	利合 988	MHN2000047	利合 988	2020 年河南区域试验	40	0
37-2	MHN2100109	利合 988	MW2000695	利合 988	2020 年国家联合体——立马联合体	40	0
37-3	MHN2100109	利合 988	MW2101063	利合 988	2021 年国家联合体——立马联合体	40	0
38	MHN2100110	百科玉 998	MHN2000048	百科玉 998	2020 年河南区域试验	40	0
73	MHN2100147	邵单 979	MHN1900055	邵单 979	2019 年河南区域试验	40	0

其余品种均未筛查到疑似品种。

五、品种评述及建议

(一)完成两年和三年区域试验程序品种

1.邵单 979

1)产量表现

2019 年区域试验产量平均亩产 732.9 kg,比郑单 958(CK)平均亩产 719.5 kg 增产 1.9%,差异不显著,居试验第 12 位,试点 8 增 4 减,增产点比率为 66.7%。

2020 年区域试验产量平均亩产 646.0 kg,比郑单 958(CK)平均亩产 622.1 kg 增产 3.8%,差异不显著,居试验第 14 位,试点 9 增 3 减,增产点比率为 75.0%。

2021 年区域试验产量平均亩产 496.4 kg,比郑单 958(CK)平均亩产 511.6 kg 减产 3.0%,差异不显著,居试验第 18 位,试点 5 增 5 减,增产点比率为 50.0%。

综合三年 34 点次的区域试验结果(见表 2-21):该品种平均亩产 672.2 kg,比郑单 958(CK)平均亩产 663.0 kg 增产 1.4%;增产点数:减产点数=22:12,增产点比率为 68.8%。

2)特征特性

2019 年该品种生育期 102 d,比郑单 958 早熟 2 d;株高 287 cm,穗位高 111 cm;倒伏率 0.4%(0%~5.0%)、倒折率 0%(0%~0.4%),倒伏倒折率之和 0.4%,且倒伏倒折率≥15.0%的试点比率为 0%;空秆率 0.9%;双穗率 0.8%;小斑病为 1~5 级,茎腐病 1.7%(0%~7.0%),穗腐病 1~5 级,弯孢叶斑病 1~3 级,瘤黑粉病 0.9%,锈病 1~9 级;穗长 17.1 cm,穗粗 4.9 cm,穗行数 15.2,行粒数 32.4,出籽率 88.0%,千粒重 345.3 g;株型半紧凑;主茎总叶片数 18.7 片;叶片绿色;芽鞘紫色;第一叶形状圆到匙形;雄穗分枝数中等,雄穗颖片浅紫色,花药浅紫色;花丝紫色,苞叶长度中;果穗筒型;籽粒半马齿型,黄粒;红轴。

2020 年该品种生育期 104 d,比郑单 958 早熟 2 d;株高 294 cm,穗位高 114 cm;倒伏率 0.3%(0%~3.3%)、倒折率 0.2%(0%~2.2%),倒伏倒折率之和 0.5%,且倒伏倒折率≥15.0%的试点比率为 0%;空秆率 0.3%;双穗率 0.2%;茎腐病 1.2%(0%~8.6%),穗腐病籽粒霉变比率为 0.3%(0%~1.0%),且穗腐病籽粒霉变比率≥2.0%的试点比率为 0%,瘤黑粉病 0.1%,小斑病为 1~3 级,弯孢叶斑病 1~3 级,锈病 1~7 级;穗长 16.5 cm,穗粗 4.8 cm,穗行数 14.8,行粒数 30.9,出籽率 86.5%,千粒重 350.4 g;株型半紧凑;主茎总叶片数 18~20 片;叶片绿色;芽鞘紫色;第一叶形状圆到匙形;雄穗分枝数中等,雄穗颖片绿色,花药黄色;花丝紫色,苞叶长度中;果穗中间型;籽粒半马齿型,黄粒;红轴。

2021 年该品种生育期 97.8 d,比郑单 958 早熟 3 d;株高 267 cm,穗位高 94 cm;倒伏率2.9%(0%~28.7%)、倒折率 0.5%(0%~3.8%),倒伏倒折率之和 3.4%,且倒伏倒折率≥15.0%的试点比率为 10.0%;空秆率 0.5%;双穗率 0.2%;茎腐病 24.6%(5.4%~41.1%),穗腐病籽粒霉变比率为 0.4%(0%~2.5%),且穗腐病籽粒霉变比率≥2.0%的试点比率为10.0%,小斑病为 1~7 级,瘤黑粉病 0.3%,弯孢叶斑病 1~3 级,锈病 7~9 级;穗长 15.8 cm,秃尖长 0.9 cm,穗粗 4.5 cm,轴粗 2.9 cm,穗行数 14.9,穗行数变幅 12~18行,行粒数 31.0,出籽率 84.5%,百粒重 26.4 g;株型半紧凑;主茎总叶片数 19.0 片,全生育期叶数变幅 17~20 片;叶片绿色;芽鞘紫色;第一叶形状匙形;雄穗分枝数中等，枝长中等，雄穗颖片绿色，花药绿色；花丝紫色，苞叶长度中；果穗短筒型；籽粒半马齿型，黄粒；红轴。

3）抗病性鉴定

根据2019年河南农业大学植保学院人工接种鉴定报告：该品种高抗瘤黑粉病；中抗茎腐病、小斑病、穗腐病、锈病；感弯孢叶斑病。

根据2020年河南农业大学植保学院人工接种鉴定报告：该品种高抗小斑病、瘤黑粉病；抗穗腐病；中抗茎腐病；感锈病；高感弯孢叶斑病。

根据2021年河南农业大学植保学院人工接种鉴定报告（见表2-32）：该品种抗穗腐病；中抗小斑病、弯孢叶斑病；感茎腐病、瘤黑粉病；高感锈病。

4）品质分析

根据2019年农业农村部农产品质量监督检验测试中心（郑州）对该品种多点套袋果穗的籽粒混合样品品质分析检验报告：粗蛋白质10.5%，粗脂肪4.3%，粗淀粉74.92%，赖氨酸0.34%，容重780 g/L。

根据2020年农业农村部农产品质量监督检验测试中心（郑州）对该品种多点套袋果穗的籽粒混合样品品质分析检验报告：粗蛋白质11.3%，粗脂肪3.7%，粗淀粉74.31%，赖氨酸0.37%，容重790 g/L。

根据2021年农业农村部农产品质量监督检验测试中心（郑州）对该品种多点套袋果穗的籽粒混合样品品质分析检验报告（见表2-33）：粗蛋白质11.1%，粗脂肪3.4%，粗淀粉73.85%，赖氨酸0.32%，容重772 g/L。

5）田间考察

专业委员会田间考察（西平、南阳、黄泛区、洛阳）发现茎腐病超标，予以淘汰。

6）试验建议

按照晋级标准，增产幅度不达标，增产点比率不达标，专业委员会田间考察发现茎腐病超标，建议终止试验。

2.利合988

1）产量表现

2020年区域试验产量平均亩产692.7 kg，比郑单958（CK）平均亩产622.1 kg增产11.3%，差异极显著，居试验第4位，试点11增1减，增产点比率为91.7%。

2021年区域试验产量平均亩产513.0 kg，比郑单958（CK）平均亩产511.6 kg增产0.3%，差异不显著，居试验第16位，试点6增4减，增产点比率为60.0%。

综合两年22点次的区域试验结果（见表2-22）：该品种平均亩产611.0 kg，比郑单958（CK）平均亩产571.9 kg增产6.8%；增产点数：减产点数=17∶5，增产点比率为77.3%。

2）特征特性

2020年该品种生育期106 d，与郑单958同熟；株高292 cm，穗位高120 cm；倒伏率0.3%（0%～1.8%）、倒折率0%（0%～0.4%），倒伏倒折率之和0.3%，且倒伏倒折率≥15.0%的试点比率为0%；空秆率0.5%；双穗率0.1%；茎腐病0.1%（0%～1.3%），穗腐病籽粒霉变比率为0.6%（0%～2.7%），且穗腐病籽粒霉变比率≥2.0%的试点比率为8.3%，瘤黑粉病0%，小斑病为1～3级，弯孢叶斑病1～5级，锈病1～5级；穗长17.3 cm，穗粗 4.9 cm，穗行数 14.6，行粒数 32.4，出籽率 88.5%，千粒重 368.0 g；株型半紧凑；主茎总叶片数 18~21 片；叶片绿色；芽鞘紫色；第一叶形状圆到匙形；雄穗分枝数疏，雄穗颖片浅紫色，花药紫色；花丝绿色，苞叶长度短；果穗中间型；籽粒半马齿型，黄粒；红轴。

2021 年该品种生育期 99.6 d，比郑单 958 早熟 1 d；株高 262 cm，穗位高 108 cm；倒伏率 2.6%（0%~15.7%）、倒折率 0.7%（0%~3.3%），倒伏倒折率之和 3.3%，且倒伏倒折率≥15.0%的试点比率为 10.0%；空秆率 1.0%；双穗率 0.2%；茎腐病 11.3%（0%~33.3%），穗腐病籽粒霉变比率为 0.4%（0%~2.2%），且穗腐病籽粒霉变比率≥2.0%的试点比率为10.0%，小斑病为 1~7 级，瘤黑粉病 0.2%，弯孢叶斑病 1~3 级，锈病 5~9 级；穗长 15.9 cm，秃尖长 1.1 cm，穗粗 4.3 cm，轴粗 2.7 cm，穗行数 14.0，穗行数变幅 12~18 行，行粒数 32.6，出籽率 87.6%，百粒重 28.9 g；株型半紧凑；主茎总叶片数 19.1 片，全生育期叶数变幅 17~21 片；叶片绿色；芽鞘紫色；第一叶形状圆到匙形；雄穗分枝数中等，枝长中等，雄穗颖片绿色，花药浅紫色；花丝绿色，苞叶长度中；果穗短筒型；籽粒半马齿型，黄粒；红轴。

3）抗病性鉴定

根据 2020 年河南农业大学植保学院人工接种鉴定报告：该品种高抗茎腐病、瘤黑粉病；抗穗腐病；中抗弯孢叶斑病、锈病；感小斑病。

根据 2021 年河南农业大学植保学院人工接种鉴定报告（见表 2-32）：该品种高抗小斑病、瘤黑粉病；抗茎腐病、穗腐病；感弯孢叶斑病、锈病。

4）品质分析

根据 2020 年农业农村部农产品质量监督检验测试中心（郑州）对该品种多点套袋果穗的籽粒混合样品品质分析检验报告：粗蛋白质 9.48%，粗脂肪 4.2%，粗淀粉 75.73%，赖氨酸 0.28%，容重 769 g/L。

根据 2021 年农业农村部农产品质量监督检验测试中心（郑州）对该品种多点套袋果穗的籽粒混合样品品质分析检验报告（见表 2-33）：粗蛋白质 9.87%，粗脂肪 4.5%，粗淀粉 76.38%，赖氨酸 0.28%，容重 763 g/L。

5）田间考察

专业委员会田间考察（黄泛区、洛阳）发现茎腐病超标，予以淘汰。

6）试验建议

按照晋级标准，增产幅度不达标，专业委员会田间考察发现茎腐病超标，建议终止试验。

3.百科玉 998

1）产量表现

2020 年区域试验产量平均亩产 691.5 kg，比郑单 958（CK）平均亩产 622.1 kg 增产 11.2%，差异极显著，居试验第 5 位，试点 11 增 1 减，增产点比率为 91.7%。

2021 年区域试验产量平均亩产 558.2 kg，比郑单 958（CK）平均亩产 511.6 kg 增产 9.1%，差异极显著，居试验第 12 位，试点 10 增 0 减，增产点比率为 100%。

综合两年 22 点次的区域试验结果（见表 2-22）：该品种平均亩产 630.9 kg，比郑单 958（CK）平均亩产 571.9 kg 增产 10.3%；增产点数：减产点数 = 21：1，增产点比率为 95.5%。

2）特征特性

2020 年该品种生育期 106 d，与郑单 958 同熟；株高 289 cm，穗位高 111 cm；倒伏率5.2%（0%～29.8%）、倒折率 3.7%（0%～43.8%），倒伏倒折率之和 8.8%，且倒伏倒折率≥15.0%的试点比率为 25.0%；空秆率 0.6%；双穗率 0.6%；茎腐病 0.8%（0%～4.4%），穗腐病籽粒霉变比率为 0.5%（0%～1.8%），且穗腐病籽粒霉变比率≥2.0%的试点比率为 0%，瘤黑粉病 0%，小斑病为 1～3 级，弯孢叶斑病 1～5 级，锈病 1～5 级；穗长 16.3 cm，穗粗 4.9 cm，穗行数 15.9，行粒数 31.7，出籽率 87.8%，千粒重 324.9 g；株型半紧凑；主茎总叶片数 18～20 片；叶片绿色；芽鞘浅紫色；第一叶形状圆到匙形；雄穗分枝数中等，雄穗颖片绿色，花药浅紫色；花丝浅紫色，苞叶长度长；果穗筒型；籽粒半马齿型，黄粒；红轴。

2021 年该品种生育期 100.4 d，与郑单 958 同熟；株高 262 cm，穗位高 98 cm；倒伏率 0.8%（0%～3.4%）、倒折率 0.9%（0%～9.2%），倒伏倒折率之和 1.7%，且倒伏倒折率≥15.0%的试点比率为 0%；空秆率 1.0%；双穗率 0.5%；茎腐病 9.4%（0%～30.0%），穗腐病籽粒霉变比率为 0.3%（0%～0.9%），且穗腐病籽粒霉变比率≥2.0%的试点比率为 0%，小斑病为 1～5 级，瘤黑粉病 0.1%，弯孢叶斑病 1～5 级，锈病 5～9 级；穗长 15.7 cm，秃尖长 0.3 cm，穗粗 4.6 cm，轴粗 2.8 cm，穗行数 15.6，穗行数变幅 12～18 行，行粒数 31.4，出籽率 86.2%，百粒重 27.5 g；株型紧凑；主茎总叶片数 19.3 片，全生育期叶数变幅 17～21 片；叶片绿色；芽鞘紫色；第一叶形状圆到匙形；雄穗分枝数中等，枝长中等，雄穗颖片绿色，花药浅紫色；花丝浅紫色，苞叶长度长；果穗短筒型；籽粒半马齿型，黄粒；红轴。

3）抗病性鉴定

根据 2020 年河南农业大学植保学院人工接种鉴定报告：该品种高抗小斑病；抗茎腐病、穗腐病；中抗锈病；感弯孢叶斑病、瘤黑粉病。

根据 2021 年河南农业大学植保学院人工接种鉴定报告（见表 2-32）：该品种抗小斑病、穗腐病；中抗茎腐病、弯孢叶斑病、瘤黑粉病；感锈病。

4）品质分析

根据 2020 年农业农村部农产品质量监督检验测试中心（郑州）对该品种多点套袋果穗的籽粒混合样品品质分析检验报告：粗蛋白质 11.1%，粗脂肪 4.3%，粗淀粉 72.41%，赖氨酸 0.32%，容重 763 g/L。

根据 2021 年农业农村部农产品质量监督检验测试中心（郑州）对该品种多点套袋果穗的籽粒混合样品品质分析检验报告（见表 2-33）：粗蛋白质 10.4%，粗脂肪 4.1%，粗淀粉 74.47%，赖氨酸 0.30%，容重 765 g/L。

5）试验建议

按照晋级标准，区域试验各项指标达标，建议结束区域试验，推荐参加生产试验。

4.添丰一号

1）产量表现

2020 年区域试验产量平均亩产 668.8 kg，比郑单 958（CK）平均亩产 622.1 kg 增产 7.5%，差异极显著，居试验第 12 位，试点 11 增 1 减，增产点比率为 91.7%。

2021 年区域试验产量平均亩产 588.5 kg，比郑单 958（CK）平均亩产 511.6 kg 增产 15.0%，差异极显著，居试验第 4 位，试点 10 增 0 减，增产点比率为 100%。

综合两年22点次的区域试验结果(见表2-22):该品种平均亩产632.3 kg,比郑单958(CK)平均亩产571.9 kg增产10.6%;增产点数:减产点数=21:1,增产点比率为95.5%。

2)特征特性

2020年该品种生育期105 d,比郑单958早熟1 d;株高263 cm,穗位高95 cm;倒伏率0.3%(0%~3.0%)、倒折率0.1%(0%~0.7%),倒伏倒折率之和0.4%,且倒伏倒折率≥15.0%的试点比率为0%;空秆率0.8%;双穗率0.4%;茎腐病0.6%(0%~2.0%),穗腐病籽粒霉变比率为0.4%(0%~1.2%),且穗腐病籽粒霉变比率≥2.0%的试点比率为0%,瘤黑粉病0.1%,小斑病为1~5级,弯孢叶斑病1~3级,锈病1~5级;穗长16.5 cm,穗粗4.9 cm,穗行数15.6,行粒数32.1,出籽率87.1%,千粒重336.1 g;株型紧凑;主茎总叶片数18~20片;叶片绿色;芽鞘紫色;第一叶形状圆到匙形;雄穗分枝数中等,雄穗颖片绿色,花药紫色;花丝浅紫色,苞叶长度中;果穗筒型;籽粒半马齿型,黄粒;红轴。

2021年该品种生育期100.6 d,与郑单958同熟;株高247 cm,穗位高86 cm;倒伏率0.7%(0%~4.2%)、倒折率0.2%(0%~1.3%),倒伏倒折率之和0.9%,且倒伏倒折率≥15.0%的试点比率为0%;空秆率1.4%;双穗率0.4%;茎腐病4.1%(0%~15.0%),穗腐病籽粒霉变比率为0.2%(0%~0.9%),且穗腐病籽粒霉变比率≥2.0%的试点比率为0%,小斑病为1~5级,瘤黑粉病0.1%,弯孢叶斑病1~3级,锈病3~9级;穗长16.6 cm,秃尖长1.2 cm,穗粗4.7 cm,轴粗2.8 cm,穗行数14.8,穗行数变幅12~18行,行粒数32.1,出籽率87.0%,百粒重32.3 g;株型紧凑;主茎总叶片数19.6片,全生育期叶数变幅17~21片;叶片绿色;芽鞘紫色;第一叶形状圆到匙形;雄穗分枝数中等且枝长,雄穗颖片绿色,花药浅紫色;花丝浅紫色,苞叶长度中;果穗筒型;籽粒半马齿型,黄粒;红轴。

3)抗病性鉴定

根据2020年河南农业大学植保学院人工接种鉴定报告:该品种抗茎腐病、小斑病、穗腐病;中抗弯孢叶斑病、瘤黑粉病、锈病。

根据2021年河南农业大学植保学院人工接种鉴定报告(见表2-32):该品种中抗茎腐病、小斑病、穗腐病、弯孢叶斑病;感瘤黑粉病、锈病。

4)品质分析

根据2020年农业农村部农产品质量监督检验测试中心(郑州)对该品种多点套袋果穗的籽粒混合样品品质分析检验报告:粗蛋白质10.7%,粗脂肪3.9%,粗淀粉74.24%,赖氨酸0.31%,容重763 g/L。

根据2021年农业农村部农产品质量监督检验测试中心(郑州)对该品种多点套袋果穗的籽粒混合样品品质分析检验报告(见表2-33):粗蛋白质10.8%,粗脂肪4.3%,粗淀粉73.96%,赖氨酸0.33%,容重767 g/L。

5)试验建议

按照晋级标准,区域试验各项指标达标,建议结束区域试验,推荐参加生产试验。

(二)第一年区域试验品种

1.郑单118

1)产量表现

2021年区域试验产量平均亩产604.5 kg,比郑单958(CK)平均亩产511.6 kg增产

18.2%,差异极显著,居试验第1位,试点10增0减,增产点比率为100%。

2)特征特性

2021年该品种生育期101.1 d,比郑单958晚熟1 d;株高255 cm,穗位高96 cm;倒伏率1.5%(0%~12.3%)、倒折率1.0%(0%~6.2%),倒伏倒折率之和2.5%,且倒伏倒折率≥15.0%的试点比率为10.0%;空秆率0.9%;双穗率1.1%;茎腐病3.6%(0%~14.4%),穗腐病籽粒霉变比率为0.2%(0%~0.7%),且穗腐病籽粒霉变比率≥2.0%的试点比率为0%,小斑病为1~3级,瘤黑粉病0.1%,弯孢叶斑病1~3级,锈病1~7级;穗长17.3 cm,秃尖长0.8 cm,穗粗4.7 cm,轴粗2.8 cm,穗行数15.7,穗行数变幅14~20行,行粒数32.1,出籽率87.4%,百粒重30.8 g;株型紧凑;主茎总叶片数18.9片,全生育期叶数变幅17~20片;叶片绿色;芽鞘紫色;第一叶形状圆到匙形;雄穗分枝数中等且枝长,雄穗颖片绿色,花药绿色;花丝浅紫色,苞叶长度中;果穗长筒型;籽粒半马齿型,黄粒;红轴。

3)抗病性鉴定

根据2021年河南农业大学植保学院人工接种鉴定报告(见表2-32):该品种抗穗腐病;中抗茎腐病、锈病、弯孢叶斑病;感小斑病、瘤黑粉病。

4)品质分析

根据2021年农业农村部农产品质量监督检验测试中心(郑州)对该品种多点套袋果穗的籽粒混合样品品质分析检验报告(见表2-33):粗蛋白质9.31%,粗脂肪4.1%,粗淀粉75.34%,赖氨酸0.28%,容重790 g/L。

5)试验建议

按照晋级标准,继续进行区域试验。

2.郑晟6号

1)产量表现

2021年区域试验产量平均亩产601.7 kg,比郑单958(CK)平均亩产511.6 kg增产17.6%,差异极显著,居试验第2位,试点10增0减,增产点比率为100%。

2)特征特性

2021年该品种生育期100.9 d,与郑单958同熟;株高257 cm,穗位高87 cm;倒伏率0.8%(0%~4.4%)、倒折率0.1%(0%~0.7%),倒伏倒折率之和0.9%,且倒伏倒折率≥15.0%的试点比率为0%;空秆率0.7%;双穗率0.7%;茎腐病2.1%(0%~12.2%),穗腐病籽粒霉变比率为0.3%(0%~1.2%),且穗腐病籽粒霉变比率≥2.0%的试点比率为0%,小斑病为1~3级,瘤黑粉病0.1%,弯孢叶斑病1~5级,锈病1~5级;穗长17.4 cm,秃尖长1.2 cm,穗粗4.6 cm,轴粗2.7 cm,穗行数15.7,穗行数变幅12~18行,行粒数30.0,出籽率87.7%,百粒重32.3 g;株型半紧凑;主茎总叶片数18.7片,全生育期叶数变幅16~21片;叶片绿色;芽鞘深紫色;第一叶形状匙形;雄穗分枝数中等,枝长中等,雄穗颖片浅紫色,花药浅紫色;花丝紫色,苞叶长度中;果穗长筒型;籽粒半马齿型,黄粒;红轴。

3)抗病性鉴定

根据2021年河南农业大学植保学院人工接种鉴定报告(见表2-32):该品种抗穗腐病、弯孢叶斑病;中抗茎腐病、小斑病、瘤黑粉病、锈病。

4）品质分析

根据2021年农业农村部农产品质量监督检验测试中心（郑州）对该品种多点套袋果穗的籽粒混合样品品质分析检验报告（见表2-33）：粗蛋白质9.72%，粗脂肪3.6%，粗淀粉74.40%，赖氨酸0.33%，容重780 g/L。

5）试验建议

按照晋级标准，建议继续进行区域试验，推荐参加生产试验。

3.沃优269

1）产量表现

2021年区域试验产量平均亩产600.7 kg，比郑单958（CK）平均亩产511.6 kg增产17.4%，差异极显著，居试验第3位，试点9增1减，增产点比率为90.0%。

2）特征特性

2021年该品种生育期101.3 d，比郑单958晚熟1 d；株高250 cm，穗位高101 cm；倒伏率1.7%（0%~11.5%）、倒折率0.3%（0%~2.9%），倒伏倒折率之和2.0%，且倒伏倒折率≥15.0%的试点比率为10.0%；空秆率0.6%；双穗率0.8%；茎腐病5.0%（0%~40.0%），穗腐病籽粒霉变比率为0.4%（0%~2.1%），且穗腐病籽粒霉变比率≥2.0%的试点比率为10.0%，小斑病为1~3级，瘤黑粉病0.1%，弯孢叶斑病1~5级，锈病1~5级；穗长17.2 cm，秃尖长0.6 cm，穗粗4.7 cm，轴粗2.8 cm，穗行数13.7，穗行数变幅12~18行，行粒数35.4，出籽率87.2%，百粒重32.6 g；株型半紧凑；主茎总叶片数19.5片，全生育期叶数变幅17~21片；叶片绿色；芽鞘紫色；第一叶形状匙形；雄穗分枝数多，枝长中等，雄穗颖片绿色，花药绿色；花丝紫色，苞叶长度中；果穗长筒型；籽粒半马齿型，黄粒；白轴。

3）抗病性鉴定

根据2021年河南农业大学植保学院人工接种鉴定报告（见表2-32）：该品种高抗小斑病；抗穗腐病、锈病；中抗茎腐病、瘤黑粉病；感弯孢叶斑病。

4）品质分析

根据2021年农业农村部农产品质量监督检验测试中心（郑州）对该品种多点套袋果穗的籽粒混合样品品质分析检验报告（见表2-33）：粗蛋白质10.1%，粗脂肪3.6%，粗淀粉75.88%，赖氨酸0.31%，容重774 g/L。

5）试验建议

按照晋级标准，建议继续进行区域试验。

4.豫单8008

1）产量表现

2021年区域试验产量平均亩产578.0 kg，比郑单958（CK）平均亩产511.6 kg增产13.0%，差异极显著，居试验第5位，试点9增1减，增产点比率为90.0%。

2）特征特性

2021年该品种生育期100.9 d，与郑单958同熟；株高249 cm，穗位高93 cm；倒伏率0.5%（0%~2.8%）、倒折率0.3%（0%~2.9%），倒伏倒折率之和0.8%，且倒伏倒折率≥15.0%的试点比率为0%；空秆率0.7%；双穗率0.5%；茎腐病2.2%（0%~10.0%），穗腐病籽粒霉变比率为0.4%（0%~2.5%），且穗腐病籽粒霉变比率≥2.0%的试点比率为10.0%，小斑病为1~5

级,瘤黑粉病 0.1%,弯孢叶斑病 1~3 级,锈病 3~9 级;穗长 16.0 cm,秃尖长 0.3 cm,穗粗 4.6 cm,轴粗 2.7 cm,穗行数 14.1,穗行数变幅 12~18 行,行粒数 32.0,出籽率 87.4%,百粒重 31.9 g;株型半紧凑;主茎总叶片数 19.4 片,全生育期叶数变幅 17~21 片;叶片绿色;芽鞘紫色;第一叶形状匙形;雄穗分枝数多,枝长中等,雄穗颖片绿色,花药浅紫色;花丝浅紫色,苞叶长度中;果穗筒型;籽粒半马齿型,黄粒;白轴。

3)抗病性鉴定

根据 2021 年河南农业大学植保学院人工接种鉴定报告(见表 2-32):该品种抗穗腐病;中抗茎腐病、小斑病、瘤黑粉病;高感弯孢叶斑病、锈病。

4)品质分析

根据 2021 年农业农村部农产品质量监督检验测试中心(郑州)对该品种多点套袋果穗的籽粒混合样品品质分析检验报告(见表 2-33):粗蛋白质 9.69%,粗脂肪 4.0%,粗淀粉 75.07%,赖氨酸 0.28%,容重 776 g/L。

5)试验建议

按照晋级标准,继续进行区域试验。

5.航硕 178

1)产量表现

2021 年区域试验产量平均亩产 577.9 kg,比郑单 958(CK)平均亩产 511.6 kg 增产 13.0%,差异极显著,居试验第 6 位,试点 10 增 0 减,增产点比率为 100%。

2)特征特性

2021 年该品种生育期 100.1 d,比郑单 958 早熟 1 d;株高 243 cm,穗位高 88 cm;倒伏率 0.8%(0%~4.2%)、倒折率 0.2%(0%~1.8%),倒伏倒折率之和 1.0%,且倒伏倒折率≥15.0%的试点比率为 0%;空秆率 1.2%;双穗率 0.5%;茎腐病 6.2%(0%~22.6%),穗腐病籽粒霉变比率为 0.3%(0%~1.4%),且穗腐病籽粒霉变比率≥2.0%的试点比率为 0%,小斑病为 1~5 级,瘤黑粉病 0.1%,弯孢叶斑病 1~5 级,锈病 1~9 级;穗长 14.6 cm,秃尖长 0.7 cm,穗粗 4.8 cm,轴粗 2.9 cm,穗行数 16.9,穗行数变幅14~20 行,行粒数 30.2,出籽率 87.9%,百粒重 29.1 g;株型紧凑;主茎总叶片数 19.3 片,全生育期叶数变幅 17~20 片;叶片绿色;芽鞘紫色;第一叶形状匙形;雄穗分枝数中等,枝长中等,雄穗颖片绿色,花药绿色;花丝浅紫色,苞叶长度长;果穗短筒型;籽粒半马齿型,黄粒;粉轴。

3)抗病性鉴定

根据 2021 年河南农业大学植保学院人工接种鉴定报告(见表 2-32):该品种抗穗腐病、弯孢叶斑病;中抗茎腐病、瘤黑粉病;感小斑病;高感锈病。

4)品质分析

根据 2021 年农业农村部农产品质量监督检验测试中心(郑州)对该品种多点套袋果穗的籽粒混合样品品质分析检验报告(见表 2-33):粗蛋白质 9.79%,粗脂肪 3.7%,粗淀粉 74.43%,赖氨酸 0.29%,容重 767 g/L。

5)试验建议

按照晋级标准,继续进行区域试验。

6.太阳升 66

1)产量表现

2021 年区域试验产量平均亩产 574.7 kg,比郑单 958(CK)平均亩产 511.6 kg 增产 12.3%,差异极显著,居试验第 7 位,试点 10 增 0 减,增产点比率为 100%。

2)特征特性

2021 年该品种生育期 99.7 d,比郑单 958 早熟 1 d;株高 260 cm,穗位高 87 cm;倒伏率 1.7%(0%~9.4%)、倒折率 0.2%(0%~1.9%),倒伏倒折率之和 1.9%,且倒伏倒折率≥15.0%的试点比率为 0%;空秆率 1.0%;双穗率 0.3%;茎腐病 8.8%(0%~30.0%),穗腐病籽粒霉变比率为 0.1%(0%~0.4%),且穗腐病籽粒霉变比率≥2.0%的试点比率为 0%,小斑病为 1~5 级,瘤黑粉病 0.1%,弯孢叶斑病 1~3 级,锈病 1~9 级;穗长 14.8 cm,秃尖长 0.5 cm,穗粗 4.5 cm,轴粗 2.7 cm,穗行数 15.6,穗行数变幅 12~18 行,行粒数 27.9,出籽率 88.3%,百粒重 31.3 g;株型半紧凑;主茎总叶片数 19.3 片,全生育期叶数变幅 17~21 片;叶片绿色;芽鞘紫色;第一叶形状匙形;雄穗分枝数中等,枝长中等,雄穗颖片绿色,花药浅紫色;花丝浅紫色,苞叶长度中;果穗短筒型;籽粒半马齿型,黄粒;红轴。

3)抗病性鉴定

根据 2021 年河南农业大学植保学院人工接种鉴定报告(见表 2-32):该品种高抗瘤黑粉病;抗穗腐病、小斑病;中抗茎腐病、锈病;高感弯孢叶斑病。

4)品质分析

根据 2021 年农业农村部农产品质量监督检验测试中心(郑州)对该品种多点套袋果穗的籽粒混合样品品质分析检验报告(见表 2-33):粗蛋白质 10.7%,粗脂肪 3.7%,粗淀粉 73.76%,赖氨酸 0.32%,容重 764 g/L。

5)田间考察

专业委员会田间考察(黄泛区、洛阳)发现茎腐病超标,予以淘汰。

6)试验建议

按照晋级标准,专业委员会田间考察发现茎腐病超标,建议终止试验。

7.荟玉 5775

1)产量表现

2021 年区域试验产量平均亩产 572.5 kg,比郑单 958(CK)平均亩产 511.6 kg 增产 11.9%,差异极显著,居试验第 8 位,试点 10 增 0 减,增产点比率为 100%。

2)特征特性

2021 年该品种生育期 100.3 d,与郑单 958 同熟;株高 244 cm,穗位高 94 cm;倒伏率 0.9%(0%~7.6%)、倒折率 0.6%(0%~2.9%),倒伏倒折率之和 1.5%,且倒伏倒折率≥15.0%的试点比率为 0%;空秆率 0.8%;双穗率 0.4%;茎腐病 5.1%(0%~11.1%),穗腐病籽粒霉变比率为 0.3%(0%~0.8%),且穗腐病籽粒霉变比率≥2.0%的试点比率为 0%,小斑病为 1~5 级,瘤黑粉病 0.1%,弯孢叶斑病 1~5 级,锈病 3~9 级;穗长 15.7 cm,秃尖长 0.8 cm,穗粗 4.6 cm,轴粗 2.7 cm,穗行数 17.1,穗行数变幅 14~22 行,行粒数 29.4,出籽率 88.3%,百粒重 29.4 g;株型紧凑;主茎总叶片数 19.3 片,全生育期叶数变幅 17~21 片;叶片绿色;芽鞘紫色;第一叶形状圆到匙形;雄穗分枝数中等,枝长中等,雄穗颖片绿色,花药浅紫色;花丝绿色,苞叶长度中;果穗短筒型;籽粒半马齿型,黄粒;红轴。

3)抗病性鉴定

根据2021年河南农业大学植保学院人工接种鉴定报告(见表2-32):该品种高抗瘤黑粉病;抗小斑病;中抗茎腐病、弯孢叶斑病、锈病;感穗腐病。

4)品质分析

根据2021年农业农村部农产品质量监督检验测试中心(郑州)对该品种多点套袋果穗的籽粒混合样品品质分析检验报告(见表2-33):粗蛋白质11.4%,粗脂肪4.3%,粗淀粉73.65%,赖氨酸0.32%,容重775 g/L。

5)试验建议

按照晋级标准,继续进行区域试验。

8.Q2098

1)产量表现

2021年区域试验产量平均亩产570.6 kg,比郑单958(CK)平均亩产511.6 kg增产11.5%,差异极显著,居试验第9位,试点10增0减,增产点比率为100%。

2)特征特性

2021年该品种生育期99.7 d,比郑单958早熟1 d;株高270 cm,穗位高102 cm;倒伏率0.1%(0%~0.4%)、倒折率0.6%(0%~5.7%),倒伏倒折率之和0.7%,且倒伏倒折率≥15.0%的试点比率为0%;空秆率0.6%;双穗率0.8%;茎腐病7.0%(0%~25.0%),穗腐病籽粒霉变比率为0.2%(0%~0.8%),且穗腐病籽粒霉变比率≥2.0%的试点比率为0%,小斑病为1~5级,瘤黑粉病0.1%,弯孢叶斑病1~5级,锈病5~9级;穗长16.5 cm,秃尖长0.6 cm,穗粗4.3 cm,轴粗2.6 cm,穗行数13.8,穗行数变幅12~16行,行粒数31.9,出籽率88.4%,百粒重32.2 g;株型半紧凑;主茎总叶片数19.4片,全生育期叶数变幅18~21片;叶片绿色;芽鞘紫色;第一叶形状圆到匙形;雄穗分枝数中等,枝长中等,雄穗颖片绿色,花药绿色;花丝绿色,苞叶长度中;果穗长筒型;籽粒半马齿型,黄粒;红轴。

3)抗病性鉴定

根据2021年河南农业大学植保学院人工接种鉴定报告(见表2-32):该品种高抗茎腐病、瘤黑粉病;抗穗腐病、弯孢叶斑病;感小斑病、锈病。

4)品质分析

根据2021年农业农村部农产品质量监督检验测试中心(郑州)对该品种多点套袋果穗的籽粒混合样品品质分析检验报告(见表2-33):粗蛋白质9.49%,粗脂肪3.8%,粗淀粉75.81%,赖氨酸0.29%,容重778 g/L。

5)试验建议

按照晋级标准,继续进行区域试验。

9.豫保202

1)产量表现

2021年区域试验产量平均亩产565.0 kg,比郑单958(CK)平均亩产511.6 kg增产10.4%,差异极显著,居试验第10位,试点9增1减,增产点比率为90%。

2）特征特性

2021 年该品种生育期 99.8 d，比郑单 958 早熟 1 d；株高 244 cm，穗位高 91 cm；倒伏率 4.1%（0%～33.8%）、倒折率 1.4%（0%～6.1%），倒伏倒折率之和 5.5%，且倒伏倒折率≥15.0%的试点比率为 10.0%；空秆率 0.4%；双穗率 0.4%；茎腐病 14.6%（0%～80.0%），穗腐病籽粒霉变比率为 0.3%（0%～1.0%），且穗腐病籽粒霉变比率≥2.0%的试点比率为 0%，小斑病为 1～5 级，瘤黑粉病 0.1%，弯孢叶斑病 1～5 级，锈病 1～9 级；穗长 15.0 cm，秃尖长 0.7 cm，穗粗 4.6 cm，轴粗 2.7 cm，穗行数 16.2，穗行数变幅 12～20 行，行粒数 31.1，出籽率 87.7%，百粒重 27.2 g；株型紧凑；主茎总叶片数 18.8 片，全生育期叶数变幅 17～20 片；叶片绿色；芽鞘紫色；第一叶形状匙形；雄穗分枝数中等，枝长中等，雄穗颖片浅紫色，花药浅紫色；花丝浅紫色，苞叶长度中；果穗短筒型；籽粒半马齿型，黄粒；红轴。

3）抗病性鉴定

根据 2021 年河南农业大学植保学院人工接种鉴定报告（见表 2-32）：该品种抗穗腐病、小斑病；中抗茎腐病；感弯孢叶斑病、瘤黑粉病；高感锈病。

4）品质分析

根据 2021 年农业农村部农产品质量监督检验测试中心（郑州）对该品种多点套袋果穗的籽粒混合样品品质分析检验报告（见表 2-33）：粗蛋白质 10.2%，粗脂肪 3.6%，粗淀粉 75.15%，赖氨酸 0.32%，容重 766 g/L。

5）试验建议

按照晋级标准，继续进行区域试验。

10.开玉 178

1）产量表现

2021 年区域试验产量平均亩产 562.7 kg，比郑单 958（CK）平均亩产 511.6 kg 增产 10.0%，差异极显著，居试验第 11 位，试点 10 增 0 减，增产点比率为 100%。

2）特征特性

2021 年该品种生育期 100.4 d，与郑单 958 同熟；株高 255 cm，穗位高 90 cm；倒伏率 0.7%（0%～2.3%）、倒折率 0.1%（0%～0.9%），倒伏倒折率之和 0.8%，且倒伏倒折率≥15.0%的试点比率为 0%；空秆率 1.1%；双穗率 0.2%；茎腐病 8.9%（0%～24.7%），穗腐病籽粒霉变比率为 0.2%（0%～0.9%），且穗腐病籽粒霉变比率≥2.0%的试点比率为 0%，小斑病为 1～5 级，瘤黑粉病 0.3%，弯孢叶斑病 1～3 级，锈病 3～9 级；穗长 15.2 cm，秃尖长 0.7 cm，穗粗 4.8 cm，轴粗 2.7 cm，穗行数 14.2，穗行数变幅 12～16 行，行粒数 28.9，出籽率 88.2%，百粒重 33.2 g；株型紧凑；主茎总叶片数 19.5 片，全生育期叶数变幅 18～21 片；叶片绿色；芽鞘紫色；第一叶形状匙形；雄穗分枝数多，枝长中等，雄穗颖片浅紫色，花药浅紫色；花丝浅紫色，苞叶长度长；果穗短筒型；籽粒马齿型，黄粒；红轴。

3）抗病性鉴定

根据 2021 年河南农业大学植保学院人工接种鉴定报告（见表 2-32）：该品种高抗茎腐病、瘤黑粉病；抗小斑病；中抗穗腐病；感锈病；高感弯孢叶斑病。

4）品质分析

根据 2021 年农业农村部农产品质量监督检验测试中心（郑州）对该品种多点套袋果

穗的籽粒混合样品品质分析检验报告(见表2-33):粗蛋白质8.59%,粗脂肪4.0%,粗淀粉75.41%,赖氨酸0.28%,容重714 g/L。

5)试验建议

按照晋级标准,品质不达标,建议终止试验。

11.郑泰156

1)产量表现

2021年区域试验产量平均亩产540.5 kg,比郑单958(CK)平均亩产511.6 kg增产5.6%,差异不显著,居试验第13位,试点7增3减,增产点比率为70.0%。

2)特征特性

2021年该品种生育期101.3 d,比郑单958晚熟1 d;株高266 cm,穗位高97 cm;倒伏率1.0%(0%~4.0%)、倒折率0.1%(0%~0.4%),倒伏倒折率之和1.1%,且倒伏倒折率≥15.0%的试点比率为0%;空秆率1.5%;双穗率0.3%;茎腐病5.5%(0%~21.9%),穗腐病籽粒霉变比率为0.2%(0%~1.0%),且穗腐病籽粒霉变比率≥2.0%的试点比率为0%,小斑病为1~5级,瘤黑粉病0.1%,弯孢叶斑病1~5级,锈病5~9级;穗长15.0 cm,秃尖长0.4 cm,穗粗4.6 cm,轴粗2.9 cm,穗行数16.1,穗行数变幅12~18行,行粒数29.2,出籽率87.3%,百粒重27.9 g;株型紧凑;主茎总叶片数19.7片,全生育期叶数变幅18~22片;叶片绿色;芽鞘紫色;第一叶形状圆到匙形;雄穗分枝数多,枝长中等,雄穗颖片绿色,花药绿色;花丝浅紫色,苞叶长度中;果穗短筒型;籽粒半马齿型,黄粒;红轴。

3)抗病性鉴定

根据2021年河南农业大学植保学院人工接种鉴定报告(见表2-32):该品种高抗茎腐病、瘤黑粉病;抗穗腐病;中抗小斑病;感弯孢叶斑病、锈病。

4)品质分析

根据2021年农业农村部农产品质量监督检验测试中心(郑州)对该品种多点套袋果穗的籽粒混合样品品质分析检验报告(见表2-33):粗蛋白质10.2%,粗脂肪4.0%,粗淀粉76.05%,赖氨酸0.30%,容重752 g/L。

5)试验建议

按照晋级标准,继续进行区域试验。

12.新科2008

1)产量表现

2021年区域试验产量平均亩产533.4 kg,比郑单958(CK)平均亩产511.6 kg增产4.3%,差异不显著,居试验第14位,试点8增2减,增产点比率为80.0%。

2)特征特性

2021年该品种生育期100.6 d,与郑单958同熟;株高238 cm,穗位高86 cm;倒伏率5.1%(0%~44.0%)、倒折率1.4%(0%~7.3%),倒伏倒折率之和6.5%,且倒伏倒折率≥15.0%的试点比率为10.0%;空秆率0.4%;双穗率0.8%;茎腐病15.7%(0%~66.6%),穗腐病籽粒霉变比率为0.2%(0%~0.6%),且穗腐病籽粒霉变比率≥2.0%的试点比率为0%,小斑病为1~3级,瘤黑粉病0.1%,弯孢叶斑病1~5级,锈病1~7级;穗长17.0 cm,秃尖长1.4 cm,穗粗4.4 cm,轴粗2.7 cm,穗行数13.3,穗行数变幅12~16

行，行粒数 30.1，出籽率 86.7%，百粒重 33.4 g；株型紧凑；主茎总叶片数 19.3 片，全生育期叶数变幅 17~21 片；叶片绿色；芽鞘紫色；第一叶形状匙形；雄穗分枝数中等，枝长中等，雄穗颖片绿色，花药紫色；花丝浅紫色，苞叶长度长；果穗长筒型；籽粒半马齿型，黄粒；红轴。

3）抗病性鉴定

根据 2021 年河南农业大学植保学院人工接种鉴定报告（见表 2-32）：该品种高抗小斑病、瘤黑粉病；抗穗腐病；中抗锈病；高感茎腐病、弯孢叶斑病。

4）品质分析

根据 2021 年农业农村部农产品质量监督检验测试中心（郑州）对该品种多点套袋果穗的籽粒混合样品品质分析检验报告（见表 2-33）：粗蛋白质 9.32%，粗脂肪 4.5%，粗淀粉 75.97%，赖氨酸 0.32%，容重 772 g/L。

5）田间考察

专业委员会田间考察（黄泛区、洛阳）发现茎腐病超标，予以淘汰。

6）试验建议

按照晋级标准，接种鉴定不达标，专业委员会田间考察发现茎腐病超标，建议终止试验。

13.LPB199

1）产量表现

2021 年区域试验产量平均亩产 523.3 kg，比郑单 958（CK）平均亩产 511.6 kg 增产 2.3%，差异不显著，居试验第 15 位，试点 5 增 5 减，增产点比率为 50.0%。

2）特征特性

2021 年该品种生育期 99.2 d，比郑单 958 早熟 1 d；株高 253 cm，穗位高 95 cm；倒伏率 0.2%（0%~2.2%）、倒折率 0.3%（0%~1.6%），倒伏倒折率之和 0.5%，且倒伏倒折率≥15.0%的试点比率为 0%；空秆率 0.6%；双穗率 0.2%；茎腐病 22.6%（0%~48.7%），穗腐病籽粒霉变比率为 0.2%（0%~0.9%），且穗腐病籽粒霉变比率≥2.0%的试点比率为 0%，小斑病为 1~5 级，瘤黑粉病 0.1%，弯孢叶斑病 1~3 级，锈病 5~9 级；穗长 15.8 cm，秃尖长 0.7 cm，穗粗 4.4 cm，轴粗 2.6 cm，穗行数 14.5，穗行数变幅 12~18 行，行粒数 31.1，出籽率 87.7%，百粒重 25.9 g；株型半紧凑；主茎总叶片数 18.9 片，全生育期叶数变幅 16~20 片；叶片绿色；芽鞘紫色；第一叶形状圆到匙形；雄穗分枝数中等，枝长中等，雄穗颖片绿色，花药紫色；花丝绿色，苞叶长度中；果穗短筒型；籽粒半马齿型，黄粒；红轴。

3）抗病性鉴定

根据 2021 年河南农业大学植保学院人工接种鉴定报告（见表 2-32）：该品种抗穗腐病；中抗小斑病、瘤黑粉病；感弯孢叶斑病；高感茎腐病、锈病。

4）品质分析

根据 2021 年农业农村部农产品质量监督检验测试中心（郑州）对该品种多点套袋果穗的籽粒混合样品品质分析检验报告（见表 2-33）：粗蛋白质 9.55%，粗脂肪 3.4%，粗淀粉 74.79%，赖氨酸 0.30%，容重 738 g/L。

5）田间考察

专业委员会田间考察（黄泛区、西平、宝丰）发现茎腐病超标，予以淘汰。

6）试验建议

按照晋级标准，产量增产幅度不达标，产量达标试验点比率不达标，接种鉴定不达标，专业委员会田间考察发现茎腐病超标，建议终止试验。

14.博德6号

1）产量表现

2021年区域试验产量平均亩产472.2 kg，比郑单958（CK）平均亩产511.6 kg减产7.7%，差异显著，居试验第19位，试点2增1平7减，增产点比率为20.0%。

2）特征特性

2021年该品种生育期99.7 d，比郑单958早熟1 d；株高218 cm，穗位高92 cm；倒伏率0.7%（0%～4.0%）、倒折率0%，倒伏倒折率之和0.7%，且倒伏倒折率≥15.0%的试点比率为0%；空秆率0.8%；双穗率0.6%；茎腐病8.6%（0%～36.7%），穗腐病籽粒霉变比率0.1%（0%～0.5%），且穗腐病籽粒霉变比率≥2.0%的试点比率为0%，小斑病为1～7级，瘤黑粉病0.2%，弯孢叶斑病1～5级，锈病5～9级；穗长16.2 cm，秃尖长0.4 cm，穗粗4.3 cm，轴粗2.7 cm，穗行数15.4，穗行数变幅12～18行，行粒数32.7，出籽率87.9%，百粒重22.7 g；株型半紧凑；主茎总叶片数19.2片，全生育期叶数变幅17～21片；叶片绿色；芽鞘紫色；第一叶形状匙形；雄穗分枝数少，枝长中等，雄穗颖片绿色，花药绿色；花丝浅紫色，苞叶长度中；果穗筒型；籽粒半马齿型，黄粒；白轴。

3）抗病性鉴定

根据2021年河南农业大学植保学院人工接种鉴定报告（见表2-32）：该品种抗小斑病；中抗茎腐病、瘤黑粉病；感弯孢叶斑病；高感穗腐病、锈病。

4）品质分析

根据2021年农业农村部农产品质量监督检验测试中心（郑州）对该品种多点套袋果穗的籽粒混合样品品质分析检验报告（见表2-33）：粗蛋白质9.12%，粗脂肪3.8%，粗淀粉75.69%，赖氨酸0.28%，容重791 g/L。

5）田间考察

专业委员会田间考察（黄泛区、洛阳）发现茎腐病超标，予以淘汰。

6）试验建议

按照晋级标准，产量增产幅度不达标，产量达标试验点比率不达标，接种鉴定不达标，专业委员会田间考察发现茎腐病超标，建议终止试验。

15. 郑单958

1）产量表现

2020年平均亩产511.6 kg，居试验第17位。

2）特征特性

2021年该品种生育期100.6 d；株高240 cm，穗位高94 cm；倒伏率6.3%（0%～53.8%）、倒折率2.9%（0%～19.3%），倒伏倒折率之和9.2%，且倒伏倒折率≥15.0%的试点比率为20.0%；空秆率0.6%；双穗率0.3%；茎腐病19.8%（1.1%～56.6%），穗腐病籽粒霉变比率 0.2%(0%~0.9%),且穗腐病籽粒霉变比率≥2.0%的试点比率为 0%,小斑病为1~5级,瘤黑粉病 0.1%,弯孢叶斑病 1~3 级,锈病 1~9 级;穗长 16.0 cm,秃尖长 0.6 cm,穗粗 4.8 cm,轴粗 2.9 cm,穗行数 15.2,穗行数变幅 12~18 行,行粒数 32.8,出籽率 86.3%,百粒重 27.8 g;株型紧凑;主茎总叶片数 19.6 片,全生育期叶数变幅 18~21 片;叶片绿色;芽鞘紫色;第一叶形状匙形;雄穗分枝数多,枝长中等,雄穗颖片绿色,花药浅紫色;花丝浅紫色,苞叶长度长;穗筒型;籽粒半马齿型,黄粒;白轴。

3)品质分析

根据 2021 年农业农村部农产品质量监督检验测试中心(郑州)对该品种多点套袋果穗的籽粒混合样品品质分析检验报告(见表 2-33):粗蛋白质 8.39%,粗脂肪 3.6%,粗淀粉 77.44%,赖氨酸 0.30%,容重 758 g/L。

4)试验建议

继续作为对照品种。

六、品种处理意见

(一)河南省品种晋级与审定标准

经玉米专业委员会委员研究同意,2021 年河南省玉米品种试验及审定标准在 2020 年区域试验年会标准的基础上进行修改。具体标准如下。

1.基本条件

(1)抗病性:鉴定病害 6 种,即小斑病、茎腐病、穗腐病、弯孢叶斑病、瘤黑粉病、锈病。小斑病、茎腐病、穗腐病田间自然发病及人工接种鉴定均未达到高感。

(2)生育期:每年区域试验生育期平均比对照品种长 2.0 d。

(3)抗倒性:每年区域试验平均倒伏倒折率之和≤12.0%,且倒伏倒折率之和≥15.0%的试点比率≤25%。

(4)品质:容重≥720 g/L,粗淀粉≥69.0%,粗蛋白≥8.0%,粗脂肪≥3.0%。

(5)专家田间鉴评:在生育期、结实性、抗倒性、抗病虫性、抗逆性等性状方面没有严重缺陷。

(6)真实性和差异性(SSR 分子标记检测):同一品种在不同试验年份、不同试验组别、不同试验区道中 DNA 指纹检测差异位点数应当<2 个。

申请审定品种与已知品种 DNA 指纹检测差异位点数应当≥4 个;申请审定品种与已知品种 DNA 指纹检测差异位点数等于 3 个的,需进行田间小区种植鉴定证明有重要农艺性状差异。

(7)产量:区域试验和生产试验产量(kg/亩)(见分类条件要求)。

2.分类条件

1)高产稳产品种

每年区域试验产量比对照品种平均增产≥3.0%,且两年平均≥5.0%,生产试验比对照品种增产≥2.0%。每年区域试验、生产试验增产的试点比率≥60%。

2)绿色优质品种

(1)抗病性突出:田间自然发病和人工接种鉴定所有病害均达到中抗以上。

(2)丰产性、稳产性：每年区域试验、生产试验与对照品种产量相当，且每年区域试验、生产试验达标试点比率≥60%。其他指标同高产稳产品种。

3.2021年度晋级品种执行标准

(1)2021年完成生产试验程序品种以及之前的缓审品种，晋级和审定时各项指标均执行老标准。

(2)2022年进入区域试验程序的品种，晋级和审定时所有指标均按修订后新标准执行(DNA、产量、抗倒性、抗病性等)。

(3)从2022年开始，参加区域试验(两年区域试验)的品种进行DNA指纹检测。

(4)2021年玉米季节气候特殊，本年度生育期仅做参考，不作为淘汰品种依据。

(5)统一田间试验上报数据中，有两个及以上试点达到茎腐病(病株率≥40.1%)或穗腐病(病粒率≥4.0%)高感的品种以及穗腐病病粒率≥2.0%试点比率≥30.0%的品种予以淘汰。

(6)品种交叉晋级标准。

普通组：区域试验增产≥7.0%，增产点率≥70%，倒伏倒折率之和≤8%，小斑病、茎腐病和穗腐病人工接种和田间自然发病均中抗以上。

机收组：区域试验增产≥4.0%，增产点率≥70%，倒伏倒折率之和≤3%，籽粒含水量≤28%，破碎率≤6%，小斑病、茎腐病和穗腐病人工接种和田间自然发病均中抗以上。

(7)关于延审品种：2022年玉米初审会前提供不出合格的DUS报告的品种不再审定。

(二)参试品种的处理意见

综合考评参试品种的各类性状表现，经玉米专业委员会讨论决定对参试品种的处理意见如下：

(1) 推荐生产试验品种3个：百科玉998、添丰一号、郑晟6号。

(2) 推荐继续区域试验品种9个：郑单118、郑晟6号、沃优269、豫单8008、航硕178、荟玉5775、Q2098、豫保202、郑泰156。

(3)邵单979、利合988、新科2008、LPB199、太阳升66、博德6号、开玉178予以淘汰。

七、问题及建议

2021年玉米生长季节总体气候条件不利于玉米生长发育，平均气温略高，降雨量严重超常，日照时数严重偏少，表现在苗期少雨干旱抑制生长，花期少雨干旱影响结实，全生育期寡照特别是灌浆期锈病早发重发严重影响粒重。今后在新品种选育过程中，应加强品种对生物抗性特别是抗锈病、抗穗腐病以及非生物抗性特别是抗高温、耐低氮、耐干旱等生物学特性的鉴定筛选。

河南省农业科学院粮食作物研究所

2022年1月

表 2-35　2021 年河南省玉米品种区域试验参试品种所在试点性状汇总(5000 株/亩 B 组)

品种	试点位置	亩产/kg	比 CK/(±%)	位次	生育期/d	株高/cm	穗位高/cm	空秆率/%	双穗率/%	收获时籽粒含水量/%	穗长/cm	穗粗/cm	穗行数/行	穗行数变幅/行	行粒数/粒	秃尖长/cm	轴粗/cm	出籽率/%	百粒重/g	叶片数/片	叶数变幅
邵单 979	宝丰	495.6	2.0	12	97	270	98	0	0	21.8	15.0	4.4	14.4	12~16	32.2	0.2	2.8	87.5	29.9	17.6	17~18
	怀川	547.0	6.6	12	98	258	89	1.3	0	18.1	17.1	4.3	15.8	14~18	33.9	0.2	3.0	85.4	24.2		
	南阳	483.3	3.8	16	92	289	102	0.7	0	16.8	16.8	4.5	14.4	12~16	32.8	1.0	2.7	86.7	24.2	18	18
	嘉华	467.8	2.7	14	98	271	95	0	0	18.1	15.8	4.3	14.4	14~16	30.6	1.8	2.8	87.7	22.6	19.4	19~20
	西平	405.7	-6.0	17	92	294	88	2.5	0	19.8	15.7	4.4	16.0	16	31.7	0.8	2.7	82.3	24.0	19	18~20
	新郑	600.9	-15.5	18	106	248	92	0	0	25.7	15.8	4.9	15.5	14~16	28.5	0.3	2.9	74.5	32.4		
	中牟	519.1	-12.3	19	93	254	85	0.2	0.4	25.5	16.5	4.8	15.0	14~18	32.9	0.9	3.2	84	31.4	19.6	18~20
	黄泛区	525.2	-6.2	17	103	272	111.7	0	1.1	22.6	15.0	4.5	14.4	14~16	31.0	1.0	2.9	88.4	26.0	19	19
	金囤	391.5	5.1	13	95	239	79	0	0	22.6	14.6	4.1	15.2	12~16	26.6	0.7	2.6	81.8	25.1	19	18~19
	洛阳	527.8	-0.3	16	104	275	105	0.7	0	20.6	15.7	4.6	14.0	14	29.6	2.4	3.0	86.5	24.4	20	20
	平均	496.4	-3.0	18	97.8	267	94	0.5	0.2	21.2	15.8	4.5	14.9	12~18	31.0	0.9	2.9	84.5	26.4	19.0	17~20
添丰一号	宝丰	531.1	9.3	8	101	251	90	2.2	1.5	27.4	16.8	4.6	13.6	12~16	33.6	1.7	2.8	87.8	34.0	18	17~19
	怀川	614.8	19.8	3	101	240	74	3.6	0.2	22.7	18.2	4.7	14.6	12~16	37.4	0.5	2.9	87.2	29.8		
	南阳	557.2	19.7	8	93	249	93	0.7	0	19.1	17.2	4.6	14.4	14~16	31.0	2.3	2.7	87.5	30.7	19	19
	嘉华	509.1	11.7	4	99	266	86	0.7	0	22.5	16.6	4.8	15.2	14~18	33.6	1.2	2.8	88.6	29.5	20.4	20~21
	西平	486.3	12.7	6	92	250	71	3.3	0	26.6	16.3	4.4	14.7	14~16	33.3	0.1	2.7	86.3	34.5	20	19~21
	新郑	848.9	19.4	3	106	257	102	0.9	0	23.4	16.5	4.9	15.5	14~16	34.5	0.2	2.9	86.1	37.2		
	中牟	701.3	18.5	5	102	237	88	0.7	0.2	27.7	16.3	4.8	14.2	14~18	35.9	0.7	2.7	85.7	37.3	19.4	18~20
	黄泛区	618.5	10.5	11	103	249.3	89	0.4	2.2	26.0	17.0	4.6	15.8	14~16	22.8	2.5	2.9	88.2	26.6	20	20
	金囤	439.1	17.9	2	99	226	78	1.1	0	28.6	14.8	4.2	15.6	12~16	29.6	0.7	2.8	84.8	29.6	19	19~20
	洛阳	578.3	9.3	8	110	247	85	0	0	25.5	16.5	5.0	14.8	12~18	29.4	2.4	2.7	87.5	33.9	20.6	20~21
	平均	588.5	15.0	4	100.6	247	86	1.4	0.4	25.0	16.6	4.7	14.8	12~18	32.1	1.2	2.8	87.0	32.3	19.6	17~21

续表 2-35

品种	试点位置	亩产/kg	比 CK/（±%）	位次	生育期/d	株高/cm	穗位高/cm	空秆率/%	双穗率/%	收获时籽粒含水量/%	穗长/cm	穗粗/cm	穗行数/行	穗行数变幅/行	行粒数/粒	秃尖长/cm	轴粗/cm	出籽率/%	百粒重/g	叶片数/片	叶数变幅
利合 988	宝丰	484.3	-0.3	15	99	276	105	0	0	23.3	17.2	4.4	14.0	14~14	38.2	0.4	2.7	89.7	29.3	17.6	17~18
	怀川	534.4	4.2	13	98	245	120	2.4	0	16.8	17.2	4.3	14.2	12~16	36.3	0.1	2.8	87.7	24.4		
	南阳	475.7	2.2	17	92	277	119	4.0	0	15.9	16.8	4.4	14.8	14~16	31.6	1.7	2.8	89.0	29.8	18.8	18~20
	嘉华	471.1	3.4	13	98	253	115	0.9	0	18.0	15.0	4.1	14.0	12~16	28.6	1.8	2.7	88.1	22.1	19.4	19~20
	西平	380.4	-11.8	19	91	279	95	1.8	0	20.9	14.0	4.0	13.3	12~14	26.7	0.6	2.7	84.3	33.0	19	18~20
	新郑	671.1	-5.6	17	106	267	118	0.4	0	23.9	16.8	4.9	15.0	14~16	33.5	0.2	2.8	82.6	32.8		
	中牟	599.4	1.3	15	103	253	101	0.2	0.2	24.0	16.4	4.4	13.4	14~18	37.5	1.0	2.6	89.0	34.0	19.4	18~20
	黄泛区	551.1	-1.6	16	103	272	120.3	0.4	1.4	21.5	16.6	4.3	14.2	12~16	34.0	2.0	2.5	89.1	26.7	19	19
	金囤	378.5	1.6	16	99	223	85	0	0	21.1	13.8	4.0	13.6	12~14	28.2	0.6	2.5	85.1	27.9	19	18~19
	洛阳	583.7	10.3	5	107	278	105	0	0	22.1	15.6	4.6	13.6	12~14	31.0	2.3	2.6	91.8	29.2	20.3	19~21
	平均	513.0	0.3	16	99.6	262	108	1.0	0.2	20.8	15.9	4.3	14.0	12~18	32.6	1.1	2.7	87.6	28.9	19.1	17~21
百科玉 998	宝丰	531.5	9.4	7	101	280	99	0	2.6	28.3	16.6	4.5	15.8	12~18	30.5	0.2	2.7	89.8	30.3	19	18~20
	怀川	552.4	7.7	11	99	250	102	1.5	0.2	22.3	16.8	4.6	16.8	16~18	34.0	0.1	2.9	85.9	26.4		
	南阳	503.7	8.2	14	93	267	101	1.4	0.4	18.8	15.2	4.8	15.6	14~16	28.4	0.4	2.8	89.6	28.2	18.6	17~19
	嘉华	475.6	4.4	12	98	286	95	1.3	0.2	19.6	16.8	4.5	15.2	14~16	34.6	0.5	2.7	88.8	21.9	19.6	19~20
	西平	455.4	5.5	13	96	268	82	2.3	0	25.2	14.3	4.2	15.3	14~16	30.3	0	2.7	85.9	24.0	19	18~20
	新郑	781.1	9.8	10	107	255	92	0.2	0	27.9	15.0	5.0	15.0	14~16	30.0	0.1	2.9	72.8	34.4		
	中牟	625.6	5.7	10	99	250	108	0.2	0.2	26.7	16.0	5.0	16.4	14~18	30.9	0.3	2.8	86.4	34.8	19.6	18~20
	黄泛区	629.8	12.5	8	103	260.7	113.7	0	1.1	29.1	16.0	4.4	13.6	12~16	33.8	0.2	2.7	89.2	22.8	19.3	19~20
	金囤	388.7	4.4	14	99	234	92	1.9	0	26.0	14.2	4.6	16.0	14~18	29.4	0.2	2.7	80.7	24.6	19	19
	洛阳	638.7	20.7	2	109	267	93	0.9	0	25.9	16.4	4.7	16.0	14~18	32.2	0.5	2.7	92.8	27.7	20	19~21
	平均	558.2	9.1	12	100.4	262	98	1.0	0.5	25.0	15.7	4.6	15.6	12~18	31.4	0.3	2.8	86.2	27.5	19.3	17~21

续表 2-35

品种	试点位置	亩产/kg	比 CK/(±%)	位次	生育期/d	株高/cm	穗位高/cm	空秆率/%	双穗率/%	收获时籽粒含水量/%	穗长/cm	穗粗/cm	穗行数/行	穗行数变幅/行	行粒数/粒	秃尖长/cm	轴粗/cm	出籽率/%	百粒重/g	叶片数/片	叶数变幅
新科 2008	宝丰	491.7	1.2	13	103	260	86	0	0	23.7	16.4	4.2	13.6	12~16	35.8	0.6	1.9	87.3	37.8	17.6	17~18
	怀川	469.1	-8.6	19	100	216	92	2.0	2.3	20.4	18.6	4.4	13.2	12~14	31.2	0.8	2.8	86.6	34.1		
	南阳	538.7	15.7	11	93	248	92	0.4	0.4	18.7	17.1	4.5	13.6	12~14	27.8	1.8	2.8	88.0	31.1	18.6	18~19
	嘉华	466.7	2.4	15	100	245	84	0.7	0.2	22.8	17.9	4.2	14.0	12~16	30.8	3.0	2.6	87.4	27.8	20.4	20~21
	西平	457.6	6.0	12	94	246	78	0	0	24.0	16.7	4.3	12.7	12~14	30.7	1.6	2.8	87.0	33.5	19	18~20
	新郑	783.9	10.2	8	107	217	88	0.2	0.2	25.3	16.8	4.7	13.0	12~14	28.0	0.2	2.9	84.6	37.8		
	中牟	622.2	5.2	12	104	238	87	0.4	0.4	28.6	17.0	4.7	12.0	12~16	31.4	1.4	2.7	85.8	43.9	19.4	18~20
	黄泛区	598.9	7.0	13	103	243	97.3	0	4.4	24.3	16.0	4.4	14.8	14~16	27.0	1.0	2.8	89.2	27.3	19.7	19~20
	金囤	396.1	6.4	12	97	224	65	0	0.4	27.6	15.7	4.3	13.6	12~14	29.2	0.8	2.8	80.0	32.6	20	19~20
	洛阳	509.4	-3.8	18	105	243	92	0.2	0	22.4	17.5	4.5	12.8	12~14	28.8	2.6	2.8	90.6	27.6	20	20
	平均	533.4	4.3	14	100.6	238	86	0.4	0.8	23.8	17.0	4.4	13.3	12~16	30.1	1.4	2.7	86.7	33.4	19.3	17~21
LPB199	宝丰	453.7	-6.6	18	100	261	98	0	0	23.1	15.4	4.3	13.6	12~14	32.7	1.1	2.4	90.0	28.3	17	16~18
	怀川	527.4	2.8	15	98	243	101	1.1	0.7	19.5	17.9	4.3	14.6	14~16	37.5	0.1	2.9	87.5	22.1		
	南阳	498.5	7.1	15	92	275	107	1.1	0	17.3	15.6	4.4	14.8	14~16	27.8	0.8	2.6	90.1	27.6	18.6	18~19
	嘉华	447.8	-1.7	18	99	278	95	1.3	0	17.5	14.1	4.0	14.8	14~16	28.4	1.5	2.5	88.1	19.4	19.4	19~20
	西平	413.7	-4.1	16	92	252	75	1.4	0	21.0	14.7	4.3	15.3	14~16	29.0	0.5	2.7	88.4	23.0	19	18~20
	新郑	835.7	17.5	5	108	255	103	0	0	24.3	16.7	4.7	15.5	14~16	30.5	0.3	2.9	86.1	32.8		
	中牟	576.1	-2.6	17	97	231	97	0.2	0.2	25.1	17.1	4.6	14.0	14~18	32.8	0.8	2.8	88.8	34.4	19.2	18~20
	黄泛区	524.1	-6.4	18	104	249.7	95.7	0	1.1	22.0	15.0	4.3	14.0	12~16	29.0	0.5	2.5	89.3	24.1	20	20
	金囤	375.0	0.7	17	95	231	82	0	0	22.4	15.2	3.9	14.4	14~16	29.8	0.7	2.4	85.2	21.0	19	18~19
	洛阳	581.3	9.8	6	107	252	95	0.7	0	23.1	16.7	4.8	13.6	12~14	33.2	1.1	2.6	93.2	26.0	19.3	19~20
	平均	523.3	2.3	15	99.2	253	95	0.6	0.2	21.5	15.8	4.4	14.5	12~18	31.1	0.7	2.6	88.7	25.9	18.9	16~20

续表 2-35

品种	试点位置	亩产/kg	比CK/(±%)	位次	生育期/d	株高/cm	穗位高/cm	空秆率/%	双穗率/%	收获时籽粒含水量/%	穗长/cm	穗粗/cm	穗行数/行	穗行数变幅/行	行粒数/粒	秃尖长/cm	轴粗/cm	出籽率/%	百粒重/g	叶片数/片	叶数变幅
郑晟6号	宝丰	580.0	19.4	5	100	270	86	1.1	4.1	26.9	18.4	4.6	15.2	14~16	34.4	0.4	2.5	89.9	33.9	16.8	16~18
	怀川	633.7	23.5	1	102	249	83	1.1	1.1	21.1	18.7	4.8	15.6	14~18	33.5	0.1	2.9	87.2	36.7		
	南阳	576.3	23.8	5	93	279	92	0	0	19.3	17.4	4.6	16.4	14~18	25.0	2.3	2.6	87.3	30.3	17.8	17~18
	嘉华	519.6	14.0	2	101	256	76	1.3	0	25.0	17.9	4.5	14.8	14~16	30.6	2.0	2.6	89.7	30.9	19.4	19~20
	西平	512.8	18.8	2	92	275	83	0.7	0	26.0	18.7	4.5	16.7	16~18	34.3	1.3	2.8	87.0	33.0	20	19~21
	新郑	843.3	18.6	4	107	242	83	0	0	25.9	17.6	4.9	15.5	14~16	31.0	0.1	2.9	86.8	36.5		
	中牟	724.3	22.4	1	105	243	95	0.4	0.2	28.0	17.5	4.7	15.8	14~18	30.4	1.3	2.7	86.5	39.3	19.4	19~20
	黄泛区	616.5	10.1	12	103	257	100.3	0.4	1.4	26.5	16.2	4.4	16.4	12~18	27.6	1.5	2.5	89.0	27.3	18.7	18~19
	金囤	431.9	16.0	8	96	231	78	1.5	0	29.0	14.2	4.3	16.0	14~18	24.4	0.9	2.5	85.3	28.8	18	18~19
	洛阳	579.1	9.4	7	110	263	92	0.7	0	22.2	16.9	4.5	14.4	14~16	29.2	1.9	2.6	88.3	26.0	19.3	19~20
	平均	601.7	17.6	2	100.9	257	87	0.7	0.7	25.0	17.4	4.6	15.7	12~18	30.0	1.2	2.7	87.7	32.3	18.7	16~21
Q2098	宝丰	515.4	6.1	10	101	269	104	0	1.5	24.5	16.0	4.2	14.0	12~16	33.4	0.6	2.6	88.8	39.2	18.4	18~19
	怀川	529.4	3.2	14	98	259	97	2.4	0.2	19.1	16.1	4.3	13.8	12~14	30.3	0.1	2.7	88.5	29.1		
	南阳	582.8	25.2	4	93	287	122	1.5	0.4	17.5	16.6	4.4	13.6	12~16	28.0	1.1	2.6	90.1	31.4	19.2	18~20
	嘉华	497.0	9.1	7	98	278	105	1.1	0	23.8	16.6	4.2	14.0	14	31.0	1.0	2.6	88.8	27.9	19.6	19~20
	西平	465.7	7.9	9	94	289	91	0.9	0	25.0	17.3	4.5	14.0	14	32.7	0	2.7	86.5	38.0	19	18~20
	新郑	773.3	8.7	13	106	270	95	0	0	23.8	17.2	4.4	13.5	12~14	36.5	0.1	2.8	87.3	30.5		
	中牟	603.0	1.9	14	98	273	100	0.4	0.2	25.1	16.1	4.4	13.6	12~16	33.9	1.0	2.6	88.1	36.4	19.6	19~21
	黄泛区	652.8	16.6	5	103	264.3	121.7	0	4.7	25.9	16.7	4.4	14.4	12~16	32.6	0.5	2.5	89.0	30.2	19	19~19
	金囤	437.4	17.5	5	98	240	74	0	0	24.3	15.0	4.0	14.0	12~16	27.2	0.7	2.5	84.6	24.3	20	19~20
	洛阳	649.1	22.6	1	108	270	107	0	0.9	23.6	17.4	4.6	12.8	12~14	33.4	1.2	2.6	92.3	34.5	20.6	20~21
	平均	570.6	11.5	9	99.7	270	102	0.6	0.8	23.3	16.5	4.3	13.8	12~16	31.9	0.6	2.6	88.4	32.2	19.4	18~21

续表 2-35

品种	试点位置	亩产/kg	比CK/(±%)	位次	生育期/d	株高/cm	穗位高/cm	空秆率/%	双穗率/%	收获时籽粒含水量/%	穗长/cm	穗粗/cm	穗行数/行	穗行数变幅/行	行粒数/粒	秃尖长/cm	轴粗/cm	出籽率/%	百粒重/g	叶片数/片	叶数变幅
太阳升 66	宝丰	594.6	22.4	4	101	268	79	0	0	24.4	15.0	4.4	15.2	14~18	29.4	0.6	2.6	90.0	33.0	17.6	17~18
	怀川	593.3	15.6	5	99	243	79	2.2	0	20.8	15.2	4.5	15.8	14~18	27.4	0.2	2.7	88.9	30.2		
	南阳	550.2	18.2	10	92	286	104	1.4	0	18.0	15.2	4.5	14.4	12~16	26.6	0.4	2.6	89.3	31.2	18.8	18~19
	嘉华	477.0	4.7	11	99	272	84	1.1	0.2	22.4	16.6	4.6	16.4	16~18	28.0	0.8	2.7	88.6	26.5	20.4	20~21
	西平	460.6	6.7	11	94	277	81	4.1	0	24.8	13.0	4.3	16.7	14~18	24.7	0.5	2.7	86.2	29.0	20	19~21
	新郑	826.7	16.3	7	106	238	91	0	0	21.5	15.7	4.8	15.0	14~16	35.0	0.2	2.7	88.7	33.9		
	中牟	675.0	14.1	7	99	253	95	0.4	0.2	26.3	14.8	4.6	16.0	14~18	30.6	0.6	3.0	86.0	37.3	19.6	18~20
	黄泛区	627.8	12.1	9	103	265.7	98.3	0.4	2.7	24.7	14.0	4.6	15.8	12~16	25.2	0.2	2.5	89.3	33.0	19	19
	金囤	380.9	2.3	15	97	233	76	0.7	0	25.6	13.6	4.0	15.6	14~16	25.4	0.6	2.7	85.0	28.8	19	19~20
	洛阳	560.9	6.0	10	107	265	87	0	0	22.4	15.0	4.7	15.2	14~16	26.6	1.1	2.8	90.9	29.6	20.3	20~21
	平均	574.7	12.3	7	99.7	260	87	1.0	0.3	23.1	14.8	4.5	15.6	12~18	27.9	0.5	2.7	88.3	31.3	19.3	17~21
航硕 178	宝丰	631.7	30.0	2	101	240	96	0	0	26.1	15.0	4.6	17.2	16~18	33.4	0.8	2.8	90.0	31.9	18	17~19
	怀川	554.1	8.0	9	98	234	81	2.6	1.7	22.6	15.5	4.9	17.4	16~18	31.9	0.2	3.0	89.8	27.1		
	南阳	589.4	26.6	2	92	261	98	1.4	0.7	18.4	13.8	4.9	18.0	16~20	29.8	0.5	2.8	90.4	26.1	19	19
	嘉华	498.5	9.4	6	99	247	85	1.6	0.4	22.5	14.7	4.6	16.4	16~18	31.2	1.4	3.0	90.0	25.1	19.6	19~20
	西平	469.1	8.7	8	95	247	69	4.5	0	27.1	13.0	4.7	17.3	16~18	26.3	1.1	2.8	87.7	31.0	19	18~20
	新郑	776.7	9.2	11	106	235	82	0	0	25.2	15.6	4.7	15.0	14~16	30.5	0.1	2.9	80.9	31.5		
	中牟	708.5	19.7	4	100	229	98	0.2	0	27.0	14.5	5.1	17.8	14~18	29.0	0.5	3.0	85.0	38.9	19.4	18~20
	黄泛区	589.6	5.3	14	103	259.3	110.7	0	2.6	25.8	15.2	5.0	17.8	16~18	29.2	0.2	2.9	89.6	28.0	20	20
	金囤	419.1	12.5	9	99	226	78	0	0	28.2	14.4	4.3	15.6	14~18	32.4	1.2	2.9	83.4	27.2	19	18~19
	洛阳	542.6	2.5	12	108	252	85	2.0	0	23.5	14.4	4.8	16.4	14~20	28.4	1.4	2.8	92.2	23.8	20	20
	平均	577.9	13.0	6	100.1	243	88	1.2	0.5	24.6	14.6	4.8	16.9	14~20	30.2	0.7	2.9	87.9	29.1	19.3	17~20

续表 2-35

品种	试点位置	亩产/kg	比CK/(±%)	位次	生育期/d	株高/cm	穗位高/cm	空秆率/%	双穗率/%	收获时籽粒含水量/%	穗长/cm	穗粗/cm	穗行数/行	穗行数变幅/行	行粒数/粒	秃尖长/cm	轴粗/cm	出籽率/%	百粒重/g	叶片数/片	叶数变幅
荟玉5775	宝丰	557.6	14.8	6	100	251	111	0	0	25.7	15.8	4.4	16.4	16~18	32.2	0.4	2.8	89.0	31.4	18.6	17~19
	怀川	573.1	11.7	7	99	240	95	2.4	0.7	22.8	17.1	4.5	17.8	16~20	33.1	0	2.8	86.9	25.5		
	南阳	521.5	12.0	12	93	255	102	1.8	0	18.5	15.7	4.8	18.0	16~20	25.2	0.8	2.6	90.6	30.9	18.8	18~19
	嘉华	506.7	11.2	5	99	241	86	1.1	0	23.5	15.9	4.6	14.0	14~18	29.2	1.2	2.8	90.0	25.7	19.6	19~20
	西平	510.2	18.2	3	95	250	75	1.1	0	26.4	15.3	4.5	16.7	16~18	27.3	0.6	2.7	86.4	37.5	20	19~21
	新郑	740.0	4.1	15	107	232	88	0	0	25.0	15.8	4.7	17.5	16~18	32.0	0.3	2.8	87.8	32.2		
	中牟	712.0	20.3	3	100	232	89	0.7	0.2	27.9	15.9	4.7	17.4	14~18	32.5	0.6	2.7	86.0	34.8	19.4	18~20
	黄泛区	623.1	11.3	10	103	259.7	110.7	0.7	2.3	26.2	15.1	4.4	18.4	18~22	28.6	1.5	2.7	89.6	25.3	19	18~20
	金囤	437.4	17.5	5	99	229	87	0	0.4	29.5	14.0	4.2	17.6	16~18	24.0	1.4	2.6	85.8	26.0	19	18~19
	洛阳	543.3	2.6	11	108	252	93	0	0	21.8	16.4	4.7	17.2	16~20	30.2	1.6	2.8	91.0	24.5	20.3	20~21
	平均	572.5	11.9	8	100.3	244	94	0.8	0.4	24.7	15.7	4.6	17.1	14~22	29.4	0.8	2.7	88.3	29.4	19.3	17~21
豫单8008	宝丰	481.5	-0.9	16	101	260	85	0	2.6	27.0	16.2	4.4	13.2	12~14	34.2	0.1	2.8	87.8	27.7	17.8	17~19
	怀川	593.9	15.7	4	99	237	95	1.6	0.7	24.6	17.1	4.5	13.0	12~14	35.5	0	2.8	88.6	29.9		
	南阳	560.2	20.3	7	93	258	100	2.5	0.4	21.0	16.5	4.8	15.2	14~16	31.4	0.8	2.6	90.2	30.4	18.8	18~19
	嘉华	483.7	6.2	10	100	274	98	0.9	0	26.2	17.7	4.6	15.2	14~16	35.4	0.5	2.6	90.0	26.0	19.4	19~20
	西平	493.7	14.4	5	97	260	87	1.1	0	26.6	14.7	4.5	13.3	12~14	28.3	0	2.7	84.8	39.0	19	18~20
	新郑	776.7	9.2	11	108	244	85	0.2	0.9	27.9	14.6	4.6	15.5	14~16	30.5	0.1	3.0	81.8	32.5		
	中牟	687.4	16.2	6	100	241	95	0.2	0.4	28.6	15.3	4.6	14.8	14~18	32.6	0.2	2.7	85.0	38.2	19.6	18~20
	黄泛区	664.3	18.7	2	104	254.7	109	0.4	0.4	30.0	16.4	4.6	13.6	12~14	32.4	0.3	2.5	89.9	33.8	20	19~21
	金囤	442.2	18.7	1	99	222	79	0	0	28.9	15.0	4.3	14.0	12~16	27.2	0.3	2.7	83.1	28.0	20	19~20
	洛阳	596.5	12.7	4	108	238	92	0	0	24.2	16.0	4.6	13.2	12~16	32.2	0.8	2.8	92.4	33.1	20.6	20~21
	平均	578.0	13.0	5	100.9	249	93	0.7	0.5	26.5	16.0	4.6	14.1	12~18	32.0	0.3	2.7	87.4	31.9	19.4	17~21

续表 2-35

品种	试点位置	亩产/kg	比 CK/(±%)	位次	生育期/d	株高/cm	穗位高/cm	空秆率/%	双穗率/%	收获时籽粒含水量/%	穗长/cm	穗粗/cm	穗行数/行	穗行数变幅/行	行粒数/粒	秃尖长/cm	轴粗/cm	出籽率/%	百粒重/g	叶片数/片	叶数变幅
沃优 269	宝丰	631.9	30.0	1	102	260	111	0	3.0	25.7	17.6	4.6	13.2	12~14	40.4	0.4	2.9	90.0	34.2	18	17~19
	怀川	618.0	20.4	2	101	256	106	1.5	0.7	20.9	19.6	5.0	14.2	14~16	39.5	0.2	2.9	87.5	36.9		
	南阳	567.0	21.8	6	93	261	108	2.2	0	19.9	16.1	4.9	13.6	12~16	32.0	1.3	2.6	87.7	33.9	18.8	18~19
	嘉华	521.9	14.6	1	101	263	94	0.7	0	23.9	16.9	4.5	12.8	12~14	33.6	1.0	2.6	89.4	29.8	19.6	19~20
	西平	515.7	19.5	1	95	263	92	0.9	0	26.3	17.0	4.7	14.7	14~16	35.7	0	2.9	87.2	34.0	19	18~20
	新郑	862.2	21.2	1	107	235	80	0.2	0.2	25.2	16.5	4.6	16.0	12~18	31.5	0.1	3.0	84.6	31.7		
	中牟	662.2	11.9	8	106	249	104	0.4	0.2	28.3	17.2	4.8	13.0	12~16	34.6	0	2.9	85.0	40.5	19.4	18~20
	黄泛区	666.1	19.0	1	103	250.3	112	0	2.9	26.8	17.7	4.7	13.0	12~14	39.0	0.5	2.8	89.6	32.5	21	20~22
	金囤	436.7	17.3	7	99	222	90	0	1.1	28.1	16.3	4.5	13.6	12~16	30.4	1.2	2.8	81.1	28.7	20	20~21
	洛阳	525.7	−0.7	17	106	243	108	0.2	0	20.9	16.9	4.4	12.8	12~14	36.8	1.6	2.8	90.3	23.9	20.3	20~21
	平均	600.7	17.4	3	101.3	250	101	0.6	0.8	24.6	17.2	4.7	13.7	12~18	35.4	0.6	2.8	87.2	32.6	19.5	17~21
博德 6 号	宝丰	408.5	−15.9	19	101	231	92	0	2.6	26.9	16.0	4.2	15.6	14~18	35.6	0.1	2.6	89.9	31.3	17.8	17~18
	怀川	472.4	−7.9	18	98	195	97	1.1	0.4	22.9	17.9	4.1	15.8	14~18	36.5	0.1	2.8	87.6	18.9		
	南阳	471.1	1.2	18	93	206	79	1.8	0.4	18.6	17.0	4.5	15.6	14~16	25.2	1.2	2.5	90.1	22.8	18.8	18~19
	嘉华	459.6	0.9	16	99	240	90	1.3	0	21.3	16.6	4.1	14.8	14~16	31.6	1.0	2.4	90.0	17.7	19.4	19~20
	西平	420.9	−2.5	15	96	209	74	2.7	0	27.5	14.3	4.3	16.0	14~16	31.0	0	2.7	89.5	22.0	19	18~20
	新郑	548.9	−22.8	19	106	192	80	0	0.2	24.9	15.6	4.6	17.0	16~18	31.5	0.1	3.1	78.4	24.7		
	中牟	532.8	−10.0	18	97	233	108	0.2	0.2	27.2	16.2	4.6	15.4	14~18	33.6	0.3	2.9	88.7	28.0	19.2	18~20
	黄泛区	524.1	−6.4	18	103	220.3	114.3	0	2.2	25.8	17.0	4.2	14.4	12~16	35.9	0.1	2.3	89.7	22.3	19.7	19~20
	金囤	354.3	−4.9	19	98	236	81	0	0	27.0	13.8	3.9	14.8	14~16	30.0	0.3	2.6	83.2	18.6	19	18~19
	洛阳	529.3	0	14	106	220	102	0.7	0	23.0	17.5	4.4	14.8	14~16	36.2	0.8	2.7	91.8	20.9	20.6	20~21
	平均	472.2	−7.7	19	99.7	218	92	0.8	0.6	24.5	16.2	4.3	15.4	12~18	32.7	0.4	2.7	87.9	22.7	19.2	17~21

续表 2-35

品种	试点位置	亩产/kg	比 CK/(±%)	位次	生育期/d	株高/cm	穗位高/cm	空秆率/%	双穗率/%	收获时籽粒含水量/%	穗长/cm	穗粗/cm	穗行数/行	穗行数变幅/行	行粒数/粒	秃尖长/cm	轴粗/cm	出籽率/%	百粒重/g	叶片数/片	叶数变幅
郑泰 156	宝丰	480.0	−1.2	17	103	261	89	0	0	29.8	14.6	4.6	14.4	12~16	30.8	0.2	2.8	88.7	30.9	18.6	18~19
	怀川	568.9	10.9	8	100	274	94	3.6	0.2	23.8	16.0	4.5	16.6	14~18	29.8	0.1	3.0	87.5	25.8		
	南阳	511.7	9.9	13	93	272	107	2.6	0	18.2	15.6	4.8	16.8	16~18	31.2	0.1	2.8	89.0	29.8	19	19
	嘉华	439.3	−3.6	19	100	267	95	1.4	0	21.4	14.2	4.4	16.4	16~18	28.0	1.0	2.8	87.9	23.2	20.4	20~21
	西平	399.8	−7.3	18	97	282	92	4.5	0	25.6	13.7	4.3	16.0	16	26.3	0	2.8	83.6	25.5	19	18~20
	新郑	783.1	10.1	9	108	257	80	1.0	0.2	24.5	14.3	4.7	15.0	14~16	28.0	0.2	2.9	86.8	29.8		
	中牟	622.8	5.3	11	104	271	106	0.2	0.2	27.1	16.4	4.8	15.2	14~18	34.5	0.2	2.8	86.4	32.6	19.6	18~20
	黄泛区	657.6	17.5	4	103	267	113	0	2.2	28.3	15.0	4.7	17.0	16~18	27.6	0.1	2.8	89.2	29.4	20	18~22
	金囤	404.6	8.6	10	96	240	91	0.4	0	28.1	14.8	4.1	16.8	14~16	25.6	0.9	2.8	81.4	25.5	20	20
	洛阳	537.4	1.5	13	109	267	103	0.9	0	22.8	15.4	4.7	16.4	16~18	30.4	0.7	3.0	92.2	26.8	20.6	20~21
	平均	540.5	5.6	13	101.3	266	97	1.5	0.3	25.0	15.0	4.6	16.1	12~18	29.2	0.4	2.9	87.3	27.9	19.7	18~22
郑单 118	宝丰	623.7	28.4	3	101	270	118	0	4.5	28.7	18.2	4.6	13.2	14~16	38.8	0.1	2.7	89.9	32.6	17.8	17~19
	怀川	575.4	12.1	6	100	249	84	0.9	0.7	23.0	19.8	4.6	16.6	14~18	36.8	0.3	2.9	87.1	28.1		
	南阳	603.9	29.7	1	93	256	105	1.8	0.4	20.6	17.3	4.9	16.4	16~18	25.2	0.8	2.6	89.3	32.2	19	19
	嘉华	512.2	12.4	3	99	252	95	1.8	0	24.1	16.7	4.7	16.0	16	29.2	2.3	3.0	90.0	26.0	19	19
	西平	503.5	16.7	4	96	266	85	1.8	0	28.6	17.7	4.5	15.3	14~16	32.0	0.3	2.8	88.2	34.0	19	18~20
	新郑	830.6	16.8	6	107	246	82	0	0	25.6	13.2	5.4	19.5	18~20	29.0	0.4	3.0	79.3	31.5		
	中牟	721.7	22.0	2	102	253	96	0.4	0.2	28.4	18.4	4.9	15.4	14~18	32.4	0.3	2.9	85.3	39.4	19.4	18~20
	黄泛区	660.9	18.1	3	104	265.7	110.7	0	4.7	28.8	16.8	4.6	14.4	14~16	33.2	1.0	2.6	89.3	27.9	19	18~20
	金囤	437.6	17.5	4	99	237	83	1.5	0	28.2	16.6	4.2	16.0	16	30.0	0.9	2.7	83.7	26.7	19	19~20
	洛阳	575.4	8.7	9	110	257	102	1.1	0	26.2	18.5	4.7	14.0	14	34.4	1.8	2.7	92.3	29.7	19.3	19~20
	平均	604.5	18.2	1	101.1	255	96	0.9	1.1	26.2	17.3	4.7	15.7	14~20	32.1	0.8	2.8	87.4	30.8	18.9	17~20

续表 2-35

品种	试点位置	亩产/kg	比 CK/(±%)	位次	生育期/d	株高/cm	穗位高/cm	空秆率/%	双穗率/%	收获时籽粒含水量/%	穗长/cm	穗粗/cm	穗行数/行	穗行数变幅/行	行粒数/粒	秃尖长/cm	轴粗/cm	出籽率/%	百粒重/g	叶片数/片	叶数变幅
开玉 178	宝丰	520.6	7.1	9	100	260	90	1.9	0	24.9	15.0	4.8	14.0	13~15	28.6	1.7	2.6	88.6	33.8	19.8	19~20
	怀川	525.7	2.5	16	99	253	92	1.3	0.2	23.2	17.0	4.9	14.4	12~16	34.3	0.3	2.9	87.5	27.4		
	南阳	586.9	26.1	3	93	263	87	0.7	0.4	18.9	15.7	5.0	14.4	12~16	28.4	0.5	2.5	91.3	33.0	18.8	18~19
	嘉华	491.7	7.9	9	100	280	95	1.6	0	25.4	15.7	4.8	13.6	12~16	32.4	1.0	2.6	90.0	30.0	19.4	19~20
	西平	460.9	6.8	10	95	270	64	2.5	0	26.3	14.3	4.7	14.7	14~16	26.0	0.3	2.6	89.6	33.5	20	19~21
	新郑	756.1	6.3	14	107	236	92	0	0	24.6	14.6	5.1	15.5	14~16	31.0	0.1	3.0	82.2	37.0		
	中牟	635.4	7.4	9	100	246	91	0.4	0.2	28.1	15.0	4.9	13.0	12~16	32.7	0.9	2.7	87.0	40.4	19.4	19~21
	黄泛区	643.1	14.9	7	103	253.3	112.3	1.0	0.7	28.1	15.3	4.5	13.1	12~14	25.2	0.2	2.4	89.3	35.9	19.3	19~20
	金囤	404.1	8.5	11	98	231	78	1.5	0	29.3	13.2	4.5	14.4	14~16	22.0	0.7	2.6	84.3	30.2	19	19~20
	洛阳	602.8	13.9	3	109	260	97	0.4	0	25.9	15.8	4.7	14.4	14~16	28.0	1.6	2.6	92.4	30.6	20.3	20~21
	平均	562.7	10.0	11	100.4	255	90	1.1	0.2	25.5	15.2	4.8	14.2	12~16	28.9	0.7	2.7	88.2	33.2	19.5	18~21
豫保 202	宝丰	511.7	5.3	11	101	261	100	0.7	1.1	27.1	14.6	4.6	16.4	16~18	31.0	0.2	2.7	89.7	29.9	18.1	18~19
	怀川	553.1	7.8	10	99	233	95	1.5	0.9	22.8	15.5	4.6	15.8	12~18	33.3	0	2.9	89.4	27.8		
	南阳	554.8	19.2	9	93	251	92	0.7	0	18.6	15.1	4.9	16.8	16~18	30.6	0.7	2.6	89.6	27.7	18.4	18~19
	嘉华	492.4	8.1	8	100	253	83	0	0	24.4	14.8	4.4	15.4	14~18	29.2	1.2	2.6	88.2	23.2	18.6	18~19
	西平	476.5	10.4	7	93	260	85	1.1	0	28.0	15.7	4.4	15.3	14~16	32.3	0	2.7	85.9	29.0	20	19~21
	新郑	862.2	21.2	1	107	215	82	0	0	26.7	14.8	5.0	17.5	16~18	29.5	0.1	2.9	88.3	31.0		
	中牟	611.3	3.3	13	99	239	90	0.2	0.4	29.5	15.2	4.4	16.0	14~18	32.7	0.4	2.7	84.2	31.0	19.4	18~20
	黄泛区	648.0	15.8	6	104	256.7	107.7	0	1.4	29.0	15.3	4.7	17.0	16~20	32.4	1.5	2.7	89.2	25.5	17.3	17~18
	金囤	438.0	17.6	3	97	233	82	0	0	30.6	12.8	4.4	16.4	14~18	27.0	0.3	2.8	84.6	25.9	19	18~20
	洛阳	502.0	−5.2	19	105	235	90	0	0	24.6	16.0	4.7	15.6	14~16	32.6	2.1	2.7	87.7	21.3	19.6	19~20
	平均	565.0	10.4	10	99.8	244	91	0.4	0.4	26.1	15.0	4.6	16.2	12~20	31.1	0.7	2.7	87.7	27.2	18.8	17~20

续表 2-35

品种	试点位置	亩产/kg	比CK/(±%)	位次	生育期/d	株高/cm	穗位高/cm	空秆率/%	双穗率/%	收获时籽粒含水量/%	穗长/cm	穗粗/cm	穗行数/行	穗行数变幅/行	行粒数/粒	秃尖长/cm	轴粗/cm	出籽率/%	百粒重/g	叶片数/片	叶数变幅
郑单958	宝丰	485.9		14	101	261	103	0.0	1.9	25.3	17.2	5.0	15.6	14~16	37.2	0.1	3.0	88.0	32.1	18.2	18~20
	怀川	513.1		17	101	244	97	0.9	0.0	24.1	18.7	4.8	15.4	12~16	38.1	0.3	3.2	86.5	23.9		
	南阳	465.6		19	93	232	98	0.7	0.4	19.7	15.3	5.0	14.8	14~16	26.2	1.1	2.8	89.4	29.0	19	19~19
	嘉华	455.6		17	100	260	95	1.3	0.0	25.4	14.4	4.6	15.6	14~16	26.4	1.5	2.9	86.6	22.2	20.4	20~21
	西平	431.5		14	95	235	68	1.1	0.0	28.6	14.0	4.5	15.3	14~16	31.0	0.2	2.7	86.8	23.5	19	18~20
	新郑	711.1		16	108	224	89	0.8	0.0	28.5	16.6	5.0	15.5	14~16	34.5	0.3	2.9	77.4	32.2		
	中牟	591.7		16	99	219	88	0.2	0.2	28.9	16.7	4.9	15.6	14~18	32.1	0.4	3.0	86.8	31.8	19.6	18~20
	黄泛区	559.8		15	103	243	116	1.4	0.7	28.2	16.2	5.0	14.4	14~16	37.5	0.2	2.7	89.2	33.6	20.3	19~21
	金囤	372.4		18	97	228	74	0.0	0.0	27.6	14.2	4.3	15.2	14~16	30.0	0.7	2.8	82.1	23.8	20	20~21
	洛阳	529.3		14	109	253	115	0.0	0.0	29.6	16.8	4.8	14.4	12~16	35.2	0.7	2.9	90.3	25.9	20.6	20~21
	平均	511.6		17	100.6	240	94	0.6	0.3	26.6	16.0	4.8	15.2	12~18	32.8	0.6	2.9	86.3	27.8	19.6	18~21

注:平均值为各试点算术平均。

表 2-36 2021 年河南省玉米品种区域试验参试品种所在试点抗病虫抗倒性状汇总(5000 株/亩 B 组)

品种	试点位置	茎腐病/%	小斑病/级	穗腐病/%	弯孢叶斑病/级	瘤黑粉病/%	南方锈病/级	粗缩病/%	矮花叶病/级	纹枯病/级	褐斑病/级	玉米螟/级	倒伏率/%	倒折率/%	倒伏倒折率/%
邵单979	宝丰	41.1	3	0.5	1	0	9	0	1	3	3	3	0	0	0
	怀川	21.6	1	0	1	0	7	0	1	1	1	1	0	0.9	0.9
	南阳	6.0	1	0.3	1	0	7	0	1	1	3	1	0	0	0
	嘉华	32.8	7	0.5	3	1.2	7	0	1	1	3	1	0	0	0
	西平	38.3	1	0	1	0	7	0	1	1	1	1	0	0	0
	新郑	28.1	5	0	3	0	9	0	3	3	3	3	0	0	0
	中牟	20.0	3	2.5	1	1.3	9	1.3	1	1	3	7	0	0	0
	黄泛区	5.4	3	0	3	0	7	0	1	5	7	1	0	0	0
	金囤	14.1	3	0	3	0	7	0	1	1	1	1	0	0	0
	洛阳	38.9	3	0	3	0	7	0	1	3	3	3	28.7	3.8	32.4
	平均	24.6	1~7	0.4	1~3	0.3	7~9	0.1	1~3	1~5	1~7	1~7	2.9	0.5	3.3

续表 2-36

品种	试点位置	茎腐病/%	小斑病/级	穗腐病/%	弯孢叶斑病/级	瘤黑粉病/%	南方锈病/级	粗缩病/%	矮花叶病/级	纹枯病/级	褐斑病/级	玉米螟/级	倒伏率/%	倒折率/%	倒伏倒折率/%
添丰一号	宝丰	0	3	0.5	1	0	7	0	1	3	3	3	0	0	0
	怀川	1.3	1	0	1	0	5	0	1	1	1	1	0	0.9	0.9
	南阳	0	1	0.2	1	0	3	0	1	1	1	1	0	0	0
	嘉华	3.7	5	0.3	3	0	7	0	1	1	3	1	0.7	1.3	2.0
	西平	0	1	0.1	3	0	5	0	1	1	1	3	0	0	0
	新郑	8.1	3	0	3	0	9	0	3	3	3	3	0	0	0
	中牟	15.0	3	0.9	1	1.3	7	0.7	1	1	3	7	0	0	0
	黄泛区	0	3	0.3	3	0	3	0	1	3	3	1	0	0	0
	金囤	0.7	3	0	3	0	7	0	1	1	1	1	2.2	0	2.2
	洛阳	12.2	3	0	1	0	5	0	1	1	3	1	4.2	0	4.2
	平均	4.1	1~5	0.2	1~3	0.1	3~9	0.1	1~3	1~3	1~3	1~7	0.7	0.2	0.9
利合 988	宝丰	4.4	3	0	1	0	7	0	1	3	3	3	0.4	0	0.4
	怀川	25.5	1	0	1	0	7	0	1	1	1	1	0	3.3	3.3
	南阳	3.0	1	0.5	1	0	7	0	1	1	1	5	0	0	0
	嘉华	12.8	7	0.6	3	0	9	1.2	1	1	3	1	2.4	1.6	4.0
	西平	8.7	1	0.2	1	0	7	0	1	1	1	1	0	0	0
	新郑	9.4	3	0	3	0	9	0	3	3	3	3	0	0	0
	中牟	8.0	1	2.2	1	0.7	9	0.7	1	1	1	5	0	0	0
	黄泛区	0	3	0	3	1.1	5	0	1	3	5	1	0	0	0
	金囤	7.5	5	0	3	0	9	0	1	1	1	1	15.7	0	15.7
	洛阳	33.3	5	0	3	0	5	0	1	3	3	3	7.6	1.8	9.4
	平均	11.3	1~7	0.4	1~3	0.2	5~9	0.2	1~3	1~3	1~5	1~5	2.6	0.7	3.3

续表 2-36

品种	试点位置	茎腐病/%	小斑病/级	穗腐病/%	弯孢叶斑病/级	瘤黑粉病/%	南方锈病/级	粗缩病/%	矮花叶病/级	纹枯病/级	褐斑病/级	玉米螟/级	倒伏率/%	倒折率/%	倒伏倒折率/%
百科玉 998	宝丰	11.1	3	0.5	1	0	9	0	1	3	3	3	0	0	0
	怀川	15.2	1	0	1	0	7	0	1	1	1	1	0	9.2	9.2
	南阳	0	1	0.5	3	0	5	0	1	1	3	5	0	0	0
	嘉华	13.9	5	0.9	3	0	7	0	1	1	3	1	1.8	0	1.8
	西平	0	1	0.1	5	0	5	0	1	1	1	1	1.4	0	1.4
	新郑	7.1	3	0	3	0	5	0	3	3	3	3	0	0	0
	中牟	30.0	3	0.9	1	0.7	9	1.3	1	1	3	7	0	0	0
	黄泛区	0	3	0	3	0	5	0	1	3	5	1	0	0	0
	金囤	10.5	3	0	3	0	9	0	1	1	1	1	3.4	0	3.4
	洛阳	6.6	3	0	3	0	5	0	1	1	3	3	1.6	0	1.6
	平均	9.4	1~5	0.3	1~5	0.1	5~9	0.1	1~3	1~3	1~5	1~7	0.8	0.9	1.7
新科 2008	宝丰	21.1	3	0	1	0	5	0	1	3	3	3	0	0.4	0.4
	怀川	18.0	1	0	3	0	3	0	1	1	1	1	0	5.1	5.1
	南阳	2.4	1	0.6	3	0	5	0	1	1	3	1	0	0	0
	嘉华	15.6	3	0.5	5	0	1	0	1	1	1	1	2.2	1.6	3.8
	西平	16.5	3	0.1	5	0	1	0	1	1	1	3	0	0	0
	新郑	6.3	3	0	3	0	5	0	3	3	3	3	0	0	0
	中牟	3.0	1	0.5	1	1.3	7	0.7	1	1	1	7	0	0	0
	黄泛区	0	1	0	1	0	1	0	1	3	1	1	0	0	0
	金囤	7.1	3	0	1	0	1	0	1	1	1	1	4.5	0	4.5
	洛阳	66.6	3	0	3	0	7	0	1	3	3	3	44.0	7.3	51.3
	平均	15.7	1~3	0.2	1~5	0.1	1~7	0.1	1~3	1~3	1~3	1~7	5.1	1.4	6.5

续表 2-36

品种	试点位置	茎腐病/%	小斑病/级	穗腐病/%	弯孢叶斑病/级	瘤黑粉病/%	南方锈病/级	粗缩病/%	矮花叶病/级	纹枯病/级	褐斑病/级	玉米螟/级	倒伏率/%	倒折率/%	倒伏倒折率/%
LPB199	宝丰	48.7	3	0.5	1	0	9	0	1	3	3	3	0	1.1	1.1
	怀川	22.3	1	0	1	0	7	0	1	1	1	1	0	0.2	0.2
	南阳	12.0	1	0.4	3	0	7	0	1	1	1	1	0	0	0
	嘉华	30.7	5	0	3	0	9	0	1	1	3	1	0	1.6	1.6
	西平	35.8	1	0.2	3	0	7	0	1	1	1	3	0	0	0
	新郑	0	3	0	3	0	5	0	3	3	3	3	0	0	0
	中牟	45.0	3	0.9	1	1.3	9	0.7	1	1	1	5	0	0	0
	黄泛区	0	3	0.3	3	0	7	0	1	3	3	1	0	0	0
	金囤	22.2	5	0	3	0	9	0	1	1	1	1	0	0	0
	洛阳	8.8	3	0	3	0	9	0	1	3	3	3	2.2	0	2.2
	平均	22.6	1~5	0.2	1~3	0.1	5~9	0.1	1~3	1~3	1~3	1~5	0.2	0.3	0.5
郑晟6号	宝丰	0	3	0	1	0	5	0	1	3	3	3	0	0	0
	怀川	0	1	0.3	1	0	3	0	1	1	1	1	0	0	0
	南阳	0	3	0.5	1	0	3	0	1	1	1	1	0	0	0
	嘉华	0	1	0.2	5	0	1	0	1	1	3	1	0.9	0.7	1.6
	西平	2.7	1	0	3	0	3	0	1	1	1	1	0	0	0
	新郑	0	3	0	3	0	5	0	3	3	3	3	0	0	0
	中牟	1.0	1	1.2	1	0.7	5	1.3	1	1	1	7	0	0	0
	黄泛区	1.1	1	0.4	3	0	1	0	1	1	3	1	0	0	0
	金囤	3.8	3	0	3	0	1	0	1	1	1	1	4.4	0	4.4
	洛阳	12.2	3	0	1	0	3	0	1	1	3	3	2.9	0	2.9
	平均	2.1	1~3	0.3	1~5	0.1	1~5	0.1	1~3	1~3	1~3	1~7	0.8	0.1	0.9

续表 2-36

品种	试点位置	茎腐病/%	小斑病/级	穗腐病/%	弯孢叶斑病/级	瘤黑粉病/%	南方锈病/级	粗缩病/%	矮花叶病/级	纹枯病/级	褐斑病/级	玉米螟/级	倒伏率/%	倒折率/%	倒伏倒折率/%
Q2098	宝丰	0	3	0.5	1	0	7	0	1	3	3	3	0.4	0	0.4
	怀川	18.6	1	0	1	0	7	0	1	1	1	1	0	5.7	5.7
	南阳	3.0	1	0.4	1	0	7	0	1	1	1	3	0	0	0
	嘉华	3.9	5	0	3	0	7	0	1	1	3	1	0.4	0.7	1.1
	西平	0	1	0.1	3	0	7	0	1	1	1	3	0	0	0
	新郑	9.4	3	0	3	0	7	0	3	3	3	3	0	0	0
	中牟	25.0	3	0.8	1	0.7	9	0.7	1	1	3	7	0	0	0
	黄泛区	0	3	0	5	0	5	0	1	3	3	1	0	0	0
	金囤	0.7	5	0	3	0	7	0	1	1	1	1	0	0	0
	洛阳	8.9	3	0	3	0	7	0	1	3	3	3	0	0	0
	平均	7.0	1~5	0.2	1~5	0.1	5~9	0.1	1~3	1~3	1~3	1~7	0.1	0.6	0.7
太阳升 66	宝丰	7.8	3	0	1	0	7	0	1	3	3	3	0	0	0
	怀川	9.1	1	0	1	0	7	0	1	1	1	1	0	0.2	0.2
	南阳	3.0	1	0.2	1	0	5	0	1	1	1	3	0	0	0
	嘉华	9.5	5	0.3	3	0	7	0	1	1	3	1	4.7	0	4.7
	西平	6.6	1	0.2	3	0	5	0	1	1	1	1	0	0	0
	新郑	8.1	5	0	3	0	7	0	3	3	3	3	0	0	0
	中牟	5.0	3	0.4	1	0.7	9	0.7	1	1	1	5	0	0	0
	黄泛区	0	1	0	3	0	1	0	1	1	1	7	0	0	0
	金囤	9.0	5	0	3	0	9	0	1	1	1	1	2.6	1.9	4.5
	洛阳	30.0	3	0	3	0	7	0	1	3	3	1	9.4	0	9.4
	平均	8.8	1~5	0.1	1~3	0.1	1~9	0.1	1~3	1~3	1~3	1~7	1.7	0.2	1.9

续表 2-36

品种	试点位置	茎腐病/%	小斑病/级	穗腐病/%	弯孢叶斑病/级	瘤黑粉病/%	南方锈病/级	粗缩病/%	矮花叶病/级	纹枯病/级	褐斑病/级	玉米螟/级	倒伏率/%	倒折率/%	倒伏倒折率/%
航硕 178	宝丰	0	3	0	1	0	7	0	1	3	3	3	0	0	0
	怀川	13.9	1	0	1	0	7	0	1	1	1	1	0	1.8	1.8
	南阳	0	5	0.4	3	0	5	0	1	1	3	1	0	0	0
	嘉华	5.6	5	0.8	3	0	7	0	1	1	3	1	2.5	0.4	2.9
	西平	0	3	0.1	5	0	3	0	1	1	1	3	0	0	0
	新郑	22.6	5	0	3	0	9	0	3	3	3	3	0	0	0
	中牟	2.0	1	1.4	1	1.3	9	1.3	1	1	3	5	0	0	0
	黄泛区	4.3	1	0	3	0	1	0	1	3	5	3	0	0	0
	金囤	4.2	3	0	3	0	9	0	1	1	1	1	4.2	0	4.2
	洛阳	8.9	5	0	3	0	7	0	1	3	3	3	1.6	0	1.6
	平均	6.2	1~5	0.3	1~5	0.1	1~9	0.1	1~3	1~3	1~5	1~5	0.8	0.2	1.1
荟玉 5775	宝丰	11.1	3	0.5	1	0	9	0	1	3	3	3	0	0	0
	怀川	7.5	1	0.3	1	0	7	0	1	1	1	1	0	2.2	2.2
	南阳	0	1	0.6	1	0	3	0	1	1	1	1	0	0	0
	嘉华	8.9	3	0.2	5	0	5	0	1	1	3	1	1.6	0.4	2.0
	西平	0	1	0.1	5	0	3	0	1	1	1	1	0	0	0
	新郑	0	3	0	3	0	7	0	3	3	3	3	0	0	0
	中牟	5.0	1	0.8	1	1.3	9	0.7	1	1	1	7	0	0	0
	黄泛区	2.2	3	0.3	3	0	3	1.1	1	3	3	1	0	0	0
	金囤	8.5	3	0	3	0	9	0	1	1	1	1	0	0	0
	洛阳	7.8	5	0	5	0	5	0	1	3	5	3	7.6	2.9	10.4
	平均	5.1	1~5	0.3	1~5	0.1	3~9	0.2	1~3	1~3	1~5	1~7	0.9	0.6	1.5

续表 2-36

品种	试点位置	茎腐病/%	小斑病/级	穗腐病/%	弯孢叶斑病/级	瘤黑粉病/%	南方锈病/级	粗缩病/%	矮花叶病/级	纹枯病/级	褐斑病/级	玉米螟/级	倒伏率/%	倒折率/%	倒伏倒折率/%
豫单 8008	宝丰	1.1	3	0	1	0	7	0	1	3	3	3	0	0	0
	怀川	6.1	1	0	1	0	7	0	1	1	1	1	0	2.9	2.9
	南阳	0	1	0.8	1	0	5	0	1	1	3	3	0	0	0
	嘉华	0	5	0.8	3	0	7	1.2	1	1	5	1	1.8	0	1.8
	西平	0	1	0	3	0	7	0	1	1	1	1	0	0	0
	新郑	0	3	0	3	0	5	0	3	3	3	3	0	0	0
	中牟	10.0	1	2.5	1	0.7	9	0.7	1	1	1	7	0	0	0
	黄泛区	0	3	0	3	0	3	0	1	1	5	1	0	0	0
	金囤	1.1	3	0	3	0	7	0	1	1	1	1	2.8	0	2.8
	洛阳	3.3	3	0	3	0	5	0	1	3	3	1	0	0	0
	平均	2.2	1~5	0.4	1~3	0.1	3~9	0.2	1~3	1~3	1~5	1~7	0.5	0.3	0.8
沃优 269	宝丰	4.4	3	0	1	0	3	0	1	3	3	3	0	0	0
	怀川	0	1	1.2	1	0	3	0	1	1	1	1	0.9	2.9	3.8
	南阳	0	3	0.6	1	0	1	0	1	1	1	1	0	0	0
	嘉华	3.3	3	0.2	5	0	3	0	1	1	3	1	1.8	0	1.8
	西平	0	1	0.1	3	0	1	0	1	1	1	3	0	0	0
	新郑	0	3	0	3	0	5	0	3	3	3	3	0	0	0
	中牟	2.0	1	2.1	1	0.7	5	1.3	1	1	1	5	0	0	0
	黄泛区	0	1	0	1	0	1	0	1	1	3	3	0	0	0
	金囤	0.7	3	0	3	0	3	0	1	1	1	1	11.5	0	11.5
	洛阳	40.0	3	0	3	0	3	0	1	3	3	1	2.5	0	2.5
	平均	5.0	1~3	0.4	1~5	0.1	1~5	0.1	1~3	1~3	1~3	1~5	1.7	0.3	2.0

续表 2-36

品种	试点位置	茎腐病/%	小斑病/级	穗腐病/%	弯孢叶斑病/级	瘤黑粉病/%	南方锈病/级	粗缩病/%	矮花叶病/级	纹枯病/级	褐斑病/级	玉米螟/级	倒伏率/%	倒折率/%	倒伏倒折率/%
博德6号	宝丰	4.4	3	0.5	1	0	9	0	1	3	3	3	0.4	0	0.4
	怀川	28.5	1	0	1	0	9	0	1	1	1	1	0	0	0
	南阳	0	1	0.3	5	0	9	0	1	1	3	1	0	0	0
	嘉华	0	7	0.2	3	1.2	9	0	1	1	3	1	0.4	0	0.4
	西平	0	1	0	3	0	5	0	1	1	1	3	0	0	0
	新郑	0	3	0	3	0	5	0	3	3	3	3	0	0	0
	中牟	9.0	1	0.1	1	0.7	9	0.7	1	1	1	5	0	0	0
	黄泛区	0	3	0	3	0	5	0	1	1	3	1	0	0	0
	金囤	7.4	5	0	3	0	9	0	1	1	1	1	1.9	0	1.9
	洛阳	36.7	3	0	3	0	9	0	1	3	3	3	4.0	0	4.0
	平均	8.6	1~7	0.1	1~5	0.2	5~9	0.1	1~3	1~3	1~3	1~5	0.7	0	0.7
郑泰156	宝丰	1.1	3	0	1	0	7	0	1	3	3	3	0	0	0
	怀川	7.5	1	0	1	0	7	0	1	1	1	1	0.9	0	0.9
	南阳	3.0	1	0.8	1	0	5	0	1	1	1	5	0	0	0
	嘉华	8.9	3	1.0	3	0	7	0	1	1	3	1	4.0	0.4	4.5
	西平	0	1	0.1	3	0	5	0	1	1	1	1	0	0	0
	新郑	21.9	5	0	3	0	9	0	3	3	3	3	0	0	0
	中牟	2.0	1	0	1	0.7	7	0.7	1	1	1	5	0	0	0
	黄泛区	0	3	0.1	5	0	5	0	1	3	5	1	0	0.4	0.4
	金囤	4.1	3	0	3	0	7	0	1	1	1	1	3.7	0	3.7
	洛阳	6.6	3	0	3	0	5	0	1	3	1	3	1.1	0	1.1
	平均	5.5	1~5	0.2	1~5	0.1	5~9	0.1	1~3	1~3	1~5	1~5	1.0	0.1	1.1

续表 2-36

品种	试点位置	茎腐病/%	小斑病/级	穗腐病/%	弯孢叶斑病/级	瘤黑粉病/%	南方锈病/级	粗缩病/%	矮花叶病/级	纹枯病/级	褐斑病/级	玉米螟/级	倒伏率/%	倒折率/%	倒伏倒折率/%
郑单 118	宝丰	14.4	3	0.5	1	0	7	0	1	3	3	3	0	0	0
	怀川	6.7	1	0	1	0	5	0	1	1	1	1	0	6.2	6.2
	南阳	0	1	0.6	1	0	5	0	1	1	1	1	0	0	0
	嘉华	2.2	3	0.7	3	0	5	0	1	1	3	1	1.3	0.4	1.8
	西平	0	1	0.1	3	0	5	0	1	1	1	3	0	0	0
	新郑	0	3	0	3	0	5	0	3	3	3	3	0	0	0
	中牟	2.0	1	0.3	1	1.3	7	1.3	1	1	1	7	0	0	0
	黄泛区	0	1	0	1	0	1	0	1	3	3	3	0	0	0
	金囤	3.7	3	0	3	0	5	0	1	1	1	1	12.3	3.0	15.2
	洛阳	6.6	3	0	1	0	5	0	1	1	1	3	0.9	0	0.9
	平均	3.6	1～3	0.2	1～3	0.1	1～7	0.1	1～3	1～3	1～3	1～7	1.5	1.0	2.4
开玉 178	宝丰	14.4	3	0.5	1	0	7	0	1	3	3	3	0.4	0	0.4
	怀川	24.7	1	0	1	0	5	0	1	1	1	1	0	0	0
	南阳	0	1	0.5	3	0	5	0	1	1	1	1	0	0	0
	嘉华	4.4	5	0.9	3	0	9	0	1	1	3	1	2.2	0.9	3.1
	西平	1.7	1	0.1	3	1.7	7	0	1	1	1	1	0	0	0
	新郑	15.6	3	0	3	0	7	0	3	3	3	3	0	0	0
	中牟	15.0	3	0.2	1	1.3	9	1.3	1	1	1	7	0	0	0
	黄泛区	0	1	0	3	0	3	0	1	1	3	1	0	0	0
	金囤	3.0	3	0	3	0	7	0	1	1	1	1	2.3	0	2.3
	洛阳	10.0	3	0	1	0	7	0	1	1	3	3	1.8	0	1.8
	平均	8.9	1～5	0.2	1～3	0.3	3～9	0.1	1～3	1～3	1～3	1～7	0.7	0.1	0.8

续表 2-36

品种	试点位置	茎腐病/%	小斑病/级	穗腐病/%	弯孢叶斑病/级	瘤黑粉病/%	南方锈病/级	粗缩病/%	矮花叶病/级	纹枯病/级	褐斑病/级	玉米螟/级	倒伏率/%	倒折率/%	倒伏倒折率/%
豫保 202	宝丰	14.4	3	0.5	1	0	7	0	1	3	3	3	0	0	0
	怀川	16.3	1	1.0	1	0	5	0	1	1	1	1	0	6.1	6.1
	南阳	0	1	0.6	1	0	5	0	1	1	1	3	0	0	0
	嘉华	2.2	3	0.3	3	0	7	0	1	1	3	1	1.3	0	1.3
	西平	0	1	0	1	0	5	0	1	1	1	1	0	0	0
	新郑	6.5	3	0	3	0	7	0	3	3	3	3	0	0	0
	中牟	15.0	3	0.3	1	1.3	9	0.7	1	1	3	7	0	0	0
	黄泛区	0	1	0.1	1	0	1	0	1	1	3	1	0	0.4	0.4
	金囤	11.5	3	0	3	0	7	0	1	1	1	1	6.3	0	6.3
	洛阳	80.0	5	0	5	0	5	0	1	3	3	3	33.8	7.3	41.1
	平均	14.6	1~5	0.3	1~5	0.1	1~9	0.1	1~3	1~3	1~3	1~7	4.1	1.4	5.5
郑单 958	宝丰	41.1	3	0.5	1	0	9	0	1	3	3	3	0.7	0.4	1.1
	怀川	23.9	1	0	1	0	7	0	1	1	1	1	0	19.3	19.3
	南阳	1.2	3	0.9	1	0	7	0	1	1	1	3	0	0	0
	嘉华	18.7	5	0.3	3	0	9	0	1	1	3	1	0.9	0.9	1.8
	西平	13.0	1	0.1	3	0	7	0	1	1	1	3	0	0	0
	新郑	11.8	3	0	3	0	7	0	3	3	3	3	0	0	0
	中牟	20.0	3	0	1	1.3	9	0.7	1	1	3	7	0	0	0
	黄泛区	1.1	1	0	3	0	1	0	1	1	3	1	0	0	0
	金囤	10.4	5	0	3	0	9	0	1	1	1	1	7.4	0	7.4
	洛阳	56.6	3	0	3	0	5	0	1	3	3	3	53.8	8.0	61.8
	平均	19.8	1~5	0.2	1~3	0.1	1~9	0.1	1~3	1~3	1~3	1~7	6.3	2.9	9.1

第三节　5000 株/亩区域试验报告(C 组)

一、试验目的

根据 2021 年 4 月河南省主要农作物品种审定委员会玉米专业委员会会议的决定，设计本试验，旨在鉴定省内外新育成的优良玉米杂交种的丰产性、稳产性、抗逆性和适应性，为河南省玉米生产试验和国家玉米区域试验推荐参试品种，为玉米品种的审定与推广提供科学依据。

二、参试品种及承试单位

2021 年参加本组区域试验的品种 19 个，含对照品种郑单 958(CK)。其参试品种的名称、参试年限、供种单位(个人)及承试单位见表 2-37。

表 2-37　2021 年河南省玉米区域试验参试品种及承试单位(C 组)

序号	品种	参试年限	亲本组合	供种单位(个人)	承试单位
1	豫粮仓 016	1	L793×F86	张宝亮	鹤壁市农业科学院
2	许玉 1901	1	XD18-1×X36112	许昌市农业科学研究所	河南黄泛区地神种业有限公司
3	豫单 622	1	豫 1122×豫 162	河南农业大学	洛阳市农林科学院
4	荟玉 5744	1	豫 1122×QB5744	科荟种业股份有限公司、贵州省旱粮研究所	河南农业职业学院
5	豫龙 2198	1	X02×龙 811	河南省农作物新品种引育中心	河南怀川种业有限责任公司
6	梨玉 9037	1	P118×H79	杜丽华	新郑裕隆农作物研究所
7	农信 985	1	LDH531×LDH751	河南农信种业有限公司	宝丰县农业科学研究所
8	良科 2026	1	G145×C229	杨凌良科农业科技有限公司	南阳市农业科学院
9	晟单 208	1	Z33-8×H7217K	刘俊恒	西平县西神农业科技有限公司
10	中研 2004	1	ZY501×ZY388	中国农业科学院棉花研究所	河南省金囤种业有限公司
11	美迪 3316	1	ZH0405×ZH0487	河南农科豫玉种业有限公司	河南嘉华农业科技有限公司
12	豫红 369	1	LN988×LN1342	商水县豫红农科所	新乡市农业科学院
13	利合 1089	1	CNGBO1524×CNHTL1548	恒基利马格兰种业有限公司	

续表 2-37

序号	品种	参试年限	亲本组合	供种单位(个人)	承试单位
14	裕隆 3 号	1	YL002×YL003	新郑裕隆农作物研究所	
15	东润 565	1	X5479×X88288	辽宁锦润种业有限公司	
16	明玉 268	1	明 2325×铁 0102	河南省奥科种业有限公司	
17	名育 99	1	KY54G×KY361	河南名鼎农业科技有限公司	
18	郑单 958	CK	郑 58×昌 7-2	河南秋乐种业科技股份有限公司	

三、试验概况

(一)试验设计

2021 年继续实施"核心试点和辅助试点相结合"的运行管理模式。参试品种全部实行实名参试;试验点对社会公开。试验组织实施单位会同河南省主要农作物品种审定委员会玉米专业委员会委员、试验主持人抽取部分试点进行苗期种植质量检查、成熟期品种考察鉴评;收获期组织玉米专业委员会委员、地市种子部门人员、承试点人员、参试单位代表对部分试点现场实收测产。试验采用完全随机区组排列,重复 3 次,5 行区,种植密度为5000株/亩,小区面积为 20 m^2(0.03 亩)。成熟时收获中间 3 行计产,面积为 12 m^2(0.018 亩)。试验周围设保护区,重复间留走道 1 m。用小区产量结果进行方差分析,用 LSD 法测验品种间差异显著性。

(二)田间管理

根据试验方案要求,各承试单位都固定了专职技术人员负责此项工作,并认真选择试验地块,前茬收获后及时抢(造)墒播种,在 6 月 8 日至 6 月 17 日相继播种完毕,在 9 月 25 日至 10 月 7 日相继完成收获。在间定苗、中耕除草、追肥、治虫、灌排水等方面都比较及时、认真,各试点玉米试验开展顺利、试验质量良好。

(三)气候特点及其影响

根据 2021 年承试单位提供的洛阳、中牟、漯河、黄泛区、南阳等 10 处气象台(站)的资料分析,在玉米生育期的 6~9 月,平均气温 26.2 ℃比历年高 1.2 ℃;总降雨量 830.7 mm 比历年 463.1 mm 增加 367.6 mm;总日照时数 635.1 h 比历年 738.3 h 减少 103.2 h。2021 年试验期间河南省气象资料统计见表 2-38。

表 2-38　2021 年试验期间河南省气象资料统计

时间	平均气温/℃			降雨量/mm			日照时数/h		
	当年	历年	相差	当年	历年	相差	当年	历年	相差
6 月上旬	28.2	24.9	3.3	9.1	23.6	-14.6	74.4	69.0	5.3
6 月中旬	26.4	26.1	0.3	18.5	22.4	-3.9	31.7	69.9	-38.2

续表 2-38

时间	平均气温/℃			降雨量/mm			日照时数/h		
	当年	历年	相差	当年	历年	相差	当年	历年	相差
6 月下旬	28.9	26.5	2.4	6.8	37.7	-30.9	70.1	64.8	5.3
月计	27.9	25.8	2.0	34.4	83.8	-49.3	176.1	203.7	-27.6
7 月上旬	28.3	26.8	1.4	15.9	55.0	-39.2	51.2	58.5	-7.3
7 月中旬	28.1	27.1	1.0	210.1	62.4	147.7	37.6	56.6	-19.1
7 月下旬	27.5	27.5	0.1	129.1	57.3	71.8	64.2	74.6	-10.5
月计	28.0	27.1	0.8	355.1	174.7	180.4	152.9	189.8	-36.9
8 月上旬	28.4	27.2	1.2	24.2	47.8	-23.6	74.0	60.3	13.7
8 月中旬	26.5	25.8	0.7	30.8	41.5	-10.7	39.2	56.5	-17.3
8 月下旬	23.1	24.6	-1.5	158.0	38.7	119.3	26.0	62.5	-36.5
月计	26.0	25.9	0.1	213.0	128.1	84.9	139.2	179.3	-40.0
9 月上旬	23.2	22.9	0.3	83.0	34.5	48.5	50.0	55.8	-5.9
9 月中旬	23.8	21.4	2.4	56.0	21.3	34.7	65.7	50.4	15.3
9 月下旬	22.3	19.6	2.7	89.2	20.7	68.5	51.1	59.3	-8.2
月计	23.1	21.3	1.8	228.2	76.5	151.7	166.8	165.5	1.2
6~9 月合计	26.2	25.0	1.2	207.7	115.8	91.9	158.8	184.6	-25.8
6~9 月合计平均	104.9	100.1	4.8	830.7	463.1	367.6	635.1	738.3	-103.2

注:历年值是指近 30 年的平均值。

从各试验点情况看:绝大部分试验点平均气温在整个玉米生育期比历年高,特别是 9 月下旬的高温寡照造成部分灌浆不足;各试验点降雨量除 7 月上旬以前(苗期)和 8 月上中旬(抽雄吐丝期)偏少外,其他生育阶段偏多 1~3 倍,特别是 7 月中下旬及 9 月降雨量多;日照时数除 8 月上旬、9 月中旬外,其他时间比历年减少,特别是 7 月严重不足。

2021 年本密度组区域试验安排试点 12 个,鹤壁院、新乡院试点因灾报废,经主持单位认真审核试点年终报告结果符合汇总要求,10 份年终报告予以汇总。

四、试验结果及分析

(一)联合方差分析

以 2021 年各试点小区产量为依据,进行联合方差分析得表 2-39、表 2-40。从表 2-39 看:试点间、品种间、品种与试点间差异均达显著标准,说明本组试验设计与布点科学合理,参试品种间存在着遗传基础优劣的显著性差异,不同品种在不同试点的表现也存在着显著性差异。

表 2-39　联合方差分析(5000 株/亩区域试验 C 组)

变异来源	自由度	平方和	方差	*F* 值	概率(小于 0.05 显著)
点内区组间	20	6.66319	0.33316	1.04010	0.414
试点间	9	1463.76038	162.64005	142.28784	0
品种间	17	207.52708	12.20748	10.67988	0
品种×试点	153	174.88441	1.14304	3.56847	0
随机误差	340	108.90712	0.32032		
总变异	539	1961.74219	CV=5.815%		

表 2-40　多重比较结果(LSD 法)(5000 株/亩区域试验 C 组)

品种	小区产量/kg	平均亩产/kg	增减 CK/(±%)	位次	增产点数	减产点数	增产点比率/%
良科 2026	10.78233**	599.0	18.7	1	10	0	100
豫龙 2198	10.29433**	571.9	13.3	2	10	0	100
豫单 622	10.28333**	571.3	13.2	3	9	1	90
梨玉 9037	10.24233**	569.0	12.8	4	10	0	100
许玉 1901	10.23200**	568.4	12.6	5	9	1	90
美迪 3316	10.07733**	559.9	11.0	6	10	0	100
晟单 208	10.05467**	558.6	10.7	7	10	0	100
名育 99	10.04933**	558.3	10.6	8	9	1	90
荟玉 5744	9.86967**	548.3	8.7	9	9	1	90
豫红 369	9.71933*	540.0	7.0	10	10	0	100
裕隆 3 号	9.69333*	538.5	6.7	11	9	1	90
利合 1089	9.66000*	536.7	6.4	12	9	1	90
豫粮仓 016	9.42133	523.4	3.7	13	8	2	80
中研 2004	9.38167	521.2	3.3	14	8	2	80
农信 985	9.28600	515.9	2.2	15	5	5	50
东润 565	9.08567	504.8	0	16	4	6	40
郑单 958	9.08300	504.6	0	17			
明玉 268	7.97767**	443.2	-12.2	18	0	10	0

注：$LSD_{0.05}=0.5466$，$LSD_{0.01}=0.7205$。

从表 2-40 可知，参试品种产量之间存在差异。其中荟玉 5744、名育 99、晟单 208、美迪 3316、许玉 1901、梨玉 9037、豫单 622、豫龙 2198、良科 2026 分别比郑单 958 增产 8.7%～18.7%，差异极显著；利合 1089、裕隆 3 号、豫红 369 分别比郑单 958 增产 6.4%～7.0%，差异显著；明玉 268 减产差异极显著；其他品种比郑单 958 增产不显著。

（二）丰产性、稳产性分析

通过丰产性和稳产性参数分析，结果表明（见表 2-41）：良科 2026 表现很好；豫龙 2198、豫单 622、梨玉 9037、许玉 1901、美迪 3316、晟单 208、名育 99、荟玉 5744 表现好；其余品种表现较好或一般。

表 2-41　2021 年河南省玉米品种区域试验品种丰产性、稳产性分析（5000 株/亩 C 组）

品种	丰产性参数		稳产性参数			适应地区	综合评价（供参考）
	产量	效应	方差	变异度	回归系数		
良科 2026	10.7823	1.0494	0.1320	3.3747	1.1659	E1～E10	很好
豫龙 2198	10.2943	0.5614	0.4210	6.3019	1.1788	E1～E10	好
豫单 622	10.2833	0.5504	0.2570	4.9330	1.0138	E1～E10	好
梨玉 9037	10.2423	0.5094	0.2290	4.6740	1.1124	E1～E10	好
许玉 1901	10.2320	0.4990	0.8030	8.7554	1.2319	E1～E10	好
美迪 3316	10.0773	0.3444	0.1390	3.6988	0.9646	E1～E10	好
晟单 208	10.0547	0.3217	0.1910	4.3436	0.7964	E1～E10	好
名育 99	10.0493	0.3164	0.3380	5.7853	1.0404	E1～E10	好
荟玉 5744	9.8697	0.1367	0.1350	3.7175	0.9112	E1～E10	好
豫红 369	9.7193	−0.0136	0.3120	5.7487	0.8721	E1～E10	较好
裕隆 3 号	9.6933	−0.0396	0.3360	5.9836	1.1582	E1～E10	较好
利合 1089	9.6600	−0.0730	0.2750	5.4301	1.0008	E1～E10	较好
豫粮仓 016	9.4213	−0.3116	0.4420	7.0546	1.1225	E1～E10	较好
中研 2004	9.3817	−0.3513	0.6190	8.3859	0.7873	E1～E10	较好
农信 985	9.2860	−0.4470	0.5370	7.8882	0.8641	E1～E10	较好
东润 565	9.0857	−0.6473	0.2090	5.0338	1.1532	E1～E10	一般
郑单 958	9.0830	−0.6500	0.1180	3.7832	0.8781	E1～E10	一般

注：E1 代表宝丰，E2 代表怀川，E3 代表黄泛区，E4 代表嘉华，E5 代表金囤，E6 代表洛阳，E7 代表南阳，E8 代表西平，E9 代表新郑，E10 代表中牟。

（三）试验可靠性评价

从汇总试点试验误差变异系数（CV）看（见表 2-42），各个试点的 CV 小于 10%，说明这些试点管理比较精细，试验误差较小，数据准确可靠，符合实际，可以汇总。

表 2-42　各试点试验误差变异系数　%

试点	CV	试点	CV	试点	CV	试点	CV
宝丰	7.684	洛阳	4.341	怀川	7.927	南阳	5.596
黄泛区	4.401	中牟	6.268	嘉华	4.682	新郑	4.676
金囤	6.961	西平	5.199				

(四)各品种产量结果汇总

各品种在不同试点的产量结果列于表 2-43。

表 2-43　2021 年河南省玉米 5000 株/亩 C 组区域试验品种产量结果汇总

试点	品种											
	豫粮仓 016			许玉 1901			豫单 622			荟玉 5744		
	亩产/kg	比 CK/(±%)	位次	亩产/kg	比 CK/(±%)	位次	亩产/kg	比 CK/(±%)	位次	亩产/kg	比 CK/(±%)	位次
宝丰	390.7	−11.4	17	447.6	1.5	13	510.0	15.6	8	469.1	6.3	11
怀川	513.3	1.8	13	486.5	−3.5	16	574.1	13.8	2	561.9	11.4	6
南阳	523.0	8.8	12	583.7	21.5	2	576.9	20.0	4	533.3	11.0	10
嘉华	453.3	1.8	13	511.5	14.8	2	508.1	14.1	3	480.4	7.9	7
西平	482.2	13.6	7	505.7	19.2	1	501.7	18.2	3	468.3	10.4	10
新郑	731.1	8.2	12	863.1	27.8	1	815.6	20.7	4	743.3	10.0	11
中牟	614.6	3.6	8	681.7	14.9	2	561.3	−5.4	15	583.5	−1.6	14
黄泛区	598.1	8.4	10	586.5	6.3	13	633.1	14.7	7	637.0	15.4	5
金囤	345.6	−12.7	17	442.0	11.6	7	442.6	11.8	6	460.6	16.3	2
洛阳	582.0	9.1	6	576.1	7.9	7	589.6	10.5	3	545.7	2.2	11
平均	523.4	3.7	13	568.4	12.6	5	571.3	13.2	3	548.3	8.7	9
CV/%	21.730			22.311			17.805			16.375		

试点	品种											
	豫龙 2198			梨玉 9037			农信 985			良科 2026		
	亩产/kg	比 CK/(±%)	位次	亩产/kg	比 CK/(±%)	位次	亩产/kg	比 CK/(±%)	位次	亩产/kg	比 CK/(±%)	位次
宝丰	486.3	10.2	10	541.5	22.8	1	516.9	17.2	7	518.9	17.6	5
怀川	532.2	5.5	10	568.3	12.7	4	528.5	4.8	11	619.3	22.8	1
南阳	571.9	19.0	5	540.9	12.5	8	454.8	−5.4	16	578.5	20.4	3

续表 2-43

试点	品种											
	豫龙 2198			梨玉 9037			农信 985			良科 2026		
	亩产/kg	比 CK/(±%)	位次	亩产/kg	比 CK/(±%)	位次	亩产/kg	比 CK/(±%)	位次	亩产/kg	比 CK/(±%)	位次
嘉华	481.1	8.0	6	474.4	6.5	8	440.7	-1.1	16	515.9	15.8	1
西平	500.6	18.0	4	462.0	8.9	11	470.9	11.0	9	503.7	18.7	2
新郑	827.4	22.5	3	799.1	18.3	5	710.9	5.2	14	852.0	26.1	2
中牟	707.8	19.3	1	678.9	14.5	3	504.3	-15.0	17	678.0	14.3	4
黄泛区	623.7	13.0	8	635.0	15.0	6	616.7	11.7	9	654.6	18.6	2
金囤	446.7	12.8	5	437.6	10.5	9	390.0	-1.5	15	463.1	17.0	1
洛阳	541.5	1.5	12	552.4	3.5	10	525.2	-1.6	14	606.1	13.6	1
平均	571.9	13.3	2	569.0	12.8	4	515.9	2.2	15	599.0	18.7	1
CV/%	20.629			19.326			17.792			18.878		

试点	品种											
	晟单 208			中研 2004			美迪 3316			豫红 369		
	亩产/kg	比 CK/(±%)	位次	亩产/kg	比 CK/(±%)	位次	亩产/kg	比 CK/(±%)	位次	亩产/kg	比 CK/(±%)	位次
宝丰	521.9	18.3	3	494.1	12.0	9	517.2	17.3	6	446.7	1.3	14
怀川	566.1	12.2	5	571.7	13.3	3	553.5	9.7	7	548.7	8.8	8
南阳	558.5	16.2	6	442.4	-7.9	17	587.6	22.3	1	542.0	12.8	7
嘉华	473.0	6.2	9	464.3	4.2	11	469.6	5.4	10	497.4	11.7	4
西平	493.9	16.4	5	443.1	4.4	13	479.4	13.0	8	431.5	1.7	15
新郑	723.5	7.1	13	678.9	0.5	16	747.2	10.6	10	707.8	4.8	15
中牟	611.1	3.0	10	533.5	-10.0	16	620.9	4.7	7	613.3	3.4	9
黄泛区	594.8	7.8	11	586.7	6.3	12	641.7	16.3	4	573.9	4.0	14
金囤	458.5	15.8	3	408.9	3.3	12	422.6	6.7	10	438.5	10.8	8
洛阳	584.6	9.5	5	588.5	10.3	4	558.7	4.7	9	599.8	12.4	2
平均	558.6	10.7	7	521.2	3.3	14	559.9	11.0	6	540.0	7.0	10
CV/%	13.981			16.340			17.008			16.441		

续表 2-43

试点	利合 1089			裕隆 3 号			东润 565			明玉 268		
	亩产/kg	比 CK/（±%）	位次	亩产/kg	比 CK/（±%）	位次	亩产/kg	比 CK/（±%）	位次	亩产/kg	比 CK/（±%）	位次
宝丰	536.7	21.7	2	451.7	2.4	12	428.7	−2.8	16	355.9	−19.3	18
怀川	535.7	6.2	9	524.6	4.0	12	460.4	−8.7	18	486.5	−3.5	16
南阳	536.3	11.6	9	494.3	2.9	14	528.9	10.0	11	429.1	−10.7	18
嘉华	450.4	1.1	14	458.0	2.8	12	434.3	−2.5	17	418.5	−6.0	18
西平	437.6	3.1	14	450.4	6.2	12	405.0	−4.5	17	382.6	−9.8	18
新郑	753.9	11.6	8	767.4	13.6	7	747.8	10.7	9	606.1	−10.3	18
中牟	603.1	1.7	11	664.6	12.1	5	595.4	0.4	12	377.6	−36.3	18
黄泛区	557.8	1.1	16	646.1	17.0	3	568.5	3.0	15	550.9	−0.2	18
金囤	390.6	−1.3	14	416.3	5.2	11	362.0	−8.6	16	339.8	−14.2	18
洛阳	564.6	5.8	8	511.9	−4.1	17	516.7	−3.2	15	485.0	−9.1	18
平均	536.7	6.4	12	538.5	6.7	11	504.8	0	16	443.2	−12.2	18
CV/%	18.783			21.395			22.405			19.736		

试点	名育 99			郑单 958	
	亩产/kg	比 CK/（±%）	位次	亩产/kg	位次
宝丰	520.7	18.0	4	441.1	15
怀川	512.0	1.5	14	504.4	15
南阳	510.9	6.3	13	480.6	15
嘉华	490.0	10.0	5	445.4	15
西平	485.7	14.5	6	424.3	16
新郑	786.5	16.4	6	675.6	17
中牟	655.2	10.5	6	593.1	13
黄泛区	655.2	18.7	1	552.0	17
金囤	451.7	14.1	4	395.9	13
洛阳	515.0	−3.5	16	533.7	13
平均	558.3	10.6	8	504.6	17
CV/%	18.863			17.040	

（五）田间性状调查结果

各品种田间性状调查汇总结果见表 2-44 ~ 表 2-46。各品种在各试点表现见表 2-52、表 2-53。

表 2-44 2021 年河南省玉米区域试验品种关键性状田间观察记载结果(5000 株/亩 C 组)

品种	生育期/d	株高/cm	穗位高/cm	倒伏率/%	倒折率/%	倒伏率+倒折率/%	倒点率/%	空秆率/%	双穗率/%
豫粮仓 016	100	280	86	0.4(0~2.7)	1.4(0~13.9)	1.8	0	1.0	0.2
许玉 1901	100.2	234	89	0.3(0~2.7)	0.1(0~0.9)	0.4	0	0.5	0.7
豫单 622	100	267	96	0.9(0~6.0)	0.4(0~3.0)	1.3	0	1.0	0.2
荟玉 5744	99.4	247	87	1.0(0~5.9)	0(0~0.4)	1.0	0	1.0	0.4
豫龙 2198	100.1	251	89	1.0(0~4.9)	0.4(0~2.5)	1.4	0	0.4	0.2
梨玉 9037	99.9	278	88	1.6(0~12.3)	0.4(0~1.8)	2.0	0	0.9	0.2
农信 985	100.5	255	95	5.9(0~58.4)	3.5(0~17.5)	9.4	20.0	1.1	0.3
良科 2026	100.8	240	87	0(0~0.4)	0.4(0~2.6)	0.4	0	0.7	0.5
晟单 208	100.7	273	120	0.4(0~2.6)	0.7(0~5.9)	1.1	0	0.7	0.4
中研 2004	100.9	284	100	0.9(0~5.6)	0.5(0~3.4)	1.4	0	1.5	0.1
美迪 3316	99.9	257	95	0.6(0~4.0)	1.1(0~9.2)	1.7	0	1.0	0.1
豫红 369	100.1	236	92	0.5(0~4.9)	0.4(0~2.4)	0.9	0	0.7	0.4
利合 1089	100.3	266	115	1.1(0~9.0)	2.2(0~18.7)	3.3	10.0	1.0	0.3
裕隆 3 号	100.1	257	104	0.5(0~2.7)	0.4(0~2.6)	0.9	0	1.2	0.0
东润 565	99.9	251	89	0.5(0~3.0)	0.1(0~1.1)	0.6	0	0.8	0.1
明玉 268	99.7	281	98	0.5(0~4.1)	0.2(0~1.3)	0.7	0	1.7	0.0
名育 99	99.9	234	87	0.6(0~3.3)	0.2(0~2.2)	0.8	0	0.7	0.3
郑单 958	100.4	249	100	4.0(0~35.9)	3.8(0~21.7)	7.8	20.0	0.9	0.9

注:倒点率指倒伏倒折率之和≥15.0%的试验点比例。

表 2-45 2021 年河南省玉米区域试验品种病害田间性状观察记载结果(5000 株/亩 C 组)

品种	茎腐病/%	穗腐病/%	穗腐病≥2%试点比率/%	小斑病/级	瘤黑粉病/%	弯孢叶斑病/级	锈病/级
豫粮仓 016	14.3(0~35.0)	0.2(0~0.7)	0	1~7	0.1	1~5	5~9
许玉 1901	12.8(0~35.0)	0.4(0~2.0)	10.0	1~5	0.1	1~3	3~7
豫单 622	5.3(0~20.0)	0.4(0~1.6)	0	1~5	0.1	1~5	5~9
荟玉 5744	10.2(0~26.6)	0.2(0~0.8)	0	1~5	0.1	1~3	3~9
豫龙 2198	12.5(0~35.0)	0.4(0~2.4)	10.0	1~3	0.1	1~5	5~9
梨玉 9037	8.5(0~35.5)	0.1(0~0.4)	0	1~5	0.2	1~3	5~9
农信 985	15.7(0~73.3)	0.2(0~0.6)	0	1~5	0.1	1~5	3~9
良科 2026	4.6(0~17.1)	0.2(0~0.7)	0	1~3	0.1	1~5	1~7

续表 2-45

品种	茎腐病/%	穗腐病/%	穗腐病≥2%试点比率/%	小斑病/级	瘤黑粉病/%	弯孢叶斑病/级	锈病/级
晟单 208	5.7(0~20.0)	0.2(0~1.1)	0	1~5	0.1	1~5	1~7
中研 2004	4.2(0~17.6)	0.7(0~3.3)	10.0	1~5	0.1	1~3	3~7
美迪 3316	10.0(0~33.3)	0.2(0~0.8)	0	1~7	0.4	1~3	3~7
豫红 369	5.2(0~16.3)	0.3(0~1.0)	0	1~5	0.1	1~5	3~9
利合 1089	10.8(0~22.8)	0.2(0~1.2)	0	1~5	0.1	1~3	3~9
裕隆 3 号	9.5(0~35.5)	0.3(0~1.6)	0	1~5	0.2	1~5	3~9
东润 565	20.6(0~66.6)	0.2(0~0.5)	0	1~5	0.1	1~5	3~9
明玉 268	13.1(0~60.0)	0.4(0~3.5)	10.0	1~7	0.1	1~5	3~9
名育 99	9.0(0~30.0)	0.2(0~0.7)	0	1~5	0.1	1~5	1~9
郑单 958	15.9(0~48.5)	0.2(0~0.8)	0	1~7	0.1	1~3	3~9

表 2-46　2021 年河南省玉米区域试验品种植物学田间性状观察结果(5000 株/亩 C 组)

品种	株型	芽鞘色	第一叶形状	叶片颜色	雄穗分枝数	雄穗颖片色	花药颜色	花丝颜色	苞叶长度	总叶片数/片	叶数变幅
豫粮仓 016	半紧凑	紫	匙形	绿	少且枝长	绿	浅紫	浅紫	中	18.5	17~20
许玉 1901	紧凑	紫	匙形	绿	多,枝长中等	绿	浅紫	浅紫	中	18.4	16~20
豫单 622	半紧凑	深紫	匙形	绿	中等,枝长中等	绿	绿	紫	中	19.3	18~21
荟玉 5744	半紧凑	紫	圆到匙形	绿	中等,枝长中等	绿	浅紫	浅紫	中	19.1	17~20
豫龙 2198	紧凑	紫	匙形	绿	中等,枝长中等	绿	绿	浅紫	中	19.8	17~21
梨玉 9037	半紧凑	紫	匙形	绿	中等,枝长中等	绿	浅紫	浅紫	中	19.4	18~21
农信 985	半紧凑	紫	匙形	绿	中等且枝长	绿	紫	浅紫	中	19.4	18~21
良科 2026	紧凑	紫	匙形	绿	中等,枝长中等	绿	紫	绿	中	19.0	17~21
晟单 208	半紧凑	紫	匙形	绿	中等,枝长中等	绿	浅紫	浅紫	中	19.4	18~21
中研 2004	半紧凑	紫	圆到匙形	绿	中等且枝长	绿	浅紫	绿	短	19.0	17~21
美迪 3316	半紧凑	紫	圆到匙形	绿	少且枝长	绿	绿	绿	中	18.7	16~20
豫红 369	紧凑	紫	圆到匙形	绿	中等,枝长中等	绿	浅紫	浅紫	中	19.1	18~21
利合 1089	半紧凑	紫	圆到匙形	绿	中等,枝长中等	绿	浅紫	浅紫	长	19.8	18~21
裕隆 3 号	紧凑	紫	匙形	绿	中等,枝长中等	绿	浅紫	浅紫	长	18.4	17~21
东润 565	紧凑	紫	圆到匙形	绿	中等且枝长	绿	浅紫	浅紫	中	19.5	18~21
明玉 268	半紧凑	紫	匙形	绿	多,枝长中等	绿	绿	绿	长	19.2	18~21
名育 99	半紧凑	紫	匙形	绿	中等,枝长中等	绿	绿	浅紫	中	19.1	16~21
郑单 958	紧凑	紫	匙形	绿	多,枝长中等	绿	浅紫	浅紫	长	19.6	18~21

(六)室内考种结果

各品种室内考种结果见表 2-47。

表 2-47　2021 年河南省玉米区域试验品种果穗性状室内考种结果(5000 株/亩 C 组)

品种	穗长/cm	穗粗/cm	穗行数/行	穗行数变幅/行	行粒数/粒	秃尖长/cm	轴粗/cm	出籽率/%	百粒重/g	穗型	轴色	粒型	粒色
豫粮仓 016	15.4	4.5	16.5	14~20	29.4	0.3	3.0	86.3	28.0	短筒	红	半马齿	黄
许玉 1901	15.8	4.3	15.0	14~20	30.1	0.9	2.7	85.8	29.2	短筒	白	半马齿	黄
豫单 622	15.8	4.4	17.3	14~20	30.9	0.6	2.8	89.1	27.5	短筒	红	半马齿	黄
荟玉 5744	15.0	4.4	16.5	14~20	30.4	0.9	2.8	87.9	26.4	短筒	红	半马齿	黄
豫龙 2198	14.3	4.4	17.6	16~22	27.8	0.8	2.8	87.5	27.6	短筒	红	半马齿	黄
梨玉 9037	15.8	4.5	16.1	14~20	31.0	0.9	2.8	87.9	28.8	短筒	红	半马齿	黄
农信 985	15.3	4.6	15.8	12~18	29.8	0.8	2.9	84.8	27.2	短筒	红	半马齿	黄
良科 2026	15.8	4.6	15.7	12~20	33.2	0.9	2.8	87.3	27.4	短筒	红	半马齿	黄
晟单 208	17.8	4.6	14.4	12~20	32.1	0.7	2.9	86.6	32.7	长筒	红	半马齿	橙红
中研 2004	16.7	4.5	15.7	12~20	26.9	1.2	2.8	86.2	32.7	长筒	红	半马齿	黄
美迪 3316	16.2	4.3	15.9	14~20	36.9	0.6	2.6	87.0	23.8	筒	红	半马齿	黄
豫红 369	16.1	4.5	15.6	12~18	31.5	1.1	3.0	85.5	26.8	筒	红	半马齿	黄
利合 1089	16.2	4.4	14.7	12~18	33.1	0.7	3.0	85.6	26.8	筒	红	半马齿	黄
裕隆 3 号	17.0	4.5	15.7	12~18	29.6	1.5	2.9	85.2	28.9	长筒	红	半马齿	黄
东润 565	15.6	4.4	16.4	14~20	31.1	0.6	2.9	87.7	25.7	短筒	红	半马齿	黄
明玉 268	14.6	4.5	15.0	12~18	31.0	0.4	2.8	84.3	24.8	短筒	红	半马齿	黄
名育 99	15.6	4.5	16.4	12~18	31.1	0.6	2.8	86.4	27.3	短筒	红	半马齿	黄
郑单 958	15.9	4.6	15.0	12~18	33.4	0.4	2.9	86.5	26.1	短筒	白	半马齿	黄

(七)抗病性接种鉴定结果

各品种抗病性接种鉴定结果见表 2-48。

表 2-48　2021 年河南省玉米区域试验品种抗病性人工接种鉴定结果(5000 株/亩 C 组)

品种	茎腐病		穗腐病		小斑病	锈病	弯孢叶斑病	瘤黑粉病	
	发病率/%	病级	平均病级	病级	病级	病级	病级	发病率/%	病级
豫粮仓 016	37.0	7	3.9	5	5	9	1	0	1
许玉 1901	59.3	9	2.6	3	5	5	5	0	1
豫单 622	0	1	2.3	3	3	7	1	60.0	9
荟玉 5744	14.8	5	2.1	3	3	7	5	0	1

续表 2-48

品种	茎腐病		穗腐病		小斑病	锈病	弯孢叶斑病	瘤黑粉病	
	发病率/%	病级	平均病级	病级	病级	病级	病级	发病率/%	病级
豫龙 2198	11.1	5	2.1	3	5	5	9	40.0	7
梨玉 9037	7.4	3	1.6	3	5	5	5	80.0	9
农信 985	25.9	5	2.1	3	1	7	3	0	1
良科 2026	18.5	5	1.8	3	3	9	3	40.0	7
晟单 208	3.7	1	4.2	5	5	7	5	0	1
中研 2004	0	1	3.6	5	1	9	3	20.0	5
美迪 3316	14.8	5	4.4	5	5	5	9	0	1
豫红 369	11.1	5	1.6	3	3	7	9	0	1
利合 1089	33.3	7	2.1	3	7	9	5	0	1
裕隆 3 号	22.2	5	1.6	3	5	7	9	20.0	5
东润 565	11.1	5	3.1	3	5	7	5	40.0	7
明玉 268	7.4	3	1.3	1	5	9	9	0	1
名育 99	25.9	5	1.6	3	1	7	7	0	1

(八)品质分析结果

参加区域试验品种籽粒品质分析结果见表 2-49。

表 2-49　2021 年河南省玉米区域试验品种品质分析结果(5000 株/亩 C 组)

品种	容重/(g/L)	粗淀粉/%	粗蛋白质/%	粗脂肪/%	赖氨酸/%	水分/%
豫粮仓 016	748	72.27	10.1	3.9	0.30	11.3
许玉 1901	765	73.78	9.32	3.7	0.32	11.3
豫单 622	780	73.61	10.8	4.3	0.30	11.1
荟玉 5744	766	73.76	11.1	3.8	0.32	11.2
豫龙 2198	783	74.47	11.1	3.5	0.34	10.9
梨玉 9037	768	74.89	10.3	3.5	0.32	11.2
农信 985	764	73.65	10.7	3.4	0.31	10.8
良科 2026	773	75.65	8.95	3.7	0.28	11.3
晟单 208	768	73.49	9.72	3.1	0.34	11.0
中研 2004	765	73.61	9.81	3.9	0.35	11.0
美迪 3316	786	75.73	9.45	3.3	0.30	11.1
豫红 369	754	74.63	9.74	3.9	0.32	11.3

续表 2-49

品种	容重/(g/L)	粗淀粉/%	粗蛋白质/%	粗脂肪/%	赖氨酸/%	水分/%
利合 1089	776	76.98	9.74	3.2	0.26	11.5
裕隆 3 号	750	75.58	9.75	4.5	0.30	11.4
东润 565	740	75.21	10.0	3.6	0.34	11.4
明玉 268	728	73.97	10.3	3.8	0.32	11.3
名育 99	738	73.88	10.0	4.6	0.35	11.1
郑单 958	758	77.44	8.39	3.6	0.30	12.1

注:粗蛋白质、粗脂肪、赖氨酸、粗淀粉均为干基数据。容重检测依据 GB/T 5498—2013,水分检测依据 GB 5009.3—2016,粗脂肪(干基)检测依据 GB 5009.6—2016,粗蛋白质(干基)检测依据 GB 5009.5—2016,粗淀粉(干基)检测依据 NY/T 11—1985,赖氨酸(干基)检测依据 GB 5009.124—2016。

(九)DNA 检测比较结果

河南省目前对第一年区域试验和生产试验品种进行 DNA 指纹检测同名品种以及疑似品种,比较结果见表 2-50、表 2-51。

表 2-50　2021 年 5000 株/亩区域试验 C 组 DNA 检测同名品种比较结果

序号	待测样品		对照样品			比较位点数	差异位点数
	样品编号	样品名称	样品编号	样品名称	来源		
7-1	MHN2100051	豫龙 2198	MGJ2100010	豫龙 2198	2021 年国家良种攻关机收区试	40	0
7-2	MHN2100051	豫龙 2198	MW2101611	豫龙 2198	2021 年国家联合体——黄河玉米新品种创新联盟玉米新品种测试联合体	40	0
8-1	MHN2100059	利合 1089	MG2000318	利合 1089	2020 年国家区试黄淮海夏玉米普 5000 密度组	40	0
8-2	MHN2100059	利合 1089	MG2100299	利合 1089	2021 年国家区试黄淮海夏玉米组	40	0
10-1	MHN2100061	明玉 268	BGG6835	明玉 268	农业农村部征集审定品种标准样品	40	0
10-2	MHN2100061	明玉 268	MW2000904	明玉 268	2020 年国家联合体——松辽联合体	40	0
10-3	MHN2100061	明玉 268	MWH2000169	明玉 268	2020 年河北省联合体——河北玉米新品种创新联盟	40	0

表 12-51　2021 年 5000 株/亩区域试验 C 组 DNA 检测疑似品种比较结果表

序号	待测样品		对照样品			比较位点数	差异位点数
	样品编号	样品名称	样品编号	样品名称	来源		
5	MHN2100050	荟玉 5744	MV2000122	金贵玉 338	2020 年 WTA 联盟绿色通道	40	2
6-1	MHN2100053	农信 985	BGG4980	金辉 98	农业农村部征集审定品种标准样品	40	3
6-2	MHN2100053	农信 985	BGG5444	金华瑞 T82	农业农村部征集审定品种标准样品	40	3
7-1	MHN2100060	裕隆 3 号	BGG5017	登海 605	农业农村部征集审定品种标准样品	40	1
7-2	MHN2100060	裕隆 3 号	MWHN2000136	DHN368	2020 年河南省联合体——五州玉米新品种试验联盟	40	1

其余品种均未筛查到疑似品种。

五、品种评述及建议

(一)良科 2026

1.产量表现

2021 年区域试验产量平均亩产 599.0 kg,比郑单 958(CK)平均亩产 504.6 kg 增产 18.7%,差异极显著,居试验第 1 位,试点 10 增 0 减,增产点比率为 100%。

2.特征特性

2021 年该品种生育期 100.8 d,与郑单 958 同熟;株高 240 cm,穗位高 87 cm;倒伏率 0%(0%~0.4%)、倒折率 0.4%(0%~2.6%),倒伏倒折率之和 0.4%,且倒伏倒折率≥15.0%的试点比率为 0%;空秆率 0.7%;双穗率 0.5%;茎腐病 4.6%(0%~17.1%),穗腐病籽粒霉变比率为 0.2%(0%~0.7%),且穗腐病籽粒霉变比率≥2.0%的试点比率为 0%,小斑病为 1~3 级,瘤黑粉病 0.1%,弯孢叶斑病 1~5 级,南方锈病 1~7 级;穗长 15.8 cm,秃尖长 0.9 cm,穗粗 4.6 cm,轴粗 2.8 cm,穗行数 15.7,穗行数变幅 12~20 行,行粒数 33.2,出籽率 87.3%,百粒重 27.4 g;株型紧凑;主茎叶片数 19.0 片,全生育期叶数变幅 17~21 片;叶片绿色;芽鞘紫色;第一叶形状匙形;雄穗分枝数中等,枝长中等,雄穗颖片绿色,花药紫色;花丝绿色,苞叶长度中;果穗短筒型;籽粒半马齿型,黄粒;红轴。

3.抗病性鉴定

根据 2021 年河南农业大学植保学院人工接种鉴定报告(见表 2-48):该品种抗穗腐病、小斑病、弯孢叶斑病;中抗茎腐病;感瘤黑粉病;高感南方锈病。

4.品质分析

根据 2021 年农业农村部农产品质量监督检验测试中心(郑州)对该品种多点套袋果

穗的籽粒混合样品品质分析检验报告(见表2-49):粗蛋白质8.95%,粗脂肪3.7%,粗淀粉75.65%,赖氨酸0.28%,容重773 g/L。

5.试验建议

按照晋级标准,继续进行区域试验,推荐参加生产试验。

(二)豫龙2198

1.产量表现

2021年区域试验产量平均亩产571.9 kg,比郑单958(CK)平均亩产504.6 kg增产13.3%,差异极显著,居试验第2位,试点10增0减,增产点比率为100%。

2.特征特性

2021年该品种生育期100.1 d,与郑单958同熟;株高251 cm,穗位高89 cm;倒伏率1.0%(0%~4.9%)、倒折率0.4%(0%~2.5%),倒伏倒折率之和1.4%,且倒伏倒折率≥15.0%的试点比率为0%;空秆率0.4%;双穗率0.2%;茎腐病12.5%(0%~35.0%),穗腐病籽粒霉变比率为0.4%(0%~2.4%),且穗腐病籽粒霉变比率≥2.0%的试点比率为10.0%,小斑病为1~3级,瘤黑粉病0.1%,弯孢叶斑病1~5级,南方锈病5~9级;穗长14.3 cm,秃尖长0.8 cm,穗粗4.4 cm,轴粗2.8 cm,穗行数17.6,穗行数变幅16~22行,行粒数27.8,出籽率87.5%,百粒重27.6 g;株型紧凑;主茎叶片数19.8片,全生育期叶数变幅17~21片;叶片绿色;芽鞘紫色;第一叶形状匙形;雄穗分枝数中等,枝长中等,雄穗颖片绿色,花药绿色;花丝浅紫色,苞叶长度中;果穗短筒型;籽粒半马齿型,黄粒;红轴。

3.抗病性鉴定

根据2021年河南农业大学植保学院人工接种鉴定报告(见表2-48):该品种抗穗腐病;中抗茎腐病、小斑病、南方锈病;感瘤黑粉病;高感弯孢叶斑病。

4.品质分析

根据2021年农业农村部农产品质量监督检验测试中心(郑州)对该品种多点套袋果穗的籽粒混合样品品质分析检验报告(见表2-49):粗蛋白质11.1%,粗脂肪3.5%,粗淀粉74.47%,赖氨酸0.34%,容重783 g/L。

5.试验建议

按照晋级标准,建议继续进行区域试验。

(三)豫单622

1.产量表现

2021年区域试验产量平均亩产571.3 kg,比郑单958(CK)平均亩产504.6 kg增产13.2%,差异极显著,居试验第3位,试点9增1减,增产点比率为90.0%。

2.特征特性

2021年该品种生育期100.0 d,与郑单958同熟;株高267 cm,穗位高96 cm;倒伏率0.9%(0%~6.0%)、倒折率0.4%(0%~3.0%),倒伏倒折率之和1.3%,且倒伏倒折率≥15.0%的试点比率为0%;空秆率1.0%;双穗率0.2%;茎腐病5.3%(0%~20.0%),穗腐病籽粒霉变比率为0.4%(0%~1.6%),且穗腐病籽粒霉变比率≥2.0%的试点比率为0%,小斑病为1~5级,瘤黑粉病0.1%,弯孢叶斑病1~5级,南方锈病5~9级;穗长15.8 cm,秃尖长0.6 cm,穗粗4.4 cm,轴粗2.8 cm,穗行数17.3,穗行数变幅14~20行,行粒数30.9,出籽率

89.1%,百粒重 27.5 g;株型半紧凑;主茎叶片数 19.3 片,全生育期叶数变幅 18~21 片;叶片绿色;芽鞘深紫色;第一叶形状匙形;雄穗分枝数中等,枝长中等,雄穗颖片绿色,花药绿色;花丝紫色,苞叶长度中;果穗短筒型;籽粒半马齿型,黄粒;红轴。

3.抗病性鉴定

根据 2021 年河南农业大学植保学院人工接种鉴定报告(见表 2-48):该品种高抗茎腐病、弯孢叶斑病;抗穗腐病、小斑病;感南方锈病;高感瘤黑粉病。

4.品质分析

根据 2021 年农业农村部农产品质量监督检验测试中心(郑州)对该品种多点套袋果穗的籽粒混合样品品质分析检验报告(见表 2-49):粗蛋白质 10.8%,粗脂肪 4.3%,粗淀粉 73.61%,赖氨酸 0.30%,容重 780 g/L。

5.试验建议

按照晋级标准,建议继续进行区域试验,推荐参加生产试验。

(四)梨玉 9037

1.产量表现

2021 年区域试验产量平均亩产 569.0 kg,比郑单 958(CK)平均亩产 504.6 kg 增产 12.8%,差异极显著,居试验第 4 位,试点 10 增 0 减,增产点比率为 100%。

2.特征特性

2021 年该品种生育期 99.9 d,比郑单 958 早熟 1 d;株高 278 cm,穗位高 88 cm;倒伏率 1.6%(0%~12.3%)、倒折率 0.4%(0%~1.8%),倒伏倒折率之和 2.0%,且倒伏倒折率≥15.0%的试点比率为 0%;空秆率 0.9%;双穗率 0.2%;茎腐病 8.5%(0%~35.5%),穗腐病籽粒霉变比率为 0.1%(0%~0.4%),且穗腐病籽粒霉变比率≥2.0%的试点比率为 0%,小斑病为 1~5 级,瘤黑粉病 0.2%,弯孢叶斑病 1~3 级,南方锈病 5~9 级;穗长 15.8 cm,秃尖长 0.9 cm,穗粗 4.5 cm,轴粗 2.8 cm,穗行数 16.1,穗行数变幅 14~20 行,行粒数 31.0,出籽率 87.9%,百粒重 28.8 g;株型半紧凑;主茎叶片数 19.4 片,全生育期叶数变幅 18~21 片;叶片绿色;芽鞘紫色;第一叶形状匙形;雄穗分枝数中等,枝长中等,雄穗颖片绿色,花药浅紫色;花丝浅紫色,苞叶长度中;果穗短筒型;籽粒半马齿型,黄粒;红轴。

3.抗病性鉴定

根据 2021 年河南农业大学植保学院人工接种鉴定报告(见表 2-48):该品种抗茎腐病、穗腐病;中抗小斑病、南方锈病、弯孢叶斑病;高感瘤黑粉病。

4.品质分析

根据 2021 年农业农村部农产品质量监督检验测试中心(郑州)对该品种多点套袋果穗的籽粒混合样品品质分析检验报告(见表 2-49):粗蛋白质 10.3%,粗脂肪 3.5%,粗淀粉 74.89%,赖氨酸 0.32%,容重 768 g/L。

5.试验建议

按照晋级标准,继续进行区域试验。

(五)许玉 1901

1.产量表现

2021 年区域试验产量平均亩产 568.4 kg,比郑单 958(CK)平均亩产 504.6 kg 增产

12.6%,差异极显著,居试验第5位,试点9增1减,增产点比率为90.0%。

2.特征特性

2021年该品种生育期100.2 d,与郑单958同熟;株高234 cm,穗位高89 cm;倒伏率0.3%(0%~2.7%)、倒折率0.1%(0%~0.9%),倒伏倒折率之和0.4%,且倒伏倒折率≥15.0%的试点比率为0%;空秆率0.5%;双穗率0.7%;茎腐病12.8%(0%~35.0%),穗腐病籽粒霉变比率为0.4%(0%~2.0%),且穗腐病籽粒霉变比率≥2.0%的试点比率为10.0%,小斑病为1~5级,瘤黑粉病0.1%,弯孢叶斑病1~3级,南方锈病3~7级;穗长15.8 cm,秃尖长0.9 cm,穗粗4.3 cm,轴粗2.7 cm,穗行数15.0,穗行数变幅14~20行,行粒数30.1,出籽率85.8%,百粒重29.2 g;株型紧凑;主茎叶片数18.4片,全生育期叶数变幅16~20片;叶片绿色;芽鞘紫色;第一叶形状匙形;雄穗分枝数多,枝长中等,雄穗颖片绿色,花药浅紫色;花丝浅紫色,苞叶长度中;果穗短筒型;籽粒半马齿型,黄粒;白轴。

3.抗病性鉴定

根据2021年河南农业大学植保学院人工接种鉴定报告(见表2-48):该品种高抗瘤黑粉病;抗穗腐病;中抗小斑病、南方锈病、弯孢叶斑病;高感茎腐病。

4.品质分析

根据2021年农业农村部农产品质量监督检验测试中心(郑州)对该品种多点套袋果穗的籽粒混合样品品质分析检验报告(见表2-49):粗蛋白质9.32%,粗脂肪3.7%,粗淀粉73.78%,赖氨酸0.32%,容重765 g/L。

5.试验建议

按照晋级标准,接种鉴定不达标,建议停止试验。

(六)美迪3316

1.产量表现

2021年区域试验产量平均亩产559.9 kg,比郑单958(CK)平均亩产504.6 kg增产11.0%,差异极显著,居试验第6位,试点10增0减,增产点比率为100%。

2.特征特性

2021年该品种生育期99.9 d,比郑单958早熟1 d;株高257 cm,穗位高95 cm;倒伏率0.6%(0%~4.0%)、倒折率1.1%(0%~9.2%),倒伏倒折率之和1.7%,且倒伏倒折率≥15.0%的试点比率为0%;空秆率1.0%;双穗率0.1%;茎腐病10.0%(0%~33.3%),穗腐病籽粒霉变比率为0.2%(0%~0.8%),且穗腐病籽粒霉变比率≥2.0%的试点比率为0%,小斑病为1~7级,瘤黑粉病0.4%,弯孢叶斑病1~3级,南方锈病3~7级;穗长16.2 cm,秃尖长0.6 cm,穗粗4.3 cm,轴粗2.6 cm,穗行数15.9,穗行数变幅14~20行,行粒数36.9,出籽率87.0%,百粒重23.8 g;株型半紧凑;主茎叶片数18.7片,全生育期叶数变幅16~20片;叶片绿色;芽鞘紫色;第一叶形状圆到匙形;雄穗分枝数少且枝长,雄穗颖片绿色,花药绿色;花丝绿色,苞叶长度中;果穗筒型;籽粒半马齿型,黄粒;红轴。

3.抗病性鉴定

根据2021年河南农业大学植保学院人工接种鉴定报告(见表2-48):该品种高抗瘤黑粉病;中抗茎腐病、穗腐病、小斑病、南方锈病;高感弯孢叶斑病。

4.品质分析

根据2021年农业农村部农产品质量监督检验测试中心(郑州)对该品种多点套袋果穗的籽粒混合样品品质分析检验报告(见表2-49):粗蛋白质9.45%,粗脂肪3.3%,粗淀粉75.73%,赖氨酸0.30%,容重786 g/L。

5.试验建议

按照晋级标准,继续进行区域试验。

(七)晟单208

1.产量表现

2021年区域试验产量平均亩产558.6 kg,比郑单958(CK)平均亩产504.6 kg增产10.7%,差异极显著,居试验第7位,试点10增0减,增产点比率为100%。

2.特征特性

2021年该品种生育期100.7 d,与郑单958同熟;株高273 cm,穗位高120 cm;倒伏率0.4%(0%~2.6%)、倒折率0.7%(0%~5.9%),倒伏倒折率之和1.1%,且倒伏倒折率≥15.0%的试点比率为0%;空秆率0.7%;双穗率0.4%;茎腐病5.7%(0%~20.0%),穗腐病籽粒霉变比率为0.2%(0%~1.1%),且穗腐病籽粒霉变比率≥2.0%的试点比率为0%,小斑病为1~5级,瘤黑粉病0.1%,弯孢叶斑病1~5级,南方锈病1~7级;穗长17.8 cm,秃尖长0.7 cm,穗粗4.6 cm,轴粗2.9 cm,穗行数14.4,穗行数变幅12~20行,行粒数32.1,出籽率86.6%,百粒重32.7 g;株型半紧凑;主茎叶片数19.4片,全生育期叶数变幅18~21片;叶片绿色;芽鞘紫色;第一叶形状匙形;雄穗分枝数中等,枝长中等,雄穗颖片绿色,花药浅紫色;花丝浅紫色,苞叶长度中;果穗长筒型;籽粒半马齿型,橙红粒;红轴。

3.抗病性鉴定

根据2021年河南农业大学植保学院人工接种鉴定报告(见表2-48):该品种高抗茎腐病、瘤黑粉病;中抗穗腐病、小斑病、弯孢叶斑病;感南方锈病。

4.品质分析

根据2021年农业农村部农产品质量监督检验测试中心(郑州)对该品种多点套袋果穗的籽粒混合样品品质分析检验报告(见表2-49):粗蛋白质9.72%,粗脂肪3.1%,粗淀粉73.49%,赖氨酸0.34%,容重768 g/L。

5.试验建议

按照晋级标准,继续进行区域试验,推荐参加生产试验。

(八)名育99

1.产量表现

2021年区域试验产量平均亩产558.3 kg,比郑单958(CK)平均亩产504.6 kg增产10.6%,差异极显著,居试验第8位,试点9增1减,增产点比率为90.0%。

2.特征特性

2021年该品种生育期99.9 d,比郑单958早熟1 d;株高234 cm,穗位高87 cm;倒伏率0.6%(0%~3.3%)、倒折率0.2%(0%~2.2%),倒伏倒折率之和0.8%,且倒伏倒折率≥15.0%的试点比率为0%;空秆率0.7%;双穗率0.3%;茎腐病9.0%(0%~30.0%),穗腐病籽粒霉变比率为0.2%(0%~0.7%),且穗腐病籽粒霉变比率≥2.0%的试点比率为

0%，小斑病为1～5级，瘤黑粉病0.1%，弯孢叶斑病1～5级，南方锈病1～9级；穗长15.6 cm，秃尖长0.6 cm，穗粗4.5 cm，轴粗2.8 cm，穗行数16.4，穗行数变幅12～18行，行粒数31.1，出籽率86.4%，百粒重27.3 g；株型半紧凑；主茎叶片数19.1片，全生育期叶数变幅16～21片；叶片绿色；芽鞘紫色；第一叶形状匙形；雄穗分枝数中等，枝长中等，雄穗颖片绿色，花药绿色；花丝浅紫色，苞叶长度中；果穗短筒型；籽粒半马齿型，黄粒；红轴。

3.抗病性鉴定

根据2021年河南农业大学植保学院人工接种鉴定报告（见表2-48）：该品种高抗小斑病、瘤黑粉病；抗穗腐病；中抗茎腐病；感南方锈病、弯孢叶斑病。

4.品质分析

根据2021年农业农村部农产品质量监督检验测试中心（郑州）对该品种多点套袋果穗的籽粒混合样品品质分析检验报告（见表2-49）：粗蛋白质10.0%，粗脂肪4.6%，粗淀粉73.88%，赖氨酸0.35%，容重738 g/L。

5.试验建议

按照晋级标准，继续进行区域试验，推荐参加生产试验。

（九）荟玉5744

1.产量表现

2021年区域试验产量平均亩产548.3 kg，比郑单958（CK）平均亩产504.6 kg增产8.7%，差异极显著，居试验第9位，试点9增1减，增产点比率为90.0%。

2.特征特性

2021年该品种生育期99.4 d，比郑单958早熟1 d；株高247 cm，穗位高87 cm；倒伏率1.0%（0%～5.9%）、倒折率0%（0%～0.4%），倒伏倒折率之和1.0%，且倒伏倒折率≥15.0%的试点比率为0%；空秆率1.0%；双穗率0.4%；茎腐病10.2%（0%～26.6%），穗腐病籽粒霉变比率为0.2%（0%～0.8%），且穗腐病籽粒霉变比率≥2.0%的试点比率为0%，小斑病为1～5级，瘤黑粉病0.1%，弯孢叶斑病1～3级，南方锈病3～9级；穗长15.0 cm，秃尖长0.9 cm，穗粗4.4 cm，轴粗2.8 cm，穗行数16.5，穗行数变幅14～20行，行粒数30.4，出籽率87.9%，百粒重26.4 g；株型半紧凑；主茎叶片数19.1片，全生育期叶数变幅17～20片；叶片绿色；芽鞘紫色；第一叶形状圆到匙形；雄穗分枝数中等，枝长中等，雄穗颖片绿色，花药浅紫色；花丝浅紫色，苞叶长度中；果穗短筒型；籽粒半马齿型，黄粒；红轴。

3.抗病性鉴定

根据2021年河南农业大学植保学院人工接种鉴定报告（见表2-48）：该品种高抗瘤黑粉病；抗穗腐病、小斑病；中抗茎腐病、弯孢叶斑病；感南方锈病。

4.品质分析

根据2021年农业农村部农产品质量监督检验测试中心（郑州）对该品种多点套袋果穗的籽粒混合样品品质分析检验报告（见表2-49）：粗蛋白质11.1%，粗脂肪3.8%，粗淀粉73.76%，赖氨酸0.32%，容重766 g/L。

5.真实性和差异性

根据2021年北京玉米种子检测中心河南省玉米区域试验参试品种DNA指纹检测总结报告：该品种疑似品种比较结果为与2020年WTA联盟绿色通道的金贵玉338的DNA

指纹差异位点数 2 个,判定为疑似品种。

6.试验建议

按照晋级标准,真实性和差异性不达标,建议终止试验。

(十)豫红 369

1.产量表现

2021 年区域试验产量平均亩产 540.0 kg,比郑单 958(CK)平均亩产 504.6 kg 增产 7.0%,差异显著,居试验第 10 位,试点 10 增 0 减,增产点比率为 100%。

2.特征特性

2021 年该品种生育期 100.1 d,与郑单 958 同熟;株高 236 cm,穗位高 92 cm;倒伏率 0.5%(0%～4.9%)、倒折率 0.4%(0%～2.4%),倒伏倒折率之和 0.9%,且倒伏倒折率≥15.0%的试点比率为 0%;空秆率 0.7%;双穗率 0.4%;茎腐病 5.2%(0%～16.3%),穗腐病籽粒霉变比率为 0.3%(0%～1.0%),且穗腐病籽粒霉变比率≥2.0%的试点比率为 0%,小斑病为 1～5 级,瘤黑粉病 0.1%,弯孢叶斑病 1～5 级,南方锈病 3～9 级;穗长 16.1 cm,秃尖长 1.1 cm,穗粗 4.5 cm,轴粗 3.0 cm,穗行数 15.6,穗行数变幅 12～18 行,行粒数 31.5,出籽率 85.5%,百粒重 26.8 g;株型紧凑;主茎叶片数 19.1 片,全生育期叶数变幅 18～21 片;叶片绿色;芽鞘紫色;第一叶形状圆到匙形;雄穗分枝数中等,枝长中等,雄穗颖片绿色,花药浅紫色;花丝浅紫色,苞叶长度中;果穗筒型;籽粒半马齿型,黄粒;红轴。

3.抗病性鉴定

根据 2021 年河南农业大学植保学院人工接种鉴定报告(见表 2-48):该品种高抗瘤黑粉病;抗穗腐病、小斑病;中抗茎腐病;感南方锈病;高感弯孢叶斑病。

4.品质分析

根据 2021 年农业农村部农产品质量监督检验测试中心(郑州)对该品种多点套袋果穗的籽粒混合样品品质分析检验报告(见表 2-49):粗蛋白质 9.74%,粗脂肪 3.9%,粗淀粉 74.63%,赖氨酸 0.32%,容重 754 g/L。

5.试验建议

按照晋级标准,继续进行区域试验,推荐参加生产试验。

(十一)裕隆 3 号

1.产量表现

2021 年区域试验产量平均亩产 538.5 kg,比郑单 958(CK)平均亩产 504.6 kg 增产 6.7%,差异显著,居试验第 11 位,试点 9 增 1 减,增产点比率为 90.0%。

2.特征特性

2021 年该品种生育期 100.1 d,与郑单 958 同熟;株高 257 cm,穗位高 104 cm;倒伏率 0.5%(0%～2.7%)、倒折率 0.4%(0%～2.6%),倒伏倒折率之和 0.9%,且倒伏倒折率≥15.0%的试点比率为 0%;空秆率 1.2%;双穗率 0%;茎腐病 9.5%(0%～35.5%),穗腐病籽粒霉变比率为 0.3%(0%～1.6%),且穗腐病籽粒霉变比率≥2.0%的试点比率为 0%,小斑病为 1～5 级,瘤黑粉病 0.2%,弯孢叶斑病 1～5 级,南方锈病 3～9 级;穗长 17.0 cm,秃尖长 1.5 cm,穗粗 4.5 cm,轴粗 2.9 cm,穗行数 15.7,穗行数变幅 12～18 行,行粒数 29.6,出籽率 85.2%,百粒重 28.9 g;株型紧凑;主茎叶片数 18.4 片,全生育期叶数变幅 17～21 片;

叶片绿色；芽鞘紫色；第一叶形状匙形；雄穗分枝数中等，枝长中等，雄穗颖片绿色，花药浅紫色；花丝浅紫色，苞叶长度长；果穗长筒型；籽粒半马齿型，黄粒；红轴。

3.抗病性鉴定

根据2021年河南农业大学植保学院人工接种鉴定报告（见表2-48）：该品种抗穗腐病；中抗茎腐病、小斑病、瘤黑粉病；感南方锈病；高感弯孢叶斑病。

4.品质分析

根据2021年农业农村部农产品质量监督检验测试中心（郑州）对该品种多点套袋果穗的籽粒混合样品品质分析检验报告（见表2-49）：粗蛋白质9.75%，粗脂肪4.5%，粗淀粉75.58%，赖氨酸0.30%，容重750 g/L。

5.真实性和差异性

根据2021年北京玉米种子检测中心河南省玉米区域试验参试品种DNA指纹检测总结报告：该品种疑似品种比较结果为与农业部征集审定品种标准样品登海605、2020年河南省五州玉米新品种试验联盟的DHN368的DNA指纹差异位点数1个，判定为疑似品种。

6.田间考察

专业委员会田间考察（黄泛区、洛阳）发现茎腐病超标，予以淘汰。

7.试验建议

按照晋级标准，真实性和差异性不达标，专业委员会田间考察发现茎腐病超标，建议终止试验。

（十二）利合1089

1.产量表现

2021年区域试验产量平均亩产536.7 kg，比郑单958（CK）平均亩产504.6 kg增产6.4%，差异显著，居试验第12位，试点9增1减，增产点比率为90.0%。

2.特征特性

2021年该品种生育期100.3 d，与郑单958同熟；株高266 cm，穗位高115 cm；倒伏率1.1%（0%～9.0%）、倒折率2.2%（0%～18.7%），倒伏倒折率之和3.3%，且倒伏倒折率≥15.0%的试点比率为10.0%；空秆率1.0%；双穗率0.3%；茎腐病10.8%（0%～22.8%），穗腐病籽粒霉变比率为0.2%（0%～1.2%），且穗腐病籽粒霉变比率≥2.0%的试点比率为0%，小斑病为1～5级，瘤黑粉病0.1%，弯孢叶斑病1～3级，南方锈病3～9级；穗长16.2 cm，秃尖长0.7 cm，穗粗4.4 cm，轴粗3.0 cm，穗行数14.7，穗行数变幅12～18行，行粒数33.1，出籽率85.6%，百粒重26.8 g；株型半紧凑；主茎叶片数19.8片，全生育期叶数变幅18～21片；叶片绿色；芽鞘紫色；第一叶形状圆到匙形；雄穗分枝数中等，枝长中等，雄穗颖片绿色，花药浅紫色；花丝浅紫色，苞叶长度长；果穗筒型；籽粒半马齿型，黄粒；红轴。

3.抗病性鉴定

根据2021年河南农业大学植保学院人工接种鉴定报告（见表2-48）：该品种高抗瘤黑粉病；抗穗腐病；中抗弯孢叶斑病；感茎腐病、小斑病；高感南方锈病。

4.品质分析

根据2021年农业农村部农产品质量监督检验测试中心（郑州）对该品种多点套袋果穗的籽粒混合样品品质分析检验报告（见表2-49）：粗蛋白质9.74%，粗脂肪3.2%，粗淀粉

76.98%,赖氨酸 0.26%,容重 776 g/L。

5.试验建议

按照晋级标准,继续进行区域试验。

(十三)豫粮仓 016

1.产量表现

2021 年区域试验产量平均亩产 523.4 kg,比郑单 958(CK)平均亩产 504.6 kg 增产 3.7%,差异不显著,居试验第 13 位,试点 8 增 2 减,增产点比率为 80.0%。

2.特征特性

2021 年该品种生育期 100.0 d,与郑单 958 同熟;株高 280 cm,穗位高 86 cm;倒伏率 0.4%(0%~2.7%)、倒折率 1.4%(0%~13.9%),倒伏倒折率之和 1.8%,且倒伏倒折率≥15.0%的试点比率为 0%;空秆率 1.0%;双穗率 0.2%;茎腐病 14.3%(0%~35.0%),穗腐病籽粒霉变比率为 0.2%(0%~0.7%),且穗腐病籽粒霉变比率≥2.0%的试点比率为 0%,小斑病为 1~7 级,瘤黑粉病 0.1%,弯孢叶斑病 1~5 级,南方锈病 5~9 级;穗长 15.4 cm,秃尖长 0.3 cm,穗粗 4.5 cm,轴粗 3.0 cm,穗行数 16.5,穗行数变幅 14~20 行,行粒数 29.4,出籽率 86.3%,百粒重 28.0 g;株型半紧凑;主茎叶片数 18.5 片,全生育期叶数变幅 17~20 片;叶片绿色;芽鞘紫色;第一叶形状匙形;雄穗分枝数少且枝长,雄穗颖片绿色,花药浅紫色;花丝浅紫色,苞叶长度中;果穗短筒型;籽粒半马齿型,黄粒;红轴。

3.抗病性鉴定

根据 2021 年河南农业大学植保学院人工接种鉴定报告(见表 2-48):该品种高抗弯孢叶斑病、瘤黑粉病;中抗穗腐病、小斑病;感茎腐病;高感南方锈病。

4.品质分析

根据 2021 年农业农村部农产品质量监督检验测试中心(郑州)对该品种多点套袋果穗的籽粒混合样品品质分析检验报告(见表 2-49):粗蛋白质 10.1%,粗脂肪 3.9%,粗淀粉 72.27%,赖氨酸 0.30%,容重 748 g/L。

5.试验建议

按照晋级标准,继续进行区域试验。

(十四)中研 2004

1.产量表现

2021 年区域试验产量平均亩产 521.2 kg,比郑单 958(CK)平均亩产 504.6 kg 增产 3.3%,差异不显著,居试验第 14 位,试点 8 增 2 减,增产点比率为 80.0%。

2.特征特性

2021 年该品种生育期 100.9 d,比郑单 958 晚熟 1 d;株高 284 cm,穗位高 100 cm;倒伏率 0.9%(0%~5.6%)、倒折率 0.5%(0%~3.4%),倒伏倒折率之和 1.4%,且倒伏倒折率≥15.0%的试点比率为 0%;空秆率 1.5%;双穗率 0.1%;茎腐病 4.2%(0%~17.6%),穗腐病籽粒霉变比率为 0.7%(0%~3.3%),且穗腐病籽粒霉变比率≥2.0%的试点比率为 10.0%,小斑病为 1~5 级,瘤黑粉病 0.1%,弯孢叶斑病 1~3 级,南方锈病 3~7 级;穗长 16.7 cm,秃尖长 1.2 cm,穗粗 4.5 cm,轴粗 2.8 cm,穗行数 15.7,穗行数变幅 12~20 行,行粒数 26.9,出籽率 86.2%,百粒重 32.7 g;株型半紧凑;主茎叶片数 19.0 片,全生育期叶数变幅 17~21 片;叶片绿色;芽鞘紫色;第一叶形状圆到匙形;雄穗分枝数中等且枝长,雄穗颖片绿色,花药浅紫色;花丝绿色,苞叶长度短;果穗长筒型;籽粒半马齿型,黄粒;红轴。

3.抗病性鉴定

根据 2021 年河南农业大学植保学院人工接种鉴定报告(见表 2-48):该品种高抗茎腐病、小斑病;抗弯孢叶斑病;中抗穗腐病、瘤黑粉病;高感南方锈病。

4.品质分析

根据 2021 年农业农村部农产品质量监督检验测试中心(郑州)对该品种多点套袋果穗的籽粒混合样品品质分析检验报告(见表 2-49):粗蛋白质 9.81%,粗脂肪 3.9%,粗淀粉 73.61%,赖氨酸 0.35%,容重 765 g/L。

5.试验建议

按照晋级标准,继续进行区域试验。

(十五)农信 985

1.产量表现

2021 年区域试验产量平均亩产 515.9 kg,比郑单 958(CK)平均亩产 504.6 kg 增产 2.2%,差异不显著,居试验第 15 位,试点 5 增 5 减,增产点比率为 50.0%。

2.特征特性

2021 年该品种生育期 100.5 d,与郑单 958 同熟;株高 255 cm,穗位高 95 cm;倒伏率 5.9%(0%~58.4%)、倒折率 3.5%(0%~17.5%),倒伏倒折率之和 9.4%,且倒伏倒折率≥15.0%的试点比率为 20.0%;空秆率 1.1%;双穗率 0.3%;茎腐病 15.7%(0%~73.3%),穗腐病籽粒霉变比率为 0.2%(0%~0.6%),且穗腐病籽粒霉变比率≥2.0%的试点比率为 0%,小斑病为 1~5 级,瘤黑粉病 0.1%,弯孢叶斑病 1~5 级,南方锈病 3~9 级;穗长 15.3 cm,秃尖长 0.8 cm,穗粗 4.6 cm,轴粗 2.9 cm,穗行数 15.8,穗行数变幅 12~18 行,行粒数 29.8,出籽率 84.8%,百粒重 27.2 g;株型半紧凑;主茎叶片数 19.4 片,全生育期叶数变幅 18~21 片;叶片绿色;芽鞘紫色;第一叶形状匙形;雄穗分枝数中等且枝长,雄穗颖片绿色,花药紫色;花丝浅紫色,苞叶长度中;果穗短筒型;籽粒半马齿型,黄粒;红轴。

3.抗病性鉴定

根据 2021 年河南农业大学植保学院人工接种鉴定报告(见表 2-48):该品种高抗小斑病、瘤黑粉病;抗穗腐病、弯孢叶斑病;中抗茎腐病;感南方锈病。

4.品质分析

根据 2021 年农业农村部农产品质量监督检验测试中心(郑州)对该品种多点套袋果穗的籽粒混合样品品质分析检验报告(见表 2-49):粗蛋白质 10.7%,粗脂肪 3.4%,粗淀粉 73.65%,赖氨酸 0.31%,容重 764 g/L。

5.真实性和差异性

根据 2021 年北京玉米种子检测中心河南省玉米区域试验参试品种 DNA 指纹检测总结报告:该品种疑似品种比较结果为与农业农村部征集审定品种标准样品的金辉 98、金华瑞 T82 的 DNA 指纹差异位点数 3 个,判定为疑似品种。

6.试验建议

按照晋级标准,产量增产幅度不达标,产量达标试验点比例不达标,建议终止试验。

（十六）东润 565

1.产量表现

2021 年区域试验产量平均亩产 504.8 kg，比郑单 958（CK）平均亩产 504.6 kg 增产 0%，差异不显著，居试验第 16 位，试点 4 增 6 减，增产点比率为 40.0%。

2.特征特性

2021 年该品种生育期 99.9 d，比郑单 958 早熟 1 d；株高 251 cm，穗位高 89 cm；倒伏率 0.5%（0%～3.0%）、倒折率 0.1%（0%～1.1%），倒伏倒折率之和 0.6%，且倒伏倒折率≥15.0%的试点比率为 0%；空秆率 0.8%；双穗率 0.1%；茎腐病 20.6%（0%～66.6%），穗腐病籽粒霉变比率为 0.2%（0%～0.5%），且穗腐病籽粒霉变比率≥2.0%的试点比率为 0%，小斑病为 1～5 级，瘤黑粉病 0.1%，弯孢叶斑病 1～5 级，南方锈病 3～9 级；穗长 15.6 cm，秃尖长 0.6 cm，穗粗 4.4 cm，轴粗 2.9 cm，穗行数 16.4，穗行数变幅 14～20 行，行粒数 31.1，出籽率 87.7%，百粒重 25.7 g；株型紧凑；主茎叶片数 19.5 片，全生育期叶数变幅 18～21 片；叶片绿色；芽鞘紫色；第一叶形状圆到匙形；雄穗分枝数中等且枝长，雄穗颖片绿色，花药浅紫色；花丝浅紫色，苞叶长度中；果穗短筒型；籽粒半马齿型，黄粒；红轴。

3.抗病性鉴定

根据 2021 年河南农业大学植保学院人工接种鉴定报告（见表 2-48）：该品种抗穗腐病；中抗茎腐病、小斑病、弯孢叶斑病；感南方锈病、瘤黑粉病。

4.品质分析

根据 2021 年农业农村部农产品质量监督检验测试中心（郑州）对该品种多点套袋果穗的籽粒混合样品品质分析检验报告（见表 2-49）：粗蛋白质 10.0%，粗脂肪 3.6%，粗淀粉 75.21%，赖氨酸 0.34%，容重 740 g/L。

5.试验建议

按照晋级标准，产量增产幅度不达标，产量达标试验点比例不达标，建议终止试验。

（十七）明玉 268

1.产量表现

2021 年区域试验产量平均亩产 443.2 kg，比郑单 958（CK）平均亩产 504.6 kg 减产 12.2%，差异极显著，居试验第 18 位，试点 0 增 10 减，增产点比率为 0%。

2.特征特性

2021 年该品种生育期 99.7 d，比郑单 958 早熟 1 d；株高 281 cm，穗位高 98 cm；倒伏率 0.5%（0%～4.1%）、倒折率 0.2%（0%～1.3%），倒伏倒折率之和 0.7%，且倒伏倒折率≥15.0%的试点比率为 0%；空秆率 1.7%；双穗率 0%；茎腐病 13.1%（0%～60.0%），穗腐病籽粒霉变比率为 0.4%（0%～3.5%），且穗腐病籽粒霉变比率≥2.0%的试点比率为 10.0%，小斑病为 1～7 级，瘤黑粉病 0.1%，弯孢叶斑病 1～5 级，南方锈病 3～9 级；穗长 14.6 cm，秃尖长 0.4 cm，穗粗 4.5 cm，轴粗 2.8 cm，穗行数 15.0，穗行数变幅 12～18 行，行粒数 31.0，出籽率 84.3%，百粒重 24.8 g；株型半紧凑；主茎叶片数 19.2 片，全生育期叶数变幅 18～21 片；叶片绿色；芽鞘紫色；第一叶形状匙形；雄穗分枝数多，枝长中等，雄穗颖片绿色，花药绿色；花丝绿色，苞叶长度长；果穗短筒型；籽粒半马齿型，黄粒；红轴。

3.抗病性鉴定

根据2021年河南农业大学植保学院人工接种鉴定报告（见表2-48）：该品种高抗穗腐病、瘤黑粉病；抗茎腐病；中抗小斑病；高感南方锈病、弯孢叶斑病。

4.品质分析

根据2021年农业农村部农产品质量监督检验测试中心（郑州）对该品种多点套袋果穗的籽粒混合样品品质分析检验报告（见表2-49）：粗蛋白质10.3%，粗脂肪3.8%，粗淀粉73.97%，赖氨酸0.32%，容重728 g/L。

5.试验建议

按照晋级标准，产量增产幅度不达标，产量达标试验点比例不达标，建议终止试验。

（十八）郑单958

1.产量表现

2020年平均亩产504.6 kg，居试验第17位。

2.特征特性

2021年该品种生育期100.4 d；株高249 cm，穗位高100 cm；倒伏率4.0%（0%～35.9%）、倒折率3.8%（0%～21.7%），倒伏倒折率之和7.8%，且倒伏倒折率≥15.0%的试点比率为20.0%；空秆率0.9%；双穗率0.9%；茎腐病15.9%（1.1%～48.5%），穗腐病籽粒霉变比率为0.2%（0%～0.8%），且穗腐病籽粒霉变比率≥2.0%的试点比率为0%，小斑病为1～7级，瘤黑粉病0.1%，弯孢叶斑病1～3级，南方锈病3～9级；穗长15.9 cm，秃尖长0.4 cm，穗粗4.6 cm，轴粗2.9 cm，穗行数15.0，穗行数变幅12～18行，行粒数33.4，出籽率86.5%，百粒重26.1 g；株型紧凑；主茎叶片数19.6片，全生育期叶数变幅18～21片；叶片绿色；芽鞘紫色；第一叶形状匙形；雄穗分枝数多，枝长中等，雄穗颖片绿色，花药浅紫色；花丝浅紫色，苞叶长度长；穗短筒型；籽粒半马齿型，黄粒；白轴。

3.品质分析

根据2021年农业农村部农产品质量监督检验测试中心（郑州）对该品种多点套袋果穗的籽粒混合样品品质分析检验报告（见表2-49）：粗蛋白质8.39%，粗脂肪3.6%，粗淀粉77.44%，赖氨酸0.30%，容重758 g/L。

4.试验建议

继续作为对照品种。

六、品种处理意见

（一）河南省品种晋级与审定标准

经玉米专业委员会委员研究同意，2021年河南省玉米品种试验及审定标准在2020年区域试验年会标准的基础上进行修改。具体标准如下。

1.基本条件

（1）抗病性：鉴定病害6种，即小斑病、茎腐病、穗腐病、弯孢叶斑病、瘤黑粉病、南方锈病。小斑病、茎腐病、穗腐病田间自然发病及人工接种鉴定均未达到高感。

（2）生育期：每年区域试验生育期平均比对照品种长2.0 d。

（3）抗倒性：每年区域试验平均倒伏倒折率之和≤12.0%，且倒伏倒折率之和≥15.0%

的试点比率≤25%。

(4)品质:容重≥720 g/L,粗淀粉≥69.0%,粗蛋白质≥8.0%,粗脂肪≥3.0%。

(5)专家田间鉴评:在生育期、结实性、抗倒性、抗病虫性、抗逆性等性状方面没有严重缺陷。

(6)真实性和差异性(SSR分子标记检测):同一品种在不同试验年份、不同试验组别、不同试验区道中DNA指纹检测差异位点数应当<2个。

申请审定品种与已知品种DNA指纹检测差异位点数应当≥4个;申请审定品种与已知品种DNA指纹检测差异位点数等于3个的,需进行田间小区种植鉴定证明有重要农艺性状差异。

(7)产量:区域试验和生产试验产量(kg/亩)(见分类条件要求)。

2.分类条件

1)高产稳产品种

每年区域试验产量比对照品种平均增产≥3.0%,且两年平均≥5.0%,生产试验比对照品种增产≥2.0%。每年区域试验、生产试验增产的试点比率≥60%。

2)绿色优质品种

(1)抗病性突出:田间自然发病和人工接种鉴定所有病害均达到中抗以上。

(2)丰产性、稳产性:每年区域试验、生产试验与对照品种产量相当,且每年区域试验、生产试验达标试点比率≥60%。其他指标同高产稳产品种。

3.2021年度晋级品种执行标准

(1)2021年完成生产试验程序品种以及之前的缓审品种,晋级和审定时各项指标均执行老标准。

(2)2022年进入区域试验程序的品种,晋级和审定时所有指标均按修订后新标准执行(DNA、产量、抗倒性、抗病性等)。

(3)从2022年开始,参加区域试验(两年区域试验)的品种进行DNA指纹检测。

(4)2021年玉米季节气候特殊,本年度生育期仅做参考,不作为淘汰品种依据。

(5)统一田间试验上报数据中,有两个及以上试点达到茎腐病(病株率≥40.1%)或穗腐病(病粒率≥4.0%)高感的品种以及穗腐病病粒率≥2.0%试点比率≥30.0%的品种予以淘汰。

(6)品种交叉晋级标准。

普通组:区域试验增产≥7.0%,增产点率≥70%,倒伏倒折率之和≤8%,小斑病、茎腐病和穗腐病人工接种和田间自然发病均达到中抗以上。

机收组:区域试验增产≥4.0%,增产点率≥70%,倒伏倒折之和≤3%,籽粒含水量≤28%,破碎率≤6%,小斑病、茎腐病和穗腐病人工接种和田间自然发病均达到中抗以上。

(7)关于延审品种:2022年玉米初审会前提供不出合格的DUS报告的品种不再审定。

(二)参试品种的处理意见

综合考评参试品种的各类性状表现,经玉米专业委员会讨论决定对参试品种的处理意见如下：

（1）推荐生产试验品种5个：良科2026、豫单622、晟单208、名育99、豫红369。

（2）推荐继续区域试验品种11个：良科2026、豫龙2198、豫单622、梨玉9037、美迪3316、晟单208、名育99、豫红369、利合1089、豫粮仓016、中研2004。

（3）荟玉5744、许玉1901、裕隆3号、农信985、东润565、明玉268予以淘汰。

七、问题及建议

2021年玉米生长季节总体气候条件不利于玉米生长发育，平均气温略高，降雨量严重超常，日照时数严重偏少，表现在苗期少雨干旱抑制生长，花期少雨干旱影响结实，全生育期寡照特别是灌浆期南方锈病早发重发严重影响粒重。今后在新品种选育过程中，应加强品种对生物抗性特别是抗南方锈病、抗穗腐病以及非生物抗性特别是抗高温、耐低氮、耐干旱等生物学特性的鉴定筛选。

河南省农业科学院粮食作物研究所

2021年12月

表 2-52　2021 年河南省玉米品种区域试验参试品种所在试点性状汇总(5000 株/亩 C 组)

品种	试点位置	亩产/kg	比 CK/(±%)	位次	生育期/d	株高/cm	穗位高/cm	空秆率/%	双穗率/%	收获时籽粒含水量/%	穗长/cm	穗粗/cm	穗行数/行	穗行数变幅/行	行粒数/粒	秃尖长/cm	轴粗/cm	出籽率/%	百粒重/g	叶数片/片	叶数变幅/片
豫粮仓016	宝丰	390.7	−11.4	17	101	280	91	0.7	0	25.0	14.8	4.6	14.8	14~16	27.4	0.2	2.9	87.3	30.1	17.6	17~18
	怀川	513.3	1.8	13	99	284	76	1.6	0	22.9	17.0	4.9	16.6	16~20	33.6	0.1	3.2	85.1	26.1		
	南阳	523.0	8.8	12	92	306	97	0.4	0	14.0	15.6	4.8	17.2	16~18	29.2	0.5	2.8	86.1	27.0	18.0	18
	嘉华	453.3	1.8	13	99	276	79	1.3	0	18.7	14.0	4.5	17.2	16~18	28.8	0.8	2.8	87.2	19.7	17.8	17~19
	西平	482.2	13.6	7	95	291	78	4.3	0	22.8	15.0	4.5	16.7	14~18	30.3	0	3.0	83.6	25.5	19.0	18~20
	新郑	731.1	8.2	12	106	262	88	0.2	0	23.6	15.7	3.2	15.0	14~16	30.0	0.1	3.2	86.4	31.0		
	中牟	614.6	3.6	8	100	272	92	0.2	0.2	27.3	15.9	4.9	17.6	16~20	30.5	0	2.9	89.2	33.0	19.6	18~20
	黄泛区	598.1	8.4	10	103	287	101	0.4	1.5	24.4	15.7	4.7	17.4	16~18	28.8	0.1	2.9	86.6	29.3	18.7	19
	金囤	345.6	−12.7	17	98	251	63	0.4	0	25.3	13.4	4.3	15.6	14~16	23.2	0.4	2.9	81.5	25.7	18.0	18
	洛阳	582.0	9.1	6	107	295	95	0	0	22.3	16.9	4.9	16.4	14~18	32.6	0.5	3.1	89.7	32.4	19.6	19~20
	平均	523.4	3.7	13	100	280	86	1.0	0.2	22.6	15.4	4.5	16.5	14~20	29.4	0.3	3.0	86.3	28.0	18.5	17~20
许玉1901	宝丰	447.6	1.5	13	99	231	80	0	1.5	26.9	16.2	4.4	15.2	14~16	32.6	1.2	2.7	84.7	31.0	16.6	16~17
	怀川	486.5	−3.5	16	99	204	79	0.7	0.9	20.4	16.6	4.1	14.6	14~18	34.5	0.1	2.6	85.9	21.7		
	南阳	583.7	21.5	2	93	265	102	1.1	0	16.2	16.5	5.0	15.2	14~16	26.6	1.3	2.6	86.7	32.8	18.8	18~19
	嘉华	511.5	14.8	2	99	242	89	1.1	0	22.8	15.2	4.2	14.8	14~16	25.4	2.0	2.6	87.1	23.2	18.4	18~19
	西平	505.7	19.2	1	96	242	77	1.6	0	26.3	15.7	4.3	14.7	14~16	27.3	0.3	2.7	82.9	30.0	19.0	18~20
	新郑	863.1	27.8	1	106	232	93	0	0	25.6	16.6	3.1	15.5	14~16	32.0	0.1	3.1	83.9	32.3		
	中牟	681.7	14.9	2	104	229	89	0.2	0.4	29.7	16.8	4.4	15.4	14~18	36.4	1.2	2.7	84.0	33.2	19.2	18~20
	黄泛区	586.5	6.3	13	104	237.7	100.3	0	2.6	27.5	15.2	4.5	15.0	14~20	29.8	0.3	2.7	88.4	28.1	17.3	17~18
	金囤	442.0	11.6	7	97	225	84	0	1.9	27.4	13.4	4.3	14.8	14~16	25.4	0.4	2.7	84.5	28.8	18.0	17~19
	洛阳	576.1	7.9	7	105	237	98	0	0	23.3	16.0	4.5	14.4	14~16	31.2	2.0	2.8	89.5	30.8	19.6	19~20
	平均	568.4	12.6	5	100.2	234	89	0.5	0.7	24.6	15.8	4.3	15.0	14~20	30.1	0.9	2.7	85.8	29.2	18.4	16~20

续表 2-52

品种	试点位置	亩产/kg	比 CK/(±%)	位次	生育期/d	株高/cm	穗位高/cm	空秆率/%	双穗率/%	收获时籽粒含水量/%	穗长/cm	穗粗/cm	穗行数/行	穗行数变幅/行	行粒数/粒	秃尖长/cm	轴粗/cm	出籽率/%	百粒重/g	叶数片/片	叶数变幅/片
豫单622	宝丰	510.0	15.6	8	100	272	100	0	0	25.9	16.0	4.4	16.8	14~18	34.0	0.1	2.7	89.2	31.9	18.6	18~19
	怀川	574.1	13.8	2	100	260	99	1.1	1.1	22.8	15.9	4.3	17.2	16~20	31.4	0.2	2.7	89.9	23.3		
	南阳	576.9	20.0	4	93	294	114	3.6	0	14.5	16.2	5.0	18.4	16~20	30.4	0.9	2.8	90.4	27.0	19.0	19
	嘉华	508.1	14.1	3	99	278	90	0.7	0	20.8	15.0	4.4	17.2	16~18	28.0	1.8	2.7	90.0	21.5	19.6	19~20
	西平	501.7	18.2	3	95	277	73	3.1	0	26.9	14.0	4.3	16.7	16~18	28.0	0	2.7	86.5	29.5	21.0	21.0
	新郑	815.6	20.7	4	106	240	86	0	0	23.6	15.7	3.1	17.0	14~18	31.0	0.1	3.1	87.1	31.7		
	中牟	561.3	−5.4	15	100	260	107	0.4	0.2	28.0	16.8	4.8	17.0	16~20	31.0	1.2	2.8	89.0	29.3	19.4	18~20
	黄泛区	633.1	14.7	7	103	272.3	107.3	1.1	0	27.0	17.5	4.7	18.2	18~20	37.0	0.1	2.7	89.6	25.4	18.3	18~19
	金囤	442.6	11.8	6	97	245	84	0.4	0.7	26.3	13.8	4.3	17.2	16~18	27.6	0.4	2.6	88.4	24.7	19.0	19~20
	洛阳	589.6	10.5	3	107	272	98	0	0	23.1	16.7	5.0	17.2	14~20	31.0	1.2	2.8	90.8	30.7	19.6	19~20
	平均	571.3	13.2	3	100	267	96	1.0	0.2	23.9	15.8	4.4	17.3	14~20	30.9	0.6	2.8	89.1	27.5	19.3	18~21
荟玉5744	宝丰	469.1	6.3	11	99	251	95	0	0	25.9	15.4	4.6	16.4	16~18	33.8	1.0	2.7	89.1	28.5	18.2	17~19
	怀川	561.9	11.4	6	98	246	85	0.4	1.5	20.6	15.5	4.4	17.2	16~20	33.4	0.2	3.0	88.6	21.5		
	南阳	533.3	11.0	10	93	268	97	1.8	0	13.6	16.2	4.8	16.0	14~18	33.4	0.8	2.6	89.1	27.8	19.2	18~20
	嘉华	480.4	7.9	7	98	266	96	1.1	0	21.5	14.1	4.4	16.0	16	27.8	2.0	2.7	88.2	21.4	19.6	19~20
	西平	468.3	10.4	10	94	252	67	4.1	0	26.7	15.0	4.2	16.0	14~18	30.0	0	2.8	86.2	31.0	19.0	18~20
	新郑	743.3	10.0	11	106	222	75	0	0	24.1	15.2	3.0	17.5	16~18	30.0	0.2	3.0	87.0	28.8		
	中牟	583.5	−1.6	14	100	243	96	0.4	0.2	29.1	15.2	4.7	17.0	16~20	30.7	0.3	2.8	87.2	29.7	19.4	18~20
	黄泛区	637.0	15.4	5	103	260.7	113.7	1.8	1.5	28.5	13.7	4.4	16.0	14~18	27.8	1.5	2.6	89.1	23.7	19.0	19
	金囤	460.6	16.3	2	97	227	64	0	0.4	25.4	13.4	4.4	16.4	14~18	27.0	0.9	2.8	85.2	24.8	19.0	18~19
	洛阳	545.7	2.2	11	106	238	77	0.4	0	22.3	16.3	4.6	16.4	14~18	30.4	1.6	2.8	89.7	27.2	19.3	19~20
	平均	548.3	8.7	9	99.4	247	87	1.0	0.4	23.8	15.0	4.4	16.5	14~20	30.4	0.9	2.8	87.9	26.4	19.1	17~20

续表 2-52

品种	试点位置	亩产/kg	比 CK/(±%)	位次	生育期/d	株高/cm	穗位高/cm	空秆率/%	双穗率/%	收获时籽粒含水量/%	穗长/cm	穗粗/cm	穗行数/行	穗行数变幅/行	行粒数/粒	秃尖长/cm	轴粗/cm	出籽率/%	百粒重/g	叶数片/片	叶数变幅/片
豫龙2198	宝丰	486.3	10.2	10	102	250	80	0	0	28.0	14.2	4.6	18.4	18~20	26.2	2.4	2.9	88.2	30.4	18.2	17~19
	怀川	532.2	5.5	10	98	238	94	1.3	0.7	20.7	15.0	4.5	17.6	16~20	30.1	0.1	3.0	87.3	22.7		
	南阳	571.9	19.0	5	93	280	109	1.1	0	13.8	15.0	4.8	16.4	16~18	28.8	0.8	2.8	89.4	27.2	20.0	20
	嘉华	481.1	8.0	6	99	264	80	0.7	0	20.1	14.2	4.6	18.0	16~20	26.6	1.5	2.8	88.2	18.8	20.6	20~21
	西平	500.6	18.0	4	95	260	83	0.7	0	26.5	13.7	4.5	18.0	18	25.3	0.3	2.8	85.0	30.0	20.0	19~21
	新郑	827.4	22.5	3	107	253	80	0	0	23.4	13.1	2.9	17.0	16~18	28.0	0.2	2.9	86.5	31.0		
	中牟	707.8	19.3	1	100	247	95	0.2	0.2	26.8	15.3	4.9	18.2	16~20	29.3	0	2.9	84.0	37.5	19.6	18~20
	黄泛区	623.7	13.0	8	103	252.3	93	0	0.7	24.8	13.8	4.4	18.8	18~22	27.5	0.8	2.7	89.8	23.1	19.7	19~20
	金囤	446.7	12.8	5	99	226	78	0	0	25.1	13.2	4.4	16.8	16~20	26.4	0.1	2.7	86.7	24.3	20.0	19~20
	洛阳	541.5	1.5	12	105	237	100	0	0	19.8	15.2	4.6	17.2	16~20	29.3	2.0	2.7	89.5	30.5	20.0	19~21
	平均	571.9	13.3	2	100.1	251	89	0.4	0.2	22.9	14.3	4.4	17.6	16~22	27.8	0.8	2.8	87.5	27.6	19.8	17~21
梨玉9037	宝丰	541.5	22.8	1	99	301	90	0.4	0	23.5	15.8	4.8	16.4	14~18	32.0	1.6	2.7	87.6	30.6	19.0	18~20
	怀川	568.3	12.7	4	98	281	91	0.4	0	20.9	16.6	4.6	17.0	16~20	34.1	0.2	3.3	87.7	25.0		
	南阳	540.9	12.5	8	93	302	104	2.2	0	13.8	17.4	5.0	16.4	16~18	33.0	0.5	3.0	89.0	30.2	19.0	19
	嘉华	474.4	6.5	8	99	281	89	0.4	0	22.3	16.0	4.2	16.0	14~18	31.0	1.8	2.6	87.8	21.0	20.0	20.0
	西平	462.0	8.9	11	97	261	65	3.1	0	24.7	15.3	4.7	15.3	14~16	29.3	0	2.7	83.9	34.0	20.0	19~21
	新郑	799.1	18.3	5	107	265	79	0.6	0.2	22.6	14.7	2.9	15.0	14~16	31.0	0.3	2.9	87.7	30.0		
	中牟	678.9	14.5	3	100	267	101	0.4	0.4	27.4	14.9	4.8	16.8	14~18	31.5	0.6	2.9	89.6	33.9	19.4	18~20
	黄泛区	635.0	15.0	6	103	279.3	95	0	1.4	27.0	15.8	4.5	17.2	16~18	30.4	1.0	2.8	89.3	28.3	19.0	18~20
	金囤	437.6	10.5	9	98	267	68	0.7	0	26.0	14.0	4.3	15.6	14~16	26.0	1.1	2.6	86.2	27.4	19.0	19~20
	洛阳	552.4	3.5	10	105	278	100	0.7	0	20.9	17.0	4.7	15.6	14~16	32.0	2.2	2.8	89.7	27.6	20.0	19~21
	平均	569.0	12.8	4	99.9	278	88	0.9	0.2	22.9	15.8	4.5	16.1	14~20	31.0	0.9	2.8	87.9	28.8	19.4	18~21

续表 2-52

品种	试点位置	亩产/kg	比 CK/(±%)	位次	生育期/d	株高/cm	穗位高/cm	空秆率/%	双穗率/%	收获时籽粒含水量/%	穗长/cm	穗粗/cm	穗行数/行	穗行数变幅/行	行粒数/粒	秃尖长/cm	轴粗/cm	出籽率/%	百粒重/g	叶数片/片	叶数变幅/片
农信985	宝丰	516.9	17.2	7	100	280	109	0	0	23.5	15.4	4.6	16.0	16~16	34.4	1.4	3.0	87.3	29.3	18.2	18~19
	怀川	528.5	4.8	11	100	250	88	1.3	0	23.8	17.2	4.9	16.4	14~18	36.7	0.1	3.0	83.9	25.6		
	南阳	454.8	−5.4	16	93	197	113	2.9	0	15.0	13.9	5.1	16.8	16~18	26.6	1.4	2.7	87.6	28.4	19.0	19
	嘉华	440.7	−1.1	16	101	295	94	1.1	0	23.4	15.6	4.6	15.6	14~18	23.2	1.0	2.8	86.7	22.1	20.0	20
	西平	470.9	11.0	9	94	251	81	3.0	0	27.7	14.7	4.5	13.3	12~14	29.3	0.3	3.0	82.1	29.5	19.0	18~20
	新郑	710.9	5.2	14	107	267	90	0.9	0	25.6	14.2	3.1	17.5	16~18	28.0	0.1	3.1	77.2	31.8		
	中牟	504.3	−15.0	17	103	251	92	0.7	0	30.6	16.1	5.2	16.8	14~18	28.7	0.5	3.0	84.1	31.4	19.6	19~21
	黄泛区	616.7	11.7	9	103	257.3	110.7	0	2.7	28.4	13.7	4.5	15.8	14~16	27.3	1.5	2.6	88.2	24.8	19.0	18~20
	金囤	390.0	−1.5	15	98	231	68	1.1	0	25.4	15.6	4.7	15.6	14~16	31.6	0.5	2.9	82.1	24.5	20.0	19~20
	洛阳	525.2	−1.6	14	106	267	105	0.4	0	24.2	16.6	4.7	14.4	12~16	32.6	1.4	3.0	88.9	24.9	20.6	20~21
	平均	515.9	2.2	15	100.5	255	95	1.1	0.3	24.8	15.3	4.6	15.8	12~18	29.8	0.8	2.9	84.8	27.2	19.4	18~21
良科2026	宝丰	518.9	17.6	5	100	247	89	0	0.7	26.5	16.2	4.8	16.4	16~18	36.4	2.0	2.9	89.4	27.7	17.4	17~18
	怀川	619.3	22.8	1	101	229	85	0.9	1.3	23.7	17.2	4.9	16.4	14~18	37.5	0.2	2.9	87.5	25.0		
	南阳	578.5	20.4	3	93	255	104	2.9	0	16.6	14.1	4.7	16.8	16~18	28.4	1.3	2.7	89.3	24.9	18.8	18~19
	嘉华	515.9	15.8	1	100	252	82	0.9	0	23.9	15.8	4.4	14.8	12~16	30.8	2.0	2.8	89.0	19.2	20.4	20~21
	西平	503.7	18.7	2	95	246	78	1.4	0	28.0	16.7	4.7	14.0	14	34.7	0	2.7	84.4	34.5	20.0	19~21
	新郑	852.0	26.1	2	107	222	80	0	0	24.7	14.9	3.0	15.0	14~16	31.0	0.2	3.0	84.4	31.5		
	中牟	678.0	14.3	4	102	235	89	0.2	0.2	31.6	16.3	4.9	17.2	16~20	35.2	0.2	3.0	84.0	30.2	19.2	18~20
	黄泛区	654.6	18.6	2	104	249.3	92	0	2.6	30.5	15.9	4.6	16.0	14~18	32.8	1.5	2.7	89.3	26.9	18.3	17~19
	金囤	463.1	17.0	1	97	223	81	0	0.4	27.8	13.6	4.6	16.0	14~18	31.2	0.5	2.8	84.5	24.5	18.0	17~18
	洛阳	606.1	13.6	1	109	240	92	0.9	0	25.8	16.8	4.9	14.8	14~16	33.5	1.1	2.7	91.2	29.4	19.6	19~20
	平均	599.0	18.7	1	100.8	240	87	0.7	0.5	25.9	15.8	4.6	15.7	12~20	33.2	0.9	2.8	87.3	27.4	19.0	17~21

续表 2-52

品种	试点位置	亩产/kg	比CK/(±%)	位次	生育期/d	株高/cm	穗位高/cm	空秆率/%	双穗率/%	收获时籽粒含水量/%	穗长/cm	穗粗/cm	穗行数/行	穗行数变幅/行	行粒数/粒	秃尖长/cm	轴粗/cm	出籽率/%	百粒重/g	叶数片/片	叶数变幅/片
晟单208	宝丰	521.9	18.3	3	101	281	130	0	2.6	27.3	17.4	4.6	15.2	14~16	32.6	0.6	3.2	87.8	34.2	19.4	19~20
	怀川	566.1	12.2	5	100	282	120	0.7	0	25.6	18.6	4.6	13.6	12~14	35.0	0.3	3.0	88.8	28.4		
	南阳	558.5	16.2	6	93	299	148	1.8	0	16.5	17.2	5.0	15.2	16~20	31.2	0.5	2.7	88.8	26.8	19.0	19
	嘉华	473.0	6.2	9	100	266	110	0.7	0	26.1	16.5	4.5	13.6	12~16	27.2	3.0	2.8	87.8	25.5	19.4	19~20
	西平	493.9	16.4	5	97	271	100	1.6	0	29.4	19.3	4.8	14.0	14	32.7	0.3	3.0	84.0	38.5	19.0	18~20
	新郑	723.5	7.1	13	106	245	104	0	0.2	26.4	18.2	3.0	15.0	14~16	29.5	0.2	3.0	76.7	36.3		
	中牟	611.1	3.0	10	101	283	121	0.2	0.2	29.1	16.5	4.9	14.0	12~16	32.6	0.3	3.0	86.5	37.2	19.8	19~21
	黄泛区	594.8	7.8	11	103	278.3	134	1.5	0	29.2	18.8	4.7	15.6	14~16	32.4	0.5	2.6	89.6	35.7	20.0	19~21
	金囤	458.5	15.8	3	97	258	108	0	0.8	28.2	17.1	4.6	14.4	14~16	32.6	0.2	2.7	84.3	31.1	19.0	19
	洛阳	584.6	9.5	5	109	270	125	0.4	0	25.8	18.5	4.8	13.2	12~14	35.4	1.3	2.8	91.4	33.3	19.6	19~20
	平均	558.6	10.7	7	100.7	273	120	0.7	0.4	26.4	17.8	4.6	14.4	12~20	32.1	0.7	2.9	86.6	32.7	19.4	18~21
中研2004	宝丰	494.1	12.0	9	100	279	110	0	0	25.7	18.0	4.8	15.2	14~16	29.2	1.4	2.7	87.8	33.5	17.6	17~18
	怀川	571.7	13.3	3	101	295	92	1.8	0.4	21.3	18.1	4.6	16.2	16~18	34.1	0.2	2.5	86.8	27.4		
	南阳	442.4	-7.9	17	93	322	140	6.5	0	14.7	16.4	4.8	16.0	14~16	23.6	2.2	2.8	84.6	35.0	18.6	18~19
	嘉华	464.3	4.2	11	100	275	90	0.9	0	22.1	15.2	4.4	15.2	14~16	23.4	2.5	2.8	88.1	25.4	18.6	18~19
	西平	443.1	4.4	13	96	281	81	3.2	0	25.9	18.0	4.7	15.3	14~18	27.7	1.0	3.0	83.1	37.5	20.0	19~21
	新郑	678.9	0.5	16	106	275	93	0	0	24.0	16.7	3.0	15.5	14~16	27.0	0.1	3.0	83.6	35.9		
	中牟	533.5	-10.0	16	103	279	89	0.7	0	28.6	16.0	4.7	16.4	14~18	22.4	1.8	2.8	83.9	37.4	19.6	18~20
	黄泛区	586.7	6.3	12	103	283.3	114.3	1.4	0	25.9	17.5	4.6	16.8	12~20	26.8	1.0	2.8	89.5	32.0	19.3	19~20
	金囤	408.9	3.3	12	99	263	69	0.7	0.8	24.2	14.8	4.1	14.4	12~16	25.2	0.6	2.8	84.3	28.1	19.0	18~19
	洛阳	588.5	10.3	4	108	290	117	0.2	0	20.8	16.7	4.9	16.4	14~18	29.8	1.2	2.9	89.9	35.2	19.0	19
	平均	521.2	3.3	14	100.9	284	100	1.5	0.1	23.3	16.7	4.5	15.7	12~20	26.9	1.2	2.8	86.2	32.7	19.0	17~21

续表 2-52

品种	试点位置	亩产/kg	比CK/(±%)	位次	生育期/d	株高/cm	穗位高/cm	空秆率/%	双穗率/%	收获时籽粒含水量/%	穗长/cm	穗粗/cm	穗行数/行	穗行数变幅/行	行粒数/粒	秃尖长/cm	轴粗/cm	出籽率/%	百粒重/g	叶数片/片	叶数变幅/片
美迪3316	宝丰	517.2	17.3	6	101	261	90	0	0.4	26.2	16.0	4.6	15.6	14~18	35.2	2.2	2.6	90.0	25.6	17.2	16~18
	怀川	553.5	9.7	7	98	246	93	1.8	0	21.5	17.6	4.4	15.6	14~20	39.3	0	2.8	89.0	20.0		
	南阳	587.6	22.3	1	92	268	112	0.7	0	14.1	16.4	4.4	15.6	14~18	39.4	0.3	2.4	91.0	21.3	18.0	18
	嘉华	469.6	5.4	10	99	260	95	1.1	0	23.0	12.8	4.1	14.8	14~18	28.0	1.2	2.5	90.0	16.5	18.6	18~19
	西平	479.4	13.0	8	95	263	81	5.3	0	26.3	16.0	4.3	14.7	14~16	38.0	0.3	2.7	85.6	25.5	19.0	18~20
	新郑	747.2	10.6	10	107	258	95	0.2	0	24.3	16.1	2.8	18.5	16~20	35.0	0.2	2.8	74.6	27.9		
	中牟	620.9	4.7	7	100	231	91	0.7	0.2	29.2	16.9	4.5	16.0	14~18	40.8	0.5	2.7	88.6	26.4	19.2	18~20
	黄泛区	641.7	16.3	4	103	247.7	103.3	0.4	0	29.5	17.6	4.5	16.2	14~18	41.5	0	2.6	89.5	23.9	19.0	18~20
	金囤	422.6	6.7	10	96	267	76	0	0	26.3	16.4	4.3	16.0	14~18	35.6	0.4	2.5	83.2	25.3	19.0	18~19
	洛阳	558.7	4.7	9	108	270	112	0	0	24.6	16.5	4.6	15.6	14~18	36.6	1.0	2.7	88.7	25.6	19.3	19~20
	平均	559.9	11.0	6	99.9	257	95	1.0	0.1	24.5	16.2	4.3	15.9	14~20	36.9	0.6	2.6	87.0	23.8	18.7	16~20
豫红369	宝丰	446.7	1.3	14	99	241	90	0	1.1	24.5	16.6	4.6	15.6	14~18	35.8	2.0	3.0	84.8	27.3	18.8	18~19
	怀川	548.7	8.8	8	98	210	93	0.9	0.4	20.8	19.2	4.5	16.2	16~18	37.7	0.1	3.1	86.2	21.7		
	南阳	542.0	12.8	7	92	256	109	0.7	0	14.5	14.8	4.8	16.8	12~18	27.8	1.8	2.9	89.5	25.4	18.8	18~19
	嘉华	497.4	11.7	4	99	248	85	1.6	0	24.9	17.0	4.6	16.0	14~18	31.2	2.5	2.9	87.3	21.0	19.0	19
	西平	431.5	1.7	15	95	233	82	3.0	0	26.0	14.7	4.7	15.3	14~16	30.7	0.5	3.0	82.9	25.0	19.0	18~20
	新郑	707.8	4.8	15	107	219	88	0	0	24.4	15.2	3.2	15.0	14~16	31.0	0.3	3.2	80.7	29.5		
	中牟	613.3	3.4	9	103	239	87	0.2	0.2	29.3	15.9	4.8	15.0	14~18	31.2	0.9	3.1	83.0	33.0	19.2	18~20
	黄泛区	573.9	4.0	14	103	238.7	109.7	0	2.2	27.9	14.2	4.5	15.2	14~16	26.0	0.8	2.8	86.6	28.7	19.0	19
	金囤	438.5	10.8	8	96	224	80	0.4	0	26.0	15.6	4.3	14.8	12~16	29.4	0.6	2.9	82.6	24.7	19.0	18~19
	洛阳	599.8	12.4	2	109	247	95	0	0	25.8	17.5	5.0	15.6	14~18	34.2	1.5	3.1	90.9	31.6	20.0	19~21
	平均	540.0	7.0	10	100.1	236	92	0.7	0.4	24.4	16.1	4.5	15.6	12~18	31.5	1.1	3.0	85.5	26.8	19.1	18~21

续表 2-52

品种	试点位置	亩产/kg	比 CK/(±%)	位次	生育期/d	株高/cm	穗位高/cm	空秆率/%	双穗率/%	收获时籽粒含水量/%	穗长/cm	穗粗/cm	穗行数/行	穗行数变幅/行	行粒数/粒	秃尖长/cm	轴粗/cm	出籽率/%	百粒重/g	叶数片/片	叶数变幅/片
利合1089	宝丰	536.7	21.7	2	102	270	105	0	0	27.5	16.4	4.6	13.2	12~14	36.0	1.0	3.0	87.0	31.8	18.8	18~19
	怀川	535.7	6.2	9	98	243	108	3.3	0.7	21.8	17.1	4.4	14.8	14~16	36.8	0.2	3.0	85.8	22.2		
	南阳	536.3	11.6	9	93	297	136	1.1	0	15.1	15.2	4.6	14.8	14~18	31.4	0.8	2.9	83.8	26.5	19.4	19~20
	嘉华	450.4	1.1	14	99	285	136	1.3	0.4	19.7	15.5	4.4	15.2	12~18	31.0	1.5	2.8	86.8	18.4	20.4	20~21
	西平	437.6	3.1	14	93	262	80	1.1	0	22.6	17.0	4.3	16.7	16~18	33.7	0	3.0	80.9	26.5	19.0	18~20
	新郑	753.9	11.6	8	106	255	120	0.2	0	25.4	16.1	3.1	14.5	12~16	32.5	0.2	3.1	84.1	29.2		
	中牟	603.1	1.7	11	103	253	112	0.2	0.2	29.2	16.3	4.7	14.6	14~18	32.9	0.8	3.2	86.2	33.8	19.4	18~20
	黄泛区	557.8	1.1	16	103	274.7	126.7	2.5	1.8	25.6	16.6	4.5	14.2	14~16	33.9	0.5	2.9	89.4	28.6	21.0	21
	金囤	390.6	-1.3	14	98	238	97	0	0	26.4	14.2	4.3	14.0	14	30.4	0.4	2.6	82.3	22.8	20.0	20~21
	洛阳	564.6	5.8	8	108	283	130	0	0	25.9	17.2	4.8	14.8	14~16	32.8	1.4	3.0	89.3	28.5	20.0	20
	平均	536.7	6.4	12	100.3	266	115	1.0	0.3	23.9	16.2	4.4	14.7	12~18	33.1	0.7	3.0	85.6	26.8	19.8	18~21
裕隆3号	宝丰	451.7	2.4	12	102	270	106	0	0	23.5	17.2	4.4	15.6	14~16	29.6	2.4	2.9	85.9	29.9	17.6	17~18
	怀川	524.6	4.0	12	98	257	111	0.4	0	21.9	18.1	4.5	15.6	14~18	34.9	1.2	2.8	86.1	21.5		
	南阳	494.3	2.9	14	93	268	119	3.7	0	14.5	16.8	4.9	17.2	12~16	27.6	1.9	2.8	86.8	32.1	18.0	18
	嘉华	458.0	2.8	12	99	265	96	1.6	0	20.2	16.3	4.6	15.6	14~18	24.4	3.8	2.7	86.8	24.3	18.4	18~19
	西平	450.4	6.2	12	93	259	85	3.2	0	26.2	15.0	4.7	16.0	16	27.3	0.5	3.0	80.9	26.5	19.0	18~20
	新郑	767.4	13.6	7	107	247	87	0.9	0	23.6	17.0	3.2	15.5	14~16	28.5	0.1	3.2	81.2	34.0		
	中牟	664.6	12.1	5	102	251	123	0.2	0.2	27.6	17.6	4.7	15.2	14~18	34.7	1.1	2.9	86.1	31.8	19.6	19~21
	黄泛区	646.1	17.0	3	103	259	115.7	0.4	0	27.1	17.8	4.5	16.1	14~18	31.2	1.0	2.9	87.7	30.2	18.3	18~19
	金囤	416.3	5.2	11	99	225	80	0.4	0	24.5	16.4	4.5	14.4	14~16	29.2	0.5	2.7	83.8	30.0	18.0	17~18
	洛阳	511.9	-4.1	17	105	265	113	1.1	0.2	21.4	17.4	4.6	16.0	16	28.4	2.7	3.0	86.9	28.8	18.6	18~19
	平均	538.5	6.7	11	100.1	257	104	1.2	0	23.1	17.0	4.5	15.7	12~18	29.6	1.5	2.9	85.2	28.9	18.4	17~21

续表 2-52

品种	试点位置	亩产/kg	比CK/(±%)	位次	生育期/d	株高/cm	穗位高/cm	空秆率/%	双穗率/%	收获时籽粒含水量/%	穗长/cm	穗粗/cm	穗行数/行	穗行数变幅/行	行粒数/粒	秃尖长/cm	轴粗/cm	出籽率/%	百粒重/g	叶数片/片	叶数变幅/片
东润565	宝丰	428.7	-2.8	16	101	260	95	0.4	0	29.4	15.6	4.4	16.4	16~18	32.8	0.2	2.8	90.0	30.5	18.8	18~19
	怀川	460.4	-8.7	18	98	253	89	1.3	0.2	24.7	16.5	4.6	16.8	16~18	32.4	0.6	2.9	88.1	20.6		
	南阳	528.9	10.0	11	93	255	115	1.1	0	13.6	17.2	4.8	16.4	16~20	31.2	0.5	2.8	90.5	27.6	20.0	20
	嘉华	434.3	-2.5	17	98	267	97	0.4	0	23.1	15.0	4.5	16.0	16	28.2	1.8	2.7	88.8	19.0	19.4	19~20
	西平	405.0	-4.5	17	96	258	76	3.2	0	28.1	16.0	4.5	15.3	14~16	39.0	0	3.0	87.5	26.5	20.0	19~21
	新郑	747.8	10.7	9	106	241	75	0.2	0	25.5	15.5	3.1	17.0	14~18	31.5	0.1	3.1	83.6	28.5		
	中牟	595.4	0.4	12	102	239	84	0.7	0.2	29.8	16.1	4.8	16.8	14~18	31.6	1.1	3.0	85.7	31.1	19.2	18~20
	黄泛区	568.5	3.0	15	103	250.7	100.7	0.7	0.7	27.7	15.3	4.4	16.8	16~18	31.0	0.2	2.8	89.1	23.4	20.0	20
	金囤	362.0	-8.6	16	97	225	67	0	0	25.6	12.6	4.2	16.4	14~18	24.6	0.5	2.8	86.0	23.4	19.0	18~19
	洛阳	516.7	-3.2	15	105	258	90	0	0	23.1	16.2	4.7	15.6	14~16	28.6	1.3	2.9	88.1	26.8	19.6	19~20
	平均	504.8	0	16	99.9	251	89	0.8	0.1	25.1	15.6	4.4	16.4	14~20	31.1	0.6	2.9	87.7	25.7	19.5	18~21
明玉268	宝丰	355.9	-19.3	18	101	281	109	0.7	0	25.3	14.4	4.8	15.2	14~16	33.4	0.2	2.7	84.1	26.7	18.6	18~19
	怀川	486.5	-3.5	16	98	288	101	0.9	0	22.6	15.0	4.5	15.4	12~18	35.3	0.1	2.8	84.1	17.1		
	南阳	429.1	-10.7	18	92	301	112	3.3	0	15.6	13.9	4.9	15.6	16~18	29.8	0.5	2.8	87.5	27.1	19.0	19
	嘉华	418.5	-6.0	18	99	294	96	0.7	0	22.3	15.0	4.4	14.8	14~16	33.0	0.8	2.7	86.8	17.2	19.4	19~20
	西平	382.6	-9.8	18	93	281	83	4.7	0	25.9	14.7	4.5	13.3	12~14	29.3	0.3	3.0	82.1	29.5	20.0	21
	新郑	606.1	-10.3	18	106	272	85	0.4	0	25.1	14.6	3.0	15.0	14~16	33.5	0.1	3.0	78.9	26.7		
	中牟	377.6	-36.3	18	102	279	99	0.4	0.2	27.3	15.6	4.8	15.0	14~18	29.8	0.7	2.7	82.4	22.7	19.6	19~21
	黄泛区	550.9	-0.2	18	104	267	95.7	1.8	0	27.5	13.6	4.8	15.0	14~16	25.2	0.2	2.8	88.0	32.9	18.7	18~19
	金囤	339.8	-14.2	18	96	260	85	4.1	0	26.0	14.8	4.4	15.2	12~16	30.2	0.6	2.7	79.1	22.8	19.0	18~19
	洛阳	485.0	-9.1	18	106	285	110	0	0	24.8	14.7	4.9	15.2	14~16	30.0	0.9	2.8	89.5	25.4	19.6	19~20
	平均	443.2	-12.2	18	99.7	281	98	1.7	0	24.2	14.6	4.5	15.0	12~18	31.0	0.4	2.8	84.3	24.8	19.2	18~21

续表 2-52

品种	试点位置	亩产/kg	比 CK/(±%)	位次	生育期/d	株高/cm	穗位高/cm	空秆率/%	双穗率/%	收获时籽粒含水量/%	穗长/cm	穗粗/cm	穗行数/行	穗行数变幅/行	行粒数/粒	秃尖长/cm	轴粗/cm	出籽率/%	百粒重/g	叶数片/片	叶数变幅/片
名育99	宝丰	520.7	18.0	4	99	231	86	0	0.7	26.4	15.6	4.8	16.0	14~18	31.0	0.8	2.8	87.1	31.0	16.8	16~18
	怀川	512.0	1.5	14	98	203	79	0.4	0	20.8	16.8	4.3	16.8	14~18	32.7	0.1	3.0	86.6	19.2		
	南阳	510.9	6.3	13	93	246	91	1.8	0	14.1	15.4	4.8	16.0	14~16	29.0	1.4	2.6	88.0	29.2	19.0	19
	嘉华	490.0	10.0	5	98	274	88	1.6	0	21.1	15.4	4.5	16.4	16~18	29.2	1.8	2.8	87.6	22.0	19.4	19~20
	西平	485.7	14.5	6	94	240	80	1.4	0	25.6	15.0	5.3	16.7	14~18	32.7	0	2.8	80.0	27.5	20.0	19~21
	新郑	786.5	16.4	6	106	199	77	0	0	23.7	15.9	2.9	17.5	16~18	28.0	0.1	2.9	86.2	32.5		
	中牟	655.2	10.5	6	102	235	98	0.4	0.2	27.6	15.5	4.8	16.0	14~18	33.1	0	2.8	86.0	33.2	19.2	18~20
	黄泛区	655.2	18.7	1	104	241.3	100	0	1.4	30.0	16.0	4.8	16.6	16~18	33.4	0.2	2.8	88.2	29.3	19.7	18~21
	金囤	451.7	14.1	4	99	228	72	0.7	0.4	27.7	13.9	4.4	15.2	12~16	30.2	0.5	2.7	86.1	24.3	19.0	18~19
	洛阳	515.0	-3.5	16	106	240	95	0.4	0	23.6	16.1	4.8	16.4	14~18	31.8	0.9	2.8	88.4	25.2	19.3	19~20
	平均	558.3	10.6	8	99.9	234	87	0.7	0.3	24.1	15.6	4.5	16.4	12~18	31.1	0.6	2.8	86.4	27.3	19.1	16~21
郑单958	宝丰	441.1		15	101	250	85	0.4	1.5	26.3	17.0	4.8	14.8	14~16	39.6	0.6	2.8	89.7	28.0	18.4	18~20
	怀川	504.4		15	101	243	94	1.3	0	24.1	18.9	4.9	15.4	12~16	39.3	0.1	3.0	85.9	22.5		
	南阳	480.6		15	93	274	104	1.4	0	15.2	14.6	4.9	16.4	12~18	30.2	1.6	3.0	88.8	25.6	19.0	19
	嘉华	445.4		15	100	254	90	0.9	0	21.7	15.6	4.6	14.4	14~16	33.0	0.5	2.8	87.8	19.8	20.4	20~21
	西平	424.3		16	95	258	104	2.1	0	28.4	14.0	4.7	15.3	14~18	30.7	0	3.0	82.0	27.0	19.0	18~20
	新郑	675.6		17	108	240	88	1.3	0	24.9	14.8	3.2	15.0	14~16	30.0	0.2	3.2	81.4	29.6		
	中牟	593.1		13	97	237	111	0.2	0.2	30.2	17.1	5.0	15.0	14~18	34.3	0	3.1	85.2	30.7	19.6	18~20
	黄泛区	552.0		17	103	250.3	122.3	0	6.5	29.4	15.5	4.7	14.4	14~16	32.9	0.2	2.7	89.6	29.3	20.0	19~20
	金囤	395.9		13	97	229	83	1.1	0.4	27.9	14.6	4.5	15.2	14~16	31.6	0.4	2.8	84.9	23.5	20.0	20~21
	洛阳	533.7		13	109	252	118	0	0	28.9	16.6	5.0	14.4	14~16	32.2	0.8	3.0	90.1	25.4	20.6	20~21
	平均	504.6		17	100.4	249	100	0.9	0.9	25.7	15.9	4.6	15.0	12~18	33.4	0.4	2.9	86.5	26.1	19.6	18~21

表 2-53　2021 年河南省玉米品种区域试验参试品种所在试点抗病虫抗倒性状汇总(5000 株/亩 C 组)

品种	试点位置	茎腐病/%	小斑病/级	穗腐病/%	弯孢叶斑病/级	瘤黑粉病/%	南方锈病/级	粗缩病/%	矮花叶病/级	纹枯病/级	褐斑病/级	玉米螟/级	倒伏率/%	倒折率/%	倒伏倒折率/%
豫粮仓016	宝丰	11.1	3	0.5	1	0	9	0	1	3	3	3	0.4	0	0.4
	怀川	20.2	1	0	1	0	7	0	1	1	1	1	0	13.9	13.9
	南阳	0	1	0.5	1	0	7	0	1	1	1	1	0	0	0
	嘉华	10.5	7	0	3	0	7	0	1	1	3	1	0.7	0.2	0.9
	西平	19.4	1	0	1	0	5	0	1	1	1	3	0	0	0
	新郑	11.4	3	0	3	0	7	0	3	3	3	3	0	0	0
	中牟	35.0	1	0.7	1	0.7	9	0.7	1	1	1	5	0	0	0
	黄泛区	0	5	0	3	0	5	0	1	3	3	3	0	0	0
	金囤	15.6	3	0	5	0	9	0	1	1	1	1	0	0	0
	洛阳	20.2	5	0	3	0	5	0	1	3	3	3	2.7	0	2.7
	平均	14.3	1~7	0.2	1~5	0.1	5~9	0.1	1~3	1~3	1~3	1~5	0.4	1.4	1.8
许玉1901	宝丰	7.8	3	0.5	1	0	5	0	1	3	3	3	0	0	0
	怀川	18.8	1	0.2	1	0	3	0	1	1	1	1	0	0.4	0.4
	南阳	0	1	2.0	1	0	3	0	1	1	1	1	0	0	0
	嘉华	11.1	3	0	3	0	3	0	1	1	1	1	0	0.9	0.9
	西平	0	1	0	1	0	5	0	1	1	1	1	0	0	0
	新郑	15.6	3	0	3	0	7	0	3	3	3	3	0	0	0
	中牟	35.0	3	1.3	1	1.3	7	0.7	1	1	3	7	0	0	0
	黄泛区	2.2	5	0	3	0	3	0	1	1	3	3	0	0	0
	金囤	6.7	3	0	3	0	5	0	1	1	1	1	0	0	0
	洛阳	30.3	3	0	3	0	7	0	1	3	3	3	2.7	0	2.7
	平均	12.8	1~5	0.4	1~3	0.1	3~7	0.1	1~3	1~3	1~3	1~7	0.3	0.1	0.4

续表 2-53

品种	试点位置	茎腐病/%	小斑病/级	穗腐病/%	弯孢叶斑病/级	瘤黑粉病/%	南方锈病/级	粗缩病/%	矮花叶病/级	纹枯病/级	褐斑病/级	玉米螟/级	倒伏率/%	倒折率/%	倒伏倒折率/%
豫单622	宝丰	4.4	3	0.8	1	0	9	0	1	3	3	3	0.4	0.4	0.8
	怀川	5.6	1	0	1	0	5	0	1	1	1	1	0	0	0
	南阳	0	1	0.8	1	0	5	0	1	1	1	1	0	0	0
	嘉华	0	3	0.8	3	0	7	0	1	1	1	1	1.3	0.2	1.5
	西平	0	1	0	1	0	5	0	1	1	1	3	0	0	0
	新郑	6.5	3	0	3	0	7	0	3	3	3	3	0	0	0
	中牟	20.0	3	1.6	1	1.3	9	1.3	1	1	3	7	0	0	0
	黄泛区	0	5	0	3	0	5	0	1	1	3	1	0	0	0
	金囤	9.7	3	0	5	0	7	0	1	1	1	1	6.0	3.0	9.0
	洛阳	6.6	3	0	3	0	5	0	1	3	3	3	1.6	0	1.6
	平均	5.3	1~5	0.4	1~5	0.1	5~9	0.1	1~3	1~3	1~3	1~7	0.9	0.4	1.3
荟玉5744	宝丰	4.4	3	0.5	1	0	7	0	1	3	3	3	0	0.4	0.4
	怀川	22.6	1	0	1	0	7	0	1	1	1	1	0	0	0
	南阳	0	1	0.8	1	0	5	0	1	1	1	1	0	0	0
	嘉华	9.8	5	0.2	3	0	5	0	1	1	3	1	0.7	0	0.7
	西平	0	1	0	3	0	5	0	1	1	1	3	0	0	0
	新郑	12.9	3	0	3	0	7	0	3	3	3	3	0	0	0
	中牟	20.0	3	0.6	1	0.7	9	0.7	1	1	1	5	0	0	0
	黄泛区	0	3	0.1	3	0	3	0	1	1	1	3	0	0	0
	金囤	6.0	5	0	1	0	9	0	1	1	1	1	5.9	0	5.9
	洛阳	26.6	3	0	3	0	5	0	1	3	3	3	3.1	0	3.1
	平均	10.2	1~5	0.2	1~3	0.1	3~9	0.1	1~3	1~3	1~3	1~5	1.0	0	1.0

续表 2-53

品种	试点位置	茎腐病/%	小斑病/级	穗腐病/%	弯孢叶斑病/级	瘤黑粉病/%	南方锈病/级	粗缩病/%	矮花叶病/级	纹枯病/级	褐斑病/级	玉米螟/级	倒伏率/%	倒折率/%	倒伏倒折率/%
豫龙2198	宝丰	11.1	3	0.5	1	0	7	0	1	3	3	3	0.4	0	0.4
	怀川	17.1	1	0	1	0	7	0	1	1	1	1	0	1.3	1.3
	南阳	0	1	0.9	1	0	7	0	1	1	1	1	0	0	0
	嘉华	15.7	1	0	3	0	7	1.1	1	1	3	1	0	0.4	0.4
	西平	0	1	0	3	0	5	0	1	1	1	3	0	0	0
	新郑	3.1	3	0	3	0	5	0	3	3	3	3	0	0	0
	中牟	35.0	3	2.4	1	0.7	9	0.7	1	1	3	5	0	0	0
	黄泛区	1.1	3	0	3	0	5	0	1	3	3	1	0	0	0
	金囤	12.2	3	0	3	0	9	0	1	1	1	1	4.8	0	4.8
	洛阳	30.0	3	0	5	0	5	0	1	3	3	1	4.9	2.5	7.4
	平均	12.5	1~3	0.4	1~5	0.1	5~9	0.2	1~3	1~3	1~3	1~5	1.0	0.4	1.4
梨玉9037	宝丰	7.8	3	0	1	0	9	0	1	3	3	3	0	0	0
	怀川	11.1	1	0	1	0	7	0	1	1	1	1	0	1.3	1.3
	南阳	0	1	0.4	1	0	5	0	1	1	1	1	0	0	0
	嘉华	7.4	5	0	3	1.1	7	1.1	1	1	3	1	0	0.4	0.4
	西平	0	1	0	1	0	5	0	1	1	1	1	0	0	0
	新郑	0	3	0	3	0	7	0	3	3	3	3	0	0	0
	中牟	10.0	1	0.2	1	1.3	9	0.7	1	1	3	7	0	0	0
	黄泛区	2.2	3	0.3	3	0	5	0	1	3	3	1	0	0	0
	金囤	11.2	5	0	3	0	9	0	1	1	1	1	3.4	0	3.4
	洛阳	35.5	3	0	3	0	3	0	1	3	3	3	12.3	1.8	14.1
	平均	8.5	1~5	0.1	1~3	0.2	5~9	0.2	1~3	1~3	1~3	1~7	1.6	0.4	2.0

续表 2-53

品种	试点位置	茎腐病/%	小斑病/级	穗腐病/%	弯孢叶斑病/级	瘤黑粉病/%	南方锈病/级	粗缩病/%	矮花叶病/级	纹枯病/级	褐斑病/级	玉米螟/级	倒伏率/%	倒折率/%	倒伏倒折率/%
农信985	宝丰	26.6	3	0	1	0	7	0	1	3	3	3	0.4	0	0.4
	怀川	9.4	1	0.4	1	0	5	0	1	1	1	1	0	17.5	17.5
	南阳	0	1	0.3	1	0	5	0	1	1	1	1	0	0	0
	嘉华	6.2	3	0	3	0	5	1.1	1	1	5	1	0	0.2	0.2
	西平	0	1	0.2	1	0	3	0	1	1	1	3	0	0	0
	新郑	0	3	0	3	0	5	0	3	3	3	3	0	0	0
	中牟	25.0	3	0.6	1	0.7	9	1.3	1	1	3	7	0	0	0
	黄泛区	1.1	3	0	3	0	5	3.3	1	1	3	1	0	0.4	0.4
	金囤	15.1	3	0	5	0	5	0	1	1	1	1	0	0	0
	洛阳	73.3	5	0	3	0	5	0	1	3	3	3	58.4	17.3	75.7
	平均	15.7	1~5	0.2	1~5	0.1	3~9	0.6	1~3	1~3	1~5	1~7	5.9	3.5	9.4
良科2026	宝丰	1.1	3	0.5	1	0	7	0	1	3	3	3	0	0.4	0.4
	怀川	0	1	0	1	0	5	0	1	1	1	1	0	2.6	2.6
	南阳	0	1	0.5	1	0	3	0	1	1	1	1	0	0	0
	嘉华	4.8	3	0.2	5	0	7	0	1	1	3	1	0	0.7	0.7
	西平	0	1	0	5	0	5	0	1	1	1	3	0	0	0
	新郑	3.1	3	0	3	0	5	0	3	3	3	3	0	0	0
	中牟	15.0	3	0.7	1	0.7	7	1.3	1	1	1	5	0	0	0
	黄泛区	1.1	1	0	3	0	1	0	1	1	3	1	0	0.7	0.7
	金囤	3.7	3	0	3	0	5	0	1	1	1	1	0	0	0
	洛阳	17.1	3	0	1	0	3	0	1	1	1	3	0.4	0	0.4
	平均	4.6	1~3	0.2	1~5	0.1	1~7	0.1	1~3	1~3	1~3	1~5	0	0.4	0.4

续表 2-53

品种	试点位置	茎腐病/%	小斑病/级	穗腐病/%	弯孢叶斑病/级	瘤黑粉病/%	南方锈病/级	粗缩病/%	矮花叶病/级	纹枯病/级	褐斑病/级	玉米螟/级	倒伏率/%	倒折率/%	倒伏倒折率/%
晟单208	宝丰	1.1	3	0.5	1	0	7	0	1	3	3	3	0	0	0
	怀川	6.0	1	0	1	0	5	0	1	1	1	1	0	5.9	5.9
	南阳	0	1	0.7	1	0	3	0	1	1	1	1	0	0	0
	嘉华	2.5	5	0.1	3	0	7	1.1	1	1	3	1	0.9	0.9	1.8
	西平	0	1	0	3	0	5	0	1	1	1	1	0	0	0
	新郑	16.7	3	0	3	0	7	0	3	3	3	3	0	0	0
	中牟	20.0	3	1.1	1	1.3	7	0.7	1	1	1	5	0	0	0
	黄泛区	0	3	0	1	0	1	0	1	3	1	1	0	0	0
	金囤	3.8	3	0	5	0	7	0	1	1	1	1	2.6	0	2.6
	洛阳	6.6	1	0	1	0	3	0	1	1	1	1	0	0	0
	平均	5.7	1~5	0.2	1~5	0.1	1~7	0.2	1~3	1~3	1~3	1~5	0.4	0.7	1.1
中研2004	宝丰	1.1	3	0	1	0	7	0	1	3	3	3	0.4	0	0.4
	怀川	2.5	1	1.1	1	0	5	0	1	1	1	1	0	0.7	0.7
	南阳	0	1	0.8	1	0	5	0	1	1	1	1	0	0	0
	嘉华	0	5	0.7	3	0	7	0	1	1	3	1	1.3	0.4	1.7
	西平	0	1	0.1	1	0	5	0	1	1	1	1	0	0	0
	新郑	6.5	3	0	3	0	5	0	3	3	3	3	0	0	0
	中牟	8.0	1	3.3	1	0.7	7	0.7	1	1	3	7	0	0	0
	黄泛区	0	3	0.8	3	0	3	0	1	3	3	1	0	0	0
	金囤	17.6	3	0	3	0	5	0	1	1	1	1	5.6	3.4	9.0
	洛阳	6.6	1	0	1	0	3	0	1	1	1	1	1.6	0	1.6
	平均	4.2	1~5	0.7	1~3	0.1	3~7	0.1	1~3	1~3	1~3	1~7	0.9	0.5	1.4

续表 2-53

品种	试点位置	茎腐病/%	小斑病/级	穗腐病/%	弯孢叶斑病/级	瘤黑粉病/%	南方锈病/级	粗缩病/%	矮花叶病/级	纹枯病/级	褐斑病/级	玉米螟/级	倒伏率/%	倒折率/%	倒伏倒折率/%
美迪3316	宝丰	2.2	3	0.8	1	0	7	0	1	3	3	3	0.4	0.4	0.8
	怀川	15.5	1	0	1	0	7	0	1	1	1	1	0	9.2	9.2
	南阳	0	1	0.3	1	0	3	0	1	1	1	1	0	0	0
	嘉华	5.6	7	0	3	2.2	7	0	1	1	3	1	0	0	0
	西平	0	1	0.1	3	0	5	0	1	1	1	1	0	0	0
	新郑	11.5	3	0	3	0	7	0	3	3	3	3	0	0	0
	中牟	20.0	1	0.3	1	0.7	7	1.3	1	1	3	7	0	0	0
	黄泛区	0	3	0	3	1.1	3	0	1	3	3	3	0	0	0
	金囤	11.6	3	0	3	0	7	0	1	1	1	1	1.1	1.5	2.6
	洛阳	33.3	3	0	1	0	3	0	1	3	3	3	4.0	0.2	4.2
	平均	10.0	1~7	0.2	1~3	0.4	3~7	0.1	1~3	1~3	1~3	1~7	0.6	1.1	1.7
豫红369	宝丰	7.8	3	0.5	1	0	9	0	1	3	3	3	0	0	0
	怀川	16.3	1	0	1	0	7	0	1	1	1	1	0	2.4	2.4
	南阳	0	1	0.4	1	0	5	0	1	1	3	1	0	0	0
	嘉华	0	5	0.2	5	0	5	0	1	1	3	1	0.2	1.6	1.8
	西平	0	1	0.1	3	0	5	0	1	1	1	1	0	0	0
	新郑	6.7	3	.0	3	0	7	0	3	3	3	3	0	0	0
	中牟	10.0	1	1.0	1	1.3	9	0.7	1	1	1	7	0	0	0
	黄泛区	0	3	0.3	5	0	3	1.1	1	1	7	1	0	0.4	0.4
	金囤	5.2	3	0	5	0	7	0	1	1	1	1	4.9	0	4.9
	洛阳	5.5	1	0	3	0	5	0	1	3	3	3	0	0	0
	平均	5.2	1~5	0.3	1~5	0.1	3~9	0.2	1~3	1~3	1~7	1~7	0.5	0.4	0.9

续表 2-53

品种	试点位置	茎腐病/%	小斑病/级	穗腐病/%	弯孢叶斑病/级	瘤黑粉病/%	南方锈病/级	粗缩病/%	矮花叶病/级	纹枯病/级	褐斑病/级	玉米螟/级	倒伏率/%	倒折率/%	倒伏倒折率/%
利合1089	宝丰	1.1	3	0.5	1	0	7	0	1	3	3	3	0.4	0	0.4
	怀川	15.9	1	0.1	1	0	5	0	1	1	1	1	0	18.7	18.7
	南阳	5.0	3	0.3	1	0	5	0	1	1	1	1	0	0	0
	嘉华	6.3	5	0	3	0	7	0	1	1	3	1	1.1	0.7	1.8
	西平	22.8	1	0	3	0	5	0	1	1	1	3	0	0	0
	新郑	10.0	3	0	3	0	7	0	3	3	3	3	0	0	0
	中牟	20.0	3	1.2	1	1.3	9	0.7	1	1	3	5	0	0	0
	黄泛区	0	1	0	3	0	3	0	1	3	3	1	0	2.5	2.5
	金囤	21.8	5	0	3	0	9	0	1	1	1	1	9.0	0	9.0
	洛阳	5.5	1	0	1	0	3	0	1	3	3	3	0	0	0
	平均	10.8	1~5	0.2	1~3	0.1	3~9	0.1	1~3	1~3	1~3	1~5	1.1	2.2	3.3
裕隆3号	宝丰	1.1	3	0.5	1	0	7	0	1	3	3	3	0	0.4	0.4
	怀川	21.6	1	0	1	0	7	0	1	1	1	1	0	2.6	2.6
	南阳	0	1	0.5	1	0	5	0	1	1	1	3	0	0	0
	嘉华	0	5	0.5	5	0	5	1.1	1	1	3	1	0	0.7	0.7
	西平	2.6	1	0.1	3	0	3	0	1	1	1	1	0	0	0
	新郑	0	3	0	3	0	5	0	3	3	3	3	0	0	0
	中牟	20.0	3	1.6	1	0.7	9	0.7	1	1	3	7	0	0	0
	黄泛区	0	3	0	3	0	3	0	1	1	3	3	0	0	0
	金囤	13.8	5	0	3	0	7	0	1	1	1	1	2.6	0.7	3.3
	洛阳	35.5	3	0	3	1.1	5	0	1	3	3	3	2.7	0	2.7
	平均	9.5	1~5	0.3	1~5	0.2	3~9	0.2	1~3	1~3	1~3	1~7	0.5	0.4	0.9

续表 2-53

品种	试点位置	茎腐病/%	小斑病/级	穗腐病/%	弯孢叶斑病/级	瘤黑粉病/%	南方锈病/级	粗缩病/%	矮花叶病/级	纹枯病/级	褐斑病/级	玉米螟/级	倒伏率/%	倒折率/%	倒伏倒折率/%
东润565	宝丰	33.3	3	0.5	1	0	9	0	1	3	3	3	0.4	0	0.4
	怀川	24.8	1	0	1	0	7	0	1	1	1	1	0	1.1	1.1
	南阳	0	1	0.4	1	0	5	0	1	1	1	1	0	0	0
	嘉华	0	5	0.5	3	0	7	0	1	1	3	1	0	0.2	0.2
	西平	11.2	1	0.1	1	0	5	0	1	1	1	3	0	0	0
	新郑	21.2	3	0	3	0	7	0	3	3	3	3	0	0	0
	中牟	25.0	3	0.5	1	1.3	9	0.7	1	1	3	7	0	0	0
	黄泛区	5.4	1	0	3	0	3	1.1	1	1	5	3	0	0	0
	金囤	18.6	3	0	5	0	9	0	1	1	1	1	3.0	0	3.0
	洛阳	66.6	3	0	3	0	5	0	1	1	3	3	2.0	0	2.0
	平均	20.6	1~5	0.2	1~5	0.1	3~9	0.2	1~3	1~3	1~5	1~7	0.5	0.1	0.6
明玉268	宝丰	11.1	3	0	1	0	9	0	1	3	3	3	0	0.8	0.8
	怀川	20.7	1	0	1	0	7	0	1	1	1	1	0.9	1.3	2.2
	南阳	0	1	0.3	1	0	7	0	1	1	3	3	0	0	0
	嘉华	4.5	7	0	3	0	7	0	1	1	3	1	0	0.2	0.2
	西平	2.6	1	0.2	3	0	7	0	1	1	1	1	0	0	0
	新郑	0	3	0	3	0	7	0	3	3	3	3	0	0	0
	中牟	60.0	3	3.5	1	0.7	9	1.3	1	1	3	7	0	0	0
	黄泛区	0	5	0.3	3	0	3	0	1	3	1	3	0	0	0
	金囤	18.7	3	0	5	0	9	0	1	1	1	1	4.1	0	4.1
	洛阳	13.3	3	0	3	0	5	0	1	1	1	1	0	0	0
	平均	13.1	1~7	0.4	1~5	0.1	3~9	0.1	1~3	1~3	1~3	1~7	0.5	0.2	0.7

续表 2-53

品种	试点位置	茎腐病/%	小斑病/级	穗腐病/%	弯孢叶斑病/级	瘤黑粉病/%	南方锈病/级	粗缩病/%	矮花叶病/级	纹枯病/级	褐斑病/级	玉米螟/级	倒伏率/%	倒折率/%	倒伏倒折率/%
名育99	宝丰	4.4	3	0.5	1	0	9	0	1	3	3	3	0	0	0
	怀川	28.1	1	0	1	0	7	0	1	1	1	1	0	0	0
	南阳	0	1	0.2	1	0	7	0	1	1	1	1	0	0	0
	嘉华	0	5	0.5	5	0	7	2.2	1	1	3	1	0	2.2	2.2
	西平	0	1	0.1	3	0	5	0	1	1	1	1	0	0	0
	新郑	7.1	3	0	3	0	7	0	3	3	3	3	0	0	0
	中牟	30.0	3	0.7	1	1.3	9	1.3	1	1	3	7	0	0	0
	黄泛区	0	3	0	3	0	1	1.1	1	1	1	3	0	0	0
	金囤	8.2	5	0	3	0	7	0	1	1	1	1	3.0	0	3.0
	洛阳	12.2	3	0	3	0	5	0	1	3	3	3	3.3	0	3.3
	平均	9.0	1~5	0.2	1~5	0.1	1~9	0.5	1~3	1~3	1~3	1~7	0.6	0.2	0.8
郑单958	宝丰	4.4	3	0.5	1	0	7	0	1	3	3	3	0.4	0.7	1.1
	怀川	29.4	1	0	1	0	7	0	1	1	1	1	0	21.7	21.7
	南阳	3.0	1	0.4	1	0	7	0	1	1	3	5	0	0	0
	嘉华	20.6	7	0	3	0	9	1.1	1	1	3	1	0	0.2	0.2
	西平	10.3	1	0.2	3	0	7	0	1	1	1	3	0	0	0
	新郑	9.4	3	0	3	0	7	0	3	3	3	3	0	0	0
	中牟	20.0	3	0.8	1	1.3	9	1.3	1	1	3	7	0	0	0
	黄泛区	2.2	1	0	3	0	3	0	1	1	3	1	0	0	0
	金囤	10.7	5	0	3	0	9	0	1	1	1	1	4.1	5.2	9.3
	洛阳	48.5	3	0	3	0	7	0	1	3	3	3	35.9	10.3	46.2
	平均	15.9	1~7	0.2	1~3	0.1	3~9	0.2	1~3	1~3	1~3	1~7	4.0	3.8	7.8

第三章 2021 年河南省玉米品种区域试验报告(4500 株/亩机收组)

一、试验目的

根据《中华人民共和国种子法》《主要农作物品种审定办法》有关规定和 2021 年河南省农作物品种审定委员会玉米专业委员会会议精神,在 2020 年河南省玉米机收组区域试验和比较试验的基础上,继续筛选适宜河南省种植的优良玉米杂交种。

二、参试品种及承试单位

2021 年本组供试品种 12 个,其中参试品种共 10 个,设置 2 个对照品种,郑单 958 为 CK1,桥玉 8 号为 CK2,供试品种编号 1~10。承试单位 12 个,具体包括 6 个适应性测试点、6 个机械粒收测试点。各参试品种的名称、编号、供种单位(个人)及承试单位见表 3-1。

表 3-1 2021 年河南省玉米区域试验 4500 株/亩机收组参试品种及承试单位

品种	参试年限	亲本组合	供种单位(个人)	承试单位
豫单 992	2	HL231×HL8962	河南农业大学	适应性测试点: 鹤壁市农业科学院(鹤壁) 洛阳市农林科学院(洛阳) 新乡市农业科学院(新乡) 河南农业职业学院(中牟) 濮阳市种子管理站(濮阳) 河南省中元种业有限公司(遂平) 机械粒收测试点: 河南平安种业有限公司(焦作) 河南省豫玉种业股份有限公司(荥阳) 河南鼎研泽田农业科技开发有限公司(长葛) 河南黄泛区地神种业农科所(西华) 南阳鑫亮农业科技有限公司(南阳) 河南金苑种业股份有限公司(宁陵)
郑泰 301	2	S731×C933	河南苏泰农业科技有限公司	
绿源玉 16	2	DY301×LA02	河南百富泽农业科技有限公司	
豫红 191	2	Y3599×H1355	商水县豫红农科所	
豫单 973	1	HL138×LQ1011	河南农业大学	
DHN219	1	392×HM517	河南省三生园农业科技有限公司	
先玉 2023	1	1PCPH69×PH4F0S1	铁岭先锋种子研究有限公司	
浚单 1698	1	浚 M683×浚 1543	鹤壁市农业科学院	
德单 223	1	AA59×BB101IV	德农种业股份公司	
鼎优 216	1	DY1126×DY1512	河南鼎优农业科技有限公司、河南鼎研泽田农业技术开发有限公司	
郑单 958	CK1	郑 58×昌 7-2	河南秋乐种业科技股份有限公司	
桥玉 8 号	CK2	La619158×Lx9801	河南省利奇种子有限公司	

三、试验概况

(一)试验设计

全省按照统一试验方案,设适应性测试点和机械粒收测试点。适应性测试点按完全随机区组设计,3 次重复,小区面积为 24 m^2,8 行区(收获中间 4 行计产,计产面积为 12 m^2),行长 5 m,行距 0.600 m,株距 0.250 m,每行播种 20 穴。机械粒收测试点采取随机区组排列,3 次重复,小区面积 96 m^2,8 行区(收获中间 4 行计产),行长 20 m,行距 0.6 m,株距 0.250 m,每行播种 80 穴。小区两端设 8 m 机收作业转弯区种植其他品种,提前收获以便机收作业。

各试点对参试品种按原编号自行随机排列,每穴点种 2~3 粒,定苗时留苗一株,密度为 4500 株/亩,重复间留走道 1.5 m,试验周围设不少于 4 行的玉米保护区。对照种植密度均为 4500 株/亩。适应性测试点和机械粒收测试点按编号统计汇总,用亩产量结果进行方差分析,用 LSD 方法分析品种间的差异显著性检验。

(二)试验和田间管理

试验采取参试品种和试验点实名公开的运行管理模式,以利于田间品种考察、育种者观摩。河南省种子站 7 月中下旬组织专家对试点重点出苗情况、试验质量情况考察,9 月中下旬组织专业委员会委员对各试验点品种的田间表现进行综合评价。

根据试验方案要求,各承试单位都固定了专职技术人员负责此项工作,并认真选择试验地块,麦收后及时铁茬播种,在 6 月 4 日至 6 月 15 日各试点基本相继播种完毕,在 9 月 28 日至 10 月 10 日相继完成收获。在间定苗、中耕除草、追肥、治虫、灌排水等方面都比较及时、认真,各试点试验开展顺利,试验质量良好。

(三)田间调查、收获和室内考种

按《河南省玉米品种试验操作规程》规定的记载项目、记载标准、记载时期分别进行。田间观察记载项目在当天完成,成熟时先调查,后取样(考种用),然后收获。严格控制收获期,在墒情满足出苗情况下,从出苗算起 110 d 整组试验材料全部同时收获。

适应性区试点每小区只收中间 4 行计产,面积为 12 m^2。晒干后及时脱粒并加入样品果穗的考种籽粒一起称其干籽重并测定籽粒含水量,按 13%标准含水量折算后的产量即小区产量,用 kg 表示,保留两位小数。

机收试验点机械粒收,每小区只收中间 4 行计产,面积为 48 m^2。收获后立即称取小区籽粒鲜重,并随机抽取样品测定籽粒含水量、破碎率和杂质率。小区籽粒鲜重按 13%标准含水量折算籽粒干重,即为小区产量。

(四)鉴定和检测

为客观、公正、全面评价参试品种,对所有参加区试品种进行两年的人工接种抗病虫性鉴定、品质检测,对区域试验一年的品种进行 DNA 真实性检测。抗性鉴定委托河南农业大学植保学院负责实施,对参试品种进行指定的病虫害种类人工接种抗性鉴定,鉴定品种由收种单位统一抽取样品后(1.0 kg/品种),于 5 月 20 日前寄到委托鉴定单位。DNA 检测委托北京市农林科学院玉米研究中心负责实施,由河南省种子站统一扦样和送样。转基因成分检测委托农业农村部小麦玉米种子质量监督检验测试中心负责实施,由收种单位统一扦样和送样。

品质检测委托农业农村部农产品质量监督检验测试中心（郑州）负责实施，对检测样品进行规定项目的品质检测。被检测样品由指定的鹤壁市农业科学院、洛阳市农林科学院、地神种业农科所三个试验点提供，每个试验点提供成熟的套袋果穗（至少5穗/品种，净籽粒干重大于0.5 kg），晒干脱粒后于10月20日前寄（送）到主持单位，由主持单位均等混样后统一送委托检测单位。

（五）气候特点

根据本组承试单位提供的全部气象资料数据进行汇总分析（见表3-2）。在玉米生育期的6~9月，日平均气温较历年偏高1.0 ℃，总降雨量较历年增加509.5 mm，日照时数比历年减少116.2 h。6月日平均温度比历年高2.4 ℃，上、中、下旬均高于历年；降雨量较历年减少39.3 mm，降雨分布不均匀，上、中、下旬均少于历年；日照时数比历年减少32.7 h，上、下旬与往年相近，中旬日照时数少于历年。7月日平均温度较历年偏高0.5 ℃，主要是上旬温度较高；降雨量较历年增加265.8 mm，中、下旬雨水较多；日照时数比历年减少29.9 h。8月日平均温度与历年持平；降雨量比历年增加89.3 mm，但分布极不均匀，上旬比历年明显减少，下旬降雨比历年显著增加；日照时数比历年减少41.1 h，主要是中、下旬日照时数减少。9月日平均温度比历年偏高1.2 ℃，中、下旬温度均略高于历年；降雨量较历年增加193.6 mm，上、中、下旬均多雨；日照时数比历年减少12.6 h。2021年试验期间河南省气象资料统计见表3-2。

表3-2　2021年试验期间河南省气象资料统计

时间	平均气温/℃			降雨量/mm			日照时数/h		
	当年	历年	相差	当年	历年	相差	当年	历年	相差
6月上旬	26.3	23.9	2.5	8.6	20.6	−12.0	66.8	65.8	1.0
6月中旬	27.1	24.9	2.2	20.9	21.9	−1.0	33.9	69.4	−35.5
6月下旬	27.8	25.4	2.4	11.9	38.2	−26.3	66.2	64.3	1.9
月计	27.1	24.7	2.4	41.4	80.6	−39.3	166.9	199.5	−32.7
7月上旬	26.8	25.7	1.1	15.1	42.0	−26.9	51.5	56.8	−5.3
7月中旬	26.4	25.6	0.8	236.8	54.2	182.5	36.2	52.2	−16.0
7月下旬	25.7	26.1	−0.4	163.1	52.9	110.2	60.7	69.3	−8.5
月计	26.3	25.8	0.5	414.9	149.2	265.8	148.4	178.3	−29.9
8月上旬	26.7	25.8	0.9	23.7	51.2	−27.4	67.0	58.7	8.3
8月中旬	25.0	24.6	0.4	37.5	36.1	1.4	39.2	54.7	−15.5
8月下旬	22.0	23.5	−1.4	150.5	35.1	115.3	29.3	63.2	−33.9
月计	24.6	24.6	0	211.7	122.3	89.3	135.5	176.6	−41.1
9月上旬	21.9	22.0	−0.1	74.8	28.1	46.7	48.6	57.0	−8.4
9月中旬	22.1	20.3	1.8	79.1	19.2	60.0	56.9	52.0	4.9

续表 3-2

时间	平均气温/℃			降雨量/mm			日照时数/h		
	当年	历年	相差	当年	历年	相差	当年	历年	相差
9月下旬	20.6	18.8	1.8	103.5	16.5	87.0	43.7	52.8	-9.1
月计	21.5	20.4	1.2	257.4	63.8	193.6	149.2	161.8	-12.6
6~9月合计	—	—	—	925.4	415.9	509.5	600.0	716.2	-116.2
6~9月合计平均	24.9	23.9	1.0	—	—	—	—	—	—

注:历年值是指近30年的平均值。

(六)试验点年终报告及汇总情况

2021年该组试验收到适应性测试点年终报告4份、机械粒收测试点年终报告6份,鹤壁和新乡试点试验因遇大风严重倒伏申请报废。根据专家组在苗期和后期现场考察结果,遂平试点倒伏情况严重,数据不予汇总。经认真审核,将符合要求的其余9份年终报告进行汇总。

四、试验结果及分析

(一)各试点小区产量联合方差分析

对2021年各试点小区产量进行联合方差分析结果(见表3-3)表明,试点间、品种间、品种与试点互作均达显著水平,说明本组试验设计与布点科学合理,参试品种间存在显著差异,且不同品种在不同试点的表现趋势也存在显著差异。

表 3-3　各试点小区产量(亩产)联合方差分析

变异来源	自由度	平方和	均方	*F*值	概率(小于0.05显著)
试点内区组	18	21299.5	1183.31	1.7	0.04
品种	11	210883.95	19171.27	27.51	
试点	8	1439894.91	179986.86	258.24	
品种×试点	88	182005.99	2068.25	2.97	
误差	198	138002.56	696.98		
总变异	323	1992086.91			

注:本试验的误差变异系数CV=4.923%。

(二)参试品种的产量表现

将各参试品种在9个试点的产量列于表3-4。从表3-4中可以看出,与CK1郑单958相比,先玉2023、豫单973、豫红191、鼎优216、郑泰301、浚单1698、德单223、豫单992、绿源玉16共9个品种极显著增产,DHN219增产不显著。

表 3-4　2021 年河南省玉米品种区域试验 4500 株/亩机收组产量结果及多重比较结果(LSD 法)

品种	品种编号	平均亩产/kg	差异显著性		位次	较 CK1		
			0.05	0.01		增减/(±%)	增产点数	减产点数
先玉 2023	7	586.02	a	A	1	17.24	9	0
豫单 973	5	566.06	b	B	2	13.25	9	0
豫红 191	4	558.24	b	BC	3	11.68	9	0
鼎优 216	10	552.05	bc	BCD	4	10.45	8	1
郑泰 301	2	543.72	cd	CDE	5	8.78	9	0
浚单 1698	8	538.68	cd	DE	6	7.77	9	0
德单 223	9	530.79	de	EF	7	6.19	7	2
豫单 992	1	530.42	de	EF	8	6.12	9	0
绿源玉 16	3	519.85	e	FG	9	4	8	1
桥玉 8 号	12	504.95	f	GH	10	1.02	6	3
DHN219	6	504.32	f	GH	11	0.9	5	4
郑单 958	11	499.84	f	H	12	0	0	0

注:1.平均亩产为 9 个试点的平均值。

2.$LSD_{0.05}=14.2269$,$LSD_{0.01}=18.7536$。

(三)各参试品种产量的稳定性分析

采用 Shukla 稳定性分析方法对各品种亩产量的稳定性分析结果(见表 3-5)表明,各参试品种的稳定性均较好,Shukla 变异系数为 2.31%~7.95%。其中,浚单 1698 的稳产性最好。

表 3-5　各参试品种的 Shukla 方差、变异系数及亩产均值

品种	品种编号	自由度	Shukla 方差	*F* 值	概率	互作方差	亩产均值	Shukla 变异系数/%
豫单 992	1	8	374.45975	0.54	0.827	0	530.4193	3.65
郑泰 301	2	8	494.99686	0.71	0.682	0	543.7177	4.09
绿源玉 16	3	8	468.26154	0.67	0.716	0	519.854	4.16
豫红 191	4	8	258.59653	0.37	0.935	0	558.2418	2.88
豫单 973	5	8	1102.75281	1.58	0.132	405.9043	566.0622	5.87
DHN219	6	8	1399.52307	2.01	0.047	702.6746	504.3236	7.42
先玉 2023	7	8	627.64691	0.9	0.517	0	586.0181	4.28
浚单 1698	8	8	154.39986	0.22	0.987	0	538.6823	2.31
德单 223	9	8	1779.77234	2.55	0.011	1082.9238	530.7896	7.95

续表 3-5

品种	品种编号	自由度	Shukla 方差	*F* 值	概率	互作方差	亩产均值	Shukla 变异系数/%
鼎优 216	10	8	721.63733	1.04	0.411	24.7888	552.0499	4.87
郑单 958	11	8	106.15017	0.15	0.996	0	499.8381	2.06
桥玉 8 号	12	8	775.12659	1.11	0.356	78.2781	504.9507	5.51

(四)各试点试验的可靠性评价

从表 3-6 可以看出,除濮阳点试验误差的变异系数为 12.442%外,其余各点均小于10%,说明各试点试验执行认真、管理精细、数据可靠,可以汇总,试验结果可对各参试品种进行科学分析与客观评价。

表 3-6　2021 年各试点试验误差变异系数(CV)　　%

试点	CV	试点	CV	试点	CV
南阳	2.692	中牟	4.567	洛阳	3.746
宁陵	3.451	平安	2.071	濮阳	12.442
地神	0.977	长葛	2.996	豫玉	4.203

(五)参试品种在各试点的产量结果

各品种在所有试点的产量汇总结果列于表 3-7。

表 3-7　2021 年河南省玉米品种区域试验 4500 株/亩机收组产量结果汇总

试点	品种(编号)								
	豫单 992(1)			郑泰 301(2)			绿源玉 16(3)		
	亩产/kg	较 CK1/(±%)	位次	亩产/kg	较 CK1/(±%)	位次	亩产/kg	较 CK1/(±%)	位次
南阳	466.58	3.28	8	496.94	10.00	5	483.87	7.10	6
中牟	632.23	5.79	5	641.86	7.41	1	624.26	4.46	7
长葛	435.37	6.27	5	431.94	5.43	7	412.05	0.58	9
洛阳	610.87	8.15	4	625.84	10.80	2	584.46	3.48	7
宁陵	463.05	9.12	6	456.99	7.69	9	459.67	8.32	8
平安	608.01	9.80	7	612.97	10.69	5	579.77	4.70	10
濮阳	457.78	1.27	9	481.11	6.43	6	428.89	−5.12	11
豫玉	552.71	2.99	10	557.06	3.80	9	542.97	1.18	11
地神	547.17	7.74	8	588.77	15.93	2	562.76	10.81	6
平均亩产	530.42	6.12	8	543.72	8.78	5	519.85	4.00	9
CV/%	14.383			14.468			14.563		

续表 3-7

试点	品种(编号)								
	豫红 191(4)			豫单 973(5)			DHN219(6)		
	亩产/kg	较 CK1/(±%)	位次	亩产/kg	较 CK1/(±%)	位次	亩产/kg	较 CK1/(±%)	位次
南阳	513.86	13.74	4	581.29	28.67	2	445.74	-1.34	11
中牟	622.41	4.15	9	620.93	3.90	10	622.97	4.25	8
长葛	465.96	13.73	3	433.73	5.87	6	363.72	-11.22	12
洛阳	605.55	7.21	5	594.56	5.26	6	570.86	1.07	8
宁陵	481.35	13.43	3	460.61	8.54	7	406.80	-4.14	12
平安	630.23	13.81	3	639.63	15.51	2	609.63	10.09	6
濮阳	506.48	12.04	4	520.37	15.12	2	390.93	-13.52	12
豫玉	642.04	19.64	2	637.87	18.86	3	601.72	12.13	4
地神	556.29	9.54	7	605.57	19.24	1	526.54	3.68	10
平均亩产	558.24	11.68	3	566.06	13.25	2	504.32	0.90	11
CV/%	12.287			13.527			20.456		

试点	品种(编号)								
	先玉 2023(7)			浚单 1698(8)			德单 223(9)		
	亩产/kg	较 CK1/(±%)	位次	亩产/kg	较 CK1/(±%)	位次	亩产/kg	较 CK1/(±%)	位次
南阳	581.34	28.68	1	480.93	6.45	7	412.66	-8.66	12
中牟	638.52	6.85	3	637.78	6.72	4	625.74	4.71	6
长葛	482.34	17.73	1	437.29	6.74	4	419.54	2.40	8
洛阳	645.49	14.28	1	613.22	8.57	3	535.81	-5.14	12
宁陵	507.96	19.70	1	475.83	12.13	5	498.58	17.49	2
平安	657.04	18.65	1	588.48	6.27	9	604.63	9.19	8
濮阳	551.85	22.08	1	479.26	6.02	7	519.82	14.99	3
豫玉	642.20	19.67	1	589.01	9.76	6	585.00	9.01	8
地神	567.41	11.73	5	546.35	7.58	9	575.31	13.29	4
平均亩产	586.02	17.24	1	538.68	7.77	6	530.79	6.19	7
CV/%	10.939			13.378			14.426		

续表 3-7

试点	品种(编号)							
	鼎优 216(10)			郑单 958(11)		桥玉 8 号(12)		
	亩产/kg	较 CK1/(±%)	位次	亩产/kg	位次	亩产/kg	较 CK1/(±%)	位次
南阳	542.53	20.09	3	451.78	10	464.31	2.77	9
中牟	641.86	7.41	1	597.60	12	609.26	1.95	11
长葛	469.15	14.51	2	409.69	10	402.05	-1.86	11
洛阳	544.21	-3.65	10	564.83	9	542.11	-4.02	11
宁陵	478.57	12.77	4	424.36	11	437.88	3.18	10
平安	617.92	11.59	4	553.75	12	559.26	0.99	11
濮阳	500.74	10.77	5	452.04	10	478.15	5.78	8
豫玉	594.45	10.77	5	536.65	12	587.69	9.51	7
地神	579.01	14.01	3	507.85	11	463.85	-8.66	12
平均亩产	552.05	10.45	4	499.84	12	504.95	1.02	10
CV/%	11.090			13.518		14.213		

(六)各品种田间性状调查结果

各品种田间性状调查汇总结果见表 3-8。

表 3-8　2021 年河南省玉米品种 4500 株/亩机收区域试验品种田间性状调查结果

品种	株型	株高/cm	穗位高/cm	倒伏率/%	倒折率/%	倒点率/%	空秆率/%	双穗率/%	穗腐病/%	穗腐病病粒率≥2.0%试点率/%	小斑病/级
豫单 992	半紧凑	274.5	94.8	0.4	0.2	0	0.3	0.1	1.0	0	5
郑泰 301	半紧凑	269.8	81.5	0.4	0	0	0.3	0.1	2.2	11.1	3
绿源玉 16	半紧凑	261.2	87.0	1.7	0.1	11.1	0.3	0	2.5	11.1	5
豫红 191	半紧凑	261.0	90.9	0.7	0	0	0.2	0	1.6	0	5
豫单 973	半紧凑	265.1	88.7	0.9	0.1	0	0.3	0.1	1.2	0	3
DHN219	半紧凑	243.5	90.4	1.7	0.2	0	0.3	0.1	6.0	11.1	3
先玉 2023	半紧凑	269.3	95.8	0.7	0	0	0.4	0	1.4	0	5
浚单 1698	半紧凑	281.5	90.2	0.1	0	0	0.3	0.1	1.0	0	5
德单 223	半紧凑	269.3	89.4	1.8	0.3	11.1	0.4	0	1.0	0	3
鼎优 216	半紧凑	251.7	85.9	1.2	0.1	11.1	0.3	0.1	1.1	0	5
郑单 958	紧凑	243.4	100.7	5.2	1.7	22.2	0.1	0	1.0	0	5
桥玉 8 号	半紧凑	286.2	107.7	5.3	0.8	11.1	0.4	0.1	1.0	0	5

续表 3-8

品种	茎腐病/%	弯孢叶斑病/级	瘤黑粉病/%	南方锈病/级	粗缩病/%	矮花叶病/级	纹枯病/级	褐斑病/级	玉米螟/级
豫单 992	35.0	3	1.0	9	1.0	3	3	5	7
郑泰 301	15.0	5	1.0	9	1.0	3	3	3	7
绿源玉 16	30.3	5	1.0	9	1.0	1	3	3	7
豫红 191	21.1	5	1.0	9	1.0	1	3	5	7
豫单 973	4.0	5	1.3	7	1.0	3	3	3	5
DHN219	45.0	3	1.3	9	1.0	3	3	5	7
先玉 2023	20.0	3	1.0	9	1.0	1	5	3	5
浚单 1698	35.0	5	1.3	9	1.0	3	3	3	7
德单 223	82.2	3	1.0	9	1.3	3	3	5	7
鼎优 216	35.0	3	1.0	7	1.0	3	3	5	5
郑单 958	100	5	1.3	9	1.3	1	3	5	7
桥玉 8 号	90.0	3	1.0	9	1.0	3	3	5	7

品种	生育期/d	全生育期叶数/片	雄穗分枝数	花药色	果穗茎秆角度	花丝色	苞叶长短	雄穗颖片颜色
豫单 992	99	18.5	中等,枝长中等	浅紫	中等	浅紫	中	绿
郑泰 301	100	18.4	少,枝长中等	浅紫	中等	紫	中	绿
绿源玉 16	99	19.0	少且枝长	浅紫	中等	绿	中	绿
豫红 191	100	18.6	中等,枝长中等	紫	中等	浅紫	中	绿
豫单 973	101	18.8	中等,枝长中等	绿	中等	浅紫	中	绿
DHN219	99	18.0	少,枝长中等	紫	中等	浅紫	中	绿
先玉 2023	100	18.7	中等,枝长中等	浅紫	小	绿	中	绿
浚单 1698	99	18.9	中等,枝长中等	紫	中等	浅紫	中	绿
德单 223	99	19.2	中等且枝长	浅紫	中等	绿	中	绿
鼎优 216	100	18.9	中等,枝长中等	浅紫	中等	浅紫	中	绿
郑单 958	100	19.9	多,枝长中等	浅紫	小	浅紫	中	绿
桥玉 8 号	100	19.4	少且枝长	紫	中等	紫	中	绿

（七）各品种穗部性状室内考种结果

各品种穗部性状室内考种结果见表 3-9。

表 3-9　2021 年河南省玉米品种 4500 株/亩机收区域试验穗部性状室内考种结果

品种	穗长/cm	穗粗/cm	穗行数/行	行粒数/粒	秃尖长/cm	轴粗/cm	籽粒含水量/%	含水量达标点率/%	籽粒破碎率/%
豫单 992	17.1	4.6	14.8	32.2	1.3	2.7	25.4	100	2.5
郑泰 301	16.5	4.6	16.9	30.8	1.1	2.6	25.0	100	2.6
绿源玉 16	17.4	4.5	14.7	33.2	0.4	2.6	23.7	100	2.4
豫红 191	17.0	4.7	15.6	30.5	1.6	2.6	26.0	83.3	2.3
豫单 973	17.1	5.0	17.2	31.1	1.2	2.9	26.5	66.7	2.8
DHN219	17.6	4.9	17.1	30.3	1.7	2.9	23.8	83.3	2.1
先玉 2023	18.9	4.6	15.2	36.7	0.6	2.7	26.8	66.7	2.7
浚单 1698	16.8	4.7	17.2	31.9	1.5	2.8	23.8	100	2.2
德单 223	17.1	4.8	17.8	31.9	0.4	3.0	27.3	66.7	2.2
鼎优 216	15.0	4.6	16.4	32.7	0.5	2.7	25.1	100	2.3
郑单 958	16.1	4.8	14.8	33.4	0.5	2.9	29.2		3.0
桥玉 8 号	17.4	4.7	13.5	37.7	1.0	2.9	26.2		2.9

品种	出籽率/%	百粒重/g	穗型	轴色	粒型	粒色	结实性
豫单 992	85.5	30.2	长筒型	红	半马齿	黄	中
郑泰 301	85.4	29.9	短筒型	红	半马齿	黄	中
绿源玉 16	85.8	30.2	长筒型	红	马齿	黄	好
豫红 191	85.6	31.8	短筒型	红	半马齿	黄	中
豫单 973	83.4	30.8	短筒型	红	半马齿	黄	中
DHN219	84.7	29.1	长筒型	红	半马齿	黄	中
先玉 2023	84.9	31.6	长筒型	红	硬粒	黄	好
浚单 1698	85.3	27.8	长筒型	红	半马齿	黄	中
德单 223	85.7	28.1	长筒型	红	半马齿	黄	中
鼎优 216	86.7	28.0	短筒型	粉	半马齿	黄	好
郑单 958	85.0	27.0	短筒型	白	半马齿	黄	好
桥玉 8 号	84.2	28.5	长筒型	红	半马齿	黄白	中

(八)参试品种抗病性接种鉴定结果

河南农业大学植物保护学院对各参试品种抗病虫害接种鉴定结果见表3-10。各品种在各试点表现见表3-14、表3-15。

表3-10　2021年河南省玉米品种4500株/亩机收区域试验品种抗病虫性接种鉴定结果

品种	茎腐病		穗腐病		锈病		小斑病		弯孢叶斑病		瘤黑粉病	
	发病率/%	抗性	病级	抗性	病级	抗性	病级	抗性	病级	抗性	发病率/%	抗性
豫单992	20.8	中抗	6	感	9	高感	5	中抗	7	感	20	感
郑泰301	20.8	中抗	6.2	感	5	中抗	3	抗	5	中抗	40	感
绿源玉16	8.3	抗	3.4	抗	7	感	1	高抗	9	高感	0	高抗
豫红191	4.2	高抗	1.6	抗	5	中抗	7	感	7	感	20	感
豫单973	0	高抗	2.6	抗	3	抗	1	高抗	5	中抗	0	高抗
DHN219	50	高感	7.3	感	7	感	5	中抗	9	高感	60	高感
先玉2023	0	高抗	3.1	抗	7	感	7	感	7	感	0	高抗
浚单1698	37.5	感	3.6	中抗	9	高感	1	高抗	3	抗	0	高抗
德单223	50	高感	2.3	抗	7	感	7	感	9	高感	20	感
鼎优216	41.7	高感	3.4	抗	5	中抗	7	感	9	高感	0	高抗

(九)籽粒品质性状测定结果

农业农村部农产品质量监督检验测试中心(郑州)对各参试品种多点套袋果穗的籽粒混合样品的品质分析检验结果见表3-11。

表3-11　2021年河南省玉米品种4500株/亩机收组区域试验品种籽粒品质测定结果

品种	品种编号	容重/(g/L)	水分/%	粗蛋白质/%	粗脂肪/%	粗淀粉/%	赖氨酸/%
豫单992	1	746	11.1	9.60	4.0	74.79	0.33
郑泰301	2	772	11.2	9.43	3.8	75.34	0.34
绿源玉16	3	732	11.4	10.1	3.4	75.41	0.33
豫红191	4	760	11.2	9.95	3.4	74.57	0.34
豫单973	5	760	11.2	9.76	3.6	73.89	0.35
DHN219	6	763	11.3	9.45	3.2	76.28	0.30
先玉2023	7	796	11.0	10.0	3.9	74.81	0.32
浚单1698	8	768	11.4	10.2	3.5	74.22	0.36
德单223	9	765	11.2	11.4	3.3	75.27	0.30
鼎优216	10	789	10.6	10.6	4.7	73.27	0.30

本组试验品种中,豫单992、郑泰301、绿源玉16为第二年参试,2020~2021年两年产量见表3-12。

表 3-12　2020~2021 年河南省玉米品种 4500 株/亩机收组区域试验产量结果

品种编号	品种	2020(2019 年)			2021			两年平均	
		亩产/kg	较 CK1/(±%)	位次	亩产/kg	较 CK1/(±%)	位次	亩产/kg	较 CK1/(±%)
1	豫单 992	677.01	7.36	2	530.42	6.12	8	614.19	6.74
2	郑泰 301	671.38	6.47	3	543.72	8.78	5	616.66	7.63
3	绿源玉 16	650.77	3.20	5	519.85	4.00	9	594.66	3.60
4	豫红 191	778.65	6.90	3	558.24	11.68	3	684.19	8.50
11	郑单 958	728.66/630.60	—	7/6	499.84	—	12	630.59/574.56	—
12	桥玉 8 号	701.34/618.52	-3.8/-1.92	10/7	504.95	1.02	10	622.32/569.85	-1.33/-0.45

注:1.豫红 191 第一年区域试验为 2019 年,2019 年、2020 年试验均为 12 个试点汇总,2021 年试验为 9 个试点汇总。
2."/"前为 2019 年或 2019 年和 2021 年汇总结果,两年平均亩产为加权平均。
3.表中仅列出 2020~2021 连续两年参加该组区域试验的品种。

(十)DNA 检测比较结果

DNA 检测同名品种以及疑似品种比较结果见表 3-13。

表 3-13　2021 年河南省区域试验 4500 株/亩机收品种 DNA 指纹检测结果

序号	待测样品		对照样品			比较位点数	差异位点数
	样品编号	样品名称	样品编号	样品名称	来源		
39	MHN2100111	豫单 992	MHN2000057	豫单 992	2020 年河南区试	40	0
40	MHN2100112	郑泰 301	MHN2000058	郑泰 301	2020 年河南区试	40	0
41	MHN2100113	绿源玉 16	MHN2000054	绿源玉 16	2020 年河南区试	40	0
74	MHN2100148	豫红 191	MHN1900004	豫红 191	2019 年河南区试	40	0
11	MHN2100067	浚单 1698	MHN2000044	浚单 1698	2020 年国家良种攻关机收区试	40	0
13-1	MHN2100111	豫单 992	MG870	豫单 132	2016 年国家区试黄淮海夏玉米组	40	1
13-2	MHN2100111	豫单 992	MG1284	豫单 132	2017 年国家区试黄淮海夏玉米组	40	1

五、品种评述及建议

(一)参加第二年区域试验品种

1.豫单 992

1)产量表现

2020 年试验该品种平均亩产为 677.01 kg,比 CK1 郑单 958 极显著增产 7.36%,居本组试验第 2 位。与 CK1 郑单 958 相比,全省 11 个试点增产,1 个试点减产,增产点比率为

91.67%。2021 年试验该品种平均亩产为 530.42 kg,比 CK1 郑单 958 极显著增产 6.12%,居本组试验第 8 位。与 CK1 郑单 958 相比,全省 9 个试点增产,0 个试点减产,增产点比率为 100%。该品种两年(见表 3-12)试验平均亩产 614.19 kg,比 CK1 郑单 958 增产 6.90%。与对照郑单 958 相比,全省 20 个试点增产,1 个试点减产,增产点比率为 95.23%。

2)特征特性

2020 年试验该品种收获时籽粒含水量 28.28%,低于 CK2 桥玉 8 号的 28.52%,达标点率 62.5%;籽粒破碎率 3.91%,低于 CK2 桥玉 8 号的 4.31%。2021 年试验该品种收获时籽粒含水量 25.4%,低于 CK2 桥玉 8 号的 26.2%,达标点率 100%;籽粒破碎率 2.5%,低于 CK2 桥玉 8 号的 2.9%。

2020 年试验该品种株型半紧凑,果穗茎秆角度小,平均株高 295.1 cm,穗位高 113.1 cm,总叶片数 19 片,雄穗分枝数中等,花药紫色,花丝紫色,倒伏率 0.67%,倒折率 0.57%,倒伏倒折率之和>5.0%的试验点比率为 16.67%,空秆率 0.60%,双穗率 0.53%,苞叶长度中。自然发病情况为:穗腐病 0.62%,小斑病 1~5 级,弯孢叶斑病 1~5 级,矮花叶病毒病 1~3 级,南方锈病 3~7 级,纹枯病 1~3 级,褐斑病 1~3 级,心叶期玉米螟危害 1~3 级,茎腐病 0.5%,瘤黑粉病 0.2%,粗缩病 0%。生育期 105 d,较 CK1 郑单 958 早熟 1 d,与 CK2 桥玉 8 号相同。穗长 17.9 cm,穗粗 4.9 cm,穗行数 15.2,行粒数 33.1,秃尖长 0.98 cm,轴粗 2.7 cm,穗粒重 169.68 g,出籽率 88.08%,千粒重 367.19 g。果穗筒型,红轴,籽粒为半马齿型,黄粒,结实性好。

2021 年试验该品种株型半紧凑,果穗茎秆角度中等,平均株高 274.5 cm,穗位高 94.8 cm,总叶片数 19 片,雄穗分枝数中等,枝长中等,花药浅紫色,花丝浅紫色,倒伏率 0.4%,倒折率 0.2%,倒伏倒折率之和>5.0%的试验点比率为 0%,空秆率 0.3%,双穗率 0.1%,苞叶长度中。自然发病情况为:穗腐病 1.0%,小斑病 1~5 级,弯孢叶斑病 1~3 级,矮花叶病毒病 1~3 级,南方锈病 5~9 级,纹枯病 1~3 级,褐斑病 1~5 级,心叶期玉米螟危害 1~7 级,茎腐病 35.0%,瘤黑粉病 1.0%,粗缩病 1.0%。生育期 99 d,较 CK1 郑单 958 早熟 1 d,较 CK2 桥玉 8 号早熟 1 d。穗长 17.1 cm,穗粗 4.6 cm,穗行数 14.8,行粒数 32.2,秃尖长 1.3 cm,轴粗 2.7 cm,出籽率 85.5%,百粒重 30.2 g。果穗长筒型,红轴,籽粒为半马齿型,黄粒,结实性中。

3)抗病性鉴定

根据 2020 年河南农业大学植保学院人工接种鉴定报告:该品种高抗茎腐病、小斑病,中抗瘤黑粉病,抗穗腐病,高感弯孢叶斑病、锈病。根据 2021 年河南农业大学植保学院人工接种鉴定报告(见表 3-10):该品种中抗茎腐病、小斑病,感穗腐病、弯孢叶斑病、瘤黑粉病,高感锈病。

4)品质分析

根据 2020 年农业农村部农产品质量监督检验测试中心(郑州)对该品种多点套袋果穗的籽粒混合样品品质分析检验结果,该品种粗蛋白质含量 10.4%,粗脂肪含量 4.4%,粗淀粉含量 73.61%,赖氨酸含量 0.33%,容重 754 g/L。根据 2021 年农业农村部农产品质量监督检验测试中心(郑州)对该品种多点套袋果穗的籽粒混合样品品质分析检验结果(见表 3-11),该品种粗蛋白质含量 9.60%,粗脂肪含量 4.0%,粗淀粉含量 74.79%,赖氨酸含量0.33%,容重746 g/L。

5)试验建议

按照晋级标准,该品种与2016年、2017年国家区试黄淮海夏玉米组品种豫单132差异位点数1个,停止试验。

2.郑泰301

1)产量表现

2020年试验该品种平均亩产为671.38 kg,比CK1郑单958极显著增产6.47%,居本组试验第3位。与CK1郑单958相比,全省11个试点增产,1个试点减产,增产点比率为91.67%。2021年试验该品种平均亩产为543.72 kg,比CK1郑单958极显著增产8.78%,居本组试验第5位。与CK1郑单958相比,全省9个试点增产,0个试点减产,增产点比率为100%。该品种两年(见表3-12)试验平均亩产616.66 kg,比对照郑单958增产7.33%。与对照郑单958相比,全省20个试点增产,1个试点减产,增产点比率为95.23%。

2)特征特性

2020年试验该品种收获时籽粒含水量28.35%,略低于CK2桥玉8号的28.52%,达标点率75.0%;籽粒破碎率4.04%,低于CK2桥玉8号的4.31%。2021年试验该品种收获时籽粒含水量25.0%,低于CK2桥玉8号的26.2%,达标点率100%;籽粒破碎率2.6%,低于CK2桥玉8号的2.9%。

2020年试验该品种株型半紧凑,果穗茎秆角度大,平均株高294.3 cm,穗位高100.8 cm,总叶片数19片,雄穗分枝数中等,花药紫色,花丝紫色,倒伏率0.18%,倒折率0%,倒伏倒折率之和>5.0%的试验点比率为0%,空秆率0.70%,双穗率0.23%,苞叶长度短。自然发病情况为:穗腐病0.24%,小斑病1~3级,弯孢叶斑病1~3级,矮花叶病毒病1~3级,南方锈病1~7级,纹枯病1~3级,褐斑病1~3级,心叶期玉米螟危害1~3级,茎腐病0.5%,瘤黑粉病0.2%,粗缩病0.1%。生育期104 d,比CK2桥玉8号早熟1 d,比CK1郑单958早熟2 d。穗长18.8 cm,穗粗4.7 cm,穗行数17.7,行粒数33.8,秃尖长1.26 cm,轴粗2.7 cm,穗粒重170.29 g,出籽率87.90%,千粒重328.89 g。果穗圆筒型,红轴,籽粒为半马齿型,黄粒,结实性中。

2021年试验该品种株型半紧凑,果穗茎秆角度中等,平均株高269.8 cm,穗位高81.5 cm,总叶片数19片,雄穗分枝数少,枝长中等,花药浅紫色,花丝紫色,倒伏率0.4%,倒折率0%,倒伏倒折率之和>5.0%的试验点比率为0%,空秆率0.3%,双穗率0.1%,苞叶长度中。自然发病情况为:穗腐病2.2%,小斑病1~3级,弯孢叶斑病1~5级,矮花叶病毒病1~3级,南方锈病3~9级,纹枯病1~3级,褐斑病1~3级,心叶期玉米螟危害1~7级,茎腐病15.0%,瘤黑粉病1.0%,粗缩病1.0%。生育期100 d,与CK1郑单958、CK2桥玉8号相同。穗长16.5 cm,穗粗4.6 cm,穗行数16.9,行粒数30.8,秃尖长1.1 cm,轴粗2.6 cm,出籽率85.4%,百粒重29.9 g。果穗短筒型,红轴,籽粒为半马齿型,黄粒,结实性中。

3)抗病性鉴定

根据2020年河南农业大学植保学院人工接种鉴定报告:该品种高抗小斑病,抗穗腐病,中抗茎腐病、锈病,感瘤黑粉病、弯孢叶斑病。根据2021年河南农业大学植保学院人工接种鉴定报告(见表3-10):该品种抗小斑病,中抗茎腐病、锈病、弯孢叶斑病,感穗腐病、瘤黑粉病。

4)品质分析

根据2020年农业农村部农产品质量监督检验测试中心(郑州)对该品种多点套袋果穗的籽粒混合样品品质分析检验结果,该品种粗蛋白质含量11.2%,粗脂肪含量3.2%,粗淀粉含量73.59%,赖氨酸含量0.33%,容重790 g/L。根据2021年农业农村部农产品质量监督检验测试中心(郑州)对该品种多点套袋果穗的籽粒混合样品品质分析检验结果(见表3-11),该品种粗蛋白质含量9.43%,粗脂肪含量3.8%,粗淀粉含量75.34%,赖氨酸含量0.34%,容重772 g/L。

5)试验建议

按照晋级标准,该品种各项指标均达标,推荐生产试验。

3.绿源玉16

1)产量表现

2020年试验该品种平均亩产为650.77 kg,比CK1郑单958显著增产3.20%,居本组试验第5位。与CK1郑单958相比,全省10个试点增产,2个试点减产,增产点比率为83.33%。2021年该品种平均亩产为519.85 kg,比CK1郑单958显著增产4.00%,居本组试验第9位。与CK1郑单958相比,全省8个试点增产,1个试点减产,增产点比率为88.89%。该品种两年(见表3-12)试验平均亩产594.66 kg,比对照郑单958增产3.50%。与对照郑单958相比,全省18个试点增产,3个试点减产,增产点比率为85.71%。

2)特征特性

2020年试验该品种收获时籽粒含水量28.30%,略低于CK2桥玉8号的28.52%,达标点率62.5%;籽粒破碎率4.00%,低于CK2桥玉8号的4.31%。2021年试验该品种收获时籽粒含水量23.7%,低于CK2桥玉8号的26.2%,达标点率100%;籽粒破碎率2.4%,低于CK2桥玉8号的2.9%。

2020年试验该品种株型半紧凑,果穗茎秆角度大,平均株高290.1 cm,穗位高100.3 cm,总叶片数20片,雄穗分枝数中等,花药紫色,花丝绿色,倒伏率0.17%,倒折率0.07%,倒伏倒折率之和>5.0%的试验点比率为0%,空秆率1.45%,双穗率0.40%,苞叶长度长。自然发病情况为:穗腐病0.58%,小斑病1~3级,弯孢叶斑病1~5级,矮花叶病毒病1~3级,南方锈病1~5级,纹枯病1~3级,褐斑病1~3级,心叶期玉米螟危害1~5级,茎腐病0.5%,瘤黑粉病0%,粗缩病0%。生育期105 d,较CK1郑单958早熟1 d,与CK2桥玉8号相同。穗长17.1 cm,穗粗4.6 cm,穗行数15.2,行粒数30.9,秃尖长0.53 cm,轴粗2.6 cm,穗粒重157.59 g,出籽率89.18%,千粒重369.78 g。果穗圆筒型,红轴,籽粒为半马齿型,黄粒,结实性好。

2021年试验该品种株型半紧凑,果穗茎秆角度中等,平均株高261.2 cm,穗位高87.0 cm,总叶片数19.0片,雄穗分枝数少且枝长,花药浅紫色,花丝绿色,倒伏率1.7%,倒折率0.1%,倒伏倒折率之和>5.0%的试验点比率为11.1%,空秆率0.3%,双穗率0%,苞叶长度中。自然发病情况为:穗腐病2.5%,小斑病1~5级,弯孢叶斑病1~5级,矮花叶病毒病1级,南方锈病5~9级,纹枯病1~3级,褐斑病1~3级,心叶期玉米螟危害1~7级,茎腐病30.3%,瘤黑粉病1.0%,粗缩病1.0%。生育期99 d,较CK1郑单958早熟1 d,较CK2

桥玉 8 号早熟 1 d。穗长 17.4 cm,穗粗 4.5 cm,穗行数 14.7,行粒数 33.2,秃尖长0.4 cm,轴粗 2.6 cm,出籽率 85.8%,百粒重 30.2 g。果穗长筒型,红轴,籽粒为马齿型,黄粒,结实性好。

3)抗病性鉴定

根据 2020 年河南农业大学植保学院人工接种鉴定报告:该品种抗穗腐病,中抗茎腐病、小斑病、瘤黑粉病,感南方锈病、弯孢叶斑病。根据 2021 年河南农业大学植保学院人工接种鉴定报告(见表 3-10):该品种高抗小斑病、瘤黑粉病,抗穗腐病、茎腐病,感南方锈病,高感弯孢叶斑病。

4)品质分析

根据 2020 年农业农村部农产品质量监督检验测试中心(郑州)对该品种多点套袋果穗的籽粒混合样品品质分析检验结果,该品种粗蛋白质含量 11.0%,粗脂肪含量 3.7%,粗淀粉含量 75.08%,赖氨酸含量 0.31%,容重 763 g/L。根据 2021 年农业农村部农产品质量监督检验测试中心(郑州)对该品种多点套袋果穗的籽粒混合样品品质分析检验结果(见表 3-11),该品种粗蛋白质含量 10.1%,粗脂肪含量 3.4%,粗淀粉含量 75.41%,赖氨酸含量 0.33%,容重 732 g/L。

5)试验建议

按照晋级标准,专家田间考察高感茎腐病,建议淘汰。

4.豫红 191

1)产量表现

2019 年试验该品种平均亩产为 778.65 kg,比 CK1 郑单 958 极显著增产 6.9%,居本组试验第 3 位。与 CK1 郑单 958 相比,全省 10 个试点增产,2 个试点减产,增产点比率为 83.33%。2021 年试验该品种平均亩产 558.24 kg,比 CK1 郑单 958 极显著增产 11.68%,居本组试验第 3 位。与 CK1 郑单 958 相比,全省 9 个试点增产,0 个试点减产,增产点比率为 100%。该品种两年(见表 3-12)试验平均亩产 684.19 kg,比对照郑单 958 增产 8.50%。与对照郑单 958 相比,全省 18 个试点增产,3 个试点减产,增产点比率为 85.71%。

2)特征特性

2019 年试验该品种核心点试验收获时籽粒含水量 27.8%,略高于 CK2 桥玉 8 号的 27.4%,籽粒破碎率 3.6%,低于 CK2 桥玉 8 号的 4.1%。2021 年该品种收获时籽粒含水量 26.0%,略低于 CK2 桥玉 8 号的 26.2%,达标点率 83.3%;籽粒破碎率 2.3%,低于 CK2 桥玉 8 号的 2.9%。

2019 年试验该品种株型半紧凑,果穗茎秆角度小,平均株高 286.4 cm,穗位高 107.7 cm,总叶片数 19 片,雄穗分枝密,花药浅紫色,花丝绿色,倒伏率 0.2%,倒折率 0%,倒伏倒折率之和>5.0%的试验点比率为 0%,空秆率 0.1%,双穗率 0.7%,苞叶长度长。自然发病情况为:穗腐病 1~3 级,小斑病 1~5 级,弯孢叶斑病 1~3 级,矮花叶病毒病 1~3 级,南方锈病 1~7 级,纹枯病 1~5 级,褐斑病 1~3 级,心叶期玉米螟危害 1~3 级,茎腐病 3.9%,瘤黑粉病 0.3%,粗缩病 0.1%。生育期 102 d,较 CK1 郑单 958 早熟 1 d,与 CK2 桥玉 8 号相同。穗长 18.1 cm,穗粗 4.7 cm,穗行数 15.9,行粒数 33.7,秃尖长 1.5 cm,轴粗 2.6 cm,出籽率 88.6%,千粒重 355.7 g。果穗圆筒型,红轴,籽粒为半马齿型,黄粒,结实性好。

2021 年试验该品种株型半紧凑,果穗茎秆角度为中,平均株高 261.0 cm,穗位高 90.9 cm,总叶片数 19 片,雄穗分枝数中等,枝长中等,花药紫色,花丝浅紫色,倒伏率 0.7%,倒折率 0%,倒伏倒折率之和>5.0%的试验点比率为 0%,空秆率 0.2%,双穗率 0%,苞叶长度中。自然发病情况为:穗腐病 1.6%,小斑病 1~5 级,弯孢叶斑病 1~5 级,矮花叶病毒病 1 级,南方锈病 3~9 级,纹枯病 1~3 级,褐斑病 1~5 级,心叶期玉米螟危害 1~7 级,茎腐病 21.1%,瘤黑粉病 1.0%,粗缩病 1.0%。生育期 100 d,与 CK1 郑单 958、CK2 桥玉 8 号相同。穗长 17.0 cm,穗粗 4.7 cm,穗行数 15.6,行粒数 30.5,秃尖长 1.6 cm,轴粗 2.6 cm,出籽率 85.6%,百粒重 31.8 g。果穗短筒型,红轴,籽粒为半马齿型,黄粒,结实性中。

3)抗病性鉴定

根据 2019 年河南农业大学植保学院人工接种鉴定报告,该品种高抗锈病、瘤黑粉病,抗茎腐病、穗腐病、弯孢叶斑病,中抗小斑病。据 2021 年河南农业大学植保学院人工接种鉴定报告(见表 3-10):该品种高抗茎腐病,抗穗腐病,中抗南方锈病,感小斑病、弯孢叶斑病、瘤黑粉病。

4)品质分析

根据 2019 年农业农村部农产品质量监督检验测试中心(郑州)对该品种多点套袋果穗的籽粒混合样品品质分析检验结果,该品种粗蛋白质含量 10.2%,粗脂肪含量 4.1%,粗淀粉含量 74.02%,赖氨酸含量 0.34%,容重 764 g/L。根据 2021 年农业农村部农产品质量监督检验测试中心(郑州)对该品种多点套袋果穗的籽粒混合样品品质分析检验结果(见表 3-11),该品种粗蛋白质含量 9.95%,粗脂肪含量 3.4%,粗淀粉含量 74.57%,赖氨酸含量 0.34%,容重 760 g/L。

5)试验建议

按照晋级标准,该品种各项指标均达标,但 2019 年 DNA 检测与 2019 年河南省联合体——河南省科企共赢玉米联合体区试品种豫单 922 存在 1 个位点差异,已建议同步进行 DUS 测试。建议结合 DUS 测试报告推荐审定。

(二)第一年区域试验品种

1.豫单 973

1)产量表现

2021 年该品种平均亩产为 566.06 kg,比 CK1 郑单 958 极显著增产 13.25%,居本组试验第 2 位。与 CK1 郑单 958 相比,全省 9 个试点增产,0 个试点减产,增产点比率为 100%。

2)特征特性

该品种收获时籽粒含水量 26.5%,略高于 CK2 桥玉 8 号的 26.2%,达标点率 66.7%;籽粒破碎率 2.8%,低于 CK2 桥玉 8 号的 2.9%。

该品种株型半紧凑,果穗茎秆角度中等,平均株高 265.1 cm,穗位高 88.7 cm,总叶片数 19 片,雄穗分枝数中等,枝长中等,花药绿色,花丝浅紫色,倒伏率 0.9%,倒折率 0.1%,倒伏倒折率之和>5.0%的试验点比率为 0%,空秆率 0.3%,双穗率 0.1%,苞叶长度中。自然发病情况为:穗腐病 1.2%,小斑病 1~3 级,弯孢叶斑病 1~5 级,矮花叶病毒病 1~3 级,南方锈病 3~7 级,纹枯病 1~3 级,褐斑病 1~3 级,心叶期玉米螟危害 1~5 级,茎腐病

4.0%,瘤黑粉病 1.3%,粗缩病 1.0%。生育期 101 d,较 CK1 郑单 958 晚熟 1 d,较 CK2 桥玉 8 号晚熟 1 d。穗长 17.1 cm,穗粗 5.0 cm,穗行数 17.2,行粒数 31.1,秃尖长 1.2 cm,轴粗 2.9 cm,出籽率 83.4%,百粒重 30.8 g。果穗短筒型,红轴,籽粒为半马齿型,黄粒,结实性中。

3)抗病性鉴定

根据 2021 年河南农业大学植保学院人工接种鉴定报告(见表 3-10):该品种高抗茎腐病、小斑病、瘤黑粉病,抗穗腐病、锈病,中抗弯孢叶斑病。

4)品质分析

根据 2021 年农业农村部农产品质量监督检验测试中心(郑州)对该品种多点套袋果穗的籽粒混合样品品质分析检验结果(见表 3-11),该品种粗蛋白质含量 9.76%,粗脂肪含量 3.6%,粗淀粉含量 73.89%,赖氨酸含量 0.35%,容重 760 g/L。

5)试验建议

按照晋级标准,该品种各项指标均达标,推荐继续区域试验,同步进行生产试验。

2.DHN219

1)产量表现

该品种平均亩产为 504.32 kg,比 CK1 郑单 958 增产 0.90%,居本组试验第 11 位。与 CK1 郑单 958 相比,全省 5 个试点增产,4 个试点减产,增产点比率为 55.6%。

2)特征特性

该品种收获时籽粒含水量 23.8%,低于 CK2 桥玉 8 号的 26.2%,达标点率 83.3%;籽粒破碎率 2.1%,低于 CK2 桥玉 8 号的 2.9%。

该品种株型半紧凑,果穗茎秆角度中等,平均株高 243.5 cm,穗位高 90.4 cm,总叶片数 18.0 片,雄穗分枝数少,枝长中等,花药紫色,花丝浅紫色,倒伏率 1.7%,倒折率 0.2%,倒伏倒折率之和>5.0%的试验点比率为 0%,空秆率 0.3%,双穗率 0.1%,苞叶长度中。自然发病情况为:穗腐病 6.0%,小斑病 1~3 级,弯孢叶斑病 1~3 级,矮花叶病毒病 1~3 级,南方锈病 5~9 级,纹枯病 1~3 级,褐斑病 1~5 级,心叶期玉米螟危害 1~7 级,茎腐病 45.0%,瘤黑粉病 1.3%,粗缩病 1.0%。生育期 99 d,较 CK1 郑单 958 早熟 1 d,较 CK2 桥玉 8 号早熟 1 d。穗长 17.6 cm,穗粗 4.9 cm,穗行数 17.1,行粒数 30.3,秃尖长 1.7 cm,轴粗 2.9 cm,出籽率 84.7%,百粒重 29.1 g。果穗长筒型,红轴,籽粒为半马齿型,黄粒,结实性中。

3)抗病性鉴定

根据 2021 年河南农业大学植保学院人工接种鉴定报告(见表 3-10):该品种中抗小斑病,感穗腐病、锈病,高感茎腐病、瘤黑粉病、弯孢叶斑病。

4)品质分析

根据 2021 年农业农村部农产品质量监督检验测试中心(郑州)对该品种多点套袋果穗的籽粒混合样品品质分析检验结果(见表 3-11),该品种粗蛋白质含量 9.45%,粗脂肪含量 3.2%,粗淀粉含量 76.28%,赖氨酸含量 0.30%,容重 763 g/L。

5)试验建议

按照晋级标准,该品种增产点比率不达标,且田间高感茎腐病,停止试验。

3.先玉 2023

1)产量表现

该品种平均亩产为 586.02 kg,比 CK1 郑单 958 极显著增产 17.24%,居本组试验第 1 位。与 CK1 郑单 958 相比,全省 9 个试点增产,0 个试点减产,增产点比率为 100%。

2)特征特性

该品种收获时籽粒含水量 26.8%,高于 CK2 桥玉 8 号的 26.2%,达标点率 66.7%;籽粒破碎率 2.7%,低于 CK2 桥玉 8 号的 2.9%。

该品种株型半紧凑,果穗茎秆角度小,平均株高 269.3 cm,穗位高 95.8 cm,总叶片数 19 片,雄穗分枝数中等,枝长中等,花药浅紫色,花丝绿色,倒伏率 0.7%,倒折率 0%,倒伏倒折率之和>5.0%的试验点比率为 0%,空秆率 0.4%,双穗率 0%,苞叶长度中。自然发病情况为:穗腐病 1.4%,小斑病 1~5 级,弯孢叶斑病 1~3 级,矮花叶病毒病 1 级,南方锈病 1~9 级,纹枯病 1~3 级,褐斑病 1~3 级,心叶期玉米螟危害 1~5 级,茎腐病 20.0%,瘤黑粉病 1.0%,粗缩病 1.0%。生育期 100 d,与 CK1 郑单 958 相同,与 CK2 桥玉 8 号相同。穗长 18.9 cm,穗粗 4.6 cm,穗行数 15.2,行粒数 36.7,秃尖长 0.6 cm,轴粗 2.7 cm,出籽率 84.9%,百粒重 31.6 g。果穗长筒型,红轴,籽粒为硬粒型,黄粒,结实性好。

3)抗病性鉴定

根据 2021 年河南农业大学植保学院人工接种鉴定报告(见表 3-10):该品种高抗茎腐病、瘤黑粉病,抗穗腐病,感小斑病、弯孢叶斑病、锈病。

4)品质分析

根据 2021 年农业农村部农产品质量监督检验测试中心(郑州)对该品种多点套袋果穗的籽粒混合样品品质分析检验结果(见表 3-11),该品种粗蛋白质含量 10.0%,粗脂肪含量 3.9%,粗淀粉含量 74.81%,赖氨酸含量 0.32%,容重 796 g/L。

5)试验建议

按照晋级标准,该品种各项指标均达标,推荐继续进行区域试验。

4.浚单 1698

1)产量表现

该品种平均亩产为 538.68 kg,比 CK1 郑单 958 显著增产 7.77%,居本组试验第 6 位。与 CK1 郑单 958 相比,全省 9 个试点增产,0 个试点减产,增产点比率为 100%。

2)特征特性

该品种收获时籽粒含水量 23.8%,低于 CK2 桥玉 8 号的 26.2%,达标点率 100%;籽粒破碎率 2.2%,低于 CK2 桥玉 8 号的 2.9%。

该品种株型半紧凑,果穗茎秆角度中等,平均株高 281.5 cm,穗位高 90.2 cm,总叶片数 19 片,雄穗分枝数中等,枝长中等,花药紫色,花丝浅紫色,倒伏率 0.1%,倒折率 0%,倒伏倒折率之和>5.0%的试验点比率为 0,空秆率 0.3%,双穗率 0.1%,苞叶长度中。自然发病情况为:穗腐病 1.0%,小斑病 1~5 级,弯孢叶斑病 1~5 级,矮花叶病毒病 1~3 级,南方锈病 3~9 级,纹枯病 1~3 级,褐斑病 1~3 级,心叶期玉米螟危害 1~7 级,茎腐病35.0%,瘤黑粉病 1.3%,粗缩病 1.0%。生育期 99 d,较 CK1 郑单 958 早熟 1 d,较 CK2 桥玉 8 号早熟 1 d。穗长 16.8 cm,穗粗 4.7 cm,穗行数 17.2,行粒数 31.9,秃尖长 1.5 cm,轴粗 2.8 cm,出籽率 85.3%，百粒重 27.8 g。果穗长筒型，红轴，籽粒为半马齿型，黄粒，结实性中。

3）抗病性鉴定

根据 2021 年河南农业大学植保学院人工接种鉴定报告（见表 3-10）：该品种高抗小斑病、瘤黑粉病，抗弯孢叶斑病，中抗穗腐病，感茎腐病，高感锈病。

4）品质分析

根据 2021 年农业农村部农产品质量监督检验测试中心（郑州）对该品种多点套袋果穗的籽粒混合样品品质分析检验结果（见表 3-11），该品种粗蛋白质含量 10.2%，粗脂肪含量 3.5%，粗淀粉含量 74.22%，赖氨酸含量 0.36%，容重 768 g/L。

5）试验建议

按照晋级标准，专家田间考察高感茎腐病，停止试验。

5.德单 223

1）产量表现

该品种平均亩产为 530.79 kg，比 CK1 郑单 958 极显著增产 6.19%，居本组试验第 7 位。与 CK1 郑单 958 相比，全省 7 个试点增产，2 个试点减产，增产点比率为 77.8%。

2）特征特性

该品种收获时籽粒含水量 27.3%，高于 CK2 桥玉 8 号的 26.2%，达标点率 66.7%；籽粒破碎率 2.2%，低于 CK2 桥玉 8 号的 2.9%。

该品种株型半紧凑，果穗茎秆角度中等，平均株高 269.3 cm，穗位高 89.4 cm，总叶片数 19 片，雄穗分枝数中等且枝长，花药浅紫色，花丝绿色，倒伏率 1.8%，倒折率 0.3%，倒伏倒折率之和>5.0%的试验点比率为 11.1%，空秆率 0.4%，双穗率 0%，苞叶长度中。自然发病情况为：穗腐病 1.0%，小斑病 1～3 级，弯孢叶斑病 1～3 级，矮花叶病毒病 1～3 级，南方锈病 5～9 级，纹枯病 1～3 级，褐斑病 1～5 级，心叶期玉米螟危害 1～7 级，茎腐病 82.2%，瘤黑粉病 1.0%，粗缩病 1.3%。生育期 99 d，较 CK1 郑单 958 早熟 1 d，较 CK2 桥玉 8 号早熟 1 d。穗长 17.1 cm，穗粗 4.8 cm，穗行数 17.8，行粒数 31.9，秃尖长 0.4 cm，轴粗 3.0 cm，出籽率 85.7%，百粒重 28.1 g。果穗长筒型，红轴，籽粒为半马齿型，黄粒，结实性中。

3）抗病性鉴定

根据 2021 年河南农业大学植保学院人工接种鉴定报告（见表 3-10）：该品种抗穗腐病，感小斑病、瘤黑粉病、锈病，高感茎腐病、弯孢叶斑病。

4）品质分析

根据 2021 年农业农村部农产品质量监督检验测试中心（郑州）对该品种多点套袋果穗的籽粒混合样品品质分析检验结果（见表 3-11），该品种粗蛋白质含量 11.4%，粗脂肪含量 3.3%，粗淀粉含量 75.27%，赖氨酸含量 0.30%，容重 765 g/L。

5）试验建议

按照晋级标准，该品种田间和接种鉴定同时高感茎腐病，停止试验。

6.鼎优 216

1）产量表现

该品种平均亩产为 552.05 kg，比 CK1 郑单 958 极显著增产 10.45%，居本组试验第 4

位。与 CK1 郑单 958 相比,全省 8 个试点增产,1 个试点减产,增产点比率为 88.9%。

2)特征特性

该品种收获时籽粒含水量 25.1%,低于 CK2 桥玉 8 号的 26.2%,达标点率 100%;籽粒破碎率 2.3%,低于 CK2 桥玉 8 号的 2.9%。

该品种株型半紧凑,果穗茎秆角度中等,平均株高 251.7 cm,穗位高 85.9 cm,总叶片数 19 片,雄穗分枝数中等,枝长中等,花药浅紫色,花丝浅紫色,倒伏率 1.2%,倒折率 0.1%,倒伏倒折率之和>5.0%的试验点比率为 11.1%,空秆率 0.3%,双穗率 0.1%,苞叶长度中。自然发病情况为:穗腐病 1.1%,小斑病 1~5 级,弯孢叶斑病 1~3 级,矮花叶病毒病 1~3 级,南方锈病 1~7 级,纹枯病 1~3 级,褐斑病 1~5 级,心叶期玉米螟危害 1~5 级,茎腐病 35.0%,瘤黑粉病 1.0%,粗缩病 1.0%。生育期 100 d,与 CK1 郑单 958、CK2 桥玉 8 号相同。穗长 15.0 cm,穗粗 4.6 cm,穗行数 16.4,行粒数 32.7,秃尖长 0.5 cm,轴粗 2.7 cm,出籽率 86.7%,百粒重 28.0 g。果穗短筒型,粉轴,籽粒为半马齿型,黄粒,结实性好。

3)抗病性鉴定

根据 2021 年河南农业大学植保学院人工接种鉴定报告(见表 3-10):该品种高抗瘤黑粉病,抗穗腐病,中抗锈病,感小斑病,高感茎腐病、弯孢叶斑病。

4)品质分析

根据 2021 年农业农村部农产品质量监督检验测试中心(郑州)对该品种多点套袋果穗的籽粒混合样品品质分析检验结果(见表 3-11),该品种粗蛋白质含量 10.6%,粗脂肪含量 4.7%,粗淀粉含量 73.27%,赖氨酸含量 0.30%,容重 789 g/L。

5)试验建议

按照晋级标准,该品种接种鉴定高感茎腐病,停止试验。

六、品种处理意见

(一)河南省品种晋级与审定标准

经玉米专业委员会委员研究同意,2021 年河南省玉米品种试验及审定标准在 2020 年区域试验年会标准的基础上进行修改。具体标准如下。

1.基本条件

(1)抗病性:鉴定病害 6 种,即小斑病、茎腐病、穗腐病、弯孢叶斑病、瘤黑粉病、南方锈病。小斑病、茎腐病、穗腐病田间自然发病及人工接种鉴定均未达到高感。

(2)生育期:每年区域试验生育期平均比对照品种长 2.0 d。

(3)抗倒性:每年区域试验平均倒伏倒折率之和≤12.0%,且倒伏倒折率之和≥15.0%的试点比率≤25%。

(4)品质:容重≥720 g/L,粗淀粉≥69.0%,粗蛋白质≥8.0%,粗脂肪≥3.0%。

(5)专家田间鉴评:在生育期、结实性、抗倒性、抗病虫性、抗逆性等性状方面没有严重缺陷。

(6)真实性和差异性(SSR 分子标记检测):同一品种在不同试验年份、不同试验组别、不同试验渠道中 DNA 指纹检测差异位点数应当<2 个。

申请审定品种与已知品种 DNA 指纹检测差异位点数应当≥4 个;申请审定品种与已

知品种 DNA 指纹检测差异位点数等于 3 个的,需进行田间小区种植鉴定证明有重要农艺性状差异。

(7)产量:区域试验和生产试验产量(kg/亩)(见分类条件要求)。

2.分类条件

1)高产稳产品种

每年区域试验产量比对照品种平均增产≥3.0%,且两年平均≥5.0%,生产试验比对照品种增产≥2.0%。每年区域试验、生产试验增产的试点比率≥60%。

2)绿色优质品种

(1)抗病性突出:田间自然发病和人工接种鉴定所有病害均达到中抗以上。

(2)丰产性、稳产性:每年区域试验、生产试验与对照品种产量相当,且每年区域试验、生产试验达标试点比率≥60%。其他指标同高产稳产品种。

3.2021 年度晋级品种执行标准

(1)2021 年完成生产试验程序品种以及之前的缓审品种,审定时各项指标均执行老标准。

(2)2022 年进入区域试验程序的品种,晋级和审定时所有指标均按修订后新标准执行(DNA、产量、抗倒性、抗病性等)。

(3)从 2022 年开始,参加区域试验(两年区域试验)的品种进行 DNA 指纹检测。

(4)2021 年玉米季节气候特殊,本年度生育期仅做参考,不作为淘汰品种依据。

(5)统一田间试验上报数据中,有两个及以上试点达到茎腐病(病株率≥40.1%)或穗腐病(病粒率≥4.0%)高感的品种以及穗腐病病粒率≥2.0%试点比例≥30.0%的品种予以淘汰。

(6)品种交叉晋级标准。

普通组:区域试验增产≥7.0%,增产点率≥70%,倒伏倒折率之和≤8%,小斑病、茎腐病和穗腐病人工接种和田间自然发病均达到中抗以上。

机收组:区域试验增产≥4.0%,增产点率≥70%,倒伏倒折率之和≤3%,籽粒含水量≤28%,破碎率≤6%,小斑病、茎腐病和穗腐病人工接种和田间自然发病均达到中抗以上。

(7)关于延审品种:2022 年玉米初审会前提供不出合格的 DUS 报告的品种不再审定。

(二)参试品种的处理意见

根据以上标准,对参试品种处理意见如下:

(1)推荐审定品种:豫红 191。

(2)推荐生产试验品种:郑泰 301。

(3)推荐交叉试验品种:豫单 973。

(4)推荐进入第二年区域试验品种:先玉 2023。

(5)淘汰品种:豫单 992、绿源玉 16、DHN219、浚单 1698、德单 223、鼎优 216。

河南农业大学农学院
2022 年 3 月 25 日

表 3-14　2021 年河南省玉米品种区域试验参试品种所在试点性状汇总(4500 株/亩机收组)

品种	试点	亩产/kg	比 CK/(±%)	位次	生育期/d	株高/cm	穗位高/cm	空秆率/%	双穗率/%	穗长/cm	穗粗/cm	穗行数/行	行粒数/粒	秃尖长/cm	轴粗/cm	出籽率/%	百粒重/g	籽粒含水量/%	籽粒破碎率/%	籽粒杂质率/%
豫单992	南阳	466.6	3.3	8	96	285	91	0.3	0	17.2	4.8	15.2	36.8	1.3	2.7	81.6	25.2	28.4	2.5	0.8
	中牟	632.2	5.8	5	97	272	101	0.2	0.4	17.4	4.7	15.0	34.2	1.3	2.8	86.0	34.3	28.0	0.6	0.3
	长葛	435.4	6.3	5	99	292	102	0	0	17.2	4.6	14.0	29.4	1.6	2.5	86.6	25.0	30.5	2.7	1.0
	洛阳	610.9	8.2	4	105	280	108	0.2	0	17.6	4.8	14.0	33.2	0.6	2.8	90.8	32.2	21.1	5.8	0.2
	宁陵	463.0	9.1	6	102	261	78	0	0	16.5	4.1	14.7	32.0	0.5	2.2	85.7	28.3	26.3	3.6	1.1
	平安	608.0	9.8	7	96	277	87	1.3	0.4	18.9	5.0	16.4	34.0	2.1	3.1	81.9	34.1	23.8	1.6	0
	濮阳	457.8	1.3	9	96	264	88	0.4	0	14.4	4.2	13.6	26.0	3.5	2.8	84.3	31.2	32.1	4.0	1.0
	荥阳	552.7	3.0	10	97	285	93	0	0	19.2	4.8	15.3	34.7	0		84.2	32.7	18.3	2.0	0.8
	西华	547.2	7.7	8	103	272	112	0	0.3	15.9	4.4	15.0	29.5	1.0	2.6	88.1	28.7	19.7	0	0
	平均值	530.4	6.12	8	99.0	274.5	94.8	0.3	0.1	17.1	4.6	14.8	32.2	1.3	2.7	85.5	30.2	25.4	2.5	0.6
郑泰301	南阳	496.9	10.0	5	96	302	82	0.3	0	15.4	4.5	16.4	29.6	0.6	2.6	80.9	27.2	27.8	3.8	3.5
	中牟	641.9	7.4	1	97	261	88	0.2	0.6	16.5	5.2	15.8	32.2	1.5	2.8	85.6	33.9	28.0	0.5	0.1
	长葛	431.9	5.4	7	100	274	81	0	0	14.8	4.4	17.6	25.6	1.4	2.4	87.8	25.4	29.9	2.5	1.1
	洛阳	625.8	10.8	2	107	265	77	0	0	17.4	4.8	16.0	31.2	1.9	2.8	89.9	29.2	20.5	5.8	0.1
	宁陵	457.0	7.7	9	104	254	69	0	0	15.5	4.3	17.3	32.3	0.3	2.4	87.8	28.8	27.5	3.2	1.7
	平安	613.0	10.7	5	96	265	74	1.5	0	16.2	4.8	16.2	28.2	2.2	3.0	82.9	36.3	22.8	1.0	0.3
	濮阳	481.1	6.4	6	100	270	88	0.6	0.2	17.4	4.4	17.6	33.2	0.5	2.6	83.8	30.7	30.7	3.3	2.0
	荥阳	557.1	3.8	9	97	265	80	0	0	19.3	4.7	17.3	35.3	0		81.8	31.9	17.9	2.9	1.0
	西华	588.8	15.9	2	103	277	94	0.3	0	16.3	4.4	17.6	29.6	1.5	2.6	88.4	25.5	19.8	0	0
	平均值	543.7	8.78	5	100	269.8	81.5	0.3	0.1	16.5	4.6	16.9	30.8	1.1	2.6	85.4	29.9	25.0	2.6	1.1

续表 3-14

品种	试点	亩产/kg	比 CK/（±%）	位次	生育期/d	株高/cm	穗位高/cm	空秆率/%	双穗率/%	穗长/cm	穗粗/cm	穗行数/行	行粒数/粒	秃尖长/cm	轴粗/cm	出籽率/%	百粒重/g	籽粒含水量/%	籽粒破碎率/%	籽粒杂质率/%
绿源玉16	南阳	483.9	7.1	6	95	269	84	0.4	0	18.6	4.7	14.4	37.2	0.2	2.7	85.0	34.0	26.9	1.8	1.7
	中牟	624.3	4.5	7	98	239	89	0	0.2	17.7	4.6	14.8	32.6	0.3	2.6	84.0	34.9	26.0	0.5	0.1
	长葛	412.0	0.6	9	98	268	83	0	0	16.4	4.4	13.2	32.8	2.0	2.4	87.5	27.6	30.5	2.4	0.4
	洛阳	584.5	3.5	7	106	256	93	0	0	17.0	4.8	14.0	33.0	0.7	2.6	88.9	28.7	18.6	4.9	0.1
	宁陵	459.7	8.3	8	103	245	76	0	0	16.9	4.3	15.3	32.7	0.5	2.5	87.8	30.2	24.9	3.7	1.2
	平安	579.8	4.7	10	94	269	67	2.4	0	18.4	4.8	16.4	31.8	0	2.9	85.5	29.5	22.1	1.2	0.1
	濮阳	428.9	-5.1	11	96	276	92	0.2	0.2	17.0	4.0	14.4	32.4	0.2	2.8	81.3	25.9	29.2	3.7	2.7
	荥阳	543.0	1.2	11	96	272	91	0	0	18.0	4.3	15.3	34.0	0		83.6	33.1	16.9	2.9	1.0
	西华	562.8	10.8	6	103	264	104	0.1	0	16.5	4.3	14.8	32.1	0.2	2.5	88.7	28.0	18.6	0	0
	平均值	519.9	4	9	98.8	261.2	87.0	0.3	0	17.4	4.5	14.7	33.2	0.4	2.6	85.8	30.2	23.7	2.4	0.8
豫红191	南阳	513.9	13.7	4	100	269	86	0.4	0	17.1	4.7	16.8	32.8	1.5	2.7	77.5	31.1	33.2	5.0	2.0
	中牟	622.4	4.2	9	99	236	85	0.2	0.4	17.2	4.8	16.2	29.7	1.0	2.5	85.0	35.4	28.5	0.6	0.2
	长葛	466.0	13.7	3	99	274	81	0	0	15.6	4.6	14.4	29.0	2.2	2.5	89.2	31.8	30.4	2.1	0.9
	洛阳	605.5	7.2	5	105	293	105	1.0	0	17.2	4.9	14.0	30.6	0.8	2.8	88.7	31.7	20.5	6.0	0.2
	宁陵	481.4	13.4	3	103	246	83	0	0	15.8	4.1	16.0	32.3	0.5	2.3	86.1	29.9	26.7	3.0	1.4
	平安	630.2	13.8	3	96	257	88	0.4	0	19.5	5.1	15.2	32.4	1.5	2.8	85.2	33.9	25.6	0.3	0
	濮阳	506.5	12.0	4	100	260	93	0	0	15.2	4.2	14.0	24.4	3.4	2.6	86.0	28.7	31.4	2.0	1.7
	荥阳	642.0	19.6	2	97	266	89	0	0	17.8	4.8	17.3	33.3	0.6		83.6	32.6	18.1	2.0	1.2
	西华	556.3	9.5	7	103	261	98	0	0	17.5	4.7	16.4	29.7	2.5	2.6	89.3	30.9	19.9	0	0
	平均值	558.2	11.68	3	100.2	261.0	90.9	0.2	0	17.0	4.7	15.6	30.5	1.6	2.6	85.6	31.8	26.0	2.3	0.8

续表 3-14

品种	试点	亩产/kg	比CK/(±%)	位次	生育期/d	株高/cm	穗位高/cm	空秆率/%	双穗率/%	穗长/cm	穗粗/cm	穗行数/行	行粒数/粒	秃尖长/cm	轴粗/cm	出籽率/%	百粒重/g	籽粒含水量/%	籽粒破碎率/%	籽粒杂质率/%
豫单973	南阳	581.3	28.7	2	101	301	110	0.3	0	17.4	5.2	18.8	36.0	1.1	2.8	75.8	31.1	33.0	8.0	2.3
	中牟	620.9	3.9	10	103	233	91	0.2	0.2	15.8	5.1	16.0	32.0	1.1	3.7	84.5	32.5	27.9	0.6	0.2
	长葛	433.7	5.9	6	102	271	82	0	0	15.6	5.0	17.2	26.2	2.2	3.0	86.1	27.8	32.1	3.4	0.8
	洛阳	594.6	5.3	6	106	263	93	0	0	17.0	4.9	18.0	26.4	0.6	3.0	88.2	32.9	19.7	5.4	0.1
	宁陵	460.6	8.5	7	103	249	74	0	0	15.8	4.3	16.0	30.3	0.5	2.4	87.5	25.6	27.0	3.1	1.4
	平安	639.6	15.5	2	97	270	87	1.2	0	20.2	5.4	17.6	35.6	2.2	3.4	79.2	34.0	27.3	1.4	0
	濮阳	520.4	15.1	2	100	268	86	0.4	0.2	16.4	4.6	15.2	31.2	2.0	2.6	84.0	28.6	32.0	1.0	1.3
	荥阳	637.9	18.9	3	97	280	80	0	0	19.5	5.3	18.7	35.3	0		83.4	34.0	19.1	2.4	1.0
	西华	605.6	19.2	1	104	257	88	0.3	0.5	15.9	4.9	17.2	27.1	1.5	2.7	81.9	31.1	20.9	0.3	0.7
	平均值	566.1	13.25	2	101.4	265.1	88.7	0.3	0.1	17.1	5.0	17.2	31.1	1.2	2.9	83.4	30.8	26.5	2.8	0.9
DHN219	南阳	445.7	−1.3	11	95	251	104	0.2	0	19.0	5.1	17.6	35.4	1.5	2.7	80.1	35.0	30.8	3.3	1.0
	中牟	623.0	4.2	8	97	231	93	0	0.4	18.3	5.0	17.8	31.8	1.7	3.2	89.1	30.4	24.7	0.3	0.2
	长葛	363.7	−11.2	12	99	245	81	0	0	16.2	4.8	16.8	27.2	1.6	2.9	87.0	29.2	30.0	1.7	0.3
	洛阳	570.9	1.1	8	106	250	97	0.8	0	16.9	4.9	16.0	27.4	2.9	3.0	88.6	29.5	18.6	5.6	0.1
	宁陵	406.8	−4.1	12	104	228	87	0	0	16.2	4.7	18.0	30.0	1.2	3.0	84.8	21.8	25.0	3.5	2.1
	平安	609.6	10.1	6	94	246	89	1.2	0	19.1	5.0	18.4	31.0	2.2	3.2	83.4	28.5	21.0	1.1	0
	濮阳	390.9	−13.5	12	96	250	81	0.6	0.2	16.2	4.4	16.4	28.8	0.9	2.8	82.5	22.3	28.0	0	1.0
	荥阳	601.7	12.1	4	95	255	86	0	0	19.7	5.0	16.7	32.0	1.5		81.2	32.5	18.0	3.4	0.9
	西华	526.5	3.7	10	103	238	86	0	0.1	16.5	4.8	16.0	28.7	2.0	2.6	85.2	33.0	18.4	0	0
	平均值	504.3	0.9	11	98.8	243.5	90.4	0.3	0.1	17.6	4.9	17.1	30.3	1.7	2.9	84.7	29.1	23.8	2.1	0.6

续表 3-14

品种	试点	亩产/kg	比 CK/(±%)	位次	生育期/d	株高/cm	穗位高/cm	空秆率/%	双穗率/%	穗长/cm	穗粗/cm	穗行数/行	行粒数/粒	秃尖长/cm	轴粗/cm	出籽率/%	百粒重/g	籽粒含水量/%	籽粒破碎率/%	籽粒杂质率/%
先玉2023	南阳	581.3	28.7	1	94	290	98	0.4	0	19.0	4.7	15.2	39.0	0.5	2.5	75.8	28.7	35.0	4.2	1.5
	中牟	638.5	6.8	3	101	258	82	0.4	0.2	19.0	4.8	15.8	36.3	0.7	2.9	87.0	31.2	28.6	0.6	0.2
	长葛	482.3	17.7	1	100	271	85	0	0	18.4	4.4	14.4	34.4	0.8	2.4	87.6	27.0	31.1	2.5	0.5
	洛阳	645.5	14.3	1	107	273	102	0	0	18.3	4.7	14.8	34.8	1.2	2.7	89.3	29.7	20.5	6.1	0.1
	宁陵	508.0	19.7	1	104	256	84	0	0	18.1	4.3	15.3	37.0	0.1	2.5	87.6	34.8	29.6	4.7	1.4
	平安	657.0	18.7	1	96	267	98	2.0	0	20.9	5.1	17.2	36.8	1.2	3.2	83.1	36.2	23.4	1.2	0
	濮阳	551.9	22.1	1	100	266	88	0.4	0	19.2	4.4	12.0	38.4	0	2.6	83.1	32.3	31.4	2.7	2.3
	荥阳	642.2	19.7	1	96	270	100	0	0	18.3	4.8	16.7	38.3	0		81.2	32.9	19.5	2.7	1.2
	西华	567.4	11.7	5	103	274	114	0	0	18.9	4.6	15.6	35.2	0.5	2.6	89.2	31.7	22.0	0	0
	平均值	586.0	17.24	1	100.1	269.3	95.8	0.4	0	18.9	4.6	15.2	36.7	0.6	2.7	84.9	31.6	26.8	2.7	0.8
浚单1698	南阳	480.9	6.5	7	94	296	88	0.2	0	17.0	4.8	18.0	37.4	1.1	2.8	85.8	24.3	25.3	1.8	0.8
	中牟	637.8	6.7	4	97	271	88	0	0	17.2	5.0	16.8	33.5	1.4	3.1	84.1	31.5	26.7	0.3	0.1
	长葛	437.3	6.7	4	99	282	78	0	0	15.6	4.8	17.6	28.4	2.0	2.6	87.0	28.0	28.8	2.1	0.4
	洛阳	613.2	8.6	3	107	292	92	0	0	16.8	4.8	15.6	29.8	1.4	2.9	88.7	29.2	20.6	6.0	0.2
	宁陵	475.8	12.1	5	103	252	82	0	0	16.7	4.3	16.7	33.0	1.3	2.4	85.6	27.1	24.6	2.3	1.9
	平安	588.5	6.3	9	93	268	78	2.0	0	17.6	4.9	17.2	33.2	1.5	3.0	84.2	27.0	22.9	1.1	0
	濮阳	479.3	6.0	7	96	286	92	0.2	0.2	16.4	4.6	18.4	30.4	1.6	2.8	81.0	25.1	29.7	3.7	1.3
	荥阳	589.0	9.8	6	95	290	102	0	0	18.0	4.8	16.7	34.0	0.5		83.4	30.1	18.2	2.3	1.3
	西华	546.4	7.6	9	103	296	100	0.3	0.5	16.2	4.7	17.4	27.6	2.5	2.7	88.4	28.0	17.4	0	0
	平均值	538.7	7.77	6	98.6	281.5	90.2	0.3	0.1	16.8	4.7	17.2	31.9	1.5	2.8	85.3	27.8	23.8	2.2	0.7

续表 3-14

品种	试点	亩产/kg	比CK/(±%)	位次	生育期/d	株高/cm	穗位高/cm	空秆率/%	双穗率/%	穗长/cm	穗粗/cm	穗行数/行	行粒数/粒	秃尖长/cm	轴粗/cm	出籽率/%	百粒重/g	籽粒含水量/%	籽粒破碎率/%	籽粒杂质率/%
德单223	南阳	412.7	-8.7	12	95	281	86	0.2	0	17.8	4.9	18.4	37.0	0.1	3.0	64.3	35.0	44.6	1.7	0.8
	中牟	625.7	4.7	6	100	254	91	0.4	0.4	17.2	5.1	18.4	30.5	0.2	3.3	85.5	30.4	29.5	0.4	0.1
	长葛	419.5	2.4	8	99	273	81	0	0	16.6	5.0	16.4	29.0	1.6	2.7	89.9	29.2	33.1	1.9	0.9
	洛阳	535.8	-5.1	12	106	271	95	0.2	0	17.1	4.7	17.6	32.6	1.0	3.0	91.3	22.2	19.6	4.5	0.1
	宁陵	498.6	17.5	2	102	248	71	0	0	16.1	4.4	18.0	32.7	0	2.8	88.6	24.3	28.0	3.7	1.6
	平安	604.6	9.2	8	96	278	81	1.8	0	17.6	5.2	19.2	29.8	0	3.4	87.8	33.2	23.1	0.3	0
	濮阳	519.8	15.0	3	96	275	88	0.4	0	17.0	4.6	16.0	33.2	0.7	3.0	88.8	26.1	30.6	3.7	2.3
	荥阳	585.0	9.0	8	97	266	93	0	0	17.8	4.8	17.3	31.3	0		85.4	30.0	17.1	3.5	1.0
	西华	575.3	13.3	4	103	281	110	0.3	0	16.6	4.6	18.8	31.0	0.2	2.7	89.8	22.3	20.5	0.3	0
	平均值	530.8	6.19	7	99.3	269.3	89.4	0.4	0	17.1	4.8	17.8	31.9	0.4	3.0	85.7	28.1	27.3	2.2	0.8
鼎优216	南阳	542.5	20.1	3	94	272	80	0.3	0	15.2	4.8	18.4	36.4	0.5	3.0	83.7	25.3	27.7	3.5	1.8
	中牟	641.9	7.4	1	100	235	79	0.2	0.4	15.1	4.6	16.0	30.8	0.6	2.8	87.0	36.9	27.4	0.5	0.3
	长葛	469.2	14.5	2	99	244	74	0	0	14.6	4.6	15.6	29.2	0.4	2.5	89.1	27.5	30.5	2.1	0.3
	洛阳	544.2	-3.6	10	105	238	82	0	0	15.2	4.4	14.8	32.2	1.2	2.8	90.6	23.5	21.0	5.4	0.1
	宁陵	478.6	12.8	4	103	235	83	0	0	14.1	4.1	16.7	34.3	0.1	2.5	86.7	28.5	26.5	3.4	1.5
	平安	617.9	11.6	4	96	278	82	1.2	0	16.0	4.9	17.6	34.6	0	3.0	86.6	28.5	24.4	0.6	0
	濮阳	500.7	10.8	5	100	256	88	0.6	0.6	14.0	4.4	15.6	29.2	1.1	2.6	83.3	28.4	30.2	2.3	0.7
	荥阳	594.4	10.8	5	96	252	96	0	0	16.3	4.7	17.3	35.7	0		83.6	25.9	18.4	2.9	0.9
	西华	579.0	14.0	3	104	247	98	0	0	14.6	4.5	15.8	31.6	0.2	2.6	89.9	27.6	20.0	0	0
	平均值	552.0	10.45	4	99.7	251.7	85.9	0.3	0.1	15.0	4.6	16.4	32.7	0.5	2.7	86.7	28.0	25.1	2.3	0.6

续表 3-14

品种	试点	亩产/kg	比 CK/(±%)	位次	生育期/d	株高/cm	穗位高/cm	空秆率/%	双穗率/%	穗长/cm	穗粗/cm	穗行数/行	行粒数/粒	秃尖长/cm	轴粗/cm	出籽率/%	百粒重/g	籽粒含水量/%	籽粒破碎率/%	籽粒杂质率/%
郑单958	南阳	451.8	0	10	95	264	98	0.1	0	15.0	4.9	14.4	36.0	0.2	2.6	70.9	26.2	38.7	4.2	1.5
	中牟	597.6	0	12	97	231	109	0	0.4	16.9	5.0	14.6	33.5	0.6	3.1	87.0	31.2	30.4	0.4	0.1
	长葛	409.7	0	10	102	244	102	0	0	17.0	5.0	14.8	29.4	2.0	2.9	89.3	30.0	34.0	2.5	0.7
	洛阳	564.8	0	9	109	248	113	0	0	16.5	5.0	14.8	32.6	0.7	3.0	90.8	27.4	27.9	9.0	0.3
	宁陵	424.4	0	11	104	232	89	0	0	15.2	4.2	14.0	33.3	0.1	2.4	87.3	22.5	30.3	4.5	2.0
	平安	553.8	0	12	96	246	94	0.2	0	17.3	5.3	16.0	36.2	0	3.3	83.5	26.7	27.5	0.3	0
	濮阳	452.0	0	10	100	246	85	0.6	0	16.0	4.8	15.2	34.4	0.4	3.0	84.9	25.0	30.8	3.7	2.0
	荥阳	536.6	0	12	98	245	106	0	0	16.5	4.7	14.7	35.0	0		81.2	28.6	20.9	2.8	0.9
	西华	507.8	0	11	103	236	112	0	0	14.5	4.7	14.6	29.8	0.5	2.9	89.9	25.7	22.6	0	0
	平均值	499.8	0	12	100.4	243.4	100.7	0.1	0	16.1	4.8	14.8	33.4	0.5	2.9	85.0	27.0	29.2	3.0	0.8
桥玉8号	南阳	464.3	2.8	9	94	313	102	0.1	0	17.4	4.8	12.8	39.4	1.0	2.7	81.1	32.5	29.6	5.8	1.8
	中牟	609.3	2.0	11	98	271	118	0.4	0.4	17.9	4.9	13.8	36.3	0.8	3.2	83.4	31.5	28.7	0.3	0.1
	长葛	402.1	-1.9	11	102	307	102	0	0	17.0	4.6	12.8	34.8	2.0	3.2	87.3	27.3	31.5	1.7	1.0
	洛阳	542.1	-4.0	11	107	288	108	0.2	0	17.0	4.6	12.6	36.6	1.6	3.0	89.2	26.8	21.5	6.6	0.2
	宁陵	437.9	3.2	10	103	271	97	0	0	15.6	4.3	13.3	33.7	0.9	2.6	85.7	24.0	27.1	3.4	1.3
	平安	559.3	1.0	11	97	289	108	1.8	0	17.6	4.9	14.6	40.4	0	3.0	81.1	26.8	22.4	0.8	0
	濮阳	478.2	5.8	8	100	286	96	0.8	0.2	16.8	4.6	14.0	39.2	0.8	3.0	80.6	23.8	32.8	4.0	3.3
	荥阳	587.7	9.5	7	97	290	103	0	0	18.5	5.0	14.7	40.7	1.0		80.2	29.6	20.1	3.1	1.1
	西华	463.8	-8.7	12	104	281	130	0	0	19.2	4.8	12.8	37.8	0.5	2.8	88.7	34.6	21.6	0	0.3
	平均值	505.0	1.02	10	100.2	286.2	107.7	0.4	0.1	17.4	4.7	13.5	37.7	1.0	2.9	84.2	28.5	26.2	2.9	1.0

表 3-15　2021 年河南省玉米品种区域试验参试品种所在试点抗病虫抗倒性状汇总(4500 株/亩机收组)

品种	试点	茎腐病/%	小斑病/级	穗腐病/%	弯孢叶斑病/级	瘤黑粉病/%	南方锈病/级	粗缩病/%	矮花叶病/级	纹枯病/级	褐斑病/级	玉米螟/级	倒伏率/%	倒折率/%	倒伏倒折率之和/%
豫单992	南阳	20.0	1	1.0	1	1.0	7	1.0	1	1	1	1	0	0	0
	中牟	35.0	1	0	1	0.6	9	0.6	1	1	3	7	0	0	0
	长葛	9.5	3	0	3	0	7	0	1	1	1	1	0	0	0
	洛阳	13.2	3	0	3	0	5	0	1	3	3	3	0.8	0	0.8
	宁陵	5.7	5	0.2	1	0	7	0	1	1	1	1	0	0	0
	平安	3.6	1	0	1	0	7	0	1	1	1	1	2.5	0.8	3.3
	濮阳	5.1	5	0	3	0	5	0	3	1	5	3	0	0.6	0.6
	荥阳	10.0	1	0	1	0	7	0	1	1	1	1	0	0	0
	西华	0.3	3	0	3	0	5	0	1	3	5	1	0	0	0
	平均值	11.4	5	0.1	3	0.2	9	0.2	3	3	5	7	0.4	0.2	0.5
郑泰301	南阳	3.0	1	1.0	1	1.0	3	1.0	1	1	1	1	0	0	0
	中牟	15.0	1	2.2	1	0	9	0	1	1	1	7	0	0	0
	长葛	3.9	3	0	3	0	7	0	1	1	1	1	0	0	0
	洛阳	10.0	3	0	3	0	5	0	1	3	3	1	0	0	0
	宁陵	12.2	3	0.4	1	0	7	0	1	1	1	1	0	0	0
	平安	1.5	1	0	1	0	5	0	1	1	1	1	3.3	0.2	3.5
	濮阳	0	1	0	1	0	3	0	3	3	3	1	0	0	0
	荥阳	8.0	1	0	1	0	7	0	1	1	1	1	0.2	0	0.2
	西华	0	3	0.1	5	0	5	0.1	1	3	3	3	0	0	0
	平均值	6.0	3	0.4	5	0.1	9	0.1	3	3	3	7	0.4	0	0.4

续表 3-15

品种	试点	茎腐病/%	小斑病/级	穗腐病/%	弯孢叶斑病/级	瘤黑粉病/%	南方锈病/级	粗缩病/%	矮花叶病/级	纹枯病/级	褐斑病/级	玉米螟/级	倒伏率/%	倒折率/%	倒伏倒折率之和/%
绿源玉16	南阳	20.0	1	1.0	1	1.0	7	1.0	1	1	1	1	0	0	0
	中牟	30.0	1	2.5	1	0	9	0.6	1	1	3	7	0	0	0
	长葛	21.9	3	0	3	0	7	0	1	1	1	1	0	0	0
	洛阳	30.3	5	0	3	0	7	0	1	3	3	3	9.0	0	9.0
	宁陵	12.8	5	0.2	1	0	7	0	1	1	1	1	0	0	0
	平安	3.8	1	0	1	0	7	0	1	1	1	1	2.3	0.6	2.9
	濮阳	0	5	0	3	0.1	5	0	1	1	3	1	3.8	0.2	4.0
	荥阳	20.0	1	0	1	0	7	0	1	1	1	1	0	0	0
	西华	0.6	3	0	5	0	5	0	1	3	3	1	0	0	0
	平均值	15.5	5	0.4	5	0.1	9	0.2	1	3	3	7	1.7	0.1	1.8
豫红191	南阳	15.0	1	1.0	1	1.0	3	1.0	1	1	1	1	0	0	0
	中牟	10.0	1	1.6	1	0	9	0	1	1	3	7	0	0	0
	长葛	21.1	3	0	3	0	7	0	1	1	1	1	0	0	0
	洛阳	16.4	3	0	3	0	5	0	1	3	3	1	0.8	0	0.8
	宁陵	8.0	5	0.3	1	0	7	0	1	1	1	1	0	0	0
	平安	0	1	0	1	0	3	0	1	1	1	1	2.1	0.4	2.5
	濮阳	0	1	0	1	0	3	0	1	1	3	3	3.0	0	3.0
	荥阳	10.0	1	0	1	0	5	0	1	1	1	1	0.5	0	0.5
	西华	0	5	0	5	0	3	0	1	3	5	1	0	0	0
	平均值	8.9	5	0.3	5	0.1	9	0.1	1	3	5	7	0.7	0	0.8

续表 3-15

品种	试点	茎腐病/%	小斑病/级	穗腐病/%	弯孢叶斑病/级	瘤黑粉病/%	南方锈病/级	粗缩病/%	矮花叶病/级	纹枯病/级	褐斑病/级	玉米螟/级	倒伏率/%	倒折率/%	倒伏倒折率之和/%
豫单973	南阳	2.0	1	1.0	1	1.0	3	1.0	1	1	1	1	0	0	0
	中牟	3.0	1	1.2	1	1.3	7	0	1	1	1	5	0	0	0
	长葛	1.4	3	0	3	0	5	0	1	1	1	1	0	0	0
	洛阳	4.0	3	0	1	0	3	0	1	3	3	3	0	0	0
	宁陵	3.2	3	0.3	1	0	7	0	1	1	1	1	0	0	0
	平安	0	1	0	1	0	3	0	1	1	1	1	4.2	0.2	4.4
	濮阳	0	3	0	1	0	3	0	3	3	3	1	3.4	0.6	4.0
	荥阳	0	1	0	1	0	5	0	1	1	1	1	0.7	0	0.7
	西华	0	3	0.4	5	0.1	3	0	1	1	3	3	0	0	0
	平均值	1.5	3	0.3	5	0.3	7	0.1	3	3	3	5	0.9	0.1	1.0
DHN 219	南阳	10.0	1	1.0	1	1.0	5	1.0	1	1	1	1	0	0	0
	中牟	45.0	3	1.2	1	1.3	9	0	1	1	3	7	0	0	0
	长葛	21.7	3	0	3	0	7	0	1	1	1	1	0	0	0
	洛阳	30.0	3	0	3	0	7	0	1	3	5	3	2.5	0	2.5
	宁陵	37.3	3	0.2	1	0	9	0	1	1	1	1	3.1	0	3.1
	平安	5.6	1	0	1	0	5	0	1	1	1	1	2.0	0.2	2.2
	濮阳	23.6	1	0	3	0.1	5	0	3	1	3	3	4.2	0.6	4.8
	荥阳	30.0	1	6.0	1	0	9	0	1	1	1	1	3.5	0.6	4.1
	西华	0	3	0	3	0	5	0	1	3	5	1	0	0	0
	平均值	22.6	3	0.9	3	0.3	9	0.1	3	3	5	7	1.7	0.2	1.9

续表 3-15

品种	试点	茎腐病/%	小斑病/级	穗腐病/%	弯孢叶斑病/级	瘤黑粉病/%	南方锈病/级	粗缩病/%	矮花叶病/级	纹枯病/级	褐斑病/级	玉米螟/级	倒伏率/%	倒折率/%	倒伏倒折率之和/%
先玉2023	南阳	2.0	1	1.0	1	1.0	3	1.0	1	1	1	1	0	0	0
	中牟	20.0	1	1.4	1	0	9	0	1	1	1	5	0	0	0
	长葛	4.2	3	0	3	0	5	0	1	1	1	1	0	0	0
	洛阳	13.7	3	0	3	0	5	0	1	5	3	3	0.8	0	0.8
	宁陵	10.5	5	0	1	0	9	0	1	1	1	1	0	0	0
	平安	0.4	1	0	1	0	3	0	1	1	1	1	1.4	0.2	1.6
	濮阳	0	3	0	3	0	3	0	1	1	1	1	4.3	0	4.3
	荥阳	20.0	1	0	1	0	7	0	1	1	1	1	0	0	0
	西华	0	1	0	3	0	1	0	1	1	3	3	0	0	0
	平均值	7.9	5	0.3	3	0.1	9	0.1	1	5	3	5	0.7	0	0.7
浚单1698	南阳	25.0	1	1.0	1	1.0	3	1.0	1	1	1	1	0	0	0
	中牟	35.0	1	0.4	1	1.3	9	0	1	1	3	7	0	0	0
	长葛	5.4	3	0	3	0	7	0	1	1	1	1	0	0	0
	洛阳	17.5	3	0	1	0	5	0	1	3	3	3	0	0	0
	宁陵	6.8	3	0.3	1	0	7	0	1	1	1	1	0	0	0
	平安	2.4	1	0	1	0	5	0	1	1	1	1	0.4	0	0.4
	濮阳	17.7	5	0	5	0	7	0	3	3	3	1	0.2	0.2	0.4
	荥阳	8.0	1	0	1	0	7	0	1	1	1	1	0.2	0	0.2
	西华	0.6	3	0	5	0	5	0	1	3	3	1	0	0	0
	平均值	13.2	5	0.2	5	0.3	9	0.1	3	3	3	7	0.1	0	0.1

续表 3-15

品种	试点	茎腐病/%	小斑病/级	穗腐病/%	弯孢叶斑病/级	瘤黑粉病/%	南方锈病/级	粗缩病/%	矮花叶病/级	纹枯病/级	褐斑病/级	玉米螟/级	倒伏率/%	倒折率/%	倒伏倒折率之和/%
德单223	南阳	23.0	1	1.0	1	1.0	7	1.0	1	1	1	1	0	0	0
	中牟	45.0	3	0.7	1	0.6	9	1.3	1	1	3	7	0	0	0
	长葛	21.2	3	0	3	0	7	0	1	1	1	1	0	0	0
	洛阳	82.2	3	0	3	0	7	0	1	3	3	3	8.3	0	8.3
	宁陵	4.2	3	0.1	1	0	9	0	1	1	1	1	0	0	0
	平安	3.6	1	0.1	1	0	5	0	1	1	1	1	2.4	0.6	3.0
	濮阳	0	3	0	3	0	5	0	3	3	5	3	4.0	0.4	4.4
	荥阳	35.0	1	0	1	0	9	0	1	1	1	1	1.7	2.0	3.7
	西华	0.6	1	0.1	3	0	7	0	1	3	3	1	0	0	0
	平均值	23.9	3	0.2	3	0.2	9	0.3	3	3	5	7	1.8	0.3	2.2
鼎优216	南阳	18.0	1	1.0	1	1.0	5	1.0	1	1	1	1	0	0	0
	中牟	10.0	1	1.1	1	0	7	0.6	1	1	1	5	0	0	0
	长葛	19.8	3	0	3	0	5	0	1	1	1	1	0	0	0
	洛阳	29.6	5	0	3	0	5	0	1	3	3	3	8.1	0	8.1
	宁陵	4.9	5	0	1	0	7	0	1	1	1	1	0	0	0
	平安	0.2	1	0	1	0	3	0	1	1	1	1	0.6	0	0.6
	濮阳	0	3	0	1	0	3	0	3	1	5	3	2.3	0.6	3.0
	荥阳	35.0	1	0	1	0	7	0	1	1	1	1	0	0	0
	西华	0	1	0	1	0	1	0	1	1	1	1	0	0	0
	平均值	13.1	5	0.2	3	0.1	7	0.2	3	3	5	5	1.2	0.1	1.3

续表 3-15

品种	试点	茎腐病/%	小斑病/级	穗腐病/%	弯孢叶斑病/级	瘤黑粉病/%	南方锈病/级	粗缩病/%	矮花叶病/级	纹枯病/级	褐斑病/级	玉米螟/级	倒伏率/%	倒折率/%	倒伏倒折率之和/%
郑单958	南阳	65.0	1	1.0	1	1.0	7	1.0	1	1	1	1	0	7.4	7.4
	中牟	25.0	3	1.0	1	1.3	9	1.3	1	1	3	7	0	0	0
	长葛	20.5	3	0	5	0	7	0	1	1	1	1	0	0	0
	洛阳	48.0	3	0	3	0	7	0	1	3	3	3	40.5	7.3	47.8
	宁陵	32.3	5	0	1	0	9	0	1	1	1	1	0	0	0
	平安	2.3	1	0	1	0	5	0	1	1	1	1	3.8	0.4	4.2
	濮阳	0	3	0	3	0	5	0	1	3	3	1	0.4	0.2	0.6
	荥阳	100	1	0	1	0	9	0	1	1	1	1	1.7	0.3	2.0
	西华	0	3	0	5	0	5	0	1	3	5	1	0	0	0
	平均值	32.6	5	0.2	5	0.3	9	0.3	1	3	5	7	5.2	1.7	6.9
桥玉8号	南阳	5.0	1	1.0	1	1.0	3	1.0	1	1	1	1	0	1.2	1.2
	中牟	35.0	1	0.1	1	0.6	9	0.6	1	1	1	7	0	0	0
	长葛	21.9	3	0	3	0	7	0	1	1	1	1	0	0	0
	洛阳	75.0	3	0	3	0	7	0	1	3	3	3	45.0	5.0	50.0
	宁陵	28.7	5	0	1	0	9	0	1	1	1	1	0	0	0
	平安	0.7	1	0	1	0	5	0	1	1	1	1	0.6	0.2	0.8
	濮阳	0	5	0	3	0	5	0	3	3	5	3	1.3	0.4	1.7
	荥阳	90.0	1	0	1	0	9	0	1	1	1	1	1.0	0.7	1.7
	西华	0.3	1	0	3	0	1	0	1	1	3	1	0	0	0
	平均值	28.5	5	0.1	3	0.2	9	0.2	3	3	5	7	5.3	0.8	6.1

第四章　2021 年河南省玉米品种区域试验报告(5500 株/亩机收组)

第一节　5500 株/亩区域试验报告(A 组)

一、试验目的

根据《中华人民共和国种子法》《主要农作物品种审定办法》有关规定和 2021 年河南省农作物品种审定委员会玉米专业委员会会议精神,在 2020 年河南省玉米机收组区域试验和比较试验的基础上,继续筛选适宜河南省种植的优良玉米杂交种。

二、参试品种及承试单位

2021 年本组供试品种 9 个,其中参试品种共 7 个,设置 2 个对照品种,郑单 958 为 CK1,桥玉 8 号为 CK2,供试品种编号 1~9。承试单位 12 个,具体包括 6 个适应性测试点、6 个机械粒收测试点。各参试品种的名称、编号、供种单位(个人)及承试单位见表 4-1。

表 4-1　2021 年河南省玉米区域试验 5500 株/亩机收 A 组参试品种及承试单位

<table>
<tr><th>品种</th><th>参试年限</th><th>亲本组合</th><th>供种单位(个人)</th><th>承试单位</th></tr>
<tr><td>豫龙 618</td><td>2</td><td>X01×龙 811</td><td>河南省农作物新品种引育中心</td><td rowspan="9">适应性测试点:
鹤壁市农业科学院(鹤壁)
洛阳市农林科学院(洛阳)
新乡市农业科学院(新乡)
河南农业职业学院(中牟)
濮阳市种子管理站(濮阳)
河南省中元种业有限公司(遂平)
机械粒收测试点:
河南平安种业有限公司(焦作)
河南省豫玉种业股份有限公司(荥阳)
河南鼎研泽田农业科技开发有限公司(长葛)
河南黄泛区地神种业农科所(西华)
南阳鑫亮农业科技有限公司(南阳)
河南金苑种业股份有限公司(宁陵)</td></tr>
<tr><td>郑玉 881</td><td>2</td><td>郑 7243×YF6</td><td>郑州市农林科学研究所</td></tr>
<tr><td>H1970</td><td>2</td><td>D0013Z×D0014Z</td><td>中种国际种子有限公司</td></tr>
<tr><td>华研 1798</td><td>2</td><td>M178×A3-3</td><td>河南华研农业科技有限公司</td></tr>
<tr><td>豫单 976</td><td>1</td><td>HL136×HL332</td><td>河南农业大学</td></tr>
<tr><td>金颗 213</td><td>1</td><td>J827×J823</td><td>河南金科种子有限公司</td></tr>
<tr><td>郑品玉 416</td><td>1</td><td>JCY19326A×JCY2008</td><td>新乡市金苑邦达富农业科技有限公司</td></tr>
<tr><td>郑单 958</td><td>CK1</td><td>郑 58×昌 7-2</td><td>河南秋乐种业科技股份有限公司</td></tr>
<tr><td>桥玉 8 号</td><td>CK2</td><td>La619158×Lx9801</td><td>河南省利奇种子有限公司</td></tr>
</table>

三、试验概况

（一）试验设计

全省按照统一试验方案，设适应性测试点和机械粒收测试点。适应性测试点按完全随机区组设计，3 次重复，小区面积为 24 m^2，8 行区（收获中间 4 行计产，计产面积为 12 m^2），行长 5 m，行距 0.600 m，株距 0.250 m，每行播种 20 穴。机械粒收测试点采取随机区组排列，3 次重复，小区面积 96 m^2，8 行区（收获中间 4 行计产），行长 20 m，行距 0.6 m，株距 0.250 m，每行播种 80 穴。小区两端设 8 m 机收作业转弯区种植其他品种，提前收获以便机收作业。

各试点对参试品种按原编号自行随机排列，每穴点种 2~3 粒，定苗时留苗一株，密度为 4500 株/亩，重复间留走道 1.5 m，试验周围设不少于 4 行的玉米保护区。对照种植密度均为 4500 株/亩。适应性测试点和机械粒收测试点按编号统计汇总，用亩产量结果进行方差分析，用 LSD 方法分析品种间的差异显著性检验。

（二）试验和田间管理

试验采取参试品种和试验点实名公开的运行管理模式，以利于田间品种考察、育种者观摩。河南省种子站 7 月中下旬组织专家对试点重点出苗情况、试验质量情况考察，9 月中下旬组织专业委员会委员对各试验点品种的田间表现进行综合评价。

根据试验方案要求，各承试单位都固定了专职技术人员负责此项工作，并认真选择试验地块，麦收后及时铁茬播种，在 6 月 4 日至 6 月 15 日各试点基本相继播种完毕，在 9 月 28 日至 10 月 10 日相继完成收获。在间定苗、中耕除草、追肥、治虫、灌排水等方面都比较及时、认真，各试点试验开展顺利，试验质量良好。

（三）田间调查、收获和室内考种

按《河南省玉米品种试验操作规程》规定的记载项目、记载标准、记载时期分别进行。田间观察记载项目在当天完成，成熟时先调查，后取样（考种用），然后收获。严格控制收获期，在墒情满足出苗情况下，从出苗算起 110 d 整组试验材料全部同时收获。

适应性区试点每小区只收中间 4 行计产，面积为 12 m^2。晒干后及时脱粒并加入样品果穗的考种籽粒一起称其干籽重并测定籽粒含水量，按 13%标准含水量折算后的产量即小区产量，用 kg 表示，保留两位小数。

机收试验点机械粒收，每小区只收中间 4 行计产，面积为 48 m^2。收获后立即称取小区籽粒鲜重，并随机抽取样品测定籽粒含水量、破碎率和杂质率。小区籽粒鲜重按 13%标准含水量折算籽粒干重，即为小区产量。

（四）鉴定和检测

为客观、公正、全面评价参试品种，对所有参加区域试验品种进行两年的人工接种抗病虫性鉴定、品质检测，对区域试验一年的品种进行 DNA 真实性检测。抗性鉴定委托河南农业大学植保学院负责实施，对参试品种进行指定的病虫害种类人工接种抗性鉴定，鉴定品种由收种单位统一抽取样品后（1.0 kg/品种），于 5 月 20 日前寄到委托鉴定单位。DNA 检测委托北京市农林科学院玉米研究中心负责实施，由河南省种子站统一扦样和送样。转基因成分检测委托农业农村部小麦玉米种子质量监督检验测试中心负责实施，由收种单位统一扦样和送样。

品质检测委托农业农村部农产品质量监督检验测试中心（郑州）负责实施，对检测样品进行规定项目的品质检测。被检测样品由指定的鹤壁市农业科学院、洛阳市农林科学院、地神种业农科所三个试验点提供，每个试验点提供成熟的套袋果穗（至少5穗/品种，净籽粒干重大于0.5 kg），晒干脱粒后于10月20日前寄（送）到主持单位，由主持单位均等混样后统一送委托检测单位。

（五）气候特点

根据本组承试单位提供的全部气象资料数据进行汇总分析（见表4-2）。在玉米生育期的6~9月，日平均气温较历年偏高1.0 ℃，总降雨量较历年增加509.5 mm，日照时数比历年减少116.2 h。6月日平均温度比历年高2.4 ℃，上、中、下旬均高于历年；降雨量较历年减少39.3 mm，降雨分布不均匀，上、中、下旬均少于历年；日照时数比历年减少32.7 h，上、下旬与往年相近，中旬日照时数少于历年。7月日平均温度较历年偏高0.5 ℃，主要是上旬温度较高；7月雨水充足，降雨量较历年增加265.8 mm，中、下旬雨水较多；日照时数比历年减少29.9 h，主要是全月降雨较多。8月日平均温度较历年持平；降雨量比历年增加89.3 mm，但分布极不均匀，上旬比历年明显减少，下旬降雨量比历年显著增加；日照时数比历年减少41.1 h，主要是中、下旬日照时数减少。9月日平均温度比历年偏高1.2 ℃，中、下旬温度均略高于历年；降雨量较历年增加193.6 mm，上、中、下旬均多雨；日照时数比历年减少12.6 h，主要是本月降雨较多，晴朗天少。2021年试验期间河南省气象资料统计见表4-2。

表4-2　2021年试验期间河南省气象资料统计

时间	平均气温/℃			降雨量/mm			日照时数/h		
	当年	历年	相差	当年	历年	相差	当年	历年	相差
6月上旬	26.3	23.9	2.5	8.6	20.6	-12.0	66.8	65.8	1.0
6月中旬	27.1	24.9	2.2	20.9	21.9	-1.0	33.9	69.4	-35.5
6月下旬	27.8	25.4	2.4	11.9	38.2	-26.3	66.2	64.3	1.9
月计	27.1	24.7	2.4	41.4	80.6	-39.3	166.9	199.5	-32.7
7月上旬	26.8	25.7	1.1	15.1	42.0	-26.9	51.5	56.8	-5.3
7月中旬	26.4	25.6	0.8	236.8	54.2	182.5	36.2	52.2	-16.0
7月下旬	25.7	26.1	-0.4	163.1	52.9	110.2	60.7	69.3	-8.5
月计	26.3	25.8	0.5	414.9	149.2	265.8	148.4	178.3	-29.9
8月上旬	26.7	25.8	0.9	23.7	51.2	-27.4	67.0	58.7	8.3
8月中旬	25.0	24.6	0.4	37.5	36.1	1.4	39.2	54.7	-15.5
8月下旬	22.0	23.5	-1.4	150.5	35.1	115.3	29.3	63.2	-33.9
月计	24.6	24.6	0	211.7	122.3	89.3	135.5	176.6	-41.1

续表 4-2

时间	平均气温/℃			降雨量/mm			日照时数/h		
	当年	历年	相差	当年	历年	相差	当年	历年	相差
9月上旬	21.9	22.0	-0.1	74.8	28.1	46.7	48.6	57.0	-8.4
9月中旬	22.1	20.3	1.8	79.1	19.2	60.0	56.9	52.0	4.9
9月下旬	20.6	18.8	1.8	103.5	16.5	87.0	43.7	52.8	-9.1
月计	21.5	20.4	1.2	257.4	63.8	193.6	149.2	161.8	-12.6
6~9月合计	—	—	—	925.4	415.9	509.5	600.0	716.2	-116.2
6~9月合计平均	24.9	23.9	1.0	—	—	—	—	—	—

注:历年值是指近30年的平均值。

(六)试验点年终报告及汇总情况

2021年该组试验收到适应性测试点年终报告4份、机械粒收测试点年终报告6份,鹤壁和新乡试点因遭遇大风严重倒伏申请试验报废。根据专家组在苗期和后期现场考察结果,遂平试点倒伏情况严重,数据不予汇总,经认真审核将符合要求的其余9份年终报告进行汇总。

四、试验结果及分析

(一)各试点小区产量联合方差分析

对2021年各试点小区产量进行联合方差分析结果(见表4-3)表明,试点间、品种间、品种与试点互作均达显著水平,说明本组试验设计与布点科学合理,参试品种间存在显著差异,且不同品种在不同试点的表现趋势也存在显著差异。

表4-3 各试点小区产量(亩产)联合方差分析

变异来源	自由度	平方和	均方	*F*值	概率(小于0.05显著)
试点内区组	18	22695.11	1260.84	1.88	0.02
品种	8	378172.58	47271.57	70.63	0
试点	8	973424.72	121678.09	181.79	0
品种×试点	64	231904.06	3623.5	5.41	0
误差	144	96382.92	96382.92		
总变异	242	1702579.39			

注:本试验的误差变异系数CV=4.784%。

(二)参试品种的产量表现

将各参试品种在9个试点的产量列于表4-4。从表4-4中可以看出,与CK1郑单958相比,H1970、豫单976、华研1798、郑玉881、豫龙618共5个品种极显著增产,金颗213增产不显著,郑品玉416极显著减产。

表 4-4　2021 年河南省玉米品种区域试验 5500 株/亩机收 A 组产量结果及多重比较结果(LSD 法)

品种	品种编号	平均亩产/kg	差异显著性		位次	较 CK1		
			0.05	0.01		增减/(±%)	增产点数	减产点数
H1970	3	598.74	a	A	1	17.52	9	0
豫单 976	5	588.72	a	A	2	15.56	9	0
华研 1798	4	569.77	b	B	3	11.84	8	1
郑玉 881	2	562.50	b	BC	4	10.41	9	0
豫龙 618	1	544.32	c	C	5	6.84	9	0
金颗 213	6	514.16	d	D	6	0.92	4	5
郑单 958	8	509.46	de	D	7	0	0	0
桥玉 8 号	9	498.58	e	DE	8	−2.14	4	5
郑品玉 416	7	481.12	f	E	9	−5.56	3	6

注:1.平均亩产为 9 个辅助点的平均值。

2.$LSD_{0.05}$ = 13.9417,$LSD_{0.01}$ = 18.4482。

(三)各参试品种产量的稳定性分析

采用 Shukla 稳定性分析方法对各品种亩产产量的稳定性分析结果(见表 4-5)表明,各参试品种的稳定性均较好,Shukla 变异系数为 2.0729%~11.0135%。其中,郑玉 881 的稳产性最好。

表 4-5　各参试品种的 Shukla 方差、变异系数及其亩产均值

品种	品种编号	自由度	Shukla 方差	*F* 值	概率	互作方差	亩产均值	Shukla 变异系数/%
豫龙 618	1	8	453.86	0.68	0.71	0	544.32	3.9139
郑玉 881	2	8	135.96	0.2	0.99	0	562.51	2.0729
H1970	3	8	1084.27	1.62	0.12	414.96	598.74	5.4996
华研 1798	4	8	1614.85	2.41	0.02	945.54	569.77	7.0528
豫单 976	5	8	670.33	1	0.44	1.02	588.73	4.3977
金颗 213	6	8	2291.14	3.42	0	1621.83	514.16	9.3094
郑品玉 416	7	8	2807.85	4.2	0	2138.55	481.13	11.0135
郑单 958	8	8	123.79	0.18	0.99	0	509.46	2.1839
桥玉 8 号	9	8	1682.2	2.51	0.01	1012.89	498.59	8.2262

(四)各试点试验的可靠性评价

从表 4-6 可以看出,9 个试点试验误差的变异系数均小于 10%,说明各试点试验执行认真、管理精细、数据可靠,可以汇总,试验结果可对各参试品种进行科学分析与客观评价。

表 4-6　2020 年各试点试验误差变异系数(CV)　%

试点	CV	试点	CV	试点	CV
南阳	2.424	中牟	7.358	洛阳	4.207
宁陵	2.845	平安	1.966	濮阳	7.077
地神	1.25	长葛	2.001	豫玉	5.991

(五)参试品种在各试点的产量结果

各品种在所有试点的产量汇总结果列于表 4-7。

表 4-7　2021 年河南省玉米品种区域试验 5500 株/亩机收 A 组产量结果汇总

试点	品种(编号)								
	豫龙 618(1)			郑玉 881(2)			H1970(3)		
	亩产/kg	较 CK1/(±%)	位次	亩产/kg	较 CK1/(±%)	位次	亩产/kg	较 CK1/(±%)	位次
南阳	505.32	10.14	6	504.16	11.16	7	595.41	29.78	1
中牟	649.45	2.66	5	674.63	6.49	3	658.52	4.10	4
长葛	454.27	6.55	5	456.97	7.48	4	498.49	16.92	3
洛阳	581.43	4.91	4	591.51	7.27	2	644.33	16.25	1
宁陵	465.87	8.51	4	473.99	10.27	3	491.49	14.48	1
平安	624.91	15.76	2	615.98	13.45	3	614.08	13.76	4
濮阳	485.19	2.06	5	554.63	17.09	4	625.00	31.48	1
豫玉	581.53	4.00	6	631.99	12.34	4	650.74	16.38	3
地神	550.94	8.13	7	558.68	10.80	6	610.60	19.84	1
平均亩产	544.32	6.84	5	562.51	10.64	4	598.74	17.52	1
CV/%	12.931			13.118			10.394		
试点	品种(编号)								
	华研 1798(4)			豫单 976(5)			金颗 213(6)		
	亩产/kg	较 CK1/(±%)	位次	亩产/kg	较 CK1/(±%)	位次	亩产/kg	较 CK1/(±%)	位次
南阳	519.73	13.28	2	515.16	12.29	4	519.46	13.22	3
中牟	709.82	12.21	1	682.97	7.96	2	647.60	2.37	7
长葛	505.26	18.51	1	505.07	18.47	2	405.82	-4.81	8
洛阳	535.48	-3.39	7	586.18	5.76	3	572.90	3.37	5
宁陵	462.75	7.78	5	486.56	13.33	2	387.15	-9.82	9
平安	553.43	2.52	6	642.18	18.96	1	537.64	-0.40	8
濮阳	583.34	22.71	3	611.11	28.55	2	422.78	-11.06	8
豫玉	658.11	17.69	2	663.87	18.72	1	536.95	-3.97	8
地神	600.08	17.77	3	605.46	18.83	2	597.20	17.21	4
平均亩产	569.78	11.84	3	588.73	15.56	2	514.17	0.92	6
CV/%	13.607			12.163			17.594		

续表 4-7

试点	品种(编号)							
	郑品玉 416(7)			郑单 958(8)		桥玉 8 号(9)		
	亩产/kg	较 CK1/(±%)	位次	亩产/kg	位次	亩产/kg	较 CK1/(±%)	位次
南阳	510.91	11.36	5	458.78	8	406.68	-11.36	9
中牟	533.52	-15.66	9	632.60	8	647.97	2.43	6
长葛	348.80	-18.19	9	426.34	6	409.72	-3.90	7
洛阳	473.11	-14.64	9	554.24	6	512.69	-7.50	8
宁陵	446.98	4.11	6	429.33	8	434.95	1.31	7
平安	520.93	-3.50	9	539.82	7	566.39	4.92	5
濮阳	415.00	-12.70	9	475.37	6	463.71	-2.45	7
豫玉	517.13	-7.52	9	559.17	7	589.96	5.51	5
地神	563.79	10.65	5	509.51	8	455.20	-10.66	9
平均亩产	481.13	-5.56	9	509.46	7	498.59	-2.14	8
CV/%	14.031			13.461		17.217		

(六)各品种田间性状调查结果

各品种田间性状调查结果汇总见表 4-8。

表 4-8　2021 年河南省玉米品种区域试验 5500 株/亩机收 A 组田间性状调查结果

品种	株型	株高/cm	穗位高/cm	倒伏率/%	倒折率/%	倒点率/%	空秆率/%	双穗率/%	穗腐病/%	穗腐病病粒率≥2.0%试点率/%	小斑病/级
豫龙 618	紧凑	277.3	100.6	0.6	0.1	11.1	0.6	0.1	1.0	0	5
郑玉 881	紧凑	252.6	92.0	0.6	0.1	0	0.4	0	1.7	0	5
H1970	半紧凑	272.3	96.1	0.1	0	0	0.4	0.1	1.0	0	5
华研 1798	半紧凑	253.7	87.5	0.5	0.1	0	0.4	0	1.0	0	5
豫单 976	半紧凑	242.3	81.8	0.7	0	0	0.6	0.1	1.0	0	5
金颗 213	半紧凑	257.8	93.5	0.3	0	0	0.4	0	1.0	0	7
郑品玉 416	半紧凑	242.6	86.0	0.5	0.2	11.1	0.6	0	4.5	11.1	5
郑单 958	紧凑	247.1	125.3	4.9	2.2	22.2	0.3	0	3.0	11.1	5
桥玉 8 号	半紧凑	292.6	105.2	6.3	1.1	11.1	0.5	0	1.0	0	5

续表 4-8

品种	茎腐病/%	弯孢叶斑病/级	瘤黑粉病/%	粗缩病/%	矮花叶病/级	纹枯病/级	褐斑病/级	南方锈病/级	玉米螟/级
豫龙 618	22.5	5	1.0	0	3	5	5	9	3
郑玉 881	20.0	5	1.0	0	1	5	5	9	3
H1970	4.5	3	1.0	0	1	3	3	9	3
华研 1798	35.0	5	1.0	0	1	3	3	9	3
豫单 976	18.0	3	1.0	0	3	3	3	7	3
金颗 213	37.1	3	2.0	0	3	3	5	9	5
郑品玉 416	60.0	3	2.0	0	1	3	5	9	5
郑单 958	100	5	2.0	0	3	5	5	9	5
桥玉 8 号	100	5	2.0	0	3	3	5	9	5

品种	生育期/d	全生育期叶数/片	雄穗分枝数	花药色	果穗茎秆角度	花丝色	苞叶情况	雄穗颖片颜色
豫龙 618	99	19.5	中等,枝长中等	浅紫	中等	浅紫	中	绿
郑玉 881	100	18.9	中等,枝长中等	浅紫	中等	浅紫	中	浅紫
H1970	101	19	中等,枝长中等	浅紫	中等	绿	短	绿
华研 1798	100	18.4	中等,枝长中等	浅紫	中等	浅紫	中	绿
豫单 976	101	18.7	中等,枝长中等	绿	中等	浅紫	中	绿
金颗 213	99	19	中等,枝长中等	紫	中等	绿	长	绿
郑品玉 416	99	18	少,枝长中等	浅紫	中等	浅紫	中	绿
郑单 958	101	19.6	多,枝长中等	浅紫	小	浅紫	中	绿
桥玉 8 号	100	19.7	中等且枝长	紫	中等	紫	中	绿

(七)各品种穗部性状室内考种结果

各品种穗部性状室内考种结果见表 4-9。

表 4-9　2021 年河南省玉米品种区域试验 5500 株/亩机收 A 组穗部性状室内考种结果

品种	穗长/cm	穗粗/cm	穗行数/行	行粒数/粒	秃尖长/cm	轴粗/cm	籽粒含水量/%	含水达标点率/%	籽粒破碎率/%
豫龙 618	16.0	4.5	15.9	32.2	0.5	2.4	24.4	100	2.2
郑玉 881	15.4	4.8	16.9	31.6	0.7	2.8	25.7	83.3	2.1
H1970	17.6	4.6	15.8	30.3	1.4	2.7	25.8	66.7	2.7
华研 1798	15.2	4.5	16.5	28.2	1.0	2.7	23.0	100	2.3
豫单 976	16.2	4.6	14.8	31.0	1.3	2.5	25.1	100	2.5

续表 4-9

品种	穗长/cm	穗粗/cm	穗行数/行	行粒数/粒	秃尖长/cm	轴粗/cm	籽粒含水量/%	含水达标点率/%	籽粒破碎率/%
金颗 213	17.4	4.3	15.1	33.5	1.7	2.6	23.6	100	2.5
郑品玉 416	14.8	4.3	16.6	31.5	0.7	2.4	21.1	100	2.4
郑单 958	16.3	4.8	14.9	33.4	0.3	2.9	29.2	25.5	2.9
桥玉 8 号	16.9	4.7	13.4	37.1	1.1	2.9	25.5		2.9

品种	出籽率/%	百粒重/g	穗型	轴色	粒型	粒色	结实性
豫龙 618	86.9	26.2	长筒型	红	半马齿	黄	好
郑玉 881	86.8	26.8	短筒型	白	半马齿	黄	好
H1970	86.6	33.2	长筒型	红	半马齿	黄	好
华研 1798	88.5	28.1	短筒型	红	半马齿	黄	好
豫单 976	86.9	32.1	短筒型	红	硬粒	黄	好
金颗 213	84.5	27.7	长筒型	红	半马齿	黄	中
郑品玉 416	86.4	23.5	短筒型	红	马齿	黄	中
郑单 958	85.7	25.9	短筒型	白	半马齿	黄	中
桥玉 8 号	85.2	27.5	长筒型	红	半马齿	黄白	中

(八)参试品种抗病性接种鉴定结果

河南农业大学植物保护学院对各参试品种抗病性接种鉴定结果见表 4-10。各品种在各试点表现见表 4-14、表 4-15。

表 4-10　2021 年河南省玉米品种区域试验 5500 株/亩机收 A 组抗病性接种鉴定结果

品种	茎腐病		穗腐病		锈病		小斑病		弯孢叶斑病		瘤黑粉病	
	发病率/%	抗性	病级	抗性	病级	抗性	病级	抗性	病级	抗性	发病率/%	抗性
豫龙 618	18.5	中抗	5.5	中抗	9	高感	3	抗	9	高感	0	高抗
郑玉 881	14.8	中抗	4.4	中抗	7	感	7	感	9	高感	0	高抗
H1970	0	高抗	2.3	抗	5	中抗	3	抗	7	感	20	感
华研 1798	18.5	中抗	3.9	中抗	5	中抗	5	中抗	5	中抗	60	高感
豫单 976	18.5	中抗	1.8	抗	5	中抗	3	抗	5	中抗	0	高抗
金颗 213	48.1	高感	2.3	抗	9	高感	3	抗	3	抗	0	高抗
郑品玉 416	22.2	中抗	3.9	中抗	9	高感	1	高抗	3	抗	20	感

(九)籽粒品质性状测定结果

农业农村部农产品质量监督检验测试中心(郑州)对各参试品种多点套袋果穗的籽粒混合样品的品质分析检验结果见表4-11。

表4-11 2021年河南省玉米品种区域试验5500株/亩机收A组籽粒品质测定结果

品种	品种编号	容重/(g/L)	水分/%	粗蛋白质/%	粗脂肪/%	粗淀粉/%	赖氨酸/%
豫龙618	1	749	11.2	10.2	3.8	75.02	0.29
郑玉881	2	775	11.2	10.1	3.5	74.32	0.33
H1970	3	764	11.4	9.17	3.6	75.71	0.28
华研1798	4	764	11.3	9.74	3.2	75.94	0.28
豫单976	5	783	11.4	9.59	3.6	75.03	0.34
金颗213	6	788	11.0	10.0	3.4	75.87	0.32
郑品玉416	7	734	11.7	9.39	3.2	75.29	0.34

本组试验品种中,豫龙618、郑玉881、H1970、华研1798为第二年参试,2020~2021年两年产量见表4-12。

表4-12 2020~2021年河南省玉米品种5500株/亩机收A组区域试验产量结果

品种编号	品种	2020年			2021年			两年平均	
		亩产/kg	较CK1/(±%)	位次	亩产/kg	较CK1/(±%)	位次	亩产/kg	较CK1/(±%)
1	豫龙618	684.68	8.44	1	544.32	6.84	5	624.53	8.16
2	郑玉881	677.79	7.35	2	562.51	10.41	4	628.38	8.83
3	H1970	676.53	7.15	3	598.74	17.52	1	643.19	11.40
4	华研1798	658.30	4.26	6	569.78	11.84	3	620.36	7.44
8	郑单958	628.34	—	10	509.46	—	7	577.39	—
9	桥玉8号	578.45	-8.86	14	498.59	-2.14	8	544.22	-5.74

注:1.2020年试验为12个试点汇总,2021年试验为9个试点汇总,两年平均亩产为加权平均。

2.表中仅列出2020~2021年连续两年参加该组区域试验的品种。

(十)DNA检测比较结果

DNA检测同名品种以及疑似品种比较结果见表4-13。

表4-13 2021年河南省区域试验5500株/亩机收A组品种DNA指纹检测结果

序号	待测样品		对照样品			比较位点数	差异位点数
	样品编号	样品名称	样品编号	样品名称	来源		
42-1	MHN2100114	豫龙618	MGJ2000090	豫龙618	2020年国家良种攻关机收区试	40	0

续表 4-13

序号	待测样品		对照样品			比较位点数	差异位点数
	样品编号	样品名称	样品编号	样品名称	来源		
42-2	MHN2100114	豫龙 618	MGJ2100036	豫龙 618	2021 年国家良种攻关机收区试	40	0
42-3	MHN2100114	豫龙 618	MHN2000064	豫龙 618	2020 年河南区试	40	0
42-4	MHN2100114	豫龙 618	MW2101610	豫龙 618	2021 年国家联合体——黄河玉米新品种创新联盟玉米新品种测试联合体	40	0
43	MHN2100115	郑玉 881	MHN2000065	郑玉 881	2020 年河南区试	40	0
75-1	MHN2100149	H1970	MGJ2000050	H1970	2020 年国家良种攻关机收区试	40	0
75-2	MHN2100149	H1970	MGJ2100102	H1970	2021 年国家良种攻关机收区试	40	0
75-3	MHN2100149	H1970	MHN2000060	H1970	2020 年河南区试	40	0

五、品种评述及建议

(一)第二年区域试验品种

1.豫龙 618

1)产量表现

2020 年试验该品种平均亩产为 684.68 kg,比 CK1 郑单 958 极显著增产 8.97%,居本组试验第 1 位。与 CK1 郑单 958 相比,全省 12 个试点增产,0 个试点减产,增产点比率为 100%。2021 年试验该品种平均亩产为 544.32 kg,比 CK1 郑单 958 显著增产 6.84%,居本组试验第 5 位。与 CK1 郑单 958 相比,全省 9 个试点增产,0 个试点减产,增产点比率为 100%。该品种两年(见表 4-12)试验平均亩产 624.53 kg,比对照郑单 958 增产 8.16%。与对照郑单 958 相比,全省 21 个试点增产,0 个试点减产,增产点比率为 100%。

2)特征特性

2020 年试验该品种收获时籽粒含水量 27.8%,低于 CK2 桥玉 8 号的 28.0%,达标点率 75%;籽粒破碎率 3.3%,低于 CK2 桥玉 8 号的 3.8%。2021 年试验该品种收获时籽粒含水量 24.4%,低于 CK2 桥玉 8 号的 25.5%,达标点率 100%;籽粒破碎率 2.2%,低于 CK2 桥玉 8 号的 2.9%。

2020 年试验该品种株型半紧凑,果穗茎秆角度中等,平均株高 293.4 cm,穗位高 115.8 cm,总叶片数 20 片,雄穗分枝数中等,花药黄色,花丝绿色,倒伏率 1.1%,倒折率 0.1%,倒伏倒折率之和>5.0%的试验点比率为 8.3%,空秆率 0.70%,双穗率 0.3%,苞叶长度长。自然发病情况为:穗腐病 0.3%,小斑病 1~5 级,弯孢叶斑病 1~5 级,矮花叶病毒病

1~3 级,南方锈病 3~7 级,纹枯病 1~3 级,褐斑病 1~5 级,心叶期玉米螟危害 1~3 级,茎腐病 2.0%,瘤黑粉病 0%,粗缩病 0.1%。生育期 105 d,较 CK1 郑单 958 早熟 1 d,较 CK2 桥玉 8 号晚熟 1 d。穗长 15.6 cm,穗粗 4.7 cm,穗行数 17.4,行粒数 30.3,秃尖长0.5 cm,轴粗 2.6 cm,穗粒重 152.6 g,出籽率 88.6%,千粒重 326.8 g。果穗圆筒型,红轴,籽粒为半马齿型,黄粒,结实性中。

2021 年试验该品种株型紧凑,果穗茎秆角度中等,平均株高 277.3 cm,穗位高 100.6 cm,总叶片数 20 片,雄穗分枝数中等,枝长中等,花药浅紫色,花丝浅紫色,倒伏率 0.6%,倒折率 0.1%,倒伏倒折率之和>5.0%的试验点比率为 11.1%,空秆率 0.6%,双穗率 0.1%,苞叶长度中。自然发病情况为:穗腐病 1.0%,小斑病 1~5 级,弯孢叶斑病 1~5 级,矮花叶病毒病 1~3 级,南方锈病 5~9 级,纹枯病 1~5 级,褐斑病 1~5 级,心叶期玉米螟危害 1~3 级,茎腐病 22.5%,瘤黑粉病 1.0%,粗缩病 0%。生育期 99 d,较 CK1 郑单 958 早熟 2 d,较 CK2 桥玉 8 号早熟 1 d。穗长 16.0 cm,穗粗 4.5 cm,穗行数 15.9,行粒数 32.2,秃尖长 0.5 cm,轴粗 2.4 cm,出籽率 86.9%,百粒重 26.2 g。果穗长筒型,红轴,籽粒为半马齿型,黄粒,结实性好。

3)抗病性鉴定

根据 2020 年河南农业大学植保学院人工接种鉴定报告:该品种高抗小斑病,抗弯孢叶斑病、穗腐病,中抗茎腐病、瘤黑粉病,感锈病。根据 2021 年河南农业大学植保学院人工接种鉴定报告(见表 4-10):该品种高抗瘤黑粉病,抗小斑病,中抗茎腐病、穗腐病,高感弯孢叶斑病、锈病。

4)品质分析

根据 2020 年农业农村部农产品质量监督检验测试中心(郑州)对该品种多点套袋果穗的籽粒混合样品品质分析检验结果,该品种粗蛋白质含量 10.6%,粗脂肪含量 3.8%,粗淀粉含量 74.34%,赖氨酸含量 0.31%,容重 778 g/L。根据 2021 年农业农村部农产品质量监督检验测试中心(郑州)对该品种多点套袋果穗的籽粒混合样品品质分析检验结果(见表 4-11),该品种粗蛋白质含量 10.2%,粗脂肪含量 3.8%,粗淀粉含量 75.02%,赖氨酸含量 0.29%,容重 749 g/L。

5)试验建议

按照晋级标准,专家田间考察高感茎腐病,停止试验。

2.郑玉 881

1)产量表现

2020 年试验该品种平均亩产为 677.79 kg,比 CK1 郑单 958 极显著增产 7.87%,居本组试验第 2 位。与 CK1 郑单 958 相比,全省 12 个试点增产,0 个试点减产,增产点比率为 100%。2021 年试验该品种平均亩产为 562.51 kg,比 CK1 郑单 958 极显著增产 10.64%,居本组试验第 4 位。与 CK1 郑单 958 相比,全省 9 个试点增产,0 个试点减产,增产点比率为 100%。该品种两年(见表 4-12)试验平均亩产 628.38 kg,比对照郑单 958 增产 8.83%。与对照郑单 958 相比,全省 21 个试点增产,0 个试点减产,增产点比率为 100%。

2)特征特性

2020 年试验该品种收获时籽粒含水量 27.9%,略低于 CK2 桥玉 8 号的 28.0%,达标点率87.5%；籽粒破碎率4.0%，低于CK2桥玉8号的3.8%。2021年试验该品种收获时籽粒含水量25.7%，略高于CK2桥玉8号的25.5%，达标点率83.3%；籽粒破碎率2.1%，低于CK2桥玉8号的2.9%。

2020年试验该品种株型紧凑，果穗茎秆角度小，平均株高274.9 cm，穗位高103.8 cm，总叶片数20片，雄穗分枝数中等，花药紫色，花丝绿色，倒伏率0.4%，倒折率0.4%，倒伏倒折率之和>5.0%的试验点比率为0%，空秆率0.4%，双穗率0.5%，苞叶长度中。自然发病情况为：穗腐病0.2%，小斑病1~3级，弯孢叶斑病1~5级，矮花叶病毒病1~3级，南方锈病1~5级，纹枯病1~3级，褐斑病1~3级，心叶期玉米螟危害1~5级，茎腐病1.3%，瘤黑粉病0.2%，粗缩病0%。生育期105 d，较CK1郑单958早熟1 d，较CK2桥玉8号晚熟1 d。穗长15.7 cm，穗粗4.7 cm，穗行数17.5，行粒数30.8，秃尖长1.0 cm，轴粗2.8 cm，穗粒重148.6 g，出籽率88.6%，千粒重306.9 g。果穗圆筒型，白轴，籽粒为半马齿型，黄粒，结实性中。

2021年试验该品种株型紧凑，果穗茎秆角度中等，平均株高252.6 cm，穗位高92.0 cm，总叶片数19片，雄穗分枝数中等，枝长中等，花药浅紫色，花丝紫色，倒伏率0.6%，倒折率0.1%，倒伏倒折率之和>5.0%的试验点比率为0%，空秆率0.4%，双穗率0%，苞叶长度中。自然发病情况为：穗腐病1.7%，小斑病1~5级，弯孢叶斑病1~5级，矮花叶病毒病1级，南方锈病3~9级，纹枯病1~5级，褐斑病1~5级，心叶期玉米螟危害1~3级，茎腐病20.0%，瘤黑粉病1.0%，粗缩病0%。生育期100 d，较CK1郑单958早熟1 d，与CK2桥玉8号相同。穗长15.4 cm，穗粗4.8 cm，穗行数16.9，行粒数31.6，秃尖长0.7 cm，轴粗2.8 cm，出籽率86.8%，百粒重26.8 g。果穗短筒型，白轴，籽粒为半马齿型，黄粒，结实性好。

3）抗病性鉴定

根据2020年河南农业大学植保学院人工接种鉴定报告：该品种高抗瘤黑粉病，抗茎腐病、锈病、小斑病、穗腐病，感弯孢叶斑病。根据2021年河南农业大学植保学院人工接种鉴定报告（见表4-10）：该品种高抗瘤黑粉病，中抗茎腐病、穗腐病，感锈病、小斑病，高感弯孢叶斑病。

4）品质分析

根据2020年农业农村部农产品质量监督检验测试中心（郑州）对该品种多点套袋果穗的籽粒混合样品品质分析检验结果，该品种粗蛋白质含量11.2%，粗脂肪含量4.0%，粗淀粉含量73.16%，赖氨酸含量0.31%，容重788 g/L。根据2021年农业农村部农产品质量监督检验测试中心（郑州）对该品种多点套袋果穗的籽粒混合样品品质分析检验结果（见表4-11），该品种粗蛋白质含量10.1%，粗脂肪含量3.5%，粗淀粉含量74.32%，赖氨酸含量0.33%，容重775 g/L。

5）试验建议

按照晋级标准，专家田间考察高感茎腐病，建议淘汰。

3.H1970

1）产量表现

2020年试验该品种平均亩产为676.53 kg，比CK1郑单958极显著增产7.67%，居本组试验第3位。与CK1郑单958相比，全省11个试点增产，1个试点减产，增产点比率为91.67%。2021年该品种平均亩产为598.74 kg，比CK1郑单958极显著增产17.52%，居本组试验第1位。与CK1郑单958相比，全省9个试点增产，0个试点减产，增产点比率为100%。该品种两年（见表4-12）试验平均亩产643.19 kg，比对照郑单958增产11.40%。与对照郑单958相比，全省20个试点增产，1个试点减产，增产点比率为95.2%。

2）特征特性

2020年试验该品种收获时籽粒含水量27.9%，略低于CK2桥玉8号的28.0%，达标点率62.5%；籽粒破碎率4.3%，低于CK2桥玉8号的3.8%。2021年试验该品种收获时籽粒含水量25.8%，略高于CK2桥玉8号的25.5%，达标点率66.7%；籽粒破碎率2.7%，低于CK2桥玉8号的2.9%。

2020年试验该品种株型半紧凑，果穗茎秆角度小，平均株高296.2 cm，穗位高105.9 cm，总叶片数19片，雄穗分枝数密，花药紫色，花丝绿色，倒伏率0.4%，倒折率0%，倒伏倒折率之和>5.0%的试验点比率为8.3%，空秆率0.9%，双穗率0.5%，苞叶长度中。自然发病情况为：穗腐病0.2%，小斑病1~3级，弯孢叶斑病1~3级，矮花叶病毒病1~3级，南方锈病1~3级，纹枯病1~3级，褐斑病1~3级，心叶期玉米螟危害1~3级，茎腐病0.4%，瘤黑粉病0.3%，粗缩病0%。生育期104 d，较CK1郑单958早熟2 d，与CK2桥玉8号相同。穗长17.3 cm，穗粗4.6 cm，穗行数17.1，行粒数29.0，秃尖长1.1 cm，轴粗2.7 cm，穗粒重158.6 g，出籽率89.7%，千粒重355.7 g。果穗圆筒型，红轴，籽粒为半马齿型，黄粒，结实性中。

2021年试验该品种株型半紧凑，果穗茎秆角度中等，平均株高272.3 cm，穗位高96.1 cm，总叶片数19片，雄穗分枝数中等，枝长中等，花药浅紫色，花丝绿色，倒伏率0.1%，倒折率0%，倒伏倒折率之和>5.0%的试验点比率为0%，空秆率0.4%，双穗率0.1%，苞叶长度短。自然发病情况为：穗腐病1.0%，小斑病1~5级，弯孢叶斑病1~3级，矮花叶病毒病1级，南方锈病1~9级，纹枯病1~3级，褐斑病1~3级，心叶期玉米螟危害1~3级，茎腐病4.5%，瘤黑粉病1.0%，粗缩病0%。生育期101 d，与CK1郑单958相同，较CK2桥玉8号晚熟1 d。穗长17.6 cm，穗粗4.6 cm，穗行数15.8，行粒数30.3，秃尖长1.4 cm，轴粗2.7 cm，出籽率86.6%，百粒重33.2 g。果穗长筒型，红轴，籽粒为半马齿型，黄粒，结实性好。

3）抗病性鉴定

根据2020年河南农业大学植保学院人工接种鉴定报告：该品种抗南方锈病、穗腐病，中抗茎腐病、小斑病，感弯孢叶斑病、瘤黑粉病。根据2021年河南农业大学植保学院人工接种鉴定报告（见表4-10）：该品种高抗茎腐病，抗穗腐病、小斑病，中抗南方锈病，感弯孢叶斑病、瘤黑粉病。

4）品质分析

根据2020年农业农村部农产品质量监督检验测试中心（郑州）对该品种多点套袋果穗的籽粒混合样品品质分析检验结果，该品种粗蛋白质含量9.45%，粗脂肪含量4.0%，粗淀粉含量75.54%，赖氨酸含量0.29%，容重778 g/L。根据2021年农业农村部农产品质量监督检验测试中心（郑州）对该品种多点套袋果穗的籽粒混合样品品质分析检验结果

(见表 4-11),该品种粗蛋白质含量 9.17%,粗脂肪含量 3.6%,粗淀粉含量 75.71%,赖氨酸含量 0.28%,容重 764 g/L。

5)试验建议

按照晋级标准,该品种各项指标均达标,而且是同步进行生产试验品种,综合生产试验结果推荐品种审定。

4.华研 1798

1)产量表现

2020 年试验该品种平均亩产为 658.30 kg,比 CK1 郑单 958 显著增产 4.77%,居本组试验第 6 位。与 CK1 郑单 958 相比,全省 10 个试点增产,2 个试点减产,增产点比率为 83.3%。2021 年该品种平均亩产为 569.78 kg,比 CK1 郑单 958 极显著增产 11.84%,居本组试验第 3 位。与 CK1 郑单 958 相比,全省 8 个试点增产,1 个试点减产,增产点比率为 88.9%。该品种两年(见表 4-12)试验平均亩产 620.36 kg,比对照郑单 958 增产 7.44%。与对照郑单 958 相比,全省 18 个试点增产,3 个试点减产,增产点比率为 85.7%。

2)特征特性

2020 年该品种收获时籽粒含水量 26.5%,略低于 CK2 桥玉 8 号的 28.0%,达标点率 87.5%;籽粒破碎率 3.4%,低于 CK2 桥玉 8 号的 3.8%。2021 年该品种收获时籽粒含水量 23.0%,略低于 CK2 桥玉 8 号的 25.5%,达标点率 100%;籽粒破碎率 2.3%,低于 CK2 桥玉 8 号的 2.9%。

2020 年试验该品种株型半紧凑,果穗茎秆角度小,平均株高 272.3 cm,穗位高 95.6 cm,总叶片数 20 片,雄穗分枝数密,花药浅紫色,花丝紫色,倒伏率 1.0%,倒折率 0.1%,倒伏倒折率之和>5.0%的试验点比率为 16.7%,空秆率 0.6%,双穗率 0.2%,苞叶长度中。自然发病情况为:穗腐病 0.2%,小斑病 1~5 级,弯孢叶斑病 1~5 级,黑粉病 0%,茎腐病 0.1%,粗缩病 0%,矮花叶病毒病 1~3 级,南方锈病 1~,5 级,纹枯病 1~3 级,褐斑病 1~3 级,心叶期玉米螟危害 1~3 级。生育期 104 d,较 CK1 郑单 958 早熟 2 d,与 CK2 桥玉 8 号相同。穗长 15.7 cm,穗粗 4.5 cm,穗行数 17.5,行粒数 27.8,秃尖长 0.8 cm,轴粗 2.7 cm,穗粒重 140.8 g,出籽率 89.3%,千粒重 317.5 g。果穗圆筒型,红轴,籽粒为半马齿型,黄粒,结实性中。

2021 年试验该品种株型半紧凑,果穗茎秆角度为中等,平均株高 253.7 cm,穗位高 87.5 cm,总叶片数 19 片,雄穗分枝数中等,枝长中等,花药浅紫色,花丝浅紫色,倒伏率 0.5%,倒折率 0.1%,倒伏倒折率之和>5.0%的试验点比率为 0%,空秆率 0.4%,双穗率 0%,苞叶长度中。自然发病情况为:穗腐病 1.0%,小斑病 1~5 级,弯孢叶斑病 1~5 级,矮花叶病毒病 1 级,南方锈病 3~9 级,纹枯病 1~3 级,褐斑病 1~3 级,心叶期玉米螟危害 1~3 级,茎腐病 35.0%,瘤黑粉病 1.0%,粗缩病 0%。生育期 100 d,较 CK1 郑单 958 早熟 1 d,与 CK2 桥玉 8 号相同。穗长 15.2 cm,穗粗 4.5 cm,穗行数 16.5,行粒数 28.2,秃尖长 1.0 cm,轴粗 2.7 cm,出籽率 88.5%,百粒重 28.1 g。果穗短筒型,红轴,籽粒为半马齿型,黄粒,结实性好。

3)抗病性鉴定

根据 2020 年河南农业大学植保学院人工接种鉴定报告:该品种抗茎腐病、穗腐病,中抗南方锈病，感小斑病、瘤黑粉病，高感弯孢叶斑病。根据2021年河南农业大学植保学院人工接种鉴定报告（见表4-10）：该品种中抗茎腐病、穗腐病、南方锈病、小斑病、弯孢叶斑病，高感瘤黑粉病。

4）品质分析

根据2020年农业农村部农产品质量监督检验测试中心（郑州）对该品种多点套袋果穗的籽粒混合样品品质分析检验结果，该品种粗蛋白质含量9.82%，粗脂肪含量3.6%，粗淀粉含量75.54%，赖氨酸含量0.29%，容重772 g/L。根据2021年农业农村部农产品质量监督检验测试中心（郑州）对该品种多点套袋果穗的籽粒混合样品品质分析检验结果（见表4-11），该品种粗蛋白质含量9.74%，粗脂肪含量3.2%，粗淀粉含量75.94%，赖氨酸含量0.28%，容重764 g/L。

5）试验建议

按照晋级标准，该品种各项指标均达标，推荐进行生产试验。

（二）第一年区域试验品种

1.豫单976

1）产量表现

该品种平均亩产为588.73 kg，比CK1郑单958极显著增产15.56%，居本组试验第2位。与CK1郑单958相比，全省9个试点增产，0个试点减产，增产点比率为100%。

2）特征特性

该品种收获时籽粒含水量25.1%，略高于CK2桥玉8号的25.5%，达标点率100%；籽粒破碎率2.5%，低于CK2桥玉8号的2.9%。

该品种株型半紧凑，果穗茎秆角度中等，平均株高242.3 cm，穗位高81.8 cm，总叶片数19片，雄穗分枝数中等，枝长中等，花药绿色，花丝浅紫色，倒伏率0.7%，倒折率0%，倒伏倒折率之和>5.0%的试验点比率为0%，空秆率0.6%，双穗率0.1%，苞叶长度中。自然发病情况为：穗腐病1.0%，小斑病1~5级，弯孢叶斑病1~3级，矮花叶病毒病1~3级，南方锈病1~7级，纹枯病1~3级，褐斑病1~3级，心叶期玉米螟危害1~3级，茎腐病18.0%，瘤黑粉病1.0%，粗缩病0%。生育期101 d，与CK1郑单958相同，比CK2桥玉8号晚熟1 d。穗长16.2 cm，穗粗4.6 cm，穗行数14.8，行粒数31.0，秃尖长1.3 cm，轴粗2.5 cm，出籽率86.9%，百粒重32.1 g。果穗短筒型，红轴，籽粒为硬粒型，黄粒，结实性好。

3）抗病性鉴定

根据2021年河南农业大学植保学院人工接种鉴定报告（见表4-10）：该品种高抗瘤黑粉病，抗穗腐病、小斑病，中抗茎腐病、锈病、弯孢叶斑病。

4）品质分析

根据2021年农业农村部农产品质量监督检验测试中心（郑州）对该品种多点套袋果穗的籽粒混合样品品质分析检验结果（见表4-11），该品种粗蛋白质含量9.59%，粗脂肪含量3.6%，粗淀粉含量75.03%，赖氨酸含量0.34%，容重783 g/L。

5）试验建议

按照晋级标准，该品种各项指标均达标，继续进行区域试验。按照交叉晋级标准，该品种各项指标均达标，推荐进行同步生产试验。

2.金颖 213

1)产量表现

该品种平均亩产为 514.17 kg,比 CK1 郑单 958 增产 0.92%,居本组试验第 6 位。与 CK1 郑单 958 相比,全省 4 个试点增产,5 个试点减产,增产点比率为 44.4%。

2)特征特性

该品种收获时籽粒含水量 23.6%,低于 CK2 桥玉 8 号的 25.5%,达标点率 100%;籽粒破碎率 2.5%,低于 CK2 桥玉 8 号的 2.9%。

该品种株型半紧凑,果穗茎秆角度中等,平均株高 257.8 cm,穗位高 93.5 cm,总叶片数 19 片,雄穗分枝数中等,枝长中等,花药紫色,花丝绿色,倒伏率 0.3%,倒折率 0%,倒伏倒折率之和>5.0%的试验点比率为 0%,空秆率 0.4%,双穗率 0.1%,苞叶长度长。自然发病情况为:穗腐病 1.0%,小斑病 1~7 级,弯孢叶斑病 1~3 级,矮花叶病毒病 1~3 级,南方锈病 3~9 级,纹枯病 1~3 级,褐斑病 1~5 级,心叶期玉米螟危害 1~5 级,茎腐病 37.1%,瘤黑粉病 1.5%,粗缩病 0%。生育期 99 d,较 CK1 郑单 958 早熟 2 d,较 CK2 桥玉 8 号早熟 1 d。穗长 17.4 cm,穗粗 4.3 cm,穗行数 15.1,行粒数 33.5,秃尖长 1.7 cm,轴粗 2.6 cm,出籽率 84.5%,百粒重 27.7 g。果穗长筒型,红轴,籽粒为半马齿型,黄粒,结实性中。

3)抗病性鉴定

根据 2021 年河南农业大学植保学院人工接种鉴定报告(见表 4-10):该品种高抗瘤黑粉病,抗穗腐病、小斑病、弯孢叶斑病,高感茎腐病、锈病。

4)品质分析

根据 2021 年农业农村部农产品质量监督检验测试中心(郑州)对该品种多点套袋果穗的籽粒混合样品品质分析检验结果(见表 4-11),该品种粗蛋白质含量 10%,粗脂肪含量 3.4%,粗淀粉含量 75.87%,赖氨酸含量 0.32%,容重 788 g/L。

5)试验建议

按照晋级标准,该品种增产点比率不达标,而且高感茎腐病,停止试验。

3.郑品玉 416

1)产量表现

该品种平均亩产为 481.13 kg,比 CK1 郑单 958 减产 5.56%,居本组试验第 9 位。与 CK1 郑单 958 相比,全省 3 个试点增产,6 个试点减产,增产点比率为 33.3%。

2)特征特性

该品种收获时籽粒含水量 21.1%,低于 CK2 桥玉 8 号的 25.5%,达标点率 100%;籽粒破碎率 2.4%,低于 CK2 桥玉 8 号的 2.9%。

该品种株型半紧凑,果穗茎秆角度小,平均株高 242.6 cm,穗位高 86.0 cm,总叶片数 18 片,雄穗分枝数少,枝长中等,花药浅紫色,花丝浅紫色,倒伏率 0.5%,倒折率 0.2%,倒伏倒折率之和>5.0%的试验点比率为 11.1%,空秆率 0.6%,双穗率 0%,苞叶长度中。自然发病情况为:穗腐病 4.5%,小斑病 1~5 级,弯孢叶斑病 1~3 级,矮花叶病毒病 1 级,南方锈病 5~9 级,纹枯病 1~3 级,褐斑病 1~5 级,心叶期玉米螟危害 1~5 级,茎腐病 60.0%,瘤黑粉病 1.5%,粗缩病 0%。生育期 99 d,较 CK1 郑单 958 早熟 2 d,较 CK2 桥玉 8 号早熟 1 d。穗长 14.8 cm,穗粗 4.3 cm,穗行数 16.6,行粒数 31.5,秃尖长 0.7 cm,轴粗

2.4 cm，出籽率 86.4%，百粒重 23.5 g。果穗短筒型，红轴，籽粒为马齿型，黄粒，结实性中。

3）抗病性鉴定

根据 2021 年河南农业大学植保学院人工接种鉴定报告（见表 4-10）：该品种高抗小斑病，抗弯孢叶斑病，中抗茎腐病、穗腐病，感瘤黑粉病，高感锈病。

4）品质分析

根据 2021 年农业农村部农产品质量监督检验测试中心（郑州）对该品种多点套袋果穗的籽粒混合样品品质分析检验结果（见表 4-11），该品种粗蛋白质含量 9.39%，粗脂肪含量 3.2%，粗淀粉含量 75.29%，赖氨酸含量 0.34%，容重 734 g/L。

5）试验建议

按照晋级标准，该品种增产率和增产点比率不达标，停止试验。

六、品种处理意见

（一）品种晋级与审定标准

经玉米专业委员会委员研究，2021 年河南省玉米品种试验及审定标准在 2020 年区域试验年会标准的基础上进行修改。具体标准如下。

1.基本条件

（1）抗病性：鉴定病害 6 种，即小斑病、茎腐病、穗腐病、弯孢叶斑病、瘤黑粉病、南方锈病。小斑病、茎腐病、穗腐病田间自然发病及人工接种鉴定均未达到高感。

（2）生育期：每年区域试验生育期平均比对照品种长 2.0 d。

（3）抗倒性：每年区域试验平均倒伏倒折率之和≤12.0%，且倒伏倒折率之和≥15.0%的试点比率≤25%。

（4）品质：容重≥720 g/L，粗淀粉≥69.0%，粗蛋白质≥8.0%，粗脂肪≥3.0%。

（5）专家田间鉴评：在生育期、结实性、抗倒性、抗病虫性、抗逆性等性状方面没有严重缺陷。

（6）真实性和差异性（SSR 分子标记检测）：同一品种在不同试验年份、不同试验组别、不同试验渠道中 DNA 指纹检测差异位点数应当<2 个。

申请审定品种与已知品种 DNA 指纹检测差异位点数应当≥4 个；申请审定品种与已知品种 DNA 指纹检测差异位点数等于 3 个的，需进行田间小区种植鉴定证明有重要农艺性状差异。

（7）产量：区域试验和生产试验产量（kg/亩）（见分类条件要求）。

2.分类条件

1）高产稳产品种

每年区域试验产量比对照品种平均增产≥3.0%，且两年平均≥5.0%，生产试验比对照品种增产≥2.0%。每年区域试验、生产试验增产的试点比率≥60%。

2）绿色优质品种

（1）抗病性突出：田间自然发病和人工接种鉴定所有病害均达到中抗以上。

（2）丰产性、稳产性：每年区域试验、生产试验与对照品种产量相当，且每年区域试验、生产试验达标试点比率≥60%。其他指标同高产稳产品种。

3.2021 年度晋级品种执行标准

(1)2021 年完成生产试验程序品种以及之前的缓审品种,晋级和审定时各项指标均执行老标准。

(2)2022 年进入区域试验程序的品种,晋级和审定时所有指标均按修订后新标准执行(DNA、产量、抗倒性、抗病性等)。

(3)从 2022 年开始,参加区域试验(两年区域试验)的品种进行 DNA 指纹检测。

(4)2021 年玉米季节气候特殊,本年度生育期仅做参考,不作为淘汰品种依据。

(5)统一田间试验上报数据中,有两个及以上试点达到茎腐病(病株率≥40.1%)或穗腐病(病粒率≥4.0%)高感的品种以及穗腐病病粒率≥2.0%试点比例≥30.0%的品种予以淘汰。

(6)品种交叉晋级标准。

普通组:区域试验增产≥7.0%,增产点率≥70%,倒伏倒折率之和≤8%,小斑病、茎腐病和穗腐病人工接种和田间自然发病均达到中抗以上。

机收组:区域试验增产≥4.0%,增产点率≥70%,倒伏倒折之和≤3%,籽粒含水量≤28%,破碎率≤6%,小斑病、茎腐病和穗腐病人工接种和田间自然发病均中抗以上。

(7)关于延审品种:2022 年玉米初审会前提供不出合格的 DUS 报告的品种不再审定。

(二)参试品种的处理意见

根据以上标准,对参试品种处理意见如下:

(1)推荐审定品种:H1970。

(2)推荐生产试验品种:华研 1798。

(3)推荐交叉试验品种:豫单 976。

(4)淘汰品种:豫龙 618、郑玉 881、金颗 213、郑品玉 416。

河南农业大学农学院

2022 年 3 月 25 日

表 4-14　2021 年河南省玉米品种区域试验参试品种所在试点性状汇总(5500 株/亩机收 A 组)

品种	试点	亩产/kg	比 CK/(±%)	位次	生育期/d	株高/cm	穗位高/cm	空秆率/%	双穗率/%	穗长/cm	穗粗/cm	穗行数/行	行粒数/粒	秃尖长/cm	轴粗/cm	出籽率/%	百粒重/g	籽粒含水量/%	籽粒破碎率/%	籽粒杂质率/%
豫龙618	南阳	505.3	10.1	6	94	296	104	1.5	0	17.2	4.8	16.0	39.0	0.1	2.5	85.8	26.8	25.2	2.2	1.5
	中牟	649.5	2.7	5	99	255	90	0.3	0.3	17.3	5.0	16.8	32.9	0.2	1.9	88.3	31.9	27.0	0.3	0.1
	长葛	454.3	6.6	5	99	288	105	0	0	15.8	4.4	12.8	31.4	0.8	2.4	88.7	22.6	30.9	1.9	0.9
	洛阳	581.4	4.9	4	106	265	100	1.2	0	15.4	4.6	16.0	28.6	0.7	2.6	89.1	29.8	21.2	6.1	0.2
	宁陵	465.9	8.5	4	103	261	91	0	0	15.3	4.0	16.0	35.7	0	2.2	86.3	25.8	25.3	2.8	1.2
	平安	624.9	15.8	2	96	296	102	2.0	0.2	15.6	4.8	17.6	33.0	0	2.8	85.5	26.7	25.9	0.9	0
	濮阳	485.2	2.1	5	96	286	98	0.2	0.2	15.2	4.0	15.6	26.4	1.2	2.4	85.1	17.7	29.1	2.7	1.7
	荥阳	581.5	4.0	6	96	275	88	0	0	16.8	4.7	16.0	32.0	0		84.0	31.0	16.8	2.6	0.8
	西华	550.9	8.1	7	103	285	132	0	0	15.1	4.3	16.2	30.6	1.5	2.4	89.7	23.9	18.5	0.9	0.1
	平均值	544.3	6.8	5	99.1	277	101	0.6	0.1	16.0	4.5	15.9	32.2	0.5	2.4	86.9	26.2	24.4	2.2	0.7
郑玉881	南阳	504.2	11.2	7	94	272	99	1.0	0	13.0	4.6	15.2	24.6	1.5	2.6	80.0	24.3	30.3	3.0	1.0
	中牟	674.6	6.5	3	98	252	97	0.5	0.2	15.8	5.5	17.4	33.7	0.1	3.2	89.9	30.7	28.1	0.3	0.2
	长葛	457.0	7.5	4	99	264	97	0	0	15.2	4.8	17.2	31.8	0.4	2.6	90.0	27.3	29.9	2.2	0.7
	洛阳	591.5	7.3	2	107	255	95	0.5	0	16.9	4.5	15.6	28.4	1.8	2.8	88.8	28.2	21.0	6.4	0.1
	宁陵	474.0	10.3	3	104	235	82	0	0	15.3	4.5	18.7	35.3	0.3	2.6	85.7	26.0	25.8	2.9	0.9
	平安	616.0	13.5	3	97	246	73	1.2	0	14.7	5.0	17.2	32.6	0	3.1	85.7	27.3	26.6	0.5	0
	濮阳	554.6	17.1	4	100	248	88	0.2	0	16.0	4.6	16.8	31.6	0.5	3.0	87.0	23.8	30.8	0.7	1.0
	荥阳	632.0	12.3	4	97	255	91	0	0	17.3	4.8	17.3	39.0	0		84.9	30.3	17.7	3.0	0.9
	西华	558.7	10.8	6	103	258	112	0	0.1	14.2	4.5	16.4	27.2	2.0	2.7	89.6	23.5	20.8	0.3	0.2
	平均值	562.5	10.6	4	99.9	253	92	0.4	0	15.4	4.8	16.9	31.6	0.7	2.8	86.8	26.8	25.7	2.1	0.6

续表 4-14

品种	试点	亩产/kg	比CK/（±%）	位次	生育期/d	株高/cm	穗位高/cm	空秆率/%	双穗率/%	穗长/cm	穗粗/cm	穗行数/行	行粒数/粒	秃尖长/cm	轴粗/cm	出籽率/%	百粒重/g	籽粒含水量/%	籽粒破碎率/%	籽粒杂质率/%
H1970	南阳	595.4	29.8	1	97	290	100	0.8	0	18.0	4.8	14.8	34.0	1.5	2.5	79.2	35.5	30.9	2.3	1.0
	中牟	658.5	4.1	4	102	262	93	0.5	0.3	16.8	4.6	15.2	32.0	0.4	2.7	88.4	36.6	26.9	0.7	0.2
	长葛	498.5	16.9	3	102	272	91	0	0	18.0	4.8	16.8	28.8	1.8	2.6	90.7	34.5	32.8	3.2	0.4
	洛阳	644.3	16.3	1	109	278	103	0.3	0	17.4	4.3	15.2	31.2	2.4	2.9	90.1	29.5	20.3	5.9	0.2
	宁陵	491.5	14.5	1	104	263	98	0	0	16.6	4.3	16.7	31.7	0.5	2.5	89.1	29.5	26.3	4.5	1.0
	平安	614.1	13.8	4	99	264	78	1.6	0.4	19.7	4.9	16.4	31.6	1.8	3.0	83.3	32.3	26.0	1.2	0.1
	濮阳	625.0	31.5	1	96	270	96	0	0.2	17.6	4.4	14.4	28.8	1.6	2.8	85.7	32.1	30.3	1.7	0.7
	荥阳	650.7	16.4	3	97	276	90	0	0	19.0	4.8	16.7	30.3	1.0		83.4	35.0	18.5	2.8	0.8
	西华	610.6	19.8	1	104	276	111	0.1	0.2	15.6	4.5	15.6	24.4	2.0	2.7	89.9	34.1	20.1	1.7	0.1
	平均值	598.7	17.5	1	101.1	272	96	0.4	0.1	17.6	4.6	15.8	30.3	1.4	2.7	86.6	33.2	25.8	2.7	0.5
华研1798	南阳	519.7	13.3	2	95	267	83	1.1	0	15.2	4.5	16.4	32.2	1.5	2.8	90.2	22.8	21.2	3.8	1.0
	中牟	709.8	12.2	1	101	241	89	0.3	0	15.0	4.6	18.6	28.7	0	3.0	90.4	35.5	25.6	0.3	0.1
	长葛	505.3	18.5	1	99	254	76	0	0	15.2	4.6	16.8	23.8	1.6	2.5	91.0	30.8	28.9	1.6	1.2
	洛阳	535.5	-3.4	7	107	243	87	0	0	15.4	4.2	15.2	25.2	3.2	2.7	89.4	24.6	20.2	5.6	0.1
	宁陵	462.8	7.8	5	103	238	75	0	0	15.2	4.5	17.3	29.3	0.3	2.6	90.0	27.5	25.9	4.8	1.1
	平安	553.4	2.5	6	97	240	70	2.0	0.2	15.6	4.9	16.0	31.2	0.8	2.9	86.2	28.9	24.5	0.8	0
	濮阳	583.3	22.7	3	100	278	92	0.3	0	14.2	4.6	15.2	26.4	0.7	2.6	85.7	28.6	27.8	0	0.3
	荥阳	658.1	17.7	2	96	268	94	0	0	16.3	4.5	15.3	31.3	0		83.8	27.5	14.9	2.8	1.0
	西华	600.1	17.8	3	103	254	110	0.2	0	14.4	4.5	17.4	25.7	0.5	2.7	89.9	26.4	17.9	0.8	0.1
	平均值	569.8	11.8	3	100.1	254	88	0.4	0	15.2	4.5	16.5	28.2	1.0	2.7	88.5	28.1	23.0	2.3	0.5

续表 4-14

品种	试点	亩产/kg	比CK/(±%)	位次	生育期/d	株高/cm	穗位高/cm	空秆率/%	双穗率/%	穗长/cm	穗粗/cm	穗行数/行	行粒数/粒	秃尖长/cm	轴粗/cm	出籽率/%	百粒重/g	籽粒含水量/%	籽粒破碎率/%	籽粒杂质率/%
豫单976	南阳	515.2	12.3	4	98	266	83	0.7	0	15.8	5.0	14.4	33.4	2.5	2.3	89.8	31.1	21.6	3.0	1.3
	中牟	683.0	8.0	2	103	226	75	0.5	0.3	16.6	4.7	15.6	31.5	0.4	2.8	85.9	36.9	27.9	0.7	0.1
	长葛	505.1	18.5	2	102	253	80	0	0	15.6	4.8	15.2	28.0	1.8	2.6	87.2	33.0	31.4	2.9	0.9
	洛阳	586.2	5.8	3	106	230	85	0	0	16.4	4.6	14.0	28.8	0.8	2.6	89.7	31.5	21.7	6.1	0.2
	宁陵	486.6	13.3	2	104	232	77	0	0	15.6	4.0	14.7	34.7	0.8	2.3	86.3	25.6	27.7	2.3	0.8
	平安	642.2	19.0	1	99	227	65	4.0	0.2	17.2	5.0	14.8	31.8	1.5	3.0	84.5	33.9	26.6	1.9	0
	濮阳	611.1	28.6	2	100	252	87	0.2	0	16.6	4.4	14.0	30.4	1.2	2.4	87.2	30.9	30.5	2.0	0.3
	荥阳	663.9	18.7	1	97	250	73	0	0	18.3	4.8	15.3	33.7	0.5		83.8	35.7	18.4	2.2	0.9
	西华	605.5	18.8	2	104	255	109	0	0	14.1	4.3	14.9	26.4	2.3	2.4	87.7	30.7	20.6	1.2	0.3
	平均值	588.7	15.6	2	101.4	242	82	0.6	0.1	16.2	4.6	14.8	31.0	1.3	2.5	86.9	32.1	25.1	2.5	0.5
金颗213	南阳	519.5	13.2	3	94	269	95	0.7	0	17.2	5.0	15.2	38.0	0.9	2.8	88.7	40.3	22.8	3.2	0.8
	中牟	647.6	2.4	7	99	238	97	0.5	0	18.8	4.4	15.0	36.1	0.4	2.6	84.1	32.8	27.7	1.0	0.1
	长葛	405.8	-4.8	8	98	271	101	0	0	18.4	4.0	14.8	34.8	1.4	2.1	87.0	28.1	27.4	1.9	0.8
	洛阳	572.9	3.4	5	108	258	85	0	0	16.2	4.2	14.4	27.4	3.0	2.8	87.9	26.1	19.8	5.1	0.1
	宁陵	387.2	-9.8	9	103	247	86	0	0	16.4	3.8	14.0	35.3	0.5	2.6	81.8	22.2	24.8	3.0	1.1
	平安	537.6	-0.4	8	96	260	85	2.0	0	18.2	4.4	16.4	35.2	1.2	2.7	82.5	23.4	25.4	3.4	0
	濮阳	422.8	-11.1	8	96	266	94	0	0.3	18.0	4.0	15.2	34.8	4.2	2.6	81.8	24.0	28.0	1.3	0.7
	荥阳	537.0	-4.0	8	96	262	88	0	0	17.5	4.3	14.7	33.0	1.0		80.5	26.2	16.4	2.6	0.7
	西华	597.2	17.2	4	103	262	117	0.1	0	15.7	4.4	16.1	27.1	2.5	2.7	85.8	25.9	19.8	1.2	0.1
	平均值	514.2	0.9	6	99.2	258	93	0.4	0	17.4	4.3	15.1	33.5	1.7	2.6	84.5	27.7	23.6	2.5	0.5

续表 4-14

品种	试点	亩产/kg	比CK/(±%)	位次	生育期/d	株高/cm	穗位高/cm	空秆率/%	双穗率/%	穗长/cm	穗粗/cm	穗行数/行	行粒数/粒	秃尖长/cm	轴粗/cm	出籽率/%	百粒重/g	籽粒含水量/%	籽粒破碎率/%	籽粒杂质率/%
郑品玉416	南阳	510.9	11.4	5	94	258	93	0.5	0	15.2	4.6	16.4	35.0	1.4	2.3	95.2	21.8	17.2	3.0	0.8
	中牟	533.5	−15.7	9	97	239	78	0.7	0	16.3	4.7	14.0	34.8	1.1	2.7	88.1	30.3	22.9	0.2	0.1
	长葛	348.8	−18.2	9	97	242	93	0	0	15.2	4.4	16.0	31.0	2.2	2.4	86.1	22.2	29.1	3.1	0.7
	洛阳	473.1	−14.6	9	105	245	83	0	0	13.8	4.1	16.4	27.0	1.1	2.5	89.1	23.2	16.9	6.3	0.1
	宁陵	447.0	4.1	6	102	225	75	0	0	15.1	4.2	18.0	32.3	0.2	2.3	85.0	24.4	24.4	2.8	1.0
	平安	520.9	−3.5	9	95	232	75	4.1	0	15.2	4.4	17.6	33.2	0	2.6	83.9	22.1	22.8	1.8	0
	濮阳	415.0	−12.7	9	100	248	84	0.2	0	14.4	4.0	17.2	32.4	0	2.4	80.0	18.6	25.8	0.3	0
	荥阳	517.1	−7.5	9	95	250	93	0	0	16.3	4.5	18.0	33.7	0		80.7	24.3	14.7	3.0	0.9
	西华	563.8	10.7	5	103	244	108	0.2	0.3	12.1	4.2	15.6	23.9	0.5	2.3	89.7	24.9	16.2	1.0	0.2
	平均值	481.1	−5.6	9	98.7	243	86	0.6	0	14.8	4.3	16.6	31.5	0.7	2.4	86.4	23.5	21.1	2.4	0.4
郑单958	南阳	458.8	0	8	95	266	115	0.6	0	15.4	4.7	15.2	34.8	0.1	2.7	79.8	23.3	35.9	2.8	1.2
	中牟	632.6	0	8	101	239	101	0.2	0.4	17.1	5.0	14.8	34.5	0.1	3.2	85.8	33.3	30.4	0.7	0.2
	长葛	426.3	0	6	102	243	88	0	0	17.4	5.2	16.4	34.4	2.0	2.9	89.1	27.2	33.8	2.8	2.1
	洛阳	554.2	0	6	109	253	112	0	0	15.8	4.7	14.4	32.6	0.5	3.0	89.4	27.3	28.1	9.7	0.3
	宁陵	429.3	0	8	104	234	97	0	0	15.1	4.6	16.0	33.0	0	2.8	84.7	22.5	29.7	4.7	1.1
	平安	539.8	0	7	96	233	90	1.4	0	18.2	5.0	15.2	36.4	0	3.1	86.3	24.2	28.9	0.3	0.1
	濮阳	475.4	0	6	100	258	95	0.2	0	16.6	4.8	14.0	29.2	0	3.0	85.7	23.6	34.2	1.3	0.7
	荥阳	559.2	0	7	98	245	105	0	0	17.7	4.8	13.3	37.7	0		82.8	28.8	20.5	2.7	1.2
	西华	509.5	0	8	103	249	288	0	0	13.4	4.4	14.4	28.0	0.2	2.7	88.0	23.0	21.5	0.8	0.2
	平均值	509.5	0	7	100.9	247	125	0.3	0	16.3	4.8	14.9	33.4	0.3	2.9	85.7	25.9	29.2	2.9	0.8

续表 4-14

品种	试点	亩产/kg	比 CK/(±%)	位次	生育期/d	株高/cm	穗位高/cm	空秆率/%	双穗率/%	穗长/cm	穗粗/cm	穗行数/行	行粒数/粒	秃尖长/cm	轴粗/cm	出籽率/%	百粒重/g	籽粒含水量/%	籽粒破碎率/%	籽粒杂质率/%
桥玉8号	南阳	406.7	-11.4	9	95	307	119	0.5	0	18.2	5.1	13.2	43.2	0.2	2.8	87.2	30.1	24.3	7.7	1.2
	中牟	648.0	2.4	6	97	289	108	0.4	0	18.2	4.9	14.2	34.6	1.4	3.1	84.0	36.5	26.9	0.5	0.2
	长葛	409.7	-3.9	7	102	301	113	0	0	17.0	4.8	12.8	37.4	1.6	3.1	86.4	26.2	32.0	2.8	1.4
	洛阳	512.7	-7.5	8	107	292	103	1.2	0	17.5	4.6	12.8	34.8	2.0	3.0	89.7	26.8	22.5	6.9	0.2
	宁陵	435.0	1.3	7	103	280	104	0	0	15.3	4.2	14.0	39.0	0.2	2.5	83.1	23.4	26.7	3.6	0.9
	平安	566.4	4.9	5	97	290	98	2.4	0.2	18.5	4.6	14.6	41.0	1.3	2.9	82.8	23.5	26.0	1.5	0
	濮阳	463.7	-2.5	7	100	300	100	0.3	0	13.2	4.6	13.6	33.0	0	3.0	85.1	22.4	31.0	1.0	1.0
	荥阳	590.0	5.5	5	97	295	98	0	0	18.3	4.7	12.7	41.3	1.0		82.7	29.4	18.6	1.9	0.8
	西华	455.2	-10.7	9	103	288	112	0	0	15.7	4.6	12.8	30.0	2.0	2.8	85.9	29.1	21.1	0.6	5.0
	平均值	498.6	-2.1	8	100.1	293	105	0.5	0	16.9	4.7	13.4	37.1	1.1	2.9	85.2	27.5	25.5	2.9	1.2

表 4-15　2021 年河南省玉米品种区域试验参试品种所在试点抗病虫抗倒性状汇总(5500 株/亩机收 A 组)

品种	试点	茎腐病/%	小斑病/级	穗腐病/%	弯孢叶斑病/级	瘤黑粉病/%	南方锈病/级	粗缩病/%	矮花叶病/级	纹枯病/级	褐斑病/级	玉米螟/级	倒伏率/%	倒折率/%	倒伏倒折率之和/%
豫龙618	南阳	10.0	1	1.0	1	1.0	5	0	1	1	1	1	0	0	0
	中牟	20.0	3	0.9	1	1.0	9	0	1	1	1	3	0	0	0
	长葛	12.4	3	0	3	0	5	0	1	1	1	1	0	0	0
	洛阳	22.5	5	0	3	0	7	0	1	3	3	3	4.7	0.7	5.3
	宁陵	19.7	5	0.3	1	0	7	0	1	1	1	1	0	0	0
	平安	14.0	1	0	1	0	7	0	1	1	1	1	0.5	0.2	0.7
	濮阳	0	5	0	1	0	9	0	3	1	3	3	0	0.3	0.3
	荥阳	15.0	1	0	1	0	7	0	1	1	1	1	0	0	0
	西华	1.2	5	0	5	0	7	0	1	5	5	1	0	0.1	0.1
	平均值	12.8	5	0.2	5	0.3	9	0	3	5	5	3	0.6	0.1	0.7
郑玉881	南阳	10.0	1	1.0	1	1.0	5	0	1	1	1	1	0	0	0
	中牟	5.0	3	1.7	1	1.0	9	0	1	1	1	3	0	0	0
	长葛	18.2	3	0	3	0	7	0	1	1	1	1	0	0	0
	洛阳	8.0	5	0	3	0	5	0	1	5	3	3	0	0	0
	宁陵	5.8	5	0.3	1	0	7	0	1	1	1	1	0	0	0
	平安	2.9	1	0.1	1	0	5	0	1	1	1	1	1.0	0.2	1.2
	濮阳	0	3	0	1	0	5	0	1	1	5	3	4.1	0.7	4.8
	荥阳	20.0	1	0	1	0	7	0	1	1	1	1	0.7	0	0.7
	西华	0	3	0.1	5	0	3	0	1	3	5	1	0	0	0
	平均值	7.8	5	0.4	5	0.3	9	0	1	5	5	3	0.6	0.1	0.7

续表 4-15

品种	试点	茎腐病/%	小斑病/级	穗腐病/%	弯孢叶斑病/级	瘤黑粉病/%	南方锈病/级	粗缩病/%	矮花叶病/级	纹枯病/级	褐斑病/级	玉米螟/级	倒伏率/%	倒折率/%	倒伏倒折率之和/%
H1970	南阳	2.0	1	1.0	1	1.0	3	0	1	1	1	1	0	0	0
	中牟	3.0	3	0.9	1	1.0	9	0	1	1	1	3	0	0	0
	长葛	0	5	0	3	0	3	0	1	1	1	1	0	0	0
	洛阳	4.0	3	0	1	0	3	0	1	3	3	3	0	0	0
	宁陵	4.5	5	0.7	1	0	7	0	1	1	1	1	0	0	0
	平安	4.3	1	0	1	0	3	0	1	1	1	1	0	0.2	0.2
	濮阳	0	3	0	3	0	3	0	1	1	3	3	0.3	0	0.3
	荥阳	3.0	1	1.0	1	0	7	0	1	1	1	1	0.5	0	0.5
	西华	0	3	0	3	0	1	0	1	3	3	3	0	0	0
	平均值	2.3	5	0.4	3	0.3	9	0	1	3	3	3	0.1	0	0.1
华研1798	南阳	10.0	1	1.0	1	1.0	5	0	1	1	1	1	0	0	0
	中牟	5.0	3	0	1	1.0	9	0	1	1	1	3	0	0	0
	长葛	20.1	3	0	3	0	7	0	1	1	1	1	0	0	0
	洛阳	12.0	3	0	3	0	5	0	1	3	3	3	0	0	0
	宁陵	31.3	5	0.1	1	0	7	0	1	1	1	1	0	0	0
	平安	15.9	1	0	1	0	5	0	1	1	1	1	0	0	0
	濮阳	5.0	3	0.7	3	0	5	0	1	1	1	1	4.2	0.5	4.7
	荥阳	35.0	1	0	1	0	7	0	1	1	1	1	0	0	0
	西华	1.7	5	0	5	0	3	0.2	1	1	3	3	0	0	0
	平均值	15.1	5	0.2	5	0.3	9	0	1	3	3	3	0.5	0.1	0.5

续表 4-15

品种	试点	茎腐病/%	小斑病/级	穗腐病/%	弯孢叶斑病/级	瘤黑粉病/%	南方锈病/级	粗缩病/%	矮花叶病/级	纹枯病/级	褐斑病/级	玉米螟/级	倒伏率/%	倒折率/%	倒伏倒折率之和/%
豫单976	南阳	5.0	1	1.0	1	1.0	7	0	1	1	1	1	0	0	0
	中牟	0	1	0.4	1	1.0	5	0	1	1	1	3	0	0	0
	长葛	2.2	3	0	3	0	3	0	1	1	1	1	0	0	0
	洛阳	18.0	3	0	3	0	5	0	1	3	3	3	1.5	0	1.5
	宁陵	4.4	5	0	1	0	7	0	1	1	1	1	0	0	0
	平安	3.1	1	0	1	0	1	0	1	1	1	1	0.3	0	0.3
	濮阳	0	3	0	3	0	3	0	3	1	1	1	3.4	0.3	3.7
	荥阳	0	1	0	1	0	5	0	1	1	1	1	0.8	0	0.8
	西华	0.2	1	0	3	0	1	0	1	1	3	1	0	0	0
	平均值	3.7	5	0.2	3	0.3	7	0	3	3	3	3	0.7	0	0.7
金颗213	南阳	15.0	1	1.0	1	1.0	5	0	1	1	1	1	0	0	0
	中牟	20.0	3	0	1	1.5	9	0	1	1	3	5	0	0	0
	长葛	20.6	3	0	3	0	7	0	1	1	1	1	0	0	0
	洛阳	34.0	5	0	3	0	7	0	1	3	3	3	0.3	0	0.3
	宁陵	37.1	7	0.4	1	0	9	0	1	1	1	1	0	0	0
	平安	20.4	1	0.1	1	0	7	0	1	1	1	1	0.9	0.2	1.1
	濮阳	0	5	0	1	0	7	0	3	1	5	3	0.7	0	0.7
	荥阳	35.0	1	0	1	0	9	0	1	1	1	1	0.7	0	0.7
	西华	0	3	0.2	3	0	3	0	1	1	1	1	0	0	0
	平均值	20.2	7	0.2	3	0.3	9	0	3	3	5	5	0.3	0	0.3

续表 4-15

品种	试点	茎腐病/%	小斑病/级	穗腐病/%	弯孢叶斑病/级	瘤黑粉病/%	南方锈病/级	粗缩病/%	矮花叶病/级	纹枯病/级	褐斑病/级	玉米螟/级	倒伏率/%	倒折率/%	倒伏倒折率之和/%
郑品玉416	南阳	52.0	1	1.0	1	1.0	7	0	1	1	1	1	0	0	0
	中牟	60.0	5	1.2	1	1.5	9	0	1	1	3	5	0	0	0
	长葛	21.9	3	0	3	0	9	0	1	1	1	1	0	0	0
	洛阳	55.5	3	0	3	0	7	0	1	3	3	3	4.0	1.7	5.7
	宁陵	31.1	5	0.2	1	0	9	0	1	1	1	1	0	0	0
	平安	30.1	1	0.2	1	0	5	0	1	1	1	1	0	0	0
	濮阳	20.0	5	4.5	1	0	9	0	1	1	3	3	0.5	0.2	0.7
	荥阳	35.0	1	0	1	0	9	0	1	1	1	1	0	0	0
	西华	0	3	0	3	0	5	0	1	3	5	1	0	0	0
	平均值	34.0	5	0.8	3	0.3	9	0	1	3	5	5	0.5	0.2	0.7
郑单958	南阳	65.0	1	1.0	1	1.0	7	0	1	1	1	1	0	5.4	5.4
	中牟	30.0	3	3.0	1	2.0	9	0	1	1	3	5	0	0	0
	长葛	18.1	3	0	5	0	7	0	1	1	1	1	0	0	0
	洛阳	52.5	3	0	3	0	7	0	1	3	3	3	39.5	13.0	52.5
	宁陵	36.1	5	0.4	1	0	9	0	1	1	1	1	0	0	0
	平安	15.4	1	0	1	0	3	0	1	1	1	1	0.9	1.2	2.1
	濮阳	0	5	0	5	0	5	0	3	1	5	3	3.6	0.3	3.9
	荥阳	100	1	1.0	1	0	9	0	1	1	1	1	0	0	0
	西华	0	5	0	5	0	7	0	1	5	5	1	0	0	0
	平均值	35.2	5	0.6	5	0.4	9	0	3	5	5	5	4.9	2.2	7.1

续表 4-15

品种	试点	茎腐病/%	小斑病/级	穗腐病/%	弯孢叶斑病/级	瘤黑粉病/%	南方锈病/级	粗缩病/%	矮花叶病/级	纹枯病/级	褐斑病/级	玉米螟/级	倒伏率/%	倒折率/%	倒伏倒折率之和/%
桥玉8号	南阳	5.0	1	1.0	1	1.0	3	0	1	1	1	1	0	0	0
	中牟	20.0	3	0.1	1	1.5	9	0	1	1	1	5	0	0	0
	长葛	16.1	3	0	3	0	9	0	1	1	1	1	0	0	0
	洛阳	59.0	3	0	3	0	7	0	1	3	3	3	52.3	8.8	61.2
	宁陵	27.1	5	0	1	0	9	0	1	1	1	1	0	0	0
	平安	24.7	1	0.1	1	0	5	0	1	1	1	1	1.2	0	1.2
	濮阳	0	5	0	3	0	5	0	3	1	5	1	3.2	0	3.2
	荥阳	100	1	0	1	0	9	0	1	1	1	1	0	0.8	0.8
	西华	3.0	3	0	5	0	5	0	1	3	5	3	0.4	0	0.4
	平均值	28.3	5	0.1	5	0.3	9	0	3	3	5	5	6.3	1.1	7.4

第二节　5500株/亩区域试验报告(B组)

一、试验目的

根据《中华人民共和国种子法》《主要农作物品种审定办法》有关规定和2021河南省农作物品种审定委员会玉米专业委员会会议精神,在2020年河南省玉米机收组区域试验和比较试验的基础上,继续筛选适宜河南省种植的优良玉米杂交种。

二、参试品种及承试单位

2021年本组供试品种10个,其中参试品种共8个,设置2个对照品种,郑单958为CK1,桥玉8号为CK2,供试品种编号1~9。承试单位12个,具体包括6个适应性测试点、6个机械粒收测试点。各参试品种的名称、编号、供种单位(个人)及承试单位见表4-16。

表4-16　2021年河南省玉米区域试验5500株/亩机收B组参试品种及承试单位

品种	参试年限	亲本组合	供种单位(个人)	承试单位
G1962	1	GT736Z×D0038Z	中种国际种子有限公司	适应性测试点: 鹤壁市农业科学院(鹤壁) 洛阳市农林科学院(洛阳) 新乡市农业科学院(新乡) 河南农业职业学院(中牟) 濮阳市种子管理站(濮阳) 河南省中元种业有限公司(遂平) 机械粒收测试点: 河南平安种业有限公司(焦作) 河南省豫玉种业股份有限公司(荥阳) 河南鼎研泽田农业科技开发有限公司(长葛) 河南黄泛区地神种业农科所(西华) 南阳鑫亮农业科技有限公司(南阳) 河南金苑种业股份有限公司(宁陵)
郑玉981	1	郑8645×郑8648	郑州市农林科学研究所	
先研656	1	8d265×8d1390	王旭涛	
鼎优219	1	鼎307×DY516	河南鼎优农业科技有限公司、 河南鼎研泽田农业技术开发有限公司	
百科玉2052	1	B98×NF1	河南百农种业有限公司	
郑单169	1	YZ006×YZ007	河南省农业科学院粮食作物研究所	
菊城616	1	JC16×VK22	河南菊城农业科技有限公司	
九洋988	1	RG562×Q4121	甘肃九洋农业发展有限公司	
郑单958	CK1	郑58×昌7-2	河南秋乐种业科技股份有限公司	
桥玉8号	CK2	La619158×Lx9801	河南省利奇种子有限公司	

三、试验概况

(一)试验设计

全省按照统一试验方案,设适应性测试点和机械粒收测试点。适应性测试点按完全随机区组设计,3 次重复,小区面积为 24 m^2,8 行区(收获中间 4 行计产,计产面积为 12 m^2),行长 5 m,行距 0.600 m,株距 0.250 m,每行播种 20 穴。机械粒收测试点采取随机区组排列,3 次重复,小区面积 96 m^2,8 行区(收获中间 4 行计产),行长 20 m,行距 0.6 m,株距 0.250 m,每行播种 80 穴。小区两端设 8 m 机收作业转弯区种植其他品种,提前收获以便机收作业。

各试点对参试品种按原编号自行随机排列,每穴点种 2~3 粒,定苗时留苗一株,密度为 4500 株/亩,重复间留走道 1.5 m,试验周围设不少于 4 行的玉米保护区。对照种植密度均为 4500 株/亩。适应性测试点和机械粒收测试点按编号统计汇总,用亩产量结果进行方差分析,用 LSD 方法分析品种间的差异显著性检验。

(二)试验和田间管理

试验采取参试品种和试验点实名公开的运行管理模式,以利于田间品种考察、育种者观摩。河南省种子站 7 月中下旬组织专家对试点重点出苗情况、试验质量情况考察,9 月中下旬组织专业委员会委员对各试验点品种的田间表现进行综合评价。

根据试验方案要求,各承试单位都固定了专职技术人员负责此项工作,并认真选择试验地块,麦收后及时铁茬播种,在 6 月 4 日至 6 月 15 日各试点基本相继播种完毕,在 9 月 28 日至 10 月 10 日相继完成收获。在间定苗、中耕除草、追肥、治虫、灌排水等方面都比较及时、认真,各试点试验开展顺利,试验质量良好。

(三)田间调查、收获和室内考种

按《河南省玉米品种试验操作规程》规定的记载项目、记载标准、记载时期分别进行。田间观察记载项目在当天完成,成熟时先调查,后取样(考种用),然后收获。严格控制收获期,在墒情满足出苗情况下,从出苗算起 110 d 整组试验材料全部同时收获。

适应性区试点每小区只收中间 4 行计产,面积为 12 m^2。晒干后及时脱粒并加入样品果穗的考种籽粒一起称其干籽重并测定籽粒含水量,按 13%标准含水量折算后的产量即小区产量,用 kg 表示,保留两位小数。

机收试验点机械粒收,每小区只收中间 4 行计产,面积为 48 m^2。收获后立即称取小区籽粒鲜重,并随机抽取样品测定籽粒含水量、破碎率和杂质率。小区籽粒鲜重按 13%标准含水量折算籽粒干重,即为小区产量。

(四)鉴定和检测

为客观、公正、全面评价参试品种,对所有参加区域试验品种进行两年的人工接种抗病虫性鉴定、品质检测,对区域试验一年的品种进行 DNA 真实性检测。抗性鉴定委托河南农业大学植保学院负责实施,对参试品种进行指定的病虫害种类人工接种抗性鉴定,鉴定品种由收种单位统一抽取样品后(1.0 kg/品种),于 5 月 20 日前寄到委托鉴定单位。DNA 检测委托北京市农林科学院玉米研究中心负责实施,由河南省种子站统一扦样和送样。转基因成分检测委托农业农村部小麦玉米种子质量监督检验测试中心负责实施,由收种单位统一扦样和送样。

品质检测委托农业农村部农产品质量监督检验测试中心(郑州)负责实施,对检测样品进行规定项目的品质检测。被检测样品由指定的鹤壁市农业科学院、洛阳市农林科学院、地神种业农科所三个试验点提供,每个试验点提供成熟的套袋果穗(至少5穗/品种,净籽粒干重大于0.5 kg),晒干脱粒后于10月20日前寄(送)到主持单位,由主持单位均等混样后统一送委托检测单位。

(五)气候特点

根据本组承试单位提供的全部气象资料数据进行汇总分析(见表4-17)。在玉米生育期的6~9月,日平均气温较历年偏高1.0 ℃,总降雨量较历年增加509.5 mm,日照时数比历年减少116.2 h。6月日平均温度比历年高2.4 ℃,上、中、下旬均高于历年;降雨量较历年减少39.3 mm,降雨分布不均匀,上、中、下旬均少于历年;日照时数比历年减少32.7 h,上、下旬与往年相近,中旬日照时数少于历年。7月日平均温度较历年偏高0.5 ℃,主要是上旬温度较高;7月雨水充足,降雨量较历年增加265.8 mm,中、下旬雨水较多;日照时数比历年减少29.9 h,主要是全月降雨较多。8月日平均温度与历年持平;降雨量比历年增加89.3 mm,但分布极不均匀,上旬比历年明显减少,下旬降雨量比历年显著增加;日照时数比历年减少41.1 h,主要是中、下旬日照时数减少。9月日平均温度比历年偏高1.2 ℃,中、下旬温度均略高于历年;降雨量较历年增加193.6 mm,上、中、下旬均多雨;日照时数比历年减少12.6 h,主要是本月降雨较多,晴朗天少。2021年试验期间河南省气象资料统计见表4-17。

表4-17　2021年试验期间河南省气象资料统计

时间	平均气温/℃			降雨量/mm			日照时数/h		
	当年	历年	相差	当年	历年	相差	当年	历年	相差
6月上旬	26.3	23.9	2.5	8.6	20.6	-12.0	66.8	65.8	1.0
6月中旬	27.1	24.9	2.2	20.9	21.9	-1.0	33.9	69.4	-35.5
6月下旬	27.8	25.4	2.4	11.9	38.2	-26.3	66.2	64.3	1.9
月计	27.1	24.7	2.4	41.4	80.6	-39.3	166.9	199.5	-32.7
7月上旬	26.8	25.7	1.1	15.1	42.0	-26.9	51.5	56.8	-5.3
7月中旬	26.4	25.6	0.8	236.8	54.2	182.5	36.2	52.2	-16.0
7月下旬	25.7	26.1	-0.4	163.1	52.9	110.2	60.7	69.3	-8.5
月计	26.3	25.8	0.5	414.9	149.2	265.8	148.4	178.3	-29.9
8月上旬	26.7	25.8	0.9	23.7	51.2	-27.4	67.0	58.7	8.3
8月中旬	25.0	24.6	0.4	37.5	36.1	1.4	39.2	54.7	-15.5
8月下旬	22.0	23.5	-1.4	150.5	35.1	115.3	29.3	63.2	-33.9
月计	24.6	24.6	0	211.7	122.3	89.3	135.5	176.6	-41.1
9月上旬	21.9	22.0	-0.1	74.8	28.1	46.7	48.6	57.0	-8.4

续表 4-17

时间	平均气温/℃			降雨量/mm			日照时数/h		
	当年	历年	相差	当年	历年	相差	当年	历年	相差
9 月中旬	22.1	20.3	1.8	79.1	19.2	60.0	56.9	52.0	4.9
9 月下旬	20.6	18.8	1.8	103.5	16.5	87.0	43.7	52.8	-9.1
月计	21.5	20.4	1.2	257.4	63.8	193.6	149.2	161.8	-12.6
6~9 月合计	—	—	—	925.4	415.9	509.5	600.0	716.2	-116.2
6~9 月合计平均	24.9	23.9	1.0	—	—	—	—	—	—

注:历年值是指近 30 年的平均值。

(六)试验点年终报告及汇总情况

2021 年该组试验收到适应性测试点年终报告 4 份、机械粒收测试点年终报告 6 份,鹤壁和新乡试点因遭遇大风严重倒伏申请试验报废。根据专家组在苗期和后期现场考察结果,遂平试点倒伏情况严重,数据不予汇总,经认真审核将符合要求的其余 9 份年终报告进行汇总。

四、试验结果及分析

(一)各试点小区产量联合方差分析

对 2021 年各试点小区产量进行联合方差分析结果(见表 4-18)表明,试点间、品种间、品种与试点互作均达显著水平,说明本组试验设计与布点科学合理,参试品种间存在显著差异,且不同品种在不同试点的表现趋势也存在显著差异。

表 4-18　各试点小区产量(亩产)联合方差分析

变异来源	自由度	平方和	均方	*F* 值	概率(小于 0.05 显著)
试点内区组	18	13151.8	730.66	0.99	0.47
品种	9	177476.27	19719.59	26.72	0
试点	8	1368972.33	171121.54	231.89	0
品种×试点	72	294626.03	4092.03	5.55	0
误差	162	119549.1	737.96		
总变异	269	1973775.53			

注:本试验的误差变异系数 CV=5.301%。

(二)参试品种的产量表现

将各参试品种在 9 个试点的产量列于表 4-19。从表 4-19 中可以看出,与 CK1 郑单 958 相比,菊城 616、G1962、鼎优 219 共 3 个品种极显著增产,先研 656、郑单 169 共 2 个品种显著增产,九洋 988 减产不显著,百科玉 2052、郑玉 981 显著减产。

表 4-19　2021 年河南省玉米品种区域试验 5500 株/亩机收 B 组产量结果及多重比较结果(LSD 法)

品种	品种编号	平均亩产/kg	差异显著性		位次	较 CK1		
			0.05	0.01		增减/(±%)	增产点数	减产点数
菊城 616	7	559.69	a	AB	1	12.44	9	0
G1962	1	548.92	a	AB	2	10.27	8	1
鼎优 219	4	531.14	b	BC	3	6.70	7	2
先研 656	3	515.25	c	CD	4	3.51	8	1
郑单 169	6	512.55	c	CD	5	2.97	7	2
桥玉 8 号	10	503.88	cd	DE	6	1.23	5	4
郑单 958	9	497.77	de	DE	7	0	0	0
九洋 988	8	491.77	de	EF	8	-1.21	6	3
百科玉 2052	5	488.65	ef	EF	9	-1.83	5	4
郑玉 981	2	475.34	f	F	10	-4.51	2	7

注:1.平均亩产为 9 个试点的平均值。

2.$LSD_{0.05}$ = 14.6391,$LSD_{0.01}$ = 19.2970。

(三)各参试品种产量的稳定性分析

采用 Shukla 稳定性分析方法对各品种亩产产量的稳定性分析结果(表 4-20)表明,各参试品种的稳定性均较好,Shukla 变异系数为 3.5428%~9.8918%。其中,百科玉 2052 的稳产性最好。

表 4-20　各品种的 Shukla 方差、变异系数及其亩产均值

品种	品种编号	自由度	Shukla 方差	*F* 值	概率	互作方差	亩产均值	Shukla 变异系数/%
G1962	1	8	1788.13	2.42	0.02	1050.21	548.92	7.7036
郑玉 981	10	8	1723.20	2.34	0.02	985.28	503.88	8.2383
先研 656	2	8	1754.55	2.38	0.02	1016.63	75.34	8.812
鼎优 219	3	8	1155.89	1.57	0.14	417.97	515.25	6.5984
百科玉 2052	4	8	354.09	0.48	0.87	0	531.14	3.5428
郑单 169	5	8	2052.70	2.78	0.01	1314.78	488.65	9.2719
菊城 616	6	8	1182.27	1.60	0.13	444.35	512.55	6.7085
九洋 988	7	8	716.38	0.97	0.46	0	559.69	4.7821
郑单 958	8	8	2366.39	3.21	0	1628.47	491.77	9.8918
桥玉 8 号	9	8	539.13	0.73	0.66	0	497.77	4.6646

(四)各试点试验的可靠性评价

从表 4-21 可以看出,除濮阳试点试验误差的变异系数为 11.863%外,其余各点试验

误差的变异系数均小于10%，说明各试点试验执行认真、管理精细、数据可靠，可以汇总，试验结果可对各参试品种进行科学分析与客观评价。

表4-21　2020年各试点试验误差变异系数(CV)　%

试点	CV	试点	CV	试点	CV
南阳	2.457	中牟	5.096	洛阳	4.019
宁陵	2.614	平安	2.353	濮阳	11.863
地神	1.263	长葛	4.294	豫玉	7.286

(五)参试品种在各试点的产量结果

各品种在所有试点的产量结果汇总列于表4-22。

表4-22　2021年河南省玉米品种区域试验5500株/亩机收B组产量结果汇总

试点	品种(编号)								
	G1962(1)			玉981(2)			先研656(3)		
	亩产/kg	较CK1/(±%)	位次	亩产/kg	较CK1/(±%)	位次	亩产/kg	较CK1/(±%)	位次
南阳	462.02	10.32	6	498.72	19.08	2	494.83	18.15	3
中牟	629.82	3.03	4	627.04	2.57	6	642.23	5.06	2
长葛	467.54	7.85	2	351.77	−18.85	8	329.39	−24.02	10
洛阳	626.65	17.06	1	497.99	−6.98	10	541.00	1.06	7
宁陵	406.55	−3.78	10	413.59	−2.12	9	458.27	8.46	5
平安	596.11	12.08	2	512.64	−3.61	10	566.81	6.57	4
濮阳	531.67	24.18	2	373.34	−12.80	9	439.63	2.68	5
豫玉	595.35	12.59	3	507.64	−4.00	9	548.20	3.67	7
地神	624.54	9.62	1	495.35	−13.05	9	616.95	8.29	3
平均亩产	548.92	10.27	2	475.34	−4.51	10	515.26	3.51	4
CV/%	15.435			17.663			18.766		

试点	品种(编号)								
	鼎优219(4)			百科玉2052(5)			郑单169(6)		
	亩产/kg	较CK1/(±%)	位次	亩产/kg	较CK1/(±%)	位次	亩产/kg	较CK1/(±%)	位次
南阳	498.94	19.14	1	488.39	16.62	4	458.01	9.36	7
中牟	635.19	3.91	3	526.85	−13.81	9	623.71	2.03	7
长葛	422.62	−2.51	4	388.13	−10.47	6	345.56	−20.29	9
洛阳	574.56	7.33	3	554.72	3.62	4	549.84	2.71	6
宁陵	461.17	9.14	4	428.14	1.33	6	478.66	13.28	1
平安	527.18	−0.88	9	554.59	4.27	5	589.35	10.81	3

续表 4-22

试点	品种(编号)								
	鼎优 219(4)			百科玉 2052(5)			郑单 169(6)		
	亩产/kg	较 CK1/(±%)	位次	亩产/kg	较 CK1/(±%)	位次	亩产/kg	较 CK1/(±%)	位次
濮阳	478.89	11.85	4	352.59	-17.65	10	389.08	-9.13	8
豫玉	572.78	8.32	4	499.28	-5.58	10	572.36	8.24	6
地神	608.94	6.89	4	605.11	6.21	6	606.37	6.43	5
平均亩产	531.14	6.70	3	488.65	-1.83	9	512.55	2.97	5
CV/%	13.471			17.141			19.422		

试点	品种(编号)							
	菊城 616(7)			九洋 988(8)			郑单 958(9)	
	亩产/kg	较 CK1/(±%)	位次	亩产/kg	较 CK1/(±%)	位次	亩产/kg	位次
南阳	478.14	14.17	5	427.90	2.17	9	418.80	10
中牟	647.78	5.97	1	500.56	-18.12	10	611.30	8
长葛	470.66	8.57	1	351.87	-18.83	7	433.50	3
洛阳	580.98	8.53	2	551.80	3.08	5	535.33	8
宁陵	469.26	11.06	2	462.20	9.39	3	422.54	7
平安	615.47	15.72	1	542.69	2.04	7	531.85	8
濮阳	538.71	25.82	1	391.48	-8.56	7	428.15	6
豫玉	616.09	16.51	1	606.14	14.63	2	528.78	8
地神	620.17	8.86	2	591.34	3.80	7	569.71	8
平均亩产	559.69	12.44	1	491.77	-1.21	8	497.77	7
CV/%	12.847			18.167			14.638	

试点	品种(编号)		
	桥玉 8 号(10)		
	亩产/kg	较 CK1/(±%)	位次
南阳	443.11	5.80	8
中牟	627.97	2.73	5
长葛	418.09	-3.56	5
洛阳	530.89	-0.83	9
宁陵	421.37	-0.28	8
平安	552.18	3.82	6
濮阳	479.26	11.94	3

续表 4-22

试点	品种(编号)		
	桥玉 8 号(10)		
	亩产/kg	较 CK1/(±%)	位次
豫玉	572.69	8.30	5
地神	489.40	-14.10	10
平均亩产	503.88	1.23	6
CV/%	14.358		

(六)各品种田间性状调查结果

各品种田间性状调查结果汇总见表 4-23。

表 4-23　2021 年河南省玉米品种区域试验 5500 株/亩机收 B 组田间性状调查结果

品种	株型	株高/cm	穗位高/cm	倒伏率/%	倒折率/%	倒点率/%	空秆率/%	双穗率/%	穗腐病/%	穗腐病病粒率≥2.0%试点率/%	小斑病/级
G1962	半紧凑	257.2	110.4	0.4	0.2	0	0.2	0.1	1.0	0	7
郑玉 981	紧凑	252.2	93.0	1.0	0.2	11.1	0.3	0.2	1.0	0	7
先研 656	紧凑	227.3	83.3	0.7	0.1	0	0.5	0	2.3	11.1	5
鼎优 219	半紧凑	250.3	96.2	1.1	0.1	11.1	0.7	0.1	1.0	0	5
百科玉 2052	半紧凑	258.4	87.3	3.3	0.9	22.2	0.5	0	5.6	11.1	5
郑单 169	半紧凑	257.5	103.6	1.6	0.3	22.2	0.3	0	2.9	11.1	5
菊城 616	紧凑	245.8	79.8	0.6	0.2	0	0.3	0	1.0	0	5
九洋 988	紧凑	232.7	88.8	1.4	0.2	0	0.4	0	1.4	0	5
郑单 958	紧凑	245.7	97.0	6.0	1.6	11.1	0.2	0.1	2.6	11.1	5
桥玉 8 号	半紧凑	287.5	112.9	5.4	2.0	11.1	0.2	0	1.0	0	7

品种	茎腐病/%	弯孢叶斑病/级	瘤黑粉病/%	粗缩病/%	矮花叶病/级	纹枯病/级	褐斑病/级	南方锈病/级	玉米螟/级
G1962	31.9	3	1.0	0.2	1	1	3	7	5
郑玉 981	40.0	5	1.0	0.2	1	3	3	9	5
先研 656	34.8	3	1.0	0	1	3	5	9	5
鼎优 219	35.0	5	1.0	0.4	1	3	5	9	5
百科玉 2052	58.6	3	1.0	0.2	1	3	3	9	5
郑单 169	32.3	3	1.0	0	1	3	5	9	7
菊城 616	25.0	5	1.0	0.6	1	3	5	9	7
九洋 988	50.0	3	1.0	0.1	1	3	3	9	7
郑单 958	100	3	1.0	0.6	1	3	3	9	7
桥玉 8 号	100	3	1.0	0.6	1	3	5	9	5

续表 4-23

品种	生育期/d	全生育期叶数/片	雄穗分枝数	花药颜色	果穗茎秆角度	花丝颜色	苞叶长短	雄穗颖片颜色
G1962	100	19.2	中等,枝长中等	浅紫	中等	绿	中	绿
郑玉 981	99	18.9	中等且枝长	浅紫	中等	浅紫	中	绿
先研 656	98	18.0	中等,枝长中等	浅紫	中等	浅紫	长	绿
鼎优 219	100	19.1	中等,枝长中等	浅紫	中等	浅紫	中	绿
百科玉 2052	99	19.0	少且枝长	浅紫	中等	绿	中	绿
郑单 169	99	18.8	中等且枝长	浅紫	中等	浅紫	长	绿
菊城 616	100	18.3	中等且枝长	绿	中等	浅紫	中	绿
九洋 988	99	18.6	中等,枝长中等	浅紫	中等	绿	中	绿
郑单 958	101	19.6	多,枝长中等	浅紫	小	浅紫	中	绿
桥玉 8 号	100	19.6	中等且枝长	紫	中等	紫	中	绿

(七)各品种穗部性状室内考种结果

各品种穗部性状室内考种结果见表 4-24。

表 4-24　2021 年河南省玉米品种区域试验 5500 株/亩机收 B 组穗部性状室内考种结果

品种	穗长/cm	穗粗/cm	穗行数/行	行粒数/粒	秃尖长/cm	轴粗/cm	籽粒含水量/%	含水量达标点率/%	籽粒破碎率/%
G1962	16.6	4.5	14.1	30.5	1.0	2.6	24.1	100	2.4
郑玉 981	15.8	4.4	16.1	33.1	1.0	2.7	23.8	100	2.3
先研 656	15.9	4.6	14.5	33.8	1.0	2.8	24.8	100	2.0
鼎优 219	16.2	4.5	16.3	29.6	0	2.5	23.8	100	2.2
百科玉 2052	16.0	4.4	16.8	31.5	1.0	2.6	23.4	100	2.3
郑单 169	16.3	4.7	14.7	31.6	2.0	2.6	25.4	100	2.2
菊城 616	16.3	4.7	15.1	32.3	1.0	2.7	25.0	100	2.4
九洋 988	17.1	4.5	13.7	32.0	1.0	2.7	25.5	100	2.5
郑单 958	16.4	4.9	14.9	35.0	0	2.9	28.9		2.5
桥玉 8 号	17.5	4.7	13.2	37.4	1.0	2.9	26.8		2.6

品种	出籽率/%	百粒重/g	穗型	轴色	粒型	粒色	结实性
G1962	86.8	32.3	长筒型	红	半马齿	黄	好
郑玉 981	85.3	23.5	短筒型	白	硬粒	黄	好
先研 656	87.5	26.8	短筒型	红	半马齿	黄	好
鼎优 219	87.4	29.2	长筒型	红	半马齿	黄	中

续表 4-24

品种	出籽率/%	百粒重/g	穗型	轴色	粒型	粒色	结实性
百科玉 2052	85.3	24.5	长筒型	红	半马齿	黄	好
郑单 169	84.5	30.4	短筒型	红	半马齿	黄	中
菊城 616	85.9	30.2	长筒型	红	半马齿	黄	中
九洋 988	84.6	30.9	长筒型	粉	硬粒	黄	中
郑单 958	86.3	27.7	短筒型	白	半马齿	黄	中
桥玉 8 号	84.1	28.0	长筒型	红	半马齿	黄白	中

（八）参试品种抗病性接种鉴定结果

河南农业大学植物保护学院对各参试品种抗病性接种鉴定结果见表 4-25。各品种在各试点表现见表 4-28、表 4-29。

表 4-25　2021 年河南省玉米品种区域试验 5500 株/亩机收 B 组抗病性接种鉴定结果

品种	茎腐病		穗腐病		锈病		小斑病		弯孢叶斑病		瘤黑粉病	
	发病率/%	抗性	病级	抗性	病级	抗性	病级	抗性	病级	抗性	发病率/%	抗性
G1962	7.4	抗	2.9	抗	7	感	7	感	5	中抗	0	高抗
郑玉 981	18.5	中抗	1.6	抗	9	高感	5	中抗	5	中抗	0	高抗
先研 656	14.8	中抗	3.1	抗	9	高感	7	感	7	感	20	感
鼎优 219	22.2	中抗	1.8	抗	7	感	7	感	7	感	0	高抗
百科玉 2052	48.1	高感	6	感	7	感	3	抗	5	中抗	20	感
郑单 169	0	高抗	2.3	抗	9	高感	5	中抗	7	感	0	高抗
菊城 616	3.7	高抗	1.3	高抗	5	中抗	3	抗	9	高感	0	高抗
九洋 988	59.3	高感	4.7	中抗	5	中抗	3	抗	5	中抗	0	高抗

（九）籽粒品质性状测定结果

农业农村部农产品质量监督检验测试中心（郑州）对各参试品种多点套袋果穗的籽粒混合样品的品质分析检验结果见表 4-26。

表 4-26　2021 年河南省玉米品种区域试验 5500 株/亩机收 B 组籽粒品质、性状测定结果

品种	品种编号	容重/(g/L)	水分/%	粗蛋白质/%	粗脂肪/%	粗淀粉/%	赖氨酸/%
G1962	1	765	11.1	9.13	4.0	76.33	0.33
郑玉 981	2	783	10.9	10.4	3.6	75.40	0.30
先研 656	3	784	11.2	9.28	3.6	75.74	0.27
鼎优 219	4	770	11.6	9.63	3.8	75.52	0.28
百科玉 2052	5	757	11.8	9.36	3.3	76.62	0.30
郑单 169	6	762	11.6	10.1	3.6	74.32	0.34

续表 4-26

品种	品种编号	容重/(g/L)	水分/%	粗蛋白质/%	粗脂肪/%	粗淀粉/%	赖氨酸/%
菊城 616	7	776	11.9	9.96	3.6	74.76	0.34
九洋 988	8	773	11.8	9.17	3.9	74.76	0.33

(十) DNA 检测比较结果

DNA 检测同名品种以及疑似品种比较结果见表 4-27。

表 4-27　2021 年河南省区域试验 5500 株/亩机收 B 组品种 DNA 指纹检测结果

序号	待测样品		对照样品			比较位点数	差异位点数
	样品编号	样品名称	样品编号	样品名称	来源		
5-1	MHN2100079	菊城 616	MWHN1800094	奥特兰 220	2018 年河南省联合体——河南省共创玉米试验联合体	40	0
5-2	MHN2100079	菊城 616	MWHN1900151	奥特兰 220	2019 年河南省联合体——河南省共创玉米试验联合体	40	0

五、品种评述及建议

(一) G1692

1.产量表现

该品种平均亩产为 548.92 kg,比 CK1 郑单 958 极显著增产 10.27%,居本组试验第 2 位。与 CK1 郑单 958 相比,全省 8 个试点增产,1 个试点减产,增产点比率为 88.9%。

2.特征特性

该品种收获时籽粒含水量 24.1%,低于 CK2 桥玉 8 号的 26.8%,达标点率 100%;籽粒破碎率 2.4%,低于 CK2 桥玉 8 号的 2.6%。

该品种株型半紧凑,果穗茎秆角度中等,平均株高 257.2 cm,穗位高 110.4 cm,总叶片数 19 片,雄穗分枝数中等,枝长中等,花药浅紫色,花丝绿色,倒伏率 0.4%,倒折率 0.2%,倒伏倒折率之和>5.0%的试验点比率为 0%,空秆率 0.2%,双穗率 0.1%,苞叶长度中。自然发病情况为:穗腐病 1.0%,小斑病 1~7 级,弯孢叶斑病 1~3 级,矮花叶病毒病 1 级,南方锈病 3~7 级,纹枯病 1~3 级,褐斑病 1~3 级,心叶期玉米螟危害 1~5 级,茎腐病 31.9%,瘤黑粉病 1.0%,粗缩病 0%。生育期 100 d,较 CK1 郑单 958 早熟 1 d,与 CK2 桥玉 8 号相同。穗长 16.6 cm,穗粗 4.5 cm,穗行数 14.1,行粒数 30.5,秃尖长 0.5 cm,轴粗 2.6 cm,出籽率 86.8%,百粒重 32.3 g。果穗长筒型,红轴;籽粒为半马齿型,黄粒,结实性好。

3.抗病性鉴定

根据2021年河南农业大学植物保护学院人工接种鉴定报告(见表4-25):该品种高抗瘤黑粉病,抗茎腐病、穗腐病,中抗弯孢叶斑病,感小斑病、锈病。

4.品质分析

根据2021年农业农村部农产品质量监督检验测试中心(郑州)对该品种多点套袋果穗的籽粒混合样品品质分析检验结果(见表4-26),该品种粗蛋白质含量9.13%,粗脂肪含量4.0%,粗淀粉含量76.33%,赖氨酸含量0.33%,容重765 g/L。

5.试验建议

按照晋级标准,该品种各项指标均达标,继续进行区域试验。

(二)郑玉981

1.产量表现

该品种平均亩产为475.34 kg,比CK1郑单958减产4.51%,居本组试验第10位。与CK1郑单958相比,全省2个试点增产,7个试点减产,增产点比率为22.2%。

2.特征特性

该品种收获时籽粒含水量23.8%,低于CK2桥玉8号的26.8%,达标点率100%;籽粒破碎率2.3%,低于CK2桥玉8号的2.6%。

该品种株型紧凑,果穗茎秆角度中等,平均株高252.2 cm,穗位高93.0 cm,总叶片数19片,雄穗分枝数中等且枝长,花药浅紫色,花丝浅紫色,倒伏率1.0%,倒折率0.2%,倒伏倒折率之和>5.0%的试验点比率为11.1%,空秆率0.3%,双穗率0.2%,苞叶长度中。自然发病情况为:穗腐病1.0%,小斑病1~7级,弯孢叶斑病1~5级,矮花叶病毒病1级,南方锈病1~9级,纹枯病1~3级,褐斑病1~3级,心叶期玉米螟危害1~5级,茎腐病40.0%,瘤黑粉病1.0%,粗缩病0%。生育期99 d,较CK1郑单958早熟2 d,较CK2桥玉8号早熟1 d。穗长15.8 cm,穗粗4.4 cm,穗行数16.1,行粒数33.1,秃尖长1.2 cm,轴粗2.7 cm,出籽率85.3%,百粒重23.5 g。果穗短筒型,白轴,籽粒为硬粒型,黄粒,结实性好。

3.抗病性鉴定

根据2021年河南农业大学植保学院人工接种鉴定报告(见表4-25):该品种高抗瘤黑粉病,抗穗腐病,中抗茎腐病、小斑病、弯孢叶斑病,高感锈病。

4.品质分析

根据2021年农业农村部农产品质量监督检验测试中心(郑州)对该品种多点套袋果穗的籽粒混合样品品质分析检验结果(见表4-26),该品种粗蛋白质含量10.4%,粗脂肪含量3.6%,粗淀粉含量75.40%,赖氨酸含量0.30%,容重783 g/L。

5.试验建议

按照晋级标准,该品种产量和增产点比率均不达标,停止试验。

(三)先研656

1.产量表现

该品种平均亩产为515.26 kg,比CK1郑单958增产3.51%,居本组试验第4位。与CK1郑单958相比,全省8个试点增产,1个试点减产,增产点比率为88.9%。

2.特征特性

该品种收获时籽粒含水量24.8%,低于CK2桥玉8号的26.8%,达标点率100%;籽粒破碎率2.0%,低于CK2桥玉8号的2.6%。

该品种株型紧凑,果穗茎秆角度中等,平均株高227.3 cm,穗位高83.3 cm,总叶片数18片,雄穗分枝数少,花药浅紫色,花丝浅紫色,倒伏率0.7%,倒折率0.1%,倒伏倒折率之和>5.0%的试验点比率为0%,空秆率0.5%,双穗率0%,苞叶长度长。自然发病情况为:穗腐病2.3%,小斑病1~5级,弯孢叶斑病1~3级,矮花叶病毒病1级,南方锈病3~9级,纹枯病1~3级,褐斑病1~5级,心叶期玉米螟危害1~5级,茎腐病34.8%,瘤黑粉病1.0%,粗缩病0%。生育期98 d,较CK1郑单958早熟3 d,较CK2桥玉8号早熟2 d。穗长15.9 cm,穗粗4.6 cm,穗行数14.5,行粒数33.8,秃尖长1.0 cm,轴粗2.8 cm,出籽率87.5%,百粒重26.8 g。果穗短筒型,红轴,籽粒为半马齿型,黄粒,结实性好。

3.抗病性鉴定

根据2021年河南农业大学植保学院人工接种鉴定报告(见表4-25):该品种抗穗腐病,中抗茎腐病,感小斑病、弯孢叶斑病、瘤黑粉病,高感锈病。

4.品质分析

根据2021年农业农村部农产品质量监督检验测试中心(郑州)对该品种多点套袋果穗的籽粒混合样品品质分析检验结果(见表4-26),该品种粗蛋白质含量9.28%,粗脂肪含量3.6%,粗淀粉含量75.74%,赖氨酸含量0.27%,容重784 g/L。

5.试验建议

按照晋级标准,专家田间考察高感茎腐病,停止试验。

(四)鼎优219

1.产量表现

该品种平均亩产为531.14 kg,比CK1郑单958增产6.70%,居本组试验第3位。与CK1郑单958相比,全省7个试点增产,2个试点减产,增产点比率为77.8%。

2.特征特性

该品种收获时籽粒含水量23.8%,低于CK2桥玉8号的26.8%,达标点率100%;籽粒破碎率2.2%,低于CK2桥玉8号的2.6%。

该品种株型半紧凑,果穗茎秆角度中等,平均株高250.3 cm,穗位高96.2 cm,总叶片数19片,雄穗分枝数中等,枝长中等,花药浅紫色,花丝浅紫色,倒伏率1.1%,倒折率0.1%,倒伏倒折率之和>5.0%的试验点比率为11.1%,空秆率0.7%,双穗率0.1%,苞叶长度中。自然发病情况为:穗腐病1.0%,小斑病1~5级,弯孢叶斑病1~5级,矮花叶病毒病1级,南方锈病1~9级,纹枯病1~3级,褐斑病1~5级,心叶期玉米螟危害1~5级,茎腐病35.0%,瘤黑粉病1.0%,粗缩病0.4%。生育期100 d,较CK1郑单958早熟1 d,与CK2桥玉8号相同。穗长16.2 cm,穗粗4.5 cm,穗行数16.3,行粒数29.6,秃尖长0.4 cm,轴粗2.5 cm,出籽率87.4%,百粒重29.2 g。果穗长筒型,红轴,籽粒为半马齿型,黄粒,结实性中。

3.抗病性鉴定

根据2021年河南农业大学植保学院人工接种鉴定报告(见表4-25):该品种高抗瘤

黑粉病，抗穗腐病，中抗茎腐病，感小斑病、弯孢叶斑病、锈病。

4.品质分析

根据2021年农业农村部农产品质量监督检验测试中心(郑州)对该品种多点套袋果穗的籽粒混合样品品质分析检验结果(见表4-26)，该品种粗蛋白质含量9.63%，粗脂肪含量3.8%，粗淀粉含量75.52%，赖氨酸含量0.28%，容重770 g/L。

5.试验建议

按照晋级标准，该品种各项指标均达标，继续进行区域试验。

(五)百科玉2052

1.产量表现

该品种平均亩产为488.65 kg，比CK1郑单958减产1.83%，居本组试验第9位。与CK1郑单958相比，全省5个试点增产，4个试点减产，增产点比率为55.6%。

2.特征特性

该品种收获时籽粒含水量23.4%，低于CK2桥玉8号的26.8%，达标点率100%；籽粒破碎率2.3%，低于CK2桥玉8号的2.6%。

该品种株型半紧凑，果穗茎秆角度小，平均株高258.4 cm，穗位高87.3 cm，总叶片数19片，雄穗分枝数少且枝长，花药浅紫色，花丝绿色，倒伏率3.3%，倒折率0.9%，倒伏倒折率之和>5.0%的试验点比率为22.2%，空秆率0.5%，双穗率0%，苞叶长度中。自然发病情况为：穗腐病5.6%，小斑病1~5级，弯孢叶斑病1~3级，矮花叶病毒病1级，南方锈病5~9级，纹枯病1~3级，褐斑病1~3级，心叶期玉米螟危害1~5级，茎腐病58.6%，瘤黑粉病1.0%，粗缩病0.2%。生育期99 d，较CK1郑单958早熟2 d，较CK2桥玉8号早熟1 d。穗长16.0 cm，穗粗4.4 cm，穗行数16.8，行粒数31.5，秃尖长0.8 cm，轴粗2.6 cm，出籽率85.3%，百粒重24.5 g。果穗长筒型，红轴，籽粒为半马齿型，黄粒，结实性好。

3.抗病性鉴定

根据2021年河南农业大学植保学院人工接种鉴定报告(见表4-25)：该品种抗小斑病，中抗弯孢叶斑病，感穗腐病、瘤黑粉病、锈病，高感茎腐病。

4.品质分析

根据2021年农业农村部农产品质量监督检验测试中心(郑州)对该品种多点套袋果穗的籽粒混合样品品质分析检验结果(见表4-26)，该品种粗蛋白质含量9.36%，粗脂肪含量3.3%，粗淀粉含量76.62%，赖氨酸含量0.30%，容重757 g/L。

5.试验建议

按照晋级标准，该品种产量、增产点比率指标均不达标，而且高感茎腐病，停止试验。

(六)郑单169

1.产量表现

该品种平均亩产为512.55 kg，比CK1郑单958增产2.97%，居本组试验第5位。与CK1郑单958相比，全省7个试点增产，2个试点减产，增产点比率为77.8%。

2.特征特性

该品种收获时籽粒含水量25.4%，低于CK2桥玉8号的26.8%，达标点率100%；籽粒破碎率2.2%，低于CK2桥玉8号的2.6%。

该品种株型半紧凑，果穗茎秆角度中等，平均株高 257.5 cm，穗位高 103.6 cm，总叶片数 19 片，雄穗分枝数中等且枝长，花药浅紫色，花丝浅紫色，倒伏率 1.6%，倒折率 0.3%，倒伏倒折率之和>5.0%的试验点比率为 22.2%，空秆率 0.3%，双穗率 0%，苞叶长度长。自然发病情况为：穗腐病 2.9%，小斑病 1~5 级，弯孢叶斑病 1~3 级，矮花叶病毒病 1 级，南方锈病 3~9 级，纹枯病 1~3 级，褐斑病 1~5 级，心叶期玉米螟危害 1~7 级，茎腐病 32.3%，瘤黑粉病 1.0%，粗缩病 0%。生育期 99 d，较 CK1 郑单 958 早熟 2 d，较 CK2 桥玉 8 号早熟 1 d。穗长 16.3 cm，穗粗 4.7 cm，穗行数 14.7，行粒数 31.6，秃尖长 1.6 cm，轴粗 2.6 cm，出籽率 84.5%，百粒重 30.4 g。果穗短筒型，红轴，籽粒为半马齿型，黄粒，结实性中。

3.抗病性鉴定

根据 2021 年河南农业大学植保学院人工接种鉴定报告（见表 4-25）：该品种高抗茎腐病、瘤黑粉病，抗穗腐病，中抗小斑病，感弯孢叶斑病，高感锈病。

4.品质分析

根据 2021 年农业农村部农产品质量监督检验测试中心（郑州）对该品种多点套袋果穗的籽粒混合样品品质分析检验结果（见表 4-26），该品种粗蛋白质含量 10.1%，粗脂肪含量 3.6%，粗淀粉含量 74.32%，赖氨酸含量 0.34%，容重 762 g/L。

5.试验建议

按照晋级标准，专家田间考察高感茎腐病，停止试验。

（七）菊城 616

1.产量表现

该品种平均亩产为 559.69 kg，比 CK1 郑单 958 极显著增产 12.44%，居本组试验第 1 位。与 CK1 郑单 958 相比，全省 9 个试点增产，0 个试点减产，增产点比率为 100%。

2.特征特性

该品种收获时籽粒含水量 25.0%，低于 CK2 桥玉 8 号的 26.8%，达标点率 100%；籽粒破碎率 2.4%，低于 CK2 桥玉 8 号的 2.6%。

该品种株型紧凑，果穗茎秆角度中等，平均株高 245.8 cm，穗位高 79.8 cm，总叶片数 18 片，雄穗分枝数中等且枝长，花药绿色，花丝浅紫色，倒伏率 0.6%，倒折率 0.2%，倒伏倒折率之和>5.0%的试验点比率为 0%，空秆率 0.3%，双穗率 0%，苞叶长度中。自然发病情况为：穗腐病 1.0%，小斑病 1~5 级，弯孢叶斑病 1~5 级，矮花叶病毒病 1 级，南方锈病 1~9 级，纹枯病 1~3 级，褐斑病 1~5 级，心叶期玉米螟危害 1~7 级，茎腐病 25.0%，瘤黑粉病 1.0%，粗缩病 0.6%。生育期 100 d，较 CK1 郑单 958 早熟 1 d，与 CK2 桥玉 8 号相同。穗长 16.3 cm，穗粗 4.7 cm，穗行数 15.1，行粒数 32.3，秃尖长 1.1 cm，轴粗 2.7 cm，出籽率 85.9%，百粒重 30.2 g。果穗长筒型，红轴，籽粒为半马齿型，黄粒，结实性中。

3.抗病性鉴定

根据 2021 年河南农业大学植保学院人工接种鉴定报告（见表 4-25）：该品种高抗茎腐病、穗腐病、瘤黑粉病，抗小斑病，中抗锈病，高感弯孢叶斑病。

4.品质分析

根据 2021 年农业农村部农产品质量监督检验测试中心（郑州）对该品种多点套袋果

穗的籽粒混合样品品质分析检验结果(见表 4-26),该品种粗蛋白质含量 9.96%,粗脂肪含量 3.6%,粗淀粉含量 74.36%,赖氨酸含量 0.34%,容重 776 g/L。

5.试验建议

按照晋级标准,该品种各项指标均达标,但该品种与 2018 年、2019 年河南省联合体——河南省共创玉米试验联合体品种奥特兰 220 有 0 个位点差异,停止试验。

(八)九洋 988

1.产量表现

该品种平均亩产为 491.77 kg,比 CK1 郑单 958 减产 1.21%,居本组试验第 8 位。与 CK1 郑单 958 相比,全省 6 个试点增产,3 个试点减产,增产点比率为 66.7%。

2.特征特性

该品种收获时籽粒含水量 25.5%,低于 CK2 桥玉 8 号的 26.8%,达标点率 100%;籽粒破碎率 2.5%,低于 CK2 桥玉 8 号的 2.6%。

该品种株型紧凑,果穗茎秆角度中等,平均株高 232.7 cm,穗位高 88.8 cm,总叶片数 19 片,雄穗分枝数中等,枝长中等,花药浅紫色,花丝绿色,倒伏率 1.4%,倒折率 0.2%,倒伏倒折率之和>5.0%的试验点比率为 0%,空秆率 0.4%,双穗率 0%,苞叶长度中。自然发病情况为:穗腐病 1.4%,小斑病 1~5 级,弯孢叶斑病 1~3 级,矮花叶病毒病 1 级,南方锈病 3~9 级,纹枯病 1~3 级,褐斑病 1~3 级,心叶期玉米螟危害 1~7 级,茎腐病 50.0%,瘤黑粉病 1.0%,粗缩病 0.1%。生育期 99 d,较 CK1 郑单 958 早熟 2 d,较 CK2 桥玉 8 号早熟 1 d。穗长 17.1 cm,穗粗 4.5 cm,穗行数 13.7,行粒数 32.0,秃尖长 1.0 cm,轴粗 2.7 cm,出籽率 84.6%,百粒重 30.9 g。果穗长筒型,粉轴,籽粒为硬粒型,黄粒,结实性中。

3.抗病性鉴定

根据 2021 年河南农业大学植保学院人工接种鉴定报告(见表 4-25):该品种高抗瘤黑粉病,抗小斑病,中抗穗腐病、弯孢叶斑病、锈病,高感茎腐病。

4.品质分析

根据 2021 年农业农村部农产品质量监督检验测试中心(郑州)对该品种多点套袋果穗的籽粒混合样品品质分析检验结果(见表 4-26),该品种粗蛋白质含量 9.17%,粗脂肪含量 3.9%,粗淀粉含量 74.76%,赖氨酸含量 0.33%,容重 773 g/L。

5.试验建议

按照晋级标准,该品种产量指标不达标,而且高感茎腐病,停止试验。

六、品种处理意见

(一)品种晋级与审定标准

经玉米专业委员会委员研究,2021 年河南省玉米品种试验及审定标准在 2020 年区域试验年会标准的基础上进行修改。具体标准如下。

1.基本条件

(1)抗病性:鉴定病害 6 种,即小斑病、茎腐病、穗腐病、弯孢叶斑病、瘤黑粉病、南方锈病。小斑病、茎腐病、穗腐病田间自然发病及人工接种鉴定均未达到高感。

(2)生育期:每年区域试验生育期平均比对照品种长 2.0 d。

(3)抗倒性:每年区域试验平均倒伏倒折率之和≤12.0%,且倒伏倒折率之和≥15.0%的试点比率≤25%。

(4)品质:容重≥720 g/L,粗淀粉≥69.0%,粗蛋白质≥8.0%,粗脂肪≥3.0%。

(5)专家田间鉴评:在生育期、结实性、抗倒性、抗病虫性、抗逆性等性状方面没有严重缺陷。

(6)真实性和差异性(SSR 分子标记检测):同一品种在不同试验年份、不同试验组别、不同试验渠道中 DNA 指纹检测差异位点数应当<2 个。

申请审定品种与已知品种 DNA 指纹检测差异位点数应当≥4 个;申请审定品种与已知品种 DNA 指纹检测差异位点数等于 3 个的,需进行田间小区种植鉴定证明有重要农艺性状差异。

(7)产量:区域试验和生产试验产量(kg/亩)(见分类条件要求)。

2.分类条件

1)高产稳产品种

每年区域试验产量比对照品种平均增产≥3.0%,且两年平均≥5.0%,生产试验比对照品种增产≥2.0%。每年区域试验、生产试验增产的试点比率≥60%。

2)绿色优质品种

(1)抗病性突出:田间自然发病和人工接种鉴定所有病害均达到中抗以上。

(2)丰产性、稳产性:每年区域试验、生产试验与对照品种产量相当,且每年区域试验、生产试验达标试点比率≥60%。其他指标同高产稳产品种。

3.2021 年度晋级品种执行标准

(1)2021 年完成生产试验程序品种以及之前的缓审品种,晋级和审定时各项指标均执行老标准。

(2)2022 年进入区域试验程序的品种,晋级和审定时所有指标均按修订后新标准执行(DNA、产量、抗倒性、抗病性等)。

(3)从 2022 年开始,参加区域试验(两年区域试验)的品种进行 DNA 指纹检测。

(4)2021 年玉米季节气候特殊,本年度生育期仅做参考,不作为淘汰品种依据。

(5)统一田间试验上报数据中,有两个及两个以上试点达到茎腐病(病株率≥40.1%)或穗腐病(病粒率≥4.0%)高感的品种以及穗腐病病粒率≥2.0%试点比例≥30.0%的品种予以淘汰。

(6)品种交叉晋级标准。

普通组:区域试验增产≥7.0%,增产点率≥70%,倒伏倒折率之和≤8%,小斑病、茎腐病和穗腐病人工接种和田间自然发病均达到中抗以上。

机收组:区域试验增产≥4.0%,增产点率≥70%,倒伏倒折率之和≤3%,籽粒含水量≤28%,破碎率≤6%,小斑病、茎腐病和穗腐病人工接种和田间自然发病均达到中抗以上。

(7)关于延审品种:2022 年玉米初审会前提供不出合格的 DUS 报告的品种不再

审定。

(二)参试品种的处理意见

根据以上标准,对参试品种处理意见如下:

(1)进入第二年区域试验品种:G1962、鼎优 219。

(2)淘汰品种:先研 656、郑玉 981、百科玉 2052、郑单 169、菊城 616、九洋 988。

河南农业大学农学院

2022 年 3 月 25 日

表 4-28　2021 年河南省玉米品种区域试验参试品种所在试点性状汇总(5500 株/亩机收 B 组)

品种	试点	亩产/kg	比 CK/(±%)	位次	生育期/d	株高/cm	穗位高/cm	空秆率/%	双穗率/%	穗长/cm	穗粗/cm	穗行数/行	行粒数/粒	秃尖长/cm	轴粗/cm	出籽率/%	百粒重/g	籽粒含水量/%	籽粒破碎率/%	籽粒杂质率/%
G1962	南阳	462.0	10.3	6	94	276	107	1.0	0	17.2	4.8	14.4	36.4	0.1	2.7	86.8	34.5	24.5	4.2	2.0
	中牟	629.8	3.0	4	101	239	114	0.5	0.2	16.7	4.5	14.8	29.8	1.2	2.7	87.4	38.5	25.5	0.2	0.1
	长葛	467.5	7.9	2	99	272	98	0	0	17.2	4.4	13.6	30.4	1.0	2.4	87.5	31.7	31.2	2.14	1.08
	洛阳	626.7	17.1	1	107	255	120	0	0	16.0	4.7	13.6	29.7	1.3	2.7	90.1	32.5	20.7	6.1	0.1
	宁陵	406.6	−3.8	10	104	221	90	0	0	15.0	4.1	14.0	28.7	0.3	2.4	86.9	22.5	25.7	3.1	0.6
	平安	596.1	12.1	2	98	280	116	0.4	0.6	17.1	4.6	14.9	31.6	0	2.7	84.3	31.9	24.0	0.7	0
	濮阳	531.7	24.2	2	96	258	96	0.3	0	16.6	4.4	14.0	30.4	0.5	2.6	86.8	29.9	28.6	0.7	1.0
	荥阳	595.4	12.6	3	98	256	110	0	0	18.7	4.7	14.0	32.3	0		82.7	36.4	16.5	2.1	0.9
	西华	624.5	9.6	1	103	272	130	0	0	15.2	4.2	13.8	25.2	0.2	2.5	88.5	32.7	20.6	1.8	0.2
	平均值	548.9	10.3	2	100	257.2	110.4	0.2	0.1	16.6	4.5	14.1	30.5	0.5	2.6	86.8	32.3	24.1	2.34	0.68
郑玉981	南阳	498.7	19.1	2	95	263	85	0.9	0	16.4	4.7	16.0	36.0	2.3	2.5	89.4	26.2	22.3	3.7	1.2
	中牟	627.0	2.6	6	97	239	105	0.5	0.2	17.5	4.8	17.0	34.7	1.0	3.2	84.8	28.3	26.1	0.2	0.1
	长葛	351.8	−18.9	8	97	262	86	0	0	13.6	4.2	16.0	25.0	1.6	2.2	84.8	22.6	29.2	1.32	1.12
	洛阳	498.0	−7.0	10	106	262	93	0.5	0	15.1	4.2	14.4	31.2	1.9	2.8	87.0	23.6	21.3	6.4	0.2
	宁陵	413.6	−2.1	9	102	225	73	0	0	13.1	4.2	16.7	29.7	0.3	2.4	84.5	20.9	25.2	3.1	1.0
	平安	512.6	−3.6	10	96	262	100	0.6	1.2	16.9	4.3	15.6	34.8	0.2	2.8	84.0	23.4	23.4	0.3	0
	濮阳	373.3	−12.8	9	100	268	89	0.2	0.2	15.4	4.2	17.2	33.6	1.7	3.0	83.9	18.3	27.8	1.7	0.7
	荥阳	507.6	−4.0	9	95	245	95	0	0	18.2	4.8	16.0	41.3	0		80.8	22.7	17.9	2.5	0.9
	西华	495.4	−13.1	9	103	254	104	0	0	16.3	4.6	16.2	31.9	2.0	2.7	88.6	25.3	20.9	0.8	0.2
	平均值	475.3	−4.5	10	99.0	252.2	93.0	0.3	0.2	15.8	4.4	16.1	33.1	1.2	2.7	85.3	23.5	23.8	2.22	0.59

续表 4-28

品种	试点	亩产/kg	比 CK/(±%)	位次	生育期/d	株高/cm	穗位高/cm	空秆率/%	双穗率/%	穗长/cm	穗粗/cm	穗行数/行	行粒数/粒	秃尖长/cm	轴粗/cm	出籽率/%	百粒重/g	籽粒含水量/%	籽粒破碎率/%	籽粒杂质率/%
先研656	南阳	494.8	18.2	3	96	219	71	0.8	0	15.8	5.0	15.2	37.0	1.2	2.8	87.2	24.8	24.0	3.3	0.8
	中牟	642.2	5.1	2	96	221	87	0.7	0	16.3	4.7	14.4	33.1	1.3	3.1	88.0	35.9	27.6	0.3	0.1
	长葛	329.4	−24.0	10	97	231	89	0	0	16.0	4.4	12.8	33.4	1.2	2.4	90.7	25.0	31.0	1.64	3.15
	洛阳	541.0	1.1	7	105	230	80	1.2	0	16.2	4.3	13.2	30.8	2.3	2.9	89.5	25.7	22.9	5.5	0.1
	宁陵	458.3	8.5	5	102	212	70	0	0	14.9	4.2	15.3	34.0	0.4	2.6	89.1	26.8	25.6	3.2	1.0
	平安	566.8	6.6	4	96	236	86	1.6	0	16.4	4.8	14.9	35.6	0.8	3.1	83.4	26.8	24.3	0.2	0.2
	濮阳	439.6	2.7	5	96	236	90	0.3	0	14.8	4.2	14.4	31.6	1.1	2.8	85.4	20.1	26.8	0.3	0.3
	荥阳	548.2	3.7	7	95	225	92	0	0	17.7	5.0	16.7	37.3	0		84.5	25.7	18.7	2.3	0.9
	西华	617.0	8.3	3	103	240	90	0	0.2	14.6	4.6	13.4	31.2	0.5	2.8	89.9	30.6	22.5	0.9	0.8
	平均值	515.3	3.5	4	98.4	227.3	83.3	0.5	0	15.9	4.6	14.5	33.8	1.0	2.8	87.5	26.8	24.8	1.95	0.83
鼎优219	南阳	498.9	19.1	1	98	263	82	1.1	0	17.0	4.6	17.2	35.5	0.3	2.6	88.3	28.7	22.8	2.8	0.8
	中牟	635.2	3.9	3	99	249	93	0.5	0.2	17.8	4.8	16.6	30.7	0	2.6	88.0	33.6	26.5	0.5	0.1
	长葛	422.6	−2.5	4	97	254	94	0	0	15.6	4.6	16.0	26.4	1.6	2.5	89.3	28.3	30.2	2.31	0.38
	洛阳	574.6	7.3	3	107	257	110	0.7	0	15.8	4.6	15.2	28.6	0.7	2.6	90.2	30.8	18.8	6.0	0.1
	宁陵	461.2	9.1	4	103	236	80	0	0	15.1	4.1	16.7	32.0	0	2.3	87.5	24.6	25.0	3.0	0.6
	平安	527.2	−0.9	9	96	261	82	4.2	0.2	15.4	4.3	16.4	29.2	0.8	2.7	83.3	27.4	24.2	1.0	0
	濮阳	478.9	11.9	4	100	222	88	0.2	0.2	17.0	4.4	16.8	26.4	0	2.6	87.3	26.7	28.1	0.7	0.3
	荥阳	572.8	8.3	4	97	260	112	0	0	16.7	4.7	16.0	31.0	0		82.7	31.1	18.5	2.6	0.9
	西华	608.9	6.9	4	103	254	122	0.1	0.2	15.0	4.4	15.4	26.6	0.5	2.5	89.8	31.9	20.2	0.7	0.2
	平均值	531.1	6.7	3	100	250.3	96.2	0.7	0.1	16.2	4.5	16.3	29.6	0.4	2.5	87.4	29.2	23.8	2.19	0.39

续表 4-28

品种	试点	亩产/kg	比 CK/(±%)	位次	生育期/d	株高/cm	穗位高/cm	空秆率/%	双穗率/%	穗长/cm	穗粗/cm	穗行数/行	行粒数/粒	秃尖长/cm	轴粗/cm	出籽率/%	百粒重/g	籽粒含水量/%	籽粒破碎率/%	籽粒杂质率/%
百科玉2052	南阳	488.4	16.6	4	94	278	87	0.8	0	17.3	4.5	17.6	38.8	0.2	2.6	82.5	20.4	28.1	3.5	1.5
	中牟	526.9	−13.8	9	96	223	84	0.3	0	16.2	4.6	17.2	29.7	1.2	2.7	86.0	30.6	25.6	0.4	0.2
	长葛	388.1	−10.5	6	97	274	83	0	0	15.2	4.4	16.4	30.0	0.4	2.4	86.2	21.2	25.9	2.12	0.74
	洛阳	554.7	3.6	4	104	267	92	1.2	0	16.1	4.1	14.8	28.6	1.3	2.9	89.7	28.7	18.4	5.2	0.1
	宁陵	428.1	1.3	6	104	241	80	0	0	16.0	4.2	16.7	35.7	0	2.4	86.2	22.3	25.3	2.8	1.0
	平安	554.6	4.3	5	95	260	79	2.4	0.2	15.2	4.3	17.6	29.6	1.8	2.9	84.1	28.7	24.1	1.4	0
	濮阳	352.6	−17.7	10	100	272	80	0	0.2	15.0	4.0	16.4	28.8	1.9	2.6	81.4	16.4	25.9	1.3	1.0
	荥阳	499.3	−5.6	10	95	255	93	0	0	17.0	4.7	17.3	32.7	0		82.4	25.2	17.0	2.8	1.0
	西华	605.1	6.2	6	103	271	103	0	0	15.9	4.5	16.8	29.9	0.5	2.6	89.6	27.2	20.1	1.0	0.1
	平均值	488.7	−1.8	9	98.7	258.4	87.3	0.5	0	16.0	4.4	16.8	31.5	0.8	2.6	85.3	24.5	23.4	2.29	0.63
郑单169	南阳	458.0	9.4	7	95	268	103	0.7	0	16.6	5.0	14.8	28.8	2.1	2.1	86.1	35.0	24.8	4.2	2.2
	中牟	623.7	2.0	7	97	231	105	0	0.2	17.6	4.9	14.2	35.4	1.7	2.8	83.0	33.9	28.2	0.2	0.1
	长葛	345.6	−20.3	9	98	257	86	0	0	15.4	4.8	15.6	28.4	2.2	2.6	85.7	28.3	31.8	2.68	0.47
	洛阳	549.8	2.7	6	106	275	122	0.8	0	16.6	4.6	13.8	29.4	1.2	2.9	85.9	31.0	22.2	6.2	0.1
	宁陵	478.7	13.3	1	103	240	96	0	0	15.4	4.4	14.7	33.7	1.2	2.4	84.2	27.7	26.2	2.8	1.3
	平安	589.4	10.8	3	97	272	87	0.6	0	16.3	4.6	15.6	34.8	1.8	2.9	82.2	27.0	24.3	1.1	0
	濮阳	389.1	−9.1	8	96	242	82	0.2	0	16.0	4.6	14.0	32.0	1.7	2.8	83.3	28.4	30.1	0.7	1.3
	荥阳	572.4	8.2	6	97	260	106	0	0	18.7	5.0	15.7	39.7	0		83.4	30.3	18.8	2.0	0.9
	西华	606.4	6.4	5	103	273	128	0.1	0	14.2	4.7	13.6	22.1	2.5	2.7	86.4	32.4	21.9	0.7	0.2
	平均值	512.6	3.0	5	99.1	257.5	103.6	0.3	0	16.3	4.7	14.7	31.6	1.6	2.6	84.5	30.4	25.4	2.27	0.73

续表 4-28

品种	试点	亩产/kg	比 CK/（±%）	位次	生育期/d	株高/cm	穗位高/cm	空秆率/%	双穗率/%	穗长/cm	穗粗/cm	穗行数/行	行粒数/粒	秃尖长/cm	轴粗/cm	出籽率/%	百粒重/g	籽粒含水量/%	籽粒破碎率/%	籽粒杂质率/%
菊城616	南阳	478.1	14.2	5	94	271	66	0.5	0	17.4	4.9	15.2	38.4	1.0	2.5	86.3	30.1	24.5	3.7	2.3
	中牟	647.8	6.0	1	100	218	77	0.3	0	16.5	4.9	14.6	33.6	0.8	2.8	85.4	35.2	27.7	0.7	0.2
	长葛	470.7	8.6	1	99	242	71	0	0	16.6	4.8	15.6	32.6	1.6	2.6	87.7	29.7	30.6	3.14	0.34
	洛阳	581.0	8.5	2	107	265	95	0.5	0	14.8	4.5	14.4	25.2	0.6	2.7	89.8	32.2	22.0	6.3	0.2
	宁陵	469.3	11.1	2	103	235	70	0	0	15.8	4.3	14.7	33.7	0.1	2.3	86.3	25.7	25.7	2.8	0.8
	平安	615.5	15.7	1	98	243	69	1.0	0	17.0	5.1	16.4	32.8	0.8	3.1	82.1	29.2	25.9	1.2	0
	濮阳	538.7	25.8	1	96	252	81	0	0.2	16.0	4.8	14.8	30.4	1.3	2.8	83.1	30.6	29.8	1.0	0.7
	荥阳	616.1	16.5	1	96	245	84	0	0	17.8	4.8	16.0	37.7	1.0		84.2	28.8	17.1	2.6	0.9
	西华	620.2	8.9	2	104	237	97	0	0	14.5	4.5	14.6	26.5	2.5	2.5	88.3	30.4	21.5	0.5	0.2
	平均值	559.7	12.4	1	99.7	245.8	79.8	0.3	0	16.3	4.7	15.1	32.3	1.1	2.7	85.9	30.2	25.0	2.45	0.63
九洋988	南阳	427.9	2.2	9	94	247	87	0.8	0	16.6	4.9	14.8	34.6	1.0	2.5	82.8	33.0	27.9	4.3	1.3
	中牟	500.6	−18.1	10	97	213	78	0.8	0	18.0	4.6	13.8	32.3	0.1	2.9	85.0	31.0	27.4	0.2	0.2
	长葛	351.9	−18.8	7	98	242	71	0	0	16.4	4.4	12.4	32.0	2.0	2.4	87.6	30.3	28.6	1.66	0.64
	洛阳	551.8	3.1	5	107	248	107	0.8	0	15.1	4.4	14.4	26.0	2.3	2.9	90.3	29.2	21.0	6.3	0.2
	宁陵	462.2	9.4	3	103	218	77	0	0	16.8	4.2	14.7	34.3	0.1	2.6	85.9	24.8	26.5	3.8	0.6
	平安	542.7	2.0	7	97	237	85	0.8	0	18.2	4.6	13.2	35.0	1.2	3.0	81.3	29.9	26.0	0.7	0
	濮阳	391.5	−8.6	7	96	232	80	0.3	0	19.0	4.2	13.2	34.4	0	2.8	76.4	35.8	29.0	0.7	1.3
	荥阳	606.1	14.6	2	96	235	98	0	0	18.3	4.7	13.3	33.3	0		82.4	31.9	18.6	2.8	1.0
	西华	591.3	3.8	7	104	232	98	0	0	15.9	4.5	13.6	26.4	2.0	2.6	89.8	32.4	24.2	1.2	0.2
	平均值	491.8	−1.2	8	99.1	232.7	88.8	0.4	0	17.1	4.5	13.7	32.0	1.0	2.7	84.6	30.9	25.5	2.40	0.60

续表 4-28

品种	试点	亩产/kg	比 CK/(±%)	位次	生育期/d	株高/cm	穗位高/cm	空秆率/%	双穗率/%	穗长/cm	穗粗/cm	穗行数/行	行粒数/粒	秃尖长/cm	轴粗/cm	出籽率/%	百粒重/g	籽粒含水量/%	籽粒破碎率/%	籽粒杂质率/%
郑单958	南阳	418.8	0	10	95	257	95	0.5	0	17.0	4.9	13.2	41.2	0.3	2.8	82.9	27.2	27.5	1.8	1.8
	中牟	611.3	0	8	99	239	101	0.2	0.5	16.5	5.0	15.0	31.2	0.2	3.0	85.0	34.9	30.0	0.4	0.1
	长葛	433.5	0	3	102	251	88	0	0	17.6	5.0	15.2	33.2	1.6	2.9	89.8	30.6	33.8	1.62	1.34
	洛阳	535.3	0	8	109	261	115	0	0	16.4	4.9	14.4	32.1	0.2	3.0	90.7	27.4	29.6	9.8	0.2
	宁陵	422.5	0	7	104	229	81	0	0	15.5	4.6	16.0	40.0	0	2.8	86.3	21.3	30.2	4.0	0.8
	平安	531.9	0	8	96	242	88	0.8	0	17.1	5.0	15.6	35.8	0	3.1	84.5	23.9	29.9	0.2	0
	濮阳	428.2	0	6	100	258	96	0.3	0.3	17.0	4.8	15.2	36.8	0	3.2	85.5	25.0	30.8	1.0	1.3
	荥阳	528.8	0	8	98	235	80	0	0	17.7	5.0	15.3	37.7	0		82.2	29.9	21.9	2.3	1.1
	西华	569.7	0	8	103	245	120	0	0	13.1	4.6	14.6	27.2	0.3	2.7	89.5	29.3	26.4	0.7	0.6
	平均值	497.8	0	7	100.7	245.7	97.0	0.2	0.1	16.4	4.9	14.9	35.0	0.3	2.9	86.3	27.7	28.9	2.44	0.8
桥玉8号	南阳	443.1	5.8	8	95	336	116			16.8	5.0	13.2	36.2	1.5	3.1	82.1	30.6	28.8	4.8	4.3
	中牟	628.0	2.7	5	98	252	102	0.5	0	18.7	4.8	13.4	41.3	0.6	2.9	83.0	30.5	27.9	0.6	0.1
	长葛	418.1	−3.6	5	102	319	87	0	0	18.8	4.8	12.8	38.8	0.6	3.2	85.6	28.7	33.6	3.16	0.69
	洛阳	530.9	−0.8	9	107	302	107	0	0	17.2	4.5	12.6	31.4	2.2	3.0	88.9	27.3	23.3	6.7	0.1
	宁陵	421.4	−0.3	8	104	280	97	0	0	16.4	4.4	12.0	42.3	0.2	2.6	82.6	22.5	27.8	3.4	1.3
	平安	552.2	3.8	6	97	280	98	0.6	0	17.4	4.8	14.1	37.7	1.0	3.0	81.5	26.6	25.8	1.4	0
	濮阳	479.3	11.9	3	100	284	102	0.2	0	16.4	4.6	13.4	36.8	0.5	3.0	81.0	22.2	31.6	0.7	1.7
	荥阳	572.7	8.3	5	97	280	113	0	0	19.5	5.0	14.7	41.0	1.0		82.5	29.8	18.9	2.6	0.9
	西华	489.4	−14.1	10	103	286	169	0	0	16.7	4.9	12.8	31.0	1.0	2.7	89.5	34.3	23.2	1.0	0.1
	平均值	503.9	1.2	6	100.3	287.5	112.9	0.2	0	17.5	4.7	13.2	37.4	1.0	2.9	84.1	28.0	26.8	2.69	1.03

表 4-29　2021 年河南省玉米品种区域试验参试品种所在试点抗病虫抗倒性状汇总（5500 株/亩机收 B 组）

品种	试点	茎腐病/%	小斑病/级	穗腐病/%	弯孢叶斑病/级	瘤黑粉病/%	南方锈病/级	粗缩病/%	矮花叶病/级	纹枯病/级	褐斑病/级	玉米螟/级	倒伏率/%	倒折率/%	倒伏倒折率之和/%
G1962	南阳	3.0	1	1.0	1	1.0	3	0	1	1	1	1	0	0	0
	中牟	4.0	1	0.3	1	0.4	7	0.2	1	1	1	5	0	0	0
	长葛	18.9	3	0	3	0	5	0	1	1	1	1	0	0	0
	洛阳	12.0	3	0	3	0	3	0	1	1	3	3	0	0	0
	宁陵	31.9	7	0.5	1	0	7	0	1	1	1	1	0	0	0
	平安	3.5	1	0.2	1	0	3	0	1	1	1	1	0.6	1.2	1.8
	濮阳	0	3	0	1	0	5	0	1	1	3	3	2.6	0.3	2.9
	荥阳	30.0	1	0	1	0	7	0	1	1	1	1	0.7	0	0.7
	西华	0	3	0.1	3	0	3	0	1	1	1	3	0	0	0
	平均值	11.5	7	0.2	3	0.2	7	0	1	1	3	5	0.4	0.2	0.6
郑玉981	南阳	15.0	1	1.0	1	1.0	5	0	1	1	1	1	0	0	0
	中牟	10.0	3	0.6	1	0.4	9	0.2	1	1	1	5	0	0	0
	长葛	21.9	3	0	3	0	9	0	1	1	1	1	0	0	0
	洛阳	8.0	3	0	3	0	7	0	1	3	3	3	0	0	0
	宁陵	27.1	7	0.3	1	0	9	0	1	1	1	1	0	0	0
	平安	29.1	1	0	1	0	5	0	1	1	1	1	0.2	1.2	1.4
	濮阳	40.0	3	0.7	1	0.1	9	0	1	1	3	1	4.8	0.3	5.1
	荥阳	35.0	1	0	1	0	9	0	1	1	1	1	4.0	0	4.0
	西华	0	3	0	5	0	1	0	1	1	1	3	0	0	0
	平均值	20.7	7	0.3	5	0.2	9	0	1	3	3	5	1.0	0.2	1.2

续表 4-29

品种	试点	茎腐病/%	小斑病/级	穗腐病/%	弯孢叶斑病/级	瘤黑粉病/%	南方锈病/级	粗缩病/%	矮花叶病/级	纹枯病/级	褐斑病/级	玉米螟/级	倒伏率/%	倒折率/%	倒伏倒折率之和/%
先研656	南阳	10.0	1	1.0	1	1.0	7	0	1	1	1	1	0	0	0
	中牟	15.0	3	0.2	1	0	9	0	1	1	1	5	0	0	0
	长葛	19.6	3	0	3	0	9	0	1	1	1	1	0	0	0
	洛阳	12.2	3	0	3	0	7	0	1	3	3	3	4.7	0	4.7
	宁陵	34.8	5	0	1	0	7	0	1	1	1	1	0	0	0
	平安	13.3	1	0	1	0	5	0	1	1	1	1	0.8	0.3	1.1
	濮阳	20.0	5	2.3	3	0	9	0	1	1	5	1	0.7	0.2	0.8
	荥阳	20.0	1	0	1	0	7	0	1	1	1	1	0	0.7	0.7
	西华	0	5	0	3	0.1	3	0	1	1	1	1	0	0	0
	平均值	16.1	5	0.4	3	0.1	9	0	1	3	5	5	0.7	0.1	0.8
鼎优219	南阳	5.0	1	1.0	1	1.0	5	0	1	1	1	1	0	0	0
	中牟	35.0	3	0.5	1	0.4	9	0.4	1	1	1	5	0	0	0
	长葛	16.7	3	0	3	0	7	0	1	1	1	1	0	0	0
	洛阳	24.7	5	0	3	0	7	0	1	3	3	3	4.5	0.7	5.2
	宁陵	18.7	5	0	1	0	7	0	1	1	1	1	0	0	0
	平安	10.6	1	0.1	1	0	3	0	1	1	1	1	1.5	0.2	1.7
	濮阳	3.5	5	0.2	3	0	5	0	1	1	5	1	2.9	0.2	3.0
	荥阳	30.0	1	0	1	0	7	0	1	1	1	1	1.0	0	1.0
	西华	0	3	0.1	5	0	1	0	1	3	3	1	0	0	0
	平均值	16.0	5	0.2	5	0.2	9	0	1	3	5	5	1.1	0.1	1.2

续表 4-29

品种	试点	茎腐病/%	小斑病/级	穗腐病/%	弯孢叶斑病/级	瘤黑粉病/%	南方锈病/级	粗缩病/%	矮花叶病/级	纹枯病/级	褐斑病/级	玉米螟/级	倒伏率/%	倒折率/%	倒伏倒折率之和/%
百科玉2052	南阳	5.0	1	1.0	1	1.0	7	0	1	1	1	1	0	3.0	3.0
	中牟	35.0	3	0.6	1	0.6	9	0.2	1	1	1	5	0	0	0
	长葛	21.3	3	0	3	0	9	0	1	1	1	1	0	0	0
	洛阳	58.6	5	0	3	0	5	0	1	3	3	3	19.2	3.7	22.8
	宁陵	25.0	5	0.3	1	0	9	0	1	1	1	1	0	0	0
	平安	17.1	1	0.1	1	0	5	0	1	1	1	1	1.7	0.4	2.1
	濮阳	46.5	1	5.6	1	0	7	0	1	1	3	3	4.8	0.5	5.3
	荥阳	35.0	1	0	1	0	9	0	1	1	1	1	3.7	0	3.7
	西华	0.7	3	0	3	0	5	0	1	3	3	3	0	0.1	0.1
	平均值	27.1	5	0.8	3	0.2	9	0	1	3	3	5	3.3	0.9	4.1
郑单169	南阳	15.0	1	1.0	1	1.0	5	0	1	1	1	1	0	0	0
	中牟	25.0	3	2.9	1	0	9	0	1	1	1	7	0	0	0
	长葛	18.9	3	0	3	0	7	0	1	1	1	1	0	0	0
	洛阳	32.3	5	0	3	0	7	0	1	3	3	3	6.0	1.8	7.8
	宁陵	18.4	5	0	1	0	7	0	1	1	1	1	0	0	0
	平安	13.2	1	0	1	0	3	0	1	1	1	1	1.1	0.4	1.5
	濮阳	0	1	0	1	0.2	7	0	1	1	5	1	5.2	0.3	5.6
	荥阳	20.0	1	0	1	0	7	0	1	1	1	1	2.1	0	2.1
	西华	0	3	0	3	0	3	0	1	1	1	3	0	0	0
	平均值	15.9	5	0.4	3	0.2	9	0	1	3	5	7	1.6	0.3	1.9

续表 4-29

品种	试点	茎腐病/%	小斑病/级	穗腐病/%	弯孢叶斑病/级	瘤黑粉病/%	南方锈病/级	粗缩病/%	矮花叶病/级	纹枯病/级	褐斑病/级	玉米螟/级	倒伏率/%	倒折率/%	倒伏倒折率之和/%
菊城616	南阳	5.0	1	1.0	1	1.0	3	0	1	1	1	1	0	0	0
	中牟	15.0	3	0	1	0.6	9	0.6	1	1	3	7	0	0	0
	长葛	21.4	3	0	3	0	7	0	1	1	1	1	0	0	0
	洛阳	8.0	3	0	5	0	5	0	1	3	5	3	0	0	0
	宁陵	13.4	5	0.2	1	0	7	0	1	1	1	1	0	0	0
	平安	13.6	1	0	1	0	3	0	1	1	1	1	2.9	1.0	3.9
	濮阳	0	3	0	1	0	5	0	1	1	1	1	1.3	0.3	1.7
	荥阳	25.0	1	0	1	0	7	0	1	1	1	1	1.0	0.7	1.7
	西华	0	1	0	3	0	1	0	1	1	1	1	0	0	0
	平均值	11.3	5	0.1	5	0.2	9	0.1	1	3	5	7	0.6	0.2	0.8
九洋988	南阳	20.0	1	1.0	1	1.0	5	0	1	1	1	1	1.0	0	1.0
	中牟	50.0	3	0.8	1	0	9	0	1	1	3	7	0	0	0
	长葛	21.9	3	0	3	0	7	0	1	1	1	1	0	0	0
	洛阳	22.2	3	0	3	0	5	0	1	3	3	3	4.5	0	4.5
	宁陵	17.0	5	0.2	1	0	7	0	1	1	1	1	0	0	0
	平安	16.2	1	0.2	1	0	3	0	1	1	1	1	1.6	1.6	3.2
	濮阳	10.0	5	1.4	3	0	5	0	1	1	3	3	0.9	0.5	1.4
	荥阳	20.0	1	1.0	1	0	7	0	1	1	1	1	4.7	0	4.7
	西华	0	1	0.1	3	0	3	0.1	1	1	3	1	0	0	0
	平均值	19.7	5	0.5	3	0.1	9	0	1	3	3	7	1.4	0.2	1.6

续表 4-29

品种	试点	茎腐病/%	小斑病/级	穗腐病/%	弯孢叶斑病/级	瘤黑粉病/%	南方锈病/级	粗缩病/%	矮花叶病/级	纹枯病/级	褐斑病/级	玉米螟/级	倒伏率/%	倒折率/%	倒伏倒折率之和/%
郑单958	南阳	65.0	1	1.0	1	1.0	5	0	1	1	1	1	0	3.4	3.4
	中牟	25.0	3	0.6	1	0.6	9	0.6	1	1	3	7	0	0	0
	长葛	16.4	3	0	5	0	7	0	1	1	1	1	0	0	0
	洛阳	71.2	3	0	3	0	7	0	1	3	3	3	50.0	8.0	58.0
	宁陵	37.1	5	0.1	1	0	9	0	1	1	1	1	0	0	0
	平安	29.9	1	0	1	0	3	0	1	1	1	1	3.4	1.6	5.0
	濮阳	0	5	2.6	3	0.2	5	0	1	1	1	3	0.7	0.3	1.0
	荥阳	100	1	1.0	1	0	9	0	1	1	1	1	0	1.0	1.0
	西华	0	1	0	3	0	3	0	1	1	3	1	0	0	0
	平均值	38.3	5	0.6	3	0.2	9	0.1	1	3	3	7	6.0	1.6	7.6
桥玉8号	南阳	10.0	1	1.0	1	1.0	5	0	1	1	1	1	0	0	0
	中牟	30.0	3	0.2	1	0.6	9	0.6	1	1	1	5	0	0	0
	长葛	16.0	3	0	3	0	9	0	1	1	1	1	0	0	0
	洛阳	62.5	3	0	3	0	7	0	1	3	3	3	46.7	12.5	59.2
	宁陵	26.0	7	0.1	1	0	9	0	1	1	1	1	0	0	0
	平安	22.6	1	0	1	0	5	0	1	1	1	1	1.3	0.6	1.9
	濮阳	0	5	0	1	0.3	5	0	1	1	5	3	0.8	0.3	1.2
	荥阳	100	1	0	1	0	9	0	1	1	1	1	0	4.0	4.0
	西华	0.2	3	0	3	0	5	0	1	1	3	1	0	0.2	0.2
	平均值	29.7	7	0.1	3	0.2	9	0.1	1	3	5	5	5.4	2.0	7.4

第五章　2021 年河南省玉米新品种生产试验报告

一、试验目的

在接近大田生产条件下，对河南省区域试验中表现突出的玉米新品种，在较大面积上进一步验证其丰产性、抗逆性、适应性，为河南省玉米新品种审定及推广提供科学依据。

二、参试品种及承试单位

2021 年度应参加生产试验品种 38 个，实际参试品种 34 个，分为 4500 株/亩密度组、5000株/亩密度组、4500 株/亩机收组和 5500 株/亩机收组 4 个组别。4500 株/亩密度组参试品种 16 个，设 A、B、C 3 组试验；5000 株/亩密度组参试品种 15 个，设 A、B、C 3 组试验；4500 株/亩密度组和 5000 株/亩密度组对照品种为郑单 958。4500 株/亩机收组参试品种 1 个，5500 株/亩机收组参试品种 2 个；4500 株/亩机收组和 5500 株/亩机收组产量对照为郑单 958，熟期对照为桥玉 8 号。普通组对照品种种植密度与试验组别密度相同，机收组对照品种种植密度均为 4500 株/亩。参试品种组别、品种名称、选育单位、承试单位及承试组别见表 5-1。DNA 真实性、一致性鉴定单位为北京市农林科学院玉米中心。

三、试验概况

（一）试验设计及管理

2021 年在河南省豫东、豫西、豫南、豫北、豫中不同区域选择代表性试验地点。为便于集中管理，每个试验点承担至少一个完整组别试验。试验地点选择具有生态类型代表性的河南鼎研泽田农业科技开发有限公司长葛试验基地、鹤壁禾博士晟农科技有限公司鹤壁试验基地、河南省利奇种子有限公司原阳试验基地、河南赛德种业有限公司荥阳试验基地、南阳市种子管理站南阳试验基地等。河南省种子站试验科人员、试验主持人及河南省玉米专业委员分别在苗期进行试验质量检查，收获前对品种进行田间现场考察和评价。2021 年度河南省玉米品种生产试验采用实名参试，全生育期对社会实名开放。

普通组试验完全随机设计，2 次重复，小区长方形，小区面积 150 m^2，等行距种植。4500株/亩密度组行距 0.67 m，株距 0.222 m 或行距 0.60 m，株距 0.244 m；5000 株/亩密度组行距 0.67 m，株距 0.200 m 或行距 0.60 m，株距 0.220 m。播种时每穴点种 2~3 粒种子，定苗时留苗一株，重复间留走道不小于 1.50 m，试验区周围种植不少于 4 行的玉米保护区，成熟时全区收获计产，两重复小区产量求平均数折成亩产，并求出各参试品种比对照品种增减产百分比，排列各组参试品种位次。

机收组试验随机区组设计，2 次重复，小区长方形，小区面积 180 m^2，0.60 m 等行距种植，种 12 行，行长 25 m，4500 株/亩密度组株距 0.25 m，5500 株/亩密度组株距 0.20 m。小区两端种植 10 m 的保护行,保护行与小区间、重复间均留走道不小于 1.50 m,保护行在机收品种收获前收获,作为田间粒收机械转弯区。成熟时全区机械粒收计产,两重复小区产量求平均数折成亩产,并求出各参试品种与对照品种增减产百分比,排列参试品种位次。

(二)田间管理

各承试单位均按照试验方案要求完成试验。各试验点均有专人负责试验工作,并认真选择试验地块,科学设计,前茬收获后及时抢墒播种,在 6 月 4 日至 6 月 23 日各试点相继完成播种。在 6 月中下旬进行间定苗,7 月进行 1~2 次追肥,间定苗、中耕锄草、追肥、浇水、治虫等田间管理均及时认真完成,9 月 24 日至 10 月 11 日各试点相继收获。试验点完成田间试验后,及时整理试验结果、上交试验报告。

(三)气候特点及其影响

根据 2021 年 23 家河南省玉米品种试验承试单位提供的气象台(站)的气象资料分析,在玉米生育期的 6~9 月,日平均气温较历年偏高 1.0 ℃,总降雨量较历年增加 509.5 mm,日照时数比历年减少 116.2 h。6 月日平均温度比历年高 2.4 ℃,上、中、下旬均高于历年;降雨量较历年减少 39.3 mm,降雨分布不均匀,上、中、下旬均少于历年;日照时数比历年减少 32.7 h,上、下旬与往年相近,中旬日照时数少于历年。7 月日平均温度较历年偏高 0.5 ℃,主要是上旬温度较高;7 月雨水量大,降雨量较历年增加 265.8 mm,中、下旬雨水较多;日照时数比历年减少 29.9 h,主要是全月降雨较多。8 月日平均温度与历年持平;降雨量比历年增加 89.3 mm,但分布极不均匀,上旬比历年明显减少,下旬降雨量比历年显著增加;日照时数比历年减少 41.1 h,主要是中、下旬日照时数减少。9 月日平均温度比历年偏高 1.2 ℃,中、下旬温度均略高于历年;降雨量较历年增加 193.6 mm,上、中、下旬均多雨;日照时数比历年减少 12.6 h,主要是本月降雨较多,晴朗天少(见表 5-2)。

2021 年,气象条件对玉米生长整体上不利。不利因素:一是 6 月整体干旱少雨,且干旱持续时间长,对没有灌溉条件的地块影响较大,部分试点玉米苗期长势不匀;二是受台风“烟花”影响,7 月中、下旬雨量较大,造成多地内涝灾害,气温较往年偏低,玉米生长缓慢,长势偏弱;三是 8 月和 9 月连续阴雨寡照天气,对玉米授粉造成影响,部分品种出现花粒、秃尖、结实差的情况;四是受天气影响,多个试点爆发锈病,造成玉米后期青枯早衰,影响玉米灌浆结实;五是收获期出现连续阴雨天气,不利于玉米的收获、晾晒和脱粒。

2021 年的气候,有利于检验参试品种的适应性、抗病性、抗逆性,但不利于鉴定品种的丰产性。

(四)试点质量分析

所有试点均能按照试验方案要求,落实地块,安排专人负责试验,认真观察记载,撰写试验总结,并及时上报试验数据。

试点汇总情况:商水县天粮农业技术开发中心受灾严重,申请报废;河南春晓种业有限公司、河南德圣种业有限公司受灾严重,安阳中国农业科学院棉花研究所药害对品种影响较大,试点数据不予汇总。

四、试验结果与分析

参试品种各试点汇总产量、室内考种、农艺性状结果见表5-3~表5-25。

(一)4500株/亩密度组

A组:本组试验参试品种6个(含对照):ZB1902、囤玉329、金颗106、隆平146、伟科9136、郑单958,共12个试点试验数据参加合并汇总。

该组参试品种数据汇总结果显示:株型2个为半紧凑型、4个为紧凑型;品种生育期为99~100 d,ZB1902、隆平146的生育期比对照短1 d,其余品种的生育期与对照相同;参试品种平均株高为249~285 cm,平均穗位高为87~99 cm;平均穗长为16.3~17.4 cm,平均穗粗为4.3~4.9 cm;穗轴2个品种为白色、4个品种为红色;穗行数变幅为14~20,行粒数为30.6~34.8;品种秃尖长0.6~1.4 cm;5个品种籽粒为半马齿型、1个品种为马齿型;粒色均为黄色;出籽率为84.1%~86.1%,2个品种高于对照,3个品种低于对照;百粒重为26.8~35.2 g,4个品种百粒重高于对照,1个品种百粒重低于对照(见表5-4、表5-5)。

参试品种平均产量变幅为454.6~532.6 kg/亩;对照郑单958产量为464.1 kg/亩,处于汇总品种第5位;4个参试品种比对照增产,增产幅度为6.8%~14.8%(见表5-3)。

B组:本组试验参试品种6个(含对照);北科15、泓丰5505、伟玉618、渭玉321、豫单963、郑单958,12个试点试验数据参加合并汇总。

该组参试品种数据汇总结果显示:株型2个为半紧凑型、4个为紧凑型;品种生育期为99~101 d,豫单963的生育期比对照短1 d,渭玉321的生育期与对照相同,北科15、泓丰5505、伟玉618的生育期比对照长1 d;平均株高为246~300 cm,平均穗位高为87~104 cm;平均穗长为15.4~17.5 cm,平均穗粗为4.6~5.3 cm;穗轴3个品种为白色、3个品种为红色;穗行数变幅为12~20,行粒数为29.4~33.5;品种秃尖长0.8~2.0 cm;4个品种籽粒为半马齿型、2个品种为马齿型;粒色均为黄色;出籽率为84.3%~86.4%,2个品种高于对照,3个品种低于对照;百粒重为27.6~34.0 g,4个品种百粒重高于对照,1个品种百粒重低于对照(见表5-7、表5-8)。

参试品种平均产量变幅为477.0~549.5 kg/亩;对照郑单958产量477.0 kg/亩,处于汇总品种第6位;5个参试品种均比对照增产,增产幅度为4.1%~15.2%(见表5-6)。

C组:本组试验参试品种7个(含对照);LN116、SN288、恒丰玉666、梦玉309、裕隆1号、中良玉999(豫豪777)、郑单958,12个试点试验数据参加合并汇总。

该组参试品种数据汇总结果显示:株型6个为半紧凑型、1个为紧凑型;品种生育期为99~102 d,LN116、梦玉309的生育期比对照短1 d,SN288、恒丰玉666的生育期与对照相同,中良玉999的生育期比对照长1 d,裕隆1号的生育期比对照长2 d;平均株高为252~294 cm,平均穗位高为87~102 cm;平均穗长为15.0~17.1 cm,平均穗粗为4.6~5.1 cm;穗轴2个品种为白色、5个品种为红色;穗行数变幅为12~20,行粒数为29.8~32.5;品种秃尖长0.7~1.8 cm;5个品种籽粒为半马齿型、2个品种为马齿型;粒色均为黄色;出籽率为83.9%~86.0%,1个品种高于对照,5个品种低于对照;百粒重为26.5~34.5 g,6个品种百粒重均高于对照(见表5-10、表5-11)。

参试品种平均产量变幅为462.5~514.4 kg/亩;对照郑单958产量462.5 kg/亩,处于汇总品种第 7 位;6 个参试品种比对照增产,增产幅度为 1.6%~11.2%(见表 5-9)。

(二)5000 株/亩密度组

A 组:本组试验参试品种 6 个(含对照):囤玉 330、开玉 6 号、伟科 9138、郑玉 821、中选 896、郑单 958,11 个试点试验数据参加合并汇总。

该组参试品种数据汇总结果显示:株型 1 个为半紧凑型、5 个为紧凑型;品种生育期为 99~101 d,囤玉 330 的生育期比对照短 1 d,郑玉 821、中选 896 的生育期与对照相同,开玉 6 号、伟科 9138 的生育期比对照长 1 d;平均株高为 250~284 cm;平均穗位高为 96~102 cm;平均穗长为 15.0~17.1 cm,平均穗粗为 4.6~4.9 cm;穗轴 4 个品种为白色、2 个品种为红色;穗行数变幅为 12~20,行粒数为 31.4~33.2;品种秃尖长 0.6~1.7 cm;开玉 6 号籽粒为硬粒型,其余均为半马齿型;粒色均为黄色;出籽率为 83.8%~86.9%,4 个参试品种高于对照,1 个参试品种低于对照;百粒重为 24.2~29.9 g,4 个参试品种高于对照,1 个参试品种低于对照(见表 5-13、表 5-14)。

参试品种平均产量变幅为 496.5~576.8 kg/亩;对照郑单 958 产量 512.0 kg/亩,处于汇总品种第 5 位;4 个参试品种均比对照增产,增产幅度为 5.9%~12.7%(见表 5-12)。

B 组:本组试验参试品种 6 个(含对照):晟单 182、隆平 115、农科玉 168、雅玉 622、郑原玉 886、郑单 958,11 个试点试验数据参加合并汇总。

该组参试品种数据汇总结果显示:株型 2 个为半紧凑型、4 个为紧凑型;品种生育期为 99~101 d,晟单 182、隆平 115、雅玉 622、郑原玉 886 的生育期比对照短 1 d,农科玉 168 的生育期比对照长 1 d;平均株高为 248~273 cm;平均穗位高为 88~96 cm;平均穗长为 15.6~17.4 cm,平均穗粗为 4.5~4.9 cm;穗轴 1 个品种为白色、4 个品种为红色,1 个品种为粉色;穗行数变幅为 12~20,行粒数为 31.2~34.0;品种秃尖 0.7~1.3 cm;晟单 182 为马齿型,其余均为半马齿型;粒色均为黄色;出籽率为 82.7%~86.6%,1 个参试品种高于对照,1 个参试品种与对照相同,3 个参试品种低于对照;百粒重为 27.1~31.0 g,5 个参试品种均高于对照(见表 5-16、表 5-17)。

参试品种平均产量变幅为 512.9~573.9 kg/亩;对照郑单 958 产量 512.9 kg/亩,处于汇总品种第 6 位;5 个参试品种比对照增产,增产幅度为 2.8%~11.9%(见表 5-15)。

C 组:本组试验参试品种 6 个(含对照):百科玉 189、利合 878、沐玉 105(光合 799)、邵单 979、先玉 1879、郑单 958,11 个试点试验数据参加合并汇总。

该组参试品种数据汇总结果显示:株型 3 个为半紧凑型、3 个为紧凑型;品种生育期为 98~100 d,邵单 979 的生育期比对照短 2 d,百科玉 189、利合 878、沐玉 105 的生育期比对照短 1 d,先玉 1879 的生育期与对照相同;平均株高为 244~294 cm;平均穗位高为 85~107 cm;平均穗长为 14.4~16.6 cm,平均穗粗为 4.3~5.0 cm;穗轴 1 个品种为白色、4 个品种为红色,1 个品种为粉色;穗行数变幅为 12~20,行粒数为 29.8~33.0;品种秃尖长 0.6~1.5 cm;6 个品种均为半马齿型;粒色均为黄色;出籽率为 84.3%~86.4%,3 个参试品种高于对照,2 个参试品种低于对照;百粒重为 25.2~29.2 g,2 个参试品种高于对照,1 个参试品种与对照相同,2 个参试品种低于对照(见表 5-19、表 5-20)。

参试品种平均产量变幅为 503.6~570.1 kg/亩;对照郑单 958 产量 516.7 kg/亩,处于汇总品种第 5 位;4 个参试品种比对照增产,增产幅度为 2.0%~10.3%(见表 5-18)。

（三）4500 株/亩密度机收组

本组试验参试品种 3 个（含 2 个对照）：豫红 191、桥玉 8 号、郑单 958，11 个试点试验数据参加合并汇总。

该试验组参试品种株型 1 个为紧凑型、2 个为半紧凑型；品种生育期为 101～102 d，豫红 191 的生育期与桥玉 8 号相同；平均株高为 250～293 cm，平均穗位高为 88～105 cm；平均穗长为 16.3～17.2 cm，平均穗粗为 4.7～4.8 cm；穗轴除郑单 958 为白色外，其余 2 个品种均为红色；穗行数变幅为 12～20，行粒数为 30.9～37.0；品种秃尖长 0.5～1.4 cm；品种均为半马齿型；籽粒颜色除桥玉 8 号为黄白色外，其余 2 个品种均为黄色；出籽率为84.2%～86.7%，2 个参试品种低于郑单 958；百粒重为 26.5～32.9 g，2 个参试品种高于郑单 958。收获时籽粒平均含水量 24.9%～28.2%，水分对照桥玉 8 号为 25.2%，豫红 191 含水量低于水分对照；籽粒平均破碎率为 2.28%～3.43%，水分对照桥玉 8 号为 3.43%，2 个参试品种破碎率均低于水分对照（见表 5-22～表 5-25）。

参试品种平均产量变幅为 472.1～543.1 kg/亩；对照郑单 958 产量 482.8 kg/亩，处于汇总品种第 2 位；豫红 191 比对照增产，增产幅度为 12.5%（见表 5-21）。

（四）5500 株/亩密度机收组

本组试验参试品种 4 个（含 2 个对照）；GRS7501、H1970、桥玉 8 号、郑单 958，11 个试点试验数据参加合并汇总。

该试验组参试品种株型 1 个为紧凑型、3 个为半紧凑型；品种生育期为 100～102 d，GRS7501 的生育期比桥玉 8 号短 1 d，H1970 的生育期与桥玉 8 号相同；平均株高为 250～292 cm，平均穗位高为 85～107 cm；平均穗长为 15.4～17.3 cm，平均穗粗为 4.5～4.8 cm；穗轴除郑单 958 白色外，其余参试品种均为红色；穗行数变幅为 12～20，行粒数为 29.9～37.1；品种秃尖长 0.4～1.4 cm；籽粒均为半马齿型；籽粒颜色除桥玉 8 号为黄白色外，其余参试品种均为黄色；出籽率为 84.3%～88.5%，除桥玉 8 号外，2 个参试品种高于郑单 958；百粒重为 26.7～32.4 g，3 个参试品种均高于郑单 958。收获时籽粒平均含水量 24.3%～28.3%，水分对照桥玉 8 号为 25.6%，除郑单 958 外，2 个参试品种均低于桥玉 8 号；籽粒平均破碎率为 2.92%～3.26%，水分对照桥玉 8 号为 3.20%，除郑单 958 外，2 个参试品种低于桥玉 8 号（见表 5-27、表 5-28）。

参试品种平均产量变幅为 474.0～553.2 kg/亩；产量对照郑单 958 产量 485.0 kg/亩，处于汇总品种第 3 位；2 个参试品种均比对照增产，增产幅度为 9.2%～14.1%（见表 5-26）。

五、审定标准

（一）基本条件

（1）抗病性：鉴定病害 6 种，即小斑病、茎腐病、穗腐病、弯孢叶斑病、瘤黑粉病、南方锈病。小斑病、茎腐病、穗腐病田间自然发病未达到高感，人工接种鉴定未达到高感。

（2）生育期：每年区域试验生育期平均比对照品种长 1.0 d。

（3）抗倒性：每年区域试验、生产试验平均倒伏倒折率之和≤12.0%，且倒伏倒折率之和≥15.0%的试点比率≤25%。

（4）品质：容重≥710 g/L，粗淀粉≥69.0%，粗蛋白质≥8.0%，粗脂肪≥3.0%（两年中任意一年)。

(5)专家田间鉴评:没有严重缺陷。

(6)真实性:DNA、DUS 测定与已知品种有明显差异,同名品种年际间一致。

(7)产量:区域试验和生产试验产量(kg/亩)(见分类条件要求)。

(二)分类条件

1.高产品种

每年区域试验产量比对照品种平均增产>1.0%或四舍五入达到 1.0%,且两年平均增产≥3.0%,生产试验比对照品种增产>1.0%或四舍五入达到 1.0%。每年区域试验、生产试验增产的试点比率≥60%。

2.绿色品种(具备下列条件之一)

(1)抗病性突出:田间自然发病和人工接种鉴定所有病害均达到中抗以上。

(2)抗倒性突出:每年区域试验、生产试验倒伏倒折率之和≤3.0%。

丰产性、稳产性:每年区域试验和生产试验与对照产量相当,且每年区域试验、生产试验产量达标试点比率≥60%。

3.适宜机械化收获籽粒品种

(1)籽粒含水量:每年适收期区域试验、生产试验籽粒平均含水量≤28.0%或不高于水分对照品种,且达标的试验点占全部试点比率≥60%。

(2)籽粒破碎率:每年适收期区域试验、生产试验籽粒平均破碎率≤6.0%或不高于水分对照品种。

(3)抗倒性:每年区域试验、生产试验倒伏倒折率之和≤5.0%,且抗倒性达标的试验点占全部试点比率≥70%。

(4)丰产性、稳产性:每年区域试验、生产试验产量不低于对照产量,且每年区域试验、生产试验产量达标的试验点占全部试点比率≥60%。

(5)生育期:每年生育期平均比水分对照品种长 1.0 d。

根据 2021 年河南省玉米品种审定标准修订会议研究意见,2021 年完成生产试验程序品种审定时各项指标均执行 2020 年度标准。2021 年玉米季节气候特殊,本年度生育期仅做参考,不作为淘汰品种依据;统一试验田间上报数据中,有两个及两个以上试点达到茎腐病(病株率≥40.1%)或穗腐病(病粒率≥4.0%)高感的品种以及穗腐病病粒率≥2.0%试点比率≥30.0%的品种予以淘汰。

六、品种评述

(一)4500 株/亩密度组

1.囤玉 329

由河南省金囤种业有限公司提供。2021 年参加河南省生产试验 4500 株/亩密度组,区域试验与生产试验同步进行,参加 A 组试验,平均生育期 100 d,与对照郑单 958 同熟;株型紧凑,平均株高 259 cm,平均穗位高 92 cm;平均穗长 17.0 cm,平均穗粗 4.9 cm;穗行数 14~20 行,平均行粒数 30.8 粒;秃尖长 1.4 cm;平均出籽率 86.1%,平均百粒重 35.2 g;穗轴白色;籽粒黄色、半马齿型;平均田间倒折率 0.3%,倒伏率 0.2%,倒伏倒折率之和

0.5%，倒伏倒折率之和≥15.0%的试点比率为0%。田间自然发病，中抗小斑病，抗茎腐病，穗腐病发病率3.0%，穗腐病发病率≥2.0%的试点比率为8.3%，抗弯孢叶斑病，感南方锈病，高抗瘤黑粉病。

2021年河南省生产试验12个试点合并汇总，12个试点增产，增产点比率100%；平均亩产532.6 kg，比对照郑单958增产14.8%，居本组参试品种第1位。

该品种完成试验程序，区域试验达标、生产试验达标，推荐审定。

2.伟科9136

由郑州伟科作物育种科技有限公司提供。2021年参加河南省生产试验4500株/亩密度组，区域试验与生产试验同步进行，参加A组试验，平均生育期100 d，与对照郑单958同熟；株型紧凑，平均株高249 cm，平均穗位高96 cm；平均穗长17.4 cm，平均穗粗4.8 cm；穗行数12~18行，平均行粒数34.8粒；秃尖长0.6 cm；平均出籽率85.7%，平均百粒重30.1 g；穗轴红色；籽粒黄色、半马齿型；平均田间倒折率0.1%，倒伏率0.2%，倒伏倒折率之和0.3%，倒伏倒折率之和≥15.0%的试点比率为0%。田间自然发病，中抗小斑病、茎腐病，穗腐病发病率3.0%，穗腐病发病率≥2.0%的试点比率为8.3%，中抗弯孢叶斑病，感南方锈病，高抗瘤黑粉病。

2021年河南省生产试验12个试点合并汇总，12个试点增产，增产点比率100%；平均亩产524.1 kg，比对照郑单958增产12.9%，居本组参试品种第2位。

该品种完成试验程序，区域试验达标、生产试验达标，推荐审定。

3.金颗106

由王金科提供。2021年参加河南省生产试验4500株/亩密度组，区域试验与生产试验同步进行，参加A组试验，平均生育期100 d，与对照郑单958同熟；株型半紧凑，平均株高280 cm，平均穗位高90 cm；平均穗长16.5 cm，平均穗粗4.7 cm；穗行数12~18行，平均行粒数30.6粒；秃尖长1.3 cm；平均出籽率84.8%，平均百粒重30.1 g；穗轴红色；籽粒黄色、半马齿型；平均田间倒折率0.1%，倒伏率1.1%，倒伏倒折率之和1.2%，倒伏倒折率之和≥15.0%的试点比率为0%。田间自然发病，中抗小斑病，感茎腐病，穗腐病发病率3.0%，穗腐病发病率≥2.0%的试点比率为16.7%，抗弯孢叶斑病，感南方锈病，高抗瘤黑粉病。

2021年河南省生产试验12个试点合并汇总，12个试点增产，增产点比率100%；平均亩产498.7 kg，比对照郑单958增产7.4%，居本组参试品种第3位。

该品种完成试验程序，区域试验专家田间考察高感茎腐病，生产试验达标，建议淘汰。

4.ZB1902

由河南中博现代农业科技开发有限公司提供。2021年参加河南省生产试验4500株/亩密度组，区域试验与生产试验同步进行，参加A组试验，平均生育期99 d，比对照郑单958早熟1 d；株型紧凑，平均株高254 cm，平均穗位高87 cm；平均穗长17.0 cm，平均穗粗4.7 cm；穗行数12~20行，平均行粒数31.7粒；秃尖长1.2 cm；平均出籽率84.9%，平均百粒重28.4 g；穗轴红色；籽粒黄色、马齿型；平均田间倒折率0.5%，倒伏率1.3%，倒伏倒折率之和1.8%，倒伏倒折率之和≥15.0%的试点比率为0%。田间自然发病，感小斑病，感茎腐病，穗腐病发病率3.0%，穗腐病发病率≥2.0%的试点比率为16.7%，中抗弯孢叶斑病，高感南方锈病，高抗瘤黑粉病。

2021 年河南省生产试验 12 个试点合并汇总，10 个试点增产，增产点比率 83.3%；平均亩产 495.5 kg，比对照郑单 958 增产 6.8%，居本组参试品种第 4 位。

该品种完成试验程序，区域试验达标、生产试验达标，推荐审定。

5.隆平 146

由河南隆平高科种业有限公司提供。2021 年参加河南省生产试验 4500 株/亩密度组，区域试验与生产试验同步进行，参加 A 组试验，平均生育期 99 d，比对照郑单 958 早熟 1 d；株型半紧凑，平均株高 285 cm，平均穗位高 92 cm；平均穗长 16.9 cm，平均穗粗 4.3 cm；穗行数 12~16 行，平均行粒数 34.1 粒；秃尖长 0.8 cm；平均出籽率 84.1%，平均百粒重 26.8 g；穗轴红色；籽粒黄色、半马齿型；平均田间倒折率 0%，倒伏率 2.4%，倒伏倒折率之和 2.4%，倒伏倒折率之和≥15.0%的试点比率 8.3%。田间自然发病，感小斑病、茎腐病，穗腐病发病率 1.0%，穗腐病发病率≥2.0%的试点比率为 0%，中抗弯孢叶斑病，高感南方锈病，高抗瘤黑粉病。

2021 年河南省生产试验 12 个试点合并汇总，5 个试点增产，增产点比率 41.7%；平均亩产 454.6 kg，比对照郑单 958 减产 2.1%，居本组参试品种第 6 位。

该品种完成试验程序，增产率和增产点比率不达标，区域试验、生产试验不达标，建议淘汰。

6.泓丰 5505

由北京新实泓丰种业有限公司提供。2021 年参加河南省生产试验 4500 株/亩密度组，区域试验与生产试验同步进行，参加 B 组试验，平均生育期 101 d，比对照郑单 958 晚熟 1 d；株型紧凑，平均株高 300 cm，平均穗位高 104 cm；平均穗长 16.0 cm，平均穗粗 5.3 cm；穗行数 14~20 行，平均行粒数 29.4 粒；秃尖长 1.2 cm；平均出籽率 85.3%，平均百粒重 34.0 g；穗轴白色；籽粒黄色、半马齿型；平均田间倒折率 0.3%，倒伏率 1.0%，倒伏倒折率之和 1.3%，倒伏倒折率之和≥15.0%的试点比率为 0%。田间自然发病，中抗小斑病、茎腐病，穗腐病发病率 3.0%，穗腐病发病率≥2.0%的试点比率为 8.3%，中抗弯孢叶斑病，感南方锈病，高抗瘤黑粉病。

2021 年河南省生产试验 12 个试点合并汇总，12 个试点增产，增产点比率 100%；平均亩产 549.5 kg，比对照郑单 958 增产 15.2%，居本组参试品种第 1 位。

该品种完成试验程序，区域试验达标、生产试验达标，推荐审定。

7.伟玉 618

由郑州伟玉良种科技有限公司提供。2021 年参加河南省生产试验 4500 株/亩密度组 B 组试验，平均生育期 101 d，比对照郑单 958 晚熟 1 d；株型半紧凑，平均株高 252 cm，平均穗位高 87 cm；平均穗长 16.2 cm，平均穗粗 5.1 cm；穗行数 14~22 行，平均行粒数 31.1 粒；秃尖长 1.4 cm；平均出籽率 86.4%，平均百粒重 30.0 g；穗轴红色；籽粒黄色、马齿型；平均田间倒折率 0.2%，倒伏率 0.2%，倒伏倒折率之和 0.4%，倒伏倒折率之和≥15.0%的试点比率为 0%。田间自然发病，中抗小斑病、茎腐病，穗腐病发病率 0.8%，穗腐病发病率≥2.0%的试点比率为 0%，抗弯孢叶斑病，感南方锈病，高抗瘤黑粉病。

2021 年河南省生产试验 12 个试点合并汇总，12 个试点增产，增产点比率 100%；平均亩产 541.0 kg，比对照郑单 958 增产 13.4%，居本组参试品种第 2 位。

该品种完成试验程序，生产试验达标，推荐审定。

8.北科 15

由沈阳北玉种子科技有限公司提供。2021 年参加河南省生产试验 4500 株/亩密度组，区域试验与生产试验同步进行，参加 B 组试验，平均生育期 101 d，比对照郑单 958 晚熟 1 d；株型紧凑，平均株高 252 cm，平均穗位高 94 cm；平均穗长 15.4 cm，平均穗粗 5.0 cm；穗行数 14～20 行，平均行粒数 31.3 粒；秃尖长 0.8 cm；平均出籽率 86.0%，平均百粒重 30.3 g；穗轴白色；籽粒黄色、马齿型；平均田间倒折率 0.3%，倒伏率 0.1%，倒伏倒折率之和 0.4%，倒伏倒折率之和≥15.0%的试点比率为 0%。田间自然发病，中抗小斑病，高抗茎腐病，穗腐病发病率 0.5%，穗腐病发病率≥2.0%的试点比率为 0%，中抗弯孢叶斑病，感南方锈病，高抗瘤黑粉病。

2021 年河南省生产试验 12 个试点合并汇总，12 个试点增产，增产点比率 100%；平均亩产 533.6 kg，比对照郑单 958 增产 11.9%，居本组参试品种第 3 位。

该品种完成试验程序，区域试验达标、生产试验达标，推荐审定。

9.豫单 963

由河南农业大学提供。2021 年参加河南省生产试验 4500 株/亩密度组，区域试验与生产试验同步进行，参加 B 组试验，平均生育期 99 d，比对照郑单 958 早熟 1 d；株型紧凑，平均株高 246 cm，平均穗位高 95 cm；平均穗长 17.5 cm，平均穗粗 4.6 cm；穗行数 14～18 行，平均行粒数 33.5 粒；秃尖长 1.4 cm；平均出籽率 84.3%，平均百粒重 27.6 g；穗轴红色；籽粒黄色、半马齿型；平均田间倒折率 0.2%，倒伏率 2.1%，倒伏倒折率之和 2.3%，倒伏倒折率之和≥15.0%的试点比率为 0%。田间自然发病，中抗小斑病、茎腐病，穗腐病发病率 1.2%，穗腐病发病率≥2.0%的试点比率为 0%，抗弯孢叶斑病，感南方锈病，高抗瘤黑粉病。

2021 年河南省生产试验 12 个试点合并汇总，12 个试点增产，增产点比率 100%；平均亩产 516.0 kg，比对照郑单 958 增产 8.2%，居本组参试品种第 4 位。

该品种完成试验程序，DNA 指纹检测与第一年区域试验同名比较差异 8 个位点，生产试验不达标，建议淘汰。

10.渭玉 321

由陕西天丞禾农业科技有限公司提供。2021 年参加河南省生产试验 4500 株/亩密度组 B 组试验，平均生育期 100 d，与对照郑单 958 同熟；株型半紧凑，平均株高 266 cm，平均穗位高 91 cm；平均穗长 16.3 cm，平均穗粗 5.0 cm；穗行数 14～20 行，平均行粒数 29.7 粒；秃尖长 2.0 cm；平均出籽率 84.8%，平均百粒重 30.1 g；穗轴红色；籽粒黄色、半马齿型；平均田间倒折率 0.2%，倒伏率 1.7%，倒伏倒折率之和 1.9%，倒伏倒折率之和≥15.0%的试点比率为 0%。田间自然发病，中抗小斑病、茎腐病，穗腐病发病率6.0%，穗腐病发病率≥2.0%的试点比率为 16.7%，中抗弯孢叶斑病，感南方锈病，高抗瘤黑粉病。

2021 年河南省生产试验 12 个试点合并汇总，9 个试点增产，增产点比率 75.0%；平均亩产 496.3 kg，比对照郑单 958 增产 4.0%，居本组参试品种第 5 位。

该品种完成试验程序,生产试验达标,推荐审定。

11.中良玉999(豫豪777)

由河南环玉种业有限公司提供。2021年参加河南省生产试验4500株/亩密度组C组试验,平均生育期101 d,比对照郑单958晚熟1 d;株型半紧凑,平均株高280 cm,平均穗位高88 cm;平均穗长17.1 cm,平均穗粗5.1 cm;穗行数14~18行,平均行粒数30.3粒;秃尖长1.8 cm;平均出籽率84.4%,平均百粒重33.3 g;穗轴白色;籽粒黄色、半马齿型;平均田间倒折率1.1%,倒伏率0.6%,倒伏倒折率之和1.7%,倒伏倒折率之和≥15.0%的试点比率为0%。田间自然发病,中抗小斑病,中抗茎腐病,穗腐病发病率3.0%,穗腐病发病率≥2.0%的试点比率为25.0%,感弯孢叶斑病,感南方锈病,高抗瘤黑粉病。

2021年河南省生产试验12个试点合并汇总,11个试点增产,增产点比率91.7%;平均亩产514.4 kg,比对照郑单958增产11.2%,居本组参试品种第1位。

该品种完成试验程序,生产试验达标,推荐审定。

12.LN116

由李娜提供。2021年参加河南省生产试验4500株/亩密度组C组试验,平均生育期99 d,比对照郑单958早熟1 d;株型半紧凑,平均株高280 cm,平均穗位高92 cm;平均穗长17.1 cm,平均穗粗4.6 cm;穗行数12~18行,平均行粒数30.9粒;秃尖长1.4 cm;平均出籽率83.9%,平均百粒重29.0 g;穗轴红色;籽粒黄色、半马齿型;平均田间倒折率0.3%、倒伏率0.2%,倒伏倒折率之和0.5%,倒伏倒折率之和≥15.0%的试点比率为0%。田间自然发病,感小斑病,中抗茎腐病,穗腐病发病率1.3%,穗腐病发病率≥2.0%的试点比率为0%,抗弯孢叶斑病,高感南方锈病,高抗瘤黑粉病。

2021年河南省生产试验12个试点合并汇总,11个试点增产,增产点比率91.7%;平均亩产508.0 kg,比对照郑单958增产9.8%,居本组参试品种第2位。

该品种完成试验程序,生产试验达标,推荐审定。

13.裕隆1号

由新郑裕隆农作物研究所提供。2021年参加河南省生产试验4500株/亩密度组C组试验,平均生育期102 d,比对照郑单958晚熟2 d;株型半紧凑,平均株高287 cm,平均穗位高102 cm;平均穗长16.4 cm,平均穗粗4.8 cm;穗行数12~18行,平均行粒数29.8粒;秃尖长0.8 cm;平均出籽率84.6%,平均百粒重34.5 g;穗轴红色;籽粒黄色、半马齿型;平均田间倒折率0.9%,倒伏率1.2%,倒伏倒折率之和2.1%,倒伏倒折率之和≥15.0%的试点比率8.3%。田间自然发病,中抗小斑病,抗茎腐病,穗腐病发病率2.0%,穗腐病发病率≥2.0%的试点比率为8.3%,抗弯孢叶斑病,中抗南方锈病,高抗瘤黑粉病。

2021年河南省生产试验12个试点合并汇总,12个试点增产,增产点比率100%;平均亩产506.7 kg,比对照郑单958增产9.6%,居本组参试品种第3位。

该品种完成试验程序,生产试验达标,推荐审定。

14.SN288

由新郑市农老大农作物种植专业合作社提供。2021年参加河南省生产试验4500株/亩密度组C组试验,平均生育期100 d,与对照郑单958同熟;株型半紧凑,平均株高272 cm,平均穗位高96 cm;平均穗长15.0 cm,平均穗粗4.7 cm;穗行数12~18行,平均行粒数 30.2 粒；秃尖长 0.7 cm；平均出籽率 85.7%，平均百粒重 29.2 g；穗轴红色；籽粒黄色、马齿型；平均田间倒折率 0.3%，倒伏率 1.6%，倒伏倒折率之和 1.9%，倒伏倒折率之和≥15.0%的试点比率为 0%。田间自然发病，感小斑病，感茎腐病，穗腐病发病率 3.0%，穗腐病发病率≥2.0%的试点比率为 8.3%，抗弯孢叶斑病，感南方锈病，高抗瘤黑粉病。

2021 年河南省生产试验 12 个试点合并汇总，11 个试点增产，增产点比率 91.7%；平均亩产 502.7 kg，比对照郑单 958 增产 8.7%，居本组参试品种第 4 位。

该品种完成试验程序，生产试验达标，推荐审定。

15.梦玉 309

由贺宝梦提供。2021 年参加河南省生产试验 4500 株/亩密度组 C 组试验，平均生育期 99 d，比对照郑单 958 早熟 1 d；株型半紧凑，平均株高 267 cm，平均穗位高 87 cm；平均穗长 16.7 cm，平均穗粗 4.7 cm；穗行数 12～18 行，平均行粒数 32.0 粒；秃尖长 1.2 cm；平均出籽率 85.2%，平均百粒重 30.2 g；穗轴红色；籽粒黄色、半马齿型；平均田间倒折率 0.4%，倒伏率 0.4%，倒伏倒折率之和 0.8%，倒伏倒折率之和≥15.0%的试点比率为 0%。田间自然发病，中抗小斑病，感茎腐病，穗腐病发病率 6.0%，穗腐病发病率≥2.0%的试点比率为 16.7%，中抗弯孢叶斑病，感南方锈病，高抗瘤黑粉病。

2021 年河南省生产试验 12 个试点合并汇总，12 个试点增产，增产点比率 100%；平均亩产 496.5 kg，比对照郑单 958 增产 7.3%，居本组参试品种第 5 位。

该品种完成试验程序，生产试验达标，推荐审定。

16.恒丰玉 666

由河南新锐恒丰农业科技有限公司提供。2021 年参加河南省生产试验 4500 株/亩密度组 C 组试验，平均生育期 100 d，与对照郑单 958 同熟；株型半紧凑，平均株高294 cm，平均穗位高 98 cm；平均穗长 16.4 cm，平均穗粗 4.6 cm；穗行数 14～18 行，平均行粒数 30.9 粒；秃尖长 1.0 cm；平均出籽率 86.0%，平均百粒重 28.6 g；穗轴红色；籽粒黄色、马齿型；平均田间倒折率 1.4%，倒伏率 0.9%，倒伏倒折率之和 2.3%，倒伏倒折率之和≥15.0%的试点比率为 8.3%。田间自然发病，感小斑病，中抗茎腐病，穗腐病发病率 3.0%，穗腐病发病率≥2.0%的试点比率为 8.3%，高感弯孢叶斑病，感南方锈病，高抗瘤黑粉病。

2021 年河南省生产试验 12 个试点合并汇总，7 个试点增产，增产点比率 58.3%；平均亩产 469.8 kg，比对照郑单 958 增产 1.6%，居本组参试品种第 6 位。

该品种完成试验程序，增产点率不达标，生产试验不达标，建议淘汰。

（二）5000 株/亩密度组

1.伟科 9138

由郑州伟科作物育种科技有限公司提供。2021 年参加河南省生产试验 5000 株/亩密度组，区域试验与生产试验同步进行，参加 A 组试验，平均生育期 101 d，比对照郑单 958 晚熟 1 d；株型紧凑，平均株高 261 cm，平均穗位高 96 cm；平均穗长 16.4 cm，平均穗粗 4.9 cm；穗行数 14～20 行，平均行粒数 32.1 粒；秃尖长 1.7 cm；平均出籽率 86.4%，平均百粒重 28.8 g；穗轴红色；籽粒黄色、半马齿型；平均田间倒折率 0.4%，倒伏率 0.0%，倒伏倒折率之和 0.4%，倒伏倒折率之和≥15.0%的试点比率为 0%。田间自然发病，中抗小斑病，抗茎腐病，穗腐病发病率 0.6%，穗腐病发病率≥2.0%的试点比率为 0%，中抗弯孢叶斑病，感南方锈病，高抗瘤黑粉病。

2021 年河南省生产试验 11 个试点合并汇总，11 个试点增产，增产点比率 100%；平均亩产 576.8 kg，比对照郑单 958 增产 12.7%，居本组参试品种第 1 位。

该品种完成试验程序，区域试验达标、生产试验达标，推荐审定。

2.开玉 6 号

由开封市农林科学研究院提供。2021 年参加河南省生产试验 5000 株/亩密度组，区域试验与生产试验同步进行，参加 A 组试验，平均生育期 101 d，比对照郑单 958 晚熟 1 d；株型紧凑，平均株高 281 cm，平均穗位高 96 cm；平均穗长 17.1 cm，平均穗粗 4.6 cm；穗行数 14~20 行，平均行粒数 31.4 粒；秃尖长 0.6 cm；平均出籽率 85.7%，平均百粒重 29.9 g；穗轴白色；籽粒黄色、硬粒型；平均田间倒折率 0.6%，倒伏率 0.6%，倒伏倒折率之和1.2%，倒伏倒折率之和≥15.0%的试点比率为 0%。田间自然发病，中抗小斑病、茎腐病，穗腐病发病率 2.0%，穗腐病发病率≥2.0%的试点比率为 9.1%，感弯孢叶斑病，感南方锈病，高抗瘤黑粉病。

2021 年河南省生产试验 11 个试点合并汇总，11 个试点增产，增产点比率 100%；平均亩产 558.7 kg，比对照郑单 958 增产 9.1%，居本组参试品种第 2 位。

该品种完成试验程序，区域试验达标、生产试验达标，推荐审定。

3.囤玉 330

由河南省金囤种业有限公司提供。2021 年参加河南省生产试验 5000 株/亩密度组，区域试验与生产试验同步进行，参加 A 组试验，平均生育期 99 d，比对照郑单 958 早熟 1 d；株型半紧凑，平均株高 250 cm，平均穗位高 97 cm；平均穗长 15.2 cm，平均穗粗 4.6 cm；穗行数 12~18 行，平均行粒数 31.7 粒；秃尖长 1.0 cm；平均出籽率 86.9%，平均百粒重 28.4 g；穗轴白色；籽粒黄色、半马齿型；平均田间倒折率 0.4%，倒伏率 0.7%，倒伏倒折率之和 1.1%，倒伏倒折率之和≥15.0%的试点比率为 0%。田间自然发病，中抗小斑病，感茎腐病，穗腐病发病率 0.7%，穗腐病发病率≥2.0%的试点比率为 0%，抗弯孢叶斑病，高感南方锈病，高抗瘤黑粉病。

2021 年河南省生产试验 11 个试点合并汇总，9 个试点增产，增产点比率 81.8%；平均亩产 543.5 kg，比对照郑单 958 增产 6.1%，居本组参试品种第 3 位。

该品种完成试验程序，田间考察高感茎腐病，生产试验不达标，建议淘汰。

4.郑玉 821

由郑州市农林科学研究所提供。2021 年参加河南省生产试验 5000 株/亩密度组，区域试验与生产试验同步进行，参加 A 组试验，平均生育期 100 d，与对照郑单 958 同熟；株型紧凑，平均株高 258 cm，平均穗位高 97 cm；平均穗长 16.0 cm，平均穗粗 4.6 cm；穗行数 12~18 行，平均行粒数 31.6 粒；秃尖长 0.7 cm；平均出籽率 86.1%，平均百粒重 28.0 g；穗轴白色；籽粒黄色、半马齿型；平均田间倒折率 0.1%，倒伏率 2.7%，倒伏倒折率之和2.8%，倒伏倒折率之和≥15.0%的试点比率为 9.1%。田间自然发病，中抗小斑病，感茎腐病，穗腐病发病率 0.5%，穗腐病发病率≥2.0%的试点比率为 0%，中抗弯孢叶斑病，感南方锈病，高抗瘤黑粉病。

2021 年河南省生产试验 11 个试点合并汇总，11 个试点增产，增产点比率 100%；平均亩产 542.2 kg，比对照郑单 958 增产 5.9%，居本组参试品种第 4 位。

该品种完成试验程序，区域试验达标、生产试验达标，推荐审定。

5.中选 896

由中国农业科学院棉花研究所提供。2021 年参加河南省生产试验 5000 株/亩密度组，区域试验与生产试验同步进行，参加 A 组试验，平均生育期 100 d，与对照郑单 958 同熟；株型紧凑，平均株高 284 cm，平均穗位高 102 cm；平均穗长 15.6 cm，平均穗粗 4.7 cm；穗行数 14～20 行，平均行粒数 31.9 粒；秃尖长 1.1 cm；平均出籽率 83.8%，平均百粒重 24.2 g；穗轴红色；籽粒黄色、半马齿型；平均田间倒折率 0.2%，倒伏率 1.3%，倒伏倒折率之和 1.5%，倒伏倒折率之和≥15.0%的试点比率为 0%。田间自然发病，中抗小斑病，感茎腐病，穗腐病发病率 5.0%，穗腐病发病率≥2.0%的试点比率为 9.1%，中抗弯孢叶斑病，感南方锈病，高抗瘤黑粉病。

2021 年河南省生产试验 11 个试点合并汇总，4 个试点增产，增产点比率 36.4%；平均亩产 496.5 kg，比对照郑单 958 减产 3.0%，居本组参试品种第 6 位。

该品种完成试验程序，增产率和增产点率不达标，生产试验不达标，建议淘汰。

6.郑原玉 886

由郑州郑原作物育种科技有限公司提供。2021 年参加河南省生产试验 5000 株/亩密度组 B 组试验，平均生育期 99 d，比对照郑单 958 早熟 1 d；株型半紧凑，平均株高 262 cm，平均穗位高 93 cm；平均穗长 16.4 cm，平均穗粗 4.5 cm；穗行数 12～18 行，平均行粒数 32.4 粒；秃尖长 0.7 cm；平均出籽率 86.6%，平均百粒重 31.0 g；穗轴红色；籽粒黄色、半马齿型；平均田间倒折率 0%，倒伏率 0%，倒伏倒折率之和 0%，倒伏倒折率之和≥15.0%的试点比率为 0%。田间自然发病，中抗小斑病、茎腐病，穗腐病发病率1.0%，穗腐病发病率≥2.0%的试点比率为 0%，感弯孢叶斑病，感南方锈病，高抗瘤黑粉病。

2021 年河南省生产试验 11 个试点合并汇总，11 个试点增产，增产点比率 100%；平均亩产 573.9 kg，比对照郑单 958 增产 11.9%，居本组参试品种第 1 位。

该品种完成试验程序，生产试验达标，推荐审定。

7.雅玉 622

由铁岭雅玉种子有限公司提供。2021 年参加河南省生产试验 5000 株/亩密度组，区域试验与生产试验同步进行，参加 B 组试验，平均生育期 99 d，比对照郑单 958 早熟 1 d；株型半紧凑，平均株高 261 cm，平均穗位高 91 cm；平均穗长 17.4 cm，平均穗粗 4.7 cm；穗行数 12～18 行，平均行粒数 34.0 粒；秃尖长 0.9 cm；平均出籽率 83.3%，平均百粒重 28.8 g；穗轴红色；籽粒黄色、半马齿型；平均田间倒折率 0.3%，倒伏率 0%，倒伏倒折率之和 0.3%，倒伏倒折率之和≥15.0%的试点比率为 0%。田间自然发病，中抗小斑病、茎腐病，穗腐病发病率 3.0%，穗腐病发病率≥2.0%的试点比率为 9.1%，中抗弯孢叶斑病，感南方锈病，高抗瘤黑粉病。

2021 年河南省生产试验 11 个试点合并汇总，9 个试点增产，增产点比率 81.8%；平均亩产 549.0 kg，比对照郑单 958 增产 7.0%，居本组参试品种第 2 位。

该品种完成试验程序，区域试验达标、生产试验达标，推荐审定。

8.隆平 115

由河南隆平高科种业有限公司提供。2021 年参加河南省生产试验 5000 株/亩密度组 B 组试验，平均生育期 99 d，比对照郑单 958 早熟 1 d；株型紧凑，平均株高 273 cm，平均穗位高 93 cm；平均穗长 16.7 cm，平均穗粗 4.5 cm；穗行数 12~20 行，平均行粒数 31.8 粒；秃尖长 1.1 cm；平均出籽率 85.1%，平均百粒重 29.2 g；穗轴红色；籽粒黄色、半马齿型；平均田间倒折率 0.7%，倒伏率 1.4%，倒伏倒折率之和 2.0%，倒伏倒折率之和≥15.0%的试点比率为 9.1%。田间自然发病，中抗小斑病，感茎腐病，穗腐病发病率 2.0%，穗腐病发病率≥2.0%的试点比率为 9.1%，抗弯孢叶斑病，感南方锈病，高抗瘤黑粉病。

2021 年河南省生产试验 11 个试点合并汇总，10 个试点增产，增产点比率 90.9%；平均亩产 546.0 kg，比对照郑单 958 增产 6.5%，居本组参试品种第 3 位。

该品种完成试验程序，生产试验达标，推荐审定。

9.晟单 182

由刘俊恒提供。2021 年参加河南省生产试验 5000 株/亩密度组 B 组试验，平均生育期 99 d，比对照郑单 958 早熟 1 d；株型紧凑，平均株高 248 cm，平均穗位高 88 cm；平均穗长 15.6 cm，平均穗粗 4.7 cm；穗行数 14~18 行，平均行粒数 32.7 粒；秃尖长 0.7 cm；平均出籽率 85.4%，平均百粒重 27.9 g；穗轴红色；籽粒黄色、马齿型；平均田间倒折率 0%，倒伏率 0%，倒伏倒折率之和 0%，倒伏倒折率之和≥15.0%的试点比率为 0%。田间自然发病，中抗小斑病，感茎腐病，穗腐病发病率 1.8%，穗腐病发病率≥2.0%的试点比率为 0%，中抗弯孢叶斑病，感南方锈病，高抗瘤黑粉病。

2021 年河南省生产试验 11 个试点合并汇总，10 个试点增产，增产点比率 90.9%；平均亩产 543.6 kg，比对照郑单 958 增产 6%，居本组参试品种第 4 位。

该品种完成试验程序，生产试验达标，推荐审定。

10.农科玉 168

由北京华奥农科玉育种开发有限责任公司提供。2021 年参加河南省生产试验 5000 株/亩密度组，区域试验与生产试验同步进行，参加 B 组试验，平均生育期 101 d，比对照郑单 958 晚熟 1 d；株型紧凑，平均株高 259 cm，平均穗位高 89 cm；平均穗长 16.2 cm，平均穗粗 4.9 cm；穗行数 14~22 行，平均行粒数 31.2 粒；秃尖长 1.3 cm；平均出籽率 82.7%，平均百粒重 28.3 g；穗轴粉色；籽粒黄色、半马齿型；平均田间倒折率 0.3%，倒伏率 0.1%，倒伏倒折率之和 0.4%，倒伏倒折率之和≥15.0%的试点比率为 0%。田间自然发病，中抗小斑病、茎腐病，穗腐病发病率 3.0%，穗腐病发病率≥2.0%的试点比率为 18.2%，中抗弯孢叶斑病，感南方锈病，高抗瘤黑粉病。

2021 年河南省生产试验 11 个试点合并汇总，8 个试点增产，增产点比率 72.7%；平均亩产 527.5 kg，比对照郑单 958 增产 2.8%，居本组参试品种第 5 位。

该品种完成试验程序，区域试验达标、生产试验达标，推荐审定。

11.先玉 1879

由铁岭先锋种子研究有限公司提供。2021 年参加河南省生产试验 5000 株/亩密度组C组试验，平均生育期100 d，与对照郑单958同熟；株型半紧凑，平均株高266 cm，平均穗位高85 cm；平均穗长16.3 cm，平均穗粗4.8 cm；穗行数12～20行，平均行粒数32.2粒；秃尖长0.7 cm；平均出籽率85.7%，平均百粒重28.1 g；穗轴红色；籽粒黄色、半马齿型；平均田间倒折率0%，倒伏率0.1%，倒伏倒折率之和0.1%，倒伏倒折率之和≥15.0%的试点比率为0%。田间自然发病，中抗小斑病、茎腐病，穗腐病发病率0.5%，穗腐病发病率≥2.0%的试点比率为0%，中抗弯孢叶斑病，感南方锈病，高抗瘤黑粉病。

2021年河南省生产试验11个试点合并汇总，11个试点增产，增产点比率100%；平均亩产570.1 kg，比对照郑单958增产10.3%，居本组参试品种第1位。

该品种完成试验程序，生产试验达标，推荐审定。

12.百科玉189

由河南百农种业有限公司提供。2021年参加河南省生产试验5000株/亩密度组C组试验，平均生育期99 d，比对照郑单958早熟1 d；株型半紧凑，平均株高294 cm，平均穗位高101 cm；平均穗长16.6 cm，平均穗粗4.5 cm；穗行数12～18行，平均行粒数31.9粒；秃尖长1.0 cm；平均出籽率85.1%，平均百粒重29.2 g；穗轴红色；籽粒黄色、半马齿型；平均田间倒折率1.1%，倒伏率4.0%，倒伏倒折率之和5.1%，倒伏倒折率之和≥15.0%的试点比率为18.2%。田间自然发病，中抗小斑病，感茎腐病，穗腐病发病率0.7%，穗腐病发病率≥2.0%的试点比率为0%，感弯孢叶斑病，感南方锈病，高抗瘤黑粉病。

2021年河南省生产试验11个试点合并汇总，9个试点增产，增产点比率81.8%；平均亩产550.3 kg，比对照郑单958增产6.5%，居本组参试品种第2位。

该品种完成试验程序，生产试验达标，推荐审定。

13.沐玉105(光合799)

由郑州市光泰农作物育种技术研究院提供。2021年河南省5000株/亩密度组C组试验，平均生育期99 d，比对照郑单958早熟1 d；株型紧凑，平均株高244 cm，平均穗位高86 cm；平均穗长14.4 cm，平均穗粗5.0 cm；穗行数12～22行，平均行粒数29.8粒；秃尖长1.5 cm；平均出籽率84.3%，平均百粒重26.6 g；穗轴红色；籽粒黄色、半马齿型；平均田间倒折率0.8%，倒伏率1.4%，倒伏倒折率之和2.2%，倒伏倒折率之和≥15.0%的试点比率为9.1%。田间自然发病，中抗小斑病、茎腐病，穗腐病发病率2.0%，穗腐病发病率≥2.0%的试点比率为9.1%，抗弯孢叶斑病，感南方锈病，高抗瘤黑粉病。

2021年河南省生产试验11个试点合并汇总，10个试点增产，增产点比率90.9%；平均亩产541.9 kg，比对照郑单958增产4.9%，居本组参试品种第3位。

该品种完成试验程序，生产试验达标，推荐审定。

14.邵单979

由河南欧亚种业有限公司提供。2021年参加河南省生产试验5000株/亩密度组，区域试验与生产试验同步进行，参加C组试验，平均生育期98 d，比对照郑单958早熟2 d；株型半紧凑，平均株高280 cm，平均穗位高93 cm；平均穗长15.9 cm，平均穗粗4.5 cm；穗行数12～20行，平均行粒数31.9粒；秃尖长1.1 cm；平均出籽率85.4%，平均百粒重26.1 g；穗轴红色；籽粒黄色、半马齿型；平均田间倒折率0.1%，倒伏率2.7%，倒伏倒折率之和 2.8%，倒伏倒折率之和≥15.0%的试点比率为 9.1%。田间自然发病，中抗小斑病，感茎腐病，穗腐病发病率 0.5%，穗腐病发病率≥2.0%的试点比率为 0%，中抗弯孢叶斑病，高感南方锈病，高抗瘤黑粉病。

2021 年河南省生产试验 11 个试点合并汇总，8 个试点增产，增产点比率 72.7%；平均亩产 527.2 kg，比对照郑单 958 增产 2.0%，居本组参试品种第 4 位。

该品种完成试验程序，田间考察高感茎腐病，生产试验不达标，建议淘汰。

15.利合 878

由恒基利马格兰种业有限公司提供。2021 年参加河南省生产试验 5000 株/亩密度组 C 组试验，平均生育期 99 d，比对照郑单 958 早熟 1 d；株型紧凑，平均株高 270 cm，平均穗位高 107 cm；平均穗长 15.4 cm，平均穗粗 4.3 cm；穗行数 12～18 行，平均行粒数 33.0 粒；秃尖长 0.6 cm；平均出籽率 86.4%，平均百粒重 25.2 g；穗轴粉色；籽粒黄色、半马齿型；平均田间倒折率 0.7%，倒伏率 0.6%，倒伏倒折率之和 1.3%，倒伏倒折率之和≥15.0%的试点比率为 0%。田间自然发病，感小斑病、茎腐病，穗腐病发病率 1.3%，穗腐病发病率≥2.0%的试点比率为 0%，中抗弯孢叶斑病，高感南方锈病，高抗瘤黑粉病。

2021 年河南省生产试验 11 个试点合并汇总，4 个试点增产，增产点比率 36.4%；平均亩产 503.6 kg，比对照郑单 958 减产 2.5%，居本组参试品种第 6 位。

该品种完成试验程序，田间考察高感茎腐病，生产试验不达标，建议淘汰。

（三）4500 株/亩机收组

豫红 191：由商水县豫红农科所提供。2021 年河南省 4500 株/亩密度机收组，区域试验与生产试验同步进行，平均生育期 101 d，比对照郑单 958 早熟 1 d，与熟期对照桥玉 8 号同熟；株型半紧凑，平均株高 265 cm，平均穗位高 88 cm；平均田间倒折率 0%，倒伏率 0.9%，倒伏倒折率之和 0.9%，倒伏倒折率之和≤5.0%的试点达标比率为 90.9%。平均穗长 17.2 cm，平均穗粗 4.7 cm；平均穗行数 14～18 行，平均行粒数 30.9 粒；秃尖长 1.4 cm；平均出籽率 86.5%，平均百粒重 32.9 g；穗轴红色；籽粒黄色、半马齿型。田间自然发病，中抗小斑病、茎腐病，穗腐病发病率 1.0%，穗腐病发病率≥2.0%的试点比率为 0%，抗弯孢叶斑病，感南方锈病，高抗瘤黑粉病。

田间机械粒收时试点平均籽粒水分含量 24.9%，平均籽粒破碎率 2.28%，平均籽粒杂质率 0.78%。

2021 年河南省生产试验 11 个试点合并汇总，11 个试点增产，增产点比率 100%；平均亩产 543.1 kg，比对照郑单 958 增产 12.5%，产量达标试点比例 100%，居本组参试品种第 1 位。

该品种完成试验程序，区域试验达标、生产试验达标，推荐审定。

（四）5500 株/亩机收组

1.H1970

由中种国际种子有限公司提供。2021 年河南省 5500 株/亩机收组，区域试验与生产试验同步进行，平均生育期 101 d，比对照郑单 958 早熟 1 d，与熟期对照桥玉 8 号同熟；株型半紧凑，平均株高 275 cm，平均穗位高 92 cm；平均田间倒折率 0%，倒伏率 0.3%，倒伏倒折率之和 0.3%，倒伏倒折率之和≤5.0%的试点达标比率为 100%。平均穗长 17.3 cm，平均穗粗 4.6 cm；平均穗行数 12~18 行，平均行粒数 31.4 粒；秃尖长 1.4 cm；平均出籽率 87.0%，平均百粒重 32.4 g；穗轴红色；籽粒黄色、半马齿型。田间自然发病，中抗小斑病、茎腐病，穗腐病发病率 1.0%，穗腐病发病率≥2.0%的试点比率为 0%，抗弯孢叶斑病，感南方锈病，高抗瘤黑粉病。

田间机械粒收时试点平均籽粒水分含量 24.7%，平均籽粒破碎率 2.98%，平均籽粒杂质率 0.65%。

2021 年河南省生产试验 11 个试点合并汇总，11 个试点增产，增产点比率 100%；平均亩产 553.2 kg，比对照郑单 958 增产 14.1%，产量达标试点比例 100%，居本组参试品种第 1 位。

该品种完成试验程序，区域试验达标、生产试验达标，推荐审定。

2.GRS7501

由北京高锐思农业技术研究院提供。2021 年河南省 5500 株/亩机收组生产试验，平均生育期 100 d，比对照郑单 958 早熟 2 d，比熟期对照桥玉 8 号早熟 1 d；株型半紧凑，平均株高 258 cm，平均穗位高 85 cm；平均田间倒折率 0.1%，倒伏率 0.1%，倒伏倒折率之和 0.2%，倒伏倒折率之和≤5.0%的试点达标比率为 100%。平均穗长 15.4 cm，平均穗粗 4.5 cm；平均穗行数 14~18 行，平均行粒数 29.9 粒；秃尖长 1.1 cm；平均出籽率 88.5%，平均百粒重 27.3 g；穗轴红色；籽粒黄色、半马齿型。田间自然发病，中抗小斑病、茎腐病，穗腐病发病率 1.0%，穗腐病发病率≥2.0%的试点比率为 0%，抗弯孢叶斑病，感南方锈病，高抗瘤黑粉病。

田间机械粒收时试点平均籽粒水分含量 24.3%，平均籽粒破碎率 2.92%，平均籽粒杂质率 0.53%。

2021 年河南省生产试验 11 个试点合并汇总，10 个试点增产，增产点比率 90.9%；平均亩产 529.5 kg，比对照郑单 958 增产 9.2%，产量达标试点比例 90.9%，居本组参试品种第 2 位。

该品种完成试验程序，生产试验达标，推荐审定。

七、品种处理意见

（一）结合区域试验结果，推荐审定品种

4500 株/亩密度组：囤玉 329、伟科 9136、ZB1902；泓丰 5505、伟玉 618、北科 15、渭玉 321；中良玉 999（豫豪 777）、LN116、裕隆 1 号、SN288、梦玉 309。

5000 株/亩密度组：伟科 9138、开玉 6 号、郑玉 821；郑原玉 886、雅玉 622、隆平 115、晟单 182、农科玉 168；先玉 1879、百科玉 189、沐玉 105（光合 799）。

4500 株/亩机收组：豫红 191。

5500 株/亩机收组：H1970、GRS7501。

（二）结合区域试验结果，淘汰品种

隆平 146、金颗 106、豫单 963、囤玉 330、邵单 979、利合 878、恒丰玉 666、中选 896。

表 5-1　2021 年河南省玉米品种生产试验参试品种、亲本组合、供种单位及承试单位信息

试验组别	序号	品种	亲本组合	供种单位	承试单位与试验地点
4500 株/亩 A 组	1	伟科 9136◆	伟程 123×伟程 524	郑州伟科作物育种科技有限公司	鹤壁禾博士晟农科技有限公司(鹤壁) 南阳市种子管理站(南阳) 新郑裕隆农作物研究所(新郑) 河南鲲玉种业有限公司(济源) 商丘市种子站(商丘) 河南鼎研泽田农业科技开发有限公司(长葛) 内黄县原种二场(内黄) 河南省利奇种子有限公司(原阳) 漯河市漯美农业科学研究所(漯河) 商水县天粮农业技术开发中心(商水) 西平县西神农业科技有限公司(西平) 河南众福园种业有限公司(尉氏) 灵宝市农业科学研究所(灵宝)
	2	隆平 146◆	L112LD76×LA5331	河南隆平高科种业有限公司	
	3	ZB1902◆	ZB12×TS011	河南中博现代农业科技开发有限公司	
	4	囤玉 329◆	J17QB12×JC9	河南省金囤种业有限公司	
	5	金颗 106◆	JK362×JGQ12	王金科	
4500 株/亩 B 组	1	北科 15◆	S170×S204	沈阳北玉种子科技有限公司	
	2	豫单 963◆	HL139×HL897	河南农业大学	
	3	泓丰 5505◆	HW1658×APH9278	北京新实泓丰种业有限公司	
	4	伟玉 618	伟程 314×伟程 515	郑州伟玉良种科技有限公司	
	5	渭玉 321	WZ020×WZ051	陕西天丞禾农业科技有限公司	
4500 株/亩 C 组	1	LN116	LM398×NF132	李娜	
	2	裕隆 1 号	YL4056×YL4007	新郑裕隆农作物研究所	
	3	SN288	SN018×SN009	新郑市农老大农作物种植专业合作社	
	4	中良玉 999(豫豪 777)	YH181×YH182	河南环玉种业有限公司	
	5	恒丰玉 666	PH6WC×CV109	河南新锐恒丰农业科技有限公司	
	6	梦玉 309	MY281×MY282	贺宝梦	

续表 5-1

试验组别	序号	品种	亲本组合	供种单位	承试单位与试验地点
5000 株/亩 A 组	1	开玉 6 号◆	K614×KF88	开封市农林科学研究院	鹤壁禾博士晟农科技有限公司(鹤壁) 河南德圣种业有限公司(汝阳) 河南睢科种业有限公司(睢县) 南阳市种子管理站(南阳) 河南鼎研泽田农业科技开发有限公司(长葛) 河南赛德种业有限公司(荥阳) 平顶山市农业科学院(平顶山) 温县农业科学研究所(温县) 河南秀青种业有限公司(原阳) 河南省登海中研种业有限公司(泌阳) 河南省民兴种业有限公司(南乐) 开封市宏图农业发展有限公司(杞县) 商水县天粮农业技术开发中心(商水)
	2	郑玉 821◆	郑 7246×郑 7668	郑州市农林科学研究所	
	3	囤玉 330◆	18QDA06×JC935	河南省金囤种业有限公司	
	4	伟科 9138◆	WY97134×伟程 210	郑州伟科作物育种科技有限公司	
	5	中选 896◆	Q338×SGS1-K153	中国农业科学院棉花研究所	
5000 株/亩 B 组	1	雅玉 622◆	YA1125×YA9415	铁岭雅玉种子有限公司	
	2	农科玉 168◆	H353×H317	北京华奥农科玉育种开发有限责任公司	
	3	郑原玉 886	JCY1915×JC19316	郑州郑原作物育种科技有限公司	
	4	隆平 115	LG1127D×LH235D	河南隆平高科种业有限公司	
	5	晟单 182	J623×H7859T	刘俊恒	
5000 株/亩 C 组	1	先玉 1879	PH2V21×PH41S1	铁岭先锋种子研究有限公司	
	2	百科玉 189	B30×N13	河南百农种业有限公司	
	3	利合 878	CNGBO1524×CNGLL1105	恒基利马格兰种业有限公司	
	4	沐玉 105(光合 799)	GT265×GD26	郑州市光泰农作物育种技术研究院	
	5	邵单 979◆	OY532×OY016	河南欧亚种业有限公司	

续表 5-1

试验组别	序号	品种	亲本组合	供种单位	承试单位与试验地点
机收组 4500 株/亩	1	豫红 191◆	Y3599×H1355	商水县豫红农科所	河南平安种业有限公司(温县) 南阳鑫亮农业科技有限公司(方城) 河南鼎研泽田农业科技开发有限公司(长葛) 河南省豫玉种业股份有限公司(荥阳) 河南黄泛区地神种业农科所(西华) 中国农业科学院棉花研究所(安阳) 嵩县农作物新品种研究所(嵩县) 河南春晓种业有限公司(鹤壁) 宝丰县农业科学研究所(宝丰) 河南省利奇种子有限公司(原阳) 开封市农林科学研究院(开封) 河南省中元种业有限公司(遂平) 河南金苑种业股份有限公司(宁陵)
机收组 5500 株/亩	1	H1970◆	D0013Z×D0014Z	中种国际种子有限公司	
	2	GRS7501	GLU2038×GLU1842	北京高锐思农业技术研究院	

注:标◆为区域试验与生产试验同步进行的品种。

表 5-2　2021 年玉米品种试验期间河南省气象资料统计

时间	平均气温/℃			降雨量/mm			日照时数/h		
	当年	历年	相差	当年	历年	相差	当年	历年	相差
6 月上旬	26.3	23.9	2.5	8.6	20.6	-12.0	66.8	65.8	1.0
6 月中旬	27.1	24.9	2.2	20.9	21.9	-1.0	33.9	69.4	-35.5
6 月下旬	27.8	25.4	2.4	11.9	38.2	-26.3	66.2	64.3	1.9
月计	27.1	24.7	2.4	41.4	80.6	-39.3	166.9	199.5	-32.7
7 月上旬	26.8	25.7	1.1	15.1	42.0	-26.9	51.5	56.8	-5.3
7 月中旬	26.4	25.6	0.8	236.8	54.2	182.5	36.2	52.2	-16.0
7 月下旬	25.7	26.1	-0.4	163.1	52.9	110.2	60.7	69.3	-8.5
月计	26.3	25.8	0.5	414.9	149.2	265.8	148.4	178.3	-29.9
8 月上旬	26.7	25.8	0.9	23.7	51.2	-27.4	67.0	58.7	8.3
8 月中旬	25.0	24.6	0.4	37.5	36.1	1.4	39.2	54.7	-15.5
8 月下旬	22.0	23.5	-1.4	150.5	35.1	115.3	29.3	63.2	-33.9
月计	24.6	24.6	0	211.7	122.3	89.3	135.5	176.6	-41.1
9 月上旬	21.9	22.0	-0.1	74.8	28.1	46.7	48.6	57.0	-8.4
9 月中旬	22.1	20.3	1.8	79.1	19.2	60.0	56.9	52.0	4.9
9 月下旬	20.6	18.8	1.8	103.5	16.5	87.0	43.7	52.8	-9.1
月计	21.5	20.4	1.2	257.4	63.8	193.6	149.2	161.8	-12.6
6~9 月合计	—	—	—	925.4	415.9	509.5	600.0	716.2	-116.2
6~9 月合计平均	24.9	23.9	1.0	—	—	—	—	—	—

注：本结果来源于河南省 23 个试验点气象数据汇总。

表 5-3　2021 年河南省玉米品种生产试验产量结果汇总(4500 株/亩 A 组)

试点	品种(编号)								
	囤玉 329(1)			伟科 9136(2)			金颗 106(3)		
	亩产/kg	比 CK/(±%)	位次	亩产/kg	比 CK/(±%)	位次	亩产/kg	比 CK/(±%)	位次
鹤壁	420.0	15.7	1	391.4	7.8	2	384.7	6.0	4
济源	501.5	7.2	4	558.3	19.3	1	502.8	7.5	3
灵宝	557.4	5.0	4	566.4	6.7	3	549.1	3.4	5
漯河	605.3	28.0	1	528.0	11.7	3	548.9	16.1	2

续表 5-3

试点	品种(编号)								
	囤玉 329(1)			伟科 9136(2)			金颗 106(3)		
	亩产/kg	比 CK/(±%)	位次	亩产/kg	比 CK/(±%)	位次	亩产/kg	比 CK/(±%)	位次
南阳	567.2	15.8	1	561.5	14.7	2	535.9	9.4	3
内黄	514.3	19.4	1	475.1	10.3	3	453.2	5.2	4
商丘	532.9	14.6	1	508.2	9.3	2	478.8	3.0	3
原阳	449.0	18.9	1	406.6	7.7	3	402.2	6.5	4
西平	424.0	9.0	4	465.6	19.7	1	442.5	13.8	3
新郑	677.3	17.5	1	673.0	16.8	2	624.0	8.3	4
长葛	510.3	7.1	2	528.15	10.8	1	486.6	2.1	3
尉氏	632.2	19.2	1	626.5	18.1	2	575.9	8.5	3
平均	532.6	14.8	1	524.1	12.9	2	498.7	7.4	3
试点	品种(编号)								
	ZB1902(4)			郑单 958(5)			隆平 146(6)		
	亩产/kg	比 CK/(±%)	位次	亩产/kg		位次	亩产/kg	比 CK/(±%)	位次
鹤壁	386.8	6.6	3	362.9		5	309.7	-14.7	6
济源	515.6	10.2	2	467.9		6	490.2	4.8	5
灵宝	568.4	7.1	2	530.8		6	579.7	9.2	1
漯河	501.8	6.1	4	472.9		5	449.1	-5.0	6
南阳	486.0	-0.7	5	489.6		4	476.4	-2.7	6
内黄	492.7	14.4	2	430.7		6	432.8	0.5	5
商丘	472.6	1.7	4	464.9		5	450.0	-3.2	6
原阳	439.4	16.4	2	377.5		5	332.0	-12.0	6
西平	449.5	15.6	2	388.9		6	413.2	6.2	5
新郑	647.9	12.4	3	576.3		6	619.9	7.6	5
长葛	423.7	-11.1	5	476.7		4	387.1	-18.8	6
尉氏	561.5	5.8	4	530.6		5	515.3	-2.9	6
平均	495.5	6.8	4	464.1		5	454.6	-2.1	6

注:平均值为各试点算术平均,余同。

表 5-4　2021 年河南省玉米品种生产试验田间性状汇总表(4500 株/亩 A 组)

编号	品种	试点	株型	株高/cm	穗位高/cm	倒折率/%	倒伏率/%	茎腐病/级	小斑病/级	穗腐病/级	瘤黑粉病/级	弯孢叶斑病/级	锈病/级	生育期/d
1	囤玉 329	鹤壁	半紧凑	210	70	0	0	5.0	1	0	0	1	1	99
		济源	半紧凑	238	83	0	0	6.2	3	0	0	1	3	107
		灵宝	紧凑	286	108	3.3	0	6.7	1	0	0	1	1	95
		漯河	紧凑	267	85	0	0	0	1	0	0	1	3	98
		南阳	半紧凑	269	91	0	0	0	3	0	0	1	3	94
		内黄	紧凑	263	102	0.5	0	9.4	5	0.3	0	1	5	96
		商丘	紧凑	262	97	0	2.6	0	1	1.0	0	3	1	100
		原阳	紧凑	242	81	0	0	0	3	3.0	0	3	3	104
		西平	紧凑	272	94	0	0	0	1	0.1	0	1	3	96
		新郑	半紧凑	258	87	0	0	1.2	3	0.1	0	3	7	106
		长葛	半紧凑	277	93	0	0	1.0	3	0	0	3	3	105
		尉氏	紧凑	269	107	0	0	2.0	3	0.9	0	3	5	101
		平均	紧凑	259	92	0.3	0.2	9.4	5	3.0	0	3	7	100
2	伟科 9136	鹤壁	半紧凑	210	85	0	1.8	10.0	1	0	0	1	3	98
		济源	紧凑	228	88	0	0	4.3	1	0	0	1	5	108
		灵宝	紧凑	277	107	0	0	1.5	3	0	0	1	1	97
		漯河	紧凑	250	83	0	0	0	1	0	0	1	7	97
		南阳	紧凑	250	86	0	0	0	3	0	0	1	5	91
		内黄	紧凑	258	108	1.5	0	19.4	5	0.3	0	1	5	96
		商丘	紧凑	261	90	0	0	0	3	1.5	0	3	5	102
		原阳	半紧凑	237	102	0	0	5.3	3	3.0	0	5	3	104
		西平	紧凑	247	84	0	0	0	1	0.1	0	1	7	96
		新郑	半紧凑	262	100	0	0	10.3	3	0.3	0	3	7	106
		长葛	紧凑	254	106	0	0	0	3	0	0	5	3	105
		尉氏	半紧凑	254	110	0	0	2.0	1	0.5	0	3	5	99
		平均	紧凑	249	96	0.1	0.2	19.4	5	3.0	0	5	7	100

续表 5-4

编号	品种	试点	株型	株高/cm	穗位高/cm	倒折率/%	倒伏率/%	茎腐病/级	小斑病/级	穗腐病/级	瘤黑粉病/级	弯孢叶斑病/级	锈病/级	生育期/d
3	金颗106	鹤壁	紧凑	230	75	0	0	8.0	1	0	0	1	5	96
		济源	半紧凑	252	81	0	0	13.8	3	0	0	1	7	108
		灵宝	半紧凑	320	104	0	0	6.0	1	0	0	1	1	98
		漯河	紧凑	305	86	0	5.0	3.0	1	0	0	1	7	99
		南阳	平展	291	85	0	3.0	3.0	5	3.0	0	1	5	90
		内黄	半紧凑	286	105	0.9	5.7	28.1	5	0.1	1.1	1	7	99
		商丘	半紧凑	272	79	0	0	1.0	5	0.3	0	3	7	99
		原阳	半紧凑	270	82	0	0	10.6	3	3.0	0	3	7	103
		西平	半紧凑	287	103	0	0	0	1	0.1	0	1	5	96
		新郑	半紧凑	280	85	0	0	4.3	3	0.2	0	1	7	106
		长葛	半紧凑	282	87	0	0	33.6	3	0	0	3	7	103
		尉氏	半紧凑	286	112	0	0	6.0	3	0.3	0	3	5	99
		平均	半紧凑	280	90	0.1	1.1	33.6	5	3.0	1.1	3	7	100
4	ZB 1902	鹤壁	半紧凑	215	65	0	6.0	5.0	1	0	0	1	5	96
		济源	紧凑	232	89	0	0	3.0	3	0	0	1	7	107
		灵宝	紧凑	290	97	0	0	5.5	1	0	0	1	1	99
		漯河	紧凑	266	100	0	0	5.0	1	0	0	1	7	97
		南阳	平展	261	85	5.0	5.0	5.0	3	2.0	0	1	9	90
		内黄	紧凑	255	92	0.5	0	27.8	7	0.2	0	1	7	100
		商丘	半紧凑	252	83	0	4.6	1.2	5	0.5	0	3	7	99
		原阳	紧凑	258	82	0	0	2.8	3	3.0	0	3	3	103
		西平	紧凑	257	71	0	0	0	1	0	0	1	7	94
		新郑	半紧凑	259	93	0	0	3.3	3	0.2	0	3	7	105
		长葛	半紧凑	251	86	0	0	36.9	3	0	0	5	7	101
		尉氏	半紧凑	255	100	0	0	10.0	3	0.5	0	3	9	99
		平均	紧凑	254	87	0.5	1.3	36.9	7	3.0	0	5	9	99

续表 5-4

编号	品种	试点	株型	株高/cm	穗位高/cm	倒折率/%	倒伏率/%	茎腐病/级	小斑病/级	穗腐病/级	瘤黑粉病/级	弯孢叶斑病/级	锈病/级	生育期/d
5	郑单958	鹤壁	紧凑	210	85	0	4.5	30.0	1	0	0	1	5	96
		济源	紧凑	244	98	11.4	0	12.9	3	1.2	0	1	9	107
		灵宝	紧凑	268	114	10.0	0	15.0	3	0.2	0	1	1	96
		漯河	紧凑	265	94	10.0	0	8.0	1	0	0	1	9	95
		南阳	半紧凑	254	87	0	4.0	3.0	5	0	1.0	3	9	92
		内黄	紧凑	252	107	3.1	0	30.8	5	0.1	0	1	7	102
		商丘	半紧凑	258	99	0	4.3	5.2	7	1.5	0	3	9	101
		原阳	半紧凑	263	108	0	0	12.5	5	5.0	0	5	7	104
		西平	紧凑	255	97	6.0	0	0	1	0.3	0	3	7	94
		新郑	半紧凑	236	92	0	0	7.8	3	0.7	0	3	7	106
		长葛	紧凑	254	92	0	0	39.1	3	0	0	5	7	103
		尉氏	半紧凑	255	119	0	0	20.0	3	1.1	0	3	7	99
		平均	紧凑	251	99	3.4	1.1	39.1	7	5.0	1.0	5	9	100
6	隆平146	鹤壁	半紧凑	240	75	0	2.6	8.0	1	0	0	1	5	96
		济源	半紧凑	271	86	0	0	12.4	3	0	0	1	7	107
		灵宝	半紧凑	311	105	0	0	0	1	0	0	1	1	99
		漯河	紧凑	321	107	0	0	3.0	1	0	0	1	9	100
		南阳	平展	294	87	0	20.0	4.0	5	1.0	0	1	7	92
		内黄	半紧凑	289	99	0.4	3.6	29.2	7	0.3	0	1	7	99
		商丘	半紧凑	271	92	0	2.4	8.6	7	0.1	0	3	9	99
		原阳	半紧凑	273	81	0	0	12.6	5	1.0	0	5	7	104
		西平	半紧凑	307	92	0	0	0	1	0.2	0	1	7	92
		新郑	半紧凑	290	84	0	0	5.4	3	0.5	0	3	9	106
		长葛	半紧凑	271	92	0	0	36.2	3	0	0	5	7	101
		尉氏	半紧凑	282	105	0	0	15.0	3	0.2	0	3	7	98
		平均	半紧凑	285	92	0	2.4	36.2	7	1.0	0	5	9	99

表 5-5　2021 年河南省玉米品种生产试验室内考种汇总(4500 株/亩 A 组)

编号	品种	试点	穗长/cm	穗粗/cm	轴色	秃尖长/cm	穗行数/行	行粒数/粒	粒型	粒色	出籽率/%	百粒重/g
1	囤玉329	鹤壁	16.2	4.9	白	2.5	16.0	31.0	半马齿型	黄	80.2	39.3
		济源	17.0	4.9	白	0.3	17.2	28.3	硬粒型	黄	85.9	36.0
		灵宝	16.7	4.7	白	1.6	16.0	31.8	半马齿型	黄	86.5	26.7
		漯河	16.6	4.8	白	2.5	15.2	38.6	马齿型	黄	79.1	42.3
		南阳	16.5	5.0	白	0.4	16.1	32.3	马齿型	黄	86.6	29.0
		内黄	18.3	5.0	白	1.8	16.6	27.8	马齿型	黄	89.8	33.3
		商丘	17.6	4.8	白	2.5	15.2	27.8	半马齿型	黄	89.7	35.9
		原阳	18.3	5.1	白	0.3	16.0	31.9	马齿型	黄	89.6	36.7
		西平	17.3	4.7	白	0.2	16.7	33.7	马齿型	黄	84.7	32.5
		新郑	15.3	5.0	白	0.7	15.0	27.0	半马齿型	黄	82.2	39.1
		长葛	17.4	5.0	白	2.4	16.0	29.6	半马齿型	黄	88.9	35.2
		尉氏	16.7	4.9	白	1.1	16.4	29.6	半马齿型	黄	89.4	36.0
		平均	17.0	4.9	白	1.4	16.0	30.8	半马齿型	黄	86.1	35.2
2	伟科9136	鹤壁	16.7	4.7	粉	2.0	15.0	34.0	半马齿型	黄	80.8	38.3
		济源	18.6	4.7	红	0.2	14.4	33.3	硬粒型	黄	85.7	36.9
		灵宝	17.8	4.7	红	0.2	15.0	37.3	半马齿型	黄	88.8	26.2
		漯河	18.1	4.6	红	0	15.6	35.4	半马齿型	黄	78.0	30.8
		南阳	16.8	4.7	红	0.2	15.0	34.1	硬粒型	橙红	83.0	26.3
		内黄	16.7	4.8	红	1.1	16.7	32.5	半马齿型	黄	89.6	25.6
		商丘	18.6	5.0	红	0.5	13.6	38.0	半马齿型	黄	88.6	28.9
		原阳	16.8	4.9	红	1.0	14.2	34.8	硬粒型	黄	90.7	28.2
		西平	16.0	4.8	红	0	16.7	35.0	马齿型	黄	89.2	27.0
		新郑	17.4	4.6	红	0.2	15.0	35.0	半马齿型	黄	75.0	31.5
		长葛	18.2	5.0	红	1.6	14.4	34.8	半马齿型	黄	90.2	31.4
		尉氏	16.7	4.9	红	0.3	15.0	33.2	半马齿型	黄	89.0	30.2
		平均	17.4	4.8	红	0.6	15.1	34.8	半马齿型	黄	85.7	30.1

续表 5-5

编号	品种	试点	穗长/cm	穗粗/cm	轴色	秃尖长/cm	穗行数/行	行粒数/粒	粒型	粒色	出籽率/%	百粒重/g
3	金颗106	鹤壁	15.2	4.6	粉	3.0	16.0	33.0	半马齿型	黄	79.4	37.5
		济源	17.2	4.9	红	0.3	15.8	29.0	硬粒型	黄	86.3	33.8
		灵宝	16.1	4.8	红	0.5	16.2	31.2	硬粒型	黄	84.5	27.7
		漯河	16.0	4.5	红	3.8	15.2	29.4	半马齿型	黄	85.6	27.0
		南阳	16.9	4.6	红	1.0	16.1	30.2	硬粒型	黄	86.3	26.3
		内黄	16.8	4.7	红	2.1	15.5	33.0	半马齿型	黄	85.8	28.5
		商丘	17.4	4.6	红	1.0	15.6	31.4	半马齿型	黄	87.1	26.3
		原阳	16.8	5.0	红	1.2	15.8	32.4	半马齿型	黄	86.3	29.0
		西平	15.7	4.7	红	0	15.3	30.7	半马齿型	黄	82.5	31.5
		新郑	16.3	4.8	红	0.4	17.5	26.0	半马齿型	黄	81.1	31.9
		长葛	16.4	4.6	红	1.6	15.2	28.2	半马齿型	黄	86.0	29.7
		尉氏	17.0	4.9	红	0.5	17.0	33.0	半马齿型	黄	86.6	31.7
		平均	16.5	4.7	红	1.3	15.9	30.6	半马齿型	黄	84.8	30.1
4	ZB 1902	鹤壁	18.3	4.6	红	1.0	15.0	37.0	马齿型	黄	80.7	37.6
		济源	17.2	4.8	红	0.4	15.0	30.2	硬粒型	黄	84.8	34.9
		灵宝	17.4	4.9	红	0.7	15.2	33.2	马齿型	黄	85.6	28.1
		漯河	14.2	4.1	红	4.0	14.4	29.4	半马齿型	黄	80.7	20.3
		南阳	16.9	4.4	红	1.6	15.2	31.5	马齿型	橙红	85.5	23.3
		内黄	16.8	4.5	红	0.9	15.4	32.6	马齿型	黄	85.9	25.9
		商丘	19.2	4.5	红	1.0	14.8	31.4	半马齿型	黄	87.9	26.9
		原阳	16.7	4.8	红	0.7	15.4	31.9	马齿型	黄	86.7	28.0
		西平	16.7	4.5	红	0.3	16.0	33.3	马齿型	黄	82.8	27.5
		新郑	16.7	5.5	红	0.5	15.6	28.0	半马齿型	黄	83.9	32.0
		长葛	17.4	4.4	红	3.0	13.6	32.0	半马齿型	黄	86.9	27.5
		尉氏	17.0	4.8	红	0.8	16.0	29.6	半马齿型	黄	87.4	28.4
		平均	17.0	4.7	红	1.2	15.1	31.7	马齿型	黄	84.9	28.4

续表 5-5

编号	品种	试点	穗长/cm	穗粗/cm	轴色	秃尖长/cm	穗行数/行	行粒数/粒	粒型	粒色	出籽率/%	百粒重/g
5	郑单958	鹤壁	15.4	4.7	白	2.0	14.0	33.0	半马齿型	黄	80.3	31.2
		济源	17.0	4.9	白	0.6	14.4	31.7	半马齿型	黄	84.2	31.6
		灵宝	16.1	4.8	白	0.2	15.0	33.2	半马齿型	黄	87.7	27.0
		漯河	15.2	4.5	白	3.0	14.8	30.6	半马齿型	黄	80.4	23.5
		南阳	15.6	4.6	白	0.6	15.0	29.8	半马齿型	黄	86.1	23.1
		内黄	17.1	4.4	白	0.8	15.1	30.1	半马齿型	黄	87.0	28.2
		商丘	17.2	4.9	白	0.5	15.2	37.2	半马齿型	黄	88.3	22.1
		原阳	18.0	5.2	白	0.3	13.8	37.1	马齿型	黄	87.1	27.7
		西平	14.7	4.3	白	0.2	14.0	27.3	半马齿型	黄	87.0	23.0
		新郑	16.3	4.7	白	0.3	15.0	33.0	半马齿型	黄	78.6	31.2
		长葛	17.0	5.0	白	1.8	14.0	32.2	半马齿型	黄	87.9	28.6
		尉氏	15.8	4.9	白	0.2	16.2	32.4	半马齿型	黄	89.3	25.9
		平均	16.3	4.7	白	0.9	14.7	32.3	半马齿型	黄	85.3	26.9
6	隆平146	鹤壁	16.0	4.1	紫	2.0	14.0	35.0	硬粒型	黄	77.6	31.4
		济源	16.8	4.5	红	0.2	14.6	31.3	硬粒型	黄	85.6	32.4
		灵宝	18.1	4.6	红	0.3	15.0	38.1	半马齿型	黄	86.2	26.5
		漯河	17.0	4.0	红	1.0	13.6	31.4	半马齿型	黄	81.9	22.2
		南阳	16.3	4.3	紫	0.5	14.3	33.2	硬粒型	黄	83.4	22.1
		内黄	17.5	4.2	红	0	13.3	34.7	半马齿型	黄	85.3	25.6
		商丘	17.4	4.0	红	0.5	14.8	36.6	半马齿型	橙红	87.3	22.5
		原阳	15.6	4.4	红	1.7	14.2	32.4	硬粒型	黄	86.4	25.8
		西平	17.3	4.4	红	0.2	15.3	38.0	马齿型	黄	82.7	26.0
		新郑	17.8	4.2	红	0.2	15.5	34.0	半马齿型	黄	80.7	30.6
		长葛	15.8	4.2	红	2.6	13.6	31.6	硬粒型	黄	85.7	26.3
		尉氏	16.7	4.6	红	0.4	15.2	32.7	半马齿型	黄	86.7	29.7
		平均	16.9	4.3	红	0.8	14.5	34.1	半马齿型	黄	84.1	26.8

表 5-6 2021 年河南省玉米品种生产试验产量结果汇总(4500 株/亩 B 组)

试点	品种(编号)								
	泓丰 5505(1)			伟玉 618(2)			北科 15(3)		
	亩产/kg	比 CK/(±%)	位次	亩产/kg	比 CK/(±%)	位次	亩产/kg	比 CK/(±%)	位次
鹤壁	491.4	19.8	1	489.6	19.4	2	469.6	14.5	3
济源	624.9	22.9	1	548.1	7.8	4	559.8	10.1	2
灵宝	544.5	10.6	1	534.8	8.6	2	532.4	8.1	3
漯河	607.8	29.3	1	515.3	9.6	4	600.3	27.7	2
南阳	538.8	14.3	1	537.0	13.9	2	492.6	4.5	3
内黄	563.1	6.5	5	628.4	18.9	1	600.2	13.5	2
商丘	508.2	12.1	1	498.0	9.8	2	468.1	3.3	3
原阳	432.6	8.9	4	438.2	10.3	3	458.5	15.5	1
西平	453.2	11.6	4	485.0	19.4	1	481.7	18.6	2
新郑	708.9	15.0	1	696.0	12.9	2	679.6	10.3	4
长葛	492.7	16.2	2	502.9	18.6	1	459.2	8.3	4
尉氏	627.7	15.1	1	618.4	13.4	2	601.4	10.2	3
平均	549.5	15.2	1	541.0	13.4	2	533.6	11.9	3

试点	品种(编号)							
	豫单 963(4)			渭玉 321(5)			郑单 958(6)	
	亩产/kg	比 CK/(±%)	位次	亩产/kg	比 CK/(±%)	位次	亩产/kg	位次
鹤壁	410.6	0.1	5	456.7	11.4	4	410.2	6
济源	550.1	8.2	3	537.3	5.6	5	508.6	6
灵宝	520.9	5.8	4	473.5	-3.8	6	492.4	5
漯河	521.0	10.8	3	495.2	5.3	5	470.1	6
南阳	483.0	2.4	4	449.1	-4.8	6	471.6	5
内黄	588.2	11.3	3	580.0	9.7	4	528.6	6
商丘	461.1	1.7	4	460.4	1.6	5	453.3	6
原阳	444.2	11.9	2	418.1	5.3	5	397.1	6
西平	468.3	15.3	3	430.5	6.0	5	406.1	6
新郑	693.2	12.5	3	666.7	8.2	5	616.3	6
长葛	451.6	6.5	5	471.3	11.2	3	423.9	6
尉氏	599.5	9.9	4	516.6	-5.3	6	545.6	5
平均	516.0	8.2	4	496.3	4.0	5	477.0	6

表 5-7 2021 年河南省玉米品种生产试验田间性状汇总(4500 株/亩 B 组)

编号	品种	试点	株型	株高/cm	穗位高/cm	倒折率/%	倒伏率/%	茎腐病/级	小斑病/级	穗腐病/级	瘤黑粉病/级	弯孢叶斑病/级	锈病/级	生育期/d
1	泓丰5505	鹤壁	紧凑	255	85	2.2	4.0	5.0	1	0	0	1	3	97
		济源	半紧凑	284	94	0	0	6.2	3	0.6	0	1	5	108
		灵宝	半紧凑	331	126	0	0	1.5	1	0.5	0	1	1	99
		漯河	紧凑	316	105	0	0	0	1	0	0	1	3	96
		南阳	平展	313	111	0	5.0	2.0	3	3.0	0	1	1	92
		内黄	紧凑	298	107	1.2	0	11.8	5	0.2	0	1	5	101
		商丘	紧凑	291	92	0	3.2	0	3	0.5	0	5	3	102
		原阳	半紧凑	273	102	0	0	0	5	0	0	5	5	104
		西平	紧凑	317	112	0	0	0	1	0	0	1	3	96
		新郑	半紧凑	299	98	0	0	5.7	3	0.7	0	3	7	106
		长葛	紧凑	318	108	0	0	2.4	3	0	0	3	5	105
		尉氏	紧凑	305	105	0	0	2.0	3	0.7	0	3	3	107
		平均	紧凑	300	104	0.3	1.0	11.8	5	3.0	0	5	7	101
2	伟玉618	鹤壁	半紧凑	230	75	0.2	2.0	3.0	1	0	0	1	3	96
		济源	半紧凑	240	83	0	0	1.8	3	0	0	1	5	107
		灵宝	半紧凑	288	118	0	0	1.5	1	0	0.5	1	1	97
		漯河	紧凑	249	79	0	0	0	1	0	0	1	5	99
		南阳	半紧凑	253	82	0	0	0	3	0	0	3	3	93
		内黄	紧凑	252	94	1.9	0	11.1	5	0.3	0.6	1	5	102
		商丘	紧凑	260	85	0	0	0	3	0.7	0	3	3	101
		原阳	紧凑	232	82	0	0	7.8	3	0	0	3	5	104
		西平	半紧凑	262	79	0	0	0	1	0	0	3	3	96
		新郑	半紧凑	256	76	0	0	3.4	3	0.8	0	3	7	106
		长葛	半紧凑	257	89	0	0	6.5	3	0	0	3	5	102
		尉氏	紧凑	247	98	0	0	1.0	3	0.1	0	3	5	107
		平均	半紧凑	252	87	0.2	0.2	11.1	5	0.8	0.6	3	7	101

续表 5-7

编号	品种	试点	株型	株高/cm	穗位高/cm	倒折率/%	倒伏率/%	茎腐病/级	小斑病/级	穗腐病/级	瘤黑粉病/级	弯孢叶斑病/级	锈病/级	生育期/d
3	北科15	鹤壁	紧凑	220	70	0	0	0	1	0	0	1	3	99
		济源	半紧凑	244	89	0	0	0	3	0	0	1	5	107
		灵宝	半紧凑	271	108	0	0	0	1	0	0	1	1	100
		漯河	紧凑	242	81	0	0	0	1	0	0	1	5	95
		南阳	半紧凑	258	99	3.0	0	0	3	0	0	5	3	94
		内黄	紧凑	260	101	0.7	0	3.0	5	0.1	0	1	7	101
		商丘	半紧凑	268	109	0	1.2	0	3	0	0	5	5	102
		原阳	紧凑	224	76	0	0	0	3	0	0	3	3	104
		西平	紧凑	261	97	0	0	0	1	0.1	0	1	5	96
		新郑	半紧凑	255	95	0	0	2.3	3	0.3	0	3	7	105
		长葛	紧凑	258	98	0	0	2.2	3	0	0	5	5	104
		尉氏	半紧凑	267	109	0	0	2.0	3	0.5	0	3	5	106
		平均	紧凑	252	94	0.3	0.1	3.0	5	0.5	0	5	7	101
4	豫单963	鹤壁	紧凑	215	75	0	5.5	0	1	0	0	1	5	96
		济源	紧凑	230	91	0	0	2.6	3	0	0	1	7	107
		灵宝	紧凑	280	127	0	0	3.3	1	0	0.5	1	1	96
		漯河	紧凑	258	97	0	5.0	0	1	0	0	1	7	98
		南阳	半紧凑	252	91	0	10.0	0	5	0	0	3	7	90
		内黄	紧凑	249	102	3.0	0	15.8	5	0.1	0.3	1	7	98
		商丘	紧凑	256	100	0	4.3	3.4	5	0.3	0	3	7	99
		原阳	紧凑	236	82	0	0	3.5	3	0	0	3	3	103
		西平	紧凑	235	80	0	0	0	1	0.3	0	3	5	95
		新郑	半紧凑	257	112	0	0	10.8	3	1.2	0	3	7	105
		长葛	半紧凑	252	91	0	0	11.7	3	0	0	3	7	101
		尉氏	半紧凑	235	95	0	0	10.0	3	0.2	0	3	7	104
		平均	紧凑	246	95	0.2	2.1	15.8	5	1.2	0.5	3	7	99

续表 5-7

编号	品种	试点	株型	株高/cm	穗位高/cm	倒折率/%	倒伏率/%	茎腐病/级	小斑病/级	穗腐病/级	瘤黑粉病/级	弯孢叶斑病/级	锈病/级	生育期/d
5	渭玉321	鹤壁	紧凑	245	70	0.2	4.0	10.0	1	0	0	1	5	96
		济源	半紧凑	255	89	0	0	7.4	1	0	0	1	7	107
		灵宝	紧凑	300	114	1.5	0	10.2	3	0	0	1	1	96
		漯河	紧凑	283	86	0	0	0	1	0	0	1	5	99
		南阳	平展	265	88	0	12.0	3.0	3	6.0	0	1	3	90
		内黄	紧凑	270	95	1.2	0	17.0	5	0.3	0.3	1	7	98
		商丘	半紧凑	269	87	0	3.8	2.4	3	1.5	0	3	7	99
		原阳	半紧凑	245	80	0	0	10.2	5	3.0	0	5	7	104
		西平	半紧凑	275	107	0	0	0	1	0.2	0	1	3	96
		新郑	半紧凑	261	82	0	0	4.5	3	0.6	0	3	7	106
		长葛	半紧凑	263	92	0	0	17.3	3	0	0	5	7	102
		尉氏	半紧凑	264	97	0	0	10.0	3	0.8	0	3	5	105
		平均	半紧凑	266	91	0.2	1.7	17.3	5	6.0	0.3	5	7	100
6	郑单958	鹤壁	紧凑	210	85	0	5.5	15.0	1	0	0	1	5	96
		济源	紧凑	245	96	3.2	0	10.8	5	1.1	0	1	9	107
		灵宝	紧凑	284	125	9.7	0	13.3	3	0	0	1	1	96
		漯河	紧凑	269	88	0	0	8.0	1	0	0	1	9	95
		南阳	半紧凑	244	88	3.0	0	3.0	3	0	0	3	7	91
		内黄	紧凑	247	101	1.8	0	29.3	7	0.1	0	1	7	100
		商丘	半紧凑	257	101	0	5.2	2.8	5	0.5	0	3	7	101
		原阳	紧凑	250	103	0	0	13.5	5	0	0	7	7	104
		西平	紧凑	245	80	0	0	0	1	0.3	0	3	7	94
		新郑	半紧凑	240	100	0	0	12.7	3	1.4	0	3	7	106
		长葛	紧凑	254	94	0	0	38.9	3	0	0	5	7	103
		尉氏	半紧凑	241	123	0	0	20.0	3	1.1	0	3	7	104
		平均	紧凑	249	99	1.5	0.9	38.9	7	1.4	0	7	9	100

表 5-8　2021 年河南省玉米品种生产试验室内考种汇总(4500 株/亩 B 组)

编号	品种	试点	穗长/cm	穗粗/cm	轴色	秃尖长/cm	穗行数/行	行粒数/粒	粒型	粒色	出籽率/%	百粒重/g
1	泓丰5505	鹤壁	16.7	5.4	白	2.0	17.0	34.0	半马齿型	黄	79.8	39.6
		济源	17.0	5.5	白	0.4	18.0	30.1	硬粒型	黄	84.5	37.2
		灵宝	15.5	5.3	白	0.5	17.6	30.7	半马齿型	黄	86.5	26.4
		漯河	16.0	5.4	白	2.8	17.2	28.0	马齿型	黄	82.3	32.8
		南阳	15.1	5.0	白	0.7	17.1	28.5	硬粒型	黄	86.5	28.2
		内黄	18.2	5.2	白	1.0	18.0	28.4	马齿型	黄	87.8	34.8
		商丘	14.9	5.4	白	2.0	18.4	26.4	半马齿型	黄	88.7	30.7
		原阳	15.7	5.5	白	0.5	17.4	29.7	半马齿型	黄	88.4	36.4
		西平	15.7	5.0	白	2.0	18.0	29.3	马齿型	黄	81.5	37.5
		新郑	15.6	5.6	白	0.6	19.0	29.0	半马齿型	黄	80.3	37.5
		长葛	16.8	5.2	白	1.4	17.2	29.8	半马齿型	黄	89.2	32.9
		尉氏	15.1	5.3	白	0.4	17.2	28.5	半马齿型	黄	87.8	33.7
		平均	16.0	5.3	白	1.2	17.7	29.4	半马齿型	黄	85.3	34.0
2	伟玉618	鹤壁	16.9	5.1	粉	3.0	19.0	35.0	马齿型	黄	81.0	38.8
		济源	16.9	5.4	红	0.3	19.2	32.2	半马齿型	黄	85.7	33.7
		灵宝	15.0	4.8	红	1.0	18.4	32.7	马齿型	黄	87.4	22.7
		漯河	16.0	4.9	红	4.0	18.8	22.4	半马齿型	黄	84.6	28.4
		南阳	15.1	4.9	红	1.3	18.6	26.1	马齿型	浅黄	88.2	26.0
		内黄	16.4	5.1	红	0.5	19.3	32.0	马齿型	黄	89.2	27.6
		商丘	15.8	5.0	红	2.0	18.4	29.4	半马齿型	黄	88.9	25.6
		原阳	17.0	5.4	红	0.5	18.2	34.8	马齿型	黄	89.4	31.0
		西平	17.7	5.2	红	0.3	14.7	36.0	马齿型	黄	80.2	40.0
		新郑	16.2	4.8	红	0.3	17.0	36.0	半马齿型	黄	83.5	30.1
		长葛	15.6	5.0	红	1.6	17.6	27.6	半马齿型	黄	89.7	27.0
		尉氏	15.9	5.3	红	1.6	19.6	29.4	半马齿型	黄	89.4	29.5
		平均	16.2	5.1	红	1.4	18.2	31.1	马齿型	黄	86.4	30.0

续表 5-8

编号	品种	试点	穗长/cm	穗粗/cm	轴色	秃尖长/cm	穗行数/行	行粒数/粒	粒型	粒色	出籽率/%	百粒重/g
3	北科15	鹤壁	15.0	5.0	白	2.0	16.0	35.0	马齿型	黄	81.5	38.1
		济源	19.2	5.2	粉	0.1	16.0	35.2	硬粒型	黄	84.9	38.1
		灵宝	14.9	4.8	白	0.5	16.8	31.5	马齿型	黄	87.2	24.7
		漯河	14.0	4.9	白	1.0	16.4	29.4	半马齿型	黄	83.2	31.2
		南阳	13.7	4.8	白	0.1	16.2	28.9	马齿型	黄	88.9	26.4
		内黄	14.5	4.8	白	0.9	16.0	28.3	马齿型	黄	89.1	28.6
		商丘	15.3	5.0	粉	1.5	16.4	29.8	半马齿型	黄	89.7	22.9
		原阳	16.4	5.3	粉	0.3	17.0	34.0	马齿型	黄	90.3	29.8
		西平	14.0	4.7	粉	0.5	16.7	28.3	马齿型	黄	85.0	30.5
		新郑	14.9	5.2	白	0.2	17.5	33.0	半马齿型	黄	73.9	32.6
		长葛	17.6	5.2	粉	2.0	15.6	31.6	半马齿型	黄	89.6	30.4
		尉氏	15.2	5.1	白	0.1	17.4	30.9	半马齿型	黄	88.6	30.0
		平均	15.4	5.0	白	0.8	16.5	31.3	马齿型	黄	86.0	30.3
4	豫单963	鹤壁	17.5	4.6	粉	2.0	18.0	37.0	半马齿型	黄	77.4	31.4
		济源	18.0	4.8	红	0.2	16.2	33.8	硬粒型	黄	86.4	34.8
		灵宝	16.0	4.6	红	2.1	17.0	30.6	半马齿型	黄	84.9	23.7
		漯河	16.8	4.5	红	3.4	16.0	31.0	半马齿型	黄	83.9	22.9
		南阳	17.5	4.5	红	1.1	16.1	34.3	半马齿型	黄	88.7	26.8
		内黄	18.1	4.6	红	1.1	16.6	34.3	半马齿型	黄	87.2	26.6
		商丘	17.4	4.5	红	2.0	16.0	31.9	半马齿型	橙红	87.3	22.3
		原阳	17.7	4.5	红	0.5	16.4	33.9	半马齿型	黄	85.6	25.4
		西平	16.0	4.7	红	0	16.7	31.7	马齿型	黄	85.8	35.5
		新郑	18.2	4.9	红	1.2	15.0	35.0	半马齿型	黄	72.0	27.7
		长葛	18.8	4.4	红	2.0	15.2	35.4	硬粒型	黄	85.0	26.6
		尉氏	17.8	4.6	红	1.1	16.0	33.6	半马齿型	黄	86.9	27.8
		平均	17.5	4.6	红	1.4	16.3	33.5	半马齿型	黄	84.3	27.6

续表 5-8

编号	品种	试点	穗长/cm	穗粗/cm	轴色	秃尖长/cm	穗行数/行	行粒数/粒	粒型	粒色	出籽率/%	百粒重/g
5	渭玉321	鹤壁	16.4	5.1	红	3.5	18.0	32.0	半马齿型	黄	79.5	39.5
		济源	17.1	5.0	红	0.3	17.2	30.7	硬粒型	黄	84.7	35.2
		灵宝	13.7	4.8	红	2.2	17.8	27.9	半马齿型	黄	84.9	22.7
		漯河	16.0	5.0	红	4.8	17.6	26.0	半马齿型	黄	81.2	29.9
		南阳	14.6	4.8	红	1.3	17.6	29.1	半马齿型	黄	83.3	23.9
		内黄	17.7	5.0	红	1.7	18.5	29.5	半马齿型	黄	86.4	29.5
		商丘	18.2	4.9	红	2.5	17.2	32.4	半马齿型	黄	88.3	24.4
		原阳	15.9	5.2	红	1.5	19.2	27.6	半马齿型	橙红	87.8	30.0
		西平	16.7	4.7	红	0.7	16.7	31.0	马齿型	黄	84.2	33.0
		新郑	15.4	5.0	红	0.7	19.5	31.0	半马齿型	黄	81.2	31.7
		长葛	16.4	5.2	红	2.4	16.0	28.2	半马齿型	黄	87.5	31.3
		尉氏	17.4	5.2	红	2.0	18.0	31.5	半马齿型	黄	88.1	30.2
		平均	16.3	5.0	红	2.0	17.8	29.7	半马齿型	黄	84.8	30.1
6	郑单958	鹤壁	15.7	4.7	白	2.0	16.0	35.0	半马齿型	黄	80.3	37.6
		济源	17.2	5.0	白	0.4	14.6	32.0	半马齿型	黄	85.5	32.3
		灵宝	14.9	4.8	白	0.4	15.4	33.4	半马齿型	黄	87.5	25.3
		漯河	15.4	4.7	白	2.3	15.2	32.0	半马齿型	黄	82.3	25.9
		南阳	15.2	4.6	白	0.6	15.0	29.5	半马齿型	黄	87.0	22.7
		内黄	16.2	4.9	白	0.6	16.7	32.1	马齿型	黄	87.6	39.7
		商丘	15.8	4.8	白	2.0	14.8	31.0	半马齿型	黄	88.2	21.5
		原阳	16.9	5.2	白	0.3	16.0	34.1	马齿型	黄	88.8	26.8
		西平	16.3	4.5	白	0	14.7	35.0	半马齿型	黄	84.2	30.5
		新郑	17.8	5.0	白	0.1	15.0	37.0	半马齿型	黄	77.4	29.0
		长葛	15.0	5.2	白	2.0	16.4	30.6	半马齿型	黄	88.6	24.6
		尉氏	15.9	4.9	白	0.2	15.2	33.5	半马齿型	黄	89.4	26.2
		平均	16.0	4.9	白	0.9	15.4	32.9	半马齿型	黄	85.6	28.5

表 5-9 2021 年河南省玉米品种生产试验产量结果汇总(4500 株/亩 C 组)

试点	品种(编号)								
	中良玉 999(1)			LN116(2)			裕隆 1 号(3)		
	亩产/kg	比 CK/(±%)	位次	亩产/kg	比 CK/(±%)	位次	亩产/kg	比 CK/(±%)	位次
鹤壁	437.7	10.0	2	416.2	4.6	5	425.2	6.9	3
济源	558.5	7.3	4	567.8	9.1	2	578.2	11.1	1
灵宝	535.7	9.1	2	532.4	8.4	3	521.5	6.2	5
漯河	574.6	23.7	3	596.3	28.3	1	578.5	24.5	2
南阳	567.7	16.3	1	540.1	10.6	2	515.3	5.6	3
内黄	512.8	18.5	1	442.2	2.2	5	447.1	3.3	4
商丘	498.0	10.4	2	446.0	-1.2	7	511.3	13.3	1
原阳	417.2	8.1	5	462.2	19.7	1	443.6	14.9	2
西平	425.0	9.6	4	415.7	7.2	5	399.3	2.9	6
新郑	642.6	10.4	3	634.0	8.9	5	656.7	12.8	1
长葛	491.9	13.8	1	461.0	6.6	2	437.6	1.2	6
尉氏	510.8	-1.0	7	582.3	12.9	1	566.4	9.8	3
平均	514.4	11.2	1	508.0	9.8	2	506.7	9.6	3

试点	品种(编号)								
	SN288(4)			梦玉 309(5)			恒丰玉 666(6)		
	亩产/kg	比 CK/(±%)	位次	亩产/kg	比 CK/(±%)	位次	亩产/kg	比 CK/(±%)	位次
鹤壁	421.6	6.0	4	444.4	11.7	1	329.5	-17.2	7
济源	547.2	5.2	5	565.9	8.8	3	537.6	3.3	6
灵宝	522.8	6.5	4	520.5	6.0	6	538.0	9.5	1
漯河	531.8	14.5	4	513.0	10.4	5	491.3	5.7	6
南阳	484.7	-0.7	6	489.8	0.3	4	484.1	-0.9	7
内黄	489.2	13.0	2	462.7	6.9	3	426.8	-1.4	7
商丘	475.4	5.3	4	478.4	6.0	3	461.1	2.2	5
原阳	429.3	11.2	3	417.7	8.2	4	351.8	-8.8	7
西平	461.8	19.1	1	450.7	16.2	2	431.7	11.3	3
新郑	653.0	12.2	2	636.3	9.3	4	611.1	5.0	6
长葛	445.2	3.0	5	452.7	4.7	4	458.8	6.1	3
尉氏	570.0	10.5	2	525.4	1.9	4	515.2	-0.1	6
平均	502.7	8.7	4	496.5	7.3	5	469.8	1.6	6

续表 5-9

试点	品种(编号)			
	郑单 958(7)			
	亩产/kg	位次		
鹤壁	397.9	6		
济源	520.4	7		
灵宝	491.1	7		
漯河	464.7	7		
南阳	488.2	5		
内黄	432.8	6		
商丘	451.2	6		
原阳	386.0	6		
西平	387.9	7		
新郑	582.0	7		
长葛	432.5	7		
尉氏	515.8	5		
平均	462.5	7		

表 5-10 2021 年河南省玉米品种生产试验田间性状汇总(4500 株/亩 C 组)

编号	品种	试点	株型	株高/cm	穗位高/cm	倒折率/%	倒伏率/%	茎腐病/级	小斑病/级	穗腐病/级	瘤黑粉病/级	弯孢叶斑病/级	锈病/级	生育期/d
1	中良玉 999	鹤壁	紧凑	245	70	0.7	4.5	1.0	1	0	0	1	1	99
		济源	半紧凑	273	103	1.0	0	0	3	0	0	1	5	107
		灵宝	半紧凑	301	108	0	0	1.5	1	2.5	0	1	1	98
		漯河	紧凑	307	86	0	0	0	1	0	0	1	5	99
		南阳	平展	285	89	0	0	0	3	3.0	0	1	5	93
		内黄	半紧凑	287	92	1.4	0	11.4	5	0.2	1.2	1	7	101
		商丘	紧凑	302	105	0	0	0	3	1.5	0	3	5	101
		原阳	半紧凑	282	84	0	0	5.6	5	3.0	0	7	5	104
		西平	紧凑	276	68	0	0	0	1	0.1	0	3	5	96
		新郑	半紧凑	265	75	0	0	5.3	3	0.8	0	3	7	105
		长葛	半紧凑	282	82	0	0	0.7	3	0	0	3	7	104
		尉氏	半紧凑	260	97	10.0	3.0	2.0	3	0.6	0	3	7	104
		平均	半紧凑	280	88	1.1	0.6	11.4	5	3.0	1.2	7	7	101

续表 5-10

编号	品种	试点	株型	株高/cm	穗位高/cm	倒折率/%	倒伏率/%	茎腐病/级	小斑病/级	穗腐病/级	瘤黑粉病/级	弯孢叶斑病/级	锈病/级	生育期/d
		鹤壁	紧凑	235	80	0.6	2.5	13.0	1	0	0	1	5	96
		济源	半紧凑	270	90	0	0	11.0	3	0	0	1	7	106
		灵宝	紧凑	295	105	2.0	0	6.7	3	0	0	1	1	98
		漯河	紧凑	291	81	0	0	6.0	1	0	0	1	7	99
		南阳	平展	291	91	0	0	8.0	5	1.0	0	1	5	91
		内黄	半紧凑	288	101	1.5	0	29.0	7	0.2	0	1	7	99
2	LN116	商丘	半紧凑	303	98	0	0	3.4	5	0.2	0	3	7	99
		原阳	紧凑	272	88	0	0	4.2	3	0	0	3	5	103
		西平	半紧凑	292	82	0	0	0	1	0	0	1	5	93
		新郑	半紧凑	240	95	0	0	12.3	3	1.3	0	3	7	105
		长葛	半紧凑	292	88	0	0	8.8	3	0	0	3	7	101
		尉氏	半紧凑	285	108	0	0	5.0	3	0.2	0	3	9	103
		平均	半紧凑	280	92	0.3	0.2	29.0	7	1.3	0	3	9	99
		鹤壁	紧凑	245	75	0	3.5	0	1	0	0	1	1	98
		济源	半紧凑	285	107	0	0	1.1	1	0	0	1	3	108
		灵宝	半紧凑	302	118	0	0	0.5	1	1.7	0	1	1	100
		漯河	紧凑	291	96	0	0	0	1	0	0	1	3	100
		南阳	平展	295	100	0	0	0	1	2.0	0	1	3	93
		内黄	半紧凑	295	113	1.0	2.9	9.7	5	0.1	0	1	5	103
3	裕隆1号	商丘	半紧凑	309	121	0	2.4	0	3	0.2	0	3	1	102
		原阳	紧凑	260	92	0	0	0	3	0	0	3	3	104
		西平	紧凑	302	102	0	0	0	1	0	0	1	5	96
		新郑	半紧凑	292	109	0	0	3.2	3	0.2	0	3	5	106
		长葛	半紧凑	283	96	0	0	1.4	3	0	0	3	3	106
		尉氏	半紧凑	280	95	10.0	5.0	1.0	3	0	0	3	5	106
		平均	半紧凑	287	102	0.9	1.2	9.7	5	2.0	0	3	5	102

续表 5-10

编号	品种	试点	株型	株高/cm	穗位高/cm	倒折率/%	倒伏率/%	茎腐病/级	小斑病/级	穗腐病/级	瘤黑粉病/级	弯孢叶斑病/级	锈病/级	生育期/d
4	SN288	鹤壁	半紧凑	215	65	0	6.0	5.0	1	0	0	1	3	96
		济源	紧凑	264	101	0	0	12.9	3	0	0	1	7	106
		灵宝	紧凑	304	120	0	0	3.5	3	0	0	1	1	98
		漯河	紧凑	267	94	0	5.0	0	1	0	0	1	5	96
		南阳	平展	272	96	0	5.0	12.0	5	0	0	3	3	91
		内黄	半紧凑	278	107	3.5	0	10.0	7	0.1	0	1	7	100
		商丘	半紧凑	267	95	0	3.2	4.0	3	0	0	3	5	100
		原阳	紧凑	252	91	0	0	7.8	3	3.0	0	3	7	104
		西平	紧凑	275	91	0	0	0	1	0.2	0	3	5	96
		新郑	半紧凑	302	93	0	0	2.4	3	0.4	0	3	5	106
		长葛	半紧凑	275	91	0	0	36.2	3	0	0	3	7	101
		尉氏	半紧凑	290	112	0	0	1.0	5	0.7	0	3	7	104
		平均	半紧凑	272	96	0.3	1.6	36.2	7	3.0	0	3	7	100
5	梦玉309	鹤壁	半紧凑	235	60	2.7	0	8.0	1	0	0	1	5	95
		济源	紧凑	253	87	0.8	0	8.2	3	0	0	1	7	106
		灵宝	紧凑	290	120	0	0	7.3	3	0	0	1	1	97
		漯河	紧凑	266	75	0	0	0	1	0	0	1	5	96
		南阳	平展	280	95	0	5.0	7.0	5	6.0	0	3	5	89
		内黄	半紧凑	268	90	1.2	0	23.5	5	0.2	0	1	7	99
		商丘	紧凑	267	89	0	0	3.8	3	0	0	3	5	99
		原阳	半紧凑	252	82	0	0	0	5	3.0	0	5	5	103
		西平	半紧凑	283	85	0	0	0	1	0	0	1	5	94
		新郑	半紧凑	280	82	0	0	2.1	3	0.5	0	3	7	106
		长葛	半紧凑	272	81	0	0	37.6	3	0	0	3	7	101
		尉氏	半紧凑	255	95	0	0	10.0	3	0.2	0	3	7	105
		平均	半紧凑	267	87	0.4	0.4	37.6	5	6.0	0	5	7	99

续表 5-10

编号	品种	试点	株型	株高/cm	穗位高/cm	倒折率/%	倒伏率/%	茎腐病/级	小斑病/级	穗腐病/级	瘤黑粉病/级	弯孢叶斑病/级	锈病/级	生育期/d
6	恒丰玉666	鹤壁	半紧凑	245	70	6.6	2.5	10.0	1	0	0	1	5	96
		济源	半紧凑	296	96	0	0	6.8	3	0	0	1	7	106
		灵宝	紧凑	330	132	0	0	1.5	1	0	0	1	1	99
		漯河	紧凑	293	102	0	0	5.0	1	0	0	1	7	98
		南阳	平展	300	94	10.0	5.0	5.0	3	0	0	3	7	93
		内黄	半紧凑	299	96	0.6	0	13.5	5	0.2	0	1	7	100
		商丘	紧凑	293	95	0	3.8	2.7	5	0	0	3	7	99
		原阳	半紧凑	290	99	0	0	12.4	7	3.0	0	9	7	104
		西平	紧凑	313	112	0	0	0	1	0.2	0	3	7	95
		新郑	半紧凑	300	102	0	0	4.6	3	0.7	0	3	7	106
		长葛	半紧凑	291	87	0	0	24.9	3	0	0	3	7	103
		尉氏	半紧凑	283	95	0	0	2.0	3	0.5	0	3	7	103
		平均	半紧凑	294	98	1.4	0.9	24.9	7	3.0	0	9	7	100
7	郑单958	鹤壁	紧凑	230	85	0.9	3.5	16.0	1	0	0	1	5	96
		济源	紧凑	243	97	9.1	0	14.1	5	0.5	0	1	9	107
		灵宝	紧凑	268	115	16.5	0	13.4	3	0	0	1	1	96
		漯河	紧凑	268	98	30.0	0	10.0	1	0	0	1	7	95
		南阳	半紧凑	254	84	0	7.0	3.0	3	0	0	3	7	91
		内黄	半紧凑	255	103	5.0	0	29.7	7	0	0	1	9	102
		商丘	半紧凑	256	100	0	3.6	2.8	7	0.5	0.2	3	9	101
		原阳	紧凑	246	92	0	0	13.6	5	3.0	0	5	7	104
		西平	紧凑	261	105	0	0	0	1	0.5	0	3	7	94
		新郑	半紧凑	242	91	0	0	9.8	3	1.3	0	3	7	106
		长葛	紧凑	254	84	0	0	39.3	3	0	0	5	7	103
		尉氏	半紧凑	245	109	0	0	12.0	3	0.6	0	3	7	104
		平均	紧凑	252	97	5.1	1.2	39.3	7	3.0	0.2	5	9	100

表 5-11　2021 年河南省玉米品种生产试验室内考种汇总(4500 株/亩 C 组)

编号	品种	试点	穗长/cm	穗粗/cm	轴色	秃尖长/cm	穗行数/行	行粒数/粒	粒型	粒色	出籽率/%	百粒重/g
1	中良玉999	鹤壁	16.8	5.1	白	3.0	16.0	34.0	半马齿型	黄	78.6	34.6
		济源	18.3	5.3	白	0.3	15.6	32.8	硬粒型	黄	85.2	37.8
		灵宝	17.9	4.8	白	2.0	15.8	31.2	马齿型	黄	87.1	26.8
		漯河	16.0	4.9	白	3.2	15.6	26.8	半马齿型	黄	83.2	37.6
		南阳	17.7	4.8	白	1.1	15.4	31.4	半马齿型	黄	83.4	29.5
		内黄	16.3	5.7	白	2.0	15.2	26.2	马齿型	黄	87.0	30.7
		商丘	18.1	4.9	白	0.5	15.6	32.4	半马齿型	黄	87.3	29.1
		原阳	17.4	5.2	白	1.7	15.0	30.6	马齿型	黄	87.4	34.0
		西平	16.7	4.8	白	0.3	15.3	30.0	马齿型	浅黄	82.7	32.0
		新郑	16.8	5.2	白	0.4	15.5	32.0	半马齿型	黄	73.5	36.1
		长葛	16.6	5.0	白	5.0	15.6	27.4	半马齿型	黄	90.5	37.7
		尉氏	16.8	5.0	白	1.8	15.0	28.5	半马齿型	黄	87.2	34.2
		平均	17.1	5.1	白	1.8	15.5	30.3	半马齿型	黄	84.4	33.3
2	LN116	鹤壁	17.2	4.5	红	2.0	15.0	34.0	马齿型	黄	76.7	31.6
		济源	18.0	5.0	红	0.2	15.0	34.2	半马齿型	黄	86.8	36.2
		灵宝	17.1	4.4	红	1.2	15.0	31.8	半马齿型	黄	84.9	27.1
		漯河	17.0	4.4	红	3.5	15.2	27.0	半马齿型	黄	85.2	28.6
		南阳	16.5	4.5	紫	0.4	15.7	30.6	马齿型	黄	88.2	25.6
		内黄	17.3	4.3	红	1.1	14.8	29.2	马齿型	黄	84.9	26.8
		商丘	16.6	4.4	红	2.5	15.2	30.2	半马齿型	黄	88.7	25.1
		原阳	17.9	4.9	红	0.5	14.8	31.4	马齿型	黄	85.8	30.1
		西平	17.0	4.5	红	1.2	16.7	34.0	马齿型	黄	80.6	29.0
		新郑	16.7	4.7	红	1.3	15.0	29.0	半马齿型	黄	74.1	31.0
		长葛	16.8	4.4	红	2.2	15.2	27.2	半马齿型	黄	85.1	29.2
		尉氏	16.7	4.6	红	0.9	15.8	32.4	半马齿型	黄	85.5	28.3
		平均	17.1	4.6	红	1.4	15.3	30.9	半马齿型	黄	83.9	29.0

续表 5-11

编号	品种	试点	穗长/cm	穗粗/cm	轴色	秃尖长/cm	穗行数/行	行粒数/粒	粒型	粒色	出籽率/%	百粒重/g
3	裕隆1号	鹤壁	17.2	4.9	粉	1.0	16.0	36.0	马齿型	黄	81.2	38.8
		济源	17.8	5.0	粉	0.1	17.2	33.4	硬粒型	黄	85.2	38.5
		灵宝	16.0	4.5	红	1.1	15.8	32.9	马齿型	黄	87.0	24.1
		漯河	15.0	4.7	粉	0.8	14.8	32.0	半马齿型	黄	81.1	39.9
		南阳	16.9	4.7	红	0.2	15.9	32.6	马齿型	黄	82.5	27.8
		内黄	17.0	4.7	红	1.9	13.3	22.6	半马齿型	黄	85.3	42.4
		商丘	17.0	5.0	红	1.5	14.4	30.2	半马齿型	黄	88.8	29.2
		原阳	16.8	5.2	红	0.3	15.8	31.6	马齿型	黄	89.2	33.4
		西平	15.0	4.3	红	0.2	14.7	26.7	马齿型	橙红	78.8	35.0
		新郑	16.5	4.8	红	0.3	15.5	31.0	半马齿型	黄	81.4	36.1
		长葛	15.8	4.4	红	2.4	14.0	22.8	半马齿型	黄	87.5	33.4
		尉氏	16.1	5.1	红	0.2	17.0	26.1	半马齿型	黄	87.0	35.0
		平均	16.4	4.8	红	0.8	15.4	29.8	半马齿型	黄	84.6	34.5
4	SN288	鹤壁	15.2	4.7	红	2.0	15.0	30.0	马齿型	黄	79.6	35.9
		济源	16.9	4.9	红	0.1	14.8	34.6	半马齿型	黄	86.5	34.5
		灵宝	14.0	4.6	红	0.3	15.8	33.4	马齿型	黄	86.3	24.6
		漯河	14.0	4.7	红	2.3	15.6	30.6	马齿型	黄	84.3	30.5
		南阳	14.8	4.5	紫	0.3	16.6	29.6	马齿型	浅黄	83.0	24.3
		内黄	15.2	4.5	红	0.6	16.0	27.7	马齿型	黄	88.1	27.9
		商丘	14.6	4.6	红	1.0	16.8	27.2	半马齿型	黄	87.2	24.7
		原阳	14.7	4.9	红	0.3	16.4	30.4	马齿型	黄	88.4	26.0
		西平	14.7	4.3	红	0.3	16.0	30.7	马齿型	黄	84.6	31.5
		新郑	14.6	4.7	红	0.2	15.0	28.0	半马齿型	黄	85.1	33.7
		长葛	15.2	4.8	红	0.4	15.6	28.2	马齿型	黄	87.7	28.4
		尉氏	15.7	4.7	红	0.3	16.0	32.6	半马齿型	黄	87.5	28.6
		平均	15.0	4.7	红	0.7	15.8	30.2	马齿型	黄	85.7	29.2

续表 5-11

编号	品种	试点	穗长/cm	穗粗/cm	轴色	秃尖长/cm	穗行数/行	行粒数/粒	粒型	粒色	出籽率/%	百粒重/g
5	梦玉309	鹤壁	17.6	4.8	粉	2.0	15.0	40.0	半马齿型	黄	81.6	39.1
		济源	17.2	5.0	红	0.3	16.4	32.1	硬粒型	黄	86.3	37.6
		灵宝	16.8	4.7	红	1.0	15.6	34.7	半马齿型	黄	85.2	23.5
		漯河	15.0	4.4	红	3.0	16.0	25.8	半马齿型	黄	81.8	27.0
		南阳	17.1	4.5	红	0.6	15.1	35.1	马齿型	黄	84.4	25.1
		内黄	17.8	4.6	红	0.9	14.4	30.1	马齿型	黄	86.8	38.9
		商丘	16.8	4.6	红	2.0	15.2	32.2	半马齿型	黄	88.4	24.9
		原阳	16.2	5.0	红	1.0	15.2	30.2	马齿型	黄	88.3	32.6
		西平	15.3	4.3	红	1.2	16.0	28.7	马齿型	黄	82.3	24.0
		新郑	16.1	4.8	红	0.2	15.3	31.0	半马齿型	黄	84.5	32.3
		长葛	16.6	4.6	红	1.6	15.2	29.2	半马齿型	黄	86.9	28.5
		尉氏	17.8	4.7	红	0.9	16.0	34.8	半马齿型	黄	86.5	28.7
		平均	16.7	4.7	红	1.2	15.5	32.0	半马齿型	黄	85.2	30.2
6	恒丰玉666	鹤壁	16.1	4.7	红	2.0	16.0	29.0	马齿型	黄	83.5	30.0
		济源	17.0	4.8	红	0.5	16.2	32.4	半马齿型	黄	86.9	35.1
		灵宝	16.0	4.6	红	0.4	15.6	32.6	马齿型	黄	86.5	26.5
		漯河	16.6	4.4	红	2.1	15.6	31.4	半马齿型	黄	81.1	24.6
		南阳	16.1	4.5	紫	0.6	15.6	30.1	马齿型	橙红	86.8	27.1
		内黄	16.4	4.4	红	1.3	16.1	26.3	马齿型	黄	86.8	29.1
		商丘	16.7	4.4	红	1.5	15.6	31.4	半马齿型	黄	90.5	24.0
		原阳	16.1	4.9	红	0.7	16.2	29.7	马齿型	黄	87.9	30.5
		西平	16.0	4.3	红	1.3	17.3	29.7	马齿型	黄	83.5	30.0
		新郑	16.5	4.8	红	0.3	15.0	37.0	半马齿型	黄	81.9	31.9
		长葛	16.4	4.6	红	1.2	16.0	30.2	半马齿型	黄	88.5	26.8
		尉氏	16.7	4.8	红	0.5	16.6	31.0	半马齿型	黄	88.0	28.0
		平均	16.4	4.6	红	1.0	16.0	30.9	马齿型	黄	86.0	28.6

续表 5-11

编号	品种	试点	穗长/cm	穗粗/cm	轴色	秃尖长/cm	穗行数/行	行粒数/粒	粒型	粒色	出籽率/%	百粒重/g
7	郑单958	鹤壁	15.3	4.7	白	1.0	14.0	33.0	半马齿型	黄	80.9	32.4
		济源	17.3	4.9	白	0.5	14.6	32.0	半马齿型	黄	84.8	32.4
		灵宝	14.8	4.8	白	0.3	15.2	34.4	半马齿型	黄	87.9	24.7
		漯河	15.0	4.6	白	3.0	15.2	30.2	半马齿型	黄	83.7	24.1
		南阳	15.2	4.7	白	0.7	15.2	30.3	半马齿型	黄	86.0	23.2
		内黄	16.2	4.8	白	1.1	16.0	33.3	马齿型	黄	87.5	24.8
		商丘	16.2	4.7	白	0.8	14.4	34.6	半马齿型	黄	88.1	22.4
		原阳	15.7	4.8	白	1.3	15.2	33.8	马齿型	黄	88.3	25.2
		西平	13.0	4.9	白	0	16.0	27.3	半马齿型	黄	87.1	27.5
		新郑	16.1	5.0	白	0.2	15.6	37.0	半马齿型	黄	78.3	26.3
		长葛	16.3	4.9	白	0.8	15.2	28.2	半马齿型	黄	88.9	30.1
		尉氏	16.5	4.9	白	0.5	16.8	35.3	半马齿型	黄	87.7	25.1
		平均	15.6	4.8	白	0.9	15.3	32.5	半马齿型	黄	85.8	26.5

表 5-12　2021 年河南省玉米品种生产试验产量结果汇总(5000 株/亩 A 组)

试点	品种(编号)								
	伟科 9138(1)			开玉 6 号(2)			囤玉 330(3)		
	亩产/kg	比 CK/(±%)	位次	亩产/kg	比 CK/(±%)	位次	亩产/kg	比 CK/(±%)	位次
泌阳	666.7	7.1	2	631.0	1.3	4	666.2	7.0	3
鹤壁	505.8	19.0	1	494.5	16.4	2	491.8	15.7	3
杞县	620.8	3.6	1	605.9	1.1	3	576.0	-3.9	6
南乐	565.6	19.3	1	562.0	18.5	2	524.2	10.6	3
南阳	540.9	14.8	2	547.6	16.3	1	528.3	12.2	3
平顶山	576.9	0.6	4	600.7	4.7	3	617.8	7.7	1
荥阳	626.1	19.2	1	590.1	12.3	2	562.2	7.0	4
睢县	541.1	19.3	1	511.3	12.7	2	463.2	2.1	4
温县	577.6	10.8	1	548.9	5.3	4	570.8	9.5	2
原阳	569.0	13.2	1	557.0	10.8	2	488.2	-2.8	6
长葛	554.1	19.5	1	496.8	7.2	2	489.66	5.6	3
平均	576.8	12.7	1	558.7	9.1	2	543.5	6.1	3

续表 5-12

试点	郑玉 821(4)			郑单 958(5)		中选 896(6)		
	亩产/kg	比 CK/(±%)	位次	亩产/kg	位次	亩产/kg	比 CK/(±%)	位次
泌阳	669.4	7.5	1	622.7	5	611.6	-1.8	6
鹤壁	475.4	11.9	4	425.0	5	344.6	-18.9	6
杞县	610.0	1.8	2	599.5	5	604.7	0.9	4
南乐	509.7	7.5	4	474.2	6	488.5	3.0	5
南阳	490.9	4.2	4	470.9	5	428.0	-9.1	6
平顶山	605.3	5.5	2	573.6	5	566.2	-1.3	6
荥阳	563.1	7.2	3	525.3	6	531.3	1.1	5
睢县	477.1	5.2	3	453.7	5	451.9	-0.4	6
温县	558.8	7.2	3	521.3	5	508.3	-2.5	6
原阳	519.2	3.3	4	502.4	5	523.9	4.3	3
长葛	485.1	4.7	4	463.5	5	402.2	-13.2	6
平均	542.2	5.9	4	512.0	5	496.5	-3.0	6

表 5-13　2021 年河南省玉米品种生产试验田间性状汇总(5000 株/亩 A 组)

编号	品种	试点	株型	株高/cm	穗位高/cm	倒折率/%	倒伏率/%	茎腐病/级	小斑病/级	穗腐病/级	瘤黑粉病/级	弯孢叶斑病/级	锈病/级	生育期/d
1	伟科 9138	泌阳	紧凑	254	91	0	0	0	5	0	1.2	3	1	105
		鹤壁	紧凑	230	75	1.0	0	8.0	1	0	0	1	3	98
		杞县	半紧凑	260	110	0	0	0	1	0	0	1	1	112
		南乐	半紧凑	266	114	0	0	9.0	5	0.2	0	5	5	93
		南阳	半紧凑	267	105	0	0	0	5	0	0	5	7	93
		平顶山	紧凑	266	82	0	0	0	3	0	0	3	3	101
		荥阳	紧凑	264	89	0	0	2.0	1	0	1.3	3	3	99
		睢县	紧凑	257	102	0	0	0.5	5	0.1	0	1	3	98
		温县	半紧凑	274	90	0.2	0	7.6	3	0	0	3	3	100
		原阳	紧凑	256	105	3.3	0	6.7	1	0.6	0	1	5	108
		长葛	半紧凑	278	95	0	0	1.9	3	0	0	3	5	103
		平均	紧凑	261	96	0.4	0	9.0	5	0.6	1.3	5	7	101

续表 5-13

编号	品种	试点	株型	株高/cm	穗位高/cm	倒折率/%	倒伏率/%	茎腐病/级	小斑病/级	穗腐病/级	瘤黑粉病/级	弯孢叶斑病/级	锈病/级	生育期/d
2	开玉6号	泌阳	紧凑	277	102	0	0	14.3	3	0	0	3	7	105
		鹤壁	半紧凑	250	75	4.8	5.0	15.0	1	0	0	1	5	97
		杞县	半紧凑	275	100	0	0	0	1	0	0	1	1	109
		南乐	半紧凑	303	94	0	2.1	26.6	5	0	0	7	7	95
		南阳	紧凑	293	92	0	0	0	3	2.0	0	5	5	91
		平顶山	紧凑	299	102	0	0	1.0	3	0.6	0	3	3	103
		荥阳	紧凑	285	91	2.0	0	15.0	3	0	0.7	3	7	99
		睢县	紧凑	267	102	0	0	0.5	3	0.6	0	1	5	97
		温县	紧凑	288	110	0.1	0	9.6	3	0.1	0	3	5	99
		原阳	紧凑	271	94	0	0	0.3	1	0.2	0	1	7	108
		长葛	紧凑	281	97	0	0	4.8	3	0	0	3	5	103
		平均	紧凑	281	96	0.6	0.6	26.6	5	2.0	0.7	7	7	101
3	囤玉330	泌阳	紧凑	260	109	0	0	2.4	3	0	0	3	5	105
		鹤壁	半紧凑	225	70	1.3	2.0	10.0	1	0	0	1	5	97
		杞县	半紧凑	257	115	0	0	0	1	0	0	1	1	107
		南乐	半紧凑	268	112	0	0.4	15.4	3	0.6	0	3	7	93
		南阳	平展	264	109	0	5.0	0	3	0	0	3	7	89
		平顶山	紧凑	261	83	0	0	0	3	0.7	0	3	3	100
		荥阳	半紧凑	240	89	0	0	8.0	1	0.6	0	3	5	98
		睢县	半紧凑	245	110	0	0	4.5	5	0.3	0	3	7	94
		温县	半紧凑	260	96	0.1	0	8.3	3	0.1	0	3	5	99
		原阳	紧凑	231	98	3.3	0	3.3	1	0.2	0	1	9	107
		长葛	半紧凑	242	81	0	0	36.2	3	0	0	3	7	99
		平均	半紧凑	250	97	0.4	0.7	36.2	5	0.7	0	3	9	99
4	郑玉821	泌阳	紧凑	268	106	0	0	1.2	3	0	0	3	5	105
		鹤壁	紧凑	210	70	0.8	23.0	13.0	1	0	0	1	5	96
		杞县	半紧凑	266	112	0	0	0	1	0	0	1	1	108
		南乐	紧凑	285	99	0	0	13.4	5	0	0	5	7	95
		南阳	紧凑	262	99	0	5.0	0	3	0	0	1	5	91

续表 5-13

编号	品种	试点	株型	株高/cm	穗位高/cm	倒折率/%	倒伏率/%	茎腐病/级	小斑病/级	穗腐病/级	瘤黑粉病/级	弯孢叶斑病/级	锈病/级	生育期/d
4	郑玉821	平顶山	紧凑	249	90	0	0	0	1	0.2	0	3	3	102
		荥阳	紧凑	267	89	0	0	2.0	1	0	0	3	3	99
		睢县	紧凑	266	112	0.1	1.4	0.3	5	0.5	0	3	5	95
		温县	紧凑	264	108	0	0	9.2	3	0	0	3	5	100
		原阳	紧凑	244	92	0	0	0	1	0	0	1	7	106
		长葛	紧凑	255	88	0	0	33.8	3	0	0	3	7	101
		平均	紧凑	258	97	0.1	2.7	33.8	5	0.5	0	5	7	100
5	郑单958	泌阳	紧凑	254	102	2.4	27.0	7.2	3	0	0	3	7	105
		鹤壁	紧凑	230	85	0.3	0	12.0	1	0	0	1	5	96
		杞县	紧凑	235	95	0	0	0	1	0	0	1	1	108
		南乐	半紧凑	265	104	0	1.1	15.8	3	0.9	0	7	7	95
		南阳	半紧凑	258	96	0	7.0	3.0	3	0	0	1	9	91
		平顶山	紧凑	267	104	0	0	2.0	3	0.4	0	3	5	100
		荥阳	半紧凑	255	90	15.0	0	25.0	1	1.3	0	3	7	99
		睢县	紧凑	250	103	0	0	2.7	3	0.5	0	3	7	95
		温县	紧凑	254	106	0.2	0.1	10.2	3	0	0	3	7	99
		原阳	紧凑	243	103	6.7	0	13.5	1	1.2	0	1	9	107
		长葛	紧凑	249	86	0	0	38.9	3	0	0	5	7	102
		平均	紧凑	251	98	2.2	3.2	38.9	3	1.3	0	7	9	100
6	中选896	泌阳	紧凑	275	102	0	0	0.6	3	0	0	3	5	105
		鹤壁	紧凑	260	85	2.6	0	25.0	1	0	0	1	7	98
		杞县	半紧凑	280	105	0	0	0	1	0	0	1	1	111
		南乐	半紧凑	300	108	0	4.6	11.7	3	0	0	5	5	94
		南阳	平展	291	108	0	10.0	3.0	3	5.0	0	1	7	91
		平顶山	紧凑	297	103	0	0	0	3	0.5	0	3	3	100
		荥阳	半紧凑	293	100	0	0	10.0	3	0	0	3	5	99
		睢县	紧凑	268	100	0	0	1.8	5	0.5	0	3	7	95
		温县	半紧凑	278	102	0	0	11.2	3	0.1	0	3	7	100
		原阳	紧凑	292	107	0	0	0	1	0	0	3	7	107
		长葛	半紧凑	287	97	0	0	34.0	3	0	0	3	7	100
		平均	紧凑	284	102	0.2	1.3	34.0	5	5.0	0	5	7	100

表 5-14　2021 年河南省玉米品种生产试验室内考种汇总(5000 株/亩 A 组)

编号	品种	试点	穗长/cm	穗粗/cm	轴色	秃尖长/cm	穗行数/行	行粒数/粒	粒型	粒色	出籽率/%	百粒重/g
1	伟科9138	泌阳	16.1	5.2	红	2.7	17.3	31.0	半马齿型	黄	77.7	30.9
		鹤壁	16.3	5.0	红	2.0	17.0	28.0	马齿型	黄	82.9	30.6
		杞县	16.1	4.7	红	1.0	18.0	34.5	马齿型	黄	89.0	24.7
		南乐	15.5	4.7	红	2.3	15.5	32.2	半马齿型	黄	88.5	26.6
		南阳	16.2	4.9	红	1.6	18.4	29.8	马齿型	浅黄	85.3	26.4
		平顶山	15.6	5.0	红	1.2	16.8	36.7	半马齿型	黄	89.1	25.3
		荥阳	15.6	5.0	红	2.0	16.0	28.0	半马齿型	黄	88.1	27.3
		睢县	14.6	4.8	红	1.2	18.2	29.3	马齿型	黄	88.8	29.0
		温县	18.5	5.3	红	2.5	17.4	32.5	半马齿型	黄	83.5	30.3
		原阳	18.6	4.5	红	1.2	15.6	37.6	马齿型	黄	87.7	35.8
		长葛	17.0	5.2	红	1.4	18.0	34.0	半马齿型	黄	89.5	30.0
		平均	16.4	4.9	红	1.7	17.1	32.1	半马齿型	黄	86.4	28.8
2	开玉6号	泌阳	18.6	4.8	白	0.6	18.0	32.0	硬粒型	黄	78.4	31.6
		鹤壁	15.7	4.5	白	2.0	14.0	25.0	硬粒型	黄	80.5	37.4
		杞县	15.4	4.4	白	1.0	17.0	32.0	硬粒型	黄	88.4	24.2
		南乐	16.8	4.5	白	0.5	15.0	33.5	半马齿型	黄	89.1	27.6
		南阳	16.6	4.6	白	0.3	15.7	29.0	硬粒型	黄	88.6	26.1
		平顶山	17.6	4.8	白	0.1	16.5	33.3	硬粒型	黄	84.4	27.1
		荥阳	16.4	4.5	白	0	14.7	31.2	半马齿型	橙红	86.5	27.2
		睢县	16.5	4.4	白	0.5	15.4	30.0	半马齿型	黄	88.3	28.0
		温县	18.9	5.2	白	0	16.6	33.4	半马齿型	浅黄	83.8	33.1
		原阳	18.8	4.5	粉	0.4	14.0	38.4	马齿型	黄	85.5	34.4
		长葛	16.6	4.8	白	0.8	15.6	27.8	半马齿型	黄	89.4	32.5
		平均	17.1	4.6	白	0.6	15.7	31.4	硬粒型	黄	85.7	29.9
3	囤玉330	泌阳	16.5	4.6	白	2.6	14.0	34.0	马齿型	黄	78.5	31.5
		鹤壁	14.8	4.7	白	1.0	13.0	34.0	半马齿型	黄	80.7	40.4
		杞县	13.9	4.5	白	1.5	16.0	33.5	半马齿型	黄	89.2	21.9
		南乐	15.9	4.8	白	2.8	15.2	30.8	半马齿型	黄	90.1	25.6
		南阳	14.6	4.8	白	0.4	15.2	28.6	半马齿型	黄	90.4	26.6
		平顶山	15.3	4.6	白	0.4	14.4	32.4	半马齿型	黄	88.2	26.7

续表 5-14

编号	品种	试点	穗长/cm	穗粗/cm	轴色	秃尖长/cm	穗行数/行	行粒数/粒	粒型	粒色	出籽率/%	百粒重/g
3	囤玉330	荥阳	14.9	4.8	白	0.5	15.3	32.5	半马齿型	黄	86.8	24.7
		睢县	13.8	4.4	白	0.7	15.0	30.8	半马齿型	黄	89.0	24.0
		温县	16.7	5.0	白	0.3	15.2	33.7	马齿型	黄	85.8	25.6
		原阳	15.8	4.1	粉	0.2	16.0	24.8	马齿型	黄	85.2	33.9
		长葛	15.2	4.8	白	1.0	15.6	33.6	半马齿型	黄	91.6	31.5
		平均	15.2	4.6	白	1.0	15.0	31.7	半马齿型	黄	86.9	28.4
4	郑玉821	泌阳	18.5	4.6	白	0	16.0	33.0	半马齿型	黄	73.3	32.4
		鹤壁	15.5	4.5	白	1.0	16.0	30.0	半马齿型	黄	80.7	34.7
		杞县	15.9	4.3	白	0	16.0	33.5	马齿型	黄	89.7	24.7
		南乐	14.5	4.8	白	2.1	17.6	26.8	半马齿型	黄	88.9	23.5
		南阳	15.1	4.6	白	0.3	14.9	32.3	半马齿型	黄	88.2	24.4
		平顶山	15.7	4.6	白	0.1	14.4	33.4	半马齿型	黄	88.2	26.4
		荥阳	15.0	4.5	白	0	15.3	33.3	半马齿型	黄	87.0	24.8
		睢县	16.3	4.3	白	0.6	14.4	30.5	半马齿型	黄	89.0	26.0
		温县	18.2	4.9	白	0.7	15.2	35.9	半马齿型	浅黄	84.5	26.5
		原阳	16.9	5.1	粉	1.3	14.8	32.2	马齿型	黄	86.6	36.2
		长葛	14.2	4.6	白	2.0	14.0	26.6	半马齿型	黄	91.1	28.2
		平均	16.0	4.6	白	0.7	15.3	31.6	半马齿型	黄	86.1	28.0
5	郑单958	泌阳	16.3	4.9	白	0.5	15.3	32.0	半马齿型	黄	78.2	34.2
		鹤壁	15.1	4.6	白	1.0	14.0	33.0	马齿型	黄	77.3	30.0
		杞县	15.6	4.5	白	0.5	16.0	35.5	半马齿型	黄	87.4	19.5
		南乐	15.1	4.5	白	1.5	15.4	31.6	半马齿型	黄	88.3	24.2
		南阳	15.1	4.6	白	0.5	15.2	29.6	半马齿型	黄	85.9	22.5
		平顶山	15.3	4.8	白	0.2	15.6	34.6	半马齿型	黄	84.9	25.6
		荥阳	15.2	4.8	白	0	16.0	30.6	半马齿型	黄	86.1	24.6
		睢县	15.4	4.4	白	0.5	15.0	34.8	半马齿型	黄	88.5	25.5
		温县	17.2	4.9	白	1.2	14.8	33.2	半马齿型	浅黄	80.6	25.2
		原阳	17.1	4.4	白	5.1	0.1	34.2	马齿型	黄	88.6	34.2
		长葛	17.6	5.0	白	1.0	14.4	36.4	半马齿型	黄	89.1	30.7
		平均	15.9	4.7	白	1.1	13.8	33.2	半马齿型	黄	85.0	26.9

续表 5-14

编号	品种	试点	穗长/cm	穗粗/cm	轴色	秃尖长/cm	穗行数/行	行粒数/粒	粒型	粒色	出籽率/%	百粒重/g
6	中选896	泌阳	16.1	4.8	红	2.0	16.0	32.0	硬粒型	黄	79.6	32.6
		鹤壁	14.9	4.9	粉	2.0	18.0	27.0	半马齿型	黄	77.4	31.4
		杞县	15.3	4.3	红	2.0	16.0	35.5	硬粒型	黄	85.1	18.0
		南乐	14.6	4.5	红	0.7	15.6	30.2	半马齿型	黄	85.8	21.3
		南阳	14.5	4.4	红	0.7	17.0	28.9	半马齿型	黄	84.9	20.7
		平顶山	14.7	4.6	红	0.2	16.9	31.5	半马齿型	黄	83.5	23.4
		荥阳	14.8	4.8	红	1.0	16.0	29.8	半马齿型	黄	85.9	21.8
		睢县	15.5	4.4	红	1.1	17.6	31.1	半马齿型	黄	85.4	22.0
		温县	17.6	4.8	红	0.8	17.2	35.2	马齿型	黄	81.4	20.6
		原阳	15.6	4.5	红	0.3	15.2	34.8	马齿型	黄	85.8	34.2
		长葛	17.6	5.4	红	1.6	15.6	34.6	半马齿型	黄	87.3	20.1
		平均	15.6	4.7	红	1.1	16.5	31.9	半马齿型	黄	83.8	24.2

表 5-15　2021 年河南省玉米品种生产试验产量结果汇总(5000 株/亩 B 组)

试点	品种(编号)								
	郑原玉 886(1)			雅玉 622(2)			隆平 115(3)		
	亩产/kg	比 CK/(±%)	位次	亩产/kg	比 CK/(±%)	位次	亩产/kg	比 CK/(±%)	位次
泌阳	750.9	13.3	1	691.8	4.4	3	667.6	0.7	5
鹤壁	491.4	18.0	2	409.6	-1.6	5	424.2	1.9	3
杞县	632.0	4.6	1	606.2	0.3	4	616.9	2.1	2
南乐	526.2	12.7	4	546.3	17.0	2	555.0	18.9	1
南阳	562.6	13.6	1	560.2	13.1	2	494.0	-0.2	5
平顶山	596.5	3.4	2	580.7	0.7	4	603.8	4.7	1
荥阳	632.5	19.8	1	615.2	16.5	2	600.7	13.7	3
睢县	481.7	9.7	3	495.1	12.8	1	486.4	10.8	2
温县	578.6	10.5	1	536.7	2.5	4	530.9	1.4	5
原阳	543.1	12.7	1	464.4	-3.6	6	525.2	9.0	2
长葛	517.66	15.9	2	532.27	19.2	1	501.11	12.2	3
平均	573.9	11.9	1	549.0	7.0	2	546.0	6.5	3

续表 5-15

试点	品种(编号)							
	晟单 182(4)			农科玉 168(5)			郑单 958(6)	
	亩产/kg	比 CK/(±%)	位次	亩产/kg	比 CK/(±%)	位次	亩产/kg	位次
泌阳	703.7	6.1	2	683.3	3.1	4	663.0	6
鹤壁	492.4	18.2	1	379.4	-8.9	6	416.5	4
杞县	590.8	-2.2	6	612.1	1.3	3	604.2	5
南乐	537.2	15.1	3	504.7	8.1	5	467.0	6
南阳	522.9	5.6	3	481.9	-2.7	6	495.3	4
平顶山	590.9	2.5	3	570.9	-1.0	6	576.7	5
荥阳	555.5	5.2	5	576.4	9.2	4	528.1	6
睢县	455.8	3.9	4	441.9	0.7	5	438.9	6
温县	556.6	6.3	3	567.6	8.4	2	523.6	6
原阳	499.1	3.6	4	507.9	5.4	3	481.8	5
长葛	474.16	6.1	5	476.15	6.6	4	446.73	6
平均	543.6	6.0	4	527.5	2.8	5	512.9	6

表 5-16　2021 年河南省玉米品种生产试验田间性状汇总(5000 株/亩 B 组)

编号	品种	试点	株型	株高/cm	穗位高/cm	倒折率/%	倒伏率/%	茎腐病/级	小斑病/级	穗腐病/级	瘤黑粉病/级	弯孢叶斑病/级	锈病/级	生育期/d
1	郑原玉 886	泌阳	紧凑	252	96	0	0	0	1	0	0	1	3	105
		鹤壁	半紧凑	220	75	0	0	0	1	0	0	1	1	97
		杞县	半紧凑	259	108	0	0	0	1	0	0	1	1	107
		南乐	半紧凑	292	96	0	0	22.8	5	0.4	0	7	7	93
		南阳	平展	268	87	0	0	5.0	5	1.0	0	5	5	92
		平顶山	紧凑	273	94	0	0	12.0	3	0.7	0	3	3	99
		荥阳	紧凑	274	90	0	0	2.0	1	0	0	1	3	99
		睢县	紧凑	245	91	0	0	3.5	5	0.5	0	1	3	97
		温县	半紧凑	274	92	0.2	0	9.2	3	0	0	3	5	99
		原阳	半紧凑	255	103	0	0	0	1	0	0	1	7	106
		长葛	半紧凑	271	93	0	0	1.4	3	0	0	3	7	99
		平均	半紧凑	262	93	0	0	22.8	5	1.0	0	7	7	99

续表 5-16

编号	品种	试点	株型	株高/cm	穗位高/cm	倒折率/%	倒伏率/%	茎腐病/级	小斑病/级	穗腐病/级	瘤黑粉病/级	弯孢叶斑病/级	锈病/级	生育期/d
2	雅玉622	泌阳	紧凑	224	87	0	0	0	3	0	0	1	7	105
		鹤壁	半紧凑	240	70	3.1	0	5.0	1	0	0	1	3	97
		杞县	半紧凑	249	90	0	0	0	1	0	0	1	1	105
		南乐	半紧凑	286	99	0	0.4	19.7	3	0.3	0	5	7	95
		南阳	平展	287	93	0	0	2.0	3	3.0	0	5	5	91
		平顶山	紧凑	272	89	0	0	0	3	0.6	0	3	3	100
		荥阳	半紧凑	275	95	0	0	12.0	1	1.3	0.6	1	7	98
		睢县	紧凑	260	97	0	0	0	5	0.5	0	3	5	96
		温县	半紧凑	263	90	0	0	13.2	3	0	0	3	7	99
		原阳	紧凑	242	102	0.2	0	2.2	1	0	0	1	7	108
		长葛	半紧凑	274	85	0	0	1.4	3	0	0	3	5	99
		平均	半紧凑	261	91	0.3	0	19.7	5	3.0	0.6	5	7	99
3	隆平115	泌阳	紧凑	253	86	0	0	0	3	0	0	3	5	105
		鹤壁	紧凑	245	70	1.2	0	5.0	1	0	0	1	5	96
		杞县	半紧凑	270	115	0	0	0	1	0	0	1	1	107
		南乐	半紧凑	280	88	0	0	14.7	3	0.2	0	3	7	95
		南阳	平展	284	86	5.0	15.0	5.0	5	2.0	0	1	7	92
		平顶山	紧凑	283	86	0	0	0	3	0.3	0	3	3	99
		荥阳	紧凑	280	92	0	0	8.0	1	0	0	1	5	98
		睢县	紧凑	261	96	0	0	4.4	5	0.6	0	3	5	95
		温县	半紧凑	283	108	0.3	0	15.2	3	0.1	0	3	7	99
		原阳	半紧凑	276	101	0.7	0	3.3	1	0.2	0	1	5	106
		长葛	半紧凑	284	96	0	0	36.0	3	0	0	3	7	99
		平均	紧凑	273	93	0.7	1.4	36.0	5	2.0	0	3	7	99
4	晟单182	泌阳	紧凑	254	96	0	0	0	3	0	0	1	1	105
		鹤壁	紧凑	215	70	0	0	0	1	0	0	1	5	96
		杞县	半紧凑	252	96	0	0	0	1	0	0	1	1	106
		南乐	半紧凑	270	100	0	0.4	30.1	5	0.1	0	5	5	93
		南阳	半紧凑	261	84	0	0	2.0	3	1.0	0	3	5	92

续表 5-16

编号	品种	试点	株型	株高/cm	穗位高/cm	倒折率/%	倒伏率/%	茎腐病/级	小斑病/级	穗腐病/级	瘤黑粉病/级	弯孢叶斑病/级	锈病/级	生育期/d
4	晟单182	平顶山	紧凑	258	82	0	0	0	3	0.2	0	1	3	100
		荥阳	紧凑	260	84	0	0	12.0	1	0	0	1	5	99
		睢县	紧凑	233	87	0	0	1.0	5	1.8	0.7	3	5	96
		温县	紧凑	249	90	0	0	8.6	3	0.2	0	3	5	98
		原阳	紧凑	227	93	0	0	0	1	0	0	1	5	107
		长葛	紧凑	247	82	0	0	1.7	3	0	0	3	7	100
		平均	紧凑	248	88	0	0	30.1	5	1.8	0.7	5	7	99
5	农科玉168	泌阳	紧凑	253	102	0	0	0	3	0	0	3	5	105
		鹤壁	紧凑	245	65	2.6	0	3.0	1	0	0	1	3	99
		杞县	半紧凑	252	91	0	0	0	1	0	0	1	1	109
		南乐	半紧凑	284	100	0	1.1	17.3	3	0.9	0	5	5	94
		南阳	半紧凑	256	87	0	0	0	5	3.0	0	3	5	93
		平顶山	紧凑	271	99	0	0	3.0	3	0.5	0	3	3	98
		荥阳	紧凑	262	80	0	0	15.0	1	2.6	1.3	1	7	100
		睢县	紧凑	246	87	0	0	0	3	0.8	0	3	5	98
		温县	紧凑	271	93	0	0	7.5	3	0.1	0	3	3	100
		原阳	紧凑	248	89	0.7	0	4.7	1	0	0	1	7	108
		长葛	紧凑	261	83	0	0	1.9	3	0	0	3	5	103
		平均	紧凑	259	89	0.3	0.1	17.3	5	3.0	1.3	5	7	101
6	郑单958	泌阳	紧凑	255	104	0	0	0	3	0	0	3	7	105
		鹤壁	紧凑	225	75	0	15.0	16.0	1	0	0	1	5	95
		杞县	半紧凑	236	97	0	0	0	1	0	0	1	1	108
		南乐	半紧凑	275	105	0	0.7	29.6	5	0.8	0	5	5	95
		南阳	半紧凑	246	93	0	0	2.0	3	0	0	1	7	92
		平顶山	紧凑	254	108	0	0	0	3	0.4	0	5	5	99
		荥阳	半紧凑	255	90	15.0	0	25.0	1	1.3	0.6	1	7	99
		睢县	紧凑	243	102	0	0	2.4	3	0.5	0	3	7	95
		温县	紧凑	252	102	0.2	0.1	8.5	3	0.1	0	3	7	99
		原阳	紧凑	253	102	0	0	4.7	1	0.2	0	1	9	107
		长葛	紧凑	246	83	0	0	38.4	3	0	0	5	7	102
		平均	紧凑	249	96	1.4	1.4	38.4	5	1.3	0.6	5	9	100

表 5-17　2021 年河南省玉米品种生产试验室内考种汇总(5000 株/亩 B 组)

编号	品种	试点	穗长/cm	穗粗/cm	轴色	秃尖长/cm	穗行数/行	行粒数/粒	粒型	粒色	出籽率/%	百粒重/g
1	郑原玉886	泌阳	17.5	4.3	红	1.5	16.0	33.0	半马齿型	黄	79.8	33.6
		鹤壁	15.8	4.5	粉	2.0	13.0	31.0	半马齿型	黄	83.7	38.4
		杞县	16.4	4.2	红	0	16.0	31.0	马齿型	黄	89.1	28.5
		南乐	15.5	4.4	红	0.5	17.5	30.3	半马齿型	黄	88.7	28.8
		南阳	16.7	4.5	红	0.4	16.1	31.0	马齿型	黄	88.1	26.5
		平顶山	16.1	4.3	红	0.3	15.7	32.0	马齿型	黄	85.8	24.2
		荥阳	16.4	4.4	粉	0	14.0	39.1	半马齿型	黄	87.6	27.2
		睢县	15.7	4.2	红	0.3	15.0	30.4	半马齿型	黄	89.2	30.3
		温县	18.2	4.8	红	0.3	17.2	33.5	半马齿型	黄	82.6	31.1
		原阳	17.1	4.8	红	0.3	15.6	38.4	马齿型	黄	88.7	36.4
		长葛	14.8	4.6	红	2.2	14.0	26.6	半马齿型	黄	88.8	35.6
		平均	16.4	4.5	红	0.7	15.5	32.4	半马齿型	黄	86.6	31.0
2	雅玉622	泌阳	20.0	5.0	红	1.0	12.6	32.0	马齿型	黄	79.1	32.4
		鹤壁	16.8	4.8	粉	2.0	14.0	38.0	半马齿型	黄	76.3	39.0
		杞县	16.6	4.2	粉	1.0	14.0	32.0	半马齿型	黄	83.7	21.9
		南乐	16.8	4.5	粉	1.9	15.4	33.8	半马齿型	黄	84.5	23.9
		南阳	16.5	4.6	红	0.6	14.5	32.8	硬粒型	黄	85.6	25.1
		平顶山	17.1	4.6	红	0.4	16.8	34.3	马齿型	黄	80.5	27.4
		荥阳	17.2	4.8	粉	0	13.3	36.3	半马齿型	黄	86.5	25.1
		睢县	16.0	4.4	粉	0.9	14.4	33.9	半马齿型	黄	84.5	29.5
		温县	19.8	4.7	红	0.2	14.6	36.1	半马齿型	黄	80.4	23.7
		原阳	16.6	4.8	红	0.1	16.4	29.6	马齿型	黄	88.2	35.6
		长葛	18.2	4.8	红	1.4	13.2	35.2	半马齿型	黄	87.1	33.7
		平均	17.4	4.7	红	0.9	14.5	34.0	半马齿型	黄	83.3	28.8
3	隆平115	泌阳	18.0	4.6	红	0.5	15.3	31.0	半马齿型	黄	78.6	31.7
		鹤壁	15.4	4.6	粉	3.0	14.0	30.0	半马齿型	黄	84.2	32.8
		杞县	16.1	4.3	红	1.0	14.0	34.5	半马齿型	黄	86.4	25.7
		南乐	16.7	4.3	红	2.2	16.2	33.8	半马齿型	黄	88.6	24.5
		南阳	16.1	4.4	紫	0.7	14.8	29.5	马齿型	黄	86.0	27.3
		平顶山	15.3	4.4	红	0.4	14.8	27.7	马齿型	黄	84.5	29.1

续表 5-17

编号	品种	试点	穗长/cm	穗粗/cm	轴色	秃尖长/cm	穗行数/行	行粒数/粒	粒型	粒色	出籽率/%	百粒重/g
3	隆平115	荥阳	16.4	4.4	红	0.5	13.3	31.6	半马齿型	黄	87.1	26.5
		睢县	15.3	4.3	红	0.6	14.6	32.3	半马齿型	黄	88.4	30.4
		温县	19.8	4.8	红	0.6	15.2	35.6	半马齿型	黄	81.2	29.4
		原阳	18.6	5.2	红	0.4	19.2	36.8	马齿型	黄	86.4	35.7
		长葛	15.8	4.6	红	2.0	15.2	26.6	半马齿型	黄	85.2	27.7
		平均	16.7	4.5	红	1.1	15.1	31.8	半马齿型	黄	85.1	29.2
4	晟单182	泌阳	17.3	5.0	红	1.0	16.0	31.0	马齿型	黄	79.6	35.4
		鹤壁	14.6	4.9	粉	1.0	16.0	36.0	马齿型	黄	81.8	39.3
		杞县	14.5	4.2	红	1.0	16.0	33.5	马齿型	黄	85.9	19.1
		南乐	15.1	4.5	紫	1.1	16.2	33.5	半马齿型	黄	86.9	22.4
		南阳	15.8	4.7	红	0.3	16.3	32.8	马齿型	浅黄	88.1	24.1
		平顶山	15.9	4.5	红	0.3	15.2	29.5	马齿型	黄	84.5	25.5
		荥阳	15.0	4.7	红	0.5	16.0	35.0	半马齿型	黄	87.6	24.7
		睢县	15.0	4.4	红	0.3	15.6	34.1	半马齿型	黄	88.5	28.2
		温县	17.3	4.9	红	1.1	17.0	34.5	马齿型	黄	81.1	24.2
		原阳	16.2	4.7	红	0.5	17.6	31.2	马齿型	黄	85.7	35.3
		长葛	14.4	4.8	红	0.8	14.0	28.8	半马齿型	黄	89.4	28.2
		平均	15.6	4.7	红	0.7	16.0	32.7	马齿型	黄	85.4	27.9
5	农科玉168	泌阳	18.0	5.2	红	0.5	16.0	32.0	半马齿型	黄	73.3	34.2
		鹤壁	15.1	5.0	粉	2.0	15.0	34.0	马齿型	黄	75.8	37.9
		杞县	15.1	4.9	粉	1.5	18.0	32.0	半马齿型	黄	85.7	22.5
		南乐	15.6	4.8	粉	2.0	16.7	30.1	半马齿型	黄	86.9	25.5
		南阳	15.3	4.8	红	1.5	17.1	27.8	马齿型	黄	84.1	21.5
		平顶山	15.6	4.8	红	0.3	15.6	32.2	马齿型	黄	81.1	25.3
		荥阳	16.6	4.8	粉	1.5	14.0	28.8	半马齿型	黄	84.3	28.1
		睢县	15.1	4.6	红	1.1	16.4	30.6	半马齿型	黄	85.0	28.3
		温县	18.6	5.4	粉	0.5	18.2	35.2	马齿型	黄	80.5	24.8
		原阳	17.1	4.5	红	0.2	14.8	32.8	马齿型	黄	86.4	34.7
		长葛	16.2	5.2	粉	3.0	17.2	28.0	半马齿型	黄	87.0	28.3
		平均	16.2	4.9	粉	1.3	16.3	31.2	半马齿型	黄	82.7	28.3

续表 5-17

编号	品种	试点	穗长/cm	穗粗/cm	轴色	秃尖长/cm	穗行数/行	行粒数/粒	粒型	粒色	出籽率/%	百粒重/g
6	郑单958	泌阳	16.5	4.9	白	0.3	15.3	32.0	半马齿型	黄	79.4	33.4
		鹤壁	14.2	4.6	白	2.0	14.0	34.0	半马齿型	黄	83.2	33.5
		杞县	15.7	4.5	白	0.5	16.0	35.5	半马齿型	黄	87.2	20.7
		南乐	16.1	4.5	白	2.1	15.6	34.2	半马齿型	黄	86.7	21.9
		南阳	14.9	4.6	白	0.6	15.0	29.1	半马齿型	黄	86.2	22.7
		平顶山	16.4	4.6	白	0.2	14.1	36.4	马齿型	黄	82.6	25.4
		荥阳	15.2	4.6	白	0	16.0	33.3	半马齿型	黄	87.5	24.6
		睢县	15.0	4.3	白	0.6	15.6	32.2	半马齿型	黄	88.2	26.0
		温县	17.2	4.9	白	1.2	14.8	33.2	半马齿型	黄	80.6	25.3
		原阳	17.1	4.4	白	5.1	0.1	34.2	马齿型	黄	88.6	34.2
		长葛	17.0	4.8	白	0.8	15.6	33.6	半马齿型	黄	89.0	30.1
		平均	15.9	4.6	白	1.2	13.8	33.4	半马齿型	黄	85.4	27.1

表 5-18　2021 年河南省玉米品种生产试验产量结果汇总(5000 株/亩 C 组)

试点	品种(编号)								
	先玉 1879(1)			百科玉 189(2)			沐玉 105(3)		
	亩产/kg	比 CK/(±%)	位次	亩产/kg	比 CK/(±%)	位次	亩产/kg	比 CK/(±%)	位次
泌阳	686.1	3.3	5	713.4	7.4	2	701.4	5.6	3
鹤壁	395.3	17.5	1	387.6	15.2	2	369.5	9.8	3
杞县	608.5	3.0	3	618.5	4.7	2	620.9	5.1	1
南乐	553.1	17.6	1	513.6	9.2	3	540.3	14.9	2
南阳	537.3	11.3	3	552.3	14.4	2	488.4	1.1	4
平顶山	601.8	4.2	1	597.4	3.4	2	548.2	−5.1	6
荥阳	627.8	16.1	1	605.9	12.0	2	559.3	3.4	4
睢县	539.5	19.5	1	473.4	4.9	2	454.7	0.7	3
温县	569.8	8.5	3	578.8	10.2	1	576.1	9.7	2
原阳	603.2	5.6	2	559.0	−2.1	4	608.0	6.5	1
长葛	548.22	16.0	1	453.68	−4.0	4	493.75	4.5	2
平均	570.1	10.3	1	550.3	6.5	2	541.9	4.9	3

续表 5-18

试点	品种(编号)							
	邵单 979(4)			郑单 958(5)		利合 878(6)		
	亩产/kg	比 CK/(±%)	位次	亩产/kg	位次	亩产/kg	比 CK/(±%)	位次
泌阳	713.9	7.5	1	664.4	6	692.1	4.2	4
鹤壁	285.5	-15.1	6	336.4	5	357.1	6.2	4
杞县	597.9	1.2	4	590.8	5	574.2	-2.8	6
南乐	502.5	6.9	4	470.3	6	492.8	4.8	5
南阳	560.8	16.1	1	482.9	5	478.4	-0.9	6
平顶山	594.0	2.8	3	577.8	4	560.9	-2.9	5
荥阳	541.7	0.2	5	540.8	6	577.7	6.8	3
睢县	433.9	-3.9	6	451.3	4	443.0	-1.8	5
温县	552.5	5.2	4	525.2	5	496.3	-5.5	6
原阳	592.0	3.7	3	571.1	6	463.3	-18.9	5
长葛	424.47	-10.2	5	472.62	3	404.16	-14.5	6
平均	527.2	2.0	4	516.7	5	503.6	-2.5	6

表 5-19　2021 年河南省玉米品种生产试验田间性状汇总(5000 株/亩 C 组)

编号	品种	试点	株型	株高/cm	穗位高/cm	倒折率/%	倒伏率/%	茎腐病/级	小斑病/级	穗腐病/级	瘤黑粉病/级	弯孢叶斑病/级	锈病/级	生育期/d
1	先玉 1879	泌阳	紧凑	279	89	0	1.0	1.2	3	0	0	3	5	105
		鹤壁	半紧凑	215	70	0	0	8.0	1	0	0	1	3	96
		杞县	半紧凑	251	80	0	0	0	1	0	0	1	1	109
		南乐	半紧凑	282	90	0	0	14.7	3	0.2	0	5	7	95
		南阳	平展	276	89	0	0	2.0	3	0	0	3	3	92
		平顶山	半紧凑	271	84	0	0	0	3	0.5	0	3	3	98
		荥阳	紧凑	274	79	0	0	8.0	1	0	2.3	1	5	99
		睢县	半紧凑	255	84	0	0	0.9	5	0.4	0	1	3	98
		温县	半紧凑	288	97	0.1	0	5.6	3	0	0	3	5	100
		原阳	紧凑	257	92	0.2	0	2.2	1	0.2	0	1	5	106
		长葛	半紧凑	274	82	0	0	1.4	3	0	0	3	7	102
		平均	半紧凑	266	85	0	0.1	14.7	5	0.5	2.3	5	7	100

续表 5-19

编号	品种	试点	株型	株高/cm	穗位高/cm	倒折率/%	倒伏率/%	茎腐病/级	小斑病/级	穗腐病/级	瘤黑粉病/级	弯孢叶斑病/级	锈病/级	生育期/d
2	百科玉189	泌阳	紧凑	280	103	2.1	19.7	0	5	0	0	3	5	105
		鹤壁	紧凑	250	75	2.4	15.0	15.0	1	0	0	1	5	97
		杞县	平展	294	121	0	0	0	1	0	0	1	1	107
		南乐	半紧凑	314	94	0	0	17.5	5	0.7	0	7	5	94
		南阳	平展	293	91	3.0	5.0	5.0	3	0	0	1	3	91
		平顶山	半紧凑	309	104	2.0	4.0	0	3	0.3	0	3	3	101
		荥阳	半紧凑	305	98	0	0	15.0	1	0	0	1	7	98
		睢县	紧凑	282	100	0	0	3.6	5	0.6	0	3	5	95
		温县	半紧凑	317	123	0.2	0	4.5	3	0.1	0	3	5	100
		原阳	紧凑	294	109	2.2	0	2.2	1	0.1	0	1	7	106
		长葛	半紧凑	292	89	0	0	37.4	3	0	0	3	7	99
		平均	半紧凑	294	101	1.1	4.0	37.4	5	0.7	0	7	7	99
3	沐玉105	泌阳	紧凑	242	89	0	2.3	1.7	3	0	0	3	7	105
		鹤壁	紧凑	225	70	9.0	12.0	25.0	1	0	0	1	5	95
		杞县	紧凑	242	92	0	0	0	1	0	0	1	1	105
		南乐	半紧凑	270	103	0	0.7	13.3	3	0.9	0	3	7	95
		南阳	半紧凑	246	79	0	0	0	3	2.0	0	1	7	89
		平顶山	紧凑	246	78	0	0	0	3	0.4	0	3	5	98
		荥阳	半紧凑	240	78	0	0	10.0	1	0	1.6	1	7	98
		睢县	紧凑	230	84	0	0	0	5	0.8	0	3	7	95
		温县	紧凑	258	83	0	0	6.2	3	0	0	3	5	98
		原阳	紧凑	230	95	0	0	0	1	0	0	1	5	107
		长葛	半紧凑	252	92	0	0	24.7	3	0	0	3	7	102
		平均	紧凑	244	86	0.8	1.4	25.0	5	2.0	1.6	3	7	99
4	邵单979	泌阳	紧凑	280	97	0	1.4	1.2	3	0	0	3	7	105
		鹤壁	半紧凑	235	70	0.9	7.0	10.0	1	0	0	1	5	93
		杞县	半紧凑	292	102	0	0	0	1	0	0	1	1	105
		南乐	半紧凑	300	96	0	1.1	33.6	3	0.2	0	5	5	93
		南阳	平展	285	91	0	20.0	4.0	3	0	0	1	9	89

续表 5-19

编号	品种	试点	株型	株高/cm	穗位高/cm	倒折率/%	倒伏率/%	茎腐病/级	小斑病/级	穗腐病/级	瘤黑粉病/级	弯孢叶斑病/级	锈病/级	生育期/d
4	邵单979	平顶山	紧凑	296	96	0	0	0	3	0.5	0	1	5	99
		荥阳	半紧凑	280	85	0	0	20.0	1	0	0	1	7	97
		睢县	紧凑	260	93	0	0	3.4	5	0.5	0	3	7	93
		温县	半紧凑	283	101	0.2	0	6.5	3	0	0	3	5	98
		原阳	紧凑	282	105	0	0	0	1	0	0	1	9	106
		长葛	半紧凑	283	92	0	0	38.8	3	0	0	3	9	99
		平均	半紧凑	280	93	0.1	2.7	38.8	5	0.5	0	5	9	98
5	郑单958	泌阳	紧凑	267	102	3.2	23.4	8.6	5	0	0	3	7	106
		鹤壁	紧凑	230	85	0.1	20.0	10.0	1	0	0	1	5	96
		杞县	半紧凑	255	96	0	0	0	1	0	0	1	1	108
		南乐	半紧凑	274	110	0	1.1	31.0	5	1.3	0	5	7	95
		南阳	半紧凑	251	92	0	15.0	4.0	3	0	0	3	7	91
		平顶山	紧凑	256	97	0	0	0	3	0.4	0	3	5	99
		荥阳	半紧凑	255	85	18.0	0	23.0	1	0	0	1	9	99
		睢县	紧凑	245	105	0	0	1.8	5	0.5	0	3	7	95
		温县	紧凑	252	95	0.1	0	8.5	3	0.1	0	3	7	99
		原阳	紧凑	251	112	0	0	6.7	1	4.7	0	1	9	107
		长葛	紧凑	251	95	0	0	39.3	3	0	0	5	7	102
		平均	紧凑	253	98	1.9	5.4	39.3	5	4.7	0	5	9	100
6	利合878	泌阳	紧凑	290	131	0	1.2	1.2	3	0	1.2	3	5	105
		鹤壁	紧凑	230	85	0.9	5.0	17.0	1	0	0	1	5	96
		杞县	平展	251	108	0	0	0	1	0	0	1	1	106
		南乐	半紧凑	301	121	0	0.4	26.7	5	1.3	0	5	5	94
		南阳	平展	289	96	0	0	5.0	5	0	0	3	7	89
		平顶山	紧凑	272	102	0	0	1.0	3	0.6	0	3	3	99
		荥阳	半紧凑	280	104	0	0	17.0	1	1.3	0	1	7	99
		睢县	紧凑	262	106	0	0	1.9	7	1.1	0	3	5	94
		温县	半紧凑	276	112	0	0	9.3	3	0.1	0	3	7	98
		原阳	紧凑	245	107	6.7	0	6.7	1	0.1	0	1	9	107
		长葛	半紧凑	277	100	0	0	38.8	3	0	0	3	9	99
		平均	紧凑	270	107	0.7	0.6	38.8	7	1.3	1.2	5	9	99

表 5-20　2021 年河南省玉米品种生产试验室内考种汇总(5000 株/亩 C 组)

编号	品种	试点	穗长/cm	穗粗/cm	轴色	秃尖长/cm	穗行数/行	行粒数/粒	粒型	粒色	出籽率/%	百粒重/g
1	先玉1879	泌阳	16.3	4.7	红	2.1	18.0	30.0	半马齿型	黄	79.9	29.4
		鹤壁	16.4	4.7	粉	1.0	16.0	33.0	半马齿型	黄	80.8	32.1
		杞县	15.6	4.5	红	1.0	18.0	34.5	马齿型	黄	86.8	20.9
		南乐	15.8	4.7	红	0.6	18.0	35.2	半马齿型	黄	90.4	25.9
		南阳	15.0	4.7	红	0.4	16.2	30.3	半马齿型	浅黄	87.8	25.6
		平顶山	15.8	4.9	红	0.4	14.5	33.4	半马齿型	黄	83.3	27.7
		荥阳	17.6	4.8	红	0	16.0	37.2	半马齿型	黄	89.0	23.9
		睢县	14.8	4.6	红	0.4	17.2	32.0	半马齿型	黄	88.0	28.0
		温县	16.9	5.5	红	0.3	17.8	30.8	半马齿型	黄	83.6	30.8
		原阳	18.2	4.8	红	0.1	14.6	28.4	马齿型	黄	84.6	33.5
		长葛	16.4	4.8	红	1.4	15.2	29.8	半马齿型	黄	88.3	30.8
		平均	16.3	4.8	红	0.7	16.5	32.2	半马齿型	黄	85.7	28.1
2	百科玉189	泌阳	17.5	4.5	红	1.5	15.3	29.0	半马齿型	黄	76.0	35.2
		鹤壁	16.5	4.6	红	1.0	16.0	28.0	马齿型	黄	80.5	36.7
		杞县	15.8	4.2	红	1.0	16.0	32.5	马齿型	黄	87.2	23.6
		南乐	14.8	4.5	红	1.1	17.2	32.3	半马齿型	黄	87.9	27.8
		南阳	16.4	4.6	红	0.3	14.4	32.6	马齿型	黄	86.2	28.5
		平顶山	17.0	4.6	红	0.4	13.7	33.9	半马齿型	黄	83.8	26.3
		荥阳	16.0	4.5	红	0.5	15.3	30.5	半马齿型	黄	87.5	24.3
		睢县	15.2	4.2	红	1.2	14.4	31.7	半马齿型	黄	87.6	27.2
		温县	19.9	4.8	红	2.2	15.6	36.6	马齿型	黄	83.5	28.4
		原阳	16.7	4.6	红	0.2	14.4	34.8	马齿型	黄	87.9	34.8
		长葛	16.6	4.6	红	1.4	13.6	29.0	半马齿型	黄	87.7	28.6
		平均	16.6	4.5	红	1.0	15.1	31.9	半马齿型	黄	85.1	29.2
3	沐玉105	泌阳	13.5	5.3	红	2.3	18.0	32.0	半马齿型	黄	82.0	32.6
		鹤壁	13.4	5.1	红	2.0	18.0	28.0	半马齿型	黄	77.7	32.8
		杞县	15.8	4.9	红	2.5	19.0	30.0	马齿型	黄	83.5	21.6
		南乐	15.7	4.5	粉	0.7	15.2	34.0	半马齿型	黄	89.1	23.3
		南阳	14.7	4.6	红	0.6	14.5	31.4	马齿型	浅黄	85.5	21.3
		平顶山	13.7	5.0	红	0.7	17.6	29.3	马齿型	黄	81.5	25.2

续表 5-20

编号	品种	试点	穗长/cm	穗粗/cm	轴色	秃尖长/cm	穗行数/行	行粒数/粒	粒型	粒色	出籽率/%	百粒重/g
3	沐玉105	荥阳	13.0	5.2	红	1.5	16.7	28.3	半马齿型	黄	86.2	25.5
		睢县	14.5	4.8	红	1.5	18.4	30.0	半马齿型	黄	86.7	24.8
		温县	15.2	5.5	红	0.3	20.4	32.2	马齿型	黄	82.6	24.8
		原阳	14.4	5.3	红	0.8	20.0	30.2	马齿型	黄	86.3	33.7
		长葛	14.0	5.2	红	4.0	18.4	22.0	半马齿型	黄	86.6	27.2
		平均	14.4	5.0	红	1.5	17.8	29.8	半马齿型	黄	84.3	26.6
4	邵单979	泌阳	17.5	4.7	红	0.8	16.0	30.0	半马齿型	黄	85.1	34.5
		鹤壁	14.8	4.2	红	2.5	15.0	35.0	半马齿型	黄	80.3	33.1
		杞县	15.5	4.2	紫	2.0	16.0	33.5	硬粒型	黄	85.1	19.2
		南乐	17.6	4.4	紫	1.2	14.8	35.8	半马齿型	黄	86.3	21.9
		南阳	16.7	4.7	红	0.5	17.0	32.3	马齿型	浅黄	87.9	26.3
		平顶山	14.7	4.7	红	0.3	14.5	31.3	半马齿型	黄	84.2	25.6
		荥阳	15.8	4.4	紫	1.0	15.3	29.6	半马齿型	黄	86.1	21.0
		睢县	14.4	4.2	红	1.1	15.2	30.1	半马齿型	黄	86.9	22.0
		温县	16.6	4.7	红	0.6	15.4	33.4	半马齿型	黄	84.3	25.6
		原阳	15.9	4.5	红	0.3	14.8	31.2	马齿型	黄	86.2	33.6
		长葛	15.6	4.6	红	2.0	15.6	28.4	半马齿型	黄	86.7	23.9
		平均	15.9	4.5	红	1.1	15.4	31.9	半马齿型	黄	85.4	26.1
5	郑单958	泌阳	16	4.7	白	1.1	16.0	32.0	半马齿型	黄	81.1	32.2
		鹤壁	15.5	4.8	白	1.0	15.0	40.0	半马齿型	黄	79.1	35.6
		杞县	14.7	4.3	白	0.5	14.0	33.0	半马齿型	黄	85.5	19.5
		南乐	14.9	4.5	白	2.0	15.0	31.8	半马齿型	黄	88.3	22.1
		南阳	14.8	4.7	白	0.5	15.2	30.2	半马齿型	黄	87.1	22.4
		平顶山	15.3	4.9	白	0.4	13.9	32.8	半马齿型	黄	83.0	24.5
		荥阳	15.2	4.8	白	0	15.3	31.5	半马齿型	黄	87.1	24.6
		睢县	14.6	4.3	白	0.8	15.4	30.4	半马齿型	黄	88.4	25.6
		温县	17.2	4.9	白	1.2	14.8	33.2	半马齿型	浅黄	80.6	25.2
		原阳	17.1	4.4	白	5.1	0.1	34.2	马齿型	黄	88.6	34.2
		长葛	16.6	4.8	白	1.6	15.2	31.4	半马齿型	黄	89.7	27.1
		平均	15.6	4.6	白	1.3	13.6	32.8	半马齿型	黄	85.3	26.6

续表 5-20

编号	品种	试点	穗长/cm	穗粗/cm	轴色	秃尖长/cm	穗行数/行	行粒数/粒	粒型	粒色	出籽率/%	百粒重/g
6	利合878	泌阳	16	4.5	红	1.5	13.3	31.0	半马齿型	黄	85.6	33.7
		鹤壁	14.0	4.2	粉	0.5	13.0	32.0	马齿型	黄	79.7	31.8
		杞县	14.5	4.0	粉	0	12.0	34.5	半马齿型	黄	86.4	19.8
		南乐	14.9	4.4	粉	0.8	16.0	34.1	半马齿型	黄	88.6	21.1
		南阳	14.9	4.3	粉	0.8	14.8	32.5	马齿型	浅黄	88.0	21.0
		平顶山	16.4	4.4	红	0.1	12.8	35.8	马齿型	黄	86.7	22.8
		荥阳	15.4	4.3	粉	0.5	13.3	30.2	半马齿型	黄	86.9	21.2
		睢县	15.7	4.1	红	0.6	14.0	34.8	半马齿型	黄	87.8	24.0
		温县	17.3	4.7	红	0.3	14.0	34.3	马齿型	黄	85.3	25.5
		原阳	16.2	4.4	粉	0.2	13.2	34.8	马齿型	黄	85.5	34.7
		长葛	13.8	4.4	粉	0.8	15.2	29.4	半马齿型	黄	90.4	21.8
		平均	15.4	4.3	粉	0.6	13.8	33.0	半马齿型	黄	86.4	25.2

表 5-21　2021 年河南省玉米品种生产试验产量结果汇总(4500 株/亩机收组)

试点	品种(编号)								
	豫红 191(1)			郑单 958(2)			桥玉 8 号(3)		
	亩产/kg	比 CK/(±%)	位次	亩产/kg		位次	亩产/kg	比 CK/(±%)	位次
宝丰	478.4	3.9	1	460.4		2	419.4	-8.9	3
西华	597.0	6.8	1	559.0		2	478.5	-14.4	3
开封	495.0	25.2	1	395.4		2	381.3	-3.6	3
方城	518.7	30.0	1	399.0		3	446.3	11.9	2
宁陵	471.4	10.5	1	426.4		2	411.4	-3.5	3
温县	609.0	12.8	1	539.9		3	577.0	6.9	2
嵩县	542.4	7.0	1	506.9		2	488.5	-3.6	3
原阳	500.2	9.5	1	457.0		2	443.3	-3.0	3
遂平	756.5	9.9	1	688.6		2	680.2	-1.2	3
荥阳	614.3	16.0	1	529.7		2	522.8	-1.3	3
长葛	391.5	12.2	1	348.88		2	344.2	-1.3	3
平均	543.1	12.5	1	482.8		2	472.1	-2.2	3

表 5-22　2020 年河南省玉米品种生产试验田间性状汇总(4500 株/亩机收组)

编号	品种	试点	株型	株高/cm	穗位高/cm	倒折率/%	倒伏率/%	茎腐病/级	小斑病/级	穗腐病/级	瘤黑粉病/级	弯孢叶斑病/级	锈病/级	生育期/d
1	豫红 191	宝丰	紧凑	273	79	0	1.1	29.8	3	0.6	0	1	7	101
		西华	半紧凑	268	93	0	0	0	3	0	0	3	1	104
		开封	半紧凑	265	91	0	0	16.4	1	0.7	0	1	5	104
		方城	半紧凑	269	86	0	0	15.0	1	1.0	1.0	1	5	96
		宁陵	半紧凑	257	85	0	0	8.3	5	0.6	0	1	7	102
		温县	半紧凑	264	85	0	0.2	0	1	0	0	1	3	100
		嵩县	紧凑	282	102	0	0	0.9	1	0	0	1	1	106
		原阳	紧凑	230	70	0	0	3.6	3	0	0	3	5	104
		遂平	紧凑	257	83	0	8.3	0.8	1	0.8	0	3	5	101
		荥阳	半紧凑	275	110	0	0	10.0	1	0	0	1	5	97
		长葛	半紧凑	278	84	0	0	25.3	3	0	0	3	7	101
		平均	半紧凑	265	88	0	0.9	29.8	5	1.0	1.0	3	7	101
2	郑单 958	宝丰	紧凑	252	110	0	1.1	43.0	3	0.6	0	1	9	101
		西华	半紧凑	254	128	0	0	0	3	0	0	3	3	104
		开封	半紧凑	269	119	1.1	0	35.3	3	1.7	0	1	7	106
		方城	半紧凑	264	98	35.0	30.0	54.0	1	1.0	1.0	1	7	95
		宁陵	半紧凑	231	104	0	0	38.2	5	0.3	0	1	9	103
		温县	半紧凑	245	92	0	0.6	3.4	1	0	0	1	5	98
		嵩县	紧凑	255	105	3.9	25.6	4.9	1	0.9	0	3	5	111
		原阳	紧凑	234	100	0	0	11.7	5	0	0	5	7	104
		遂平	紧凑	251	96	0	9.2	1.3	3	0.9	0	3	7	98
		荥阳	紧凑	245	105	0	0	100	1	0	0	1	9	98
		长葛	紧凑	246	101	0	0	21.3	3	0	0	5	7	103
		平均	紧凑	250	105	3.6	6.0	100	5	1.7	1.0	5	9	102
3	桥玉 8 号	宝丰	半紧凑	292	113	0.7	1.1	36.7	3	0.4	0	1	9	100
		西华	半紧凑	292	117	0	0	0.2	3	0	0	5	5	104
		开封	半紧凑	286	96	0	0	37.2	1	1.0	0	1	7	105
		方城	半紧凑	313	102	5.0	0	25.0	1	1.0	1.0	1	5	97
		宁陵	半紧凑	274	101	0	0	21.4	5	0.3	0	1	9	103

续表 5-22

编号	品种	试点	株型	株高/cm	穗位高/cm	倒折率/%	倒伏率/%	茎腐病/级	小斑病/级	穗腐病/级	瘤黑粉病/级	弯孢叶斑病/级	锈病/级	生育期/d
3	桥玉8号	温县	半紧凑	294	108	0	0.6	6.9	1	0	0	1	5	98
		嵩县	紧凑	318	112	6.5	85.2	6.6	1	0	0	1	5	103
		原阳	紧凑	265	90	0	0	10.8	5	0	0	5	7	104
		遂平	半紧凑	282	94	0	3.4	2.4	3	0	0	3	7	99
		荥阳	半紧凑	290	100	10.0	5.0	100	1	0	0	1	9	97
		长葛	半紧凑	312	98	0	0	38.9	3	0	0	3	9	101
		平均	半紧凑	293	103	2.0	8.7	100	5	1.0	1.0	5	9	101

表 5-23　2020 年河南省玉米品种生产试验室内考种汇总(4500 株/亩机收组)

编号	品种	试点	穗长/cm	穗粗/cm	轴色	秃尖长/cm	穗行数/行	行粒数/粒	粒型	粒色	出籽率/%	百粒重/g
1	豫红191	宝丰	15.4	4.6	红	2.4	15.6	27.4	半马齿型	黄	85.0	33.1
		西华	17.2	4.6	红	3.5	17.6	27.5	半马齿型	黄	89.3	32.2
		开封	17.0	4.5	红	1.1	16.0	32.6	半马齿型	黄	85.7	28.0
		方城	18.0	5.0	红	0.5	16.0	36.0	半马齿型	黄	83.2	37.4
		宁陵	16.1	4.1	紫	0.5	16.0	33.3	半马齿型	黄	86.7	28.6
		温县	18.1	5.0	红	0.9	16.0	34.6	半马齿型	黄	86.1	32.8
		嵩县	17.2	4.8	紫	1.0	14.8	28.1	半马齿型	黄	87.6	33.7
		原阳	16.0	4.8	红	1.3	15.4	25.7	马齿型	黄	88.6	34.8
		遂平	18.5	4.4	红	1.4	16.0	30.0	硬粒型	黄	85.9	36.2
		荥阳	17.8	4.8	红	0.6	17.3	33.3	半马齿型	黄	83.7	32.6
		长葛	18.4	5.0	红	2.0	16.0	31.8	半马齿型	黄	89.9	32.9
		平均	17.2	4.7	红	1.4	16.1	30.9	半马齿型	黄	86.5	32.9
2	郑单958	宝丰	18.2	5.0	白	0.2	15.2	38.8	半马齿型	黄	87.7	30.6
		西华	16.0	4.8	白	0.2	14.8	31.8	半马齿型	黄	89.6	31.5
		开封	16.8	4.8	白	0.8	16.0	35.2	半马齿型	黄	86.5	20.4
		方城	16.0	4.7	白	0.3	13.2	37.2	硬粒型	黄	82.1	25.2
		宁陵	15.8	4.5	白	0	15.3	34.3	半马齿型	黄	86.1	21.7
		温县	17.8	5.0	白	0.5	14.8	35.4	半马齿型	黄	83.5	24.9
		嵩县	14.2	4.9	白	0.9	15.2	30.2	半马齿型	黄	88.9	28.5

续表 5-23

编号	品种	试点	穗长/cm	穗粗/cm	轴色	秃尖长/cm	穗行数/行	行粒数/粒	粒型	粒色	出籽率/%	百粒重/g
2	郑单958	原阳	15.5	5.0	白	0.7	15.2	30.7	马齿型	黄	88.5	25.3
		遂平	16.0	4.6	白	0.4	15.6	32.8	半马齿型	黄	88.6	26.7
		荥阳	16.5	4.7	白	0	14.7	35.0	半马齿型	黄	83.4	28.6
		长葛	16.0	5.0	白	1.0	16.0	33.4	半马齿型	黄	89.1	28.0
		平均	16.3	4.8	白	0.5	15.1	34.1	半马齿型	黄	86.7	26.5
3	桥玉8号	宝丰	16.6	4.4	红	0.6	12.0	39.4	半马齿型	黄白	85.0	30.6
		西华	18.1	4.7	红	1.8	13.6	39.8	半马齿型	黄白	87.9	31.4
		开封	16.5	4.4	红	1.0	12.0	38.3	半马齿型	黄白	85.4	27.6
		方城	17.4	4.7	红	0.2	12.4	40.6	半马齿型	黄白	81.2	29.1
		宁陵	15.6	4.3	紫	0.9	15.3	33.7	半马齿型	黄白	85.8	21.0
		温县	17.5	4.8	红	0.6	12.8	37.2	半马齿型	黄白	81.4	26.4
		嵩县	16.6	4.9	紫	1.1	12.8	33.5	半马齿型	黄白	84.3	27.3
		原阳	13.2	4.5	红	1.0	16.5	34.9	半马齿型	黄白	87.0	24.7
		遂平	16.8	4.8	红	0.9	12.4	36.0	硬粒型	黄	83.8	35.5
		荥阳	18.5	5.0	红	1.0	14.7	40.7	硬粒型	黄白	80.1	29.6
		长葛	15.6	4.8	红	2.0	14.4	33.4	半马齿型	黄	84.5	27.6
		平均	16.6	4.7	红	1.0	13.5	37.0	半马齿型	黄白	84.2	28.3

表 5-24　2021 年河南省玉米品种生产试验机收性状汇总(4500 株/亩机收组)　　%

试点	豫红 191(1)			郑单 958(2)			桥玉 8 号(3)		
	含水率	破碎率	杂质率	含水率	破碎率	杂质率	含水率	破碎率	杂质率
宝丰	27.2	7.75	1.81	30.0	12.20	2.18	26.5	8.65	1.81
西华	23.1	0.55	0.77	26.2	0.40	0.63	23.8	1.19	0.30
开封	22.3	2.71	0.14	24.9	4.14	0.23	23.7	6.46	0.60
方城	31.1	2.50	1.50	35.9	3.25	1.75	25.0	4.75	2.25
宁陵	25.7	2.85	1.30	28.8	4.35	1.55	26.0	3.45	1.05
温县	25.1	0.60	0	27.9	0.85	0.10	24.1	0.75	0
嵩县	26.7	2.15	0.75	29.8	3.45	1.35	27.1	2.35	0.95
原阳	25.6	0.55	0.77	29.1	0.45	0.63	26.7	1.19	0.30
遂平	23.1	1.25	0.20	23.1	2.50	0.65	23.7	3.90	0.63
荥阳	18.8	2.40	0.68	21.1	2.60	0.82	19.1	2.27	0.96
长葛	26.0	1.77	0.63	33.6	2.28	0.77	31.1	2.82	1.40
平均	24.9	2.28	0.78	28.2	3.31	0.97	25.2	3.43	0.93

表 5-25　2021 年河南省玉米品种生产试验产量结果汇总(5500 株/亩机收组)

试点	品种(编号)					
	H1970(1)			GRS7501(2)		
	亩产/kg	比 CK/(±%)	位次	亩产/kg	比 CK/(±%)	位次
宝丰	471.8	2.5	1	446.8	-2.9	3
西华	662.8	18.6	1	594.2	6.3	2
开封	514.0	30.0	1	493.9	24.9	2
方城	521.2	30.0	1	502.4	25.3	2
宁陵	473.3	11.0	1	455.7	6.9	2
温县	614.8	13.9	1	586.9	8.7	2
嵩县	562.9	11.1	1	532.1	5.0	2
原阳	492.6	7.8	1	481.6	5.4	2
遂平	709.6	3.1	2	739.3	7.4	1
荥阳	649.9	17.8	1	630.2	14.2	2
长葛	411.9	18.1	1	361.2	3.5	2
平均	553.2	14.1	1	529.5	9.2	2

试点	品种(编号)				
	郑单 958(3)		先玉 1879(4)		
	亩产/kg	位次	亩产/kg	比 CK/(±%)	位次
宝丰	460.4	2	419.4	-8.9	4
西华	559.0	3	478.5	-14.4	4
开封	395.4	3	381.3	-3.6	4
方城	400.9	4	467.5	16.6	3
宁陵	426.4	3	411.4	-3.5	4
温县	539.8	4	577.0	6.9	3
嵩县	506.9	3	488.5	-3.6	4
原阳	457.0	3	443.3	-3.0	4
遂平	688.6	3	680.2	-1.2	4
荥阳	551.6	3	522.8	-5.2	4
长葛	348.9	3	344.2	-1.3	4
平均	485.0	3	474.0	-2.3	4

表 5-26　2020 年河南省玉米品种生产试验田间性状汇总(5500 株/亩机收组)

编号	品种	试点	株型	株高/cm	穗位高/cm	倒折率/%	倒伏率/%	茎腐病/级	小斑病/级	穗腐病/级	瘤黑粉病/级	弯孢叶斑病/级	锈病/级	生育期/d
1	H1970	宝丰	紧凑	260	81	0	1.1	26.7	3	0.6	0	1	5	101
		西华	半紧凑	277	104	0	0	0	1	0	0	1	1	104
		开封	半紧凑	277	82	0	0	0	1	0	0	1	3	103
		方城	半紧凑	291	101	0	0	5.0	1	1.0	1.0	1	3	96
		宁陵	半紧凑	269	88	0	0	3.6	5	0.6	0	1	7	102
		温县	半紧凑	262	78	0	0	0.3	1	0	0	1	3	99
		嵩县	紧凑	292	98	0	0	1.6	1	0	0	1	1	105
		原阳	紧凑	262	85	0	0	0	3	0	0	3	3	104
		遂平	紧凑	257	83	0	2.1	0.3	3	0	0	3	3	100
		荥阳	半紧凑	295	114	0	0	5.0	1	0	0	1	7	97
		长葛	半紧凑	278	94	0	0	0	3	0	0	3	5	103
		平均	半紧凑	275	92	0	0.3	26.7	5	1.0	1.0	3	7	101
2	GRS 7501	宝丰	紧凑	236	72	0.7	1.1	10.0	3	0.4	0	1	7	101
		西华	半紧凑	268	94	0	0	0	3	0	0	3	1	104
		开封	半紧凑	262	76	0	0	12.7	1	0.9	0	1	5	103
		方城	半紧凑	278	85	0	0	12.0	1	1.0	1.0	1	3	95
		宁陵	半紧凑	270	101	0	0	13.9	5	0.7	0	1	7	102
		温县	半紧凑	237	76	0	0	0	1	0	0	1	5	97
		嵩县	紧凑	256	86	0	0	4.0	1	0	0	1	1	103
		原阳	紧凑	248	73	0	0	6.7	3	0	0	3	5	104
		遂平	紧凑	251	96	0	0	0.6	3	0	0	3	7	99
		荥阳	半紧凑	270	92	0	0	10.0	1	0	0	1	7	96
		长葛	半紧凑	263	84	0	0	23.9	3	0	0	3	7	101
		平均	半紧凑	258	85	0.1	0.1	23.9	5	1.0	1.0	3	7	100

续表 5-26

编号	品种	试点	株型	株高/cm	穗位高/cm	倒折率/%	倒伏率/%	茎腐病/级	小斑病/级	穗腐病/级	瘤黑粉病/级	弯孢叶斑病/级	锈病/级	生育期/d
3	郑单958	宝丰	紧凑	252	110	0	1.1	43.0	3	0.6	0	1	9	101
		西华	半紧凑	254	128	0	0	0	3	0	0	3	3	104
		开封	半紧凑	269	119	1.1	0	35.3	3	1.7	0	1	7	106
		方城	半紧凑	265	115	36.0	25.0	54.0	1	1.0	1.0	1	7	95
		宁陵	半紧凑	230	103	0	0	38.2	5	0.3	0	1	9	103
		温县	半紧凑	245	92	0	0.6	3.4	1	0	0	1	5	98
		嵩县	紧凑	255	105	3.9	25.6	4.9	1	0.9	0	3	5	111
		原阳	紧凑	234	100	0	0	11.3	5	0	0	5	7	104
		遂平	紧凑	251	96	0	9.2	1.3	3	0.9	0	3	7	98
		荥阳	紧凑	245	107	2.0	0	100	1	0	0	1	9	98
		长葛	紧凑	246	101	0	0	21.3	3	0	0	5	7	103
		平均	紧凑	250	107	3.9	5.6	100	5	1.7	1.0	5	9	102
4	桥玉8号	宝丰	半紧凑	292	113	0.7	1.1	36.7	3	0.4	0	1	9	100
		西华	半紧凑	292	117	0	0	0.2	3	0	0	5	5	104
		开封	半紧凑	286	96	0	0	37.2	1	1.0	0	1	7	105
		方城	半紧凑	308	119	5.0	0	12.0	1	1.0	1.0	1	5	95
		宁陵	半紧凑	274	101	0	0	21.4	5	0.3	0	1	9	103
		温县	半紧凑	294	108	0	0.6	6.9	1	0	0	1	5	98
		嵩县	紧凑	316	112	6.5	85.2	6.6	1	0	0	1	5	103
		原阳	半紧凑	265	90	0	0	12.5	5	0	0	5	7	104
		遂平	半紧凑	282	94	0	3.4	2.4	3	0	0	3	7	99
		荥阳	半紧凑	290	100	10.0	5.0	100	1	0	0	1	9	97
		长葛	半紧凑	312	98	0	0	38.9	3	0	0	3	9	101
		平均	半紧凑	292	104	2.0	8.7	100	5	1.0	1.0	5	9	101

表 5-27　2020 年河南省玉米品种生产试验室内考种汇总(5500 株/亩机收组)

编号	品种	试点	穗长/cm	穗粗/cm	轴色	秃尖长/cm	穗行数/行	行粒数/粒	粒型	粒色	出籽率/%	百粒重/g
1	H1970	宝丰	17.2	4.4	红	2.0	15.6	34.2	半马齿型	黄	86.5	34.0
		西华	17.0	4.5	红	2.8	15.6	28.8	半马齿型	黄白	89.7	33.8
		开封	17.5	4.5	红	0.5	16.0	32.0	半马齿型	黄	89.7	33.0
		方城	17.2	4.9	红	2.0	15.6	33.6	半马齿型	黄	79.3	26.7
		宁陵	15.6	4.2	紫	0.2	16.0	32.0	半马齿型	黄	88.1	29.0
		温县	18.3	4.7	红	1.1	15.2	33.4	半马齿型	黄	87.0	28.4
		嵩县	15.7	4.7	紫	2.2	14.8	29.1	半马齿型	黄	88.1	32.5
		原阳	17.9	4.6	红	0.3	15.4	32.7	半马齿型	黄	89.7	34.1
		遂平	18.5	4.4	红	1.5	15.6	29.2	马齿型	黄	86.6	37.4
		荥阳	19.0	4.8	红	1.0	16.7	30.3	半马齿型	黄	83.4	35.0
		长葛	16.4	4.4	红	1.6	14.8	30.2	半马齿型	黄	88.9	32.9
		平均	17.3	4.6	红	1.4	15.6	31.4	半马齿型	黄	87.0	32.4
2	GRS 7501	宝丰	15.6	4.1	粉	0.8	16.4	32.3	半马齿型	黄	89.6	28.6
		西华	13.2	4.3	红	1.5	14.0	24.0	马齿型	黄	89.8	26.0
		开封	15.5	4.3	红	0.7	16.0	33.0	半马齿型	黄	86.7	24.1
		方城	16.0	4.8	红	0.9	14.8	30.8	半马齿型	黄	81.3	27.7
		宁陵	15.2	4.2	紫	1.7	16.0	29.7	半马齿型	黄	90.3	25.2
		温县	18.1	4.9	红	0.5	17.2	33.0	半马齿型	黄	88.6	24.5
		嵩县	13.8	4.4	红	1.4	15.6	28.2	半马齿型	黄	87.3	26.1
		原阳	15.1	4.6	红	0.7	15.6	27.9	马齿型	黄	90.1	32.0
		遂平	16.3	4.5	粉	1.5	16.0	32.2	马齿型	黄	89.5	32.3
		荥阳	18.3	4.9	红	0.7	16.5	32.6	半马齿型	黄	84.8	31.7
		长葛	15.4	4.4	红	1.2	15.2	27.8	半马齿型	黄	91.4	26.7
		平均	15.7	4.5	红	1.1	15.8	30.1	半马齿型	黄	88.1	27.7

续表 5-27

编号	品种	试点	穗长/cm	穗粗/cm	轴色	秃尖长/cm	穗行数/行	行粒数/粒	粒型	粒色	出籽率/%	百粒重/g
3	郑单958	宝丰	18.2	5.0	白	0.2	15.2	38.8	半马齿型	黄	87.7	30.6
		西华	16.0	4.8	白	0.2	14.8	31.8	半马齿型	黄	89.6	31.5
		开封	16.8	4.8	白	0.8	16.0	35.2	半马齿型	黄	86.5	20.4
		方城	17.0	4.8	白	0.2	14.4	39.0	硬粒型	黄	71.6	27.2
		宁陵	15.8	4.5	白	0	15.3	34.3	半马齿型	黄	86.1	21.7
		温县	17.8	5.0	白	0.5	14.8	35.4	半马齿型	黄	83.5	24.9
		嵩县	14.2	4.9	白	0.9	15.2	30.2	半马齿型	黄	88.9	28.5
		原阳	15.5	5.0	白	0.7	15.2	30.7	马齿型	黄	88.5	25.3
		遂平	16.0	4.6	白	0.4	15.6	32.8	半马齿型	黄	88.6	26.7
		荥阳	16.5	4.7	白	0	14.7	35.0	半马齿型	黄	83.4	28.6
		长葛	16.0	5.0	白	1.0	16.0	33.4	半马齿型	黄	89.1	28.0
		平均	16.3	4.8	白	0.4	15.2	34.2	半马齿型	黄	85.8	26.7
4	桥玉8号	宝丰	16.6	4.4	红	0.6	12.0	39.4	半马齿型	黄白	85.6	30.6
		西华	18.1	4.7	红	1.8	13.6	39.8	半马齿型	黄白	87.9	31.4
		开封	16.5	4.4	红	1.0	12.0	38.3	半马齿型	黄白	85.4	27.6
		方城	17.4	5.1	红	0.4	12.4	41.2	半马齿型	黄白	81.2	34.0
		宁陵	15.6	4.3	紫	0.9	15.3	33.7	半马齿型	黄白	85.8	21.0
		温县	17.5	4.8	红	0.6	12.8	37.2	半马齿型	黄白	81.4	26.4
		嵩县	16.6	4.9	紫	1.1	12.8	33.5	半马齿型	黄白	84.3	27.3
		原阳	13.2	4.5	红	1.0	16.5	34.9	半马齿型	黄白	87.0	24.7
		遂平	16.8	4.8	红	0.9	12.4	36.0	硬粒型	黄	83.8	35.5
		荥阳	18.5	5.0	红	1.0	14.7	40.7	硬粒型	黄白	80.1	29.6
		长葛	15.6	4.8	红	2.0	14.4	33.4	半马齿型	黄	84.5	27.6
		平均	16.6	4.7	红	1.0	13.5	37.1	半马齿型	黄白	84.3	28.7

表 5-28　2021 年河南省玉米品种生产试验机收性状汇总(5500 株/亩机收组)　%

试点	H1970(1)			GRS7501(2)		
	含水率	破碎率	杂质率	含水率	破碎率	杂质率
宝丰	24.8	6.70	1.60	24.9	6.60	1.40
西华	21.9	2.95	0.25	20.6	1.33	0.15
开封	21.0	4.25	0.21	21.3	6.75	0.26
方城	31.4	1.50	1.00	29.5	2.25	0.75
宁陵	26.7	4.20	1.10	25.6	2.80	0.80
温县	24.0	0.85	0	23.7	1.25	0
嵩县	26.9	2.35	0.85	27.0	2.45	0.75
原阳	24.6	2.95	0.25	24.1	1.33	0.15
遂平	22.3	1.85	0.50	23.3	1.85	0.35
荥阳	17.8	2.60	0.75	16.3	2.34	0.93
长葛	30.7	2.57	0.60	30.8	3.21	0.30
平均	24.7	2.98	0.65	24.3	2.92	0.53
试点	郑单 958(3)			桥玉 8 号(4)		
	含水率	破碎率	杂质率	含水率	破碎率	杂质率
宝丰	30.0	12.20	2.18	26.5	8.65	1.81
西华	26.2	0.40	0.63	23.8	1.19	0.30
开封	24.9	4.14	0.23	23.7	6.46	0.60
方城	37.1	2.50	1.00	29.2	2.00	1.00
宁陵	28.8	4.35	1.55	26.0	3.45	1.05
温县	27.9	0.85	0	24.1	0.75	0
嵩县	29.8	3.45	1.35	27.1	2.35	0.95
原阳	29.1	0.40	0.68	26.7	1.24	0.35
遂平	23.1	2.50	0.65	23.7	3.90	0.63
荥阳	20.8	2.84	1.12	19.1	2.34	0.93
长葛	33.6	2.28	0.77	31.1	2.82	1.40
平均	28.3	3.26	0.92	25.6	3.20	0.82

附表 1　2021 年度河南省玉米审定品种信息表

序号	品种名称	审定编号	品种来源	申请者	育种者	适宜区域
1	梦玉 309	豫审玉 20220001	MY281×MY282	河南豫梦种业有限责任公司、河南农业大学、河南环玉种业有限公司	河南农业大学	河南省夏播
2	環豫 999	豫审玉 20220002	YH181×YH182	河南环玉种业有限公司、河南农业大学、河南豫梦种业有限责任公司	河南农业大学	河南省夏播
3	伟科 9136	豫审玉 20220003	伟程 123×伟程 524	河南技丰种业集团有限公司、河南大方种业科技股份有限公司、郑州伟科作物育种科技有限公司	河南技丰种业集团有限公司、河南大方种业科技股份有限公司、郑州伟科作物育种科技有限公司	河南省夏播
4	ZB1902	豫审玉 20220004	ZB12×TS011	河南中博现代农业科技开发有限公司	河南中博现代农业科技开发有限公司	河南省夏播
5	北科 15	豫审玉 20220005	S170×S204	沈阳北玉种子科技有限公司	沈阳北玉种子科技有限公司	河南省夏播
6	泓丰 5505	豫审玉 20220006	HW1658×APH9278	北京新实泓丰种业有限公司	北京新实泓丰种业有限公司	河南省夏播
7	渭玉 321	豫审玉 20220007	WZ020×WZ051	陕西天丞禾农业科技有限公司	陕西天丞禾农业科技有限公司	河南省夏播
8	LN116	豫审玉 20220008	LM398×NF132	河南苏泰农业科技有限公司	河南苏泰农业科技有限公司	河南省夏播
9	金成 99	豫审玉 20220009	瑞 118×瑞 66	李利娟	李利娟	河南省夏播
10	郑玉 821	豫审玉 20220010	郑 7246×郑 7668	郑州市农林科学研究所	郑州市农林科学研究所	河南省夏播
11	伟科 9138	豫审玉 20220011	WY97134×伟程 210	河南技丰种业集团有限公司、郑州伟科作物育种科技有限公司	河南技丰种业集团有限公司、郑州伟科作物育种科技有限公司	河南省夏播
12	雅玉 622	豫审玉 20220012	YA1125×YA9415	河南技丰种业集团有限公司、铁岭雅玉种子有限公司	河南技丰种业集团有限公司、铁岭雅玉种子有限公司	河南省夏播
13	农科玉 168	豫审玉 20220013	H353×H317	北京华奥农科玉育种开发有限责任公司	北京华奥农科玉育种开发有限责任公司	河南省夏播

续附表 1

序号	品种名称	审定编号	品种来源	申请者	育种者	适宜区域
14	郑原玉 886	豫审玉 20220014	JCY1915×JC19316	河南金苑种业股份有限公司	河南金苑种业股份有限公司、新乡市金苑邦达富农业科技有限公司、甘肃邦达富种业有限公司	河南省夏播
15	隆平 115	豫审玉 20220015	LG1127D×LH235D	河南隆平高科种业有限公司	河南隆平高科种业有限公司	河南省夏播
16	先玉 1879	豫审玉 20220016	PH2V21×PH41S1	铁岭先锋种子研究有限公司	铁岭先锋种子研究有限公司	河南省夏播
17	百科玉 189	豫审玉 20220017	B30×N13	河南百农种业有限公司	河南百农种业有限公司	河南省夏播
18	梦玉 377	豫审玉 20220018	豫 1122×豫 M414	河南环玉种业有限公司	河南农业大学	河南省夏播
19	H1970	豫审玉 20220019	D0013Z×D0014Z	中种国际种子有限公司	中种国际种子有限公司	河南省夏播
20	高科 309	豫审玉 20220020	GLU2038×GLU1842	北京高锐思农业技术研究院	北京高锐思农业技术研究院	河南省夏播
21	郑单 302	豫审玉 20220021	郑 M4302×郑 F4302	河南省农业科学院粮食作物研究所	河南省农业科学院粮食作物研究所、河南生物育种中心有限公司	河南省夏播
22	郑单 6161	豫审玉 20220022	郑 5831×郑 6722	河南省农业科学院粮食作物研究所	河南省农业科学院粮食作物研究所、河南生物育种中心有限公司	河南省夏播
23	郑单 908	豫审玉 20220023	ZBK01×ZBK02	河南省农业科学院粮食作物研究所	河南省农业科学院粮食作物研究所、河南生物育种中心有限公司	河南省夏播
24	郑单 916	豫审玉 20220024	ZH326×ZH449	河南省农业科学院粮食作物研究所	河南省农业科学院粮食作物研究所、河南生物育种中心有限公司	河南省夏播
25	郑单 819	豫审玉 20220025	郑 K9713×郑 8713	河南省农业科学院粮食作物研究所	河南省农业科学院粮食作物研究所、河南生物育种中心有限公司	河南省夏播
26	赛德玉 668	豫审玉 20220026	艺黄 61×艺黄 99	辉县市豫北种业有限公司、河南赛德种业有限公司	辉县市豫北种业有限公司、河南赛德种业有限公司	河南省夏播

续附表 1

序号	品种名称	审定编号	品种来源	申请者	育种者	适宜区域
27	郑单 1804	豫审玉 20220027	郑 99M×FX001	河南省农业科学院粮食作物研究所	河南省农业科学院粮食作物研究所、河南生物育种中心有限公司	河南省夏播
28	郑单 351	豫审玉 20220028	郑 M6351×郑 F6351	河南省农业科学院粮食作物研究所	河南省农业科学院粮食作物研究所、河南生物育种中心有限公司	河南省夏播
29	神舟 27	豫审玉 20220029	T279×T425-1	河南省神舟种业有限公司	河南省神舟种业有限公司	河南省夏播
30	宛玉 809	豫审玉 20220030	L296×L96	南阳市农业科学院	南阳市农业科学院	河南省夏播
31	郑单 568	豫审玉 20220031	郑 M0458×郑 U4	河南省农业科学院粮食作物研究所	河南省农业科学院粮食作物研究所、河南生物育种中心有限公司	河南省夏播
32	周单 1804	豫审玉 20220032	周 862×周 81143	周口市农业科学院	周口市农业科学院	河南省夏播
33	郑单 6153	豫审玉 20220033	郑 V931×郑 3733	河南省农业科学院粮食作物研究所	河南省农业科学院粮食作物研究所、河南生物育种中心有限公司	河南省夏播
34	郑单 1807	豫审玉 20220034	郑 V89M×豫 1122	河南省农业科学院粮食作物研究所	河南省农业科学院粮食作物研究所、河南生物育种中心有限公司	河南省夏播
35	棒博士 767	豫审玉 20220035	X1712×Q1752	河南金苑种业股份有限公司	河南金苑种业股份有限公司、河南秀青种业有限公司	河南省夏播
36	棒博士 766	豫审玉 20220036	X1711×Q1751	河南秀青种业有限公司	河南秀青种业有限公司	河南省夏播
37	郑品玉 693	豫审玉 20220037	JC1603×JCY1708	河南金苑种业股份有限公司	河南金苑种业股份有限公司、新乡市金苑邦达富农业科技有限公司、甘肃邦达富种业有限公司	河南省夏播
38	G9711	豫审玉 20220038	G6233R×S7109V	河南金苑种业股份有限公司	河南金苑种业股份有限公司、北京新锐恒丰种子科技有限公司	河南省夏播

续附表 1

序号	品种名称	审定编号	品种来源	申请者	育种者	适宜区域
39	恒丰玉 798	豫审玉 20220039	11A4030×Y04-6	河南丰德康种业股份有限公司	河南丰德康种业股份有限公司、北京新锐恒丰种子科技有限公司、白银谷丰源玉米种植研究所	河南省夏播
40	郑原玉 878	豫审玉 20220040	JCY1626×JC19326	河南金苑种业股份有限公司	河南金苑种业股份有限公司、新乡市金苑邦达富农业科技有限公司、甘肃邦达富种业有限公司	河南省夏播
41	金苑玉 195	豫审玉 20220041	JCY19316×JCY1822	河南金苑种业股份有限公司	河南金苑种业股份有限公司、新乡市金苑邦达富农业科技有限公司、甘肃邦达富种业有限公司	河南省夏播
42	豫单 516	豫审玉 20220042	HR36×HL41	河南农业大学	河南农业大学	河南省夏播
43	豫单 1881	豫审玉 20220043	L719×HX113	河南农业大学	河南农业大学	河南省夏播
44	豫单 981	豫审玉 20220044	HL121×HL221	河南农业大学	河南农业大学	河南省夏播
45	豫安 186	豫审玉 20220045	PA201×PA126	河南平安种业有限公司	河南平安种业有限公司	河南省夏播
46	洛玉 198	豫审玉 20220046	L198X×Z198Y	洛阳农林科学院	洛阳农林科学院	河南省夏播
47	百玉 109	豫审玉 20220047	CPD517×C707	河南科技学院	河南科技学院	河南省夏播
48	豫单 787	豫审玉 20220048	豫 1122×豫 25112	河南农业大学	河南农业大学	河南省夏播
49	大众 359	豫审玉 20220049	D33×D59F	河南顺鑫大众种业有限公司	河南顺鑫大众种业有限公司	河南省夏播
50	豫单 936	豫审玉 20220050	HL136×LQ4522	河南农业大学	河南农业大学	河南省夏播
51	成玉 1901	豫审玉 20220051	DC022×DC021	河南大成种业有限公司	河南大成种业有限公司	河南省夏播
52	福育 903	豫审玉 20220052	K132A×K4007	河南亿佳和农业科技有限公司	河南亿佳和农业科技有限公司	河南省夏播

续附表 1

序号	品种名称	审定编号	品种来源	申请者	育种者	适宜区域
53	金裕 928	豫审玉 20220053	T09×H18	河南省太行玉米种业有限公司	河南省太行玉米种业有限公司	河南省夏播
54	成玉 886	豫审玉 20220054	ND05×QY988	河南大成种业有限公司	河南大成种业有限公司	河南省夏播
55	农玉 632	豫审玉 20220055	SN102×SN115	河南三农种业有限公司	河南三农种业有限公司	河南省夏播
56	商单 1967	豫审玉 20220056	SQ518×商 137	商丘市农林科学院	商丘市农林科学院	河南省夏播
57	兰玉 1815	豫审玉 20220057	TM463×TM462	河南天民种业有限公司	曹海伟、杨丽建、王磊、李艳彬、王瑞芳、罗明	河南省夏播
58	先弘 118	豫审玉 20220058	H116×昌 7598	河南弘展农业科技有限公司	河南弘展农业科技有限公司	河南省夏播
59	兰玉 1902	豫审玉 20220059	TM21×TM26	河南天民种业有限公司	张永平、罗明、宋光辉、沈东杰、房坤宝、谷水云	河南省夏播
60	登海 N81	豫审玉 20220060	TG×24A-3	河南登海正粮种业有限公司	河南登海正粮种业有限公司	河南省夏播
61	DHN368	豫审玉 20220061	T519×DH382	河南登海正粮种业有限公司	河南登海正粮种业有限公司	河南省夏播
62	郑单 801	豫审玉 20220062	郑 D7325×郑 3413	河南省农业科学院粮食作物研究所	河南省农业科学院粮食作物研究所	河南省夏播
63	新白糯 018	豫审玉 20220063	京 N2×新糯 12	河南省新乡市农业科学院	河南省新乡市农业科学院	河南省夏播
64	周糯 9 号	豫审玉 20220064	周糯 158×周糯 160	周口市农业科学院、河南周园种业有限公司	周口市农业科学院、河南周园种业有限公司	河南省夏播

附表 2　2021 年度河南省玉米通过国家审定品种信息表

序号	品种名称	审定编号	品种来源	申请者	育种者	参试组别
1	利华 1988	国审玉 20220014	YDHD1M-3×YD1FH	河南德合坤元农业科技有限公司	河南德合坤元农业科技有限公司	北方极早熟春玉米组
2	存玉 35	国审玉 20220063	ZC5M×ZC496	河南丰德康种业股份有限公司、深圳丰德康种业股份有限公司	河南丰德康种业股份有限公司	东华北中早熟春玉米组
3	新玉 158	国审玉 20220191	XY105×XY106	郑州市新育农作物研究所、河南大成种业有限公司	郑州市新育农作物研究所、河南大成种业有限公司	东华北中晚熟春玉米组
4	现代 558	国审玉 20220233	京 DH120×京 19B15	河南省现代种业有限公司	北京市农林科学院玉米研究所、河南省现代种业有限公司	东华北中晚熟春玉米组
5	现代 579	国审玉 20220234	SY087×京 113	河南省现代种业有限公司	北京市农林科学院玉米研究所、河南省现代种业有限公司	东华北中晚熟春玉米组
6	现代 542	国审玉 20220240	JG296×京 19BDHJD2202	河南省现代种业有限公司	北京市农林科学院玉米研究所、河南省现代种业有限公司	京津冀早熟夏玉米组
7	现代 544	国审玉 20220241	京 88×京 19DBHJD3050	河南省现代种业有限公司	北京市农林科学院玉米研究所、河南省现代种业有限公司	京津冀早熟夏玉米组
8	LN16	国审玉 20220254	T3626901×M99	河南大司农丞农业科技有限公司	河南大司农丞农业科技有限公司	黄淮海夏玉米组
9	YD807	国审玉 20220256	T7512×L719	河南省现代种业农作物研究院	河南农业大学	黄淮海夏玉米组
10	ZB1201	国审玉 20220257	BZB730×HQ400	河南中博现代农业科技开发有限公司	河南中博现代农业科技开发有限公司	黄淮海夏玉米组

续附表 2

序号	品种名称	审定编号	品种来源	申请者	育种者	参试组别
11	泛玉 777	国审玉 20220261	T267×H68	河南黄泛区地神种业有限公司	河南黄泛区地神种业有限公司	黄淮海夏玉米组
12	富英 77	国审玉 20220262	LH6534×LH501	河南赤天农业科技有限公司、河南技丰种业集团有限公司	河南赤天农业科技有限公司	黄淮海夏玉米组
13	豫单 806	国审玉 20220266	T1932×MD322	河南宝景农业科技有限公司	河南农业大学	黄淮海夏玉米组
14	豫单 898	国审玉 20220267	T7511×L719	河南农业大学	河南农业大学	黄淮海夏玉米组
15	郑单 5179	国审玉 20220268	郑 A808×郑 U404	河南省农业科学院粮食作物研究所、河南生物育种中心有限公司	河南省农业科学院粮食作物研究所、河南生物育种中心有限公司	黄淮海夏玉米组
16	郑科 506	国审玉 20220274	sd2106×sd2278	河南商都种业有限公司	河南商都种业有限公司	黄淮海夏玉米组
17	棒博士 58	国审玉 20220277	X1712×Q353	河南秀青种业有限公司	河南秀青种业有限公司	黄淮海夏玉米组
18	存玉 30	国审玉 20220283	ZC1472×ZC1872-24	河南丰德康种业股份有限公司、深圳丰德康种业股份有限公司	河南丰德康种业股份有限公司	黄淮海夏玉米组
19	大美 535	国审玉 20220284	京 661×京 19BDHJD3050	河南省现代种业有限公司	北京市农林科学院玉米研究所、河南省现代种业有限公司	黄淮海夏玉米组
20	大美 536	国审玉 20220285	京 DH3345×京 19BDHJD2955	河南省现代种业有限公司	北京市农林科学院玉米研究所、河南省现代种业有限公司	黄淮海夏玉米组
21	德弘 999	国审玉 20220288	LMQG5716×LMTA3908	河南浚黎种业有限公司	河南浚黎种业有限公司、河南省源泉种业有限公司	黄淮海夏玉米组
22	地利 533	国审玉 20220289	JG296×19BDHJD2955	河南省现代种业有限公司	北京市农林科学院玉米研究所、河南省现代种业有限公司	黄淮海夏玉米组

续附表 2

序号	品种名称	审定编号	品种来源	申请者	育种者	参试组别
23	地利 537	国审玉 20220290	京 661×京 19BDHJD2955	河南省现代种业有限公司	北京市农林科学院玉米研究所、河南省现代种业有限公司	黄淮海夏玉米组
24	郑单 819	国审玉 20220297	郑 K9713×郑 8713	河南省农业科学院粮食作物研究所、河南生物育种中心有限公司	河南省农业科学院粮食作物研究所、河南生物育种中心有限公司	黄淮海夏玉米组
25	豪玉 128	国审玉 20220298	H319×H020	河南惠众种业有限公司	河南惠众种业有限公司	黄淮海夏玉米组
26	鸿运 99	国审玉 20220302	翔 70×C17	河南省鸿翔种业有限公司	河南省鸿翔种业有限公司、吉林省鸿翔农业集团鸿翔种业有限公司	黄淮海夏玉米组
27	机玉 665	国审玉 20220304	YJH60×YJ5331-1	河南亿佳和农业科技有限公司	河南亿佳和农业科技有限公司	黄淮海夏玉米组
28	佳汇和 688	国审玉 20220306	YJH67×YJH703	河南佳和种业有限公司	河南佳和种业有限公司、河南亿佳和农业科技有限公司	黄淮海夏玉米组
29	金丰捷 903	国审玉 20220307	FJS043×FJS030	河南耕捷农业科技有限公司	河南耕捷农业科技有限公司、北京丰捷一佳农业科技有限公司	黄淮海夏玉米组
30	菊城 1383	国审玉 20220324	13-84-1×VK22	河南菊城农业科技有限公司	河南大学、河南菊城农业科技有限公司	黄淮海夏玉米组
31	浚黎 908	国审玉 20220326	SYPM8506×SYAF6918	河南商道种业有限公司	河南商道种业有限公司	黄淮海夏玉米组
32	黎玉 88	国审玉 20220327	LYBK2731×LYDH5279	河南商道种业有限公司	河南商道种业有限公司	黄淮海夏玉米组
33	垄翔 985	国审玉 20220329	LT73M×L99F	河南省豫玉种业股份有限公司	河南省豫玉种业股份有限公司	黄淮海夏玉米组
34	名鼎 26	国审玉 20220330	JW1059×JW261	河南省天中种子有限责任公司	河南省天中种子有限责任公司	黄淮海夏玉米组

续附表 2

序号	品种名称	审定编号	品种来源	申请者	育种者	参试组别
35	农丞 100	国审玉 20220331	j2830×j909	河南大司农丞农业科技有限公司	河南大司农丞农业科技有限公司	黄淮海夏玉米组
36	鹏玉 9 号	国审玉 20220335	H12×Y137	河南德合坤元农业科技有限公司	河南德合坤元农业科技有限公司	黄淮海夏玉米组
37	人和 523	国审玉 20220342	京 17DXD046×京 J2418	河南省现代种业有限公司	河南省现代种业有限公司、北京市农林科学院玉米研究所	黄淮海夏玉米组
38	人和 529	国审玉 20220343	京 B548×京 J2419	河南省现代种业有限公司	北京市农林科学院玉米研究所、河南省现代种业有限公司	黄淮海夏玉米组
39	神单 368	国审玉 20220346	HDUZ1386×HDGN9832	河南浚黎种业有限公司	河南浚黎种业有限公司、河南省神都种业科技有限公司	黄淮海夏玉米组
40	硕育 99	国审玉 20220350	LH603×LH5331	河南硕实农业科技有限公司、河南硕玉种业有限公司、鹤壁禾博士晟农科技有限公司	河南硕实农业科技有限公司、鹤壁禾博士晟农科技有限公司	黄淮海夏玉米组
41	天时 522	国审玉 20220351	京 17DXD046×京 17DXD350	河南省现代种业有限公司	河南省现代种业有限公司、北京市农林科学院玉米研究所	黄淮海夏玉米组
42	天时 527	国审玉 20220352	京 19B3929×京 J2418	河南省现代种业有限公司	北京市农林科学院玉米研究所、河南省现代种业有限公司	黄淮海夏玉米组
43	伟科 811	国审玉 20220354	伟程 111×伟程 518	河南耕捷农业科技有限公司	河南耕捷农业科技有限公司、郑州伟科作物育种科技有限公司	黄淮海夏玉米组
44	伟科 939	国审玉 20220355	伟程 129×伟程 519	河南商都种业有限公司	河南商都种业有限公司	黄淮海夏玉米组

续附表 2

序号	品种名称	审定编号	品种来源	申请者	育种者	参试组别
45	现玉 534	国审玉 20220358	京 B548×19BDHJD2958	河南省现代种业有限公司	北京市农林科学院玉米研究所、河南省现代种业有限公司	黄淮海夏玉米组
46	欣玉 100	国审玉 20220359	S201×T121	河南双欣农业科技有限公司	河南双欣农业科技有限公司	黄淮海夏玉米组
47	新玉 198	国审玉 20220360	S6223×J3615	郑州市新育农作物研究所	郑州市新育农作物研究所	黄淮海夏玉米组
48	豫安 7 号	国审玉 20220370	PA61×PA8176	河南平安种业有限公司	河南平安种业有限公司	黄淮海夏玉米组
49	豫单 197	国审玉 20220371	HL201×HL317	河南金苑种业股份有限公司	河南金苑种业股份有限公司、河南农业大学	黄淮海夏玉米组
50	豫单 9953X1	国审玉 20220372	豫 1122×豫 708	河南富吉泰种业有限公司	河南富吉泰种业有限公司、河南农业大学	黄淮海夏玉米组
51	豫丰 333	国审玉 20220373	自选系 585-6×H37-8	驻马店市豫丰农业科学研究所	驻马店市豫丰农业科学研究所、河南省豫丰种业有限公司	黄淮海夏玉米组
52	豫丰 669	国审玉 20220374	M1012×F05-2	驻马店市豫丰农业科学研究所	河南省豫丰种业有限公司、驻马店市豫丰农业科学研究所	黄淮海夏玉米组
53	豫龙 618	国审玉 20220376	X01×龙 811	河南省农作物新品种引育中心	河南省农作物新品种引育中心	西北春玉米机收组
54	现代 560	国审玉 20220381	京 1428×MT101	河南省现代种业有限公司	北京市农林科学院玉米研究所、河南省现代种业有限公司	西北春玉米组
55	鲲玉 16	国审玉 20220445	K2010×Z752602	河南鲲玉种业有限公司	河南鲲玉种业有限公司	西南春玉米(中高海拔)组
56	子玉 117	国审玉 20220471	SD68333XG1-722	河南鲲玉种业有限公司	河南鲲玉种业有限公司、红河三沐种业有限公司	西南春玉米(中高海拔)组

续附表 2

序号	品种名称	审定编号	品种来源	申请者	育种者	参试组别
57	连青贮 101	国审玉 20220505	L1029×L282	河南技丰种业集团有限公司、连云港市农业科学院	连云港市农业科学院	黄淮海夏播青贮玉米组
58	郑白甜糯 5 号	国审玉 20220536	ZBN1762×ZBTN01	河南省农业科学院粮食作物研究所、河南生物育种中心有限公司	河南省农业科学院粮食作物研究所、河南生物育种中心有限公司	北方(黄淮海)鲜食糯玉米组
59	美卡 703	国审玉 20220605	T224×T4468	河南爱邦农种业有限公司	河南爱邦农种业有限公司	黄淮海夏玉米组
60	郑品玉 597	国审玉 20226002	JCY18619×JCD15YZ320	河南金苑种业股份有限公司	河南金苑种业股份有限公司	北方极早熟春玉米组
61	GD002	国审玉 20226004	W31001×GF76002	河南金博士种业股份有限公司	河南金博士种业股份有限公司	东华北中早熟春玉米组
62	矮秀 315	国审玉 20226006	HYS115×HYN97K105	河南省豫玉种业股份有限公司	河南省豫玉种业股份有限公司、华创(广州)农业控股有限公司	北方早熟春玉米组
63	茭玉 1711	国审玉 20226011	M54W228×F8137	河南省豫玉种业股份有限公司	河南省豫玉种业股份有限公司	北方早熟春玉米组
64	悦良 307	国审玉 20226013	HYS5105×HYN125	河南省豫玉种业股份有限公司	河南省豫玉种业股份有限公司、华创(广州)农业控股有限公司	北方早熟春玉米组
65	BS002	国审玉 20226016	W31013×GF76141	河南金博士种业股份有限公司	河南金博士种业股份有限公司	东华北中早熟春玉米组
66	BS003	国审玉 20226017	W31296×GF76057	河南金博士种业股份有限公司	河南金博士种业股份有限公司	东华北中早熟春玉米组

续附表 2

序号	品种名称	审定编号	品种来源	申请者	育种者	参试组别
67	乐农 112	国审玉 20226028	W2010×W202	河南金博士种业股份有限公司	河南金博士种业股份有限公司	东华北中早熟春玉米组
68	内秀 53	国审玉 20226031	J1×J2	河南省豫玉种业股份有限公司	河南省豫玉种业股份有限公司	东华北中早熟春玉米组
69	玺旺 188	国审玉 20226032	NK186×F268	河南秋乐种业科技股份有限公司	河南秋乐种业科技股份有限公司	东华北中早熟春玉米组
70	郑原玉 991	国审玉 20226036	JCY18601×JCY16557	河南金苑种业股份有限公司	河南金苑种业股份有限公司	东华北中早熟春玉米组
71	茭玉 1716	国审玉 20226045	L240×P10F	河南省豫玉种业股份有限公司	河南省豫玉种业股份有限公司	东华北中熟春玉米组
72	金博士 740	国审玉 20226046	16052×GF116	河南金博士种业股份有限公司	河南金博士种业股份有限公司	黄淮海夏玉米组
73	金博士 745	国审玉 20226047	W823×GF7602	河南金博士种业股份有限公司	河南金博士种业股份有限公司	东华北中熟春玉米组
74	金博士 746	国审玉 20226048	W114×GF76351	河南金博士种业股份有限公司	河南金博士种业股份有限公司	东华北中熟春玉米组
75	鸣玉 265	国审玉 20226053	LA11×LA12	河南省豫玉种业股份有限公司	河南省豫玉种业股份有限公司	东华北中熟春玉米组
76	彭创 001	国审玉 20226054	L135×L99F	河南省豫玉种业股份有限公司	河南省豫玉种业股份有限公司	东华北中熟春玉米组
77	嘉图 188	国审玉 20226066	LP589×LB135	河南省豫玉种业股份有限公司	河南省豫玉种业股份有限公司	东华北中晚熟春玉米组

续附表 2

序号	品种名称	审定编号	品种来源	申请者	育种者	参试组别
78	金博士 1808	国审玉 20226067	WK85×GF421	河南金博士种业股份有限公司	河南金博士种业股份有限公司	东华北中晚熟春玉米组
79	金博士 9133	国审玉 20226068	W30317×G9618	河南金博士种业股份有限公司	河南金博士种业股份有限公司	东华北中晚熟春玉米组
80	金青 2 号	国审玉 20226070	16007×GF111	河南金博士种业股份有限公司	河南金博士种业股份有限公司	东华北中晚熟春玉米组
81	金苑玉 299	国审玉 20226071	JCY18603×H78	河南金苑种业股份有限公司	河南金苑种业股份有限公司、金苑（北京）农业技术研究院有限公司、新乡市金苑邦达富农业科技有限公司	东华北中晚熟春玉米组
82	雷赛 526	国审玉 20226072	C0761×Gs792	河南省豫玉种业股份有限公司	河南省豫玉种业股份有限公司	东华北中晚熟春玉米组
83	耀豫 566	国审玉 20226081	L423×L141	河南省豫玉种业股份有限公司	河南省豫玉种业股份有限公司	东华北中晚熟春玉米组
84	郑原玉 779	国审玉 20226082	JCY1633×JC8001	河南金苑种业股份有限公司	河南金苑种业股份有限公司	东华北中晚熟春玉米组
85	金博士 1924	国审玉 20226089	W2010×HN002	河南金博士种业股份有限公司	河南金博士种业股份有限公司	西北春玉米组
86	耀豫 561	国审玉 20226097	536U×L184	河南省豫玉种业股份有限公司	河南省豫玉种业股份有限公司	西北春玉米组
87	郑原玉 995	国审玉 20226099	JCY16532×JCY18631	河南金苑种业股份有限公司	河南金苑种业股份有限公司、金苑（北京）农业技术研究院有限公司、长春金苑种业有限公司	西北春玉米组

续附表 2

序号	品种名称	审定编号	品种来源	申请者	育种者	参试组别
88	金博士 893	国审玉 20226105	W30494×S1495	河南金博士种业股份有限公司	河南金博士种业股份有限公司	西南春玉米（中高海拔）组
89	CM998	国审玉 20226124	Q1074×明 9978	河南金博士种业股份有限公司	河南金博士种业股份有限公司	京津冀早熟夏玉米组
90	金苑玉 308	国审玉 20226128	JCD122BR 单 15×JCY1903	河南金苑种业股份有限公司	河南金苑种业股份有限公司	京津冀早熟夏玉米组
91	郑原玉 333	国审玉 20226129	JCY1910×JC19326	河南金苑种业股份有限公司	河南金苑种业股份有限公司	京津冀早熟夏玉米组
92	安丰 192	国审玉 20226134	郑 588×H1805	河南秋乐种业科技股份有限公司	河南秋乐种业科技股份有限公司	黄淮海夏玉米组
93	尺玉 515	国审玉 20226137	伟程 885258×伟程 518	河南省豫玉种业股份有限公司	河南省豫玉种业股份有限公司	黄淮海夏玉米组
94	郑品玉 555	国审玉 20226161	Q083×JCD122BR 单 15	河南金苑种业股份有限公司	河南金苑种业股份有限公司	黄淮海夏玉米组
95	郑原玉 806	国审玉 20226162	JC19326×JCY2005	河南金苑种业股份有限公司	河南金苑种业股份有限公司	黄淮海夏玉米组
96	金博士 743	国审玉 20226163	J269×WM3016	河南金博士种业股份有限公司	河南金博士种业股份有限公司	黄淮海夏玉米组
97	金苑玉 203	国审玉 20226169	JCY1704×JC19014	河南金苑种业股份有限公司	河南金苑种业股份有限公司	黄淮海夏玉米组
98	金苑玉 209	国审玉 20226170	JCY1909×JC19326	河南金苑种业股份有限公司	河南金苑种业股份有限公司	黄淮海夏玉米组
99	科企玉 801	国审玉 20226176	豫 2121×豫 413	河南省豫玉种业股份有限公司	河南省豫玉种业股份有限公司	黄淮海夏玉米组
100	美豫 201	国审玉 20226182	伟程 118×伟程 518	河南省豫玉种业股份有限公司	河南省豫玉种业股份有限公司、郑州伟科作物育种科技有限公司	黄淮海夏玉米组

续附表 2

序号	品种名称	审定编号	品种来源	申请者	育种者	参试组别
101	秋乐 666	国审玉 20226185	NK231×NK11	河南秋乐种业科技股份有限公司	河南秋乐种业科技股份有限公司	黄淮海夏玉米组
102	秋乐 668	国审玉 20226186	QL31×QL77	河南秋乐种业科技股份有限公司	河南秋乐种业科技股份有限公司	黄淮海夏玉米组
103	秋乐 669	国审玉 20226187	NK235×NK07	河南秋乐种业科技股份有限公司	河南秋乐种业科技股份有限公司	黄淮海夏玉米组
104	豫单 922	国审玉 20226195	HL122×HL222	河南秋乐种业科技股份有限公司	河南秋乐种业科技股份有限公司、河南农业大学	黄淮海夏玉米组
105	高金 958	国审玉 20226197	高 991×G 大制种	河南金博士种业股份有限公司	河南金博士种业股份有限公司	热带亚热带玉米组
106	金苑玉 304	国审玉 20226217	JCY19857×YZ320	河南金苑种业股份有限公司	河南金苑种业股份有限公司	北方极早熟春玉米组